KB244729

건축설계와 디지털 테크놀로지

건축설계 사무실 소장이 이야기하는
라이노·에코텍·썬라이트·래빗·그라스호퍼·루미온을
활용한 BIM과 digital solution

DAGROLP digital design Lab

본문에 사용된 자료 파일은 유클라우드에서 다운받으실 수 있습니다.

https://office2.ucloud.com/ (주소창에 직접 입력)
이메일: bookdaega@ucloud.com

• 비밀번호: 5354   • 게스트폴더(비번: 62851670)

건축설계와 디지털 테크놀로지

건축설계 사무실 소장이 이야기하는
라이노·에코텍·썬라이트·래빗·그라스호퍼·루미온을
활용한 BIM과 digital solution

DAGROUP digital design Lab

조 태 웅 지음

도서출판 대가

건축설계를 위한 디지털 테크놀로지의 활용
(프로그램은 활용할 뿐이다)

저는 2003년에 건축실무를 시작해서 올해로 14년차 되는 건축설계 사무실 소장입니다.

그동안 일반건축의 실무팀과 디자인전략본부 등을 거쳐 현재는 DAGROUP digital design Lab(이하 DDLab)에서 건축설계와 Building Information Modeling(이하 BIM) 및 Digital Solution 업무를 담당하며, 심지어 '재미'를 느끼면서 프로젝트를 진행하고 있지요.

하지만 DDLab에서의 업무와 그동안 설계본부에서 진행했던 건축설계 프로젝트의 경험을 돌이켜보면 만감이 교차할 때가 많습니다. 설계본부에서 프로젝트를 진행할 때면 바쁜 일정과 해결하기 어려운 문제가 겹쳐 야근과 철야를 밥 먹듯 했습니다. 그때마다 '**우리가 독립운동을 하는 것도 아닌데…**' 하는 푸념을 하곤 했습니다. 그것도 새벽공기를 마시면서 말이죠. 누군가 이야기하는 저녁이 있는 삶은 "건축이 좋아"라는 말에 갇혀 그때나 지금이나 여전히 개인의 희생을 강요하는 프레임이 되어 버렸지요.

그러다 전문 컨설팅 및 솔루션 업체와 미팅을 하고 발주자를 설득할 자료를 만들면서 '어… 이런 자료는 우리도 만들 수 있지 않을까?' 하는 생각을 하게 되었습니다. 그 뒤로는 3D 모델링 프로그램을 비롯한 솔루션 분야에 전에 없던 관심이 생겼지요.

이 분야에 관심을 갖게 된 것은 일차적으로는 닥친 문제를 해결하기 위해서 였지만 더불어 꾸준히 갖고 있던 보다 근본적인 화두인 미래에 관한 것 때문이었습니다. 미래에 내가 어떤 일을 하고 있을지, 쉽게 표현해 5년 뒤, 10년 뒤의 내 모습이 어떠할까에 대한 막연한 불안감을 안고 있었다고 기억합니다.

그렇게 설계사 7~8년차 무렵 3D 프로그램을 접하면서 내가 생각하는 걸 밖으로 '표현'하는 방법을 알아갔고 모니터 상에 그려지는 계획안들에 설레는 경험을 했습니다. 그때부터 자료를 찾아가며, 누군가에게 물어가며, 때로는 책을 통해 궁금한 점들을 채워나갔습니다.

다만 이렇게 새로운 분야를 알아가면서 아쉽다고 여긴 점이 하나 있습니다. 어떤 프로그램이든 기능은 굉장히 다양한데 우리가 활용하는 기능은 채 절반도 되지 않는다는 것이었습니다. 더욱 신기한 것은 제가 수행하고자 하는 프로젝트는 해당 프로그램의 기능을 완벽하게 알지 못해도 활용하는 데 그리 불편함을 느끼지 않는다는 사실이었습니다. 이 문제를 곰곰이 따져보면 어쩌면 당연한 이야기였는지도 모릅니다. 왜냐하면 큰 틀에서 우리는 건축설계를 하는 사람으로서 하나의 프로젝트를 진행하다 보면 여러 문제가 발생하는데, 그때마다 한 가지 프로그램을 깊이 아는 것보다는 여러 프로그램의 장점을 두루 알고 있어야 문제를 해결하는 데 효율적이기 때문입니다.

그렇게 이해하고 나서 저는 블로그와 SNS, 그리고 디노마드 교육을 통해 제가 실무에서 진행했던 프로젝트를 기반으로 한 BIM 및 Digital Solution들을 이야기하기 시작했습니다. 제가 하고 싶었던 이야기는 건축계획안을 만들 때 필요한 것은 프로그램 하나를 완벽히 아는 것이 아니라(물론 이것도 중요합니다) 건축 계획안이 설득력을 가질 수 있도록 3D 모델링과 친환경 분석 및 표현 방법에 관여하는 프로그램을 전반적으로 이해하고 활용할 수 있어야 한다는 점이었습니다.

한 가지 프로그램을 깊이 있게 다룬 책 내용 중에 우리가 자주 활용하는 명령어는 극히 적습니다. 일례로, 2D 도면을 그리는 캐드라는 프로그램에서 활용하는 명령어 개수가 10개가량 됩니다. 따라서 건축설계에 필요한 솔루션 프로그램의 활용 방안을 정리한다면 저처럼 건축설계를 하는 사람에게 도움이 되지 않을까 싶어 위에서 언급한 것처럼 블로그와 SNS, 그리고 사내 교육(Webinar)을 통해 보편적으로 활용 가능한 방법을 이야기하고 있습니다(네이버블로그: http://blog.naver.com/skyarchi77).

더불어 저는 이런 내용과 교육을 '건축설계와 디지털 테크놀로지'라고 부르며 '건축설계 사무실에서 일하는 사람이 들려주는(물론 주관적일 수 있으나) 실제 데이터를 활용하는 디지털 테크놀로지 방안'이라고도 이야기하죠.

따라서 저는 이 책이 여러분이 크고 작은 프로젝트를 진행할 때 맞닥뜨리는 문제 해결에 도움이 되기를 바라며, 또 클라이언트를 설득할 때 데이터를 기반으로 스스로의 건축 역량을 높이는 도구로 사용되기를 바랍니다.

이 책에서 저는 건축설계와 업무를 진행하면서 느낀 프로세스를 도입해야 하는 여러 이유와 문제점 그리그 업무를 수행하면서 저에게 가장 도움이 되었던 6개 프로그램에 대한 안내를 하였습니다. 노파심에 덧붙이면, 이 프로그램들은 엄밀하게 말해 사용자의 생각을 표현하는 수단이며 보조 도구일 뿐입니다. 이것을 저는 도자기를 만드는 과정에 비유하곤 하는데, 도자기를 납작하게 만들 것인지 혹은 기다란 병 모양으로 만들 것인지는 도공의 생각, 즉 디자인 영역에 속합니다. 그리고 이 영역은 이 책이 아니라 다른 그 누구도 도움을 줄 수 없습니다. 순수하게 본인의 노력과 지능에 달렸기 때문이죠. 다만 도자기의 형태가 결정되었다면 그 도자기를 어떻게 표현할 것인지, 정말 만들어지기는 할 것인지 같은 현실적인 의문과 도자기가 실체화하도록 도와주는 영역, 즉 표현하기에 가장 적합한 도구를 활용하는 케에는 도움을 줄 수 있습니다. 그리고 그것이 이 책의 주제 '프로그램은 사용할 뿐이며 생각을 표현하는 데 활용하면 된다'에 닿아 있는 의미이기도 하고요.

그럼에도 강조해서 말씀드리고 싶은 것은, 이 책은 현재 현장에서 건축설계에 무난하게 활용되거나 Revit처럼 꼭 필요한 프로그램을 안내하고 정보를 공유하는 차원에서 쓰였다는 점입니다. 앞서 이야기한 것처럼 하나의 프로그램을 깊이 파고들고 싶다면 역시 도자기 디자인의 비유처럼 여러분 스스로의 시간과 노력이 더해져야 가능하다는 이야기를 보태고 싶습니다. 저와 이 책의 역할은 시작하려는 사람들이 접근에 어려움을 느낄 때 수면 위로 올려주는 역할일 뿐이라는 점을 다시 한번 강조하고 이해를 구합니다.

저자 씀

이 글은 그동안 《캐드앤그래픽스》, 《대한건축학회》, 《THE BIM》, 《KBIM 학회지》 등에 수록한 내용을 일부 포함하고 있습니다.

차 례

PART 1
—
이론편

건축설계 사무실 소장이 이야기하는
BIM과 Digital Solution

차 례

건축설계 사무실 소장이 이야기하는

BIM과 Digital Solution

CHAPTER 1

건축설계에 BIM이 필요한 이유 –

생각의 차원을 맞추자

너 언제 현장에 오기만 해…

뜬금없지만 잠깐 차원에 대한 이야기

건축설계 사무실은 그렇지 않아도 굉장히 업무가 많습니다

그렇다면 일정이 촉박하다는 이유로 그냥 내보내야 하나?

그렇다면 BIM이 무조건 정답일까요?

조달청 2016 BIM 전면 개방마저도 우리에겐 거품일지 모른다

그럼 어떻게 해야 할까요?

'찾아오는' 수익 구조로 변화할 수는 없을까?

사실 더 험악한 말이었지만 지면이라는 점을 감안해 대폭 완화한 표현입니다.

건축설계에 BIM 혹은 digital solution이 적용되어야 하는 이유를 이야기하면서 시작부터 조폭영화에나 나올 법한 대사라니, 다소 생뚱맞게 들릴지 모르겠지만 이 말은 모 시공사에 다니는 분의 입을 통해 직접 들은 말입니다. "시공 현장에 가서 설계자가 감리를 한번 봐야지"라고 농담조로 건넨 말에 느닷없이 분노와 진심을 담은 대꾸로 되갚아준 것이죠. 사실 저한테는 조폭영화보다 더 무섭게 느껴졌던 순간입니다.

사실 이 '험악'한 말의 주인공과는 막역한 사이로 오랜만에 전화통화를 한 터라 이런저런 시시콜콜한 이야기가 더 이어졌고 서로 웃으며 통화를 끝내긴 했지만 제 머릿속에 한동안 이 말이 맴돌아 그 의미를 곱씹어 생각했던 적이 있습니다. 그 후로 저는 3D 기반 설계의 중요성을 이야기하는 자리에서 서두에 자주 이 말을 꺼냅니다.

그렇다면 그분은 농담조의 제 말에 왜 화를 낸 걸까요? 제 입장에서는 솔직히 좀 억울하기도 했습니다. 제가 설계에 참여한 프로젝트도 아니었기에 왜 애먼 사람에게 화풀이를 하나 싶기도 했지만, 짐작건대 그분은 저에게 건축설계라는 분야 전체를 투영했던 것 같습니다. 그래서 시공사에서 받아보는 도면 때문에 곤란했던 기억, 그에 대한 수정 및 반영하는 과정에서 느껴야 했던 괴로움과 답답함을 훨씬 뛰어넘는 어려움과 분노가 그 바탕에 있었을지 모른다는 생각으로까지 이어졌죠.

생각은 계속 이어졌습니다. 나름 고민이란 걸 하게 된 것이죠. 그렇게 생각에 생각을 거듭하던 중 한 가지 궁금한 점이 생겼습니다. 건축설계와 시공 분야는 그 태생은 분명 하나의 줄기였을 텐데 지금에 와서는 왜 이렇게 좋지 않은 관계가 되었으며 갑과 을이라는 관계 속에 서로를 못 믿게까지 되었을까 하는 점입니다. 이런 고민을 해결하기 위해 다양한 시각에서 이 문제의 발생 원인을 생각해보기 시작했습니다.

2016년 2월 무렵, 이미 많은 사람들이 본 〈인터스텔라〉라는 영화를 IPTV를 통해서 보게 되었습니다. 지구의 환경이 척박해짐에 따라 새로운 터전을 찾기 위해 우주로 시선을 돌려 탐험에 나선 팀이 여러 사건 사고를 겪는 과정을 재미나게 그린 영화였다고 기억합니다. 특히 블랙홀의 가시적인 모습을 최대한 비슷하게 구현하여 상당히 이슈가 되었죠. 더욱이 이 영화는 영화의 극적 재미와 함께 우주 물리학에 대한 이야기들로 많은 사람들의 입소문을 타고 우주물리학과 블랙홀 등의 '붐'을 일으키기도 했죠. 당시 아인슈타인이 예측한 '중력파'까지 검출되어 흥행에 일조했던 것으로 기억합니다.

하지만 이 영화에서 개인적으로 가장 인상 깊었던 장면은 블랙홀에 들어선 주인공이 어떤 존재의 개입으로 우리가 살고 있는 제한적인 4차원이 아닌 좀 더 상위 차원에서 시간을 돌려가며 사랑하는 딸에게 힌트를 주고자 했던 장면입니다. 이 대목에서 저는 지금까지 우리가 어쩌면 굉장히 어려울 수밖에 없는 방법으로 건축설계를 진행했으며 설계와 시공 사이의 괴리감과 넓디넓은 간극이 왜 발생하였는지에 대한 작은 힌트를 얻을 수 있었습니다. 더불어 설계 단계에서 BIM을 해야 하는 이유를 지금까지 논의되었던 이야기들이 아닌 상위 차원의 간섭이란 키워드로 설명할 수도 있겠구나 하는 힌트까지 얻게 되었죠.

제가 생각한 이유를 설명드리기 앞서 이와 관련된 소소한 문제를 하나 던져볼까 합니다. 어려운 용어로 말하자면 '사고실험' 내지는 '사유실험'에 해당하지만 제법 널리 알려져 있는 문제여서 그리 어렵거나 특이하게 느껴지지는 않을 것입니다.

예를 들어, 2차원이라는 평면에 살고 있는 개미와, 개미가 이동해야 할 A와 B 지점을 가정해보도록 하겠습니다. A 지점에 있는 개미가 B 지점으로 이동할 수 있는 가장 빠른 방법은 무엇일까요?

먼저 생각해볼 수 있는 답은 다른 곳을 경유하지 않고 A와 B 지점의 최단 거리로 이동하는 방법일 텐데요, 제가 원한 답은 아니지만 틀렸다고 할 수만은 없습니다. 왜냐하면 2차원의 개미가 최단 시간어 옮겨지려면 최단 거리로 이동해야 하는 것이 맞기

2차원의 개미를 A 지
점에서 B 지점으로 옮
기는 가장 빠른 방법

때문입니다. 하지만 제가 지금부터 하려는 이야기의 범주에서는 다른 답이 나올 수 있습니다. 그것도 하나가 아니라 두 가지 방법이 있습니다. 물론 제 생각 안에서라는 방어 울타리를 쳐야겠지만요.

제가 생각하는 것은 이렇습니다. 이왕에 〈인터스텔라〉와 상위 차원의 간섭이란 이야기도 했으니 2차원 평면 속의 개미를 제한적인 4차원에 속하는 제 손으로 들어서 단숨에 B 지점으로 옮기는 방법이 있을 수 있고, 두 번째로는 개미가 아닌 두 손이 2차원 평면을 구부려 개미가 이동해야 할 A 지점과 B 지점을 닿게 만들어버리는 것이죠. 약간 허탈하신가요?

답을 듣고 나서 뭐 이런 엉뚱한 이야기를 하나 싶은 분도 계시리라 짐작됩니다만, 그럼에도 제가 이 이야기를 꺼낸 이유는 앞서 이야기한 건축설계와 시공 분야의 괴리, 그러니까 주로 설계사가 만들어낸 도면의 오류 때문에 시공사와 발주자로부터 받게 되는 클레임의 이유가 아마도 **3차원의 공간을 2차원 도면으로 생각해서 작성하고 설명하려 한다는 근본적인 원인**에 있지 않을까 하는 생각 때문입니다.

이런 생각은 〈인터스텔라〉를 보고 불현듯 떠오른 것은 아니며 비슷한 고민을 정리해 매체에 기고한 적도 있었습니다. 다만 이때에는 상위 차원의 간섭에는 생각이 닿지 못했고 단지 우리가 도면을 그리는 작도법이 갖는 한계 때문에 오류가 발생해서라고만 여겼습니다.

이 문제를 평면도를 예로 들어 설명해보겠습니다. 우리가 알고 있는 평면도의 작도

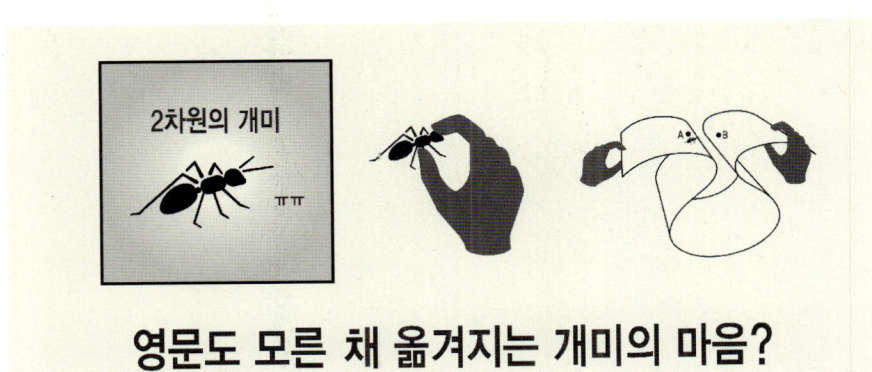

상위 차원의 간섭으로
빠르게 개미를 옮기는
두 가지 방법

상위 차원의 간섭 a
개미를 손으로 들어 B 지점으로 옮긴다.

상위 차원의 간섭 b
개미가 있는 종이를 구부려 A와 B 지점을 닿게 한다.

A   B

법은 1.2미터 위에서 아래를 수평 투영한 모습인데 이 때문에 평면도와 평면도 사이에는 보이지 않는 공간이 발생하게 됩니다. 그런 곳의 정보를 주기 위해 입면도와 단면도를 추가하게 되지만 이것을 그리는 작업자는 사실 확실하지 않은 추측을 확신으로 바꾸기 위해 무한 연산을 강요당하면서 도면을 그리는 것입니다.

그리고 위에서 언급한 개미의 경우를 다시 생각해보면, 2차원의 개미를 가장 빠르게 옮기는 방법은 상위 차원에 속한 존재의 간섭일 거라고 이야기했는데, 쉽게 말해 우리가 살고 있는 3차원(일방향 시간 때문에 제한적인 4차원이라고 하지만 쉽게 3차원이라고 가정해보죠)에서는 2차원에 대한 생각과 문제 해결 수단이 훨씬 용이하다는 점입니다. 반면, 2차원에 속한 개미의 입장에서 3차원에 속한 손의 개입은 그야말로 천지가 개벽할 정도의 큰 변화일 뿐만 아니라 상위 차원의 존재는 상상조차 하기 힘들 것입니다.

2D 기반의 설계자가
느끼는 마음과 같을지
도 모를 개미의 불안감

2차원의 개미

ㅠㅠ

영문도 모른 채 옮겨지는 개미의 마음?

그럼 다시 돌아와 개미 이야기를 건축설계에 대입해서 생각해보겠습니다. 조금 과장해서 말하자면 지금까지 우리는 2차원의 개미가 상상하기 어렵고 천지가 개벽할 정도의 큰 변화일지도 모를 상위 차원의 개입이나 모습을, 머릿속으로만 상상하는 무한 연산 과정을 통해 도면을 그려왔는지도 모릅니다.

건축설계 사무실은 그렇지 않아도 굉장히 업무가 많습니다

그렇다고 지금까지 무리 없이 진행된 방식을 느닷없이 바꿔야만 하는 것일까요? 이 이야기를 드리기 전에 많은 분들이 경험을 통해 알고 계시겠지만 건축설계 사무실의 실무 이야기를 안 할 수가 없습니다.

제일 많이 고민되며 설명하기 어려운 이야기 중의 하나가 건축설계 실무를 누군가에게 설명하는 일인데, 저 역시 2017년 올해로 만 14년 동안 건축설계를 했다고 하기가 무색할 정도로 그렇습니다. 물론 시공자에게 시공할 수 있는 정보를 만들어내고 이를 도면으로 표현하고 설명하는 정도는 가능하지만, 조금 더 나아가서 설명해야 할 일이 생기면 머뭇거리게 됩니다.

이는 설명을 해야 하는 경우의 수가 너무 많아서인데, 어떤 경우는 시공이 아니라 도면을 그리기 위한 정보에 머무를 때도 있다는 점과 도면을 활용한 여러 가지 분야의 코디네이션, 엔지니어링, 마지막으로는 그 모든 걸 보기 좋게 해야 한다는 점 때문입니다. 조금 과장을 섞는다면 건축설계사가 계획한 건축물을 시공할 수 있도록 정보를 전달하는 역할이 어쩌면 근본 업무의 하나일 수 있음에도, 중규모 이상의 건축설계에서는 도면을 많이 필요하지 않는, 그러니까 도면을 보고 활용은 하되, 도면을 만드는 과정에 들어가지 않아도 되는 역할도 분명 존재합니다.

예를 들어 제가 수행했던 한 프로젝트는 규모가 제법 컸지만 한 달이라는 짧은 기간 동안 콘셉트와 그에 따른 형태, 법규에 맞는 도면, 각종 협력 업체 보고서, 사업성 검토, 그리고 이것들을 표현하는 보고서, PT 자료 등이 필요했습니다. 아시는 분들은 짐작하겠지만 이러한 프로젝트는 합동 사무실을 차려 인원을 투입하여 단기간에 결과물을 뽑아내게 됩니다.

더욱이 한 달이라고는 했지만 인쇄, 제본, 보고 등의 일정을 빼면 20일 남짓 기간에 CG와 최소한의 법규만 지켜 도면을 그릴 수밖에 없습니다. 이런 상황에서 도면의 완성도와 평면, 입면, 단면 정합성을 지켜내자고 강조하다 보면 상황 파악 못 하는 이상한 사람이 되어버리기 일쑤인데, 물론 프로젝트의 성격에 따라 사무실의 성격에 따라 모두가 다 그렇지는 않겠지만, 경우에 따라 도면 정합성의 비중이 그만큼 낮아질 수 있다는 사실을 말씀드린 것입니다.

그렇다면 일정이 촉박하다는 이유로 그냥 내보내야 하나?

그럼에도 현재 중규모 이상의 설계사무실을 두둔해보자면, 일이 많아도 너무 많습니다. 물론 일 자체도 누군가를 설득하기는 쉽지 않은 일이며, 얼마간의 자료 생산은 당연한 것이겠지요. 그러나 단순히 계획안에 대한 페이퍼워크에 그치는 것이 아니라, 계획안은 물론이고 때로는 발주자를 대신해 여러 분야의 리스크를 최소화하며 끌고 나가는 주도적인 역할도 해야 합니다. 때문에 우리 역시 계약 관계에 의해 발주자를 설득해야 하는데도 불구하고 발주자의 입장을 대변해 오히려 다른 업체를 설득하는 업무까지 하게 됩니다.

그런 실무를 압축해서 설명해보면 다음과 같습니다.

프로젝트가 시작되기 전부터 시작되는 발주자와의 숱한 미팅과 그에 따른 사전 자료 작성, 협력 업체 선정 및 계약, 그리고 프로젝트가 시작되면서 수많은 공정 회의와 자료 취합, 각종 심의 및 인허가를 위한 대관 업무, 그러면서 계획안 작성 및 시스템 검토, 발주자 보고 일정 조정과 보고 자료 작성 및 취합, 건축물 규모에 따라 이리저리 적용되는 많은 인증들의 관리, 게다가 제일 문제라고 생각되는 중간, 견적용, 검수용 등의 촘촘한 도면 납품 일정 등 규모가 큰 프로젝트의 일정표는 눈에 들어오지 않을 만큼 **빽빽**하며 일정은 매번 줄어들면 줄어들었지 늘어나지 않습니다.

이런 문제는 사실 모든 프로젝트가 준공 일정에서 역순으로 일정이 잡히기 때문이라는, 이번 글의 논점과는 다른 이유가 분명 존재하는데, 역순으로 일정을 잡을 때 설계 일정을 우선적으로 줄이기 때문이라고 생각합니다. 그런 이유로 건축설계사는 오늘도 야근과 철야를 반복하고 있죠.

게다가 프로젝트 일정이 짧고 할 일이 많다고 발주처에서 예산을 갑자기 많이 잡아 주지도 않습니다. 항상 같은 조건에서 전체 일정만 줄어들고 그렇게 되면 그만큼 단기간에 해야 할 일은 많아지지만 설계비 등의 문제로 한정된 사람만 투입되며 결국 일하는 사람들만 바빠지는 악순환이 계속됩니다.

저도 건축설계 사무실에서 건축설계를 하는 사람으로서 촉박한 일정에 뛰어들어 프로젝트에 전념하는 사람들에게 도면의 정합성을 지켜야 한다고 이야기하는 것은 어쩌면 무리한 요구일 수 있다고 생각합니다.

그러고 보니 굉장히 우스운 결론이 난 것 같네요. 설계사무실 업무의 본질이 계획안을 시공할 수 있게 가이드를 만들고 그걸 도면으로 표현하는 일인데 그런 도면의 정합성을 지켜야 하는 게 무리라는 생각이 들었다는 것이 말입니다.

그렇다면 어떻게 해야 하는 것일까요? 그저 현재의 상황을 인정하고 안타까워하기만 해야 할까요? 사실 이 문제는 해결하기가 쉽지 않지만 그럼에도 이미 현실적인 대안은 있다고 생각합니다. 제가 너무 간단하게 말하는 것 같아 우려되지만 그럼에도 이야기 해보겠습니다.

만약 촉박한 일정이 문제라면 먼저 그만큼 효율이 좋은 방법을 사용해서 인원을 투입하고 업무량을 줄여나가는 노력을 해야 할 것입니다. 이는 건축이 처한 환경이나 제도, 시스템 등을 탓하기보다는 지금 당장 우리가 바꿀 수 있는 현실적인 대안이라고 생각되며, 이럴 때 필요한 고민은 무엇보다 효율을 높이는 방법일 것인데 **그 효율을 높일 수 있는 방법이라고 많은 사람들이 입을 모아 이야기하는 것이 바로 3D 기반 설계 또는 BIM입니다.**

이 대목에서 BIM이 무엇인가 같은 이야기는 하지 않겠습니다. 솔직히 말해 일부러

라도 그 이야기는 피하고 싶습니다. 왜냐하면 저는 BIM이란 단어가 마법사같이 인식되어 오히려 부정적인 의미가 담겨 있다고 생각하기 때문입니다. BIM이란 표현 대신 건축설계 측면에서는 3D 기반 설계, 건축설계 방식의 하나라고 이야기하고 싶으며, **더불어 더 이상 'BIM=Revit, Archicad, 마법사'라는 등식이 맞지 않음을 상세히 이야기하는 것은 시간 낭비라고도 말씀드리고 싶습니다.**

그렇다면 BIM이 무조건 정답일까요?

지금까지 건축설계 사무실 업무가 필연적으로 야근과 철야를 밥 먹듯 할 수밖에 없다는 것을 말씀드렸습니다. 더불어 이런 환경을 획기적으로 바꾸기 어렵다는 사실을 인정하되 열악한 업무 환경을 다소나마 극복할 수 있는 방안이 있을 수 있다는 이야기도 전해드렸습니다.

저는 이런 상황에서 언급한 문제의 가장 기본적인 해결 방안의 하나가 건축설계 업무의 본질일 수 있는 도면의 정합성을 향상시키는 것이라고 생각합니다. 시스템이 가진 장점을 살려 최소한 도면 작성에 있어서만큼은 3D 기반의 설계 방법을 적용해야 한다고 보는데, 그런 방식도 벅차다면 최소한 도면이 나온 후 진행하는 BIM 데이터 구축(전환 설계라고 부르는)이라도 꼼꼼히 수행하여야 한다는 점을 강조하고 싶습니다.

다시 말해 우리가 하는 일에 좋은 결과를 가져올 수 있으리라고 짐작된다면 그것이 무엇이든 일단 활용해보자는 것이며, 물론 시행착오를 겪을 수 있지만 그 과정을 통해 얼마든지 개선할 수 있을 것입니다.

그런 의미에서 지금까지는 현재 상황에 대한 문제와 설계사무실 업무 현실, 그리고 큰 틀에서 개선할 수 있는 방향을 이야기해봤다면, 아무래도 이 대목에서 어김없이 중요한 반론이 나올 수 있는 지난 7~8년간의 도입 과정에 비추어볼 때 과연 건축설계사에서 BIM 도입이 가능한가 하는 점을 짚어보도록 하겠습니다.

건축설계 사무실에서 BIM 도입이 가능한가를 논의하기에 앞서 이야기할 것은 2016년부터 시행된 조달청 맞춤형 서비스에 의무화되는 BIM 적용에 관한 이야기입니다. 어떤 집단이나 그렇겠지만 건축설계도 조직의 체질을 변경하기 앞서 시장 환경, 즉 먹거리가 풍부한지를 살펴보고 그렇다는 느낌이 왔을 때 움직이는 약간은 보수적 성향의 집단입니다. 그런 면에서 건축설계에 BIM 도입이 가능한지를 이야기하기 전에 BIM 관련한 시장이 적극적으로 조성될지를 알아볼 필요가 있습니다.

많은 분들이 알고 있는 것처럼 조달청은 BIM 도입 시행을 위해 2010년부터 단계적으로 준비해왔으며 2016년부터는 맞춤형 서비스에 한하여 BIM 도입을 의무화하겠다고 하고 있습니다. 그런 영향으로 여러 매체와 SNS를 통해 관련 보도와 자료가 생산되고 회자되고 있습니다.

하지만 저는 이에 근본적인 의문을 갖고 있습니다. 물론 예년보다 물량이 많아질 것이며 무엇보다 공공이 아니라 민간 시장에서 조달청과 보조를 맞추어나가다 보면 환경도 당연히 나아질 것입니다. 그러나 이것이 생각보다 과대 포장되어 자칫 알맹이는 없고 껍데기만 의미 없이 확대된다면 업계에 하고자 하는 이들은 많지만 결과가

조달청 맞춤형 서비스 홍보 자료

부족한 현상, 다시 말해 우리가 이미 겪었던 지난 7~8년간의 시행착오를 한 번 더 겪게 될 것입니다. 그렇게 되면 설계사가 BIM 도입을 주저하는 또 하나의 사례가 될지도 모른다고 우려하는 것입니다.

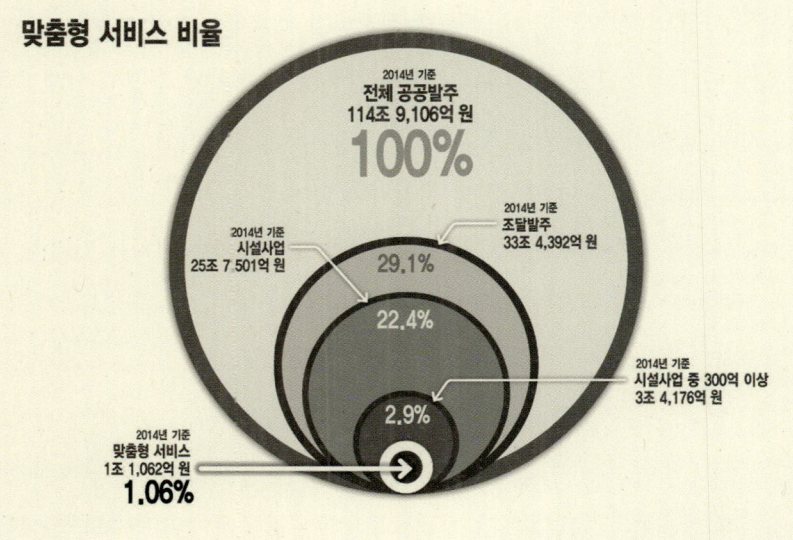

맞춤형 서비스 현황

1. 조달청 발주규모

조달청 통계

구분	2011	2012	2013	2014
공공시설 전체 발주	93조 8,454억 원	106조 3,598억 원	113조 13억 원	114조 9,106억 원
조달청 발주	33조 2,934억 원(35.48%)	34조 2,715억 원(32.2%)	37조 894억 원(33.5%)	33조 4,392억 원(29.1%)
맞춤형 서비스	2조 4,003억 원	3조 1,064억 원	2조 7,444억 원	1조 2,215억 원
조달/맞춤형 비율	7.2%	9.1%	7.4%	3.7%

2. 맞춤형 서비스 현황

조달청 통계

구분	2011		2012		2013		2014	
	건수	금액	건수	금액	건수	금액	건수	금액
일괄대행	28	1조 3,751억	24	1조 7,465억	20	1조 412억	14	4,137억
설계관리	14	2,921억	13	4,440억	26	3,810억	24	3,079억
기획/계약	5	6,820억	12	9,159억	13	1조 3,044억	9	3,846억
시공관리	2	511억	–	–	1	177억	3	1,153억
합계	49	2조 4,003억	49	3조 1,064억	60	2조 7,444억	50	1조 2,215억

맞춤형 서비스 비율

2014년 기준
전체 공공발주
114조 9,106억 원
100%

2014년 기준
시설사업
25조 7.501억 원

2014년 기준
조달발주
33조 4,392억 원
29.1%

22.4%

2.9%

2014년 기준
시설사업 중 300억 이상
3조 4,176억 원

2014년 기준
맞춤형 서비스
1조 1,062억 원
1.06%

조달청 맞춤형 서비스 공급 물량 분석

가장 큰 문제는 맞춤형 서비스 물량 자체가 조달청에서 발주하는 물량의 3.7%(2014년 조달청 통계 기준)로 그리 많지 않다는 점입니다. 게다가 통계를 살펴보면 2011년 7.2% 이후 큰 폭으로 확장되지 않고 오히려 2014년에는 그 절반으로 물량이 줄어들었습니다. 더불어 2014년 3.7%가 금액으로 보면 1조 2,215억 원으로(이 금액도 사실 전부 건축 설계로 가는 용역 금액은 아니지만) 대단히 큰 금액으로 보이지만 건축설계에 제한해서 보면(개략 설계비 4%) 500억 내외로 생각만큼 큰 시장이라고 보기 어렵기도 하고요.

그나마 500억 설계비를 가져갈 설계사무실을 생각해보면 현재 BIM 데이터 구축이 원활한 곳, 더욱이 공공기관에서 발주하는 큰 공사비의 설계를 진행할 수 있는 사무실 은 대략 상위 15개 정도일 것인데, 현재의 BIM 용역 비율로 개략 산정하면 15개 사무실 에 각각 많게는 2억에서 1.6억 정도의 금액이 돌아가게 될 것입니다. 물론 단순 계산에 불과하지만 우려되는 것은 조달청 발주로 인해 우리가 예상하듯 BIM 물량이 폭발적으 로 늘어나지는 않을 것이고 이에 편승한다면 그 역시 우리가 수없이 겪었던 거품일 거 란 점입니다. 더불어 설계 자체를 BIM 방식으로 진행하는 중규모 설계사가 부족한 현 실을 비추어보면 생각할 수 있는 형태는 설계 이후 구축하는 BIM 데이터 구축 방식일 텐데요. 그렇다는 것은 조달 발주로 이익을 가져가는 곳은 설계사무실이 아니라는 결 론에 이릅니다(대부분 전문 업체에게 의존하기 때문에). 그렇기에 설계사가 BIM 용역 을 통해 새로운 수익을 창출하는 것은 어려우며, 이조차도 경쟁이 심해질수록 더욱 낮 아질 거라고 생각합니다.

그래서 새로운 시장이 발생할 것이라 예상하여 건축설계 사무실이 투자를 한다고 해 도 조달청에서 나올 물량만으로는 투자비용을 회수하기는 어려울 것이며, 만약 프로젝 트를 수행한다 해도 독립된 조직의 몇 명만이 BIM 관련 프로젝트를 수행할 우려가 다 분합니다.

더욱 우려스러운 것은 조달청 BIM 전면 개방에 따른 프로젝트를 진행하는 설계는 조달청 BIM 적용 기본 지침서를 준용해야 한다는 점입니다. 지침을 살펴보면 설계 과 정에 적용해야 하는 지침이라고 보기 어려운데, 이는 건축설계 사무실에서 설계를 하 는 인원이 3D 기반 혹은 BIM 업무를 등한시하는 원인으로 작용하기도 합니다. 더욱이 이번에 개정된 지침에 의하면 해야 할 일은 더 많아졌고 비용은 실비 정산이라는 틀로 제안되었습니다. 할 일이 많아졌다는 것은 프로젝트가 발생하였을 때 전문 업체를 찾게 되거나 우리가 직접 그 일을 하자는 말이 실무를 모르는 사람의 공허한 외침으로 치부될 우려가 있다는 뜻입니다. 실비 정산이라는 틀에서는 발생한 프로젝트를 더 적은 금액으로 수행할 업체를 찾게 될 여지가 다분해졌다고 생각합니다.(물론 실비정액가산식의 형태도 현재 무분별하게 업무를 증가시키는 것을 방지하는 역할을 할것이라 생각됩니다.)

그래서 저는 실비정산과 함께 견적서상의 기술료에 BIM 도입 시 추가할 수 있는 %가 최소한 명기되고 그 명기된 %의 검증은 차후 검증 절차를 거치도록 하는 등의 방법을 제안하고 싶습니다. 더불어 이 %의 기준이 될 건축설계비의 문제도 심각하게 다시 다뤄져야 한다고 생각합니다(공공 건축물의 건축사 대가 기준을 보면 슬프게도 대가를 산정했지만 이를 최대한 주도록 권고하는 정도에 그치고 있기 때문입니다).

이처럼 현실과 동떨어진 지침과 제도의 개선이 이루어지는 점이 안타까워 저는 주변 분들에게 이런 농담도 건네곤 합니다. 국내에서 BIM을 도입하는 문제는 지금처럼 점 층적으로 기술의 발전에 따라 도입하고 확장하며 정착하는 단계가 아니라 전제주의 시대의 왕명처럼 2017년 1월 1일부터 무조건 시행해라, 라는 어명 같은 것이 아니라면 절대 안 될 것이라고요. 이런 자조 섞인 이야기를 털어놓으며 동시에 BIM 관련 지침과 제도를 만드는 사람들에게 국내 건축 현실을 반영한 지침과 제도를 만들기 위해 건축설계 사무실 연수를 적극적으로 권하고 있습니다. 6개월에서 1년 정도 규모별로 나누어 설계사무실에서 소위 '진짜'로 일을 하고 지침을 만든다면 지금같이 현실과 다른 형태의 지침은 만들어지지 않을 거라고 생각합니다. 물론 현실적으로는 어려운 이야기일 거라 생각합니다. 그렇다면 이 글을 빌려 조달청뿐만 아니라 국토교통부에서도 BIM 전문 업체가 아닌 규모별 건축설계 사무실의 의견을 되도록 많이 반영해달라는 부탁을 드립니다.(물론 건축설계만 BIM을 하는게 아니지만 그럼에도 말씀드려봅니다.)

이러한 부탁을 드리는 가장 큰 이유는 솔직히 말해 건축설계 사무실에서 BIM은 원래 의미처럼 정보의 효율적인 전달과 리스크를 줄임으로써 비용을 절감하고 좀 더 정합성이 갖춰진 좋은 도면을 생산하는 도구가 아니라 그저 외주를 주어야 하는 한 분야가 되어버렸기 때문입니다. 언론을 통해 BIM 디자이너가 미래가 밝은 직업군이라는 말과 함께 이것을 국책 사업으로 키워야 한다고 주장하는 이야기를 접할 때마다 그 직업군에 속한 사람들은 헛웃음만 짓게 됩니다.

이왕 이야기가 나온 김에 조금 더 과격하게 말해본다면 **건축설계 사무실에서 BIM은 할 필요 없는, 하지만 해야 한다면 내가 아닌 다른 사람이 하기를 바라는 일이 되어버린 점은** 이 직업에 몸담고 있는 사람들뿐만 아니라 그런 제도를 만든 기관에도 책임이 있다고 생각합니다.

그럼 어떻게 해야 할까요?

지금까지 너무 암울한 이야기만 한 건 아닌가 싶고, 너무 부정적인 면만 부각한 건 아닐까 걱정이 되기도 하지만 동시에 건축설계 현실이 그러하며 그런 어려운 현실을 반영한 대안을 이야기하기 위해서라도 반드시 알려드려야 할 필요가 있어서 드리는 말씀입니다. 그리고 오히려 지금의 현실이 준비하는 과정에 있는 누군가에게는 기회가 되지 않을까 하는 점을 동시에 고려한 이야기라고 말씀드리고 싶습니다.

그래서 이제부터는 지금까지 언급한 부분들을 반영하면서 평범하지만 실제 적용 가능한 이야기들을 해보려고 합니다. **제가 생각하는 키워드는 TWO-TRACK입니다.** TWO-TRACK이 뭔가 대단한 단어도 아니고 많은 분들이 이미 알고 계시리라 생각하지만 강조한다는 의미에서 풀어 이야기해보겠습니다.

먼저 첫 번째로는 조달청에서 발주하는 물량과 민간 시장에서 그와 비슷한 기준을 요구하여 기술과 인력이 많이 투입되어야 하는 BIM 프로젝트의 대응은 지금처럼 전문업체와 협업하여 진행하는 트랙을 말합니다. (첫 번째 트랙은 건축설계사의 BIM 활용 능력이 성숙되지 않았기에 어쩔 수 없이 적용해야 하는 방안입니다.) 두 번째 트랙은 설계사 체질을 개선하려는 노력으로 조달청 지침과 같은 기준을 요하지 않는 BIM 프로젝트를 많이 만들어 설계를 3D 기반으로 그것도 초기에는 기본 설계 단계를 목표로 수행하는 또 하나의 트랙을 의미합니다.

이는 규모가 필요한 BIM 프로젝트에는 규모로 대응하고 그렇지 않은 프로젝트는 최소한 도면만이라도 3D 기반으로 진행해보자는 이야기인데, 이 과정에서 조금씩 숙련된 인원이 생성된다면 그들로 하여금 다시 규모가 있는 BIM 프로젝트를 수행, 관리하게 하고 그 프로젝트에 일반 설계 인원이 순환하여 BIM 프로젝트에 참여하게 된다면, 3D 기반 적용에 있어 선순환이 이루어질 것이라 생각합니다. 그렇게 되면 건축설계 사무실이 서서히 그리고 지금보다는 수월하게 3D 기반으로 체질 개선을 하게 되지 않을까요? (너무 당연한 방법인가요? 그래서 안 해보는 걸까요?)

그래서 누군가 방금 제가 언급한 건축설계 사무실의 BIM 적용 방법이라고 이야기한 TWO-TRACK을 적용하려고 했다면 그때부터는 우리 주변의 모든 프로젝트를 BIM 프로젝트로 생각해볼 수 있을 것입니다. 하지만 이때도 처음부터 너무 높은 목표를 수립해서 진행하기보다는 작은 목표를 설정하고 이를 달성하는 과정의 반복이 얼마간은 필요할 것입니다.

첫 단추로 먼저 구조 BIM 데이터를 구축함으로써 구조 시스템의 정합성과 사용자가 BIM 툴에 친숙해지는 목표의 체질 개선을 생각해볼 수 있습니다. 그 과정을 수행하며 그렇게 구조 BIM 데이터를 구축했다면 구조 평면 단면까지 그려보는 다음 목표를 세우고 이를 캐드 포맷으로 변환하여 건축 도면의 XREF 원 도면으로 활용한다면 지금보다 도서의 정합성이 향상되지 않을까요? 더불어 BIM 도입의 과정까지 밟아나가면서 말이죠. 그다음은 더 쉬울 텐데, 기본 설계 도면까지 3D 기반으로 그려보는 것입니다. 흔히 시공사나 발주자 그리고 견적 등에서 원하는 정보는 그런 단계가 수월해졌다고 느낄 때 수행하면 되는 일이라 생각합니다. 말이 쉽지 이 또한 경영진과 설계사 직원들의 많은 인내와 노력이 필요한 사항일 것입니다.

그리고 시공사나 견적 같은 이야기가 나왔으니 조금 덧붙여보면 현재의 BIM 데이터 구축 과정의 지침은 설계나 시공 과정의 배려가 부족해 보입니다. 그래서 저는 설계와 시공의 성공적인 협업을 위해 설계 단계에서의 BIM 데이터 LOD(Level of detail, 또는 '해야 할 일'이라고 표현하고도 싶습니다.)를 필요하다면 더 떨어뜨릴 필요도 있다고 봅니다. 무작정 떨어뜨린다는 게 아니라 설계 단계에 BIM을 적용하는 이유를 납품되는 도서의 정합성을 향상시키는 데 두고 이를 목표로 설계 과정에 적용하는 것은 어떨까 하는 것입니다. 이 이야기는 불필요할지도 모를 일은 줄이는 대신 정말 해야 한다면 LOD를 높여서라도 하는 적용 범위에 대한 효율을 뜻하기도 하는데, 대신 시공에 들어가기 전에 관련된 모든 분야의 사람이 모여 시공에 필요한 BIM 데이터를 협의하여 구축한다면 지금보다는 나은 데이터 구축이 가능하고 설계와 시공, 그리고 다른 분야의 협업 효율에도 향상을 가져올 또 다른 대안이 될 수 있다고 봅니다.

이런 BIM 도입의 시작으로 제가 몸담고 있는 사무실에서는 납품되는 도서의 정합성 확보를 위한 도구로서 3D 기반의 BIM 데이터 구축(구조)을 우선 시작하고 있습니다. 이는 서두에 이야기한 시공 분야와의 지리멸렬한 다툼의 원인이 되는 **기본적인 도서의 정합성**을 갖추기 위함이며 동시에 어쩌면 건축설계사의 자존감을 높이는 최소한의 노력이라고도 생각합니다. (저희 사무실에서는 구조 BIM 데이터 구축을 Small-BIM이라고 부르기도 합니다.)

이렇듯 구조 BIM 데이터 구축을 시작으로 조금씩 그 효과를 설계자가 피부로 느끼게 되면 그동안 세미나나 온라인상의 자료를 통해 BIM이 좋다더라 하는 피상적인 수준은 탈피할 수 있을 것이며, 지금까지 건축설계사 스스로가 수행하길 꺼렸던 BIM 데이터 구축에서 우선 효과가 있는 것부터 해보자, 라고 하는 실질적인 인식의 변화를 가져올 수 있을 것입니다. 이런 효과는 당장 제가 느끼고 있는데, 최근 들어 일반 설계 본부에서 먼저 BIM 데이터를 구축해보자는 말을 해오고 있습니다.

'찾아오는' 수익 구조로 변화할 수는 없을까?

지금까지 그동안 갖고 있던 생각을 두서없이 써 내려왔습니다. 하지만 이런 이야기를 하게 된 배경에는 최근 들어 건축설계 사무실에서 본래 가져야 할 기본 소양, 즉 납품

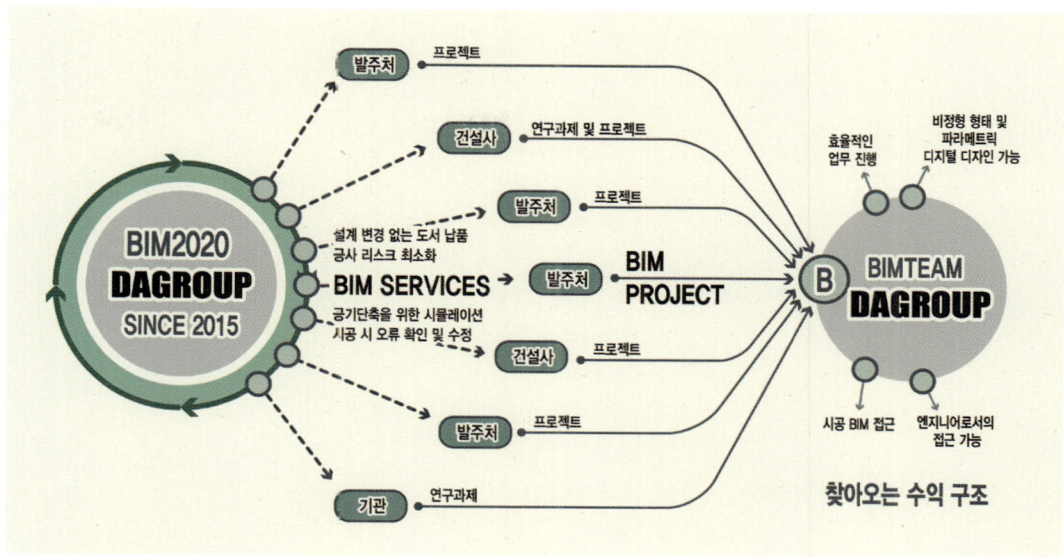

건축설계 시장에서 가질 수 있는 새로운 수익 구조

되는 도서의 정합성에 대한 생각이 그 배경에 있습니다. 그래서 이론적인 고민도 해보게 되고 엉뚱하게 차원에 대한 생각도 덧붙이고 주제넘게 제도와 지침에 대한 불평불만까지 쏟아내게 되었습니다. 개인적인 바람이라면 하루빨리 건축설계 사무실에서 3D 기반 설계 방법, 즉 BIM 프로세스가 적용되어 현재의 환경이 개선되었으면 하는 것입니다. 그러나 그보다 더 근본적인 고민은 사실 현재 건축설계 시장의 수익 구조입니다.

현재 대부분의 건축설계 사무실은 현상 설계나 턴키 기술 제안 등을 통해 여러 설계사가 굉장히 힘든 과정과 경쟁을 통해 '돈'을 버는 수익 구조를 갖고 있습니다. 개인적으로는 이는 매우 낙후된 수익 구조라고 생각합니다. 그보다는 지금과는 다른 기본적인 도서의 정합성과 업무의 효율, 그로 인한 설계사에 대한 신뢰, 그리고 엔지니어로서의 접근이 가능해진다면 어쩌면 **돈이 우리를 찾아오는 수익 구조로의 변화도** 가능하지 않을까 합니다. 그러한 변화는 설계사의 체질을 바꿀 때 가능할 것이며, 그 기저에는 3D 기반 설계, 즉 BIM이 바탕이 되어야 한다고 생각합니다. 그리고 그렇게 된다면 우리도 누군가의 말처럼 저녁이 있는 삶, 그게 아니라면 우리가 생각하는 좋은 건축물을 만들어낼 수 있는 깊은 사유의 시간을 보너스로 갖게 되지 않을까요?

CHAPTER 2

쓸데없어 보이지만
3D 기반 적용이 필요한
수치적 이유 찾기

우리가 진행하는 건축설계에 3D 기반 설계 또는 BIM의 적용이 필요하다고 많이들 이야기합니다. 누군가는 효율이 좋아진다며 그래프를 보여주기도 하고 누군가는 BIM 관련 컨퍼런스와 포럼에서 청중을 설득하는 화려한 자료를 보여주기도 하지요. 여러 학교의 교수님들은 BIM을 적용했던 성과를 토대로 데이터를 2차, 3차 가공해서 도출하는 ROI(Return on investment)를 설명해주기도 합니다. 하지만 실무자 입장에서 그러한 자료를 발주자 특히 내부 경영진을 상대로 설명하기에는 그 적용 환경과 상황이 다르기에 선뜻 가져다 활용하기 힘든 측면이 있습니다. 매번 강조하지만 설계 과정이 힘들어 그 결과가 피부에 와 닿지 않기 때문일 것인데, 멀리 갈 것도 없이 제가 설득되지 못했던 측면이 강했지요.

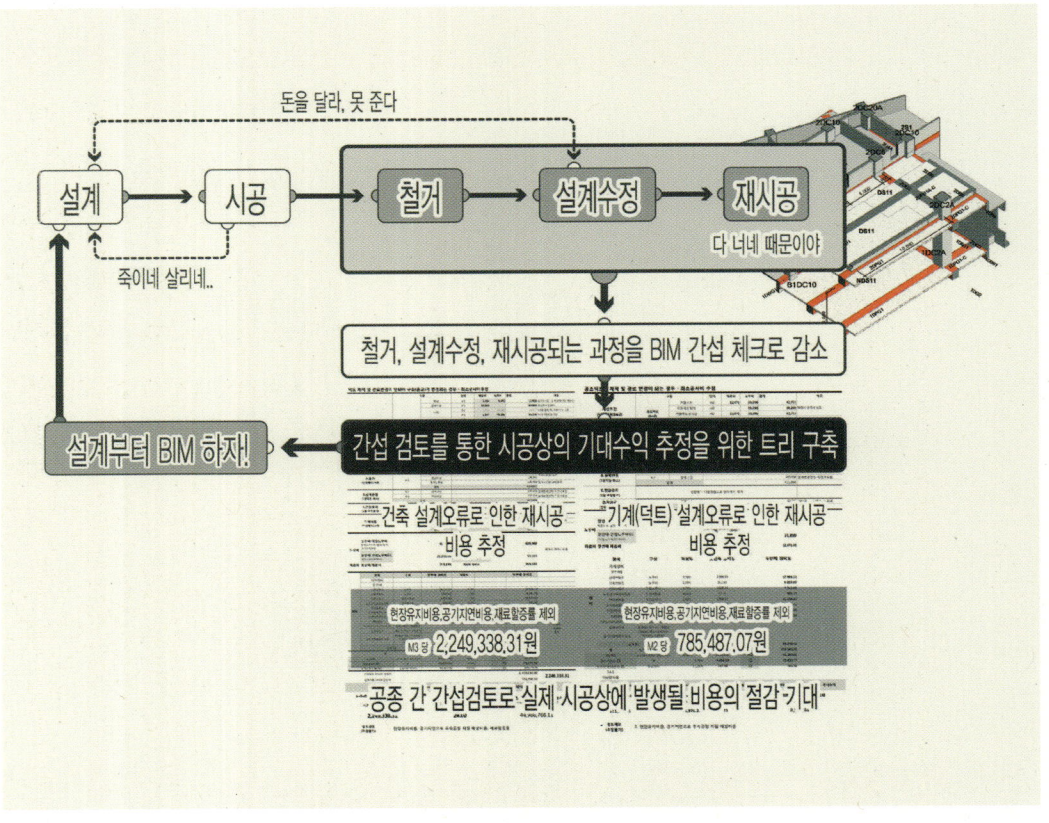

건축설계 단계에 분석 가능한 BIM 적용 기대 수익 추정

그래서 고민했습니다. 어떻게 하면 건축설계에 BIM을 적용하도록 설득할 수 있을까? 설계 과정이 아니라면 데이터 구축만이라도 해야 도면의 정합성을 높이고 동시에 데이터 구축 비용보다 많은 기대 수익을 얻을 수 있다고 이야기할까를 고민했으며, 그 과정에서 이론적으로 정립하지는 못했지만 실무자 입장에서 다른 실무자들을 그나마 납득할 수 있을 법한 방법을 생각해보게 되었습니다.

종료된 BIM 데이터 구축 프로젝트의 간섭 체크 보고서를 바탕으로 구조와 기계(덕트)를 구분해내고 수정이 안 되었다면 잘못 시공되어 이를 철거, 재시공하는 비용을 단위 면적당으로 산출해내게 되고 간섭 검토된 사항들과 각종 보험료 등 추가되는 비용 역시 단위 면적당으로 환산하여 다시 적용한다면 어설프지만 BIM을 적용하였을 때 기대되는 기대 수익으로 산출할 수 있지 않을까 생각하고 있습니다.

노파심에 덧붙이자면, 현실적인 기대 수익 등의 자료 역시, 지금의 환경을 갑자기 3D기반으로 바꿀 혁신적인 자료는 아닐 것이며 때에 따라 그리고 받아들이는 분에 따라 이미 한물간 분석 방법이라고 생각할 수도 있고, 현실적이지 않다고 생각할 수도 있을 것입니다.

하지만 제가 말씀드리는 기대 수익의 측면은 쌓여지는 자료들에 의해 만들어지는 통계라는 의미에 비중을 두고 있습니다. 이런 자료 외에도 설계나 시공에 BIM을 적용해야 하는 이유는 수없이 많을 것이나, 잘 모르는 제가 보기에도 프로젝트마다 그 결과와 적용이 조금씩 다르며, 실제 ROI나 기대 수익 측면에서 확연하게 만들어지는 프로젝트나 자료도 많지 않은 것이 현실입니다. (제가 듣기로는 5개도 안 될 것 같습니다.)

지금까지 국내에도 수없이 많은 크고 작은 BIM 프로젝트가 발생했고 앞으로도 발생할 것인데 그렇게 BIM이 적용된 프로젝트마다 간섭 검토든 도서 검토든 기대 수익 자료가 만들어지고, 그렇게 모여 통계를 확인할 수 있을 만큼 쌓여 그 통계가 정확해진다면, 아마도 짐작건대 기대 수익 외에 BIM을 적용해야 하는 여러 이유들과 함께 수치적 분석 데이터로 발주처를 설득할 수 있는 원시 데이터 중의 하나로 활용되지 않을까 하는 것입니다.

그리고 그렇다고 가정한다면, 아마도 지금 필요한 것은 몇몇 프로젝트에 적용된 사례가 아니라 보다 많은 BIM 프로젝트에 기대 수익을 조금 더 쉽게 추출할 수 있는 계산법(?) 및 활용 방안이 연구, 검토되어야 한다고도 생각합니다.

그래서 그렇게 조금씩 자료가 쌓여 통계화되고 활용 목적에 따라 데이터가 2차, 3차 가공된다면 그 자료는 **우리가 건축설계 프로젝트에 BIM을 적용하는 현실적 이유가 될 수 있을 것입니다.** 동시에 건축설계사에서 BIM을 해야 하는 이유, 즉 단순 데이터 구축을 넘어 데이터를 의미 있게 가공하고 추출하는 등 계속된 문제 인식과 그 해결 노력 및 새로운 서비스가 가능할 수 있게도 할 것이라 생각하기 때문입니다.

CHAPTER 3

다양한 건축설계 관련
BIM과 Digital Solution

건축 관련 공부를 하거나 직업으로 건축을 하고 있는 사람들에게 BIM과 Digital Solution, 특히 BIM이란 말은 꽤 익숙한 단어일 거라고 생각합니다. 이는 지난 10여 년간 수많은 홍보와 교육, 게다가 온라인에 퍼져 있는 국내외 자료를 통한 지식으로 습득하거나 혹은 경험한 덕분이라고 생각합니다. 그러나 솔직히 실무를 통해 BIM의 '실체'를 아는 사람은 많지 않을 것입니다. 부끄럽지만 저부터도 굉장히 어려운 범주에 속하는 이야기들이 많아 아직도 혼란스러울 때가 있습니다.

그래서 저는 이를 조금 쉽게 이야기해보려 하는데요, 이는 현실을 직시하고 지금 할 수 있는 것부터 하자는 의미이기도 합니다. 지금도 건축설계 분야가 시공 및 다른 분야 업무 영역을 제대로 이해하지 못하면서 어렵게만 이야기해 스스로가 타 분야와 벽을 쌓고 자위만 하는 건 아닐까 자문해볼 필요가 있다고 생각합니다. 나아가 근본적으론 건축설계 분야가 지켜야 할 기본 소양도 지키지 못하는 것이 현실이기에 이런 부분부터 바로잡아보자는 노력이 이 이야기의 골자입니다.

건축설계와 BIM의 경계

2003년 건축설계 실무를 시작해 14년째 이 일을 하고 있지만 BIM이란 용어가 피부에 와 닿기 시작한 것은 2009년 무렵부터라고 기억합니다. 이때 BIM이 건축설계를 3D 기반으로 진행한다는 개념을 듣고는 '어, 재미있네!'라는 생각과 동시에 '흠, 그 많은 정보를 담는다고? 가능할까?' 하는 의문이 들었습니다. 이후 BIM 교육과 BIM 프로젝트의 수행, 그리고 개인적인 노력으로 BIM을 좀 더 깊이 알아가면서 단순한 느낌이나 의문에 머물던 생각이 BIM 프로세스의 효율과 현실적인 어려움을 느끼는 것으로 '발전'할 수 있었습니다. 더불어 이때 일반 건축설계에 확산되지 못하는 BIM 업무를 수행하는 것을 두고 건축설계와 BIM의 경계에 서 있다고 표현하기도 했었지요.

이러한 생각을 하게 된 배경은 건축설계와 BIM 업무를 병행하면서 자연스럽게 느끼게 된 BIM의 효과와 기존 프로세스와의 차이점 때문이었는데 달리 표현하자면 연애를 못하는 남자와 그를 좋아하는 여자의 마음에 비유할 수 있을 것 같습니다. 둘 다 연애 경험이 없는 초짜 연인은 서로 사랑하는 마음이 있으면서도 이를 표현하지 못하는 것처럼, 분명 효과가 있는 방법임에도 그 과정이 쉽지 않아 실제 사용하지 못하는 양상처럼 보였습니다.

우선, 건축 업무는 현장을 살펴보면 작게는 문서 복사부터 크게는 계약과 금융에 이르기까지 건축에 필요한 모든 작업을 수행하는 상당히 범위가 넓은 분야라고 할 수 있습니다. 실무적으로는 초기 건축물을 기획하고 콘셉트를 수립하며, 기본 설계와 실시 설계를 거쳐 준공에 이르는 과정입니다. 그리고 최근에는 준공 이후의 FMS도 떠오르고 있습니다. 즉, **건축물이 어떻게 탄생해서 어떠한 모습으로 살아가며, 또 어떻게 사라져야 할지를 건축가가 통섭적으로 관여하는 걸 의미합니다.**

비단 설계 도면을 작성하는 업무뿐만 아니라 기계, 전기, 토목, 조경, 친환경 분야의 업무와 그 업무들을 조율하는 등 프로젝트 성격이나 규모마다 정도의 차이는 있지만 건축 설계 이외의 업무는 굉장히 많습니다(배보다 배꼽이 크다는 말을 실감할 정도로요). 그렇게 분야 간 코디네이션부터 인허가에 이르기까지 암묵적으로 거의 모든 과정을 총괄하기 때문에 반대로 우리가 지켜야 할 기본을 소홀히 하는 현상이 생겨납니다. 바로 작성되는 도면의 불일치나 디테일의 부재 같은 것들입니다.

사실 이 대목은 발주자와 시공사, 그리고 설계 사무실 간의 신뢰에 금이 가는 가장 큰 원인이기도 하지만 동시에 어쩔 수 없는 한계라고도 말하고 싶습니다. 설계 사무실에서 수행하는 업무 방식이 **2D 기반의 '추측하는 과정을 통한 결과물의 생성'**이기에 최근에 복잡해지고 새로운 공법이 적용되는 건축의 다양성에 제대로 대응하지 못해 필연적으로 생겨난 결과라서 그렇습니다. 결국 원인을 극복하기 어려운 태생적 한계를 갖고 있다고 생각합니다.

이러한 태생적 한계는 이미 '건축설계사 도면이 욕을 먹는 이유'에서 설명드렸지만, 다시 언급하자면 현재 2D 시스템이 갖는 한계 때문이라고 생각합니다. 역으로 건축설계 사무실에서 도면을 그리는 사람은 어쩌면 굉장한 능력자일지도 모른다고 추측하는 것은 그 엄청난 정보를 축약해 2D 도면으로 그리면서 항상 머릿속으로 어느 슈퍼컴퓨

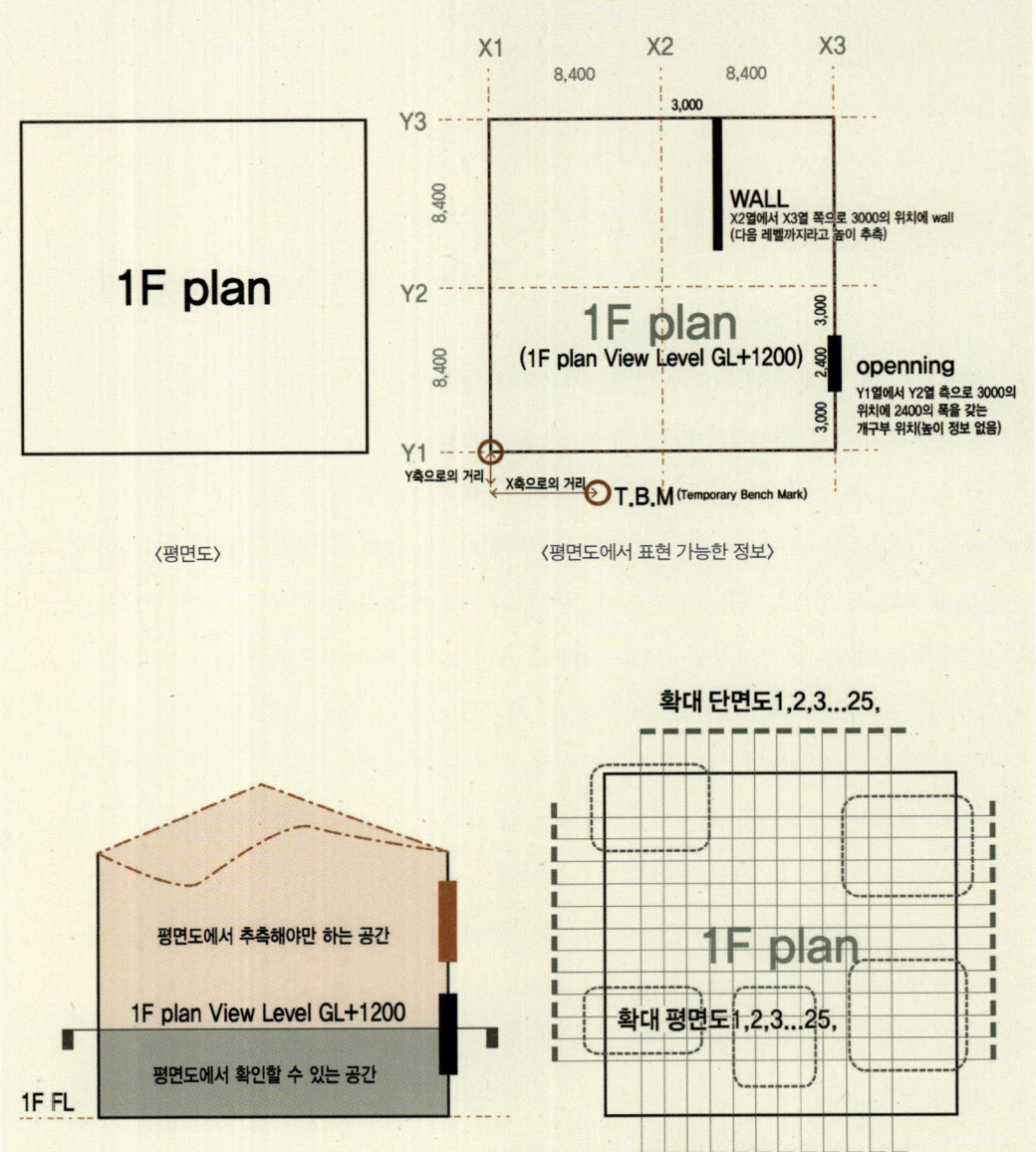

X1   X2   X3

8,400   8,400

3,000

Y3

WALL
X2열에서 X3열 쪽으로 3000의 위치에 wall
(다음 레벨까지라고 높이 추측)

8,400

Y2

1F plan
(1F plan View Level GL+1200)

3,000

2,400

openning
Y1열에서 Y2열 쪽으로 3000의
위치에 2400의 폭을 갖는
개구부 위치(높이 정보 없음)

8,400

3,000

Y1

Y축으로의 거리   X축으로의 거리 ⟵ T.B.M (Temporary Bench Mark)

1F plan

〈평면도〉

〈평면도에서 표현 가능한 정보〉

확대 단면도1,2,3...25,

평면도에서 추측해야만 하는 공간

1F plan View Level GL+1200

평면도에서 확인할 수 있는 공간

1F FL

1F plan

확대 평면도1,2,3...25,

〈평면도에서 읽을 수 있는 공간의 범위〉

〈추측을 확신으로 바꾸기 위한 노력〉

2D 도면 작법의 한계 때문에 받는 무한 스트레스

필요한 곳은 3D로
바로 확인

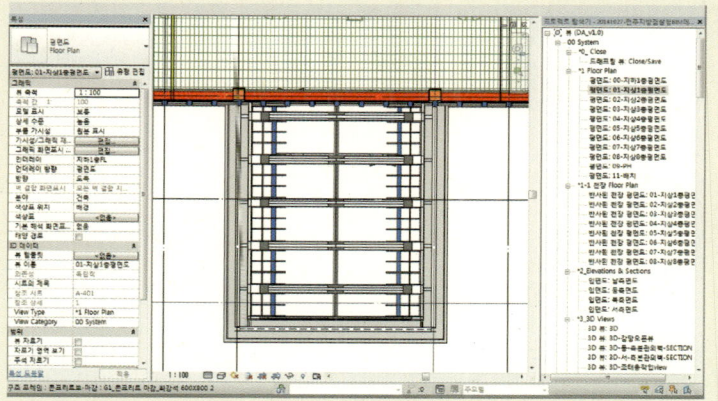

〈ㅇㅇ프로젝트 주출입구 평면 작업 창〉

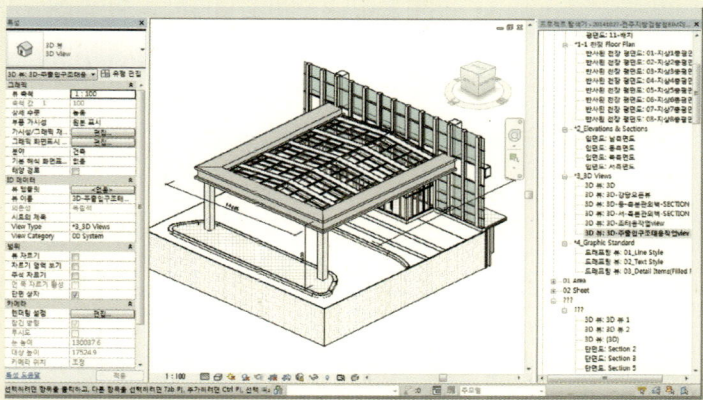

〈ㅇㅇ프로젝트 주출입구 3D 작업 창〉

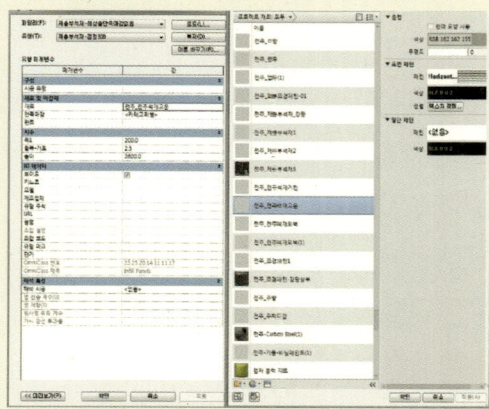

〈객체 기반 프로세스〉

터 못지않은 연산을 해내기 때문입니다.

하지만 동시에 그런 연산을 해야 하는 이유 때문에 현실에서는 건축설계 도면의 정합성이 현저하게 떨어지는 경우를 종종 목격하게 되고, 이 때문에 추측을 확신으로 바꾸기 위한 노력을 일정 부분 시스템의 장점으로 극복해보자는 이야기를 합니다. 다시 말해, 현재 방식에서 도면과 도면 사이의 공간을 유추해내기 위해서는 굉장한 노력을 해야 하는데—예를 들어, 단면도와 단면도의 사이 또는 평면도와 입면도의 관계를 알아내기 위해서는 읽을 수 있는 한정된 정보를 가지고 추측을 확신으로 바꾸기 위해 한없이 미분하고 연산해야 하는 과정의 고통을 겪어야 하는데—이러한 스트레스는 상당 부분 3D 기반 설계를 통해 해소할 수 있다는 것입니다.

물론 3D 기반 설계의 경우 초기 데이터를 구축하고 진행하기가 힘에 부칠지 모르지만 위에서 언급한 추측을 위한 피로도는 현저하게 줄어들 거라 확신합니다. 건축물의 어느 부분이든 보고 싶을 때 그 형상과 정보를 즉시 읽어낼 수 있기 때문에 아마도 확인하려는 의지가 곧 정보의 확신으로 다가올 테니까요. 예를 들어 평면도와 입면도 혹은 단면도가 정합성이 맞는지 확인하기 위해 별도의 인원과 시간을 투자할 필요 없이 확인 가능해질 텐데, 이렇듯 프로젝트 초기에 적용하는 3D 기반 설계의 프로세스에서는 3D 기반 작업만이 갖는 특수성이 우리가 수행할 업무에서 추측을 확신으로 바꾸기 위한 어찌 보면 무모한 연산의 부하를 덜게 해주는 좋은 솔루션이 될 수 있습니다. 저는 이를 가리켜 **'최소한 평면과 입면, 단면이 맞는지 알아보기 위한 시간을 절약할 수 있다'**라고 말합니다.

더불어 건축설계를 진행할 때 전통적인 분석 방법이 아닌 간단한 프로그램을 활용하여 대지나 계획안의 조건을 검토한다면 객관적인 데이터를 기반으로 건축설계 초기에 계획안의 큰 틀을 결정하는 데 도움이 될 것입니다. 이는 현실적인 디자인과 엔지니어로서의 접근이 될 것입니다. 이런 부분은 친환경 분야가 아닌 합목적성이 가미된 건축계획안을 만드는 건축설계 사무실의 몫이라 생각되며, 그리 어렵지 않은 방법으로 충분히 소화해낼 수 있습니다.

더불어 제가 BIM과 Digital Solution이란 말을 하며 3D 기반 설계와, 대단하지 않지만

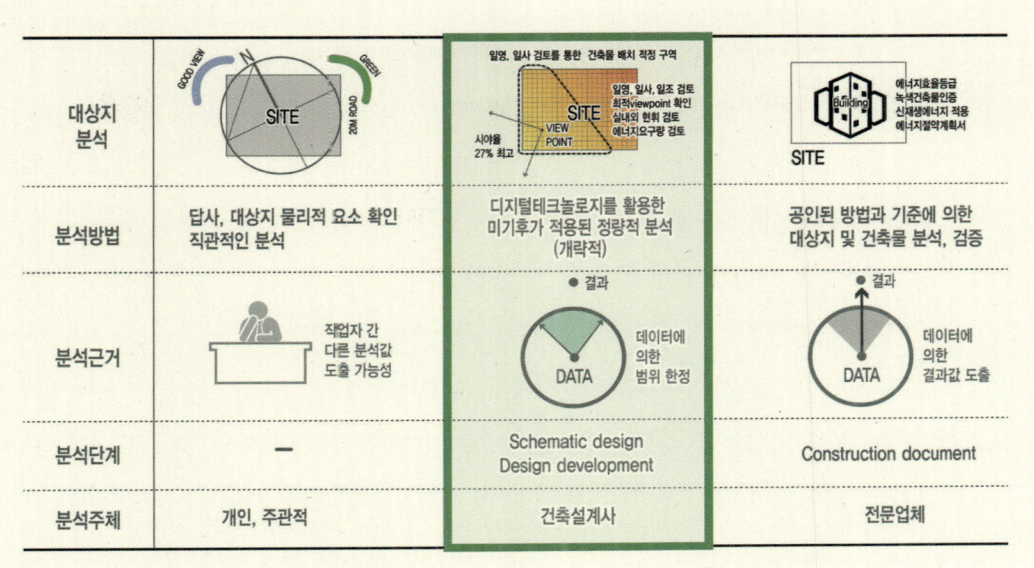

대상지 분석			
분석방법	답사, 대상지 물리적 요소 확인 직관적인 분석	디지털테크놀로지를 활용한 미기후가 적용된 정량적 분석 (개략적)	공인된 방법과 기준에 의한 대상지 및 건축물 분석, 검증
분석근거	작업자 간 다른 분석값 도출 가능성	결과 DATA 데이터에 의한 범위 한정	결과 DATA 데이터에 의한 결과값 도출
분석단계	—	Schematic design Design development	Construction document
분석주체	개인, 주관적	건축설계사	전문업체

건축설계사가 수행해야 할 계획 시뮬레이션 영역

객관적인 데이터를 만들고자 하는 이유는 건축에 관여하고 있는 사람이라면 누구나 바라는 좋은 건축물을 만들기 위함입니다. 그런 공동의 목표를 위해 건축의 시작이라 할 수 있는 좋은 계획안을 만드는 단계에서부터 활용 가능한 여러 가지 것들을 활용해보자는 의미이기도 합니다.

건축설계사에서 BIM과 Digital Solution

최근 건축설계사에서 전통적인 설계 업무 방식에서 벗어나 경쟁에서 살아남는 방법을 생각할 때 가장 먼저 떠오르는 단어가 BIM일 것입니다. 이런 이유로는 BIM이 앞으로의 프로젝트 통합 발주 방식인 IPD(Integrated Project Delivery)로 계약 방식이 진행될 때 참여자 간 소통과 문제 해결을 위한 핵심 도구로 활용될 것이며, 기존 2D 방식보다 효과적인 진행 방법이라고 큰 틀에서 건축설계사 및 건설의 여러 분야에 제안되었기 때문입니다.

더욱이 건축설계사에는 3D 기반의 건축 계획안 검토와 도서의 작성으로 기존 방식보다 설계 도면의 정합성을 향상시켜주며, BIM 데이터를 활용한 분야 간 간섭 검토로 시공상의 리스크를 현저하게 감소시킬 수 있다고 제안되었습니다. 만약 원활하게 적용된다면 건축설계 사무실에서 도면의 작성이 실시간으로 3D 모델링에 반영됨으로써 참여 인원이 감소해 건축 설계사에서 업무의 부가가치를 높이고 이렇게 쌓인 기술력은 또 다른 수익 구조에 기여할 것이라 이야기된 것이 사실이지요.

하지만 이런 장밋빛 기대와는 달리 건축설계 분야에서의 BIM은 그동안 계륵 취급을 받아온 것도 사실입니다. 이는 BIM을 검토하고 적용하였을 때 효과가 피드백되는 시간을 예상하기 어려웠고, 생각보다 운용하기 쉽지 않았으며, 그런 상황과 시간을 버티기에 건축설계사의 여력이 부족했기 때문입니다. 더불어 BIM 전환 설계라 부르는 데이터 구축만으로도 충분한 효과를 얻을 수 있었기에 전문 업체와 극소수 인력에만 의존했습니다. 게다가 각종 BIM 지침은 설계 과정에 BIM을 적용하라는 내용보다는 데이터의 생성과 납품에 주안점을 둠으로써 건축설계사 직원과 임원, 그리고 경영진에게 **BIM은 별도의 업무라는 인식**을 심어주었고요.

그럼에도 저는 몇 건의 BIM 프로젝트를 경험하면서 건축설계 분야에서 BIM의 활용에 대한 가능성과 문제점을 동시에 볼 수 있었습니다. 먼저 문제점이라고 생각한 것은 건축설계사에서 BIM을 대응할 때 가장 우선시되었던 설계사 내부에 BIM을 대응하는 조직의 구성입니다. 물론 초기 대응 측면에서 잘못된 선택이었다고 생각하진 않지만 이 때문에 BIM의 전사적 확산보다 극소수의 인력에 의존하는 폐쇄적인 운영이 된 것도 사실이라 생각하며, 그렇기에 저는 실무자 위주의 BIM Team을 호소하고 있습니다. 이는 지금까지와는 달리 건축 설계 본부의 프로젝트 진행 시 기본 설계 단계까지만이라도 BIM 프로세스로 진행하는 조건으로 실무자 위주 BIM Team이 추가(2~3명)로 투입되는 운영 방식입니다. 특별한 몇 명이 하는 프로젝트 진행에서 보다 많은 사람이 보편적으로 활용 가능한 방식으로 자연스레 변환될 수 있다고 생각합니다.

이러한 실무자 위주 BIM Team의 구성은 실제 시작하고 있습니다. 제가 몸담고 있는 건축설계 사무실에서는 진행되는 프로젝트에 실무자 위주의 BIM Team에 의한 BIM 데이터 구축을 제안, 수행하고 있습니다. (하지만 고백하자면 저희도 아직은 특별한 몇 명이라고 할 수 있습니다. 하지만 우리 팀은 보편적인 활용과 확산을 분명한 목표로 하고 있습니다.) 물론 BIM Team의 실질적 운영은 설계 과정에 참여하는 것이지만, 현재는 실무자 위주 BIM Team의 시작을 위해 프로젝트에 도서의 정합성, 분야 간(구조와 덕트) 간섭 검토, 발주자 보고에 필요한 동영상 작성 업무를 수행하고 있습니다. 제가 이런 과정을 통해 강조하고 싶은 점은 건축설계와 가까운 곳에서 BIM의 적용에 따른 효과를 이야기함으로써 향후 실무자 위주 BIM Team이 구축되었을 때 조금 더 원활한 적용과 실질적 활용 방안으로 회사와 건축설계 실무자들이 쉽게 BIM 프로세스에 다가서고 보다 올바른 인식이 정립되어 BIM을 활용하길 바란다는 것입니다.

더불어 BIM이 설계사에서 폭넓게 그리고 실질적인 방안으로 활용된다면 차후에 건축설계 도서의 기본적인 정합성과 함께 비정형 형태를 접근할 때 현실적인 디자인과 엔지니어로서의 접근이 가능해지는 최소한의 조건이 마련되는 것이기에 꼭 필요한 준비일 것입니다.

건축 관련 Digital Solution

건축설계에서 BIM이 기존 2D 기반의 설계를 3D 기반으로 체질을 개선하는 것이라면 건축설계 관련 디지털 솔루션들은 넓은 의미에서 BIM 프로세스에 포함될 것입니다. 하지만 아직 솔루션을 행하는 프로그램 간 데이터 호환이 원활하지 않으며 건축설계 사무실 내부에서 보편화되지 않고 있는 문제점들로 인해 저는 이를 **디지털 테크놀로지를 활용한 솔루션, 즉 디지털 솔루션**이라고 표현하고 있습니다.

이에 해당하는 업무는 일반적으로 친환경 업체에서 수행하는 대지와 건축물의 일사, 일조, 일영, 빛 반사(현휘)에 의한 눈부심 현상과 에너지 요구량 검토, 외부 기류 검토, 그리고 통상 보고용 이미지를 생성하기 위한 단순 모델링을 벗어난 파라메트릭

(parametric)한 모델링과 모델링 기법, 비정형 형태의 논리화, 효과적인 렌더링 툴의 활용을 비롯하여 비용을 지불해야 결과 값을 얻을 수 있었던 각종 분석 방법을 검토하여 유사 알고리즘을 적용하는 것 등입니다.

이러한 검토를 할 때 가장 중요하게 생각 할 것은 활용 방법이 쉬워야 한다는 점입니다. 또 발주자나 시공사 혹은 관을 상대로 설득 가능한 합리성 및 적정성을 가져야 한다는 점도 중요한 사항입니다. 그리고 건축설계 계획 단계에서 요구되는 친환경 검토를 비롯한 시뮬레이션의 경우에는 건축 후 일어나는 상황 중 발생 빈도가 높다고 예측되는 상황을 미리 정량적으로 검토해보고 그에 따르는 문제점을 보완하는 정도의 예측을 목표로 합니다. 그렇기 때문에 비록 단편적인 상황밖에 예측할 수 없지만 건축 기획, 계획설계 단계에서 계획안이 친환경적 적정성을 가지기 위한 최소한의 범위를 제안하고 그를 토대로 궁극적으로는 계획안이 디자인과 친환경성이 어우러진 좋은 건축물이 되는 초석을 다지는 데 데이터가 활용될 수 있다고 생각하고 있습니다. 하지만 현실에서는 때때로 이 대목이 악용되어 건축설계사 스스로 시뮬레이션의 변수 값을 변경해 임의의 값을 도출하는 용도로 사용되는 경우도 종종 있어 안타까울 때가 있습니다.

만약 설계사가 위와 같은 변수 값 임의 변경을 통하지 않고, 해당 지역의 미기후 등을 입력해 사업 대상지와 계획안에 대한 간단한 시뮬레이션 후 나온 결과 값을 토대로 배치 계획이나 대안을 결정하는 요소로 활용한다면 디지털 테크놀로지에 의한 **데이터가 계획안의 적정성을 높여주는 요소로 작용할 거라 생각합니다.** 물론 이와 같은 분석은 지금도 하고 있지만 제가 이야기하고픈 것은 건축 기획, 계획 단계에서 수행해야 할 대부분의 분석 시뮬레이션은 전문 업체가 아닌 건축설계 사무실 내부에서 수행하는 것으로 바뀌어야 한다는 점입니다. (전문 업체에게는 말 그대로 좀 더 전문적이고 어려운 시뮬레이션을 수행하게 하고요.)

제가 프로젝트에 참여하게 되면 처음 하는 작업이 대상 부지에 대한 분석입니다. 주변 건축물이 미칠 대상 부지의 일사량과 일영의 검토로, 기존 방법이라면 스케치업의 그림자 분석이 있지만 정량적 분석이 불가능하고 미기후의 조건을 입력하기 힘들다는 점 때문에 에코텍과 부분적으로 일조량의 정량적인 검토에는 선라이트라는 프로그램을 활용합니다. 대상 부지의 어느 곳이 햇빛을 가장 많이 받는지에 대한 정량적인 검토는 건축물의 배치 계획을 결정할 때 아주 중요하고 객관적인 요소가 되기 때문입니다. (최근에는 라이노의 플러그인 프로그램인 Grasshopper와 Ladybug+Honeybee라는 프로그램을 활용하기도 하며 최근 DAGROUP DDLab에서는 일조 시뮬레이션 플러그인 프로그램 Sunflower v1.0을 개발하여 솔루션을 만들기도 합니다.)

배치 계획 단계가 끝나고 계획안이 완성된 뒤에는 단위 면적당 1차 에너지 소요량의 근간이 되는 단위 면적당 에너지 요구량을 검토해 매스 대안 결정의 요소로 활용하기도 합니다. 또 이후 프로젝트의 제약 조건에 따른 형상 및 패턴을 3D 기반 시각적 검증 작업으로 수행하기도 합니다.

이런 다양한 디지털 솔루션을 가장 많이 적용했던 한 프로젝트에서는 이형적인 타워의 형태로 인해 영구 음역 검토, 사무 공간 일사량 검토, 자연 채광, 불능현휘, 적정 잔향 시간, 구조 시스템, 코어 위치 적정성, 태양광 패널 위치 검토를 수행했습니다. 개인적으로 의미가 크다고 생각하는 것은 언급한 솔루션을 위한 시뮬레이션을 외부 전문 업체가 아닌 제가 속한 건축설계 사무실 내부에서 진행하여 발주자를 설득할 때 불필요한 데이터와 비용을 최소화할 수 있었다는 점입니다.

이 밖에도 건축설계 사무실 너부에서 진행 가능한 디지털 솔루션들은 생각보다 많습니다. 최근에는 타 부서의 요청으로 공동 주택의 건축이 주변 건축물에 어떤 영향을 미치는지에 대한 일조 수인한도 관족-불만족 검토를 수행하여, 대상지 주변 건축물의 13%가 영향을 받는다는 사실을 객관적인 데이터를 통해 검증했습니다. 이 프로젝트에서 건축 행위로 인한 외부 기류의 변화를 보퍼트의 풍력 계급도, 기상청 데이터를 활용하여 비교 분석함으로써 지자체와 심의위원을 설득하는 객관적인 자료로 활용하기도 했습니다. 또한 비정형 형태로 디자인된 건축물의 외피 최적화의 경우 전문 업체가 투입되기 전, 설계사 내부에서 형태의 논리화를 통한 기본적인 외피 최적화로 큰 틀에서 계획안의 변경 없이 진행할 수 있도록 검토하여 발주자와 시공사를 설득하는 기본 자료로 활용하기도 했고요. (관련 내용 http://blog.naver.com/skyarchi77 참조)

이처럼 건축설계 업무는 다양한 솔루션이 필요한 프로젝트를 진행하는 경우가 많습니다. 그러나 경우에 따라 솔루션을 갖고 있는 전문 업체와 계약 관계로 협력하지 못할 때가 종종 있습니다. 건축설계 프로젝트를 진행할 때 사용 가능한 비용은 한정되어 있는 데 반해 예상치 못한 사태에 대비한 예산을 확보하기가 어려워서도 그렇지만 때로는 처음부터 비용을 발생시키기 어려운 프로젝트도 있어 그렇습니다.

제가 얼마 전에 진행했던 대규모 개발 프로젝트도 그런 경우였습니다. 관광단지를 조성하는 프로젝트로 대규모 산지 개발을 위해서는 산지 관리법에 명기된 구역계 내의 평균 경사도를 추출해 25도가 넘지 않음을 검증할 필요가 있었는데, 이를 위해 기존에는 GIS 관련 프로그램으로 별도 비용을 발생시켜 평균 경사도, 표고 분석, 수계 분석 등의 업무를 수행하였다고 합니다. 그러나 (눈치채셨겠지만) 이 프로젝트는 특성상 비용 발생이 어려웠기에 저는 산지 관리법과 GIS 알고리즘을 검토하여 이와 유사한 알고리즘을 3D 모델링 프로그램인 라이노와 플러그인 프로그램인 그라스호퍼에 적용하여 개발하려는 구역계의 평균 경사도 데이터를 추출하여 프로젝트를 진행할 수 있었습니다.

이 책을 통해 이야기하고 싶은 다양한 솔루션 활용

지금까지 설명한 것 외에도 건축설계 업무 관련한 디지털 솔루션은 많습니다. 일의 성격에 따라 다르겠지만 보통은 해결 과정이 생각보다 쉽다는 점 때문에 추가 비용을 들이지 않고 문제를 해결해, 발주자를 설득할 수도 있을 거라 생각합니다. 그리고 이때 필요한 것은 해당 프로그램의 숙련도가 아니라 문제가 생길 때마다 외부 전문가에 의존하기보다는 내부에서 할 수 있는 것과 없는 것을 객관적으로 판단하는 능력일 것이며, 업무의 성격을 분류하고 가능한 한 설계사 내부에서 수행해보려는 의지와 노력도 중요합니다.

이런 상황들과 지난 경험 그리고 건축설계 업무를 경험해본 제 느낌을 보태 말씀드리면, 처음 건축을 접했던 대학 시절부터 지금까지 **우리는 늘 누군가를 설득하는 과정의 연속**에 있었다는 것입니다. 설득 대상이 학부 시절 학과 교수님에서 실무에서는 발주자로 바뀌었을 뿐 항상 많은 자료를 준비해서 개인과 회사의 디자인 및 세부 계획안을 가지고 클라이언트를 설득해야 했죠.

그런 여러 과정을 거치면서 제가 중요하게 여겼던 것은 자칫 지루한 의견 충돌이 야기되는 주관적인 설득보다는 근거가 명확한 데이터 기반 자료의 필요성이었습니다. 이는 분야 간, 혹은 발주자와의 커뮤니케이션의 효율과 설득 확률 자체를 높일 수 있는 열쇠였기 때문입니다. 물론 우리에게 다가오는 모든 문제가 디지털 테크놀로지를 활용한 솔루션만으로 해결되지 않을 것이지만, 설득의 양과 효율을 높일 수 있다면, 그래서 지금보다 조금 더 설득과 커뮤니케이션의 향상이 기대된다면, 이를 적극적으로 검토, 적용하여 효율적으로 활용하여야 한다고 생각합니다. 그런 노력과 데이터 기반의 결과물로 보다 더 신뢰받는 건축설계 사무실이 되는 방법, 그렇게 되는 데 활용할 수 있는 방법들을 이 책을 통해 말씀드리고 싶습니다.

BIM도 건축설계를 위한 솔루션이다

국내 대부분의 건축설계 사무실은 지금도 BIM 데이터를 구축하는 일을 합니다. 그 이유는 발주처의 요구 때문이기도 하며, 때론 설계 사무실 내부의 경쟁력을 높이기 위해서이기도 합니다. 하지만 애석하게도 그것을 적극적으로 활용한다는 측면에서는 미흡한 점이 많은 것이 현실입니다.

그럼에도 말씀드린 것처럼 지금도 설계 사무실들은 BIM 데이터를 구축하고 건축설계 실무에 적용, 확산하기 위해 노력하고 있는데 그러한 노력은 크게 두 가지로 구분해 볼 수가 있습니다.

첫 번째는 그 적용 범위에 있어 편차는 있겠지만 이른바 전환설계라 부르며 2D 설계가 진행된 후에 이를 3D 기반의 데이터를 구축하면서 그다음 단계에 활용될 데이터를 구축함과 동시에 설계 사무실의 기본이라 할 수 있는 도서의 정합성, 즉 시공사와 발주처에게 전달될 계획안의 정확한 정보를 만드는 일이 있습니다. 이후 말씀드릴 3D 기반 설계에는 그 근본적인 효과에 못 미치긴 하지만 이 과정만 충실히 이행하고 발견된 도서의 오류 사항을 수정·보완한다면 꽤나 훌륭한 정보를 만들어낼 수 있다고 생각합니다(하지만 대부분의 경우 몇 번 언급한 것처럼 설계 일정상 이를 수정·보완할 시간적, 정신적 여유가 없다 보니 애써 데이터를 구축하고도 이를 지나쳐버리기도 합니다).

그리고 이 전환설계라 하는 범위만 해도 전 공종을 다 하는 데이터 구축 업무 범위와 작은 목표를 세우고 이를 성공하려는 노력의 반복이라 할 수 있는 Small-BIM이라는 데이터 구축범위로 나누어 볼수 있습니다. 제가 속한 사무실은 2016년부터 이 Small-BIM이라는 업무 범위를 발주처나 시공사의 요청이 없어도 건축설계 사무실 내부의 도서 정합성 향상을 위한 방편으로 노력하고 있는데, 이는 비록 화려하진 않지만 건축설계의 BIM 적용과 확산에 있어 굉장히 큰 역할을 하고 있다고 생각하며 BIM의 효과에 대해서 이런저런 이야기를 하는 것보다 아주 효과적인 확산 방법이라고 생각합니다. 그리고 저희 사무실도 아직은 별도의 팀이 BIM 데이터를 구축하지만 Small-BIM이란 방법으로 설계본부 인원들에게 현실적인 효과로(도면의 정합성) 아주 가깝게 다가설 수 있었습니다.

두 번째는 건축설계 업무의 효율을 생각할 때 이야기되는 3D 기반의 설계방식입니다.

물론 프로젝트마다 그 환경이 다를 것이므로 적용 시기는 계획 설계 때부터가 될 수도, 기본설계 단계부터가 될 수도 있을 것입니다. 아마도 현재의 환경을 고려할 때 선뜻 적용하기 어려운 방법이기도 합니다. 하지만 3D 기반의 건축설계 업무 방식은 첫 번째 말씀드린 전환설계가 따라올 수 없는 장점이 있는데, 무엇보다 데이터 이중구축의 우려가 적다는 점입니다. 또 전환설계 방식으로도 도서의 오류를 발견할 수는 있으나 그 조치 계획의 수립과 반영에 있어 별도 배려해야 할 일정이 없어도 된다는 점입니다.

이럴때 흔히 접하는 오해 중의 하나는 3D기반 설계를 진행할 때 2D(Auto cad)는 사용하지 않는것인가 하는 점인데, 이럴 때 항상 넓은 의미의 BIM의 범위는 스케치까지 포함된다는 점을 이야기합니다. 위에서 잠깐 언급했지만 건축설계 사무실에서 최종 결과물로 만들어내는 것은 결국 '정보'입니다. 우리가 밤을 새우며 만들어낸 계획안을 콘셉트와 조감도, 그리고 계획 도면으로 제안하는 건물의 정보를 발주처에 전달하는 것입니다. 실시 설계 단계에서도 마찬가지 의미로 공사를 위한 '정보'를 도면의 형태로 전달하는 것이지요. 그래서 BIM 프로세스에서 중요한 대목은 의미 있는 데이터를 구축하고 그다음 공정으로 데이터가, 올바른 정보가, 연속되게 활용되는 것입니다. 그렇게 정보가 다음 공정으로 연속된다면, 그리고 정보 전달의 활용 도구로 스케치 혹은 그 어떤 것이든 사용된다면 BIM 프로세스로 말할 수 있다고 생각합니다. 여기서 의미 있는 데이터를 구축한다고 말씀드린 것은 효율과 정보 전달의 정합성의 이야기를 포함하고 있는 것이기도 합니다.

이렇듯 BIM의 활용과 적용 및 확산, 그리고 그 효과에 걸친 이야기는 한 가지 중요한 대목을 떠올리게 합니다. 그리고 그 한 가지가 다른 사람들 각자에게 전달될 때는 속해 있는 조직과 공정의 입장에서 달라질 수도 있으나, 저한테는 이렇게 다가옵니다. 건축설계의 영역에서는 역할에 대한 세분화가 이뤄지는데 그 각각의 역할 중에 찾아보기 힘든 역할이 엔지니어링이라고 생각합니다. 분명한 것은 우리가 하는 일이 그림만을 그리는 일이 아니라는 점이며, 이를 도자기 만드는 것에 비유를 해보면 도자기 형태는 디자인할 수 있으나 같이 생각해야 할 점은 도자기를 어떻게 만들 것인지에 대한 것입니다. 그렇기에 출력되는 수많은 계획안들이나 제안서의 건축물들 보고서의 뒷단에서 구조, 기계, 전기 등의 분야별 검토가 병행되는 것인데, 건축가 혹은 건축설계 사무실들은 그 결과물에 대한 책임이 다릅니다. 왜냐하면 그것으로 '돈'을 벌기 때문이며, **그 책임에는 계획하는 건축물의 정확한 '정보 전달'이 포함되어 있기 때문입니다.**

이러한 정보전달의 책임이 있는 건축설계 사무실에서 건축설계와 BIM 업무를 담당하면서 자연스럽게 몇가지 궁금한 점이 떠 올랐는데, 정보전달을 하면서 돈을 벌고 그렇기에 책임이 따르는 건축설계사무실에서 건축설계업무에 BIM을 적용할때 필요한건 무엇일까? 에 대한 이야기입니다. 그리고 건축설계에 BIM을 적용하는 일은 아마도 이런 궁금증에 확실한 답을 할 수 있을 때 정착되지 않을까 하는 생각도 들었습니다.

그리고 지금도 이 질문들에 대한 대답을 써내려가고 있다고 생각하기에 혹시라도 BIM을 적용·확산시키는 일에 도움이 될까 하여 'BIM 프로젝트를 진행하면서 던져야 할 질문 19가지'라는 제 질문을 보여드립니다.

■ 건축설계 사무실에서 BIM 프로젝트를 진행하면서 던져야 할 질문 19가지

구분		내용	비고
BIM 프로젝트 진행	1	BIM TFT 인원 구성과 필요한 업무는?	
	2	BIM 템플릿 파일은 뭐길래 준비해야 해?	
	3	BIM 라이브러리 구축은 어떻게 할 것인지?	
	4	BIM 프로젝트는 처음에 어떤 게 좋을까?	
	5	기존 방식과 BIM 프로세스는 발주처 납품 성과물이나 다른 부분에서의 차이는 없나?	
	6	BIM 프로세스로 하는데 dagroup의 도면 시트와 도면 작성 지침 같은 게 왜 필요해?	
	7	프로젝트를 진행하려는 사람들의 마음가짐도 중요해?	
	8	BIM 프로젝트를 진행하려면 최소한 어느 정도의 소프트웨어와 컴퓨터가 필요해?	
	9	BIM으로 인허가 진행도 현재와 같은 프로세스야?	
	10	계획, 기본, 실시 설계 기간 중 BIM으로 전환하는 타이밍이 있었던가?	
	11	건축만 BIM을 하면 되는 거야?	
	12	협력 업체와는 어떻게 협의를 주고받을 수 있었지?	
BIM 프로젝트 완료	13	BIM TFT에서 프로젝트를 진행했을 때 납품은 어떻게 했지?	
	14	시공사도 BIM 파일을 활용할 수 있으려면 어느 수준이어야 할까?	
	15	그럼 견적은 어떻게 진행했어?	
	16	BIM으로 했을 때와 기존 프로세스로 했을 때 효율이나 인력 투입 등에서 차이가 나는 거야?	
	17	발주처나 CM은 어떻게 BIM 파일을 검토·검증하는 거지?	
BIM TFT	18	BIM 프로젝트가 끝나면 BIM TFT는 해체하는 게 맞는 거야?	
	19	일반 설계 본부로의 BIM 전파는 어떤 방식으로 하는 게 가장 좋을까?	

CHAPTER 4

올바른 '정보'의 생성과
손실 없는 '전달'의 중요성

건축의 본질은 올바른 '정보'의 생성과 손실 없는 '전달'이다

건축의 본질은 올바른 '정보'의 생성과 손실 없는 '전달'이다

기술은 지금도 발전하고 있으며 증강현실, VR과 드론 등 몇 년 전만 해도 상상하기 어려웠던 기술들이 난무하는 요즘, 그에 편승하듯 건설 분야에서도 3D 스캐닝과 프린팅으로 장소와 재료의 한계에서 자유로워져 새로운 세상이 열릴 것이라 이야기합니다. 그리고 제가 속한 건축설계 분야에서도 기술의 발전은 이전과 다른 3D 기반 설계나 BIM, 그리고 Digital Solution 등의 방안을 이야기할 수 있게 되었습니다. 또한, 건축설계와 견적 그리고 시공 및 비용, 일정 통합관리에 대한 접점도 생겼으며, 자연스레 건축물의 유지 관리에도 관여를 하고 있어, 긍정적인 의미로 기술과 사고의 시너지라고 생각합니다.

그런 정신을 차릴 수 없는 새로운 기술의 출현과 소멸 과정 속에서 제가 중요하게 생각하는 중심은 몇 번 언급했던 **올바른 '정보'의 손실 없는 '전달'이며,** 이 기본이 지켜지는 프로세스라면 기술의 발달로 확장되는 분야가 무엇이든 건축설계 분야는 최초의 원시 데이터(건축 계획안)를 구축하는 역할을 하게 될 것이라 생각합니다. 이와 함께 중요하게 생각하는 대목은 건축설계 분야도 건축설계 사무실에서 구축하는 원시 데이터에 대한 정보를 가공하고 필요한 부분만 추출할 수 있도록 프로그래밍과 소프트웨어의 개발에도 관심을 가져야 한다는 점입니다.

이는 원시 데이터를 구축할 때 휴먼 에러를 최소화하는 알고리즘이나 구축된 정보를 편집하여 추출할 때 필연적으로 바탕이 되어야 할 소양일 것이기 때문이며, 그런 바탕과 노력이라면 원시 '정보'를 구축하고 손실 없이 '전달'하는 건축설계 분야의 기본을 효율적으로 해낼 수 있을 거란 믿음 때문이기도 합니다.

오래전 대학 시절, 전공 서적을 빌리기 위해 찾은 도서관에서 우연히 빌려 본 소설이 있었습니다. 『은하영웅전설』이라는 우주를 배경으로 한 소설이었는데, 부끄럽게도 도서관을 찾은 이유인 전공 서적 대신 얼마 동안 이 소설에 심취했고, 지금도 개인적으로는 '명작'의 범주에 넣고 있습니다.

이 소설은 언제일지 모를 미래 우주를 배경으로 한 전쟁을 다루었는데, 주인공이 수도 행성을 천도하기 위해 극중에서 건축가를 불러 행성에 대한 거대한 마스터플랜을 맡기고 이를 보고받는 장면이 무척 인상적이었습니다.

이는 아마도 시간과 공간을 떠나 건축가의 역할에 대한 이야기가 되지 않을까 하여 말씀드리는데, 소설 속 건축가는 아마도 지금의 기술로는 상상하기 어려운 미래의 테크놀로지를 활용하여 마스터플랜을 완성시켰겠으나, 결국 주인공(클라이언트)에게 마스터플랜을 보고(설명, 설득)하는 역할이었습니다. 이는 지금은 BIM이란 명칭으로 3D 기반 설계가 이야기되고 건축설계에 적용하려 하지만 결국 무엇을 활용하든 **건축설계 업무의 본질일 수 있는 '정보' 생성과 그를 활용한 '설득' 업무**는 변함이 없을 거라는 이야기가 아닐까요? 그리고 그럴 때 우리에게 필요한 것은 건축설계에서 파생되는 정보가 견적, 시공, 유지 관리, 비용, 일정 통합관리 등에 전달될 때 대응 가능한 방법이 있어야 한다는 이야기로도 이어진다고 생각합니다.

그렇기에 재차, 삼차 전통적으로 design이란 용어로 이야기되는 건축 계획안의 생성과 함께 BIM 혹은 3D 기반 설계, 그리고 Digital Solution에 관여하여 보다 정확한 '정보'를 '전달'을 할 수 있는 여러 프로그램의 활용을 들여다봐야 한다고 생각합니다. 그때 따라오는 업무의 효율은 부가적인 효과라고도 생각되고요.

건축설계 사무실 소장이 이야기하는

생각의 차원을 맞춰보는 6가지 노력

Rhino, Grasshoper, Ecotect, Sunlight, Revit, Lumion

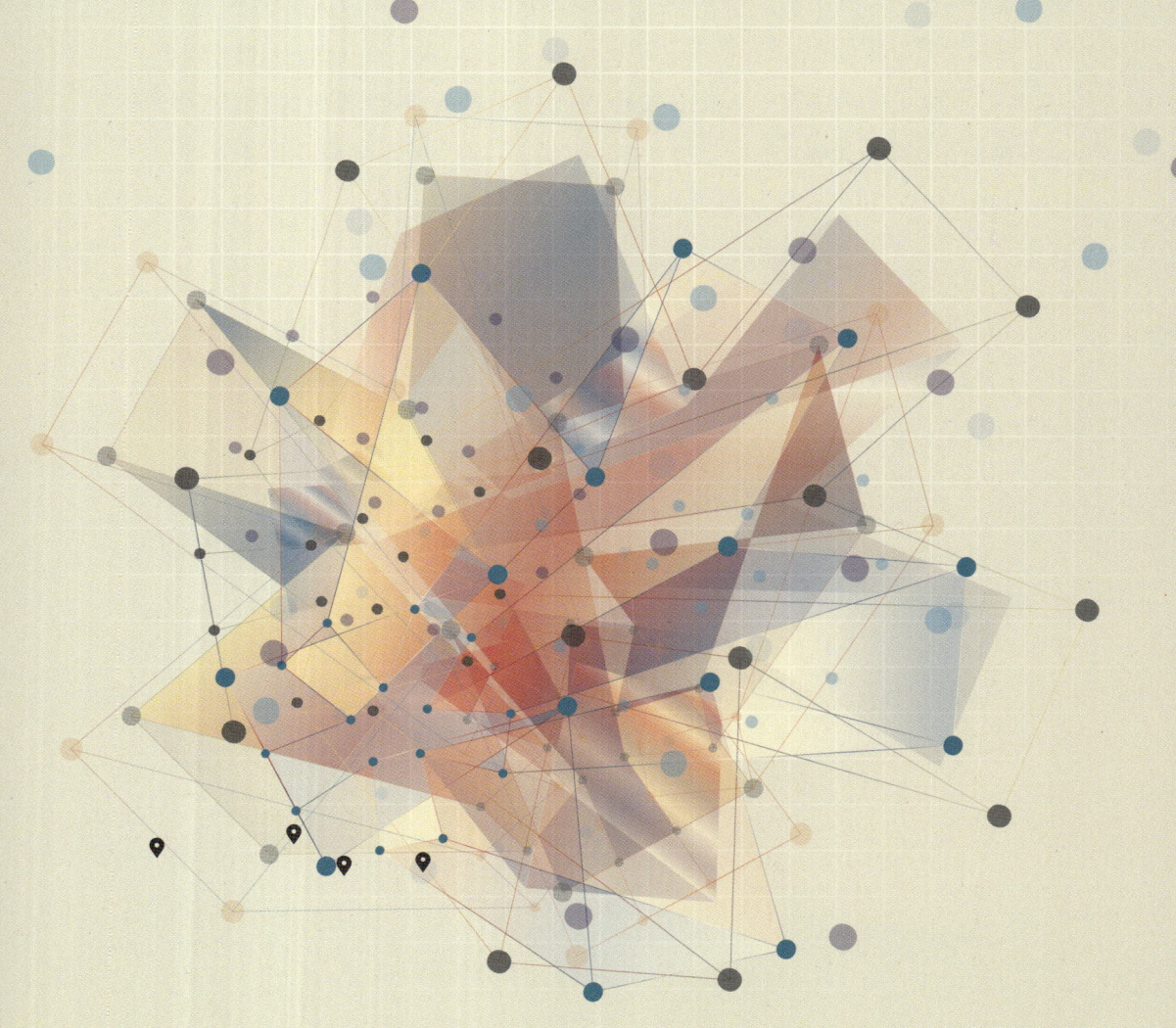

프로그램 안내에
들어가기 앞서

BIM은 결코 소수를 위한 특별한 방법이 아니다,

그리고 프로그램은 활용할 뿐이다

"한 프로젝트는 다수의 인원이 각기 다른 문제를 해결해나가는 과정이며 그 문제가 해결되면 하나의 프로젝트가 끝난다는 것을 의미한다."

많은 분들이 알고 있는 내용이겠지만 건축설계를 실무에서 진행한다는 의미를 이렇게 표현할 수도 있을 것 같습니다.

대학에서 진행하는 일부 프로젝트를 제외하고 건축설계 특히 실무에서의 프로젝트는 거의 다 공동(Team) 프로젝트입니다. 더욱이 실무에서는 많은 인원이 투입되어 보고서, 도면, 대관 업무 등의 각 분야 담당자로서 문제를 해결해나가게 되죠.

그렇기에 이 책에서 말하는 BIM과 Digital Solution 방안이라는 것도 실무에서

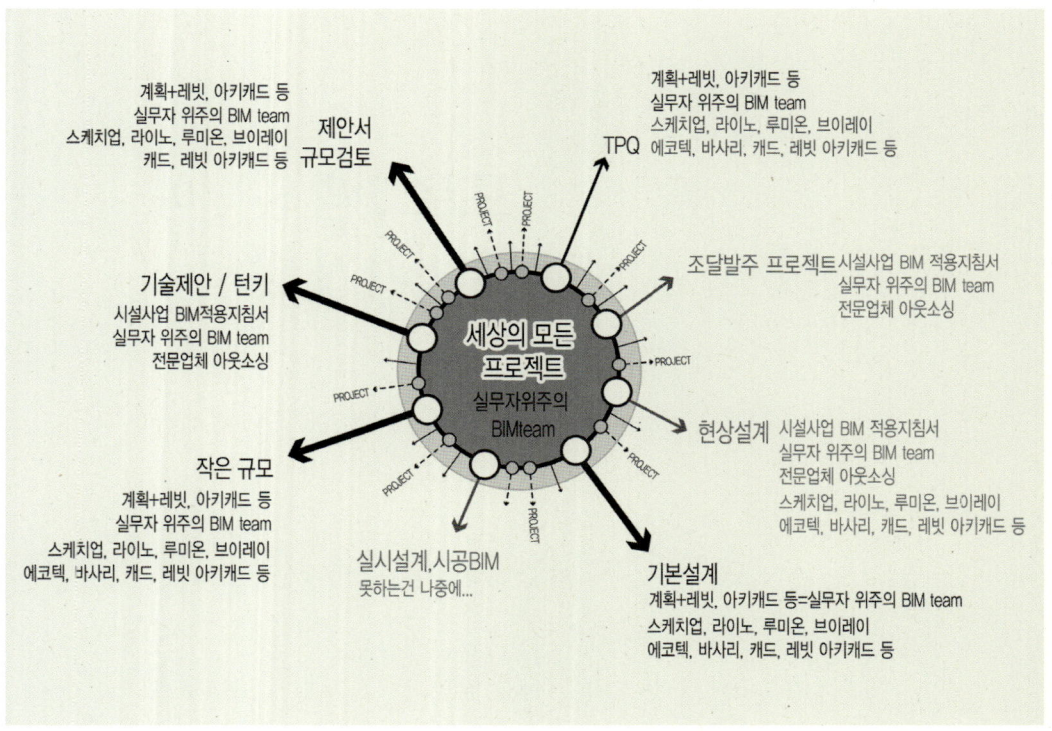

BIM이든 뭐든 건축설계를 진행하는 도구일 뿐이다

Team 프로젝트를 진행할 때 문제를 해결하는 여러 방법 중 하나이며 실무 프로젝트를 진행하는 전체 프로세스에 속해 있다는 점을 제가 이야기하는 모든 것에 우선하는 전제로 말씀드리고 싶습니다. 그렇기에 건축설계 사무실에 속한 인원에 의한 솔루션과 데이터가 구축되어야 한다고 생각합니다. (이렇게 보면 전혀 특별한 게 아니죠.) 재차 강조하자면 건축설계 실무 프로젝트건 대학에서 설계를 할 때건 문제를 해결하거나 자신의 생각을 표현하는 데 효율적인 수단일 뿐이라는 것입니다.

그리고 이 대목에서 제가 이 책을 기획할 때 가졌던 마음, 즉 '프로그램은 활용될 뿐이다'라는 생각을 재차 강조하며, 건축설계를 진행하는 도구라는 연장선에서 라이노, 에코텍, 선라이트, 레빗, 그라스호퍼, 루미온에 대해 적어도 제가 활용했던 부분이라도 여러분께 전달하고 싶습니다.

건축설계와 디지털 테크놀로지
Architectural design & digital technology
건축설계사무실 옆 사람이 이야기하는 주관적일 수 있는, 건축설계 전반에 걸쳐 객관적인 데이터와 시각적인 데이터로 활용되는 디지털 테크놀로지

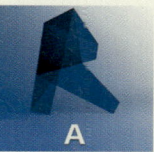
Architectural design & digital technology
건축설계와 디지털 테크놀로지

A

ECOTECT
SUNLIGHT
LUMION

건축설계와 디지털 테크놀로지

CHAPTER 1

라이노와 3D 프로그램에 대한 간단한 이야기

뭐라고 해도 결국 필요한 것은 스스로의 노력입니다.

라이노라는 프로그램을 처음 알게 된 것은 턴키를 주로 하던 부서에서 근무할 때인 2008년 무렵입니다. 근무 초기에 건축설계 연차에 상관없이 대부분 3D 프로그램을 활용해 계획안의 대안을 내는 모습을 보고 작은 충격을 받는 동시에 나도 3D 프로그램을 하나쯤은 배워야겠다는 생각을 하게 되었습니다.

그런 생각으로 주변을 돌아보니 대부분은 스케치업이란 프로그램을 활용하고 있었는데, 그렇다면 나는 라이노라는 다른 프로그램을 써야지 하는 조금은 치기 어린 생각을 하고 남들보다 조금 일찍 출근해 라이노 따라 하기 동영상 강좌를 들었고, 그때 마우스와 스탠드 같은 것들을 따라 했던 기억이 납니다.

사실, 스케치업과 라이노라는 프로그램의 차이를 건축설계 사무실의 실무 측면에서 비교하기란 상당히 어렵습니다. 스케치업은 스케치업이 가지고 있는 익히기 편리함과 빠른 속도감으로 그 어떤 3D 관련 프로그램과도 비교하기 어려울 정도의 우위를 점하고 있기에 건축설계 사무실에서 보편적으로 활용되고 있습니다.

개인적으로는 BIM 툴이 3D 모델링 툴의 형태로도 널리 퍼지지 못하는 현실적인 이유는 어쩌면 이 스케치업 때문이 아닐까 하는 생각도 갖고 있을 정도로 보편적이며, 만약 저에게 권한이 주어진다면 회사에서 스케치업을 전부 없애버리고 싶을 정도로 그렇습니다.

↑ 더 많은 솔루션의 활용은 본인의 시간 투자와 관심, 그리고 노력이 필요 ↑

다양한 솔루션을 활용 가능하도록 수면 위로 조금 올려주는 역할일 뿐

실력은 본인의 노력이 더해질 때 가능하다

그렇게 스케치업의 장점은 열거하기 어려울 정도로 많지만 그럼에도, 저에게 3D 프로그램으로 어떤 걸 배워야 할까 하고 질문할 경우 저는 레빗, 특히 라이노를 많이 권합니다. **그 이유는 다름 아닌 확장성 때문입니다.** 그 대목에서 스케치업은 순위가 밀리게 되는데, 레빗이나 라이노(이 두 가지 프로그램도 역시 특성은 다르지만)의 경우 플러그인 프로그램인 다이나모나 그라스호퍼로 호기심이 연장되고 활용성 또한 넓으며 데이터의 편집이나 제어로 이어진다는 장점 때문에 그렇습니다. 게다가 그 호기심이 자연스레 스크립트로 확장, 확다되는 장점을 이야기하곤 합니다.

하지만 다른 시각에서 예를 들어본다면, 3D 관련 프로그램의 선택과 우열은 아래와 같을 거라 생각합니다.

유치할지 모를 사례이지만, 어린 시절 가졌던 질문을 떠올려보도록 할까요? 어렸을 때 '유도 유단자와 태권도 유단자가 겨루면 누가 이길까?' '권투 유단자와 태권도 유단자가 겨루면 누가 이길까?'를 놓고 다들 친구들과 한번쯤은 심각하게 토론해본 경험이 있을 것입니다. 이 질문을 지금의 저에게 다시 한다면 저는 뜬금없긴 하지만 이렇게 대답할 것 같습니다.

"유도든 태권도든 그리고 권투든 제일 잘하는 사람이 이기겠지."

이는 무엇을 할 수 있느냐보다는 그것을 얼마만큼 효율적으로 활용하는가, 상대의 급소를 가격해 쓰러뜨릴 수 있는 기술 한두 가지가 있느냐가 핵심이 아닐까 하는 마음에서 드리는 이야기입니다.

그래서 이 책을 통해서 저는 7존 라이노 관련 서적에서 다루는 여러 가지 테크닉이 아닌 몇 가지 핵심 명령만으로 건축물을 모델링할 수 있는 방법을 소개하려고 합니다. 즉, 누가 저에게 이런 형태의 건축물을 모델링하려고 하는데 활용할 수 있는 명령어 5~7개만 소개해달라고 할 때 제가 드릴 수 있는 조언입니다.

여기에는 아주 초급에 해당하는 튜토리얼까지 포함됩니다. 특히 주목할 점은 라이노로 따라 하는 건물의 형태를 이후에 레빗이란 프로그램으로 데이터를 구축할 것이기에, 자연스레 두 프로그램의 차이를 체감하고 각각의 쓰임새 및 프로그램의 특성을 이해할 수 있어야 한다는 것입니다.

재차 강조하지만 흔히들 이야기하는 라이노라는 프로그램이 갖는 비정형 형태의 모델링은 커브 편집을 통해 비정형 형태의 서페이스와 폴리서페이가 만들어지기에 이를 위한 기준을 먼저 이해할 필요가 있습니다. 몇 단계씩 건너뛰지 말고 차분히 따라 해보시고 그 이후엔 이 책의 서두에도 말씀드렸다시피 스스로 더욱 탐구하시기 바랍니다.

CHAPTER 2

라이노,
이 정도는 알고 시작하자

3D 모델링을 하기 위한 마음의 준비와 함께

알아야 할 기본적인 사항

━ Rhino 시작 설정

라이노를 실행하게 되면 초기에 아래와 같이 작업 템플릿을 설정하는 창이 활성화됩니다. 이때 캐드와 같은 단위 환산을 위해 화살표의 Large Objects—Millimeter를 선택합니다.

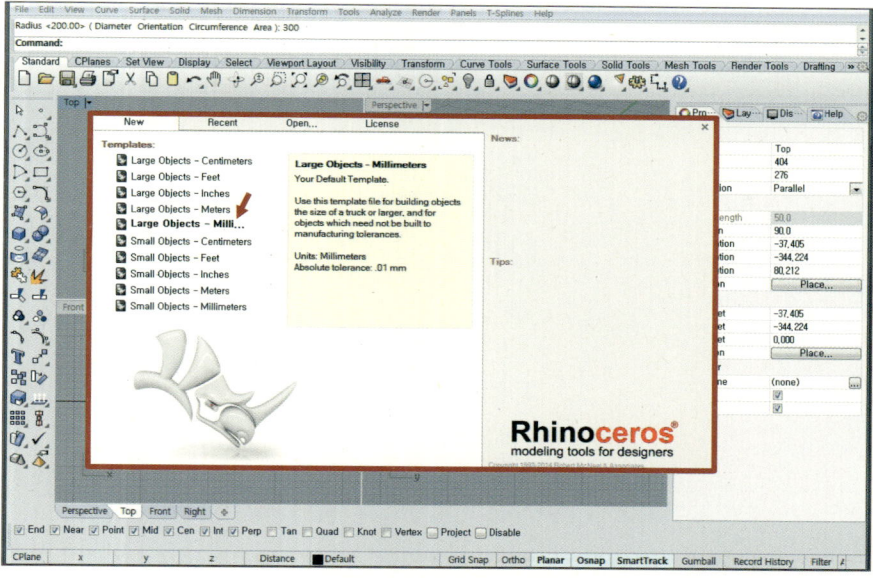

━ Rhino 템플릿 적용 작업 화면 1

템플릿이 적용된 라이노 작업판입니다. 초기에는 4개의 뷰로 나뉘어 활성화되며 위쪽
명령 창과 레이어 그리고 다양한 기능의 아이콘을 확인할 수 있습니다.

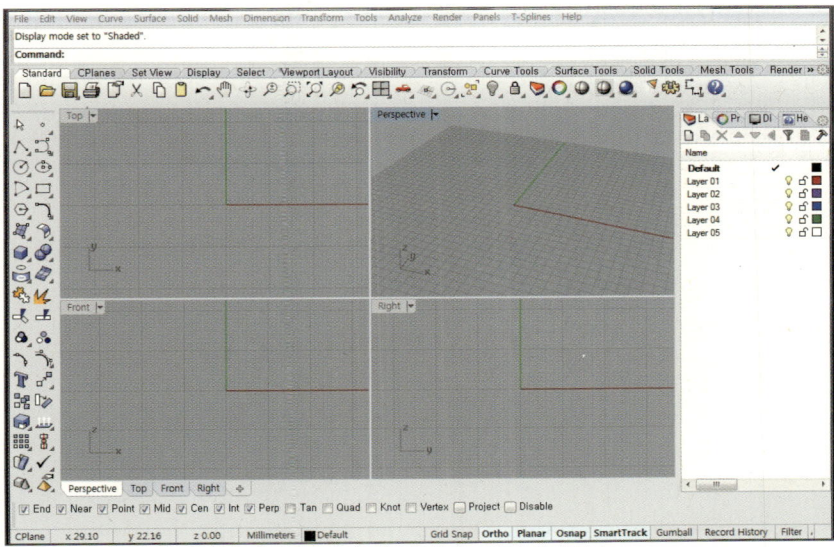

━ Rhino 템플릿 적용 작업 화면 2

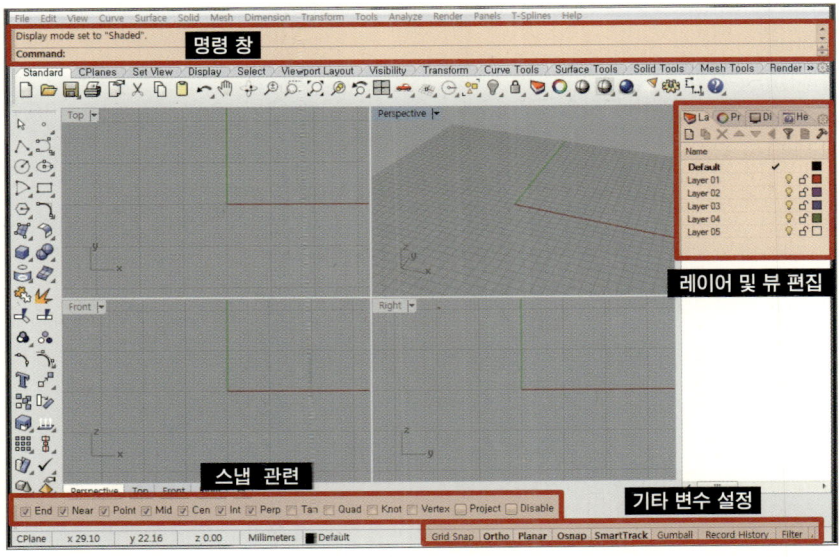

━ Rhino 기본 명령 아이콘들 1

라이노에서 커브 생성과 편집을 다루는 툴 아이콘들입니다.

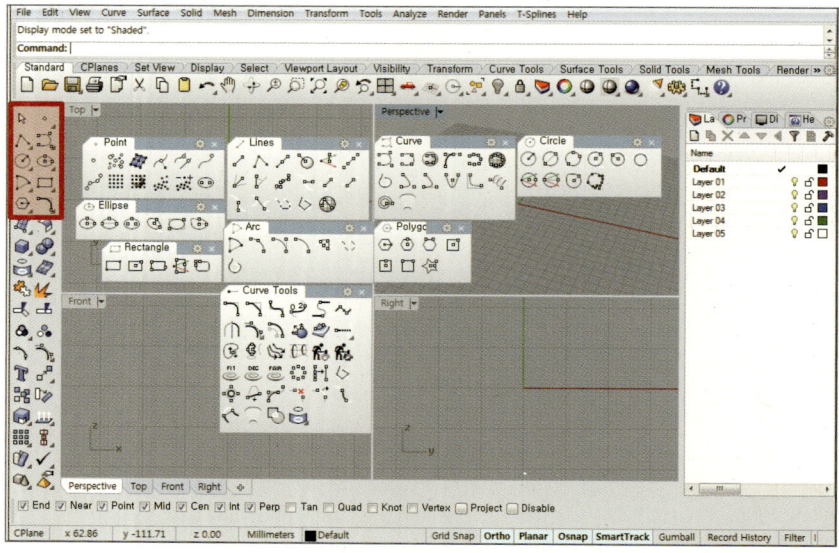

━ Rhino 기본 명령 아이콘들 2

라이노에서 서페이스 생성과 편집을 다루는 툴 아이콘들입니다.

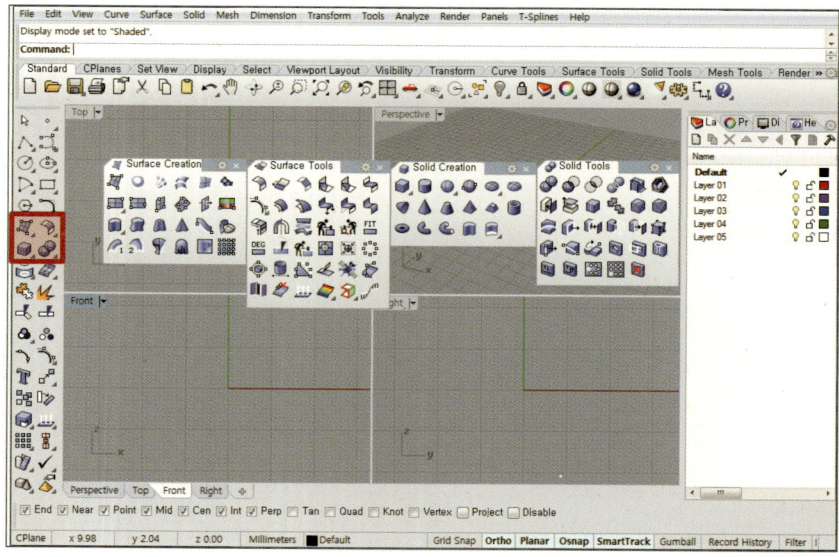

▬ Rhino 기본 명령 아이콘들 3

이 밖에도 많은 기능의 아이콘들이 있습니다만, 천천히 알아가도록 하겠습니다. (전부 다 알면 좋겠으나, 현 단계에서 굳이 다 필요하지도 않고 더불어 앞으로 스스로 알아갈 때에도 그리 어려운 기능은 아닙니다.)

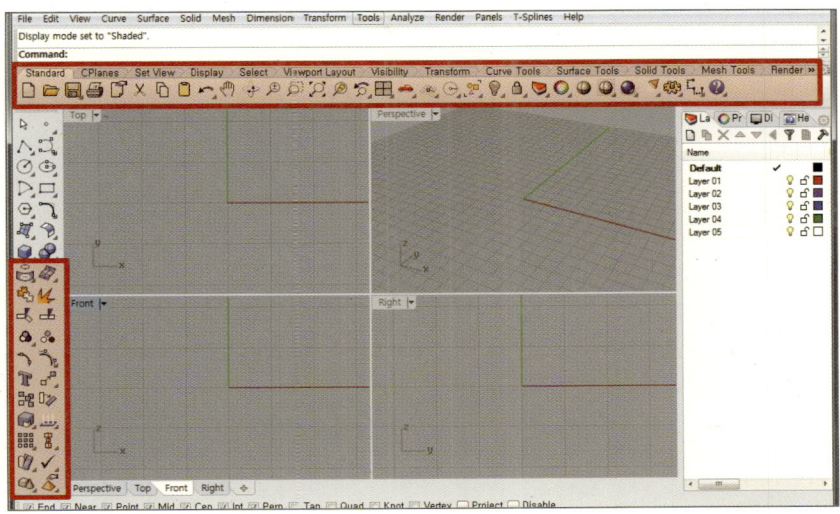

▬ Rhino 기본 박스 명령 실행

라이노에서 마우스 컨트롤을 알아보기 위해 맛보기로 일단 육면체를 생성해보려 합니다. 그다지 어렵지 않은 내용이며 나중에 자세히 알아볼 것이기 때문에 이번엔 그냥 아래 그림처럼 박스 모양의 아이콘을 클릭하고 순서대로 육면체를 그려봅니다.

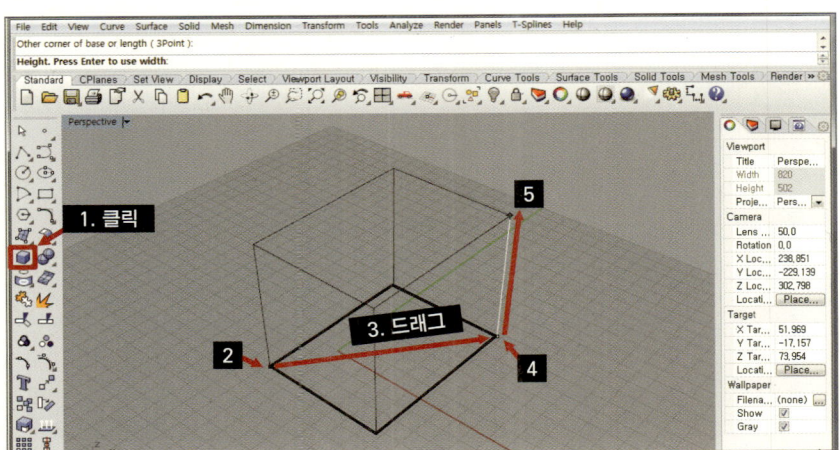

Rhino 화면 조작 1

육면체를 생성했습니다. 그리고 이제 화면 이동을 해보기 위해 키보드의 시프트 키와 마우스 우클릭으로 화면을 이동해봅니다.

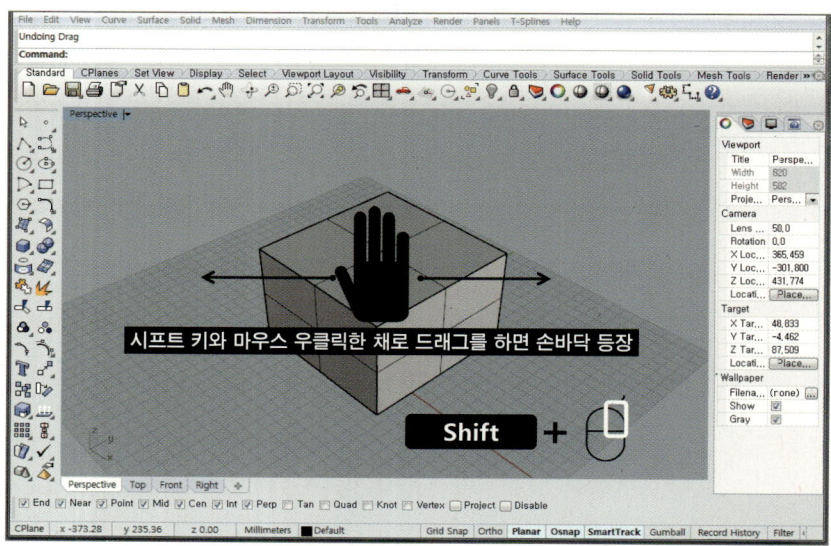

Rhino 화면 조작 2

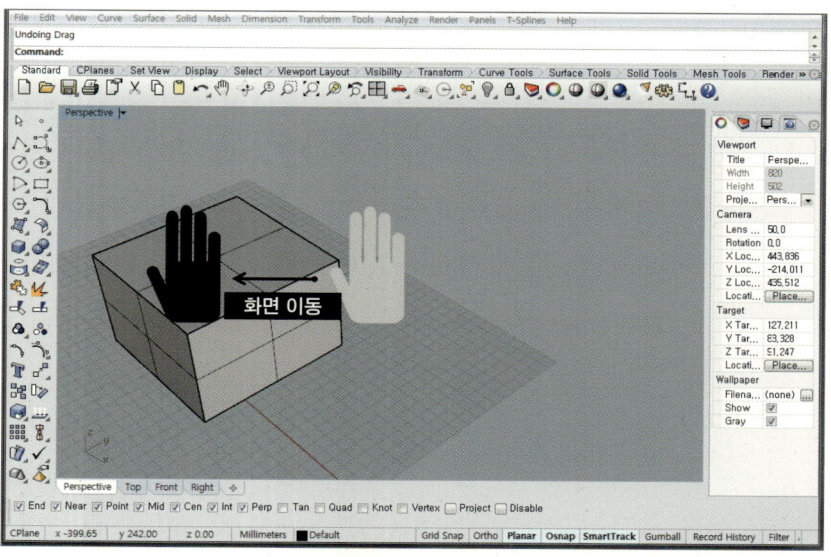

▬ Rhino 화면 조작 3

화면 이동 말고 마우스를 우클릭하고 화면을 돌리면 화면을 돌릴 수 있는 아이콘이 생
성되면서 화면을 3D로 돌릴 수 있게 됩니다.

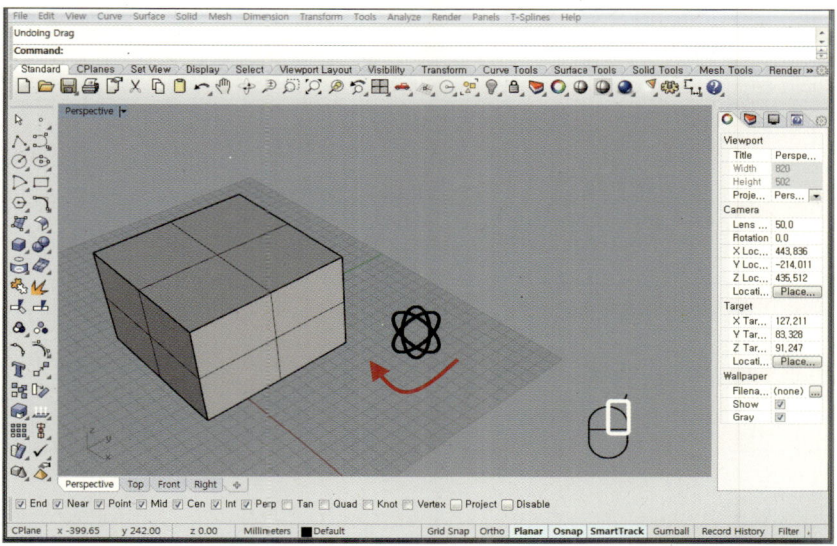

▬ Rhino 화면 조작 4

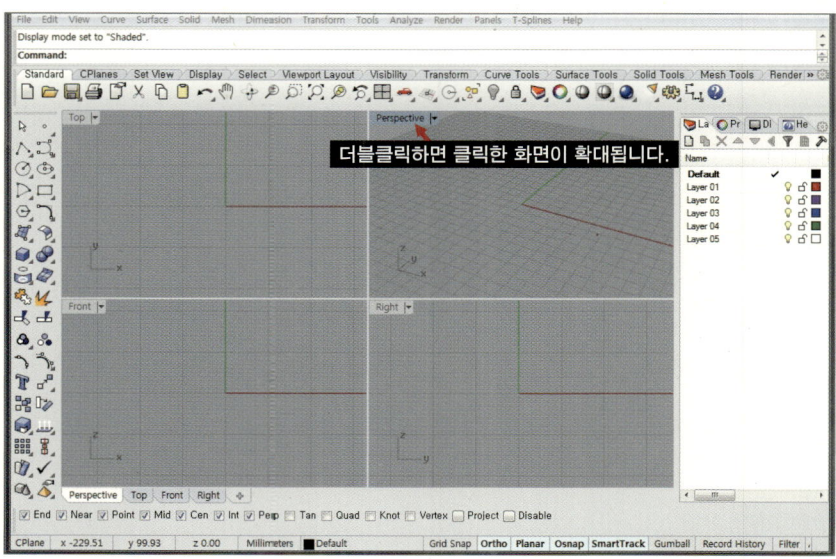

Rhino 기본 설정 1

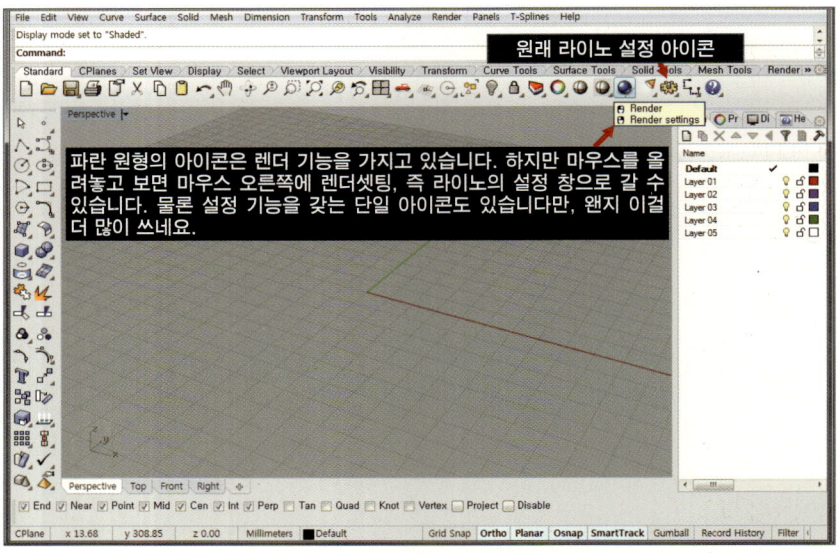

Rhino 기본 설정 2

설정 창에서 다른 것들의 조정도 필요하지만 기본적으로는 라이노 서페이스가 뒤집혔는지 시각적으로 확인하기 위해 View의 Shaded에서 서페이스 뒷면의 색상 이미지와 같이 설정합니다.

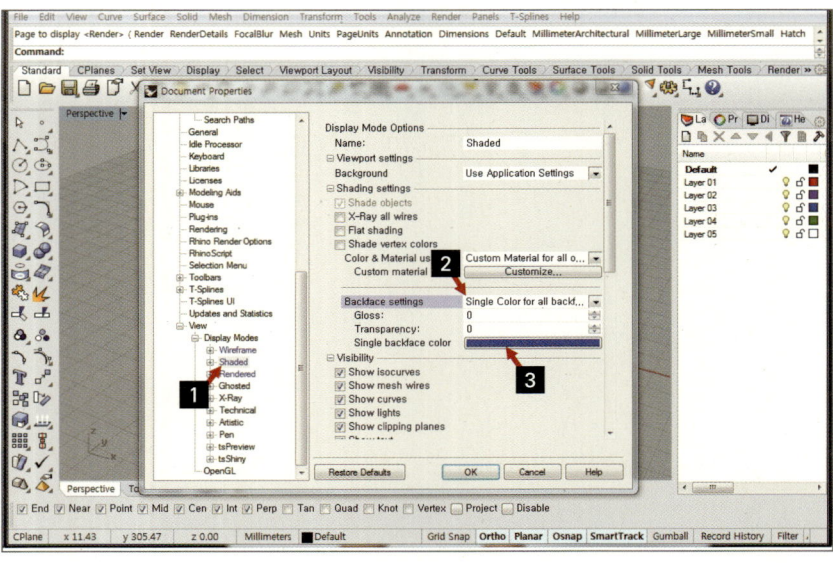

— Rhino 기본 설정 3

라이노에서 서페이스의 앞면과 뒷면의 의미는 렌더링이나 서페이스 면 편집 시 방향 설정에 관여합니다. 레이어 정리와 서페이스 관리는 기본입니다.

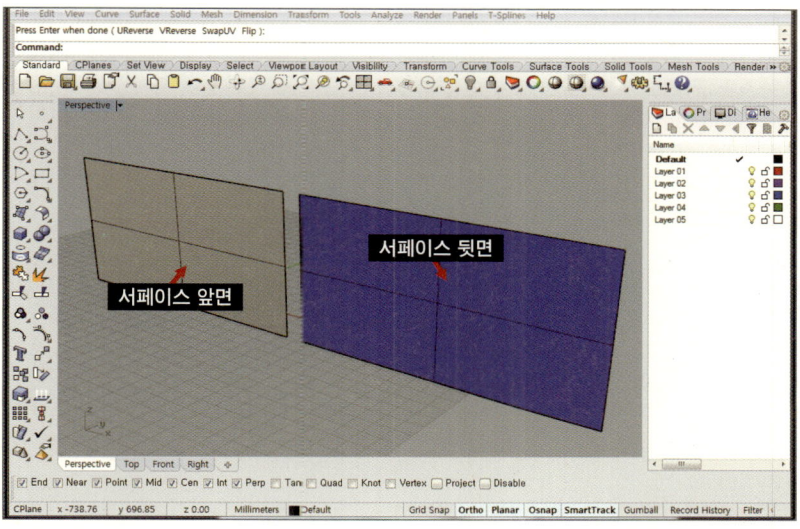

— Rhino 레이어 관련

레이어 관리의 중요성은 뭐랄까… 정리하면 할수록 차후에 작업이 용이해지는 걸 느낄수 있습니다. 그냥 무조건입니다.

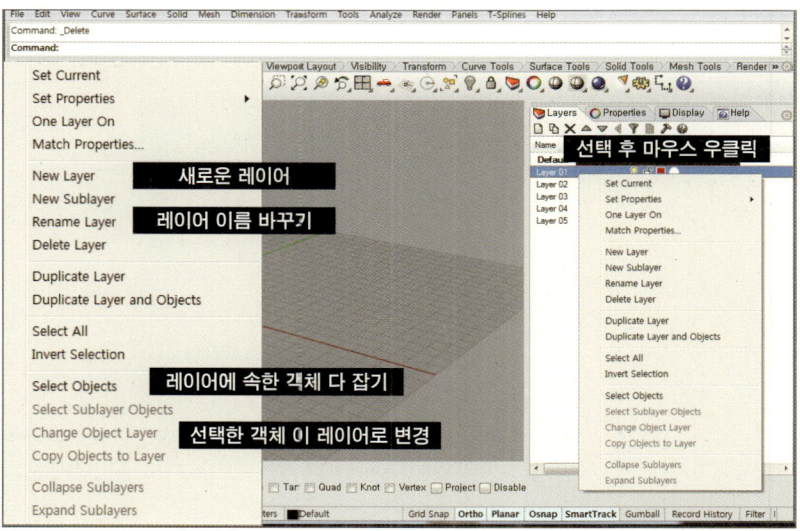

━ Rhino 화면 설정 1

좀 전에 설정 값에서 조절한 설정을 이미지와 같은 디스플레이 설정에서 변경이 가능합니다.

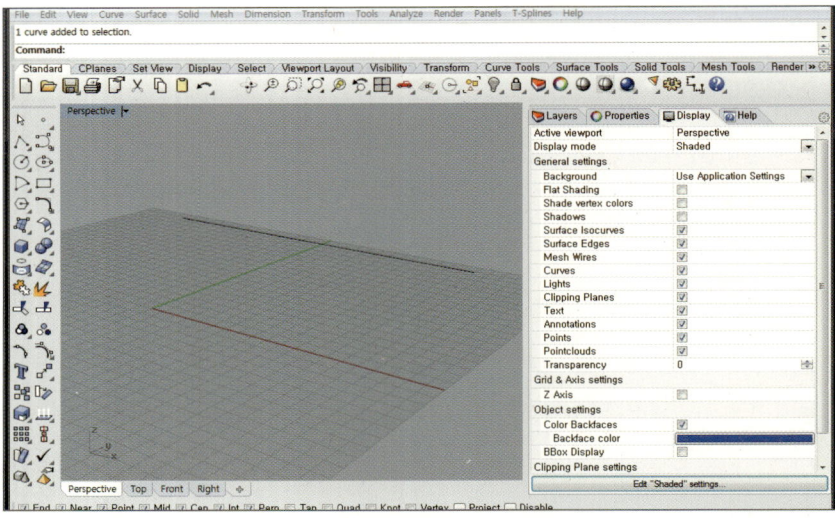

━ Rhino 화면 설정 2

명령 창에 GradientView 명령을 하면 아래 이미지와 같이 작업 배경이 변경되기도 합니다. 근데 뭐 별로 쓸 일은 없어요.

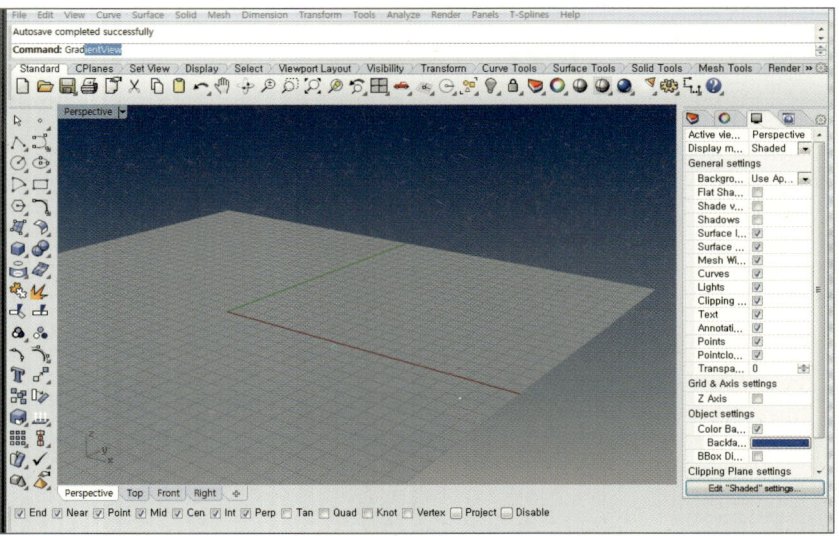

━ Rhino 기타 명령

라이노 작업을 할 때 선택과 잠금, 보이게 안 보이게, 해주는 툴들의 아이콘입니다. 제가 익숙한 툴들 위주로 설명드리는 이유는 그걸 제일 많이 사용했기 때문입니다.

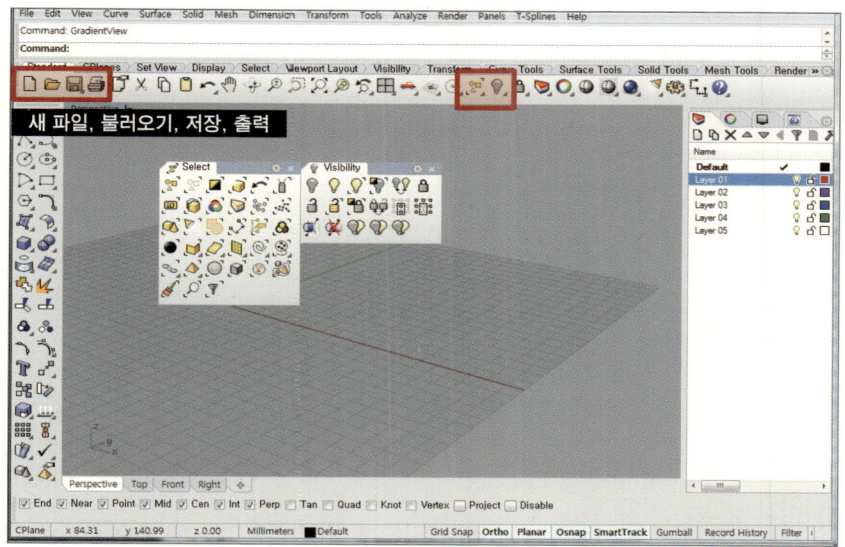

이제 자주 사용하는 기능과 명령 아이콘들을 정말 대충 알아보았습니다. 근데 머릿속에 잘 안 들어오지요? 저도 사실 그 느낌 뭔지 알 것 같아요…
이제 몸을 쓰면서 실제 예제 위주로 위의 아이콘들과 그 밖의 아이콘들을 알아보도록 하겠습니다.

━ Rhino 명령 아이콘 그룹 확장

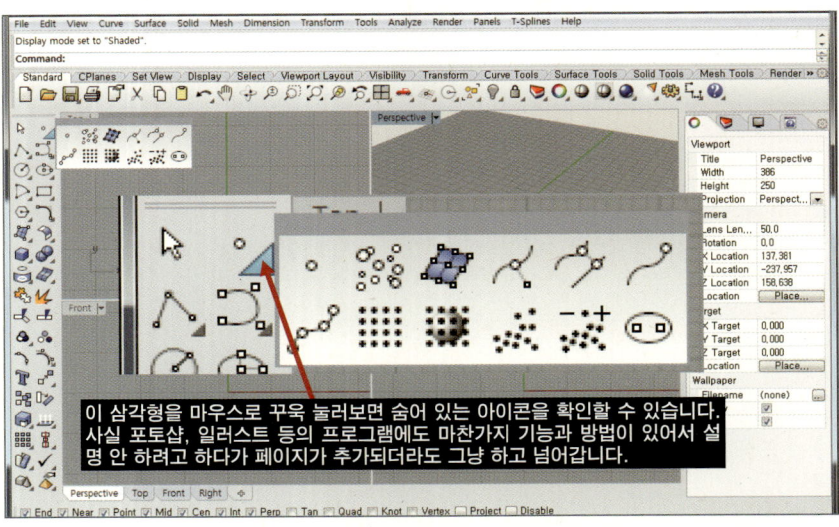

이 삼각형을 마우스로 꾸욱 눌러보면 숨어 있는 아이콘을 확인할 수 있습니다. 사실 포토샵, 일러스트 등의 프로그램에도 마찬가지 기능과 방법이 있어서 설명 안 하려고 하다가 페이지가 추가되더라도 그냥 하고 넘어갑니다.

━ Rhino 포인트 생성 아이콘

포인트를 생성하는 다양한 방법이 있는 아이콘 그룹입니다. 이 그룹에서 가장 단순하지만 그래도 사용 빈도수는 아마 제일 많을 것 같습니다. 하나의 포인트를 만들기 위해 아래 그림과 같은 아이콘을 클릭하고 빈 작업 판에 마우스 좌클릭해주면 이제 아무것도 없던 라이노 작업판에 포인트 하나가 생성되는 걸 드디어 눈으로 확인할 수 있습니다.

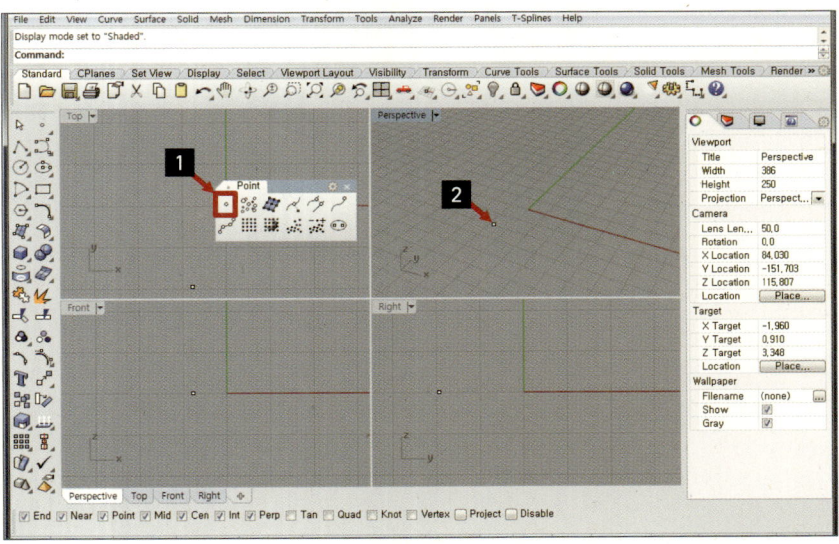

▬ Rhino 라인 생성

다음엔 라인을 생성해보도록 하겠습니다. 뭐 어렵거나 대단한 건 없습니다. 포인트를 만들 때처럼 라인 아이콘 그룹을 띄우고 그림과 같이 라인 아이콘을 누른 후 작업 창에 더블클릭으로 라인을 만들면 됩니다. 사실 이 정도는 알려드릴 필요가 없다고도 생각하지만, 그래도 한번 짚고 넘어간다 생각해주세요.

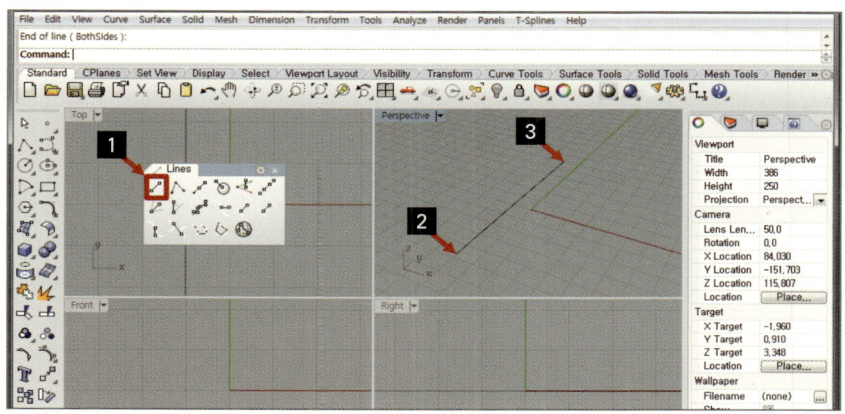

▬ Rhino 각종 커브 및 도형 생성

나머지 다양한 도형을 만들어볼 수 있는 아이콘들을 좀 전과 같은 방법으로 위치하고 하나씩 그려봅니다. 생각보다 어렵지 않고 한두 번 실패해봐야 머릿속에 더 남게 되므로 스스로 이것저것 해보기 바랍니다. 그래도 될 만큼 아무것도 아닙니다. (그래도 안 되면 라이노를 잘 아는 사람에게 물어보거나 저한테 메일 주세요~.)

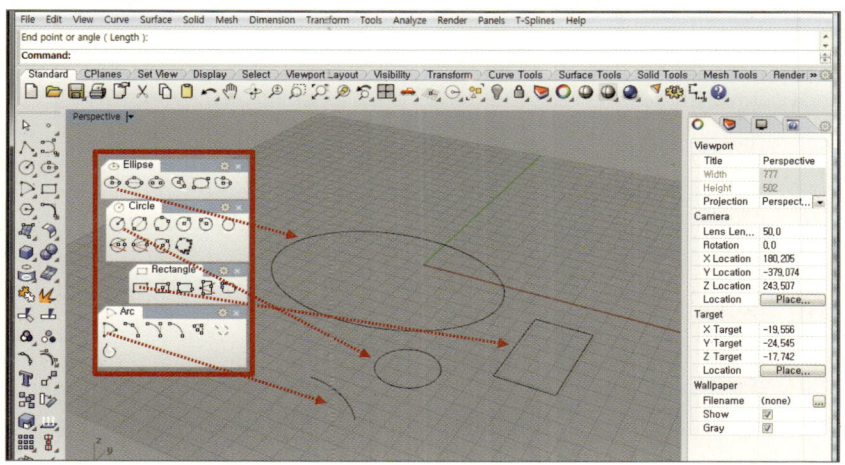

— Rhino 서페이스 생성

이제 서페이스를 다루는 툴로 넘어가보겠습니다. 아래 이미지처럼 서페이스 생성 아이콘 그룹을 꺼내봅니다.

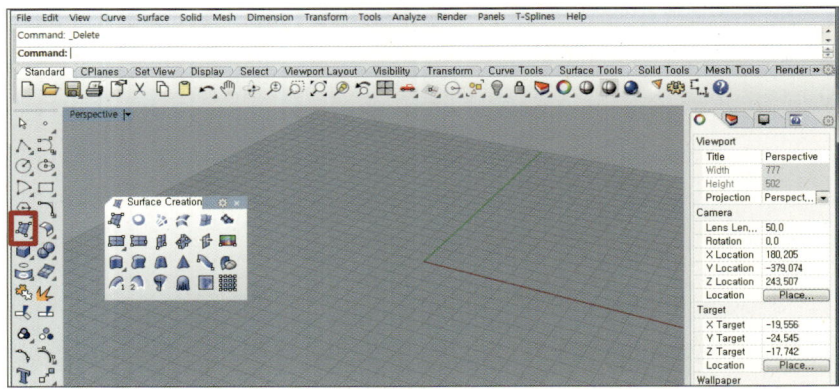

— Rhino 서페이스 순서에 따른 서페이스 방향

표시된 아이콘은 세 개나 네 개의 포인트를 찍어 서페이스를 만들 수 있는 기능의 아이콘입니다. 아이콘의 풀네임이 궁금하면 마우스를 갖다 대보세요.

다른 모델링 프로그램도 마찬가지일지 모르나 라이노의 경우 그리는 순서에 따라 서페이스의 앞면과 뒷면의 방향이 결정됩니다. 아래 이미지처럼 그리는 순서를 이해하시면 됩니다.

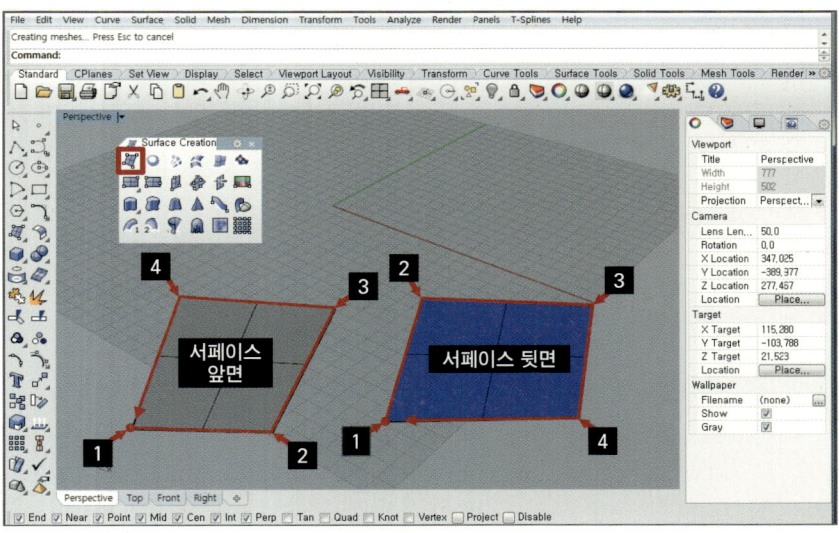

━ Rhino 서페이스 생성을 위한 커브 작성

서페이스 생성 아이콘 그룹은 그대로 두고 처음에 따라 해본 커브 생성 명령어들로 아래 그림처럼 여러 도형을 마우스 가는 대로 만들어봅니다. 그리고 하나는 비교군으로 두기 위해 뚫려 있는 커브를 하나 더 만들어주고요.

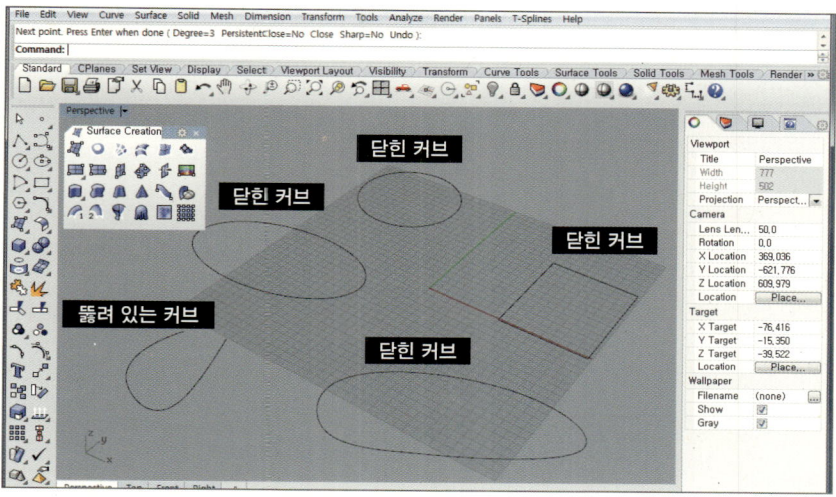

━ Rhino 커브를 통한 서페이스 생성 1

아래 그림과 같이 닫힌 커브로부터 서페이스 추출이란 명령 아이콘을 클릭하고 닫힌 커브 하나를 선택합니다.

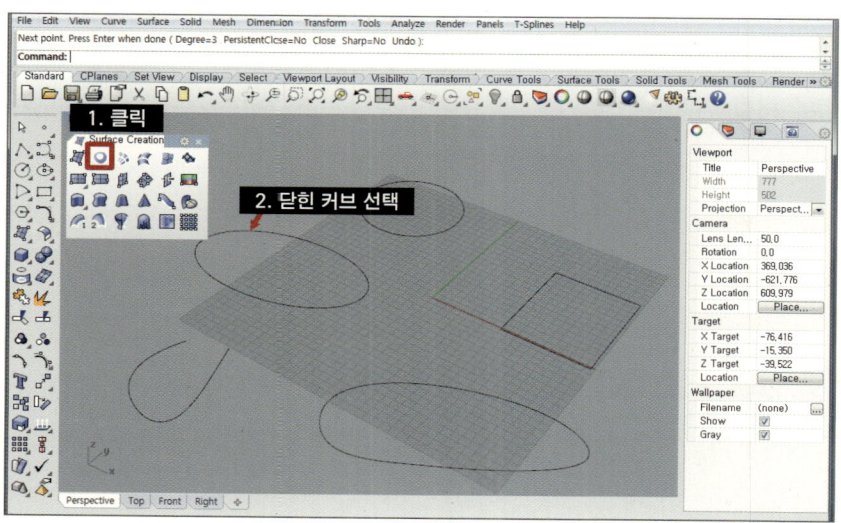

Rhino 커브를 통한 서페이스 생성 2

그리고 그 상태에서 엔터를 누르면 닫힌 커브로부터 서페이스가 생성되는 것을 확인할 수 있습니다. 이 명령은 닫힌 커브에서 서페이스를 생성한다는 것이 특징입니다. 단, 같은 레벨에 커브가 있어야 서페이스가 생성됩니다.

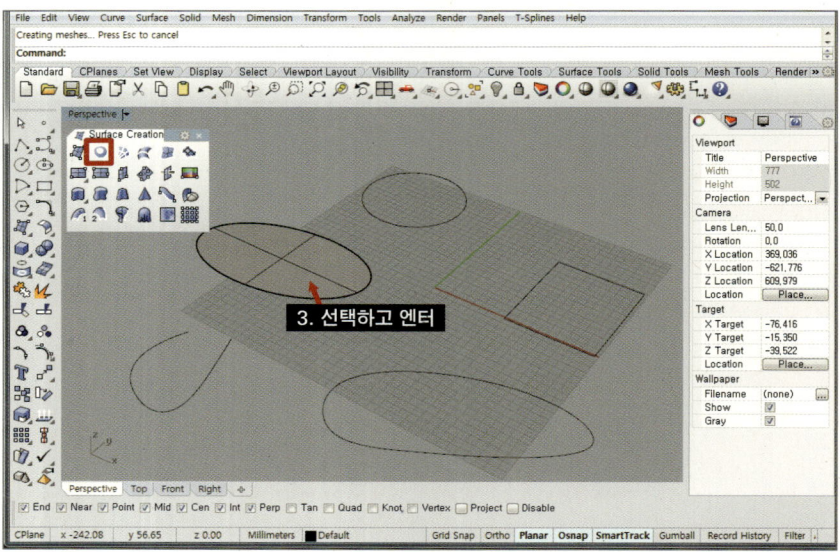

3. 선택하고 엔터

Rhino 커브를 통한 서페이스 생성 3

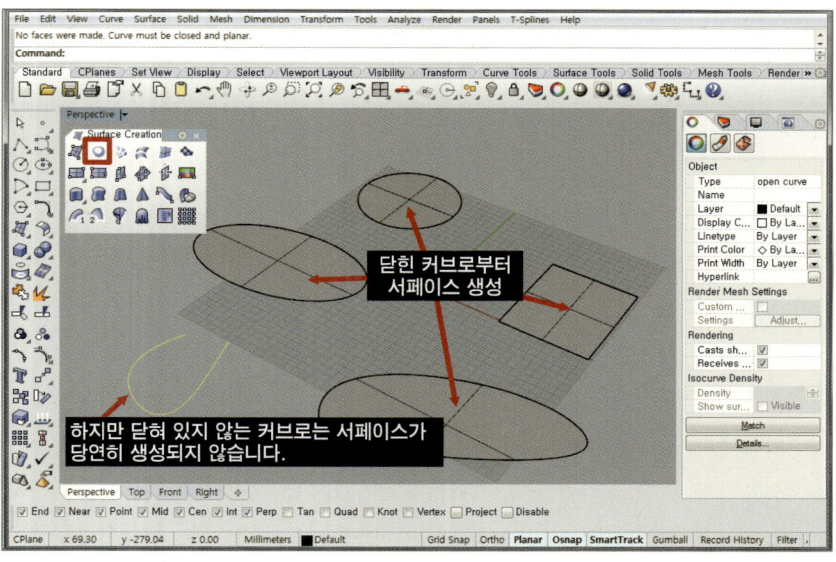

닫힌 커브로부터
서페이스 생성

하지만 닫혀 있지 않는 커브로는 서페이스가
당연히 생성되지 않습니다.

Rhino 커브와 로프트 명령으로 서페이스 생성 1

이제 로프트라는 명령을 배워보도록 하겠습니다. 로프트를 실행하기 위해서 우선, 아래 그림처럼 커브 두 개를 생성해야 하는데 이를 위해 표시된 커브 생성 아이콘을 클릭하여 두 개의 커브를 생성합니다.

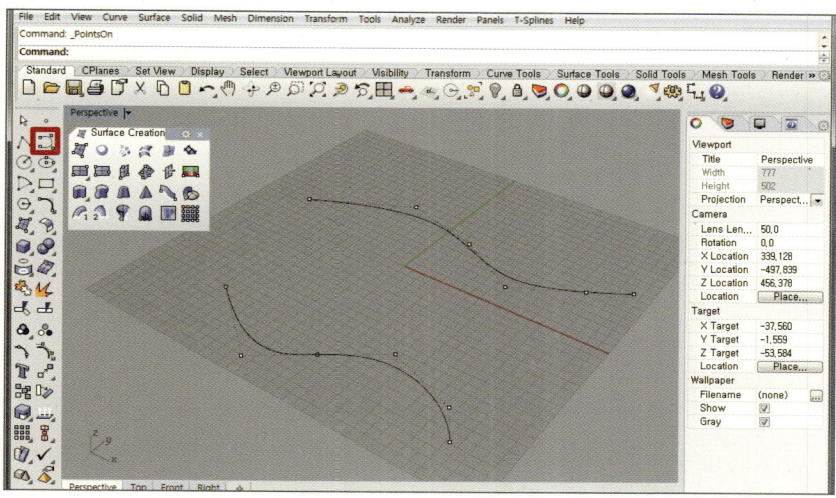

Rhino 커브와 로프트 명령으로 서페이스 생성 2

로프트라는 명령은 두 개의 자유 커브로부터 서페이스를 생성합니다. 이를 위해 그림과 같이 로프트 명령을 선택하고 두 개의 커브를 차례대로 선택합니다.

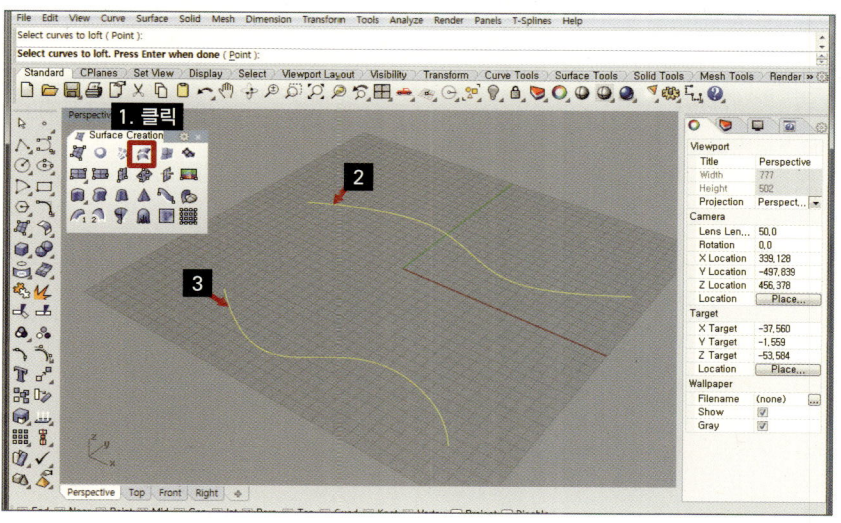

━ Rhino 커브와 로프트 명령으로 서페이스 생성 3

생성하는 면이 면을 생성하는 기준이 될 커브를 지날 때 곡면으로 지날지 타이트하게
지날지 등을 설정합니다. 한번씩 해보세요. 단, 예제의 커브가 아닌 레벨이 다른 세 개
정도의 커브로 해봅시다.

로프트 명령을 실행하고 두 개의 커브를 선택하면 생성하려는 서페이스의 스타일 등을
설정할 수 있는 창이 활성화됩니다.

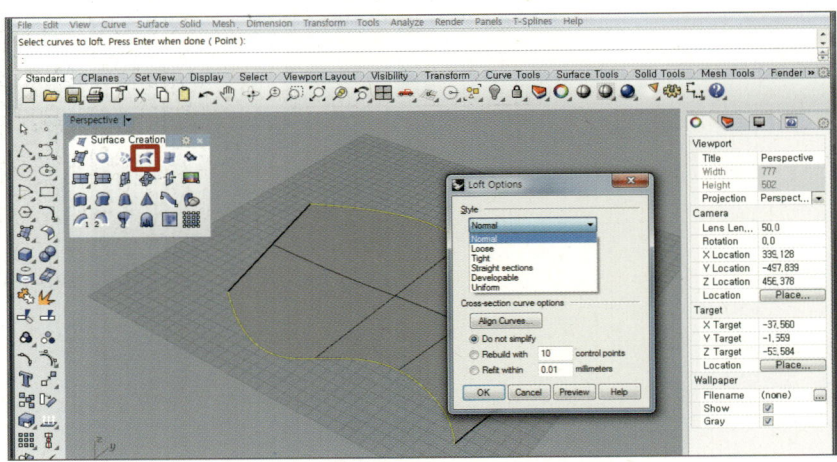

━ Rhino 커브 선택으로 서페이스 생성 1

2, 3, 4개의 커브로부터 서페이스를 생성하는 명령어를 해보기 위해 먼저 아래 이미지와
같은 커브를 생성해봅니다.

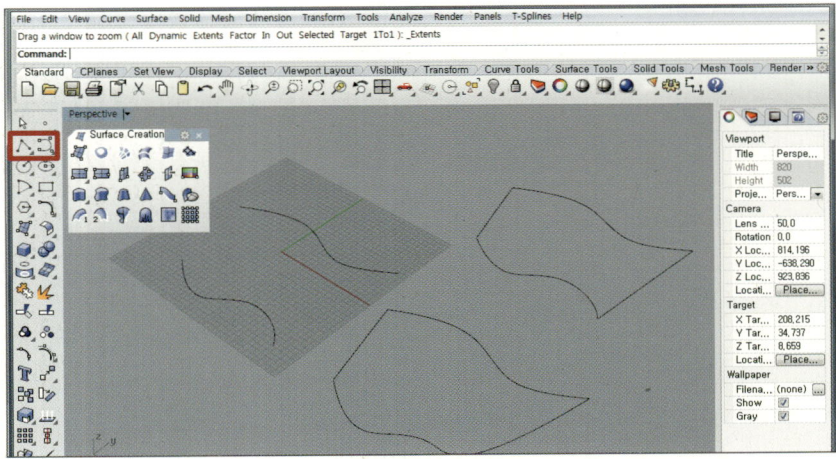

— Rhino 커브 선택으로 서페이스 생성 2

2, 3, 4개의 커브로부터 서페이스를 생성하는 명령을 선택하고 세 종류의 커브(Surface from 2, 3 or 4 edge curve)를 우의 순서로 선택하고 각각 엔터를 누르면 서페이스가 생성됩니다.

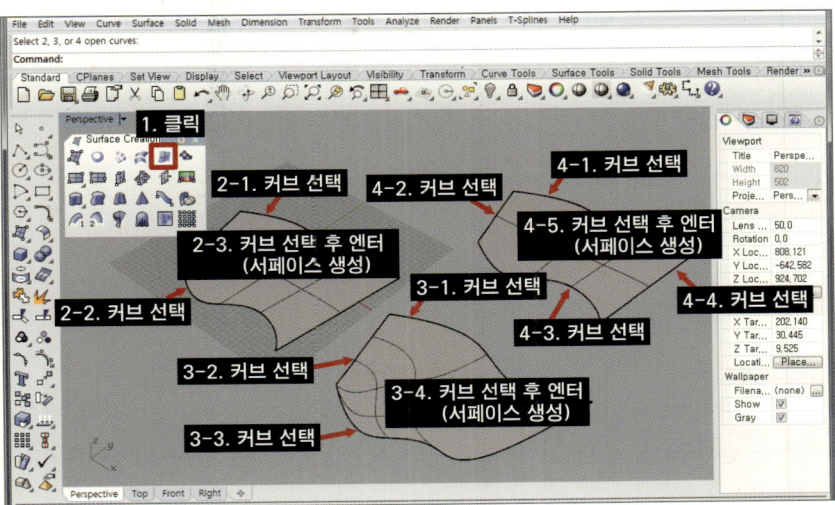

— Rhino 직접 서페이스 생성 1

표시된 아이콘들은 여러 방법으로 아래의 그림과 같은 서페이스를 생성할 수 있습니다.

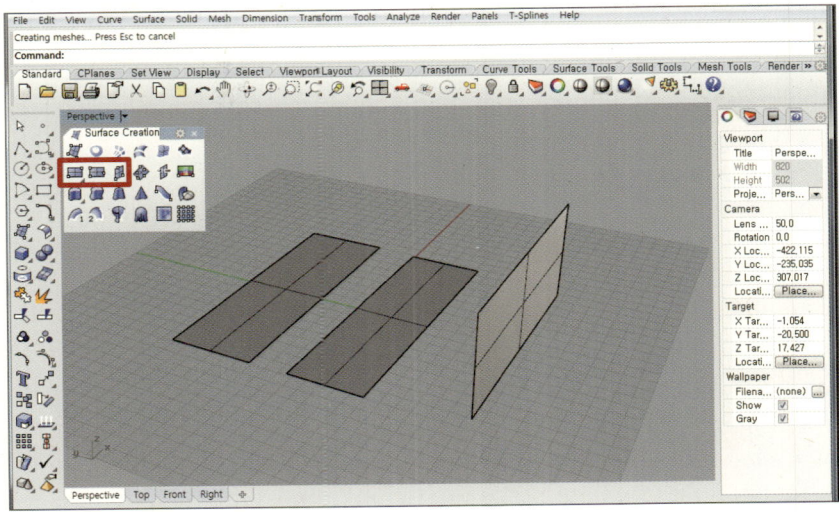

Rhino 직접 서페이스 생성 2

아이콘에 기능이 대략 설명되어 있습니다. 하나씩 따라해 봅니다.

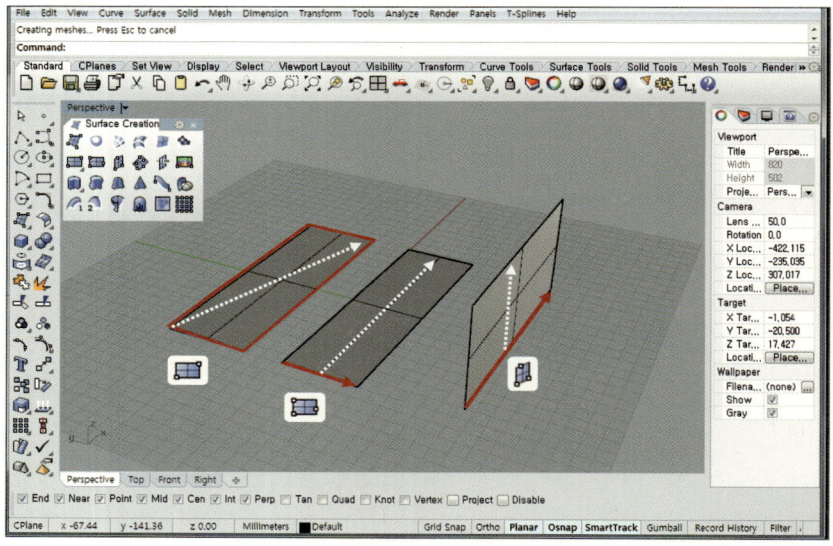

Rhino 커브와 서페이스 돌출을 통한 오브젝트 생성 1

이제 커브나 서페이스로부터 서페이스, 폴리 서페이스를 만들어볼 텐데요. 기능 실습을 위해 아래 이미지와 같은 커브와 서페이스를 이미 배워둔 명령어를 통해 작성해봅니다.

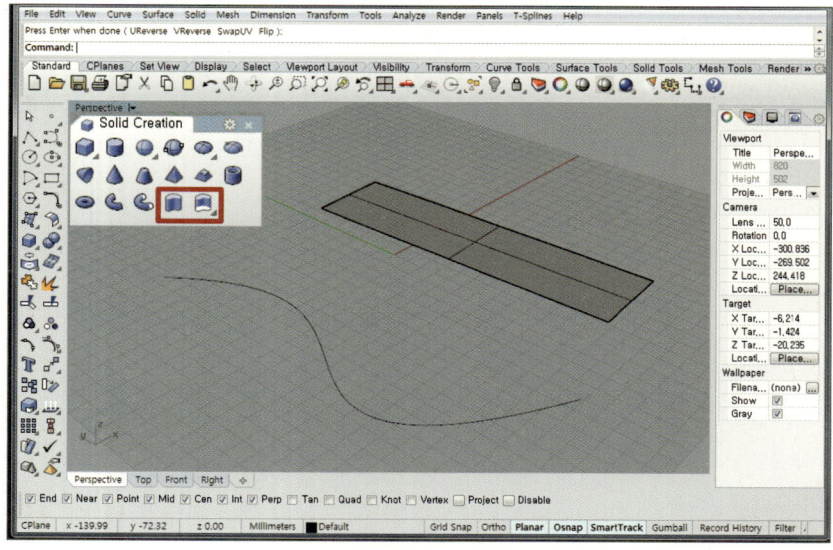

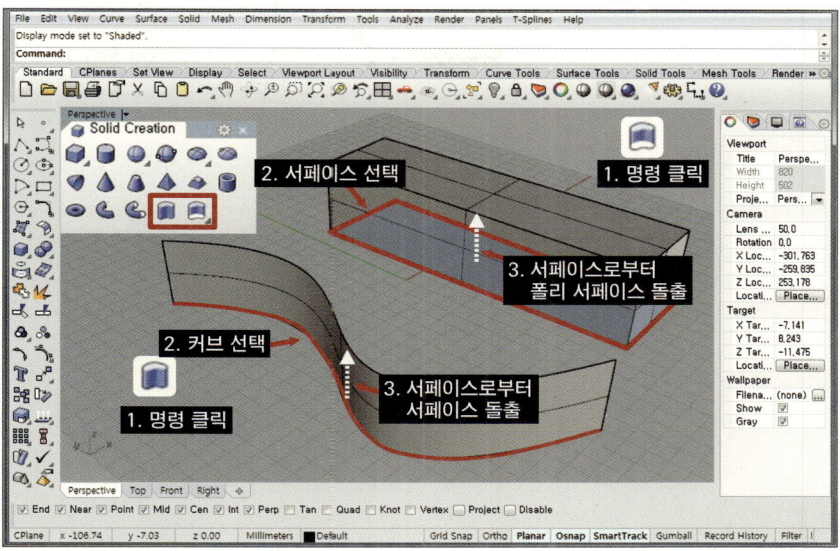

Rhino 커브와 Sweep 1, 2 명령으로 서페이스 생성 1

다음으로 라이노에서 서페이스를 생성하려 할 때 빈도수가 높은 명령인 Sweep 1, 2 명령을 배워보도록 하겠습니다. 이 명령의 기능은 기준이 될 커브 위를 서페이스의 두께가 될 커브가 따라가면서 서페이스가 생성되는 것인데, 그냥 해보시면 느낌이 오리라 생각합니다.

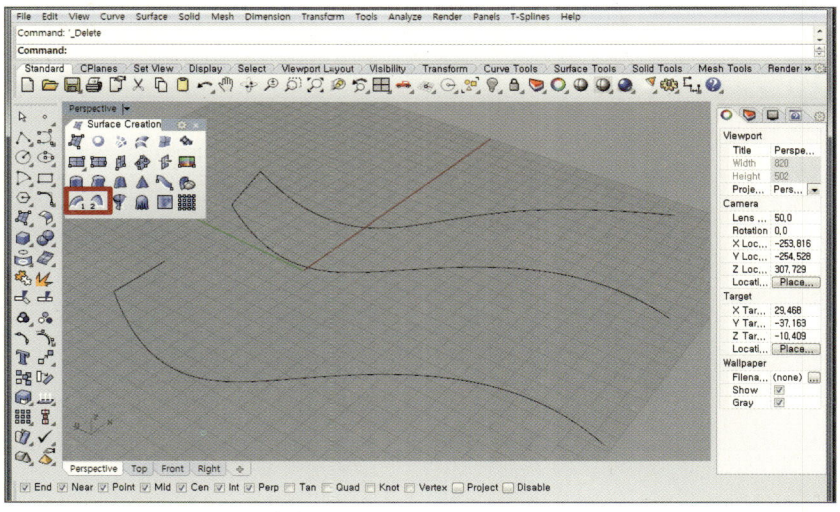

— Rhino 커브와 Sweep 1, 2 명령으로 서페이스 생성 2

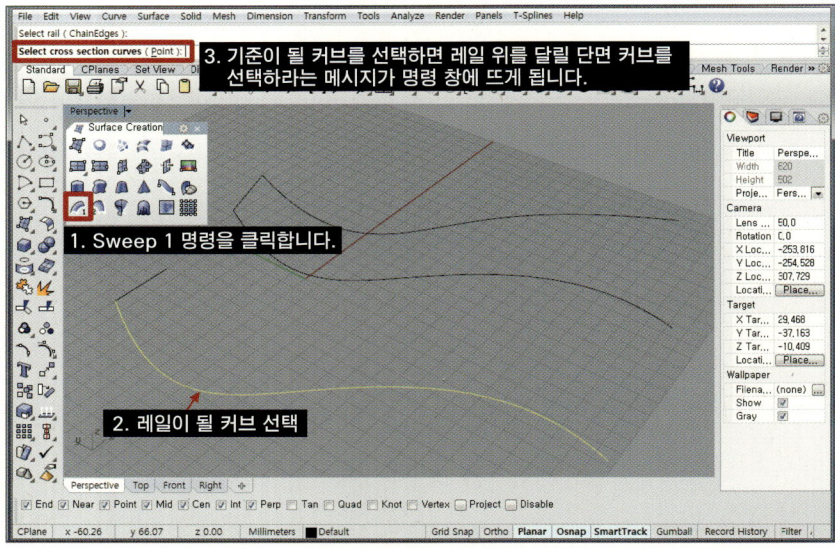

3. 기준이 될 커브를 선택하면 레일 위를 달릴 단면 커브를
선택하라는 메시지가 명령 창에 뜨게 됩니다.

1. Sweep 1 명령을 클릭합니다.

2. 레일이 될 커브 선택

— Rhino 커브와 Sweep 1, 2 명령으로 서페이스 생성 3

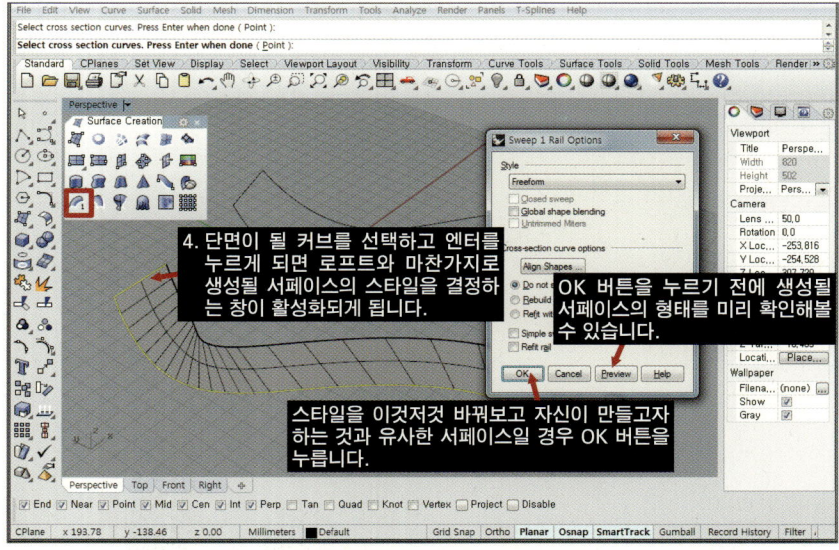

4. 단면이 될 커브를 선택하고 엔터를
누르게 되면 로프트와 마찬가지로
생성될 서페이스의 스타일을 결정하
는 창이 활성화되게 됩니다.

OK 버튼을 누르기 전에 생성될
서페이스의 형태를 미리 확인해볼
수 있습니다.

스타일을 이것저것 바꿔보고 자신이 만들고자
하는 것과 유사한 서페이스일 경우 OK 버튼을
누릅니다.

─ Rhino 커브와 Sweep 1, 2 명령으로 서페이스 생성 4

Sweep 1 명령이 기준이 될 레일 커브가 하나였다면 Sweep 2 명령은 그 기준 레일이
두 개라는 의미입니다.

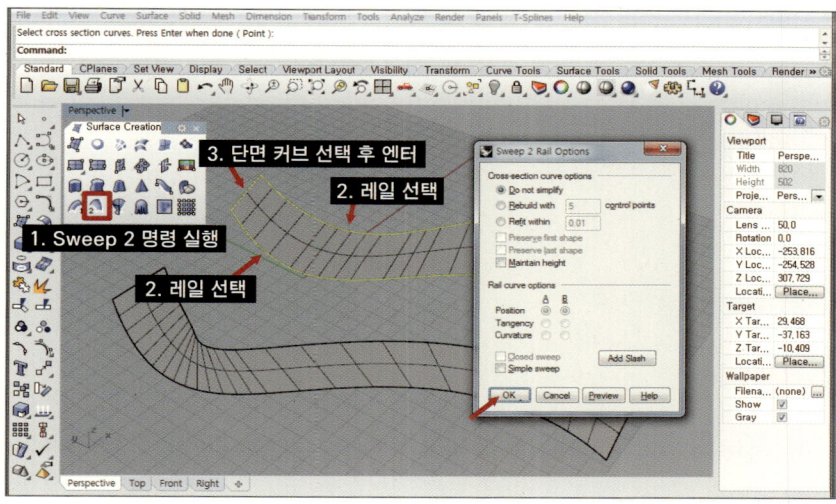

─ Rhino 각종 객체 생성 방법

다음은 솔리드 객체를 만드는 명령 아이콘들입니다. 이런저런 설명보다 여러분들이 아
래 이미지에 표시된 아이콘을 선택하여 하나씩 해보세요.

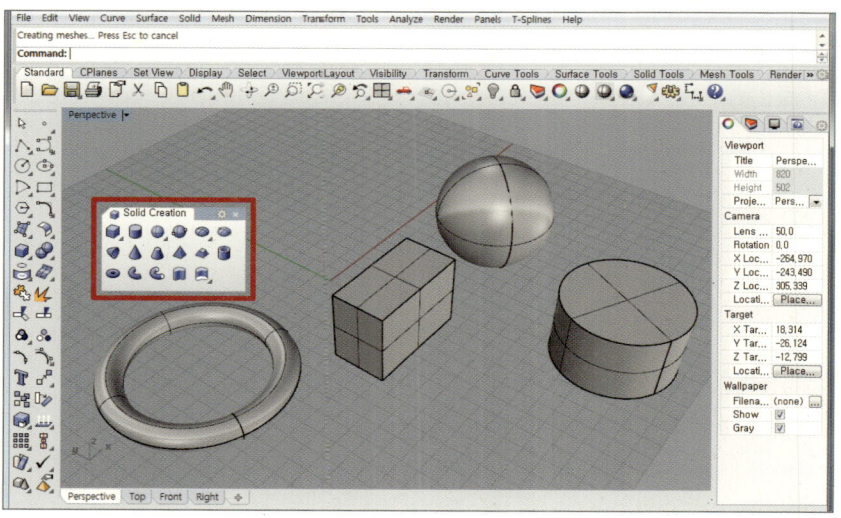

Rhino 커브 편집 – Join, Explode, Trim, Split 알아보기 1

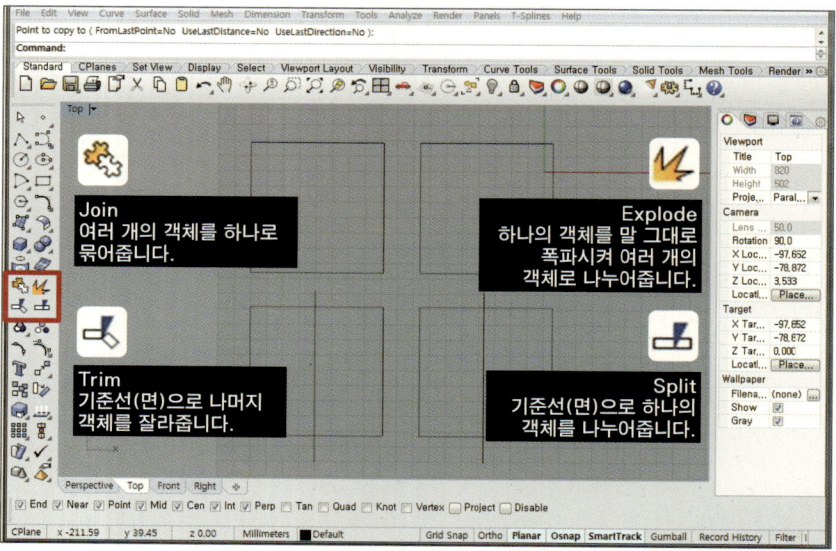

Rhino 커브 편집 – Join, Explode, Trim, Split 알아보기 2

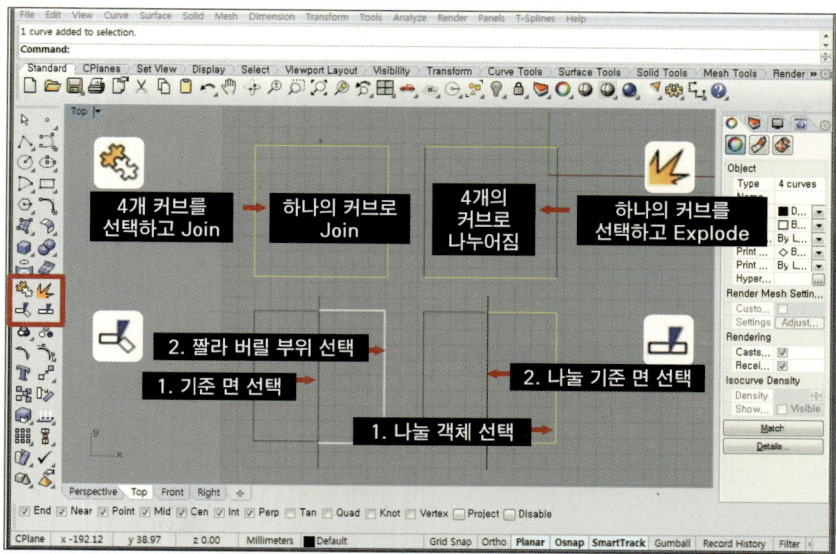

━ Rhino 객체를 분해하여 전개 1

이번에 배워볼 명령어는 Unrollsurface 명령입니다. 나중에 모형을 만들거나 할 때 일반적인 형태가 아닌 폴리 서페이스를 각각의 요소로 펴주는 기능입니다.

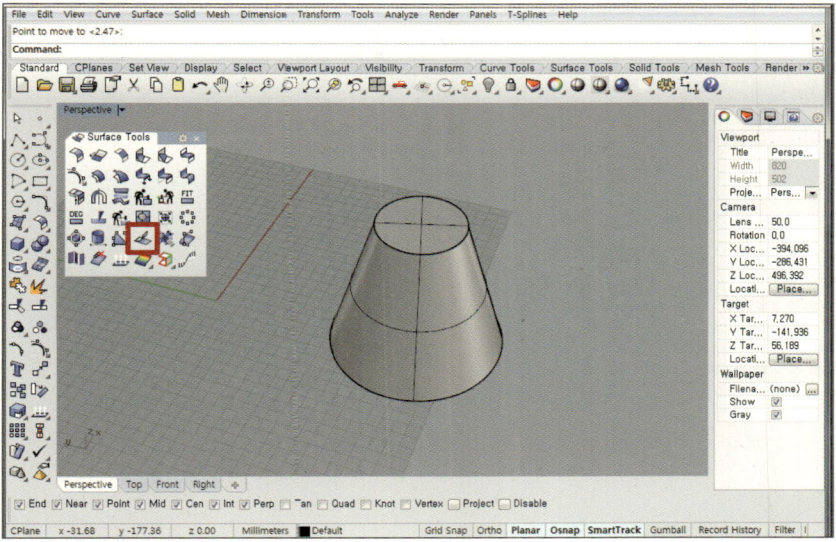

━ Rhino 객체를 분해하여 전개 2

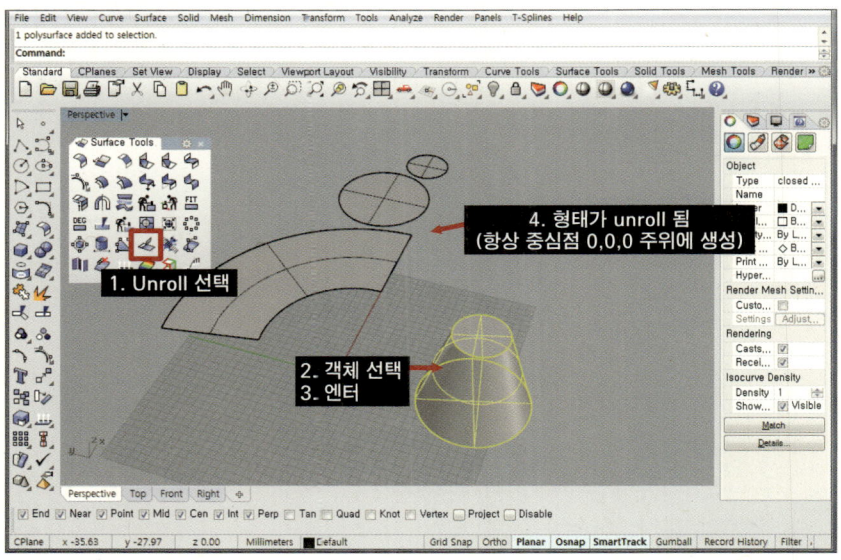

■ Rhino 기준 면에 걸친 오브젝트를 다른 기준 면으로 이동 1

Flow along surface 명령은 서로 다른 두 면에 위치한 객체를 옮겨주는 기능이라고 생각하시면 됩니다. 의외로 입면 디자인 등에 많이 활용됩니다. 이 명령을 배워보기 위해 그림과 같이 객체를 모델링해줍니다.

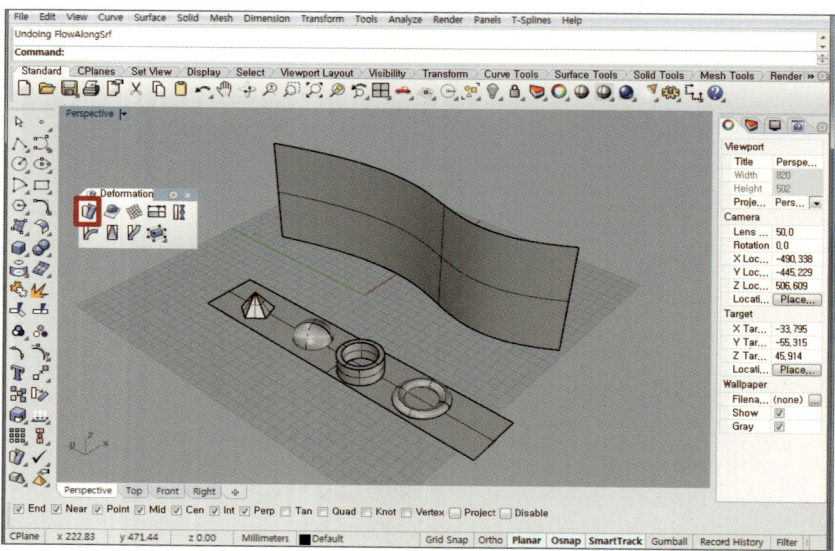

■ Rhino 기준 면에 걸친 오브젝트를 다른 기준 면으로 이동 2

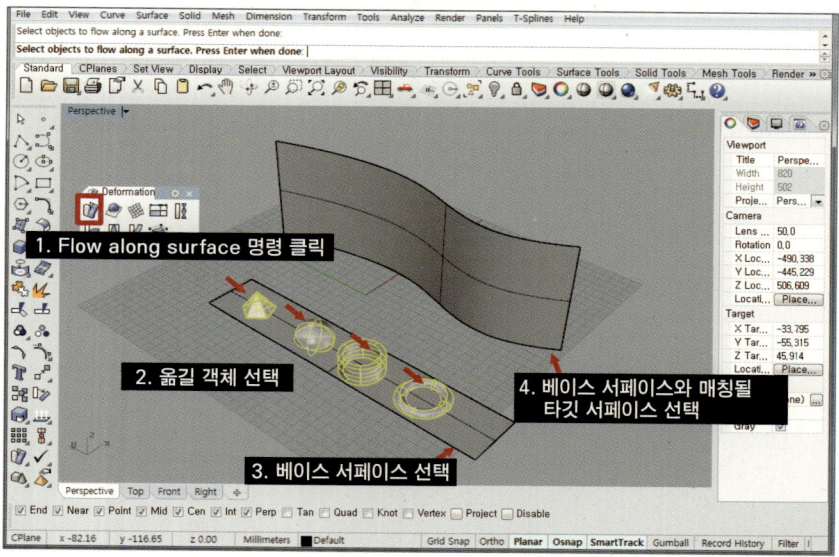

━ Rhino 기준 면에 걸친 오브젝트를 다른 기준 면으로 이동 3

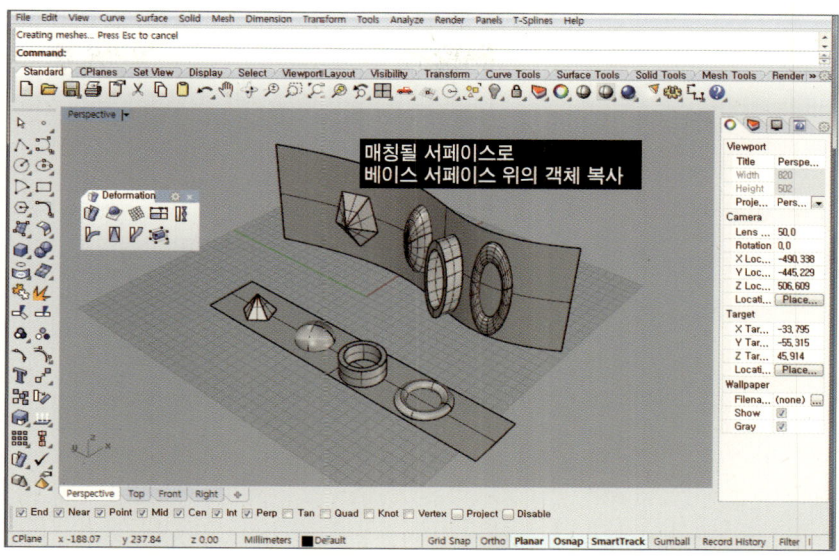

━ Rhino 그 밖의 다양한 명령 아이콘들

지금까지 언급한 기능 외에도 라이노 3D의 기능은 정말 많습니다.

아직까지 저도 한 번도 안 써본 명령이 있을 정도인데요, 반대로 이 말은 건축설계를 진행하며 모델링이 필요할 때 지금까지 언급한 명령 이외에는 그다지 많이 활용되지 않는다는 의미이기도 합니다. 설사 필요하다고 해도 지금까지 이해한 명령만으로 충분히 활용이 가능할 정도로 그리 어렵지 않다는 의미이기도 하고요.

더불어 라이노 3D에도 F1(도움말)이 있으니 써보고 싶거나 궁금한 명령 아이콘에 마우스를 가져다 대어 풀네임을 확인한 후 도움말의 검색에서 그 기능을 알아보면 동영상을 통해 쉽게 배울 수 있습니다.

CHAPTER 3

라이노,
그냥 하면 할 수 있다

엉뚱하긴 하지만 누구나 할 수 있는 쉬운 따라하기

라이노로 건축물 모델링은 너무 쉽다.

항상 중요한 건 작은 목표를 설정하고 이를 달성하는 연습입니다.
라이노의 기본 명령과 인터페이스에 조금 익숙해졌다면, 이제 몇 개 안 되는 명령어로
아주 간단한 형태의 모델링을 진행해보려고 합니다.
건축물의 형태와는 무관해 보이지만 커브 그리기, 복사하기, 돌출시키기, 서페이스 필
렛 등의 기본적인 명령어를 활용해볼 수 있는 형태이며, 이런 과정들이 쌓여 프로그램
이 친숙해진다면 이후의 정형 모델링과 나아가서는 커브 에디팅을 통한 비정형 형태의
모델링도 가능해질 것이라 생각합니다.

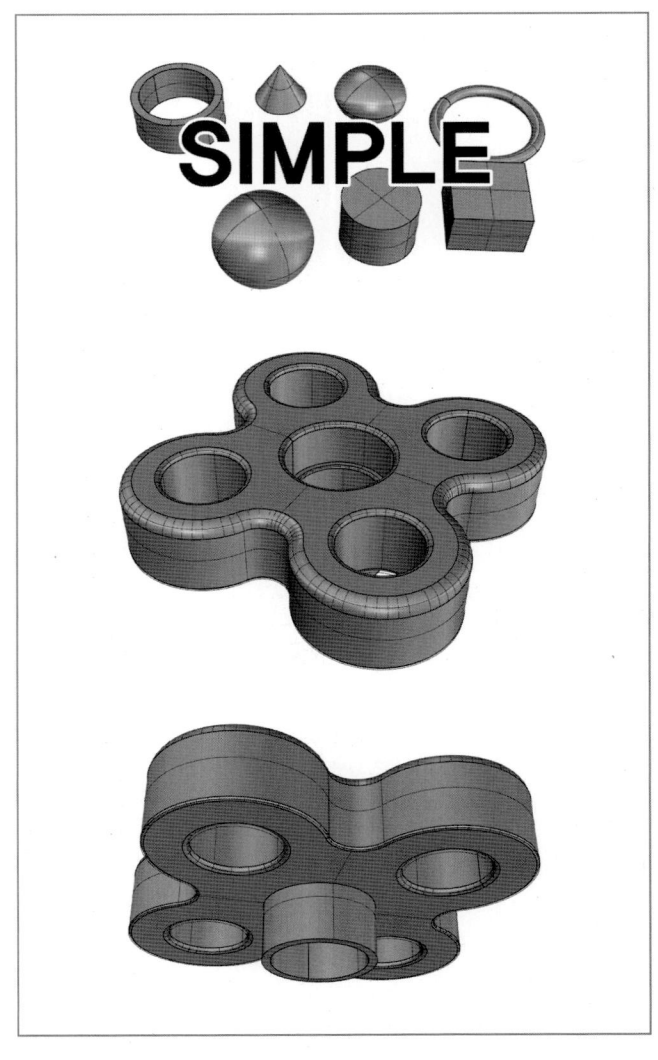

엉뚱하긴 하지만 누구나 할 수 있는 쉬운 따라하기

━ Rhino 이해하기 – 라이노 실행

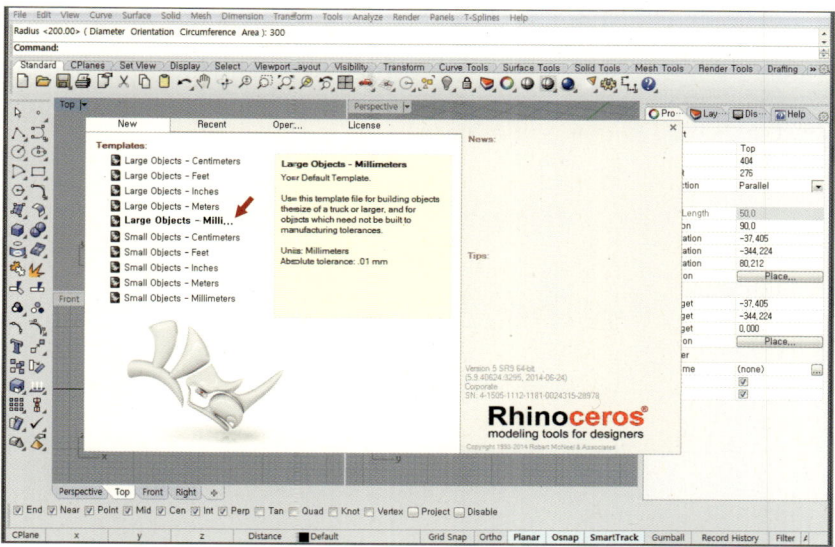

━ Rhino 이해하기 – Top 뷰로 이동

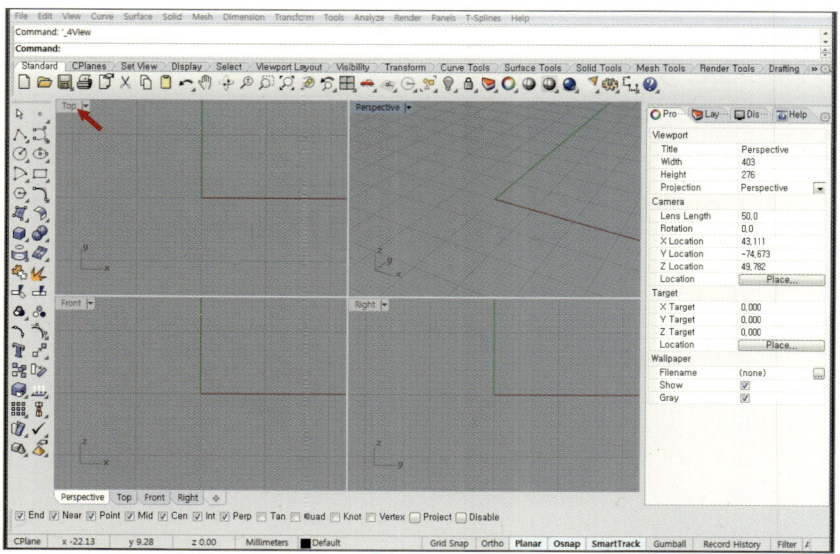

Rhino 이해하기 – Top 뷰

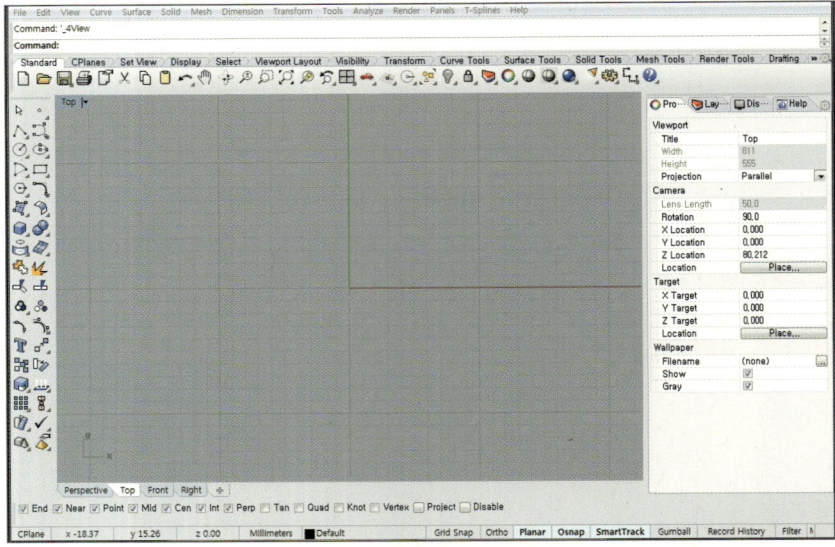

Rhino 이해하기 – 기준이 될 원 생성

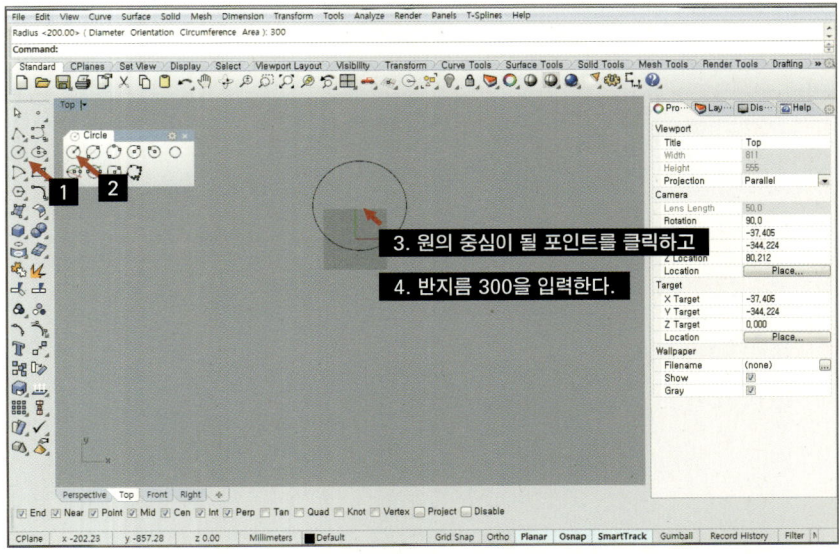

3. 원의 중심이 될 포인트를 클릭하고

4. 반지름 300을 입력한다.

━ Rhino 이해하기 – 원의 중심으로부터 라인 생성

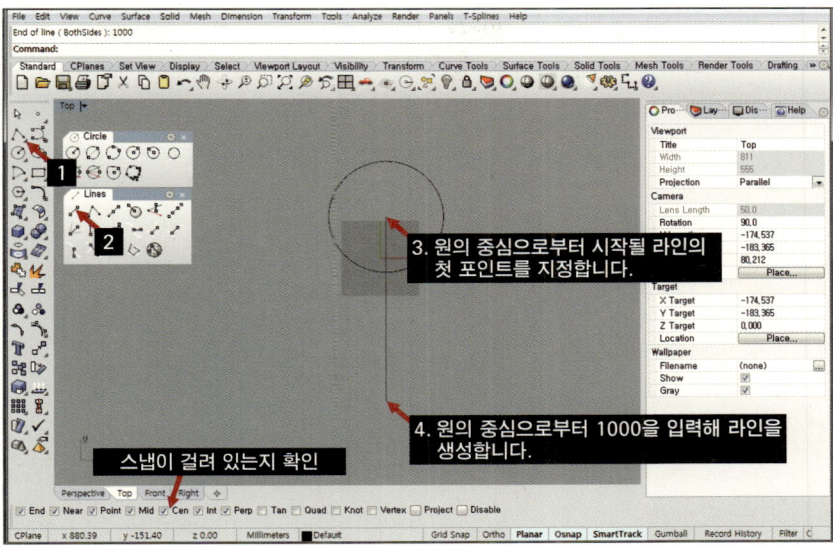

━ Rhino 이해하기 – 원의 중심을 기준으로 라인 회전

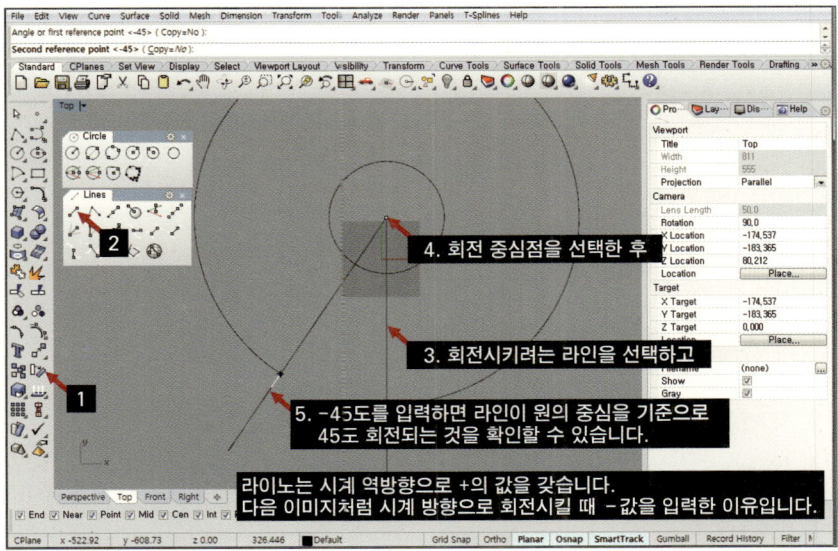

Rhino 이해하기 – 회전된 라인의 중심을 기준으로 생성한 원을 Array

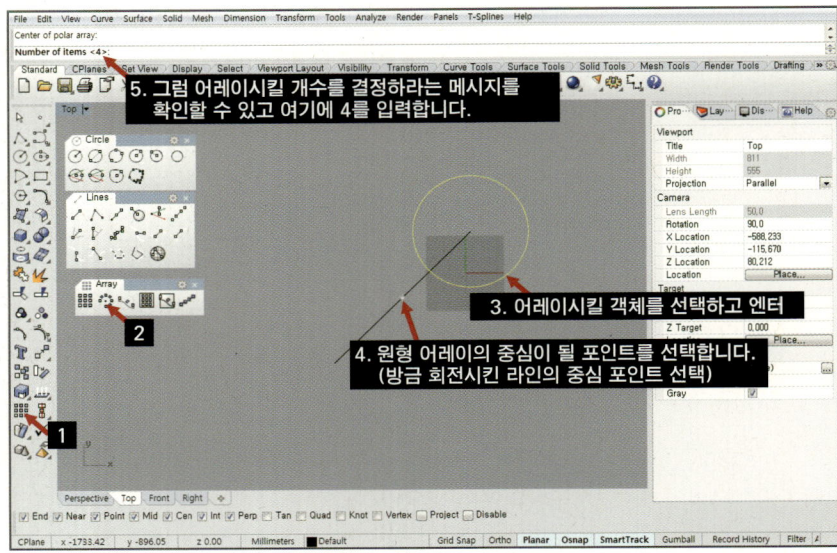

Rhino 이해하기 – 원을 라인의 중심선을 기준으로 4개 Array

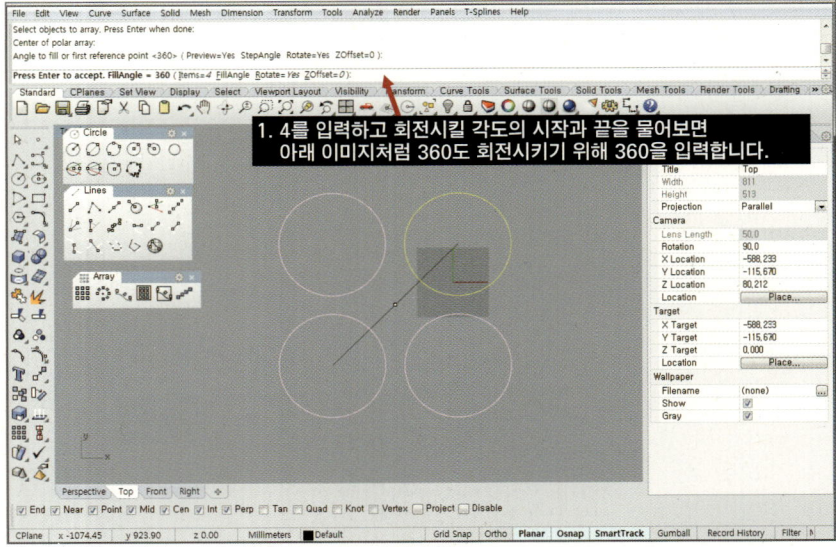

▬ Rhino 이해하기 – 사각형 커브 생성 1

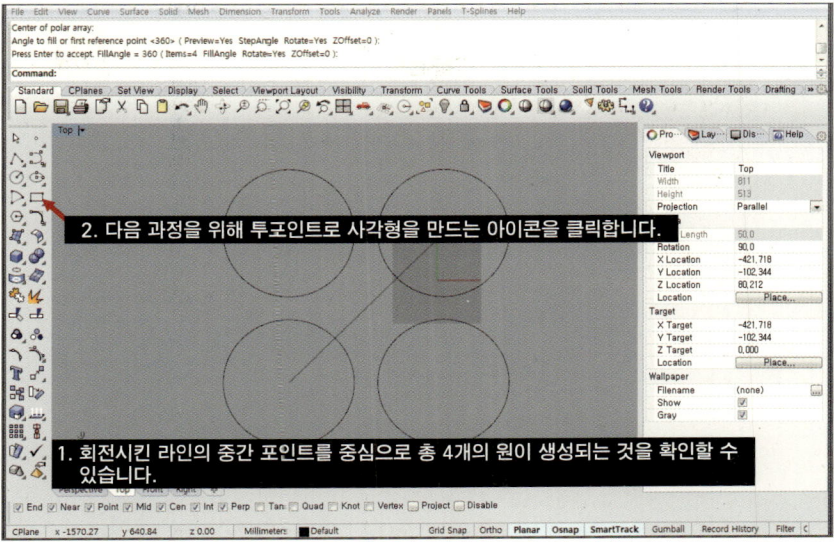

2. 다음 과정을 위해 투포인트로 사각형을 만드는 아이콘을 클릭합니다.

1. 회전시킨 라인의 중간 포인트를 중심으로 총 4개의 원이 생성되는 것을 확인할 수 있습니다.

▬ Rhino 이해하기 – 사각형 커브 생성 2

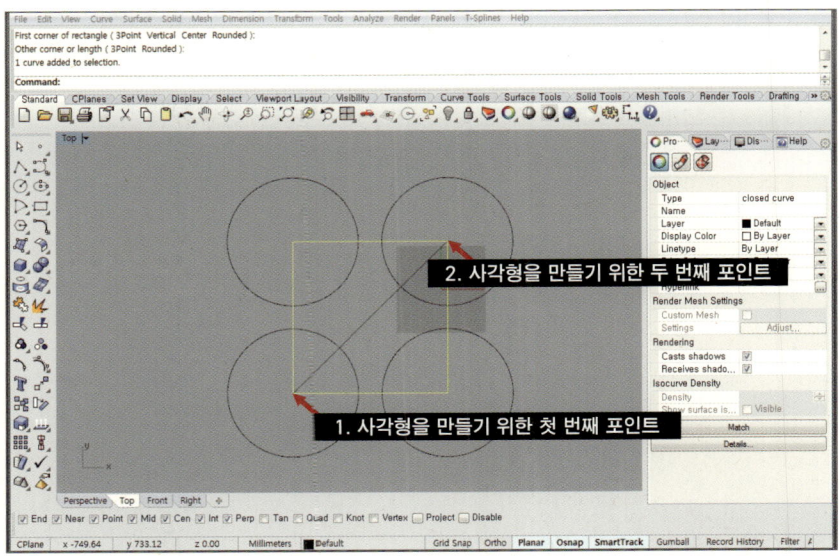

2. 사각형을 만들기 위한 두 번째 포인트

1. 사각형을 만들기 위한 첫 번째 포인트

Rhino 이해하기 – 사각형 커브를 활용하여 Trim

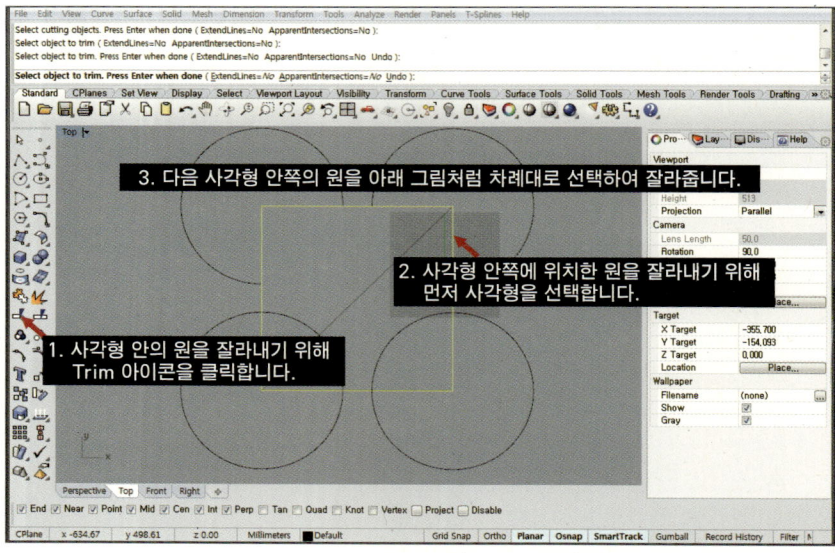

3. 다음 사각형 안쪽의 원을 아래 그림처럼 차례대로 선택하여 잘라줍니다.

2. 사각형 안쪽에 위치한 원을 잘라내기 위해 먼저 사각형을 선택합니다.

1. 사각형 안의 원을 잘라내기 위해 Trim 아이콘을 클릭합니다.

Rhino 이해하기 – Trim한 원을 인접한 다른 원과 필렛 1

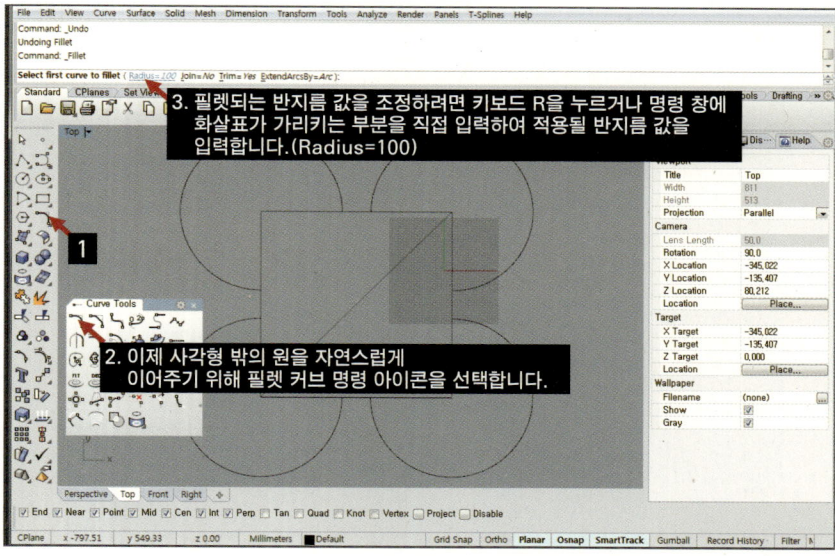

3. 필렛되는 반지름 값을 조정하려면 키보드 R을 누르거나 명령 창에 화살표가 가리키는 부분을 직접 입력하여 적용될 반지름 값을 입력합니다.(Radius=100)

2. 이제 사각형 밖의 원을 자연스럽게 이어주기 위해 필렛 커브 명령 아이콘을 선택합니다.

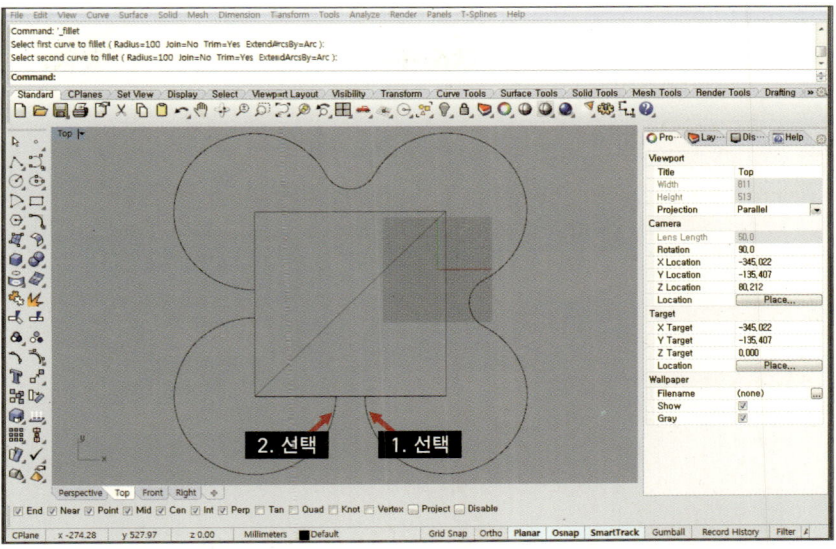

■ Rhino 이해하기 – 필렛된 원을 Join

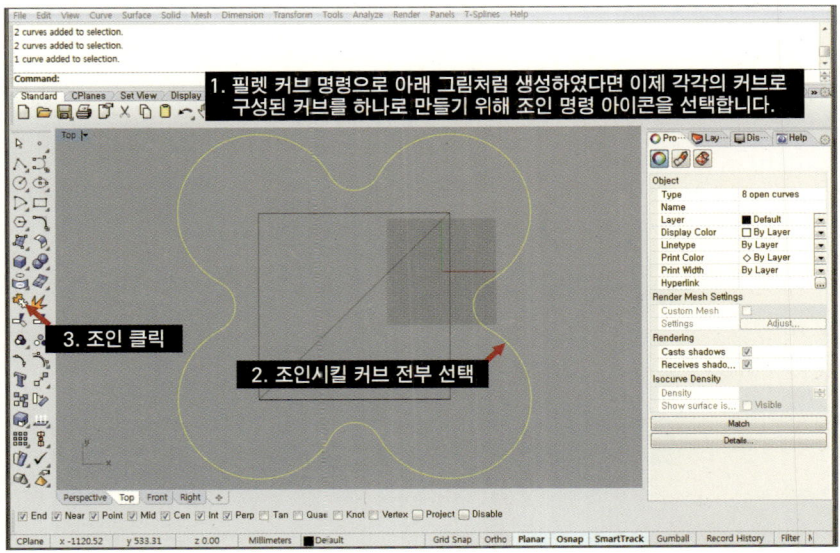

▬ Rhino 이해하기 – 투시 뷰에서 확인

필렛과 조인 명령으로 아래 이미지처럼 커브가 생성되었다면 Perspective 뷰를 더블클릭하여 확인합니다.

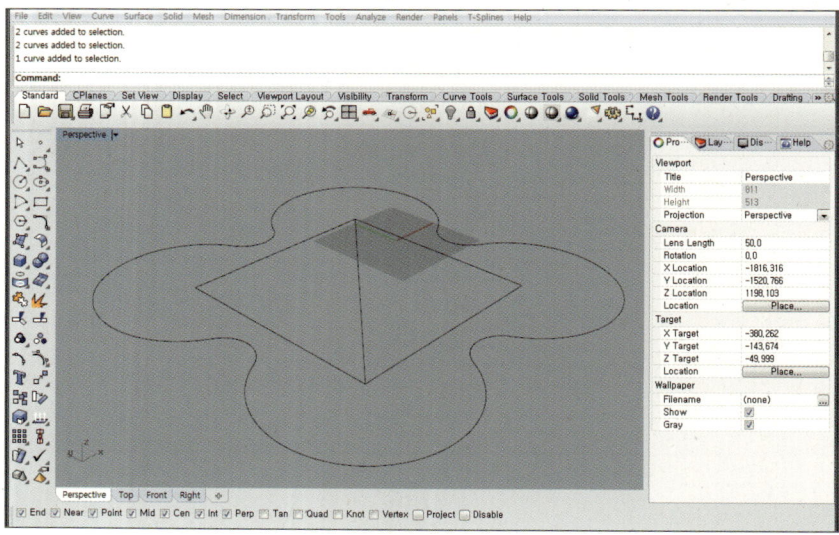

▬ Rhino 이해하기 – 필렛된 커브를 Z 방향으로 돌출 1

이제 이 커브를 활용해 폴리 서페이스를 생성하려고 합니다. 커브를 Z 방향으로 돌출시켜 만들 예정인데요.

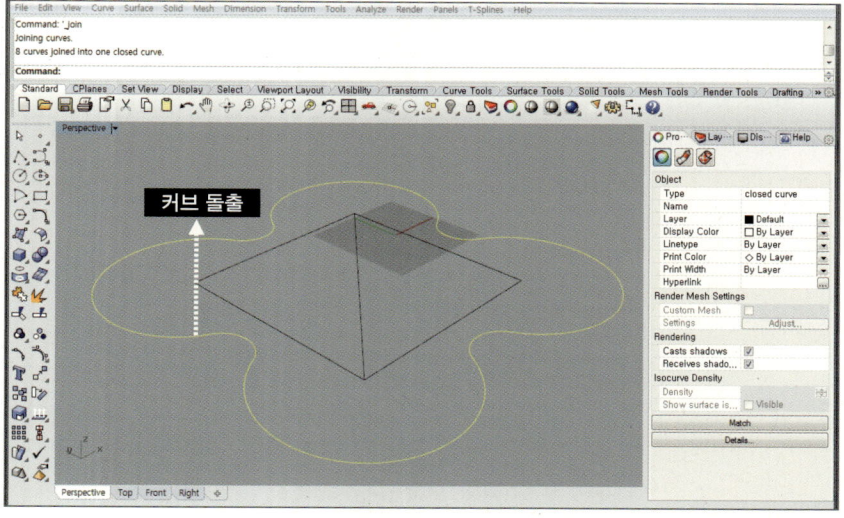

위 이미지처럼 닫힌 커브로부터 돌출시키는 명령을 선택하고 돌출시킬 커브를 선택하여
폴리 서페이스를 생성합니다.

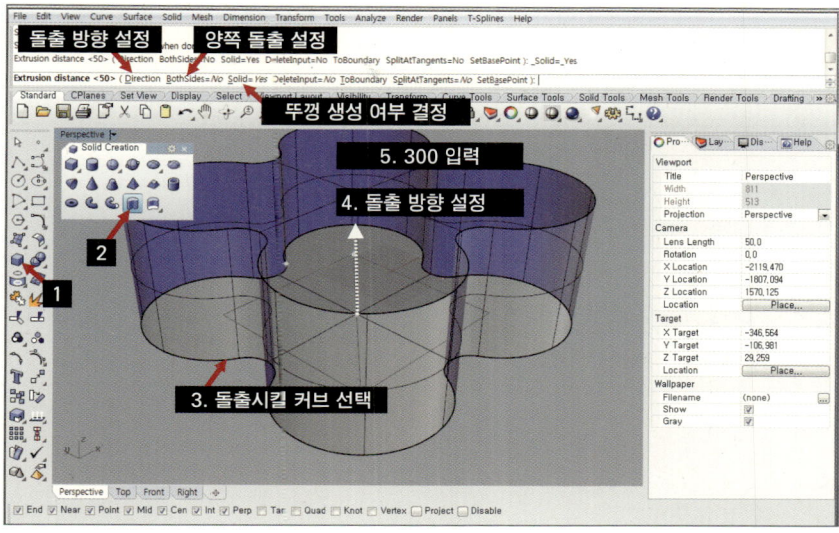

이제 서페이스와 서페이스가 만나는 부분을 서페이스 필렛으로 지금처럼 날카로운 형
태가 아니라 동그란 형태로 만들려고 합니다.

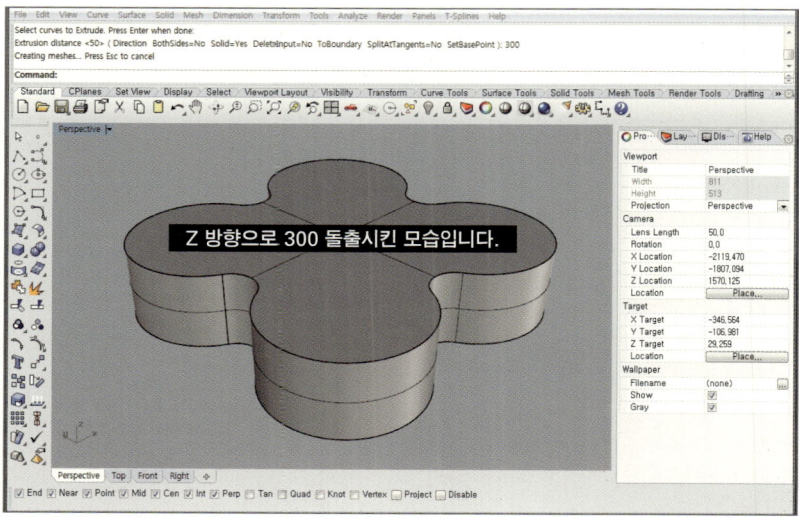

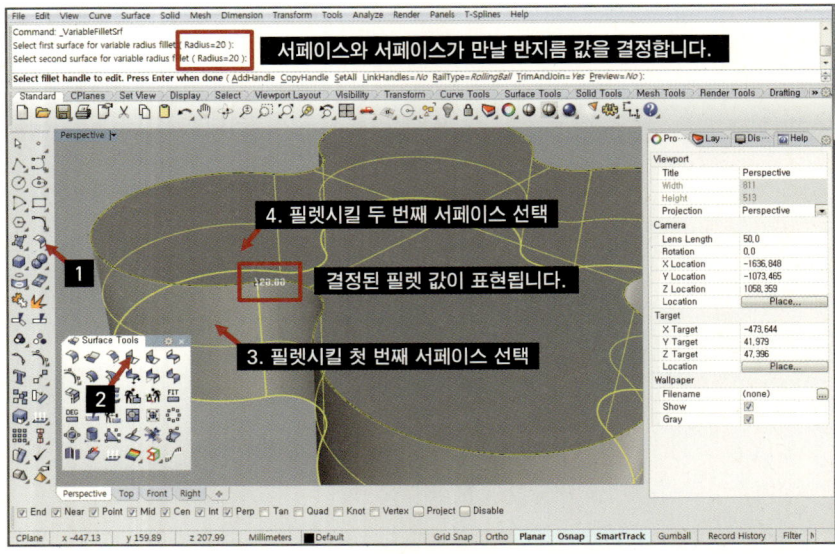

서페이스와 서페이스가 만날 반지름 값을 결정합니다.

4. 필렛시킬 두 번째 서페이스 선택

결정된 필렛 값이 표현됩니다.

3. 필렛시킬 첫 번째 서페이스 선택

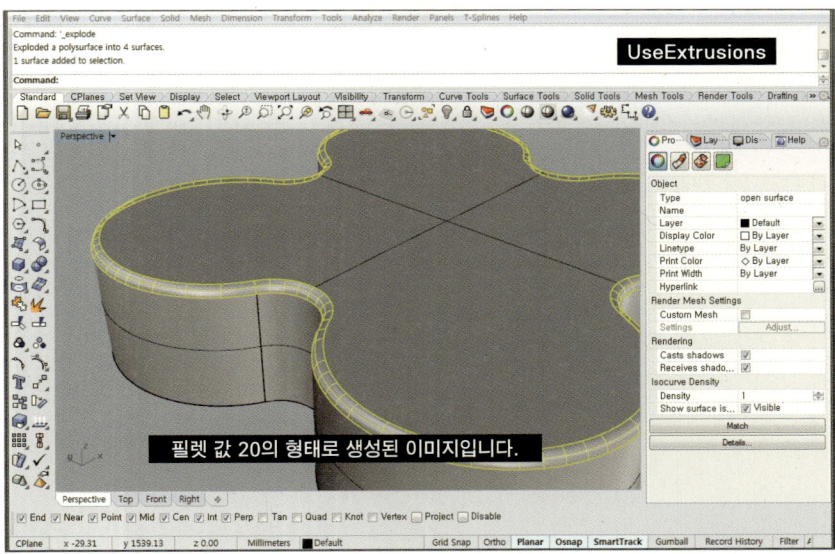

UseExtrusions

필렛 값 20의 형태로 생성된 이미지입니다.

— Rhino 이해하기 – 투시 뷰의 가시성 조절

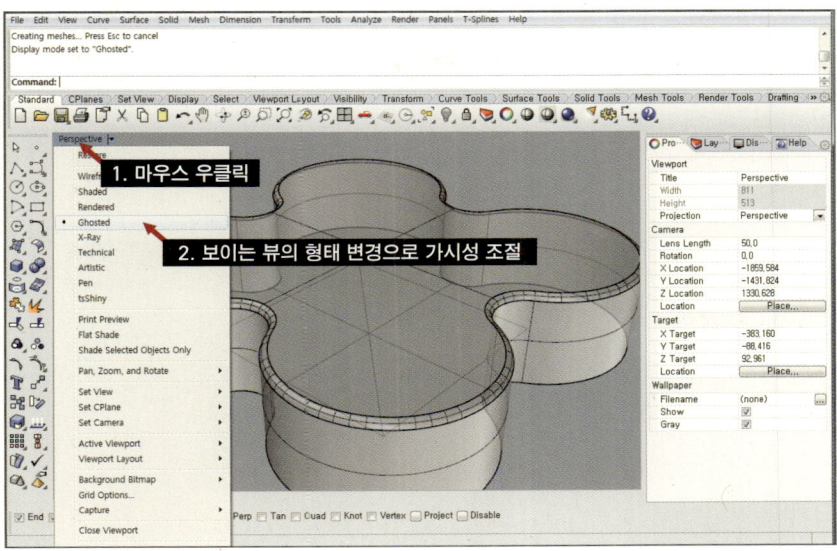

— Rhino 이해하기 – Top 뷰로 변경

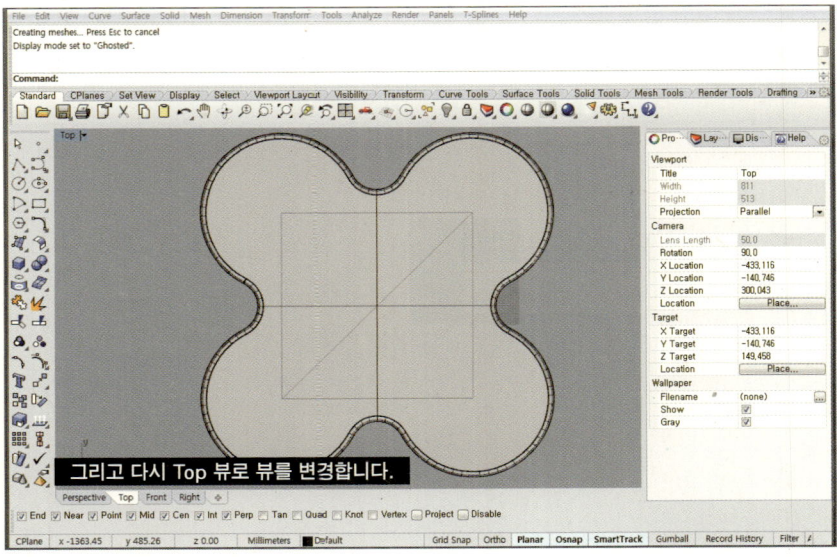

━ Rhino 이해하기 – 작은 원 생성 1

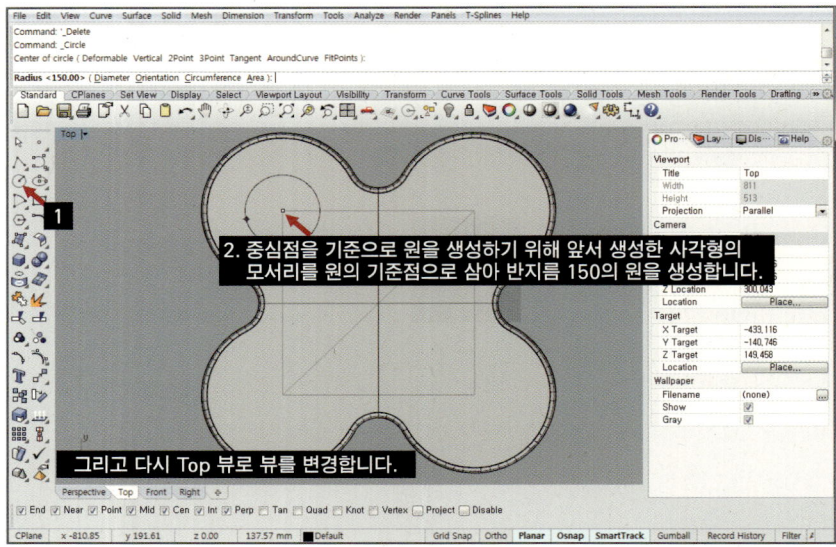

2. 중심점을 기준으로 원을 생성하기 위해 앞서 생성한 사각형의
모서리를 원의 기준점으로 삼아 반지름 150의 원을 생성합니다.

그리고 다시 Top 뷰로 뷰를 변경합니다.

━ Rhino 이해하기 – 작은 원 생성 후 Array

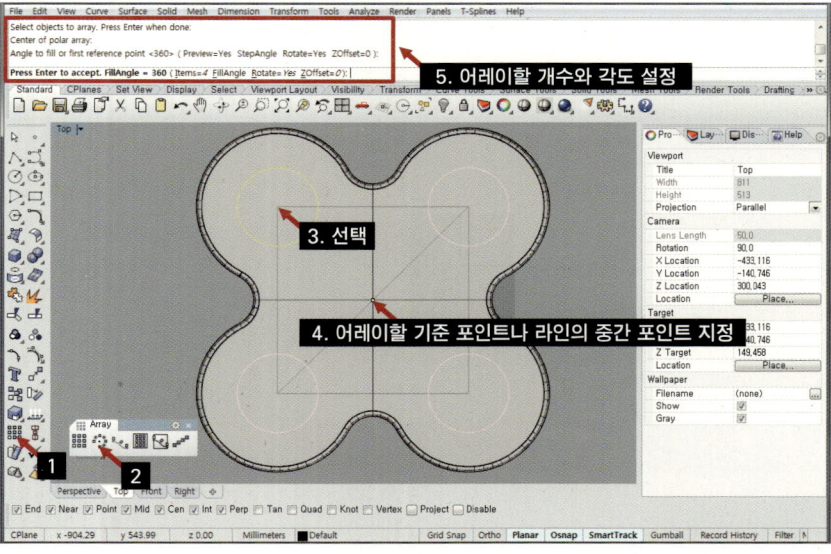

5. 어레이할 개수와 각도 설정

3. 선택

4. 어레이할 기준 포인트나 라인의 중간 포인트 지정

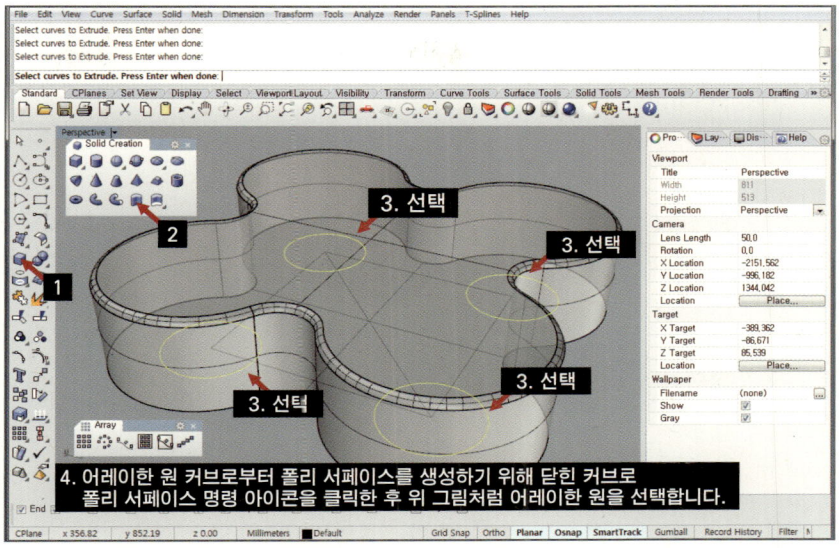

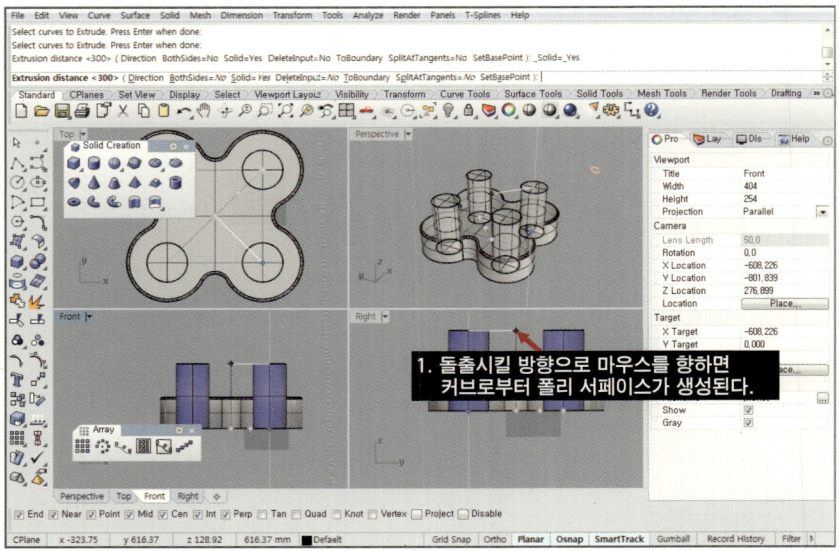

━ Rhino 이해하기 – Array한 작은 원 4개 돌출 3

지금처럼 양쪽으로 폴리 서페이스를 생성하는 이유는 처음에 만든 가장 큰 폴리 서페이스에서 작은 원 4개만큼을 삭제하려고 하기 때문입니다. 쉽게말해 구멍을 뚫기 위해서지요.

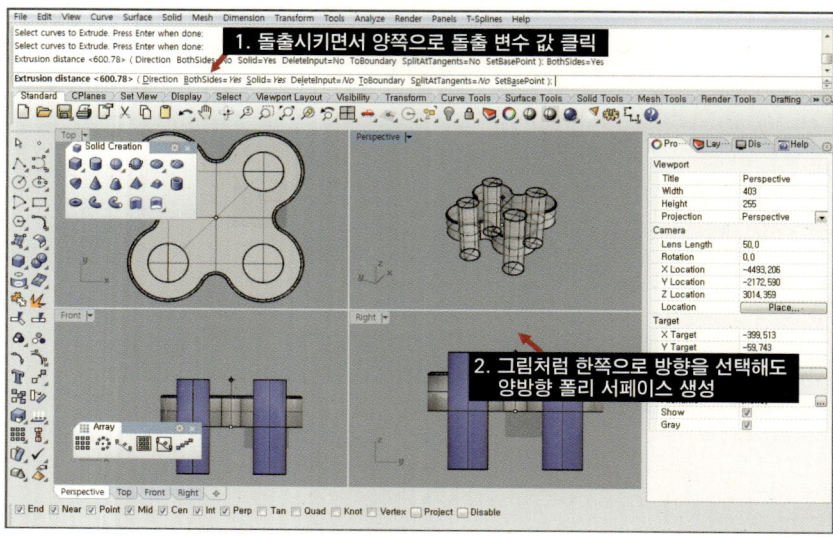

━ Rhino 이해하기 – 기본 객체에서 작은 원으로부터 돌출한 객체 빼기 1

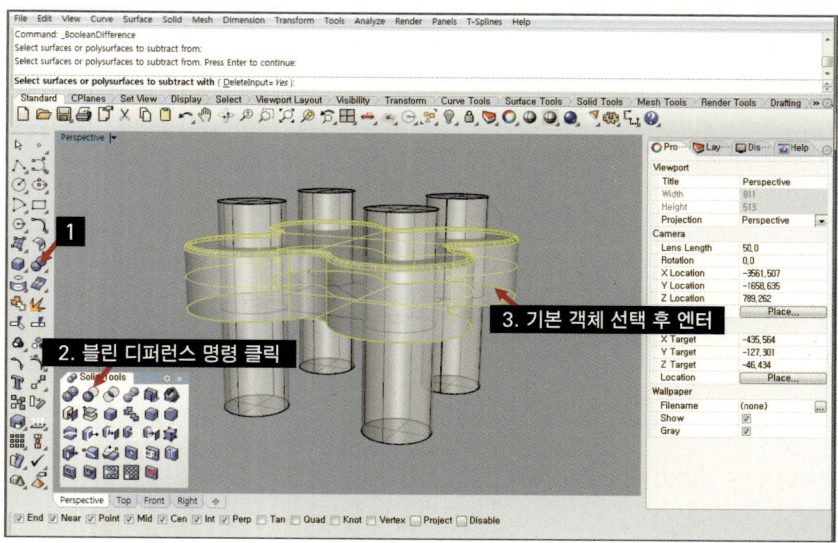

▬ Rhino 이해하기 – 기본 객체에서 작은 원으로부터 돌출한 객체 빼기 2

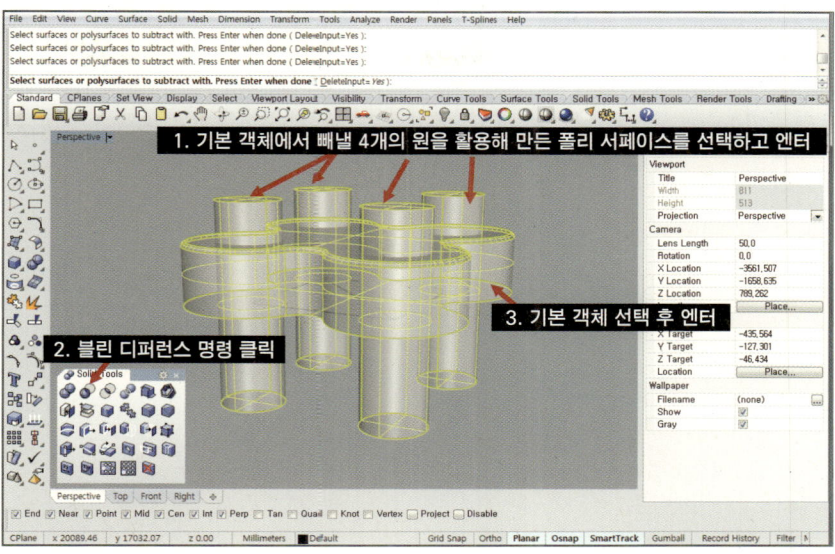

▬ Rhino 이해하기 – 기본 객체에서 작은 원으로부터 돌출한 객체 빼기 3

가장 큰 객체에서 어레이로 생성한 커브를 활용한 4개의 작은 원통형 객체만큼 빠진, 그러니까 구멍이 뚫린 것을 확인할 수 있습니다.

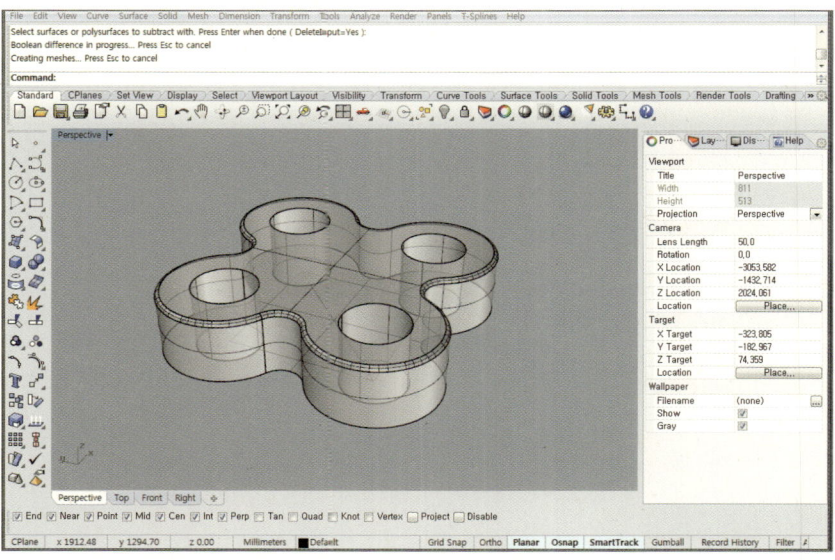

Rhino 이해하기 – 전체 객체의 중심 빼기 1

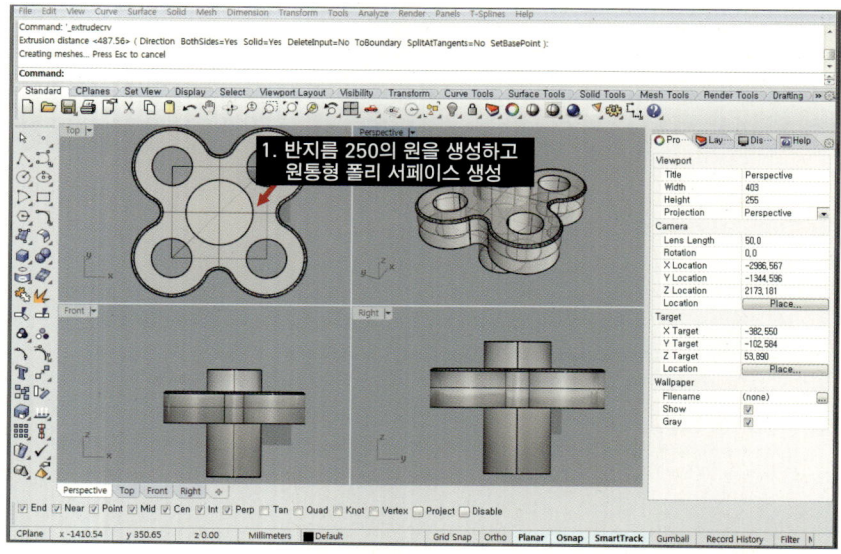

Rhino 이해하기 – 전체 객체의 중심 빼기 2

이제 가운데 부분의 원통형 구멍까지 마저 뚫린 모습입니다.

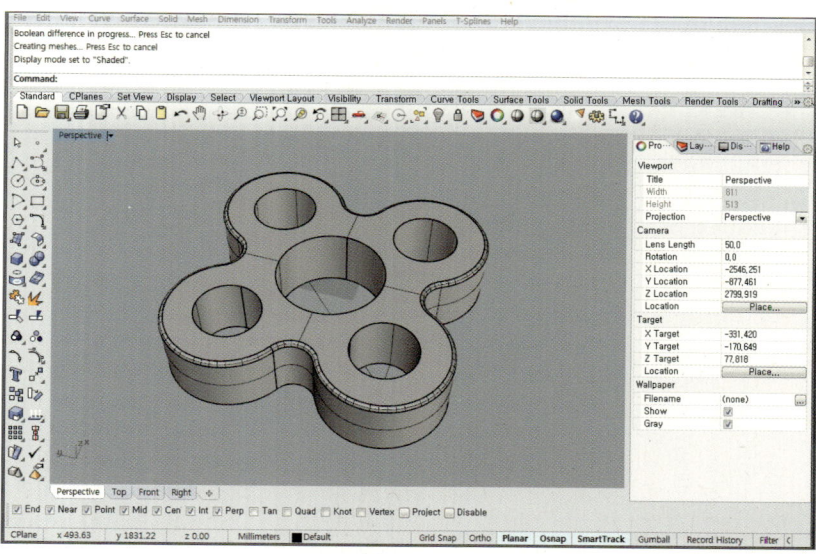

— Rhino 이해하기 – 세부적인 서페이스 필렛 1

새롭게 뚫린 구멍과 큰 객체가 만나는 곳은 조금 전에 실행했고 아래 이미지의 화살표
가 위치한 변화 치수에 의한 서페이스 필렛 명령을 실행하여 부드럽게 만들어줍니다.

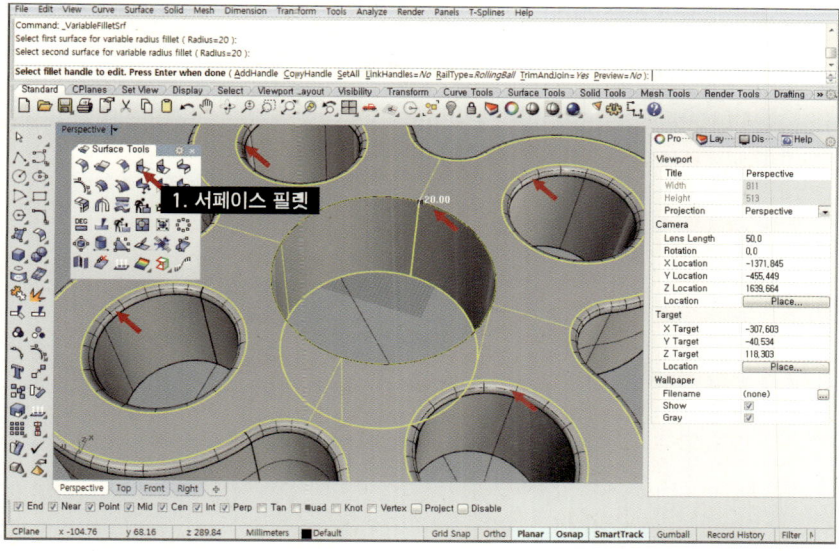

— Rhino 이해하기 – 커브 옵셋을 활용한 돌출 객체 생성 1

이제 가장 큰 구멍에 또 다른 객처를 생성하려고 합니다.

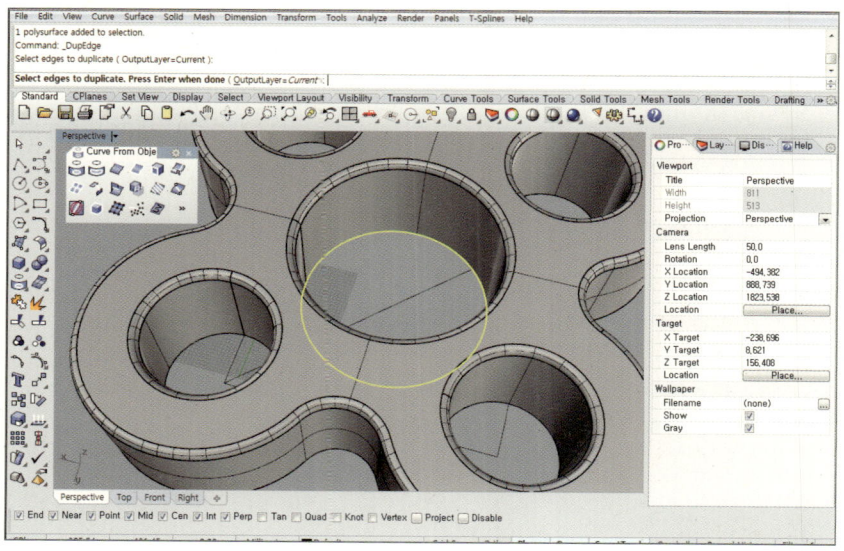

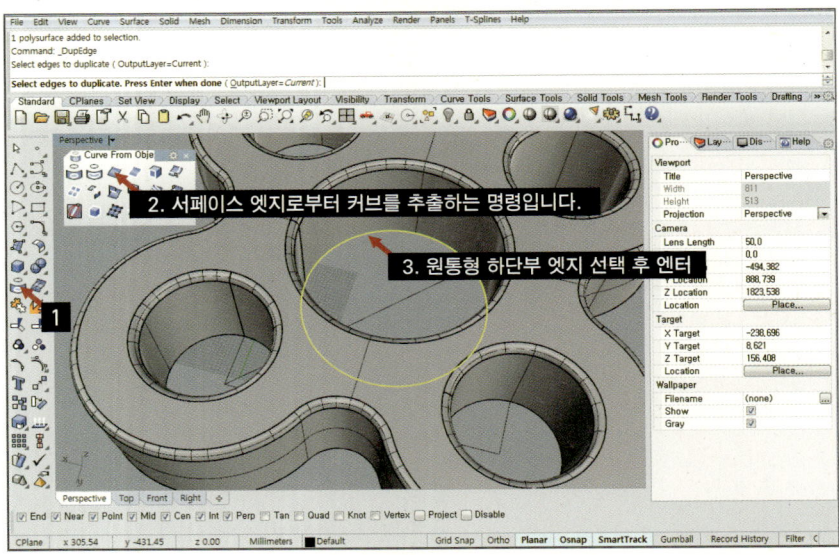

서페이스 엣지로부터 커브를 추출했다면 이제 마우스를 클릭해서 추출한 커브를 선택
해봅니다. 그럼 아래 이미지처럼 중복된 객체가 있다면 어떤 것을 선택할 것인지 묻는
창이 활성화되는데 이들 중 원하는 객체를 선택하면 됩니다.

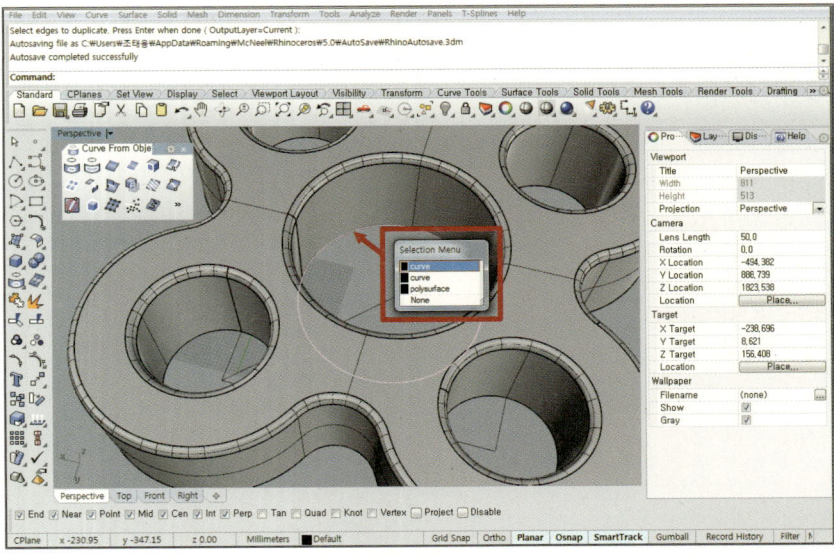

Rhino 이해하기 – 커브 옵셋을 활용한 돌출 객체 생성 4

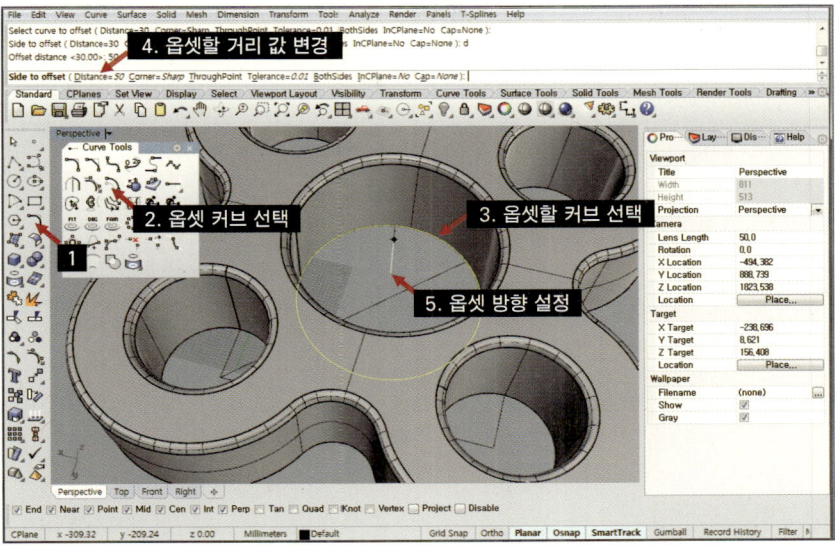

Rhino 이해하기 – 커브 옵셋을 활용한 돌출 객체 생성 5

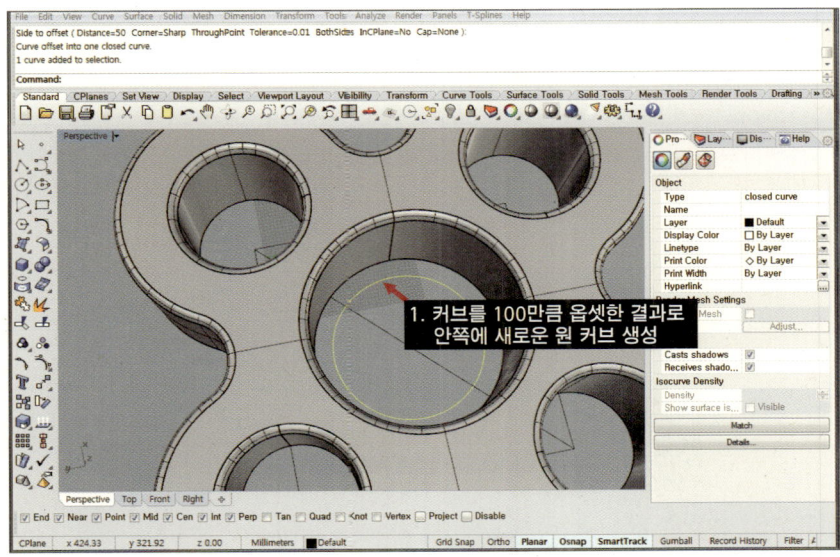

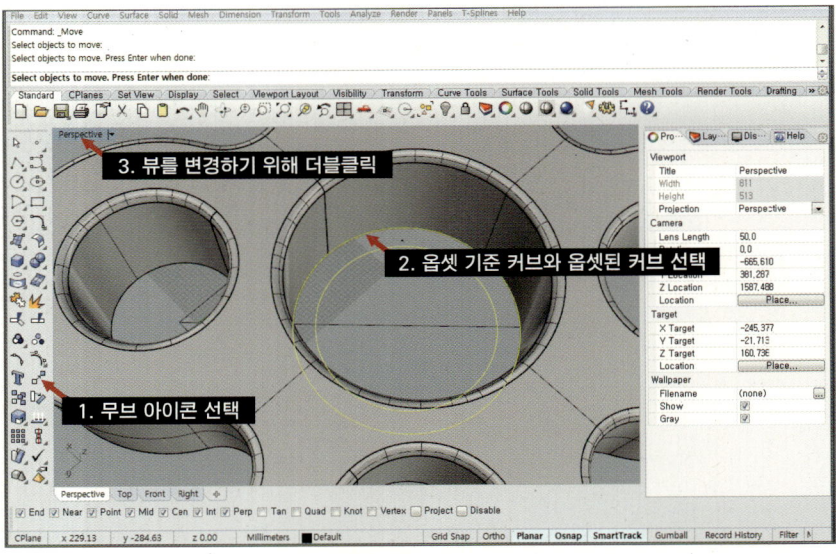

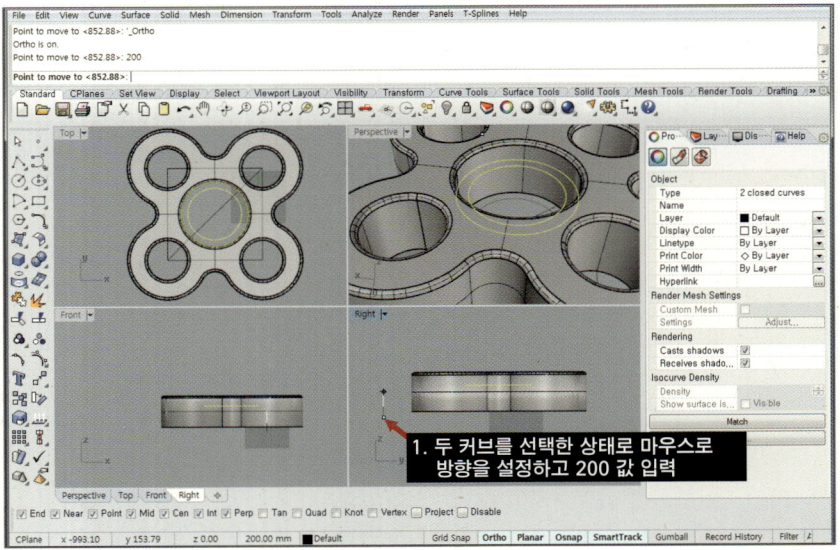

위로 이동시킨 두 개의 커브를 활용해서 원통형 객체를 만들려고 합니다.

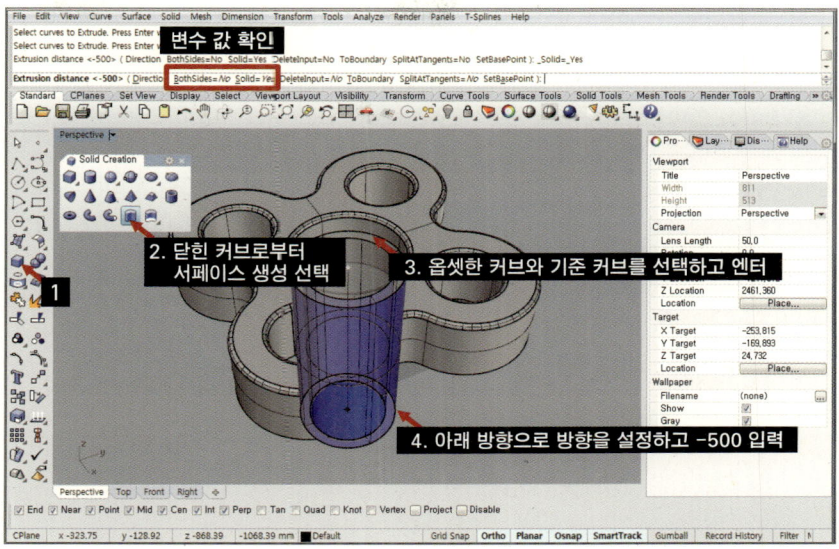

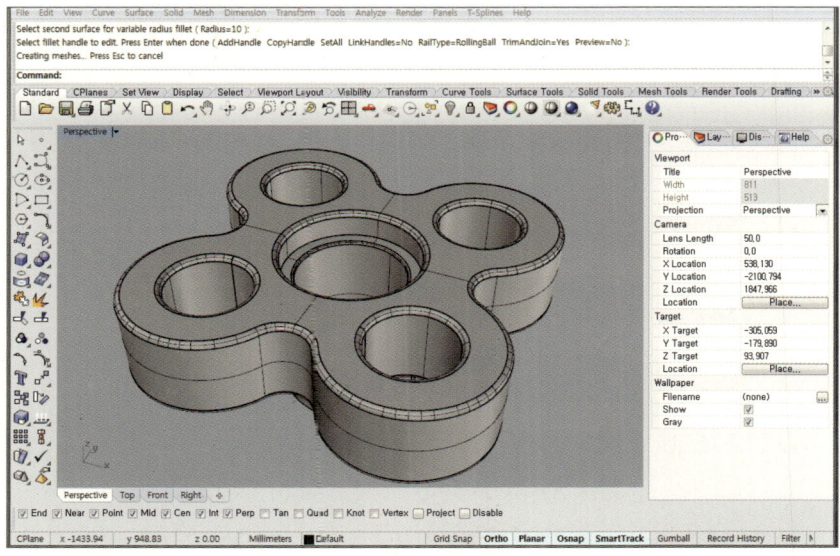

라이노 따라 하기를 진행할 건축물입니다.

언뜻 보면 라이노를 활용하면서 진행할 예제 건물에 곡면 형태의 모델링이 없어 의아해하실지도 모르겠습니다.

그럼에도 제가 이 예제를 택한 이유는 라이노라는 프로그램도 기본 모델링은 스케치업 등의 구축 방법과 다르지 않으며 우선 비슷한 형태로 프로그램과 친밀해지면 차후에 우리가 이야기하는 곡면 모델링은 커브 에디팅을 통해서 몇 가지 명령어로 가능해진다는 것을 보여드리기 위해서입니다.

더불어 라이노 따라 하기 예제를 진행한 형태를 이후에 레빗 따라 하기에서도 활용할 것이며 이를 통해 라이노와 레빗의 다른 점도 자연스레 파악할 수 있으리라 생각합니다.

Rhino 따라 하기

Rhino 따라 하기 – 기본 작업 화면 구성

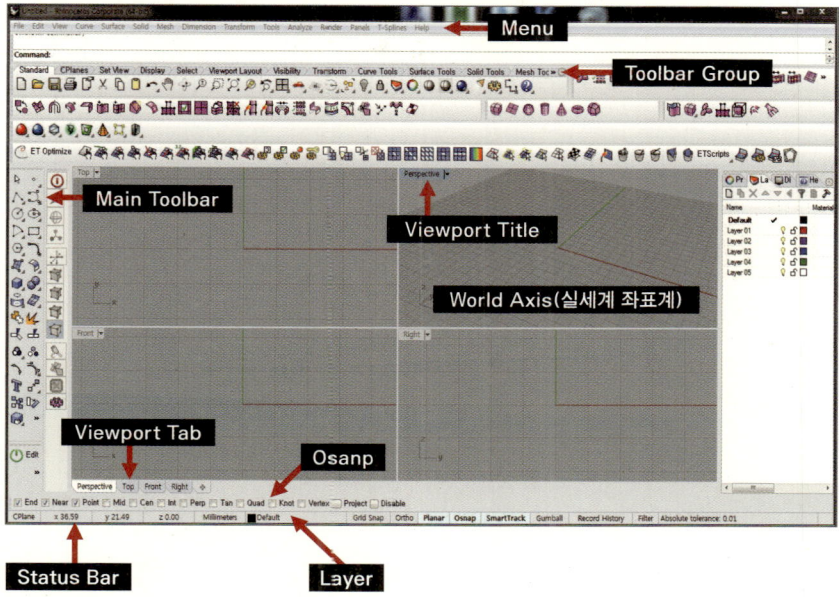

Rhino 따라 하기 – 라이노 기본 구성 객체

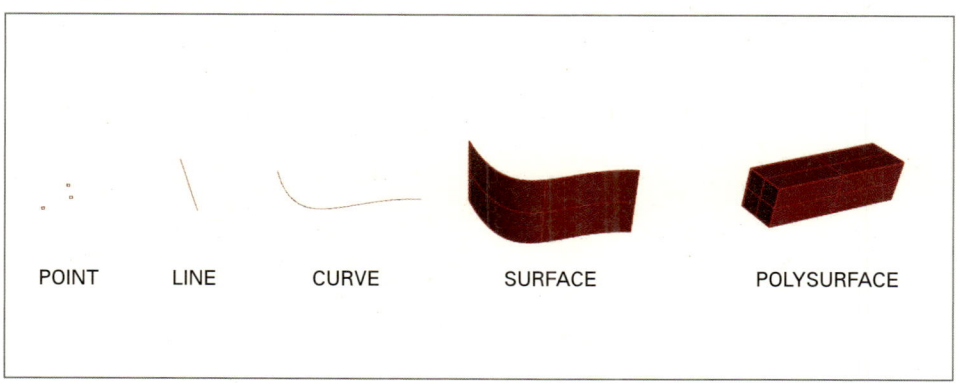

POINT   LINE   CURVE   SURFACE   POLYSURFACE

━ Rhino 따라 하기 – 라이노로 모델링된 평면도

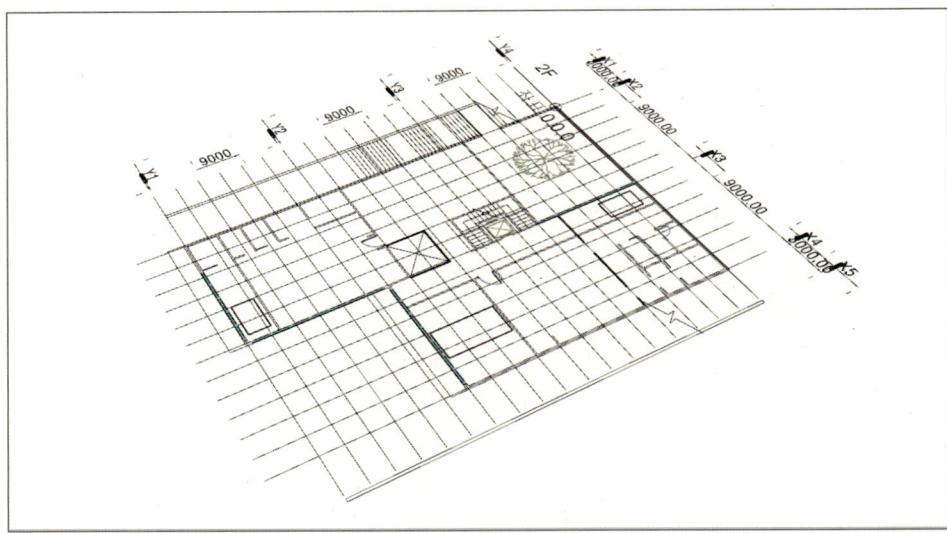

CAD

━ Rhino 따라 하기 – 두세 시간에 5~6개의 주요 명령만으로 모델링 진행

Simple Rhino Modeling
2~3H
명령어 몇 개 정도

이번에 Rhino로 모델링을 진행할 각층 평면도의 모습입니다. 우리가 보통 보게 되는 건축물을 표현하는 일반적인 계획 도면 수준이며, 다른 부분이 있다면 각층 기준점에 해당하는 위치가 0,0,0으로 맞추어져 있고 각층의 레벨 값이 Z 좌표에 해당하는 세 번째 좌표에 적용되어 있습니다.

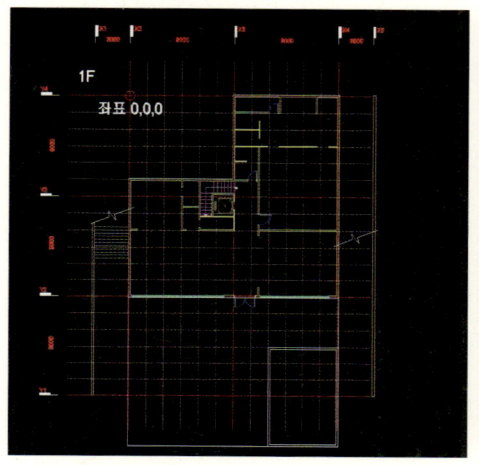

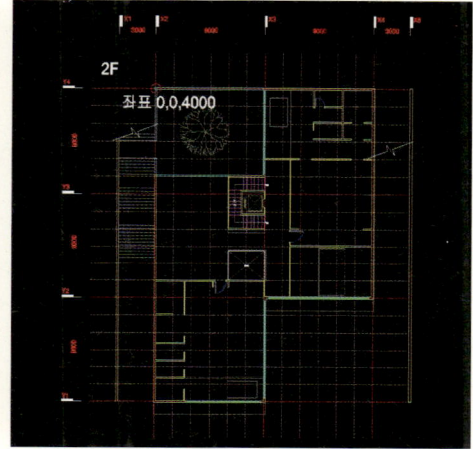

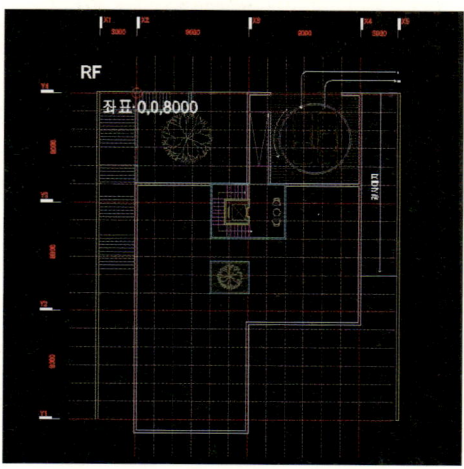

■ File – Import

메뉴의 파일, 임포트를 클릭하여 캐드 파일을 불러올 윈도우 창을 실행합니다.

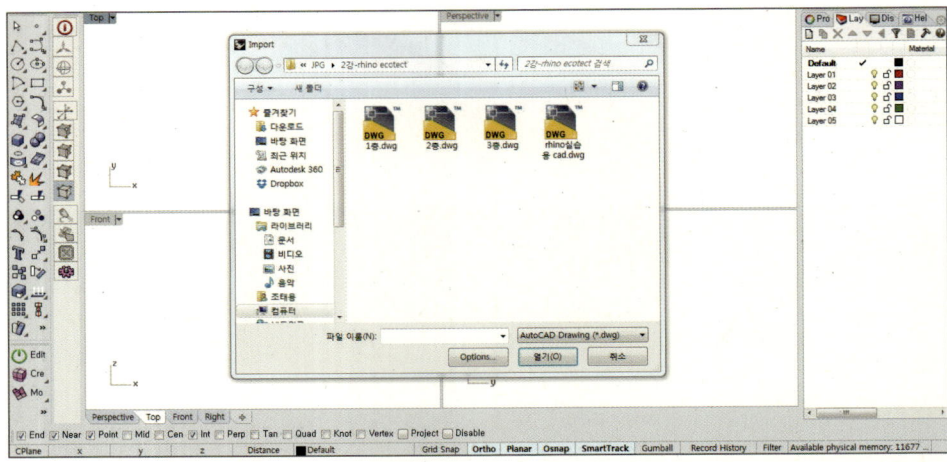

■ File – Import

CAD 파일을 Import하여 열기를 누르면 위와 같은 윈도우 창이 생성되며, 이때 OK를
한 번 더 클릭하여줍니다.

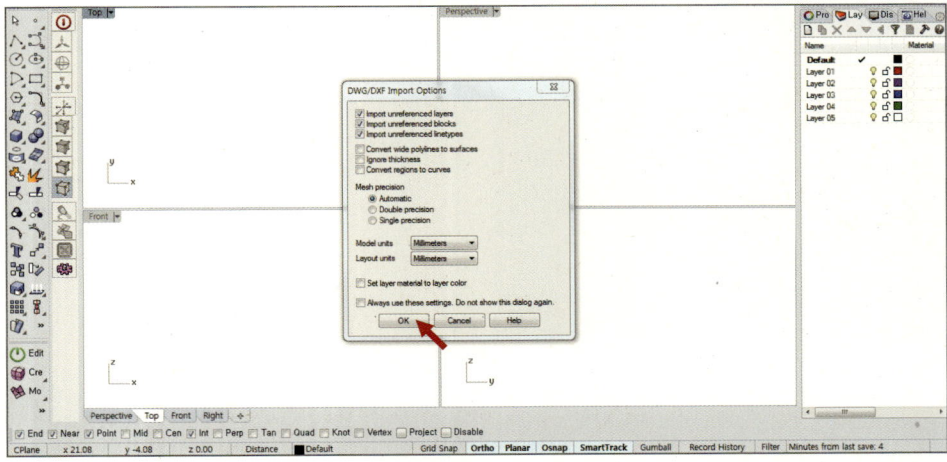

LAYER CHANGE

1. 불러온 캐드라인을 컨트롤 A를 눌러 모두 선택한 후
2. 오른쪽 특성 창에서 새로운 레이어를 생성한 후 생성된 레이어를 선택하고 마우스 우클릭하여 Change Object Layer를 선택해 1층 도면이라는 레이어로 변경합니다.

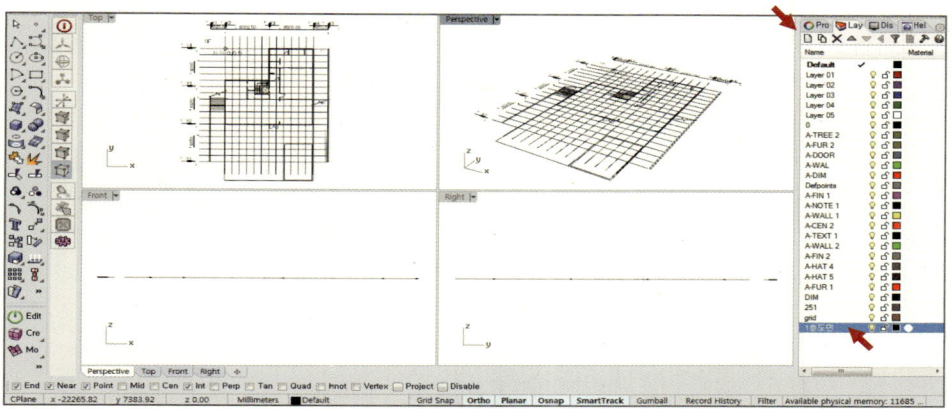

LAYER

캐드에서 불러온 도면의 요소를 전부 1층 도면이라는 레이어로 변경하고 필요 없는 레이어를 정리하고자 지웠으나, 캐드에서부터 잠겨 있거나 하는 문제로 지워지지 않는 레이어들은 필요 없음이란 레이어를 만든 후 하위 트리에 넣어줍니다.

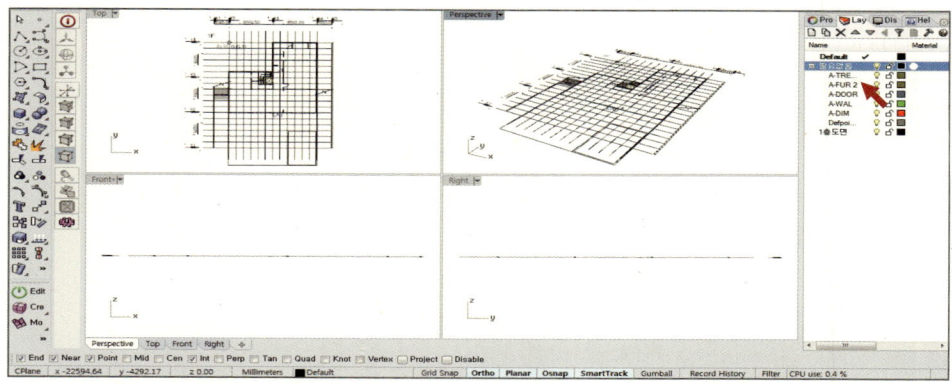

1층 모델링-슬라브

새로운 레이어를 하나 생성한 후 1층 슬라브라고 변경하고 Perspective 뷰 포인트 타이틀을 더블클릭하여 화면과 같이 하나의 창으로 만들어줍니다.

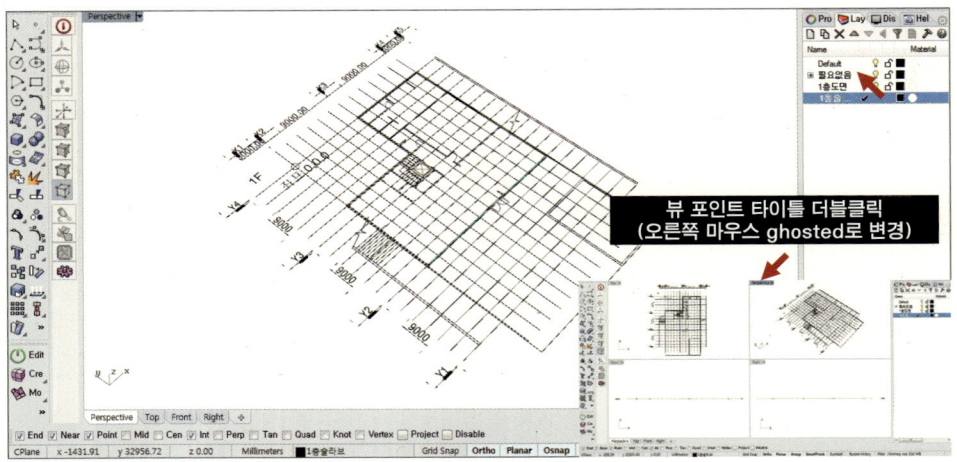

Polyline

슬라브 외곽 라인으로 폴리 서페이스를 생성하기 위해 라인 추출을 위한 Polyline 아이콘을 클릭합니다.

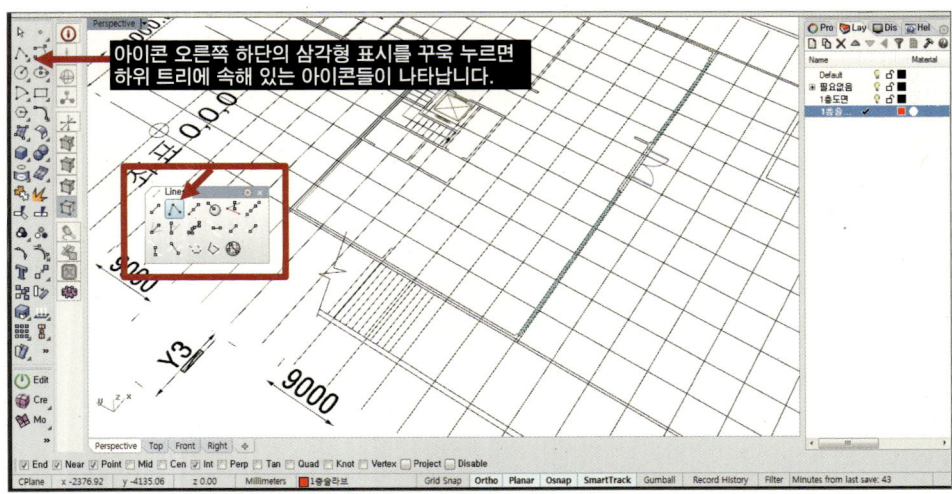

Polyline

건물 슬라브 라인을 생성하기 위해 Polyline 아이콘을 클릭하고 아래 이미지와 같이 외곽 포인트(오스냅 설정)를 차례대로 클릭합니다.

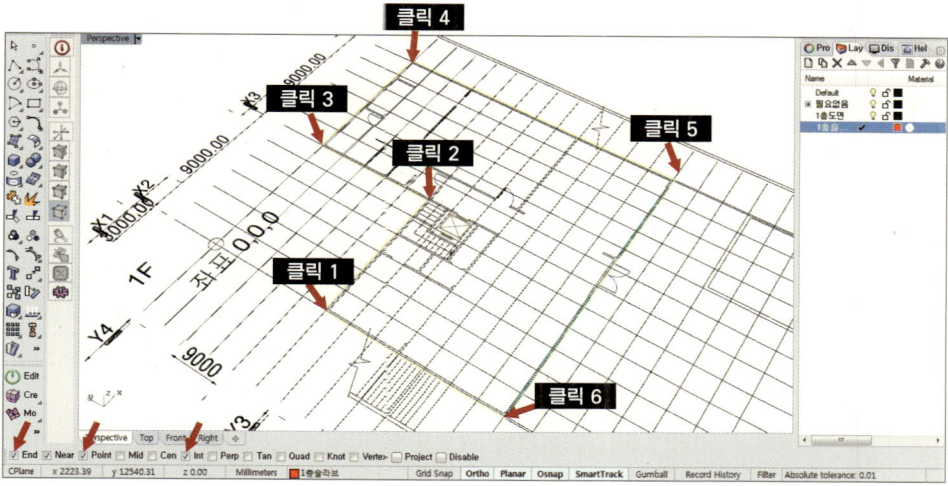

Extrude Closed Planar Curve

폴리 라인 명령으로 1층 슬라브 외곽 라인을 생성한 후 익스트르드 클로즈드 플래너 커브(Extrude Closed Planar Curve) 명령으로 폴리 서페이스로 만듭니다.

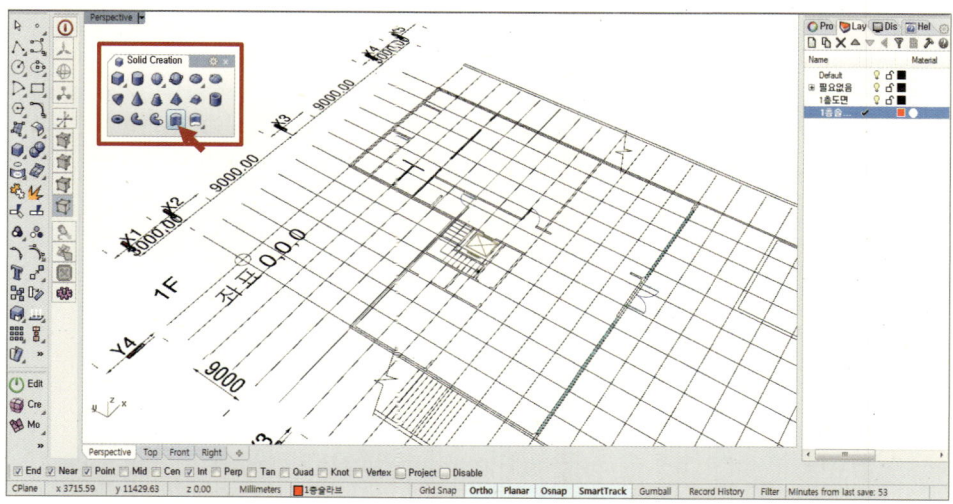

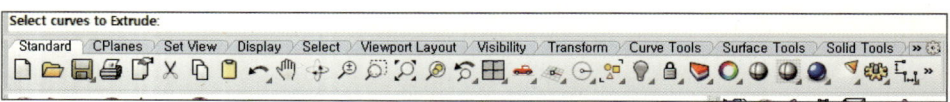

익스트르드 클로즈드 플래너 커브를 클릭하면 돌출시킬 커브를 선택하라고 합니다.

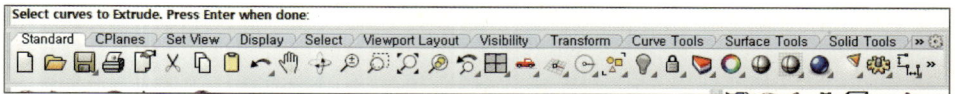

커브를 선택하고 엔터를 누릅니다.

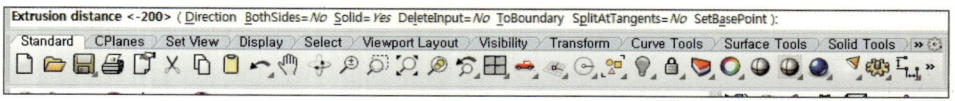

돌출시킬 방향과 크기를 입력합니다(−200을 입력합니다).

▬ Extrude closed planar curve

돌출시킬 방향을 −200을 입력했기 때문에 도면이 위치하는 레벨에서 아래로 200 두께를 갖는 폴리 서페이스(1층 슬라브)가 생성되었습니다.

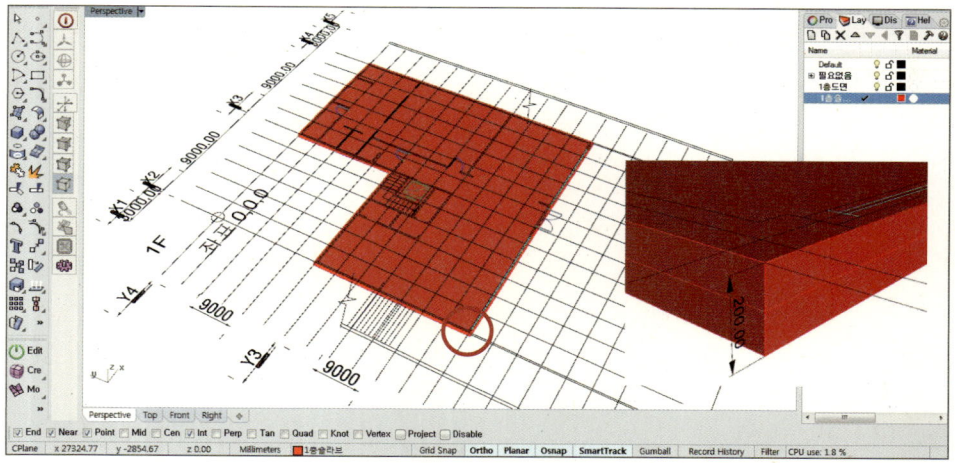

슬라브는 생성하였으니 다음 작업으로는 이미지에 노란색으로 표현된 건물의 벽체를 모델링하겠습니다. 지금 예제 파일에는 벽체를 모두 하나의 객체로 만들어놓았는데 이는 라이노로 가져오기 전에 캐드에서 하나의 라인으로 Join해놓는 것이 편리하여서입니다. 이를 도면을 정리한다고 표현합니다.

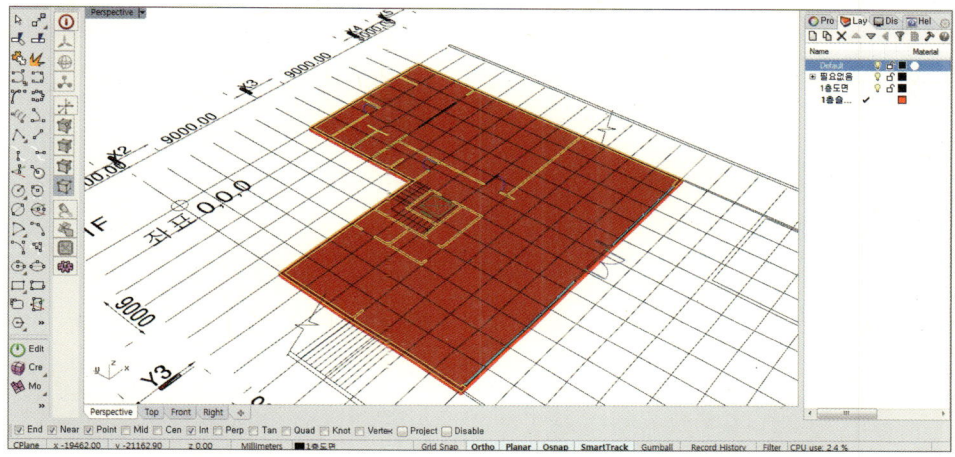

■ 벽체 생성

1층 벽체라는 레이어를 생성한 후 역시 닫힌 커브로부터 폴리 서페이스나 서페이스를 생성하는 익스트루드 클로즈드 플래너 커브 아이콘을 클릭하여 노란색으로 표현된 커브로부터 벽체를 생성해보겠습니다.

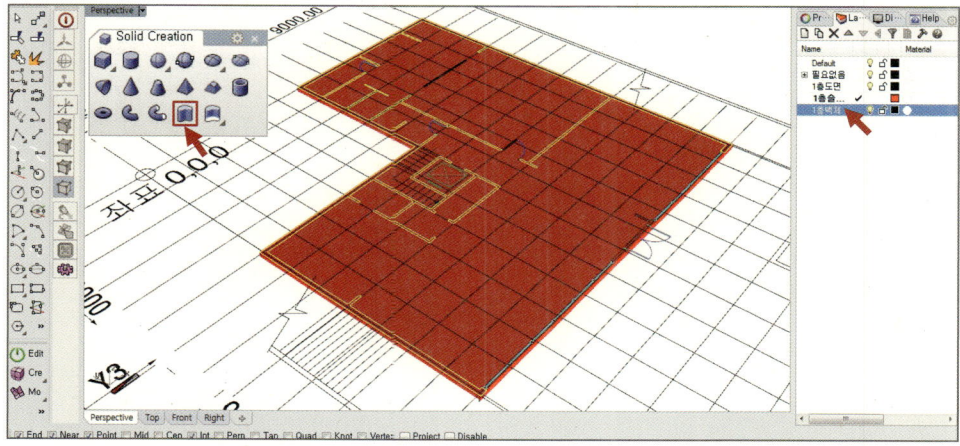

■ 벽체 생성

익스트르드 클로즈드 플래너 커브를 클릭한 후 벽체를 생성하려는 커브를 선택하고 마우스를 위로 둔 채 키보드로 3800을 입력합니다.

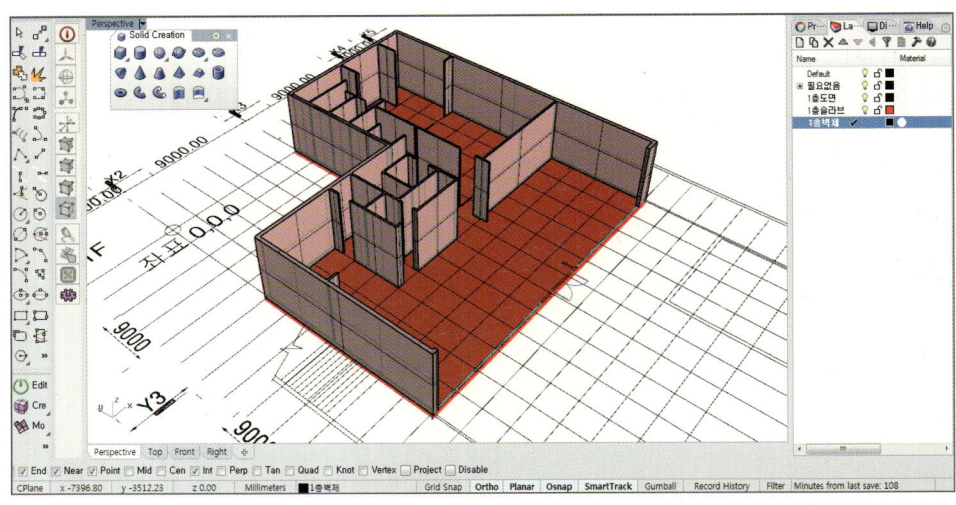

1층 벽체를 생성하고 살펴보니 하나의 객체로 묶여 있지 않아 폴리 서페이스로 만들지 못한 라인이 남아 있습니다. 이 라인의 경우 익스트르드 클로즈드 플래너 서페이스를 다시 한번 실행시키고 키보드로 3800을 입력하는 대신 이미 생성된 벽체 앤드 포인트를 클릭하면 편리하게 모델링할 수 있습니다.

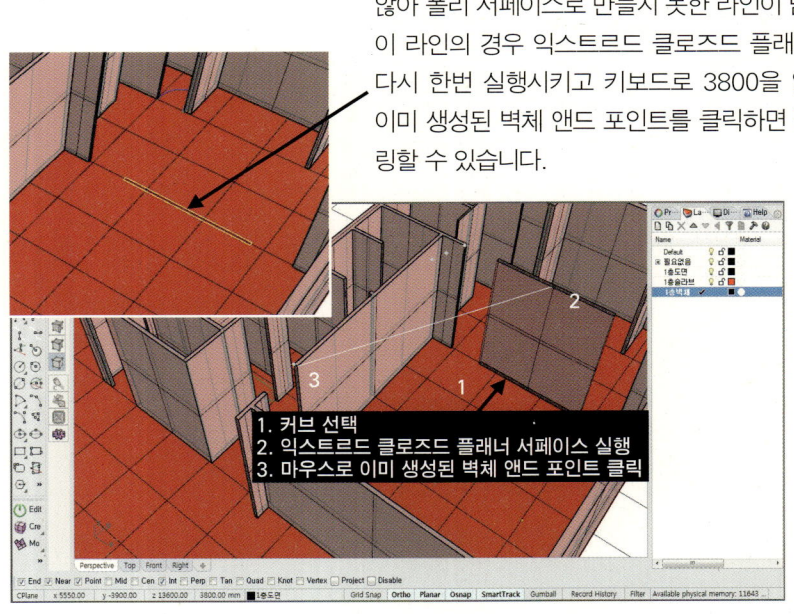

1. 커브 선택
2. 익스트르드 클로즈드 플래너 서페이스 실행
3. 마우스로 이미 생성된 벽체 앤드 포인트 클릭

빨간색으로 표현되었다는 건 폴리 서페이스의 방향이 뒤집혔음을 의미합니다. 저는 작업 초기에 설정을 통해 서페이스의 앞면과 뒷면의 색상을 다르게 표현했기 때문에 시각적으로 바로 확인이 가능합니다.

서페이스가 뒤집혔을 경우 차후 시뮬레이션이나 렌더링에서 전혀 예상치 못한 문제들이 발생할 수 있기 때문에 작업이 진행되면서 확인이 가능할 때 수정하는 것이 좋습니다.

수정할 때는 Analyze Direction 명령을 실행한 후 확인하려는 면을 클릭하면 아래 첫 번째 이미지처럼 방향이 표시되며 키보드 F와 엔터 키로 방향 전환이 가능합니다.

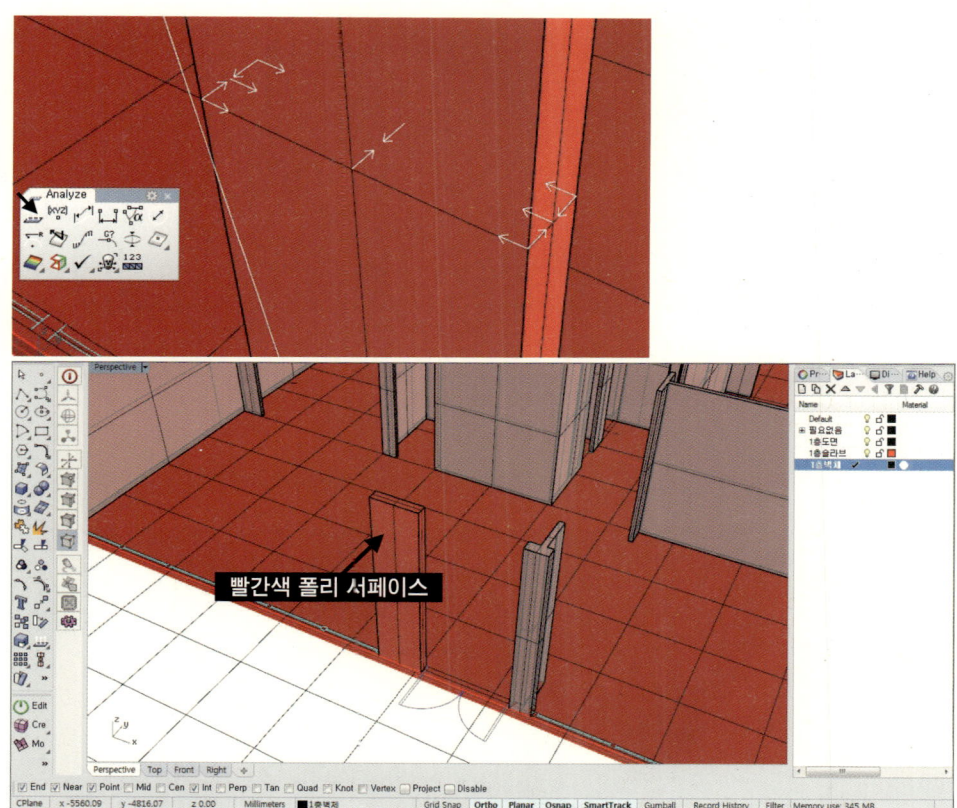

빨간색 폴리 서페이스

━ 커튼월 생성

이제 커튼월을 생성하려 합니다. 역시 익스트르드 클로즈드 플래너 커브를 실행한 후 커튼월 멀리언이 될 라인을 선택합니다.

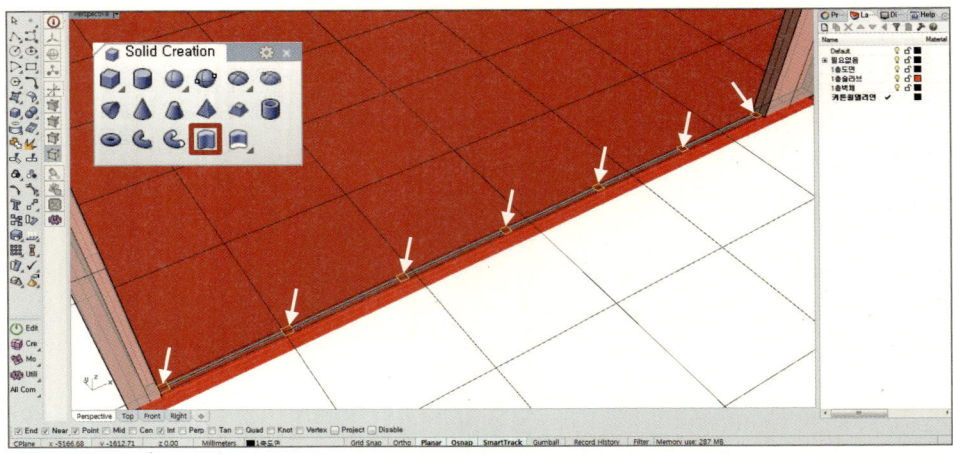

━ 커튼월 생성

명령을 실행하고 커브를 선택한 후 마우스를 이미 생성된 벽체의 앤드 포인트에 대고 클릭하면 기존 벽체의 높이와 같은 커튼월 멀리언이 생성됩니다(레이어 신설 필수!).

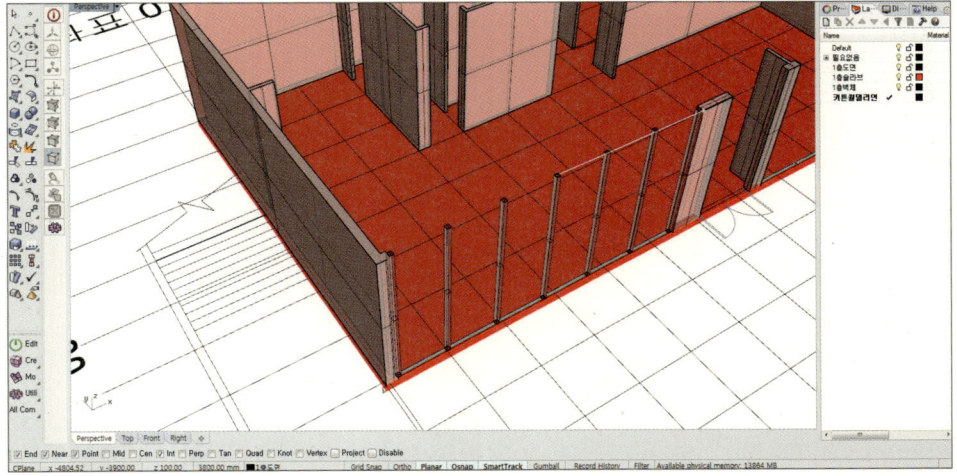

━ 커튼월 생성

이제 수평 멀리언(트랜섬)을 모델링하려 합니다. 수평 멀리언은 캐드에서 작성하여 라이노로 불러온 도면에서 활용할 적당한 라인이 없어 라이노에서 그려주어야 해서 Polyline 명령을 실행합니다.

━ 커튼월 생성

폴리 라인 명령을 실행한 후 1, 2, 3, 4를 차례로 클릭하고 키보드 C를 누르고 엔터를 치면 닫힌 폴리 라인이 생성됩니다.

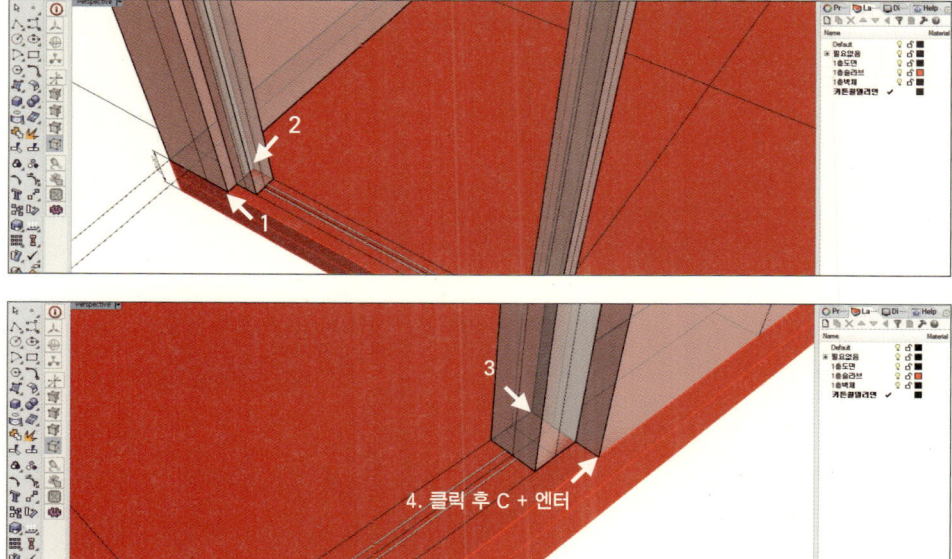

커튼월 생성

폴리 라인으로 생성한 라인을 선택하고 익스트르드 클로즈드 플래너 커브 명령을 실행합니다. 그리고 키보드로 100을 입력하면 높이 0~100 높이의 수평 멀리언이 생성됩니다.

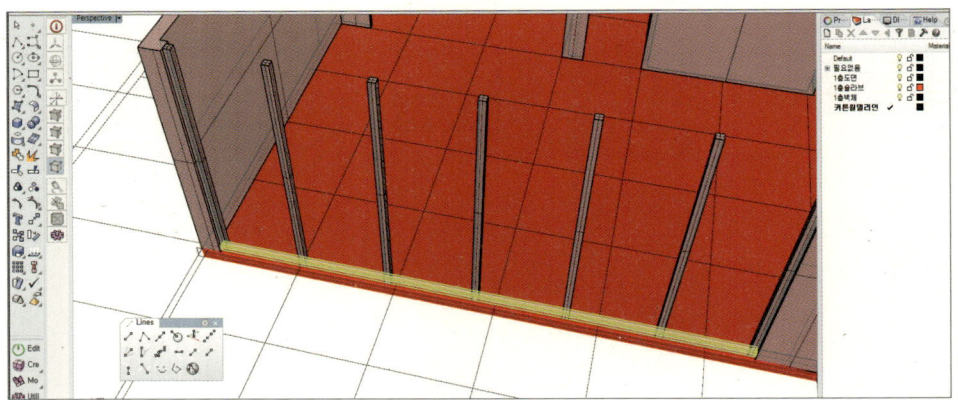

커튼월 복사

슬라브 면에 100 높이로 생성된 커튼월 멀리언을 복사하여 커튼월 멀리언들을 완성시키기 위해 수평 멀리언을 선택하고 Copy를 클릭합니다.

라이노 작업 창의 변경은 뷰 포인트 타이틀을 더블클릭하거나 왼쪽 하단의 뷰를 클릭하여 변경합니다.

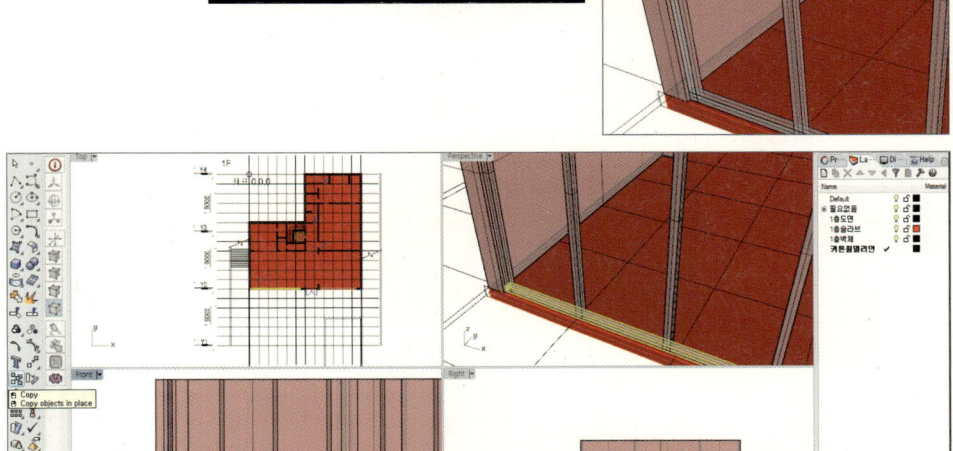

커튼월 복사

하단의 수평 멀리언을 선택하고 마우스를 Z 방향으로 향하게 한 후 카피하려는 방향의
기준 포인트 클릭 300, 엔터, 마우스 좌클릭, 600, 엔터, 마우스 좌클릭, 2100, 엔터, 좌
클릭 2400, 엔터, 좌클릭, 2700, 엔터, 좌클릭으로 멀리언을 복사 생성합니다.

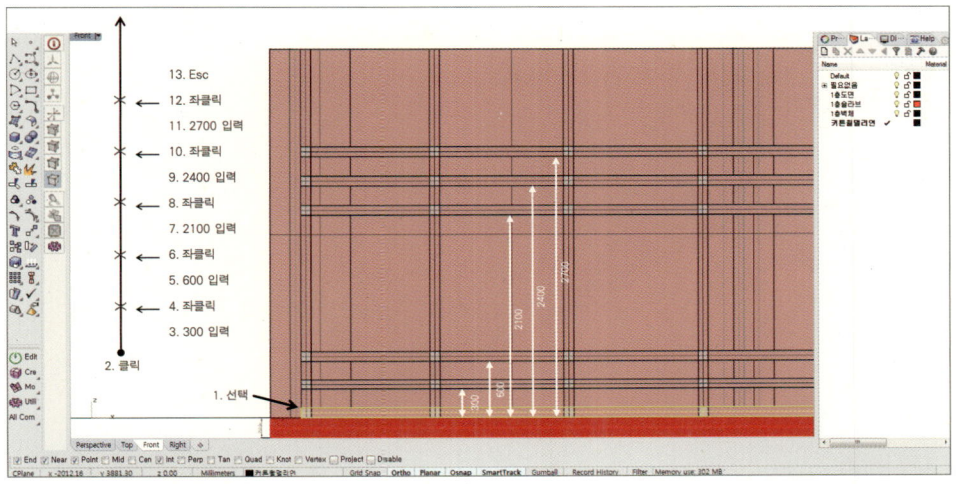

커튼월 확인

수평 멀리언이 복사된 이미지입니다.

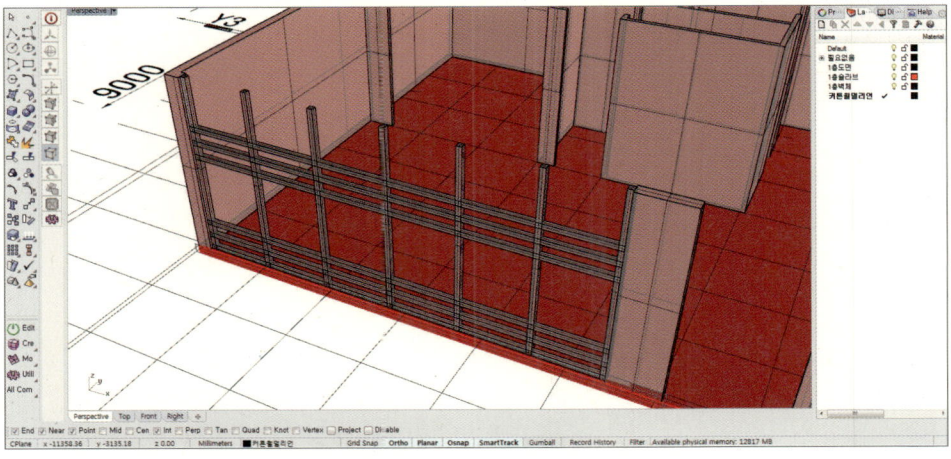

커튼월 유리 생성

커튼월에 유리를 생성하기 위해 캐드 라인에서 유리를 의미하는 두 개의 라인 중에 임의로 선택해서 역시 익스트르드 클로즈드 플래너 커브를 실행하고 3800을 입력하여 유리 객체를 생성합니다(유리 레이어 생성 필수).

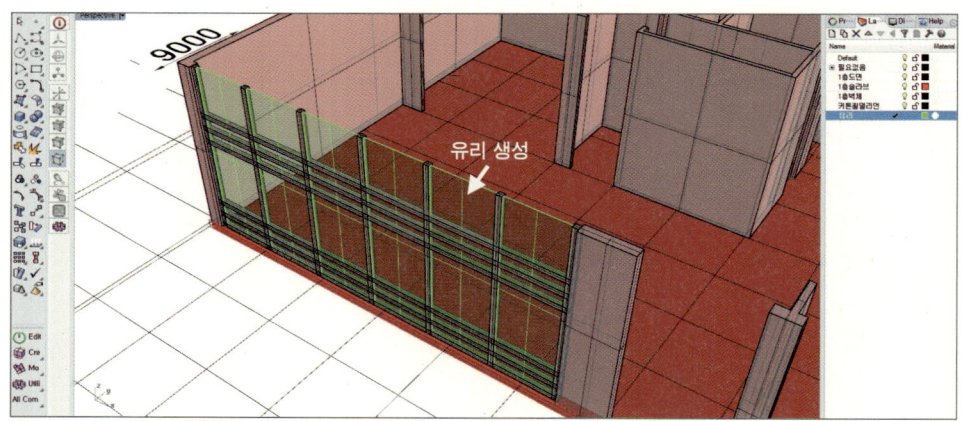

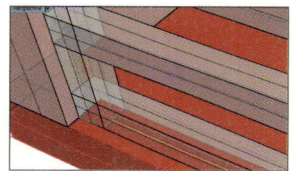

커튼월 추가 생성

하단의 수평 멀리언을 다시 선택하고 Copy 명령 아이콘을 실행하여 Z 방향으로 3700의 거리로 복사 생성시킵니다.

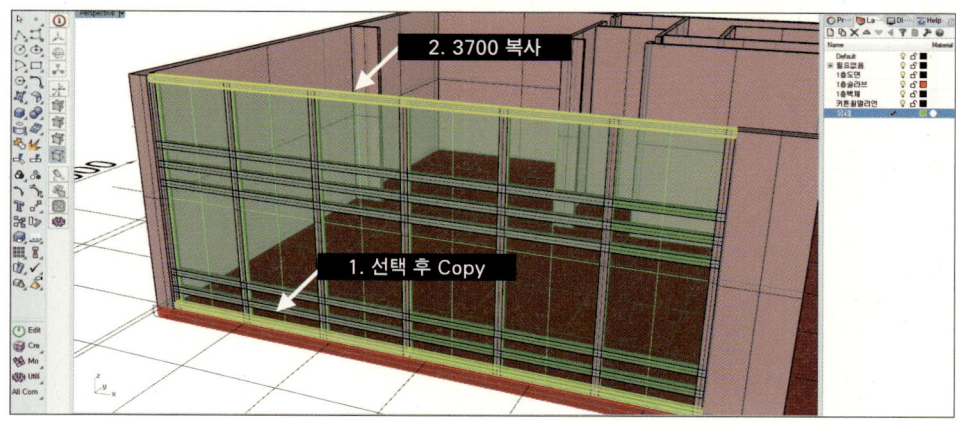

같은 방법으로 오른편의 커튼월도 완성시킵니다.

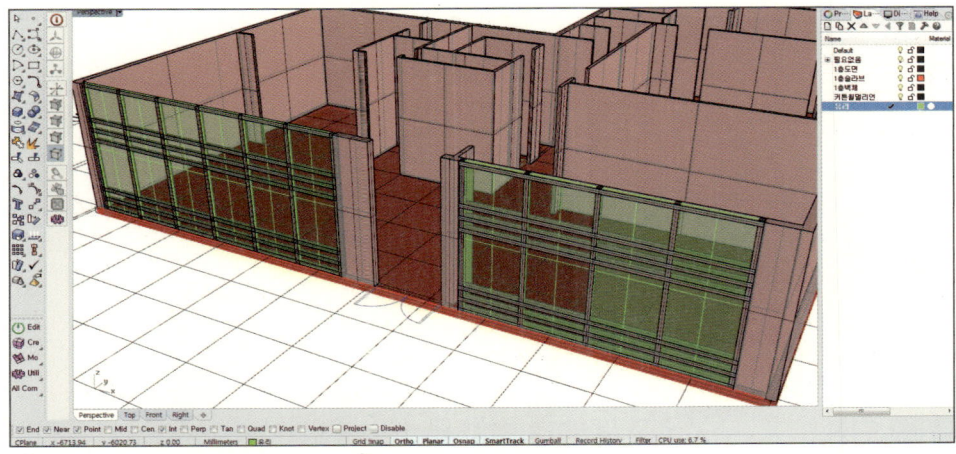

이제 커튼월 사이의 외부 도어를 모델링하겠습니다. 외부 도어라는 레이어를 생성합니다.

이번에는 도어를 구성하는 프레임을 Sweep 1 rail이란 명령어를 활용해 생성해보도록 하겠습니다. 스윕을 시키기 전 스윕이 되는 기준 라인을 정하기 위해 폴리 라인 명령으로 이 이미지처럼 차례대로 포인트를 선택하여 그려줍니다.

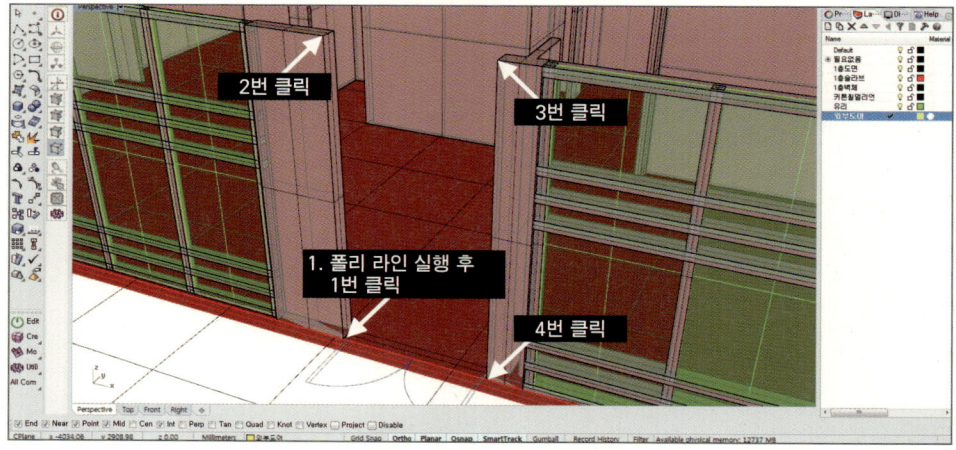

━ 도어 구성 프레임 생성 1

도어를 구성하는 프레임이 생성될 기준 라인이 준비되었다면 이제 구성될 프레임의 단면 라인을 생성하여야 합니다. 폴리 라인 명령으로 아래 이미지와 같은 라인을 생성하여줍니다. 방금 전 생성된 기준 라인을 따라 지금 생성한 박스 형태의 라인이 따라가면서 폴리 서페이스를 생성할 것입니다.

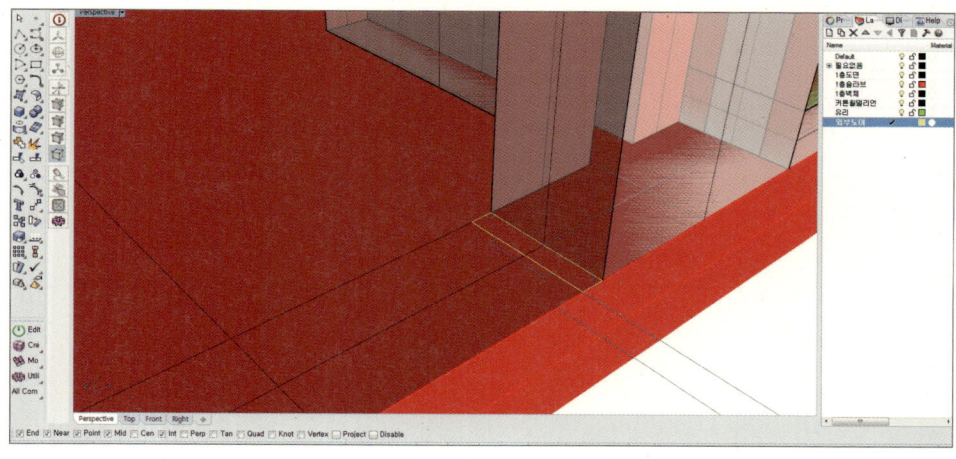

도어 구성 프레임 생성 2

Sweep 1 rail과 Sweep 2 rail은 원하는 단면의 형태를 기준된 경로를 따라가면서 폴리 서페이스를 생성하라는 명령입니다. 그래서 Sweep 1 rail을 실행하기 위해 외부 도어가 구성될 프레임의 경로와 단면 라인을 생성한 것입니다.

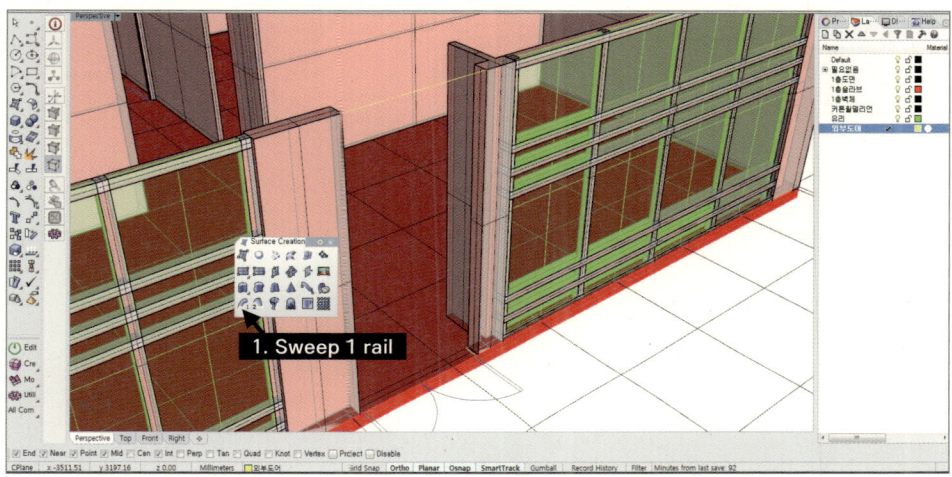

도어 구성 프레임 생성 3

생성한 단면 커브를 활용하기 위해 Sweep 1 rail 명령 아이콘을 클릭하고 경로 커브와 단면 커브를 차례대로 선택하여 경로를 따라가는 폴리 서페이스를 생성합니다.

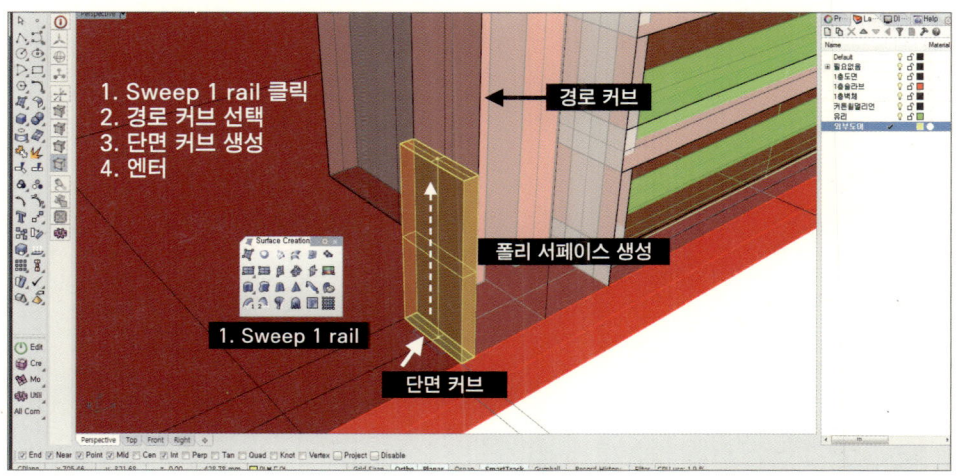

― 도어 구성 프레임 생성 4

Sweep 1 rail을 실행하면 이와 같은 설정 창이 팝업됩니다. 디폴트 값이므로 프리뷰를
클릭해 생성될 폴리 서페이스를 미리 확인해보거나 OK를 눌러 명령을 실행합니다.

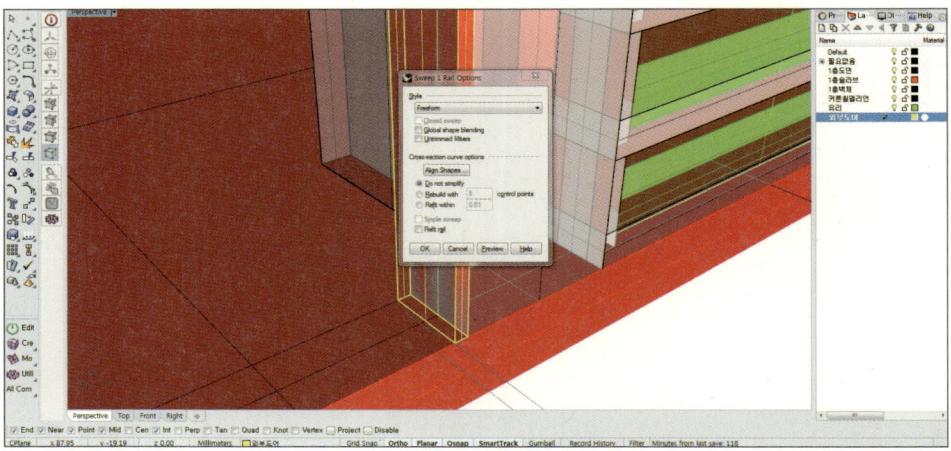

― 도어 구성 내부 프레임 생성 5

Sweep 1 rail이 되었다면 다른 주변 커튼월과 같은 높이로 프레임을 생성해줍니다. 방
법은 주변 커튼월 멀리언을 생성한 것과 동일합니다.

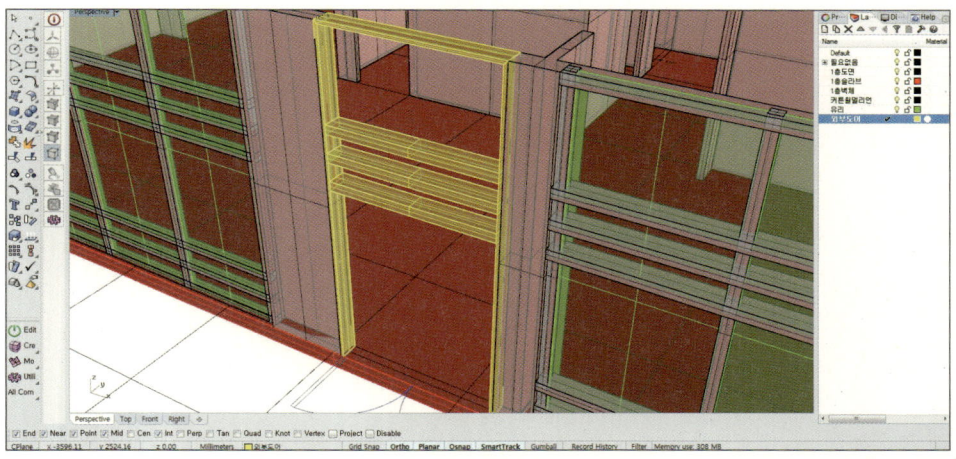

━ 도어 구성 내부 유리 생성 1

이제 아래 표현처럼 유리면을 생성하려 합니다. 오른편 레이어 창에서 기존에 만들어 놓은 유리 레이어를 더블클릭해서 선택합니다.

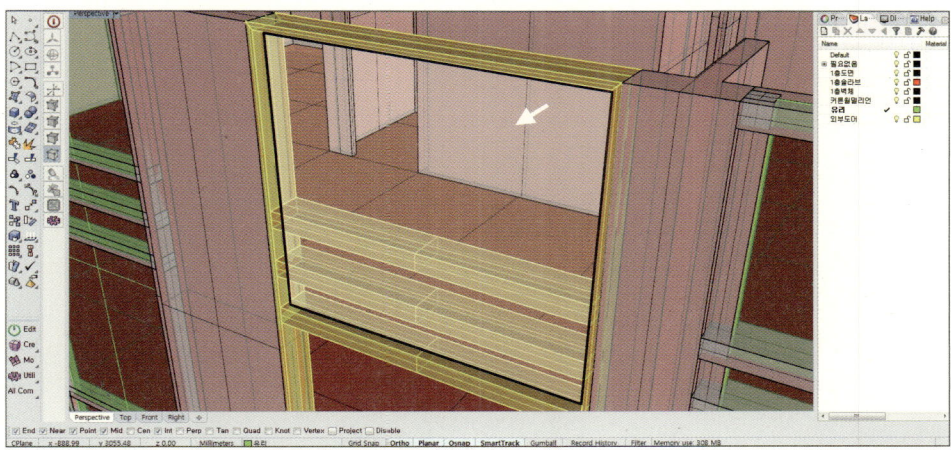

━ 도어 구성 내부 유리 생성 2

화살표가 가리키는 부위에 커브를 생성하고 그 커브를 익스트르드 클로즈드 플래너 커브 명령으로 유리면을 생성하려 합니다. 물론 폴리 라인으로 그리는 방법도 있으나, 이번에는 Extrat isocurve 명령으로 서페이스에서 커브를 추출해보겠습니다.

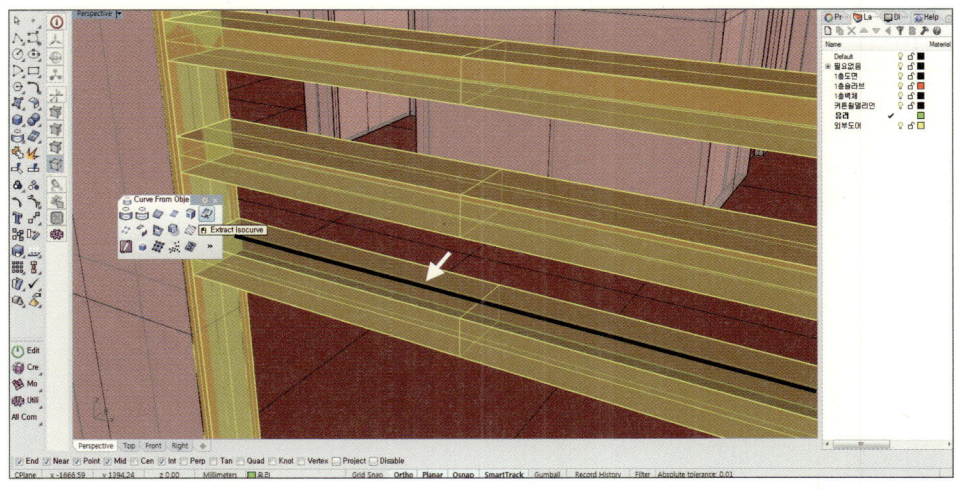

익스트랙 아이소커브 명령은 서페이스에서 U, V 방향의 커브를 추출해주는 명령입니다. 익스트랙 아이소커브 명령을 실행한 후 해당 서페이스를 클릭하면 위의 그림과 같은 U, V 방향 중 한 방향의 커브가 표현됩니다. 이때 명령 창을 확인하여 원하는 방향으로 U, V 값을 변경할 수 있습니다.

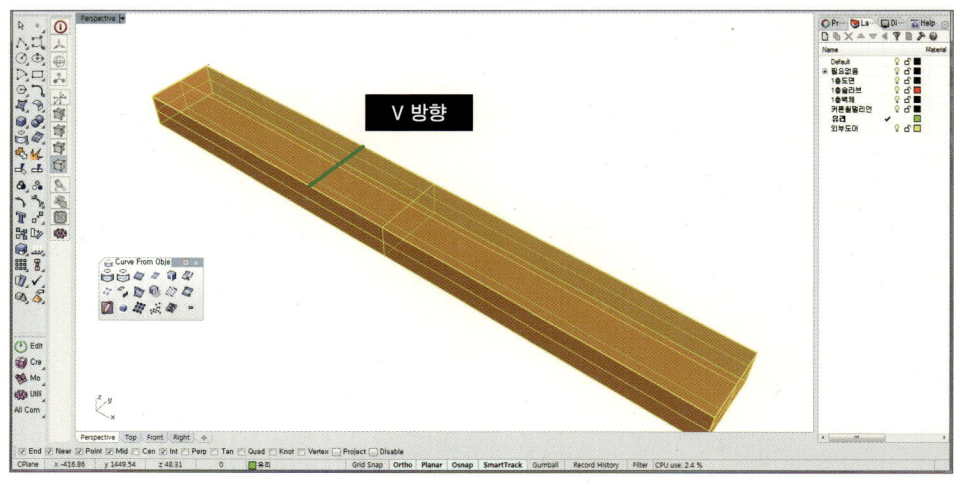

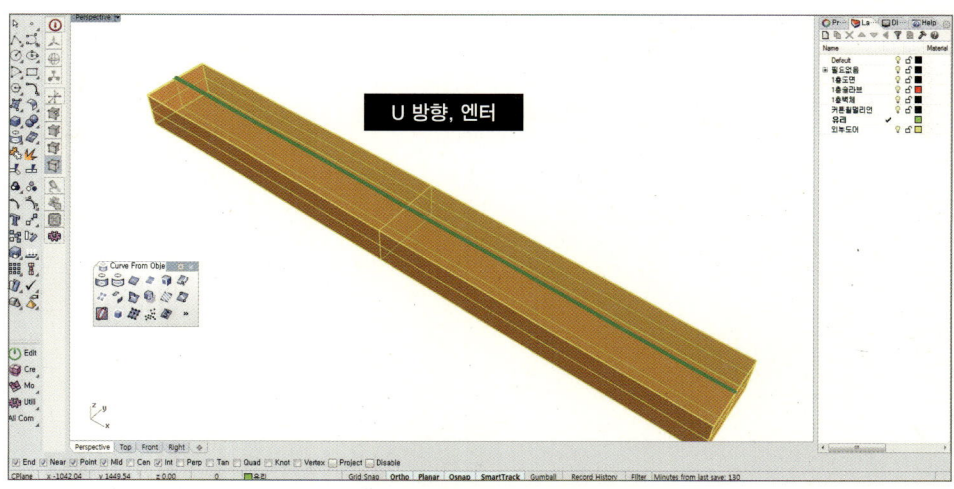

━ 도어 내부 유리 돌출 1

익스트르드 클로즈드 플래너 커브 명령으로 추출된 커브로부터 서페이스를 생성하려고 하니 우리가 돌출시키고자 하는 방향은 Z 방향인데 평면상의 방향으로 돌출이 됩니다. 이럴 경우 돌출시키는 방향을 설정해주거나 변경해주어야 하는데 익스트르드 클로즈드 플래너 커브 명령이 실행된 상태로 D를 눌러 디렉션(방향)을 변경시켜줍니다.

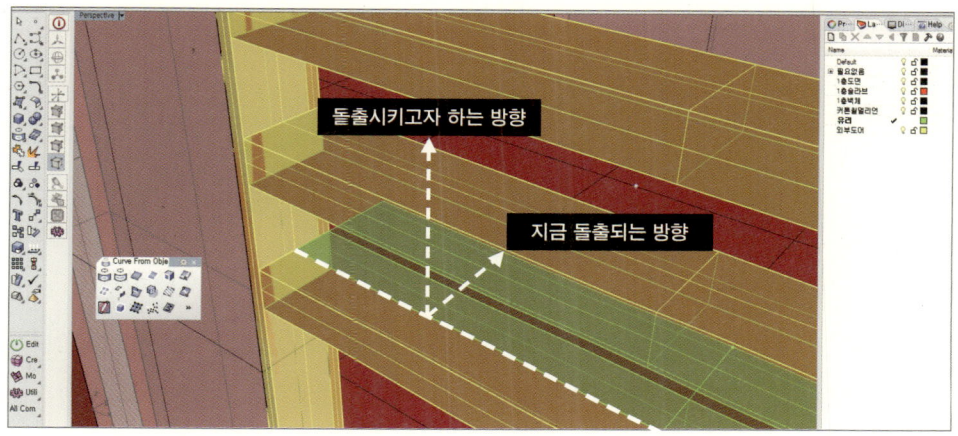

━ 도어 내부 유리 돌출 2

익스트르드 클로즈드 플래너 커브 명령에서 방향을 변경하는 방법은 두 가지 정도가 있습니다. 이미 돌출시키려는 방향으로 생성된 폴리 서페이스의 포인트를 디렉션 삼아 베이스포인트와 두 번째 방향 설정 포인트를 클릭하거나, 입면 뷰에서 아래에서 위로 마우스를 클릭하는 방법입니다. 요는 돌출시킬 방향의 기준을 설정하는 것입니다.

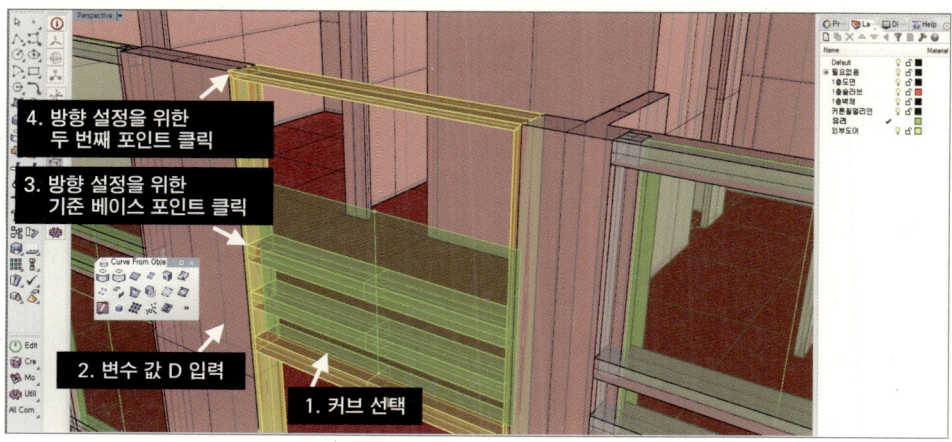

— 도어 내부 유리 돌출 3

이렇게 외부 도어를 구성하는 프레임과 상부 고정 창을 모델링하였습니다. 남은 부분인 하부에 위치할 도어를 모델링하겠습니다.

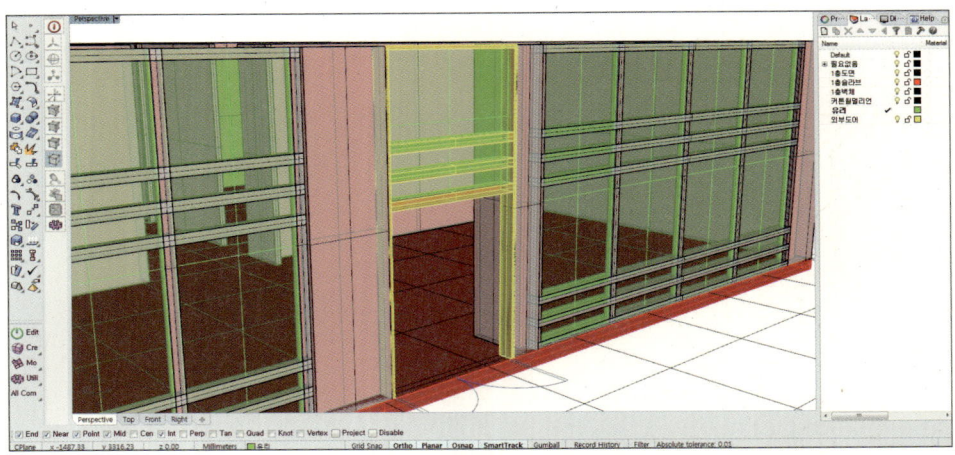

— 도어 내부 유리 돌출 4

하부의 유리도 외부 도어 하부에서 커브를 추출하고 이를 상부 유리와 같은 방법으로 돌출시켜 서페이스를 생성합니다.

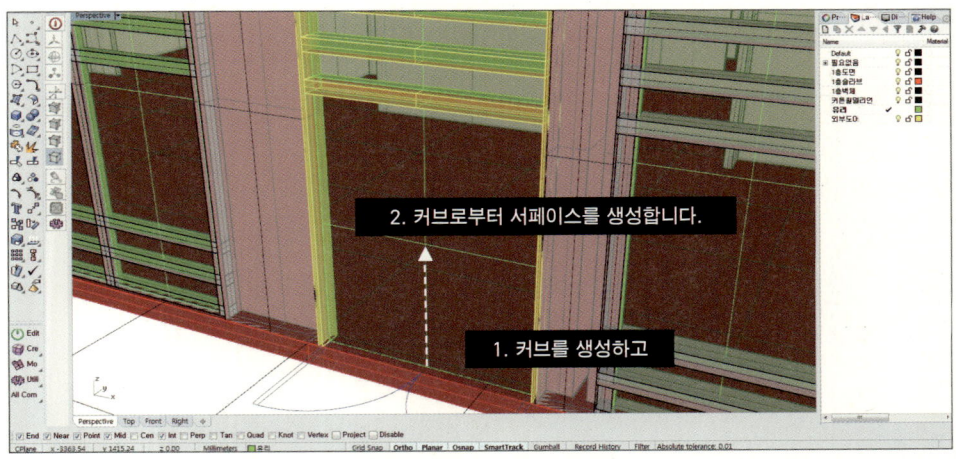

도어 내부 유리 돌출 5

익스트랙 아이소커브 명령으로 유리면을 선택한 후 오스냅의 미드포인트를 체크하여
유리면의 중간에 커브를 생성합니다.

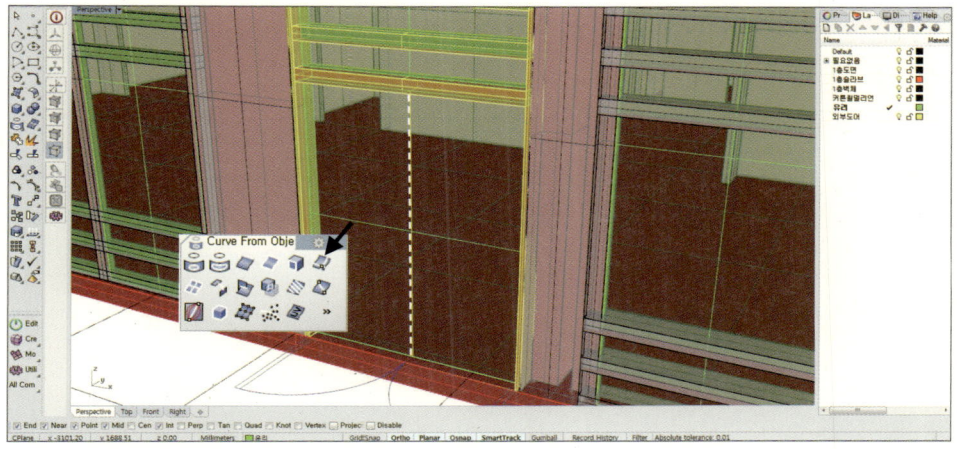

하부 유리 분할 1

커브를 생성한 후 Top 뷰에서 확인을 해보면 색상의 표현 때문에 잘 보이진 않지만 X
표시된 부분에 커브가 생성된 걸 알 수 있습니다. 이를 선택하고 양쪽으로 3의 거리만
큼씩 복사해줍니다.

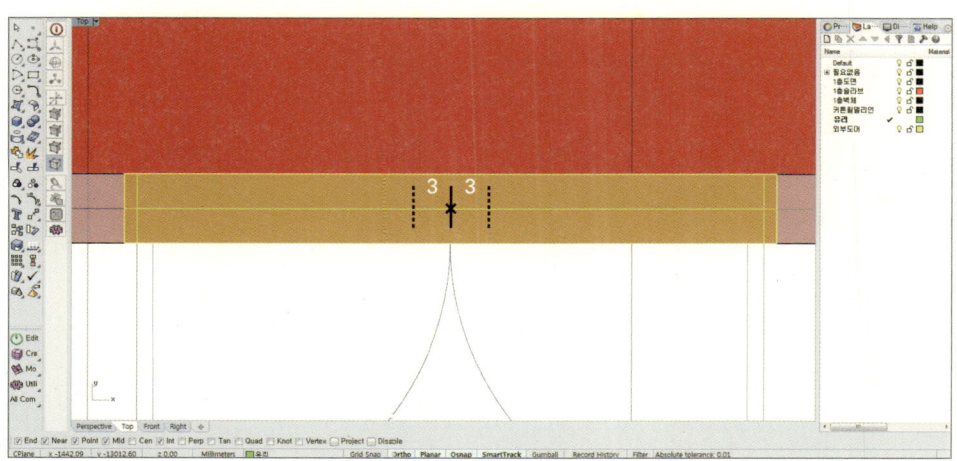

하부 유리 분할 2

이제 Perspective 뷰에서 확대해서 확인해보면 중간 커브 양쪽으로 커브가 하나씩 생성되었습니다. 이 커브를 활용해서 유리면을 스플릿(절단)하도록 하겠습니다.

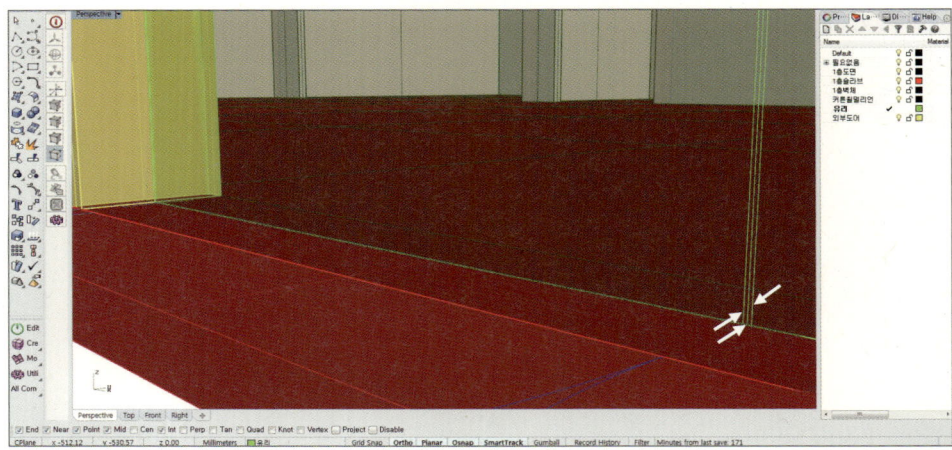

하부 유리 분할 3

스플릿 명령은 서페이스를 기준 커브 등으로 나누어주는 명령입니다. 이미지의 표현된 위치에서 스플릿 명령을 확인 실행시키고 절단하려는 서페이스를 선택합니다.

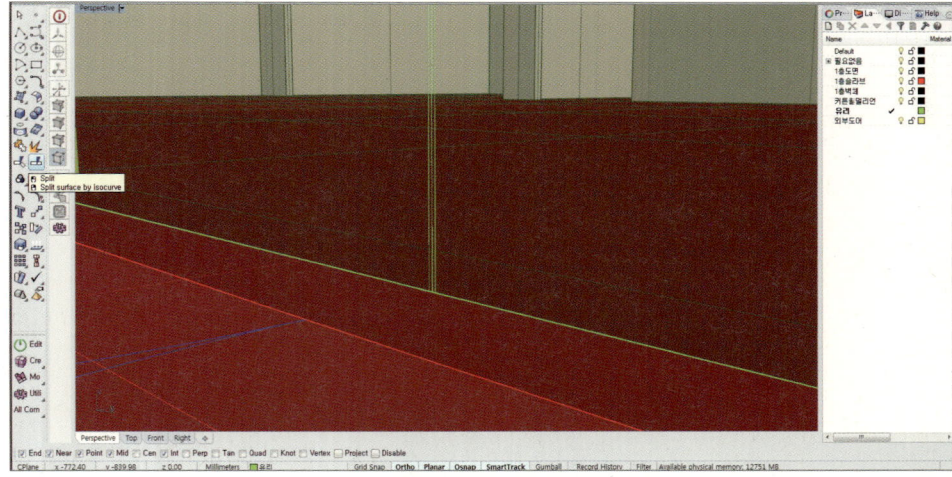

하부 유리 분할 4

서페이스 스플릿이 잘되었다면 이 중 서페이스 2를 지워줍니다.

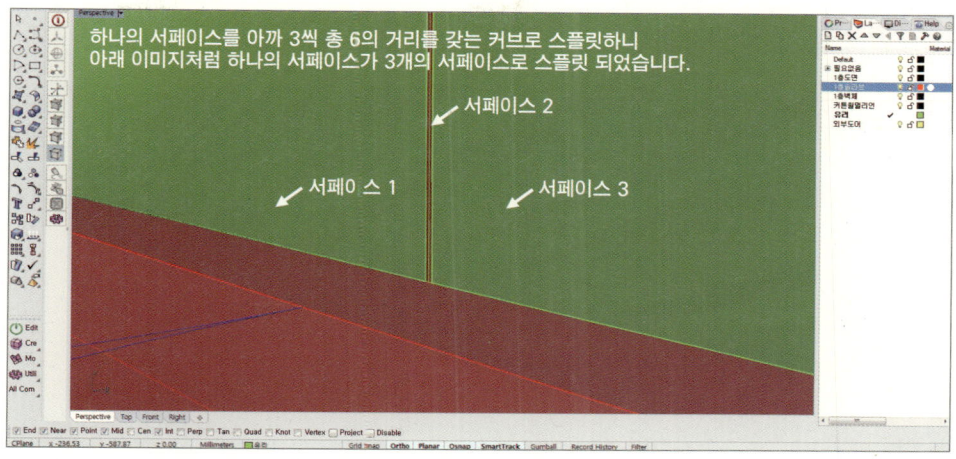

외부 도어 손잡이 생성 1

개략적인 외부 도어의 형태를 모델링했으나, 뭔가 부족해 보입니다. 그래서 유리문에
밀고 당길 수 있는 손잡이를 모델링하겠습니다.

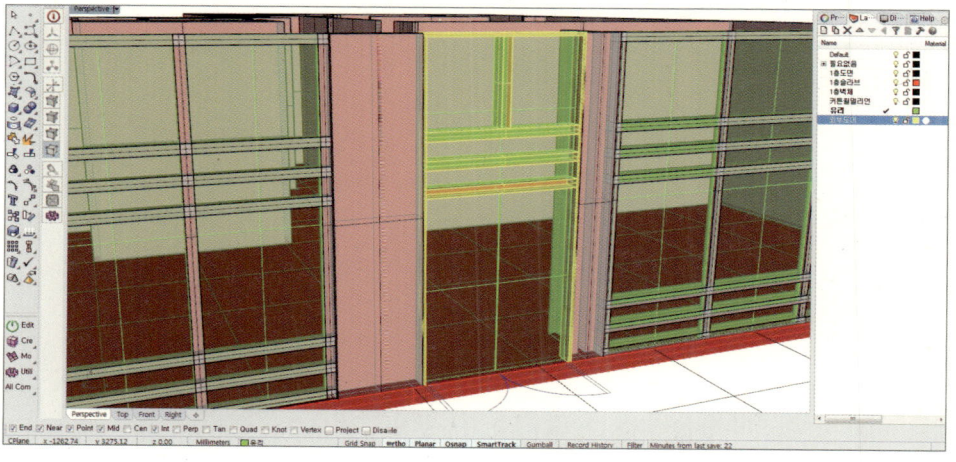

외부 도어 손잡이 생성 2

이미지와 같은 손잡이를 생성하기 위해 해당 서페이스에 사각형의 커브를 생성해야 합니다. 그러기 위해서 작업 면을 유리면에 위치해놓고 사각형 커브를 그리면 쉬울 것 같습니다.

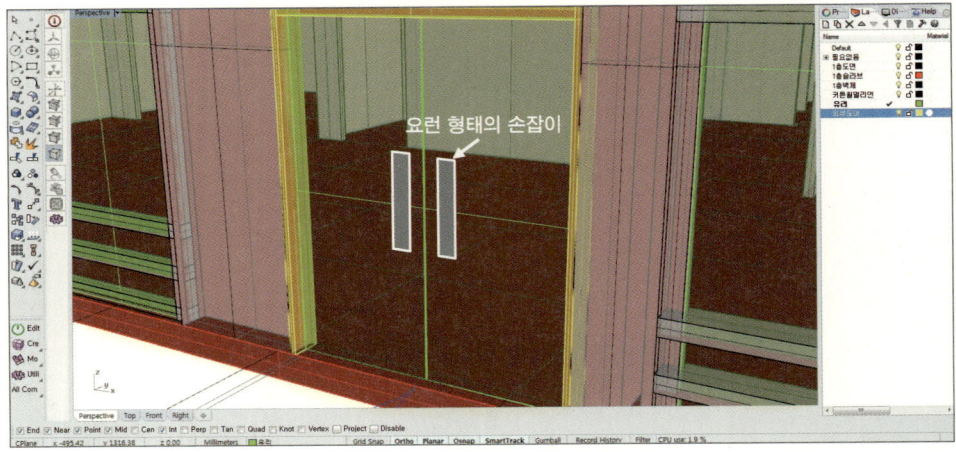

외부 도어 손잡이 생성 3

셋 시플랜 투 서페이스 명령(Set CPlane to surface)은 해당 서페이스를 작업 면으로 변경하는 명령어입니다. 서페이스를 클릭하고 명령을 실행해도 괜찮고 명령을 실행한 후 서페이스를 클릭해도 무방합니다. 이후 나오는 변수 값들은 그냥 엔터로 지나갑니다.

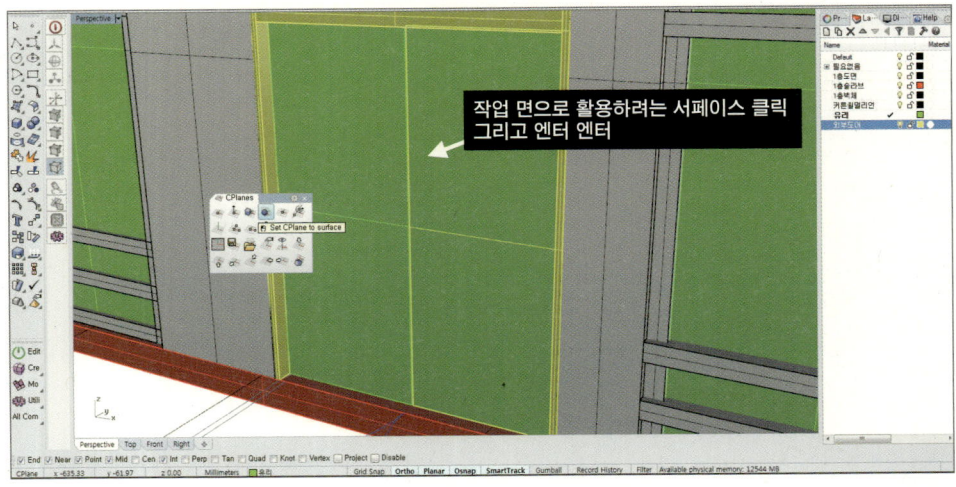

유리 도어로 작업 면이 설정되었다면 이제 유리면에 손잡이 형태의 커브를 만들기 위해
렉탱글 코너에서 코너(Rectangular : Corner to corner) 명령을 실행합니다. 커브나 라
인을 생성하는 명령은 상황별로 많이 있으니 적정한 명령을 실행하는 것이 좋습니다.

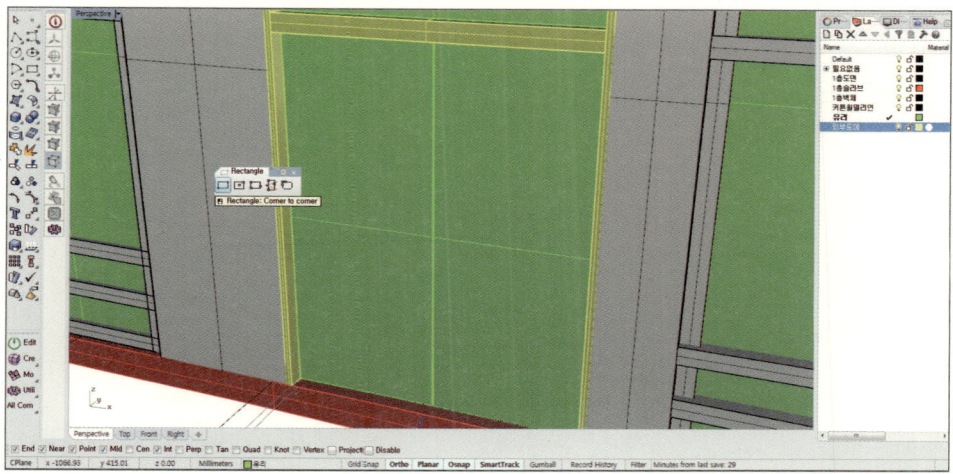

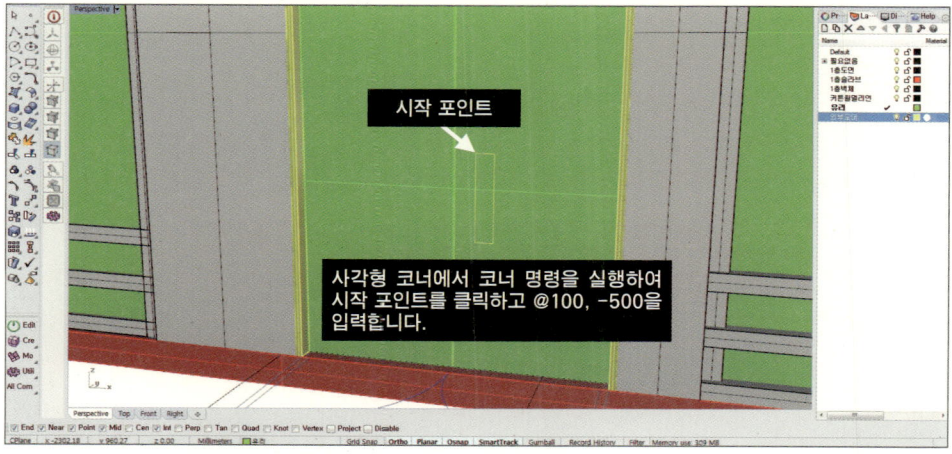

시작 포인트

사각형 코너에서 코너 명령을 실행하여
시작 포인트를 클릭하고 @100, -500을
입력합니다.

만들어진 커브를 활용해 익스트르드 클로즈드 플래너 커브(Extrude closed planar curve) 명령으로 그림과 같이 돌출시켜줍니다(방향 확인 필요). 그리고 반대쪽에도 손잡이가 있어야 하기 때문에 만들어진 손잡이 객체를 미러시켜줄 준비를 합니다.

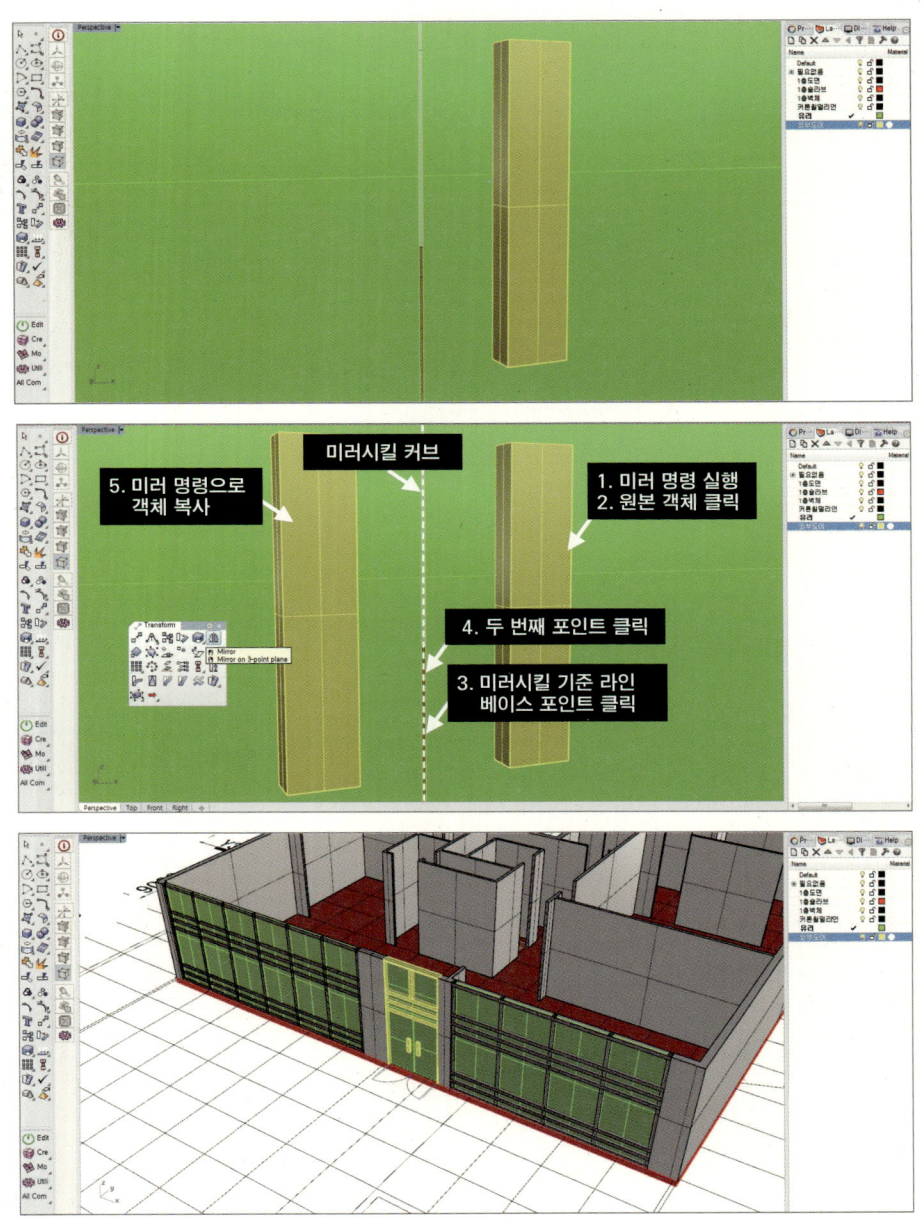

외부 데크와 수영장 모델링을 위해 이제는 어느 정도 익숙해진 익스트르드 클로즈드 플래너 커브(Extrude closed planar curve)와 폴리 라인 명령으로 폴리 서페이스를 생성해줍니다. 물론 나중에 루미온 연동과 내부 모델링 관리를 위해서는 레이어의 추가와 이동은 필수 사항입니다.

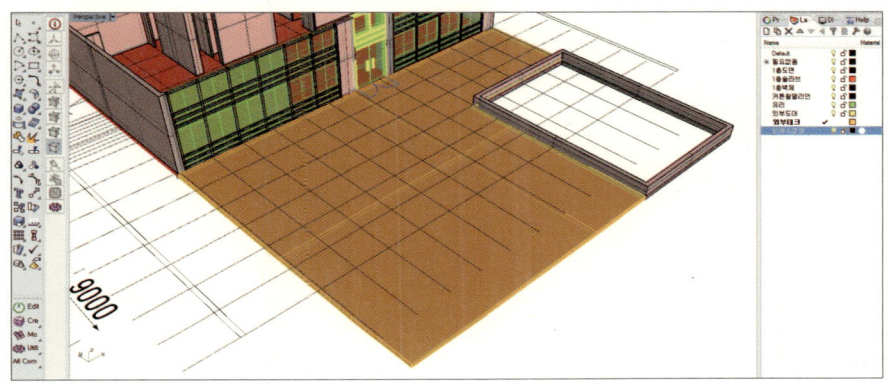

■ 외부 테크 생성 2

지금까지는 생성하거나 캐드에서 불러온 라인을 활용해서 이를 돌출시키는 익스트르드 클로즈드 플래너 커브(Extrude closed planar curve) 명령을 사용했습니다. 하지만 지금은 루미온이나 다른 렌더링 프로그램에서 물을 표현하기 위한 서페이스를 생성하려 하는데 이를 굳이 돌출시켜 만들 필요는 없을 것 같습니다. 그래서 커브를 활용해서 서페이스를 만드는 서페이스 프럼 플래너 커브(Surface from planar curve)라는 명령으로 서페이스를 생성해보도록 하겠습니다(수영장 물이라는 레이어 필수!).

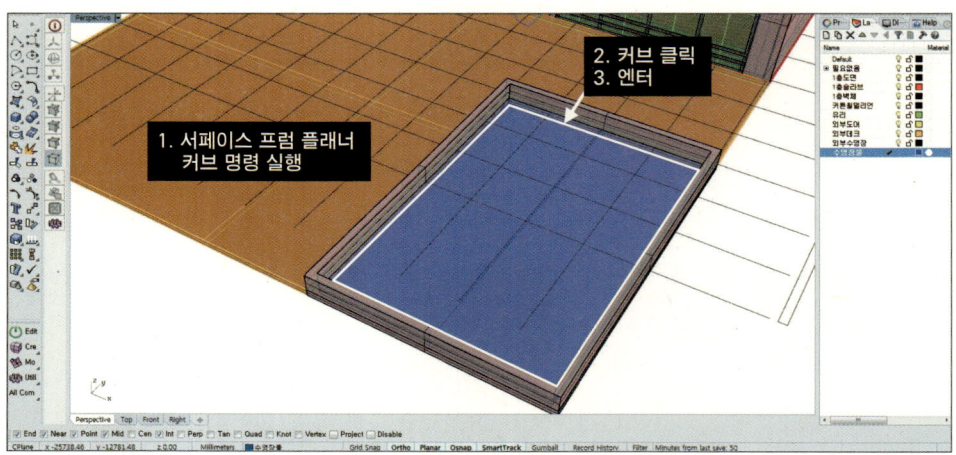

1층 모델링

과정은 많았으나 그리 어렵지 않은 방법으로 벌써 1층 모델링이 완성되었습니다. 사실
2층부터는 지금까지 했던 방법을 반복하는 과정입니다.

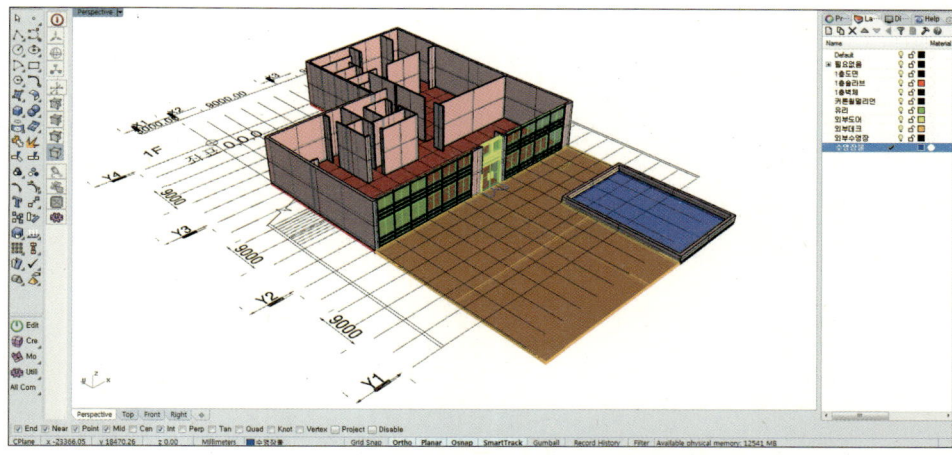

2층 도면 Import

1층 도면 레이어를 숨기고 2층 도면 레이어를 생성한 후 라이노로 캐드 파일을 임포트시킵니다. 그리고 마찬가지 방법으로 불러온 도면을 2층 도면 레이어로 옮긴 후 필요없는 레이어는 지우거나 앞서 만들어둔 '필요 없음' 레이어로 이동시킵니다.

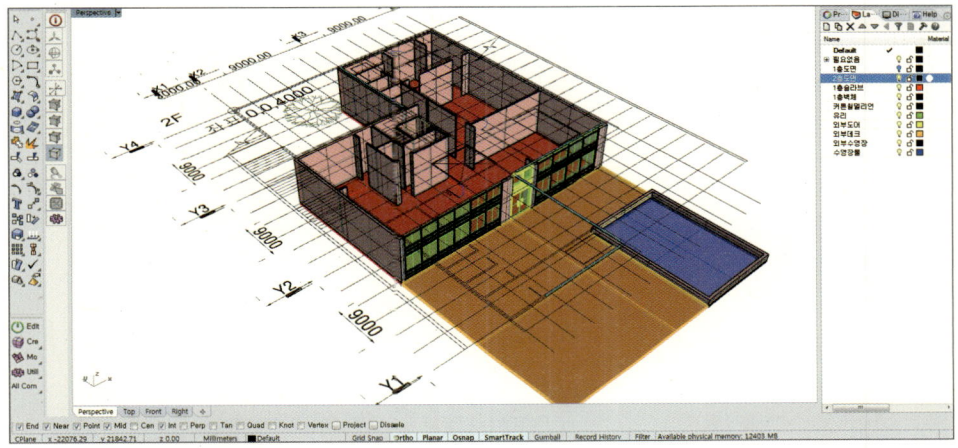

2층 모델링

불러온 2층 도면으로 슬라브 및 건축 요소를 모델링하려고 합니다. 하지만 너무 복잡한 모델링 객체는 작업할 때 혼잡을 초래하므로 미리 구분해놓은 레이어를 꺼두어 작업의 효율을 높입니다. 여러 이유가 있지만 레이어의 구분이 중요하다는 것이 한 가지이유입니다.

2층 바닥 생성 1

1층 슬라브를 생성할 때와 마찬가지 방법으로 먼저 폴리 라인 명령으로 꼭짓점을 아래 이미지의 순서대로 클릭하여 닫힌 커브를 생성하여줍니다.

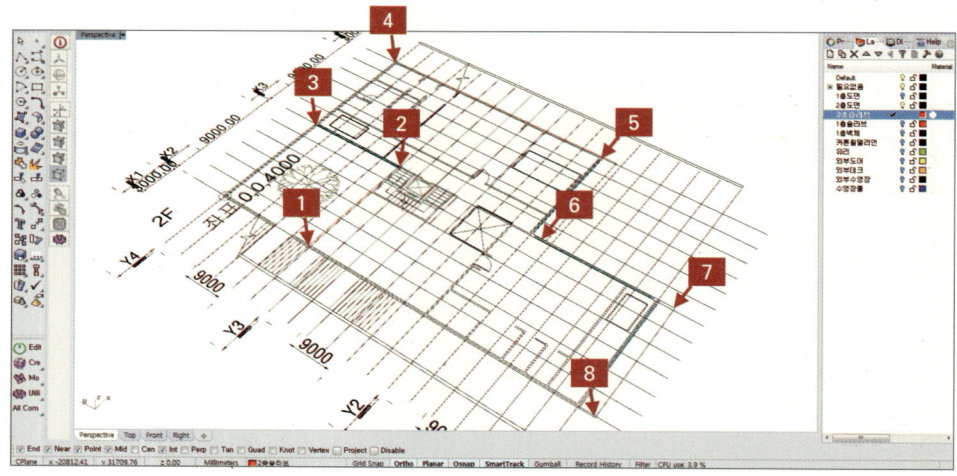

2층 바닥 생성 2

커브를 생성한 후 익스트르드 클로즈드 플래너 커브 명령을 실행하여 -200만큼 두께를 갖는 슬라브 폴리 서페이스를 생성합니다. 재차 강조하지만 이때도 2층 슬라브라는 레이어를 생성하여야 합니다.

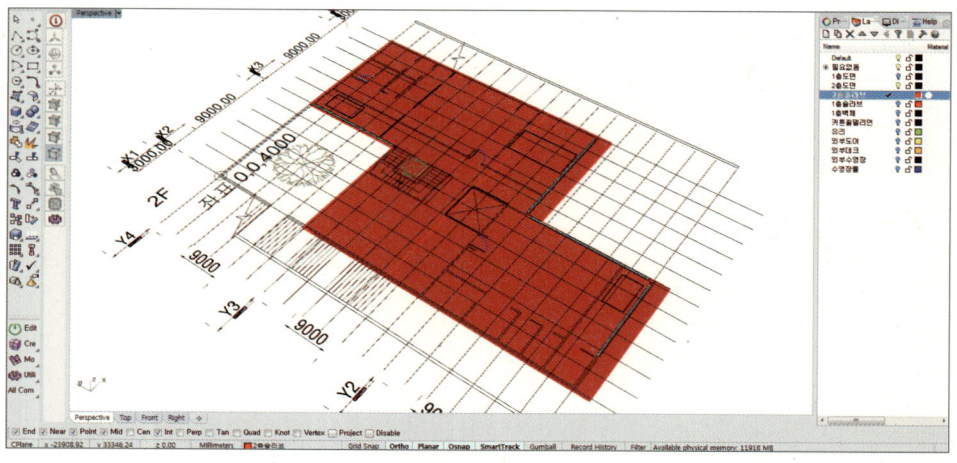

2층 벽체 생성

역시 캐드 파일에서 미리 정리해둔 벽체 라인들로 라이노의 익스트르드 클로즈드 플래너 커브(Extrude closed planar curve) 명령을 실행한 후 3800을 입력하여 벽체를 만듭니다.

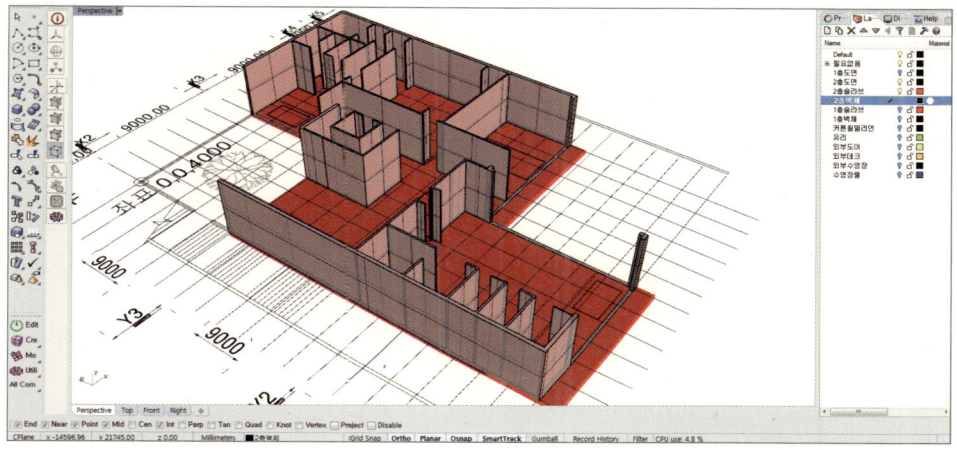

2층 외부 벽체 생성 1

하지만 역시 캐드 파일에서 정리를 하긴 했지만 빨간색 화살표로 표시된 부분은 벽체가 빠져 있습니다. 캐드 파일에서부터 빠져 있기 때문인 것 같습니다. 흰색 화살표는 후에 커튼월 벽체가 생성될 예정이지만 빨간색 벽체는 일반적인 콘크리트 벽체이기 때문에 별도로 모델링을 하도록 하겠습니다.

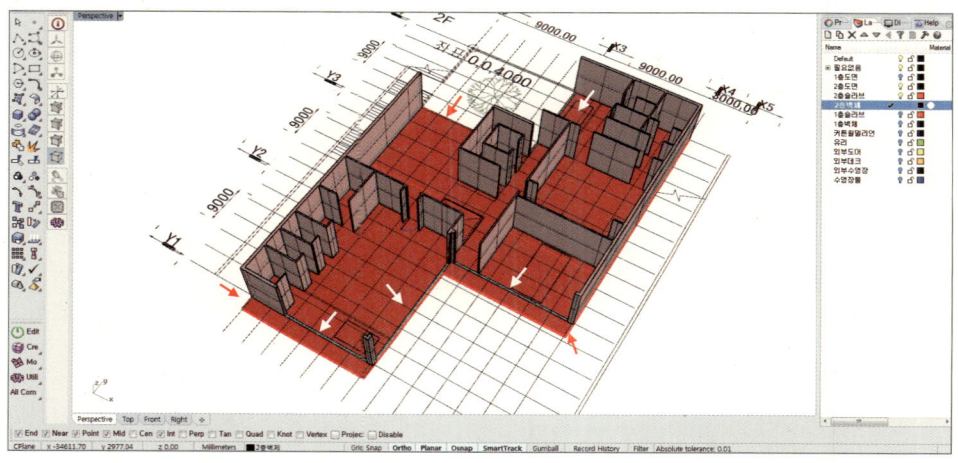

▬ 2층 외부 벽체 생성 2

폴리 라인 커브로 이미지처럼 그린 부분에 두께 200만큼의 벽체를 신설하고자 합니다. 물론 여러 가지 방법이 있을 테지만 이번에는 커브를 생성하고 이를 원하는 간격으로 옵셋시킨 후 나온 커브를 활용해서 사각형을 그리고 폴리 서페이스를 생성하도록 하겠습니다.

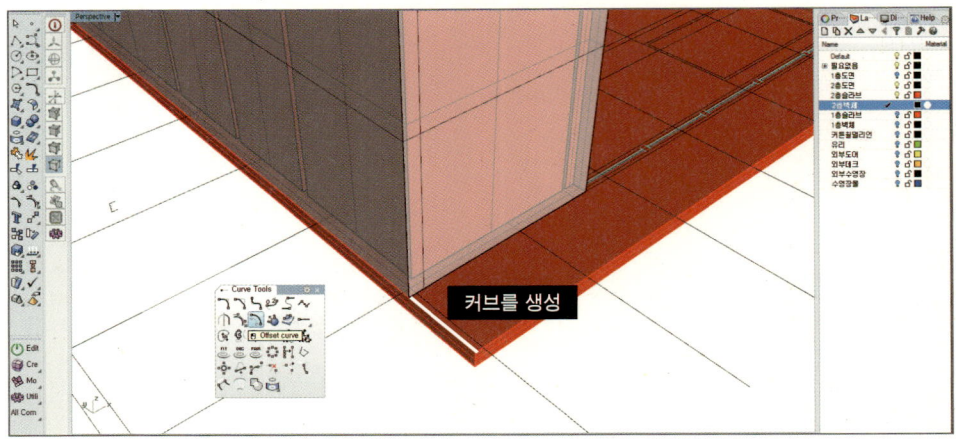

커브를 생성

▬ 2층 외부 벽체 생성 3

커브를 원하는 간격으로 옵셋시킬 때 Top처럼 옵셋시키려는 작업 면의 뷰 포인트에서 작업하는 것이 효율적입니다. 또는 아래 이미지처럼 여러 창으로 생성하려는 객체를 다각도에서 확인하면서 작업하는 것도 바람직합니다.

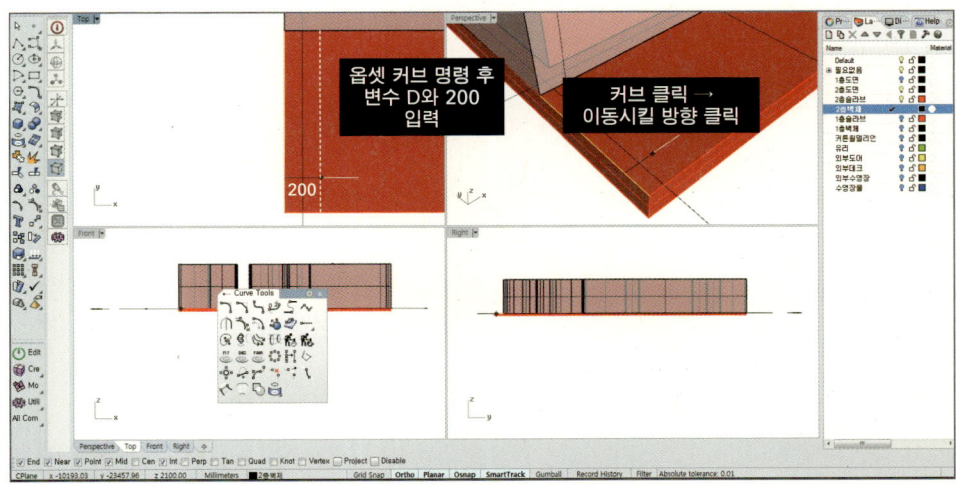

옵셋 커브 명령 후 변수 D와 200 입력

커브 클릭 → 이동시킬 방향 클릭

200

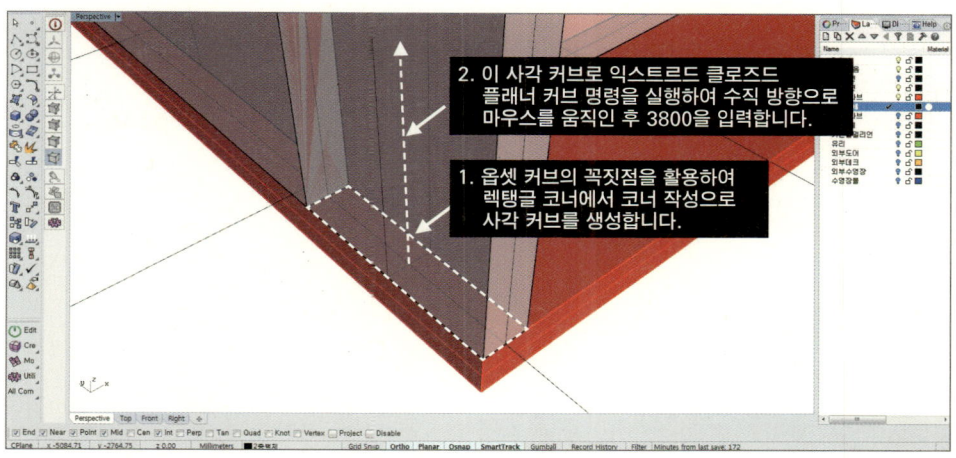

2. 이 사각 커브로 익스트르드 클로즈드
플래너 커브 명령을 실행하여 수직 방향으로
마우스를 움직인 후 3800을 입력합니다.

1. 옵셋 커브의 꼭짓점을 활용하여
렉탱글 코너에서 코너 작성으로
사각 커브를 생성합니다.

2층 바닥 오픈 1

캐드 라인이 없는 벽체의 생성도 완료되었습니다. 이제 화살표가 위치한 곳에 슬라브
를 오픈시키기 위한 작업을 진행하도록 하겠습니다. 역시 스플릿이나 트림 같은 다양
한 방법이 있을 테지만 이번엔 블린 명령으로 오픈을 시켜보겠습니다.

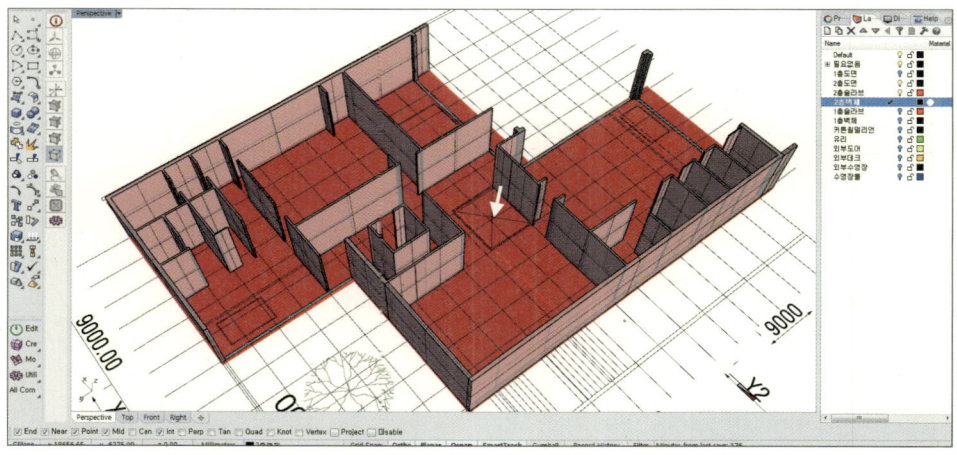

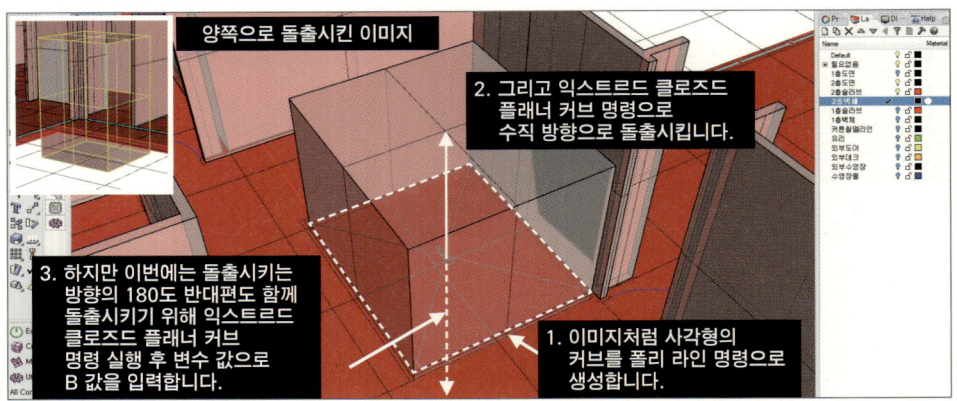

양쪽으로 돌출시킨 이미지

2. 그리고 익스트루드 클로즈드 플래너 커브 명령으로 수직 방향으로 돌출시킵니다.

3. 하지만 이번에는 돌출시키는 방향의 180도 반대편도 함께 돌출시키기 위해 익스트루드 클로즈드 플래너 커브 명령 실행 후 변수 값으로 B 값을 입력합니다.

1. 이미지처럼 사각형의 커브를 폴리 라인 명령으로 생성합니다.

▬ 2층 바닥 오픈 2

이제 2층 슬라브를 오픈할 준비가 되었습니다. 슬라브 폴리 서페이스와 방금 생성한 박스 형태의 폴리 서페이스의 겹치는 부분을 삭제하기 위해 블린 디퍼런스 명령을 실행합니다.

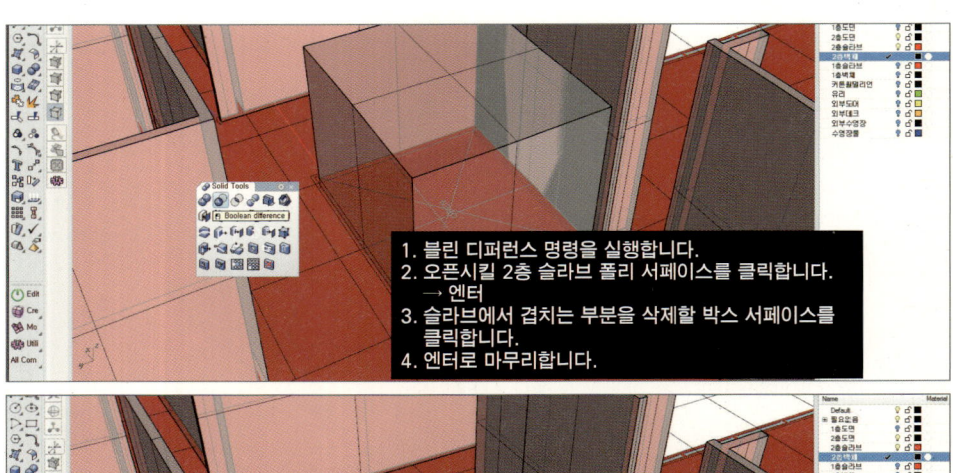

1. 블린 디퍼런스 명령을 실행합니다.
2. 오픈시킬 2층 슬라브 폴리 서페이스를 클릭합니다.
   → 엔터
3. 슬라브에서 겹치는 부분을 삭제할 박스 서페이스를 클릭합니다.
4. 엔터로 마무리합니다.

2층 슬라브 폴리 서페이스가 박스와 겹치는 만큼 삭제된 것을 확인할 수 있습니다.

━ 2층 커튼월 생성

나머지 커튼월 구성도 1층의 커튼월과 유리를 생성하는 방법과 동일한 방법으로 아래 이미지와 같이 반복하여 모델링하여줍니다. 역시 레이어 구분의 필요성은 더 이상 강조하지 않아도 지켜주시리라 믿습니다.

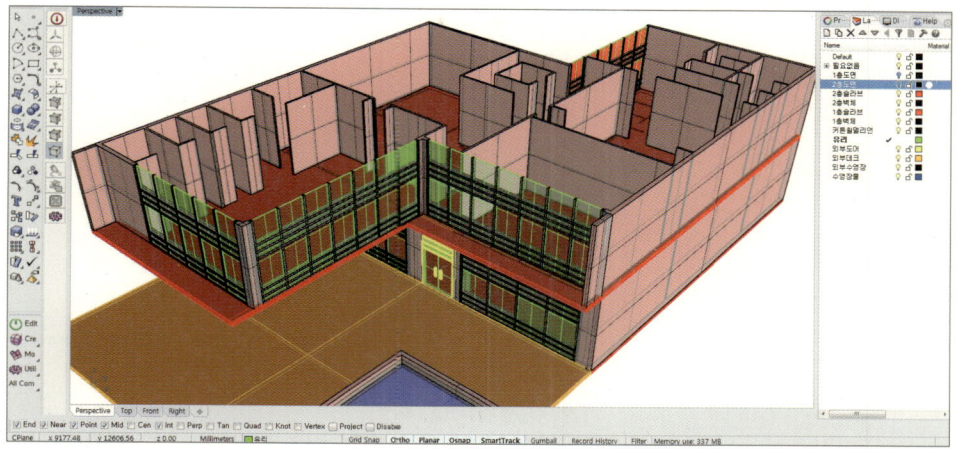

━ 3층 도면 Import

이제 3층 슬라브와 약간의 주변 모델링이 남았습니다. 1층, 2층 도면을 불러온 방법과 동일하게 캐드 도면을 임포트시켜 3층 도면이라는 레이어를 구분하고 필요 없는 레이어는 '필요 없음'이란 레이어에 넣어줍니다.

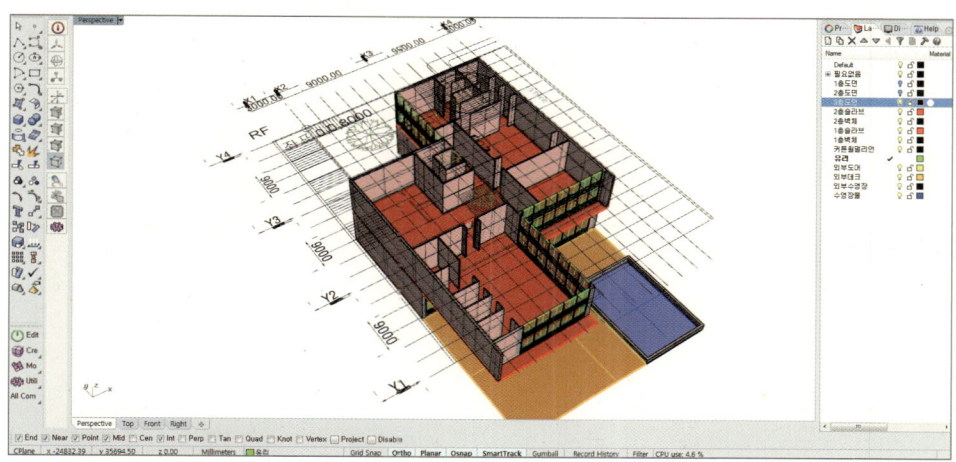

— 3층 바닥 생성 1

작업의 편의를 위해 3층 슬라브 레이어를 만들고 3층 도면 레이어를 제외하고는 숨겨줍니다. 그리고 슬라브를 구성하는 꼭짓점을 폴리 라인 명령으로 커브로 생성한 후 익스트루드 클로즈드 플래너 커브 명령으로 −200 두께의 슬라브를 생성합니다.

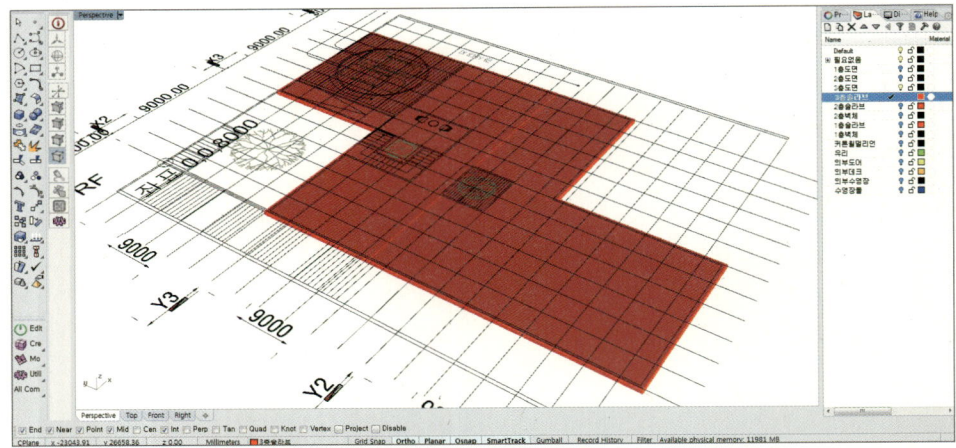

— 3층 바닥 생성 2

작업의 편의를 위해 나머지 레이어를 숨긴 후 3층 슬라브 객체를 선택하고 하이드 오브젝트 명령으로 작업 창에서 숨겨줍니다.

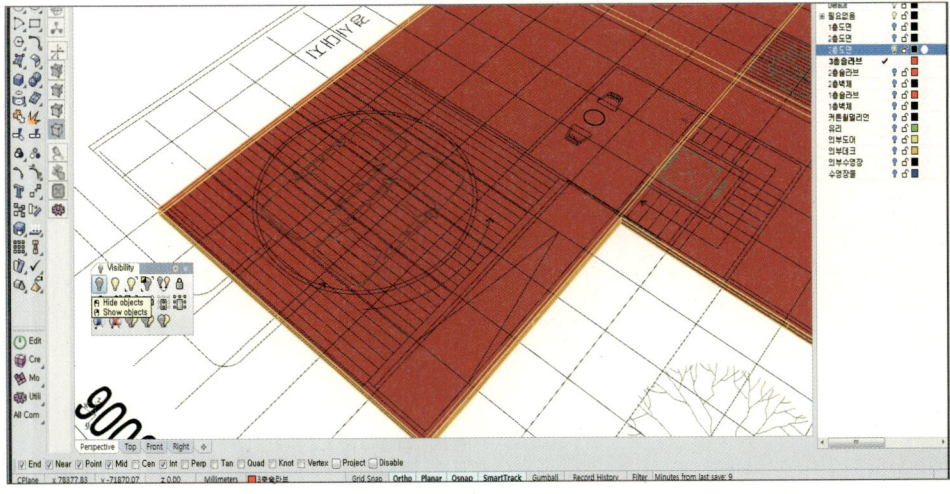

3층 바닥 편집 1

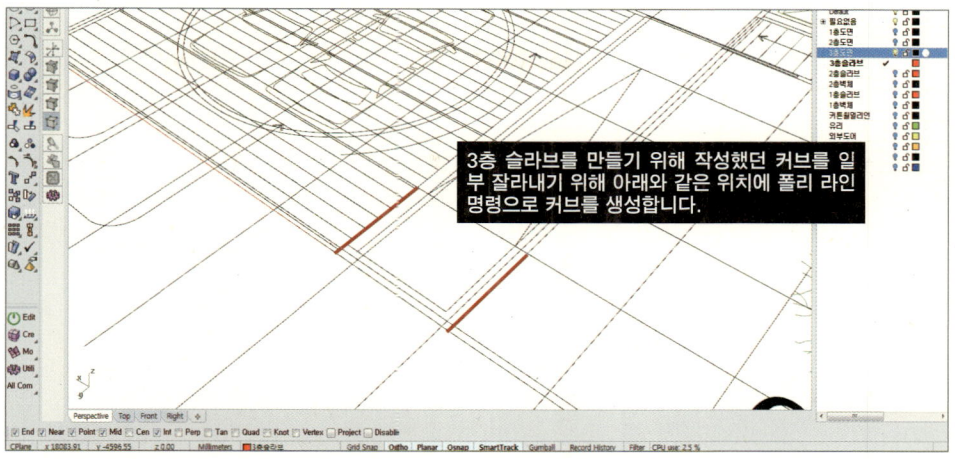

3층 슬라브를 만들기 위해 작성했던 커브를 일부 잘라내기 위해 아래와 같은 위치에 폴리 라인 명령으로 커브를 생성합니다.

3층 바닥 편집 2

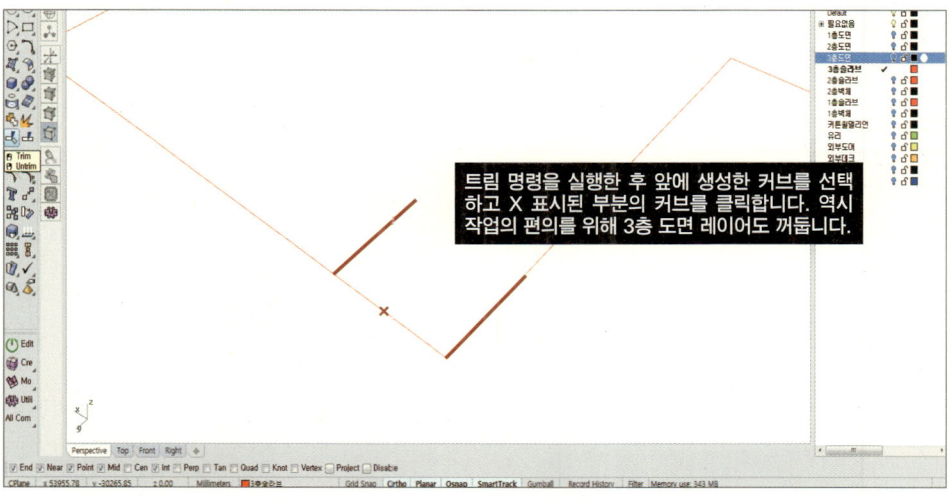

트림 명령을 실행한 후 앞에 생성한 커브를 선택하고 X 표시된 부분의 커브를 클릭합니다. 역시 작업의 편의를 위해 3층 도면 레이어도 꺼둡니다.

3층 벽체 생성 1

트림한 커브만 삭제되고 나머지 커브는 아직 생성된 채로 남아 있음을 확인합니다. 이제 이 커브를 활용해 벽체를 생성해보기 위해 슬라브 프럼 폴리 라인 명령을 실행합니다.

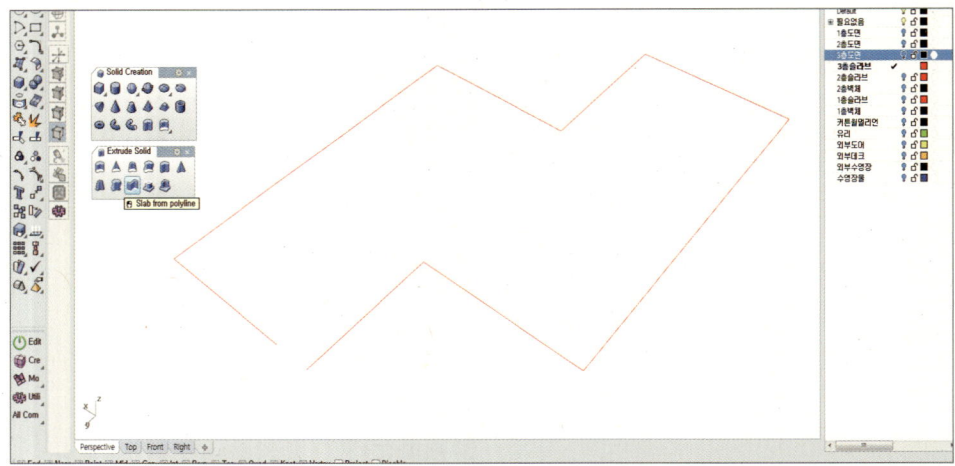

3층 벽체 생성 2

슬라브 프럼 폴리 라인 명령은 선택한 폴리 라인으로부터 폴리 서페이스를 생성하는 명령입니다. 명령을 실행하고 커브를 선택하면 자동으로 옵셋 값을 물어보는데 입력해 주면 아래 이미지와 같이 옵셋 커브 명령처럼 간격 띄우기가 되고 엔터를 치면 간격 띄워진 만큼의 두께를 갖는 폴리 서페이스의 높이를 묻는 변수 값이 나옵니다.

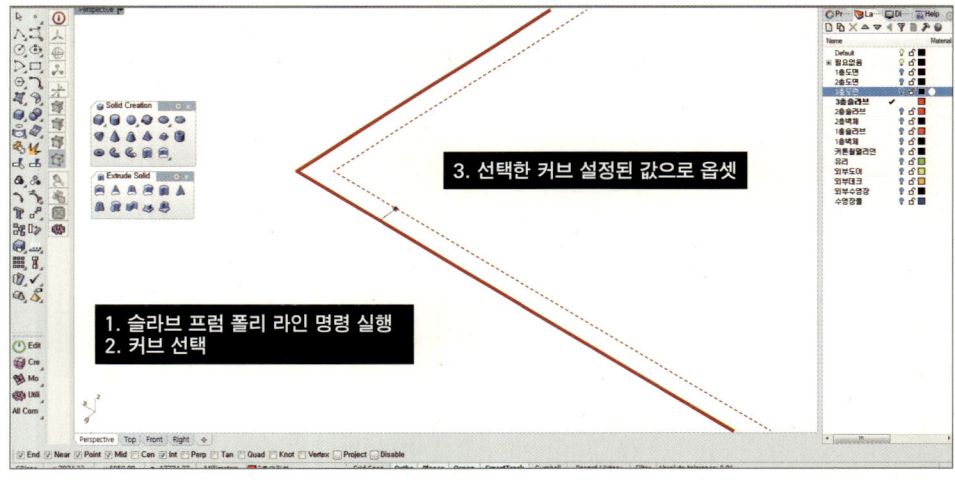

3층 벽체 생성 2

물어보는 높이 값에 500을 입력합니다. 그럼 원래 트림한 커브로부터 마치 벽체와 같은 폴리 서페이스를 생성할 수 있습니다. 그리고 이 폴리 서페이스를 3층 벽체라는 레이어를 만들고 이동시켜줍니다.

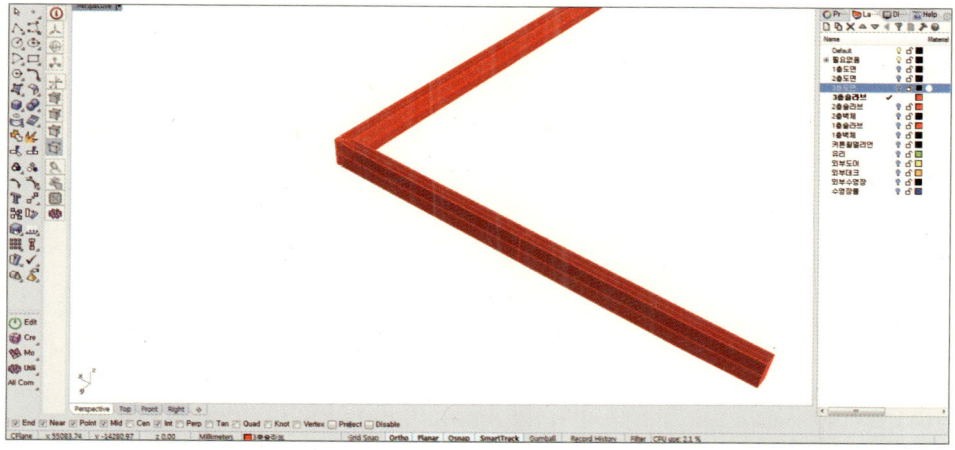

건물 전체 외부 벽체 생성

3층의 나머지 벽체는 이 이미지를 참조하여 지금까지와 같은 방법으로 모델링하여줍니다.

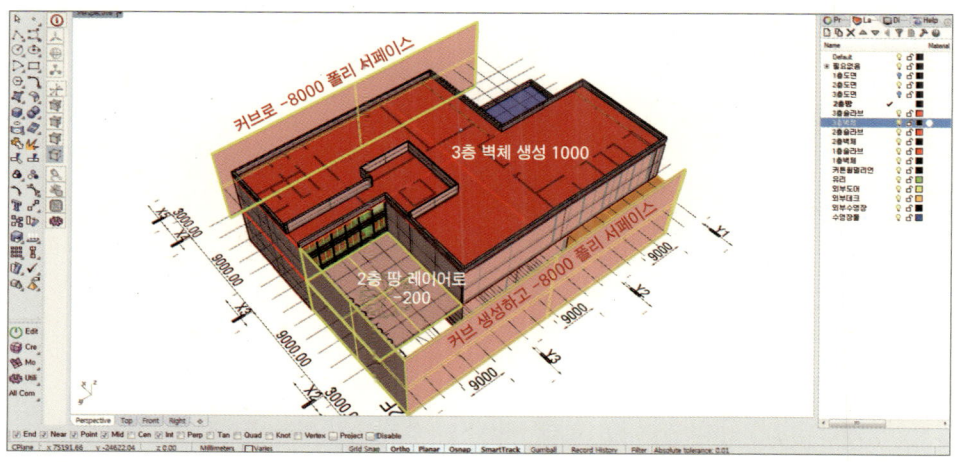

건물 전체를 구성하는 외부 벽체를 생성하였지만 내부의 세부적인 조정을 위해 Hide objects 명령으로 숨겨두고 다른 층의 Import한 도면을 대지 레이어로 변경하여줍니다.

1. 레이어에 '대지' 레이어 생성

2. 이 벽체는 잠시 숨겨둡니다.

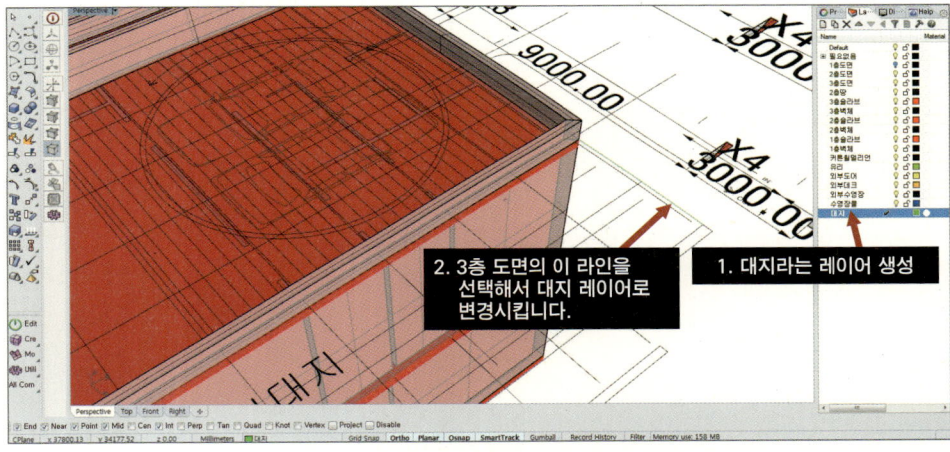

2. 3층 도면의 이 라인을 선택해서 대지 레이어로 변경시킵니다.

1. 대지라는 레이어 생성

외부 대지 생성 1

대지로 변경한 라인을 1500, 4000, 8000, 12000으로 복사합니다.

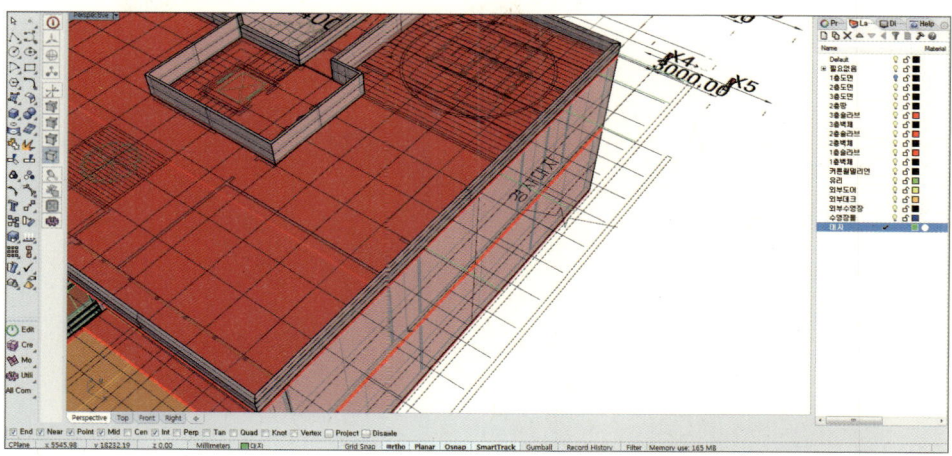

외부 대지 생성 2

1. 복사된 라인을 -y 방향으로 8000, 4000, 1500, 1000의 값으로 이동시킵니다.
2. 라인을 -y 방향으로 이동시킬 대는 프론트나 라이트 뷰에서 이동시킬 방향을 작업하는 게 편리합니다.

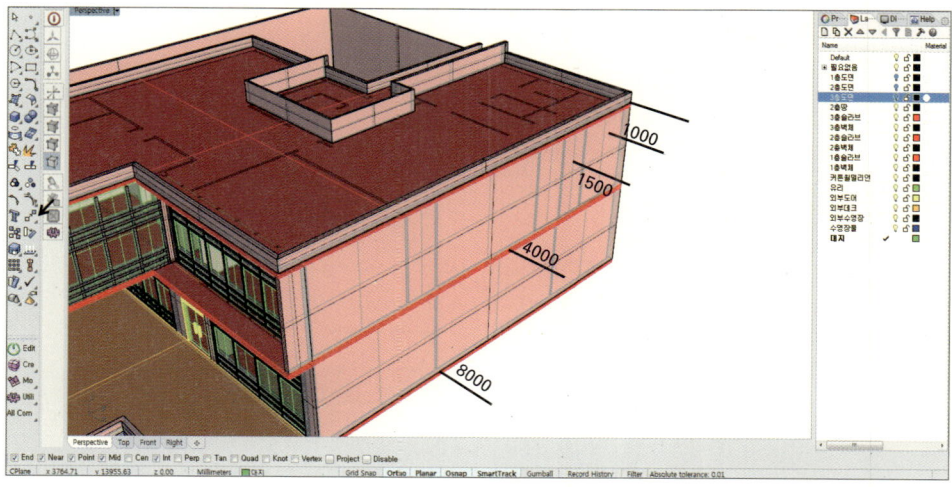

━ 외부 대지 생성 3

1. 복사하고 이동시킨 라인을 활용해서 경사 대지를 생성하려 합니다.
2. 로프트 명령은 커브를 기준으로 서페이스를 생성시켜줍니다.

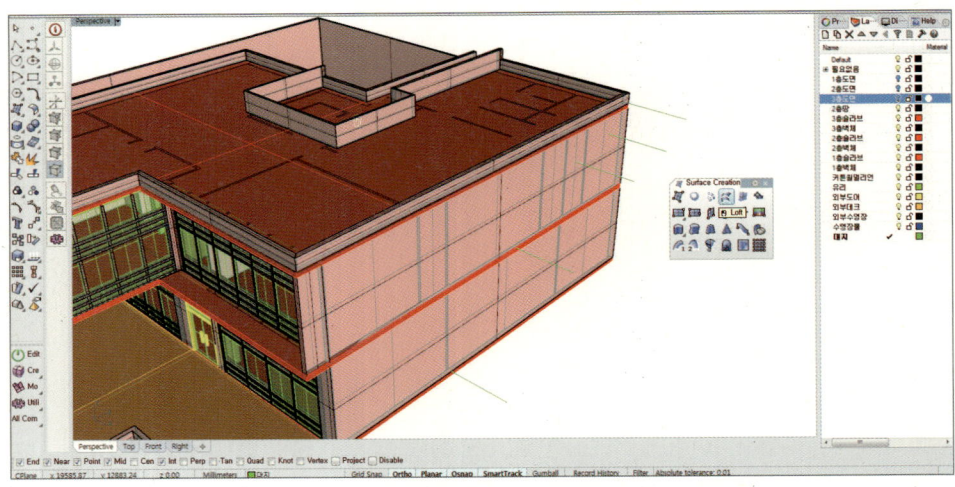

━ 외부 대지 생성 4

1. 로프트 명령을 실행하고 라인을 차례대로 선택합니다.
2. 라인을 선택할 때 서페이스를 생성하려는 커브의 순서를 차례대로 선택합니다.

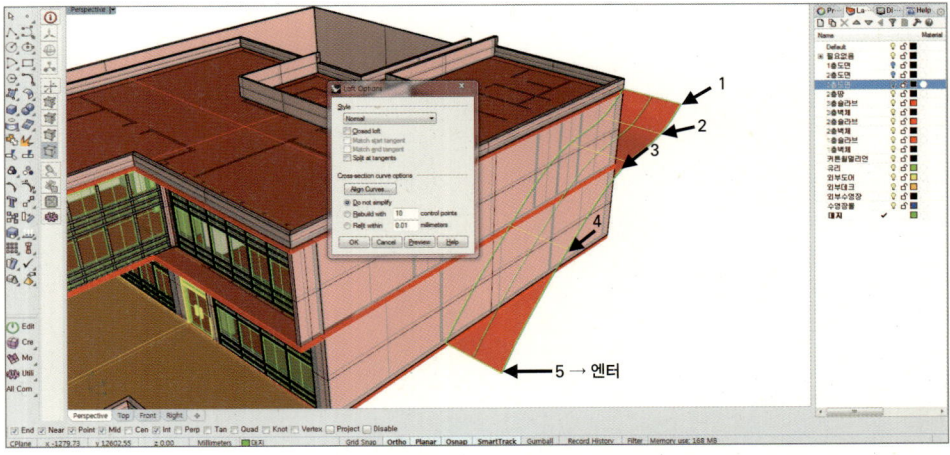

1. 라인의 같은 위치를 선택해야만 원하는 형태의 서페이스를 얻을 수 있습니다.
2. 아래의 이미지는 로프트할 커브 선택 시 서로 다른 위치로 선택하였기에 이상한 형태가 모델링되었습니다.

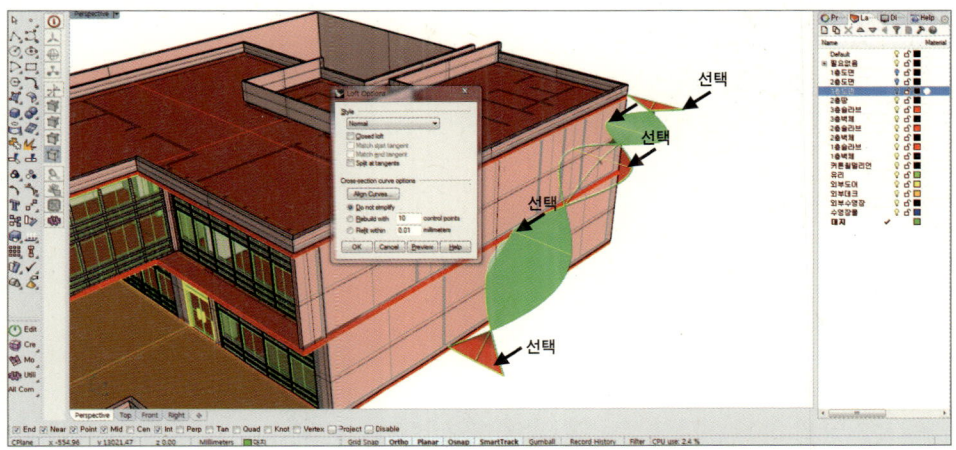

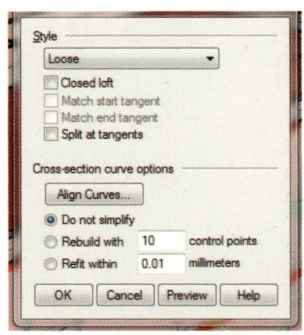
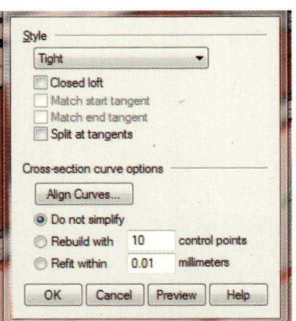
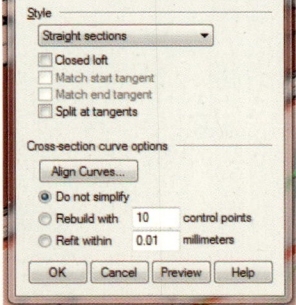

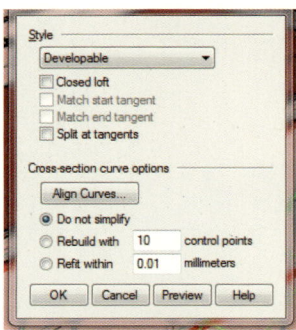
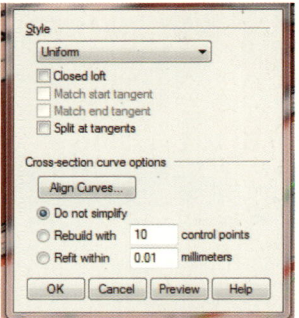
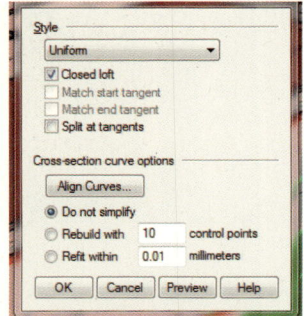

외부 대지 생성 5

복사한 커브와 로프트 명령으로 벽체와 건물 사이의 대지를 모델링하였습니다.

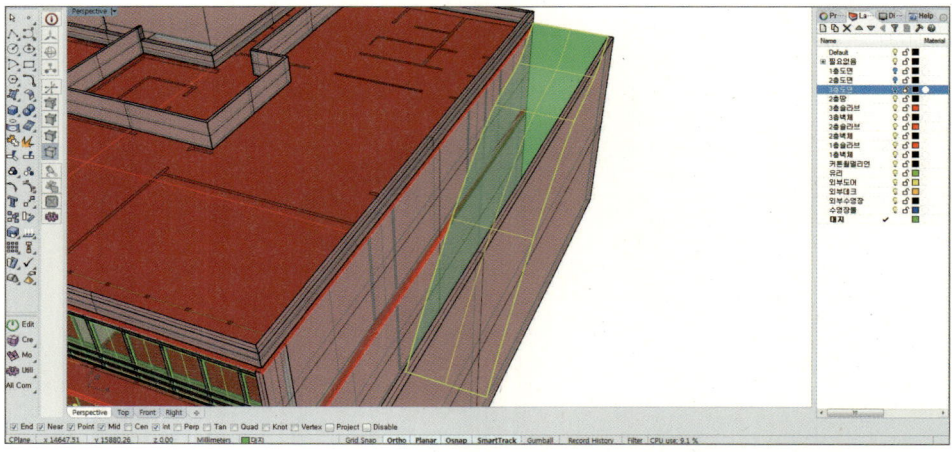

외부 계단 도면 Import

출판사 웹하드에서 다운받은 계단-1이란
캐드 파일을 임포트시킵니다.

외부 계단 생성 1

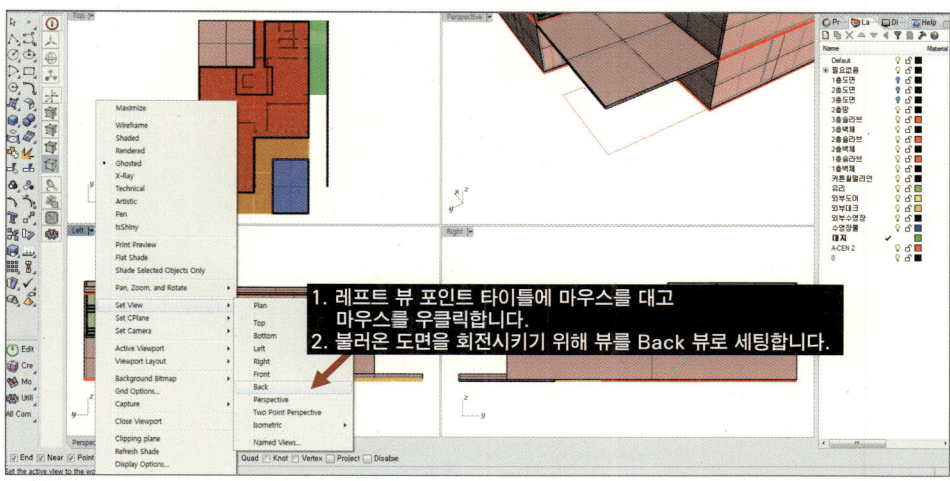

1. 레프트 뷰 포인트 타이틀에 마우스를 대고
   마우스를 우클릭합니다.
2. 불러온 도면을 회전시키기 위해 뷰를 Back 뷰로 세팅합니다.

외부 계단 생성 2

1. 회전 아이콘을 선택합니다.

2. 불러온 도면에 위의
   포인트를 클릭합니다.

3. 그 상태로 Back 뷰로 마우스를 옮겨 화살표의
   방향처럼 90도 회전시킵니다.

━ 외부 계단 생성 3

1. 회전시킨 커브는 외벽과 50 정도 차이가 납니다. 라인을 선택하고 Move 명령으로 이동시킵니다.

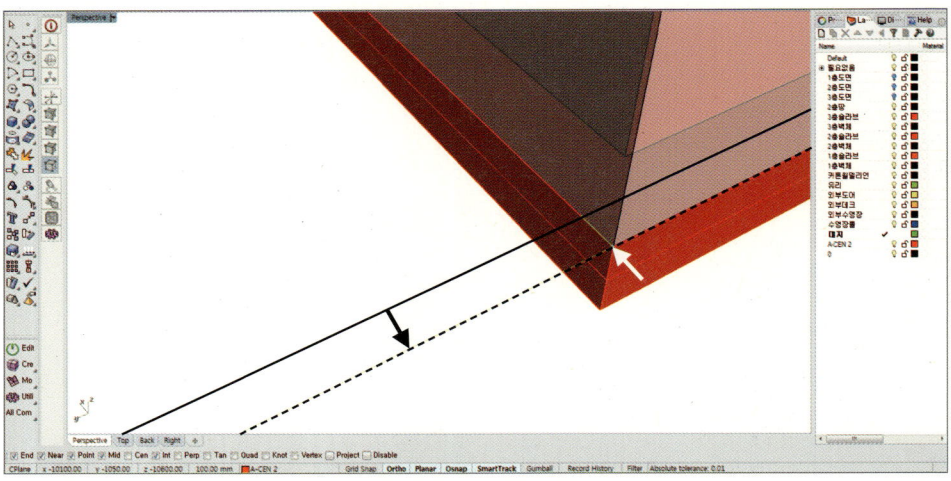

━ 외부 계단 생성 4

1. 계단 레이어를 생성합니다.
2. 불러온 라인을 잡고 익스트르드 클로즈드 플래너 커브 명령을 실행하고 −2900을 입력합니다.

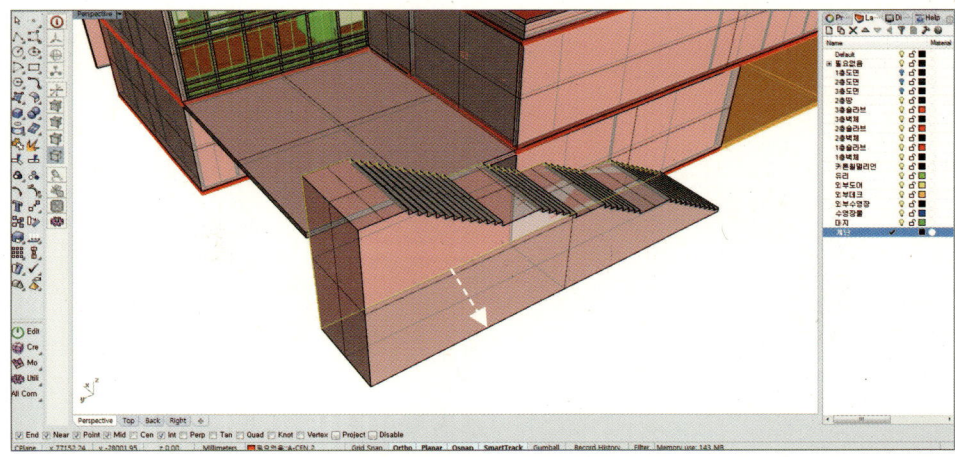

━ 외부 계단 생성 5

계단-2라는 캐드 파일을 임포트시킵니다. 레프트 뷰를 활용해 불러온 도면을 90도 회전시킵니다.

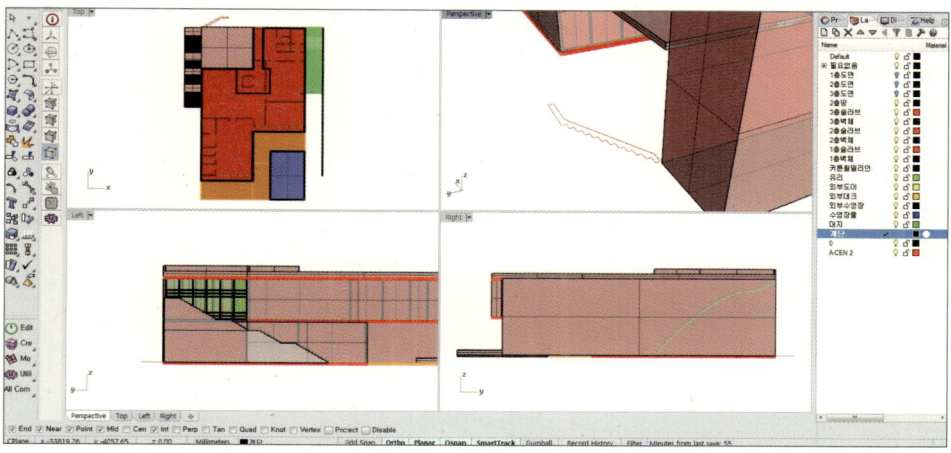

━ 외부 계단 생성 6

그리고 계단 첫 단의 중간 포인트를 미드 포인트로 선택하여 아래 그림과 같은 위치로 이동시킵니다.

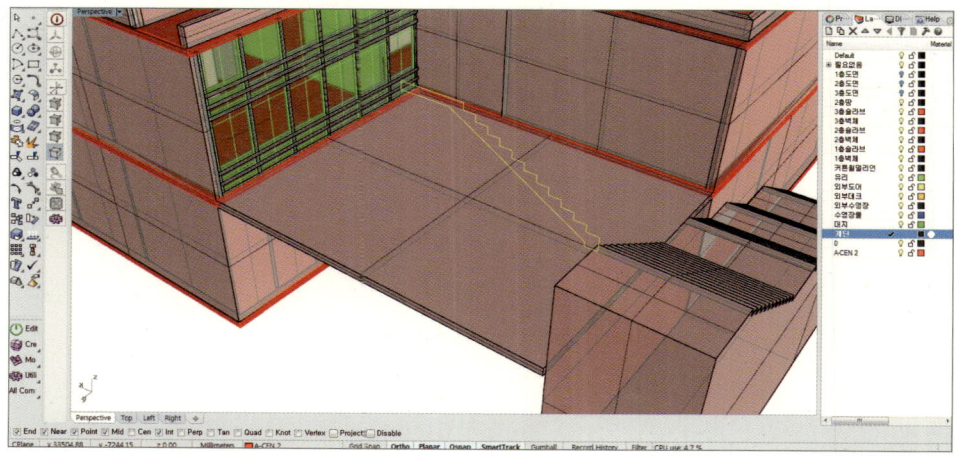

━ 외부 계단 생성 7

1. 불러온 라인을 잡고 익스트르드 클로즈드 플래너 커브 명령을 실행하고 1480을 입력합니다.

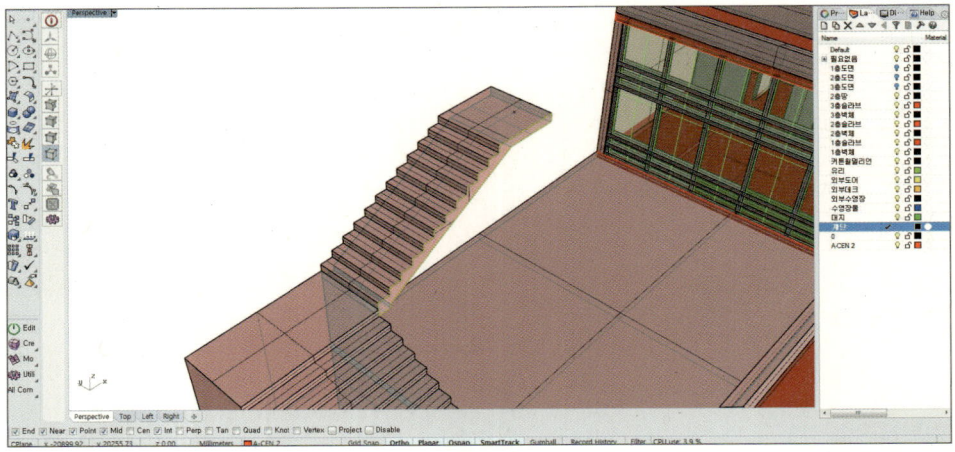

━ 세부 객체 생성

1. 모델링을 진행하다 보니 비어 있는 부분이 생겨 커브를 생성하고 서페이스 프럼 플래너 커브 명령을 실행하여 서페이스를 생성합니다.

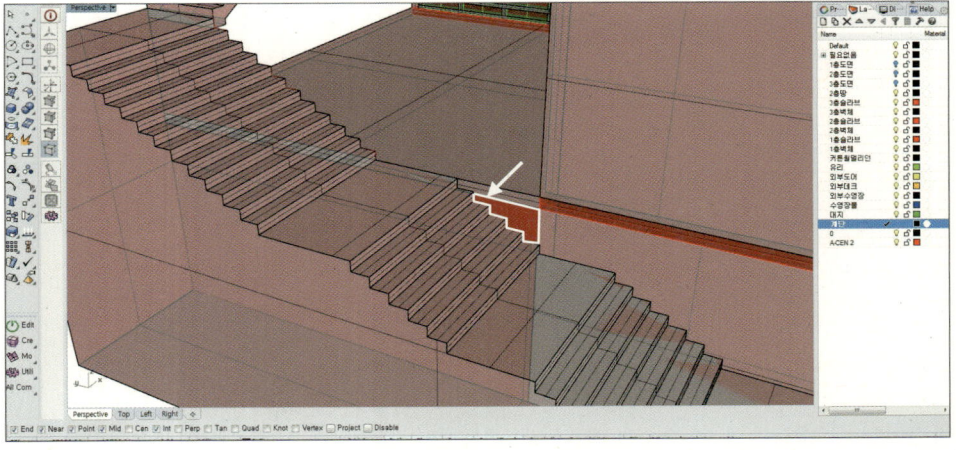

대지 생성 1

이제 숨겨둔 객체를 다 켜고 베이스가 될 대지를 생성하려고 합니다. 렉탱글플랜: 코너 투 코너(Rectangular plane : Corner to corner)에서 코너 명령을 실행합니다.

대지 생성 2

작업 면이 다른 대지 서페이스를 삭제하고 Set Cplane Wotld Top 명령을 실행해서 작업 면을 월드 좌표계로 변경합니다.

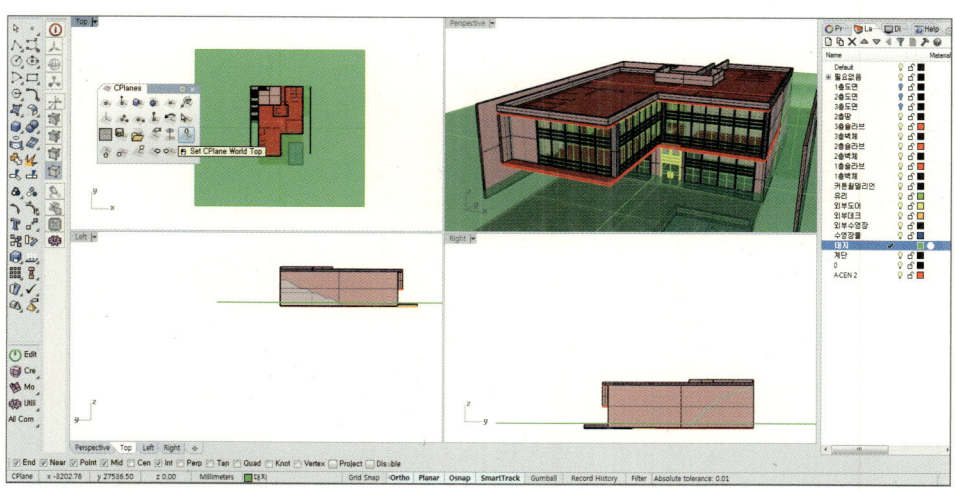

랙탱글플랜: 코너 투 코너 명령(Rectangular plane : Corner to corner)으로 작업 면을 수정한 상태로 대지에 해당하는 서페이스를 생성합니다.

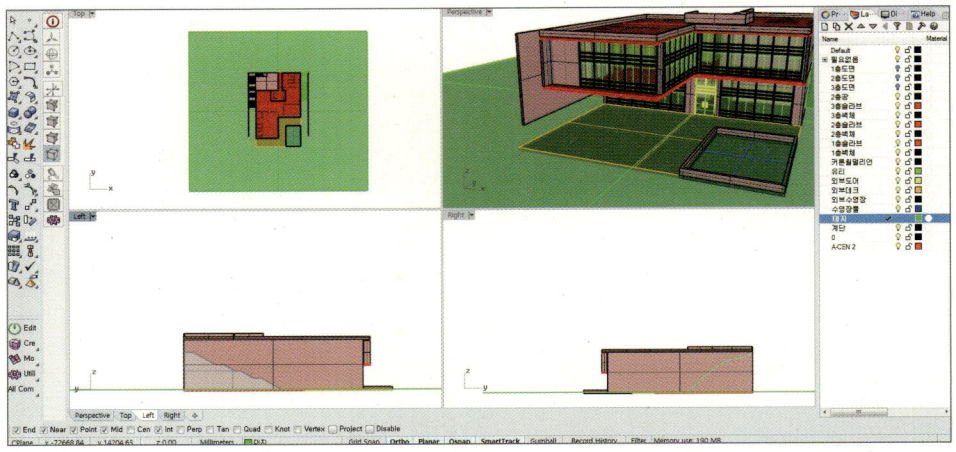

이제 주변 경사 대지를 생성하려고 합니다. 대지 서페이스를 생성하기 위한 커브를 그리기 위해 인터폴레이트 온 서페이스(Interpolate on surface) 명령을 실행하고 커브를 그리려는 서페이스를 선택합니다. 인터폴레이트 온 서페이스(Interpolate on surface) 명령은 선택한 서페이스 상에 그릴 수 있는 명령입니다.

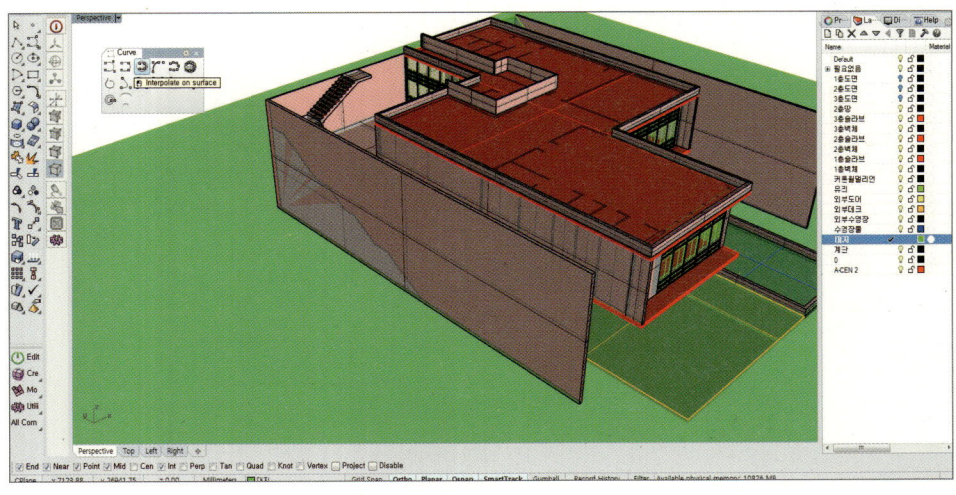

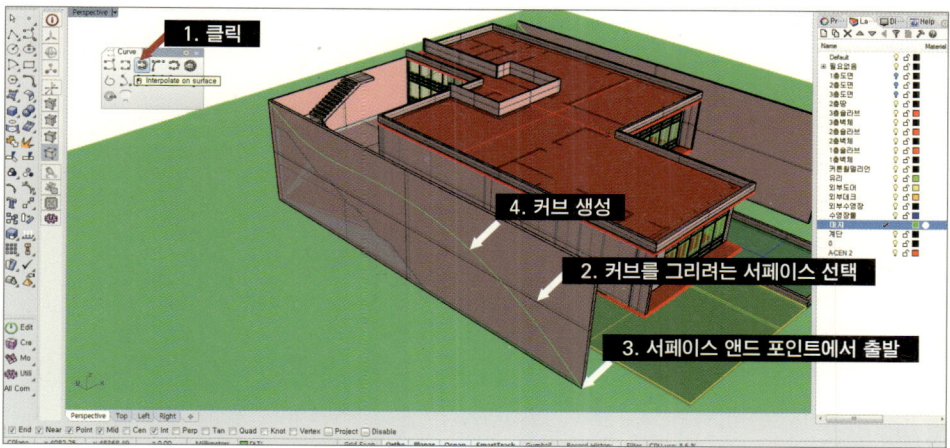

1. 클릭

4. 커브 생성

2. 커브를 그리려는 서페이스 선택

3. 서페이스 앤드 포인트에서 출발

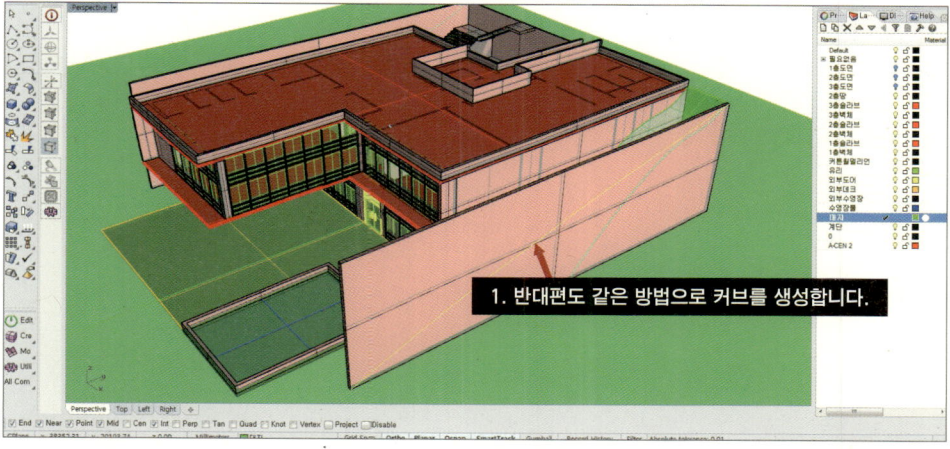

1. 반대편도 같은 방법으로 커브를 생성합니다.

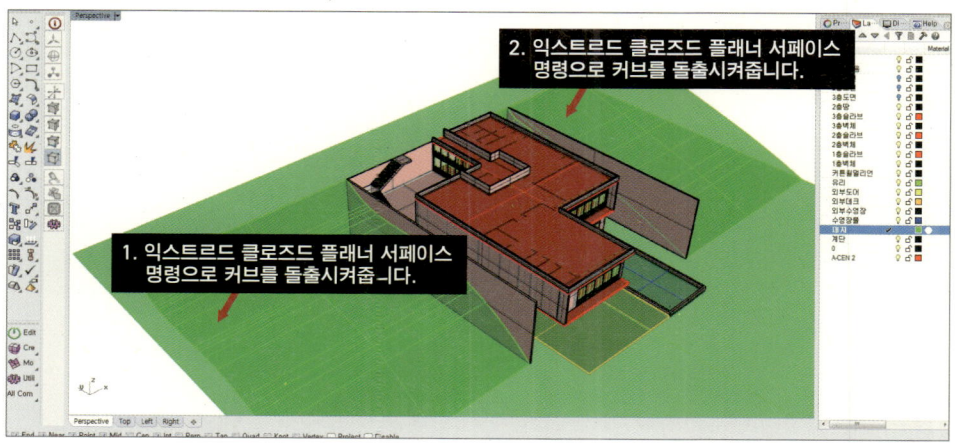

2. 익스트르드 클로즈드 플래너 서페이스 명령으로 커브를 돌출시켜줍니다.

1. 익스트르드 클로즈드 플래너 서페이스 명령으로 커브를 돌출시켜줍니다.

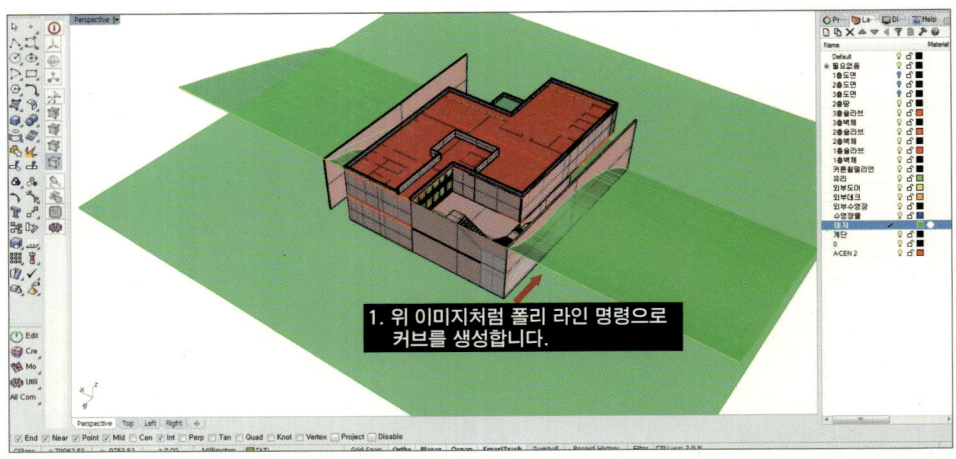

1. 위 이미지처럼 폴리 라인 명령으로
   커브를 생성합니다.

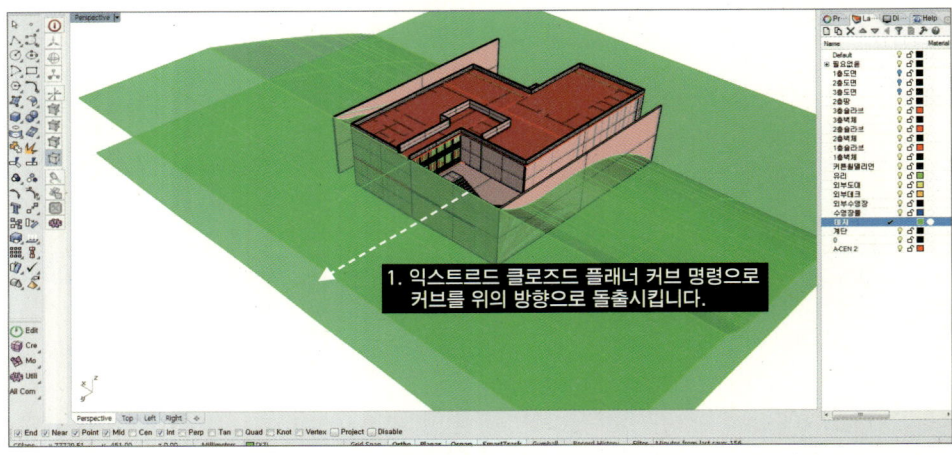

1. 익스트르드 클로즈드 플래너 커브 명령으로
   커브를 위의 방향으로 돌출시킵니다.

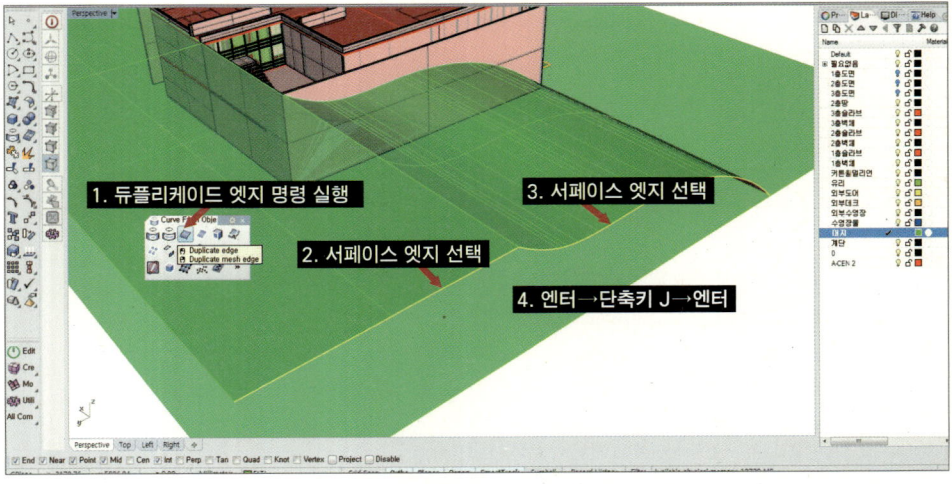

1. 듀플리케이드 엣지 명령 실행

2. 서페이스 엣지 선택

3. 서페이스 엣지 선택

4. 엔터→단축키 J→엔터

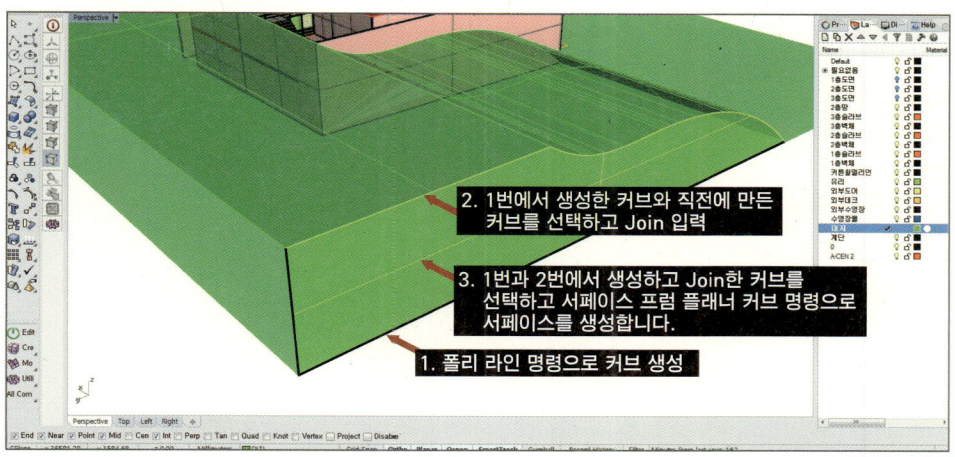

2. 1번에서 생성한 커브와 직전에 만든
커브를 선택하고 Join 입력

3. 1번과 2번에서 생성하고 Join한 커브를
선택하고 서페이스 프럼 플래너 커브 명령으로
서페이스를 생성합니다.

1. 폴리 라인 명령으로 커브 생성

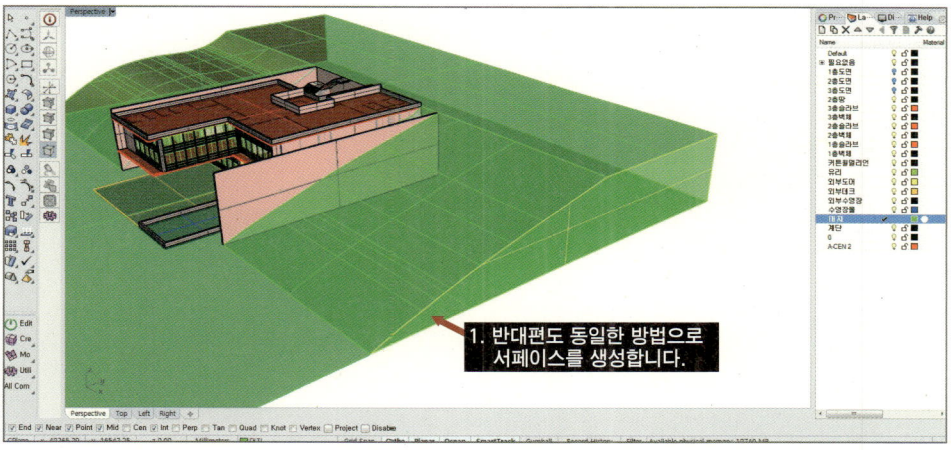

1. 반대편도 동일한 방법으로
서페이스를 생성합니다.

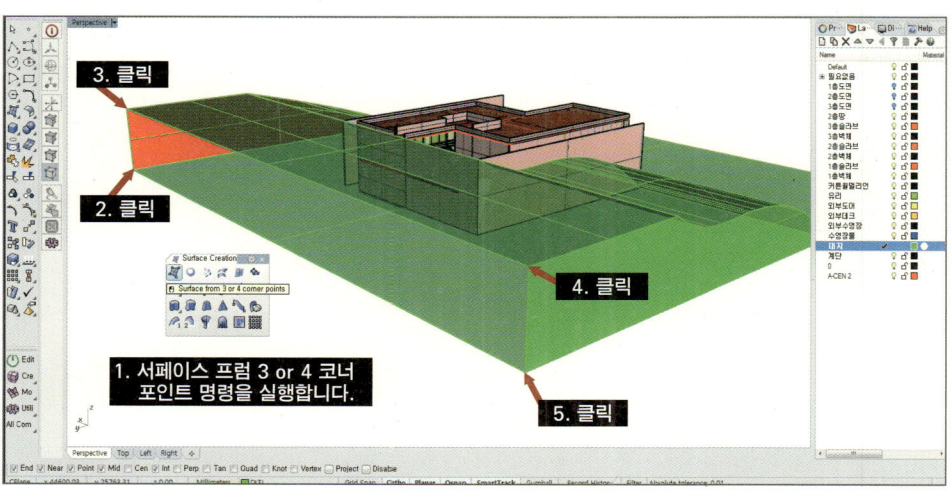

3. 클릭

2. 클릭

4. 클릭

1. 서페이스 프럼 3 or 4 코너
포인트 명령을 실행합니다.

5. 클릭

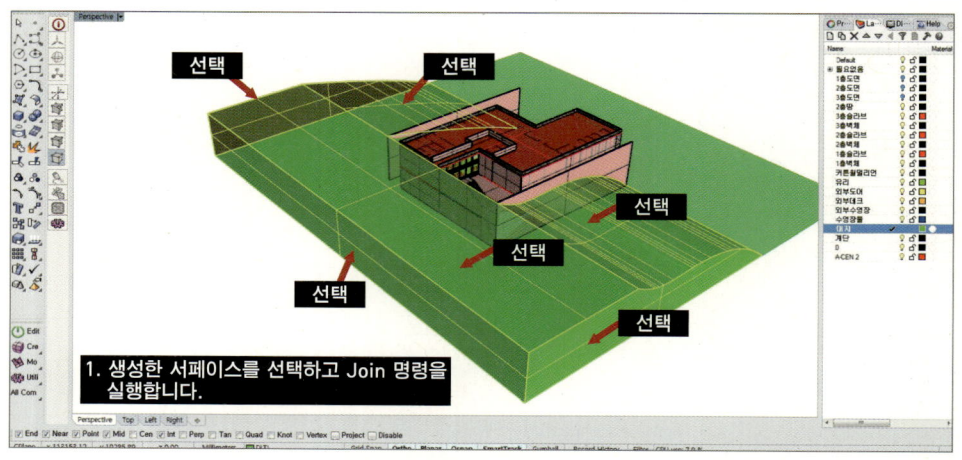

1. 생성한 서페이스를 선택하고 Join 명령을 실행합니다.

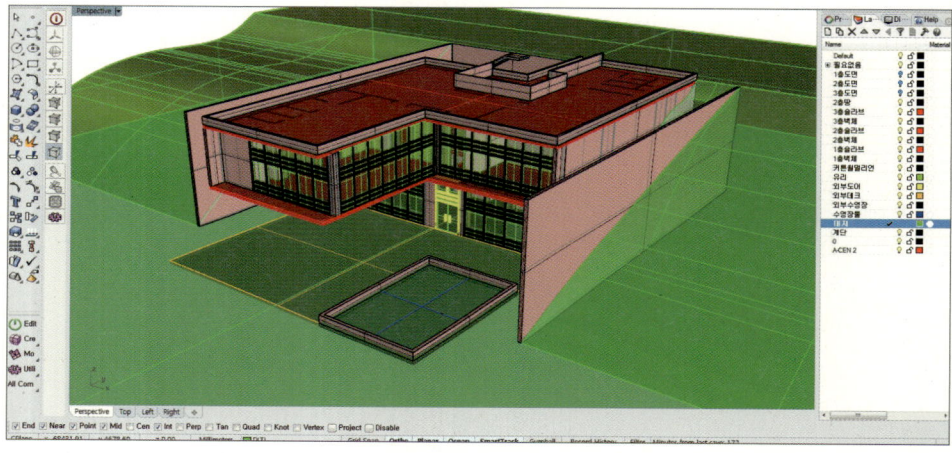

CHAPTER 4

Ecotect 백마디 말보다
시뮬레이션 한 컷이
설득력을 갖는다

건축설계는 누군가를 끊임없이 설득하는 과정이다

그러고 보면 건축설계는 누군가를 끊임없이 설득하는 과정이다

사람들은 참 단순해질 때가 있는 것 같습니다. 같은 사항을 가지고 말로만 설명하면 각자의 머릿속에서 그 현상과 결과를 상상하고 나름대로의 논리로 이런저런 말로 상대방을 설득하려 하는데 그 결과 토론이 아닌 고집과 이기심이 부딪쳐 감정 싸움이 되기 일쑤이며, 간혹 실무에서는 직급이 결정에 영향을 주기도 합니다.

한편으론 우리가 하는 건축설계는 누군가를 끊임없이 설득하는 작업으로, 설득을 통해 나중에 발생할지도 모를 프로젝트의 리스크를 줄이는 것은 분명합니다. 이런 상황에 적어도 초기에 수행하는 여러 가지 간단한 시뮬레이션만으로도 그 리스크를 줄일 수 있다고 생각하며, 더불어 이런 행위가 설득의 과정뿐만 아니라 계획안을 좀 더 단단하게 만드는 결과를 가져온다고 생각합니다.

예를 들어, 한정된 공간에서 소음 및 잔향 시간은 그 내부를 구성하는 마감 재료인 흡음재의 성능에 따라 좌우되는데, 마감재가 없을 때보다는 당연히 적은 것이 사실입니다. 이런 논리는 사실 별다른 시뮬레이션이 필요한 것도 아니고 발주자와 신뢰만 있다면 몇 마디 말로써 설득이 가능할 것입니다. 하지만 발주자는 그 당연한 결과 또한 자료화하여 보여주길 원하는 것이 현실입니다. 그러면 우리는 프로젝트에 관련된 친환경 전문 업체에 사정을 이야기하는데, 용역비와 업무 범위는 계약서를 작성할 때 결정되기에 그 부탁이 쉽지만은 않습니다. (물론 우리도 발주자와 맺은 계약으로 업무 범위가 결정되지만, 아이러니하게도 우리는 발주자에게는 계약상의 '을'이고 협력 업체에도 함부로 요구할 수 없는 상황입니다.)

또한 그렇게 건축 계획안의 친환경성을 만들어가는 과정의 측면에서 이야기해볼 때, 실시설계 수준으로 높아진 계획안에 대한 친환경성의 적용은 대부분 상당한 비용이 발생하는데, 이는 계획안의 수정 없이 설비 장치의 증가와 효율성이 높은 고가의 장비를 요구하기에 그렇습니다. 반면, 그런 친환경성에 대한 고민을 계획 설계 당시부터 다양한 고민과 활용 가능한 시뮬레이션을 통해 분석하고 그 데이터를 시각 자료와 함께 활용하여 **설득해나간다면 그렇지 않을 때보다 스트레스가 줄지 않을까요?**

그런 측면에서 현재는 단종되었지만 에코텍 2011 버전은 계획 단계에서 친환경성을 따져볼 때 여전히 쓸모가 많은 프로그램입니다. 특히 건축설계 사무실에서 활용 가능한 비주얼적인 면이 강하고 그 활용 방법도 비교적 간단합니다.

이렇듯 활용 가능한 환경 분석 시뮬레이션 프로그램으로 전문 업체가 수행하는 것 외에 건축설계자가 계획안에 더한 분석과 많은 검토를 수행한다면 조금 더 객관적인 데이터로 설득 과정을 단순화하며 우리가 모두 원하는 좋은 건축물을 계획할 수 있을 거라 생각합니다.

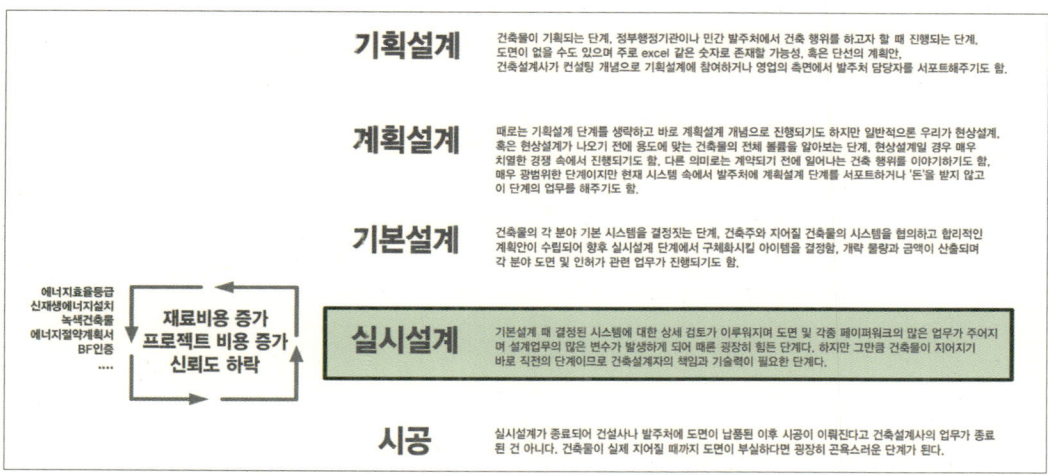

현재는 설계 끝부분만으로 환경성 검토

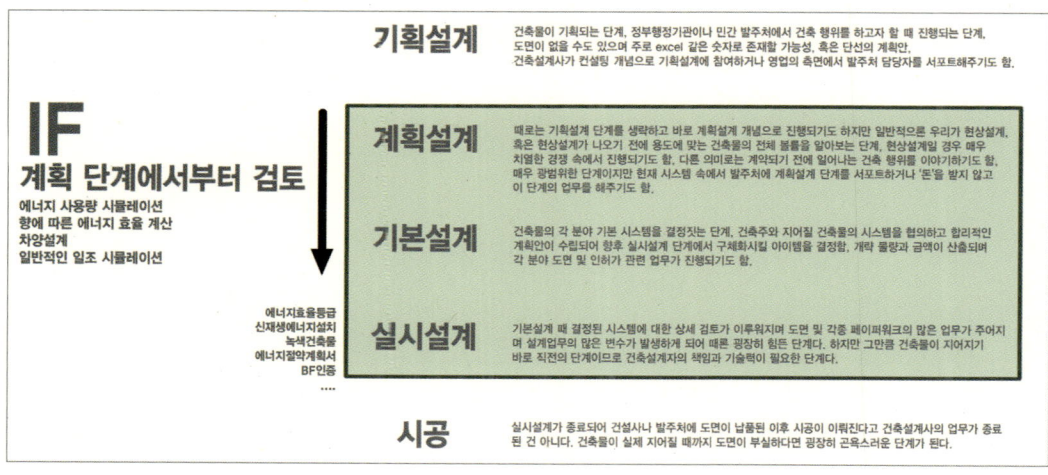

기획, 계획 설계부터 환경성 검토

CHAPTER 5

Ecotect을 활용한 일사, 일영에 대한 정량적 분석

태양 괘적을 고려한 그림자(일영) 검토

우리 건물이나 대지에 쏟아지는 태양 일사량 검토

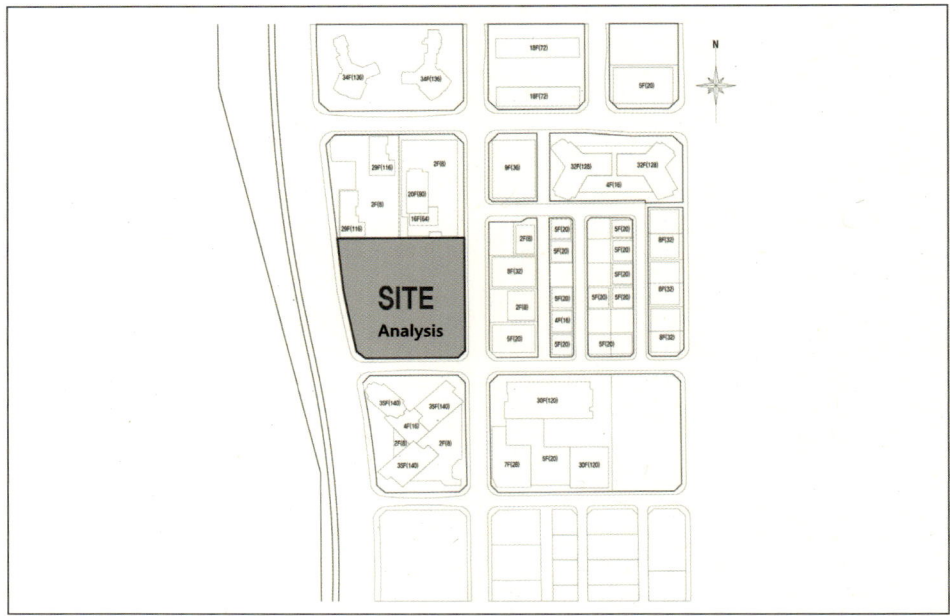

이전 Rhino 교육 내용과 마찬가지로 출판사 웹하드에서 다운받은 캐드 파일을 불러옵니다.

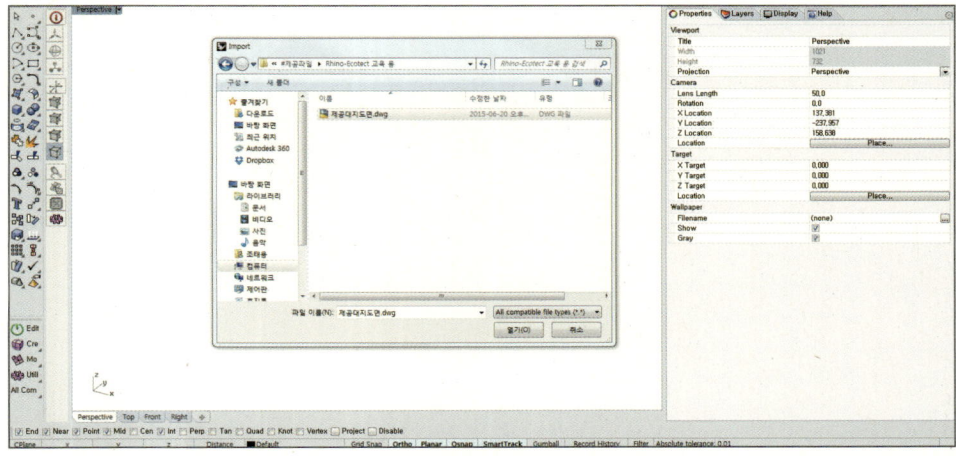

레이어 정리 1

불러온 캐드 파일을 라이노에서 불러온 도면이란 레이어를 만들고 전부 이동시켜줍니다. 그리고 필요 없는 레이어는 다 삭제합니다.

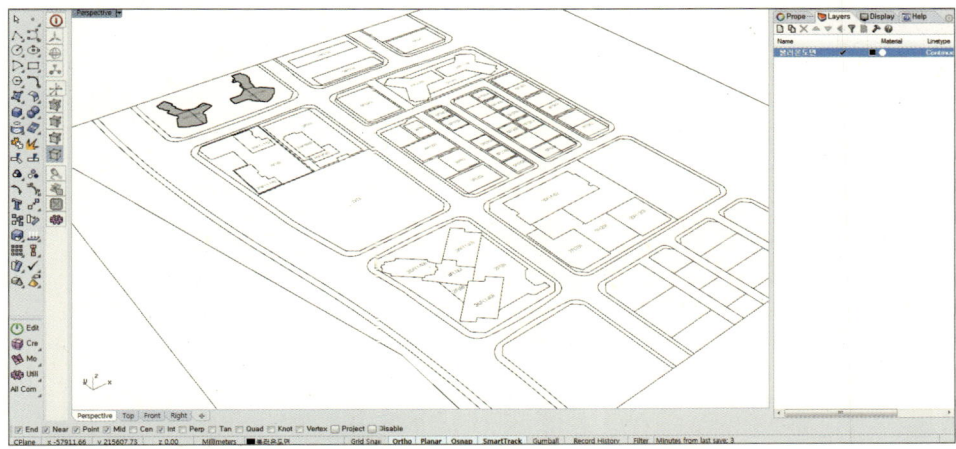

레이어 정리 2

그 상태로 대지, 주변건물, 주변대지란 레이어를 생성합니다.

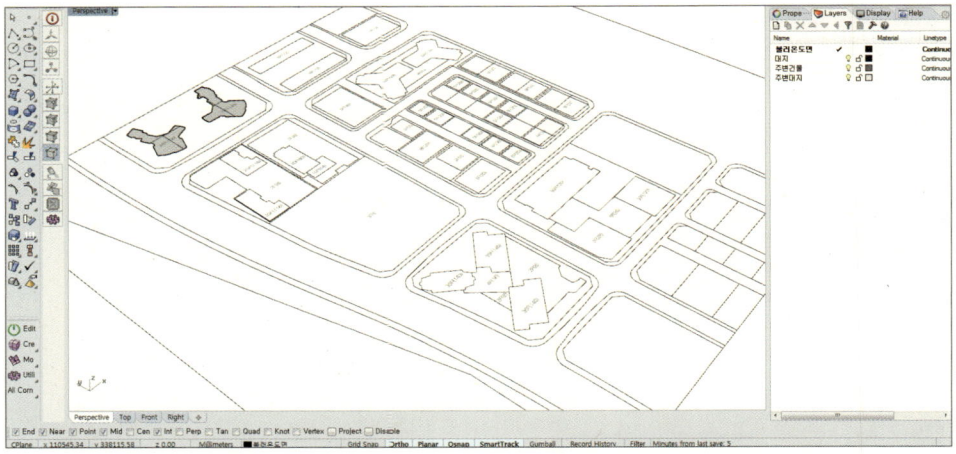

─ 분석 바닥 객체 생성

분석할 대지와 주변대지의 서페이스를 서페이스 프럼 플래너 커브(Surface from planar curve) 명령으로 생성합니다. 하지만 설정한 레이어의 색상과 다른 것을 확인할 수 있는데 이는 서페이스 면이 뒤집혔기 때문입니다.

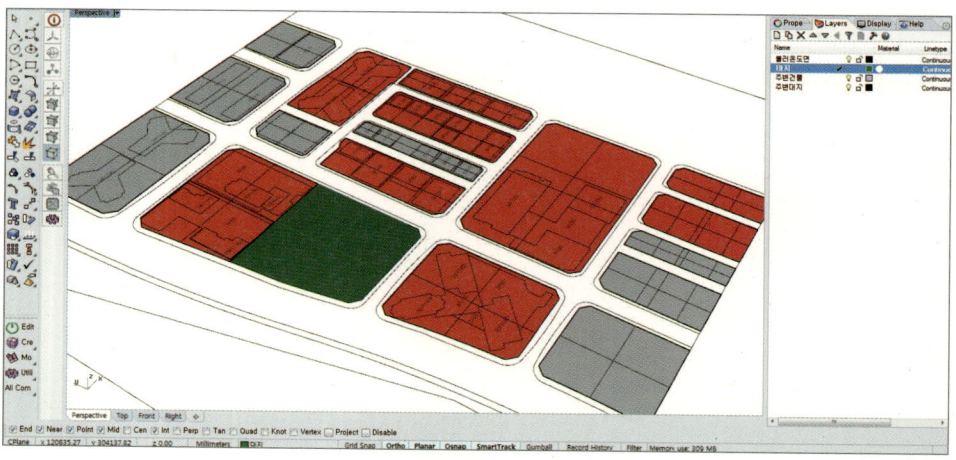

─ 서페이스 방향 설정 1

Analyze direction 명령을 생성한 서페이스의 면의 앞뒤, 그러니까 방향을 확인하고 필요하면 변경할 수 있는 명령입니다.

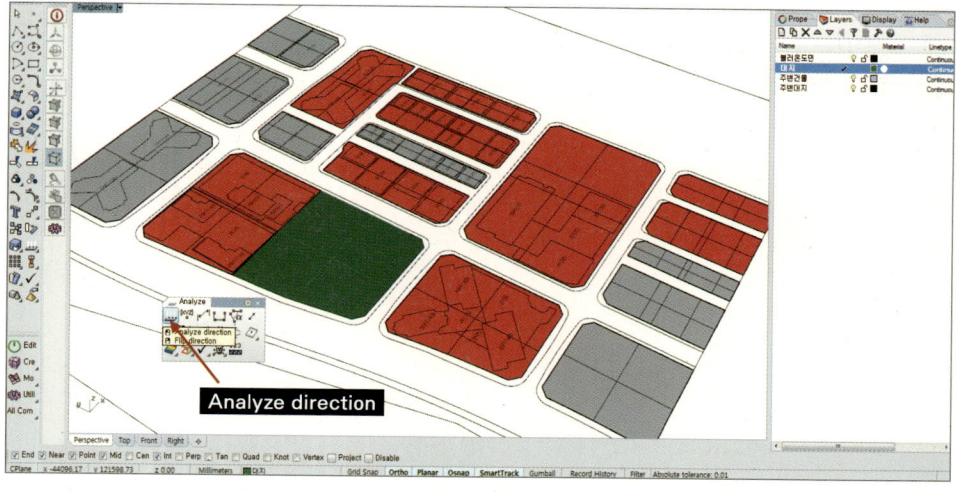

서페이스 방향 설정 2

참고로 서페이스 뒷면의 색상은 옵션에서 변경할 수 있습니다. Option 명령을 입력하여 원하는 색상으로 변경해주면 작업 중에 시각적으로 확인하면서 진행할 수 있습니다.

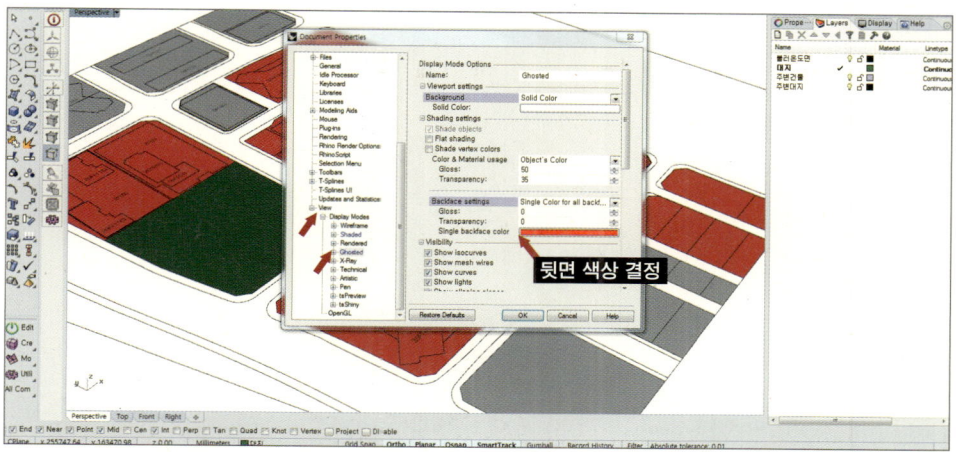

서페이스 방향 설정 3

— 분석 바닥 객체 작성

이제 분석하려는 대지와 주변대지의 서페이스를 생성하였습니다. 이제 주변대지에 건물을 매스로 모델링하고 우리 사이트에 영향을 미치는지 알아보려고 합니다. 우선 주변건물 레이어로 변경하고 익스트르드 클로즈드 플래너 커브 명령으로 생성합니다.

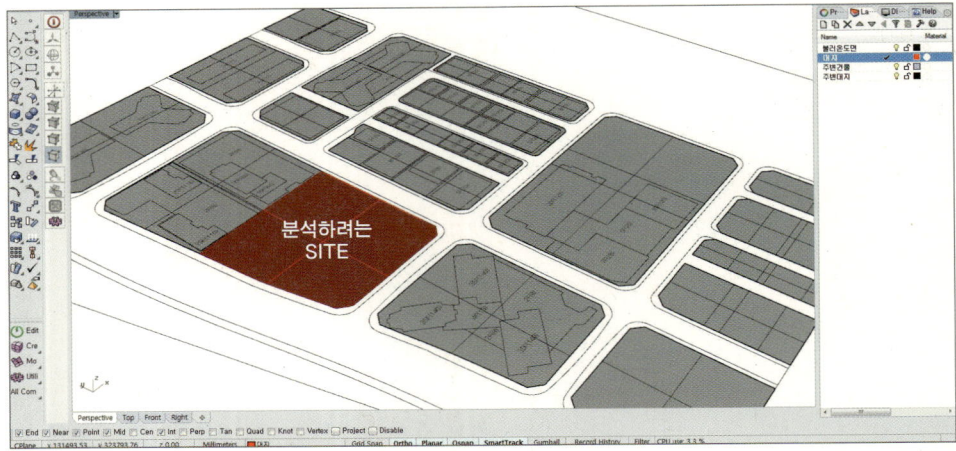

— 분석 매스 작성 1

불러온 캐드 파일에는 주변건물의 층수와 높이가 미리 명기되어 있습니다. 현재 작업하는 라이노는 밀리미터 기준이기에 116M은 익스트르드 클로즈드 플래너 커브 명령을 실행하고 116000을 입력합니다.

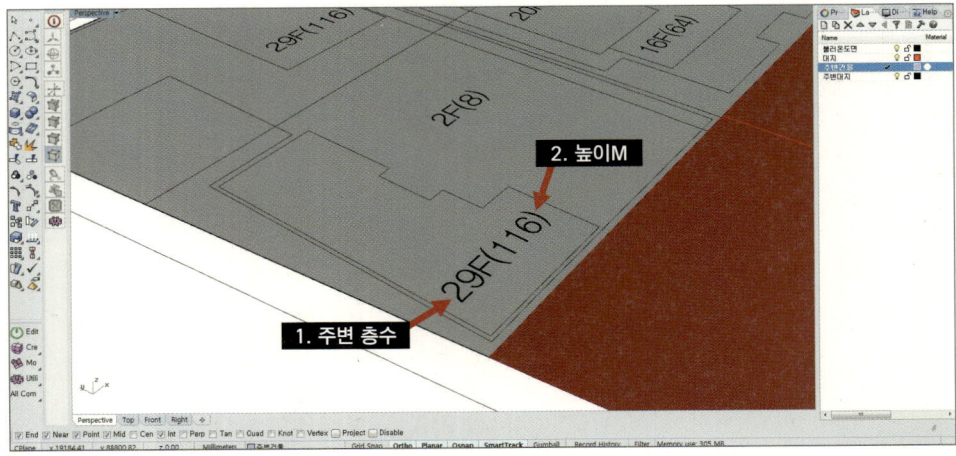

분석 매스 작성 2

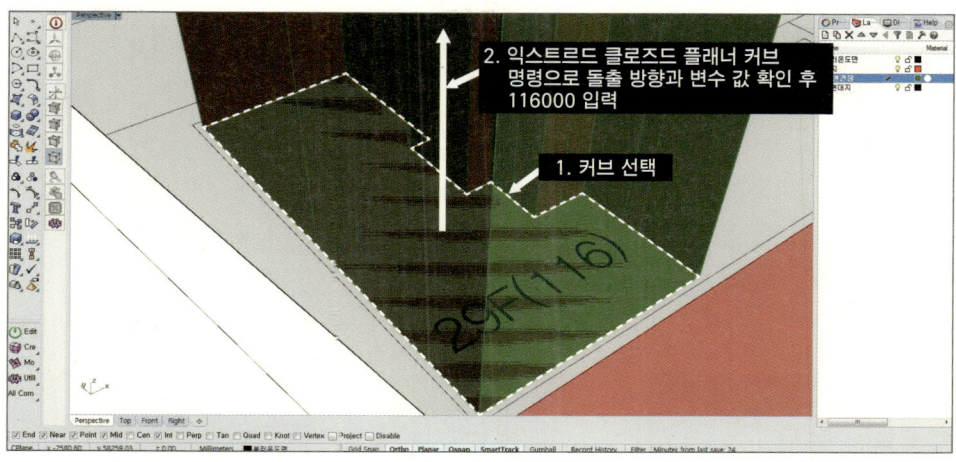

2. 익스트루드 클로즈드 플래너 커브
   명령으로 돌출 방향과 변수 값 확인 후
   116000 입력

1. 커브 선택

분석 매스 작성 3

같은 방법으로 분석하려는 대지를 둘러싼 주변건물을 모두 모델링합니다. 이제 환경
분석 프로그램인 Ecotect으로 넘길 준비가 되었습니다.

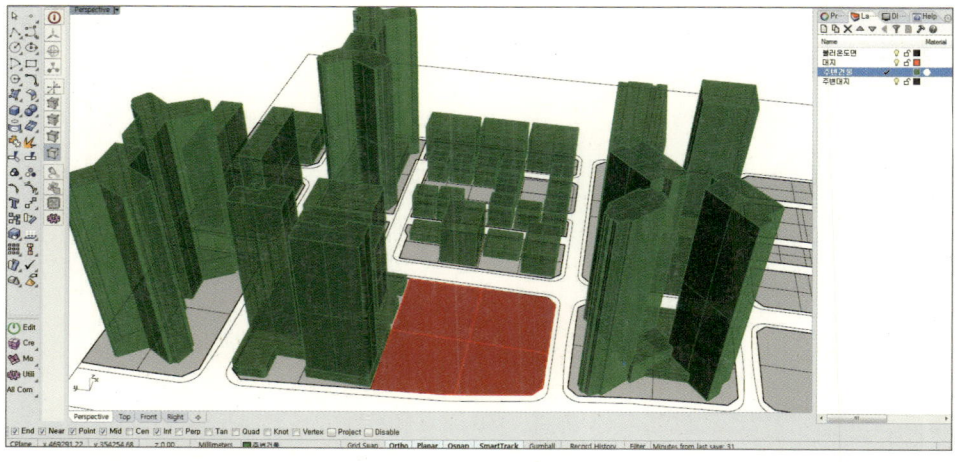

분석 매스 작성 4

시뮬레이션 분석은 건축 후 일어나는 상황 중 발생 빈도가 높다고 예측되는 상황을 미리 정량적으로 검토해보고 그에 따른 문제점 등을 보완하는 것이 목표이기에 모든 상황에 대한 예측은 불가능합니다. 통상 하나의 단편적인 상황밖에 예측해볼 수 없습니다. 하지만 통계적인 기상 데이터를 이용해 가장 일반적인 태양 궤적, 풍향 등을 검토함으로써 에너지 절약 및 쾌적한 환경 조성에 대한 확률을 조금이나마 높일 수 있습니다. 그렇기 때문에 건축 계획의 형태에도 **복잡한 그대로를 시뮬레이션하는 것보다는 보다 형태를 단순화하여 시뮬레이션하는 것이 효과적입니다.**

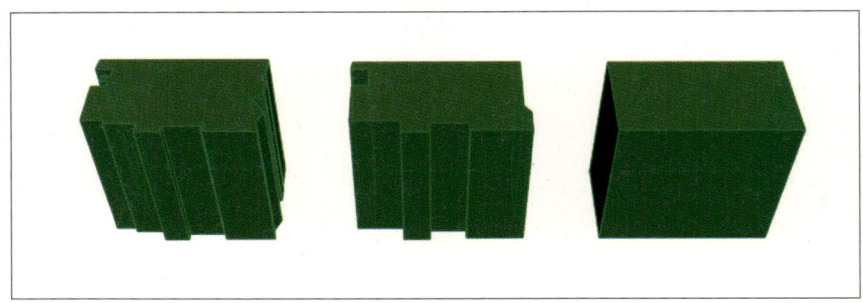

Ecotect으로 보내기 1

이제 에코텍으로 구분된 레이어별로 export하려고 합니다. 레이어를 마우스 우클릭으로 나오는 셀렉트 오브젝트(Select objects)를 눌러 해당 객체를 선택합니다.

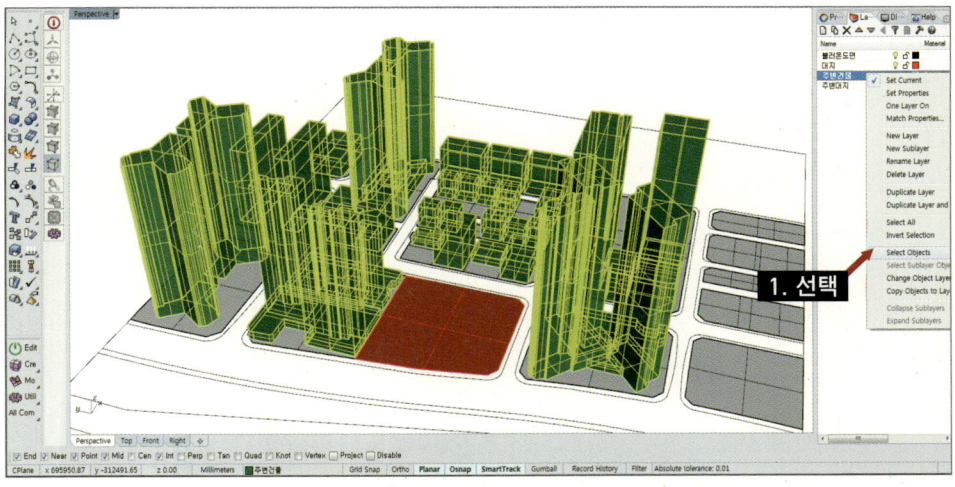

━ Ecotect으로 보내기 2

객체를 선택하고 파일 → 익스포트 셀렉티드(Export Selected)를 선택하면 아래 창이 생성되고 파일 형식을 3D Studio(*.3ds), 파일 이름은 Rhino의 레이어 이름과 같은 이름을 입력합니다.

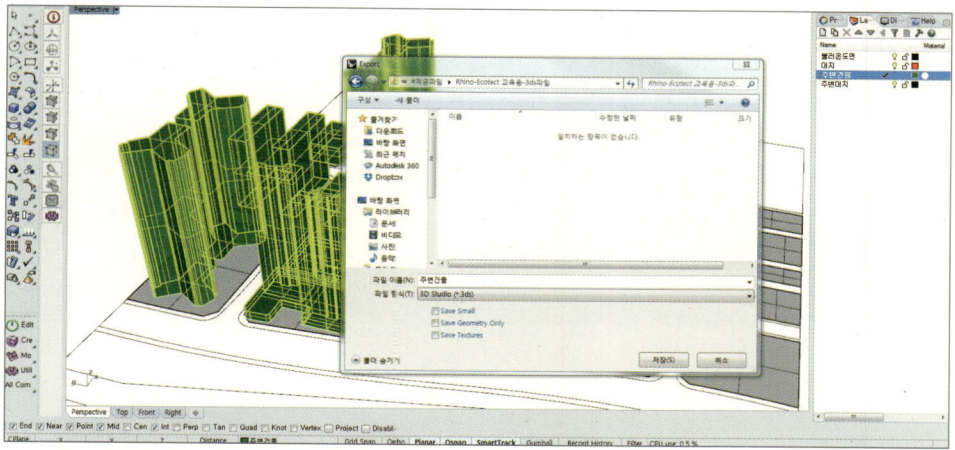

━ Ecotect으로 보내기 3

이렇게 라이노 파일의 레이어를 에코텍으로 넘길 준비가 되었습니다.

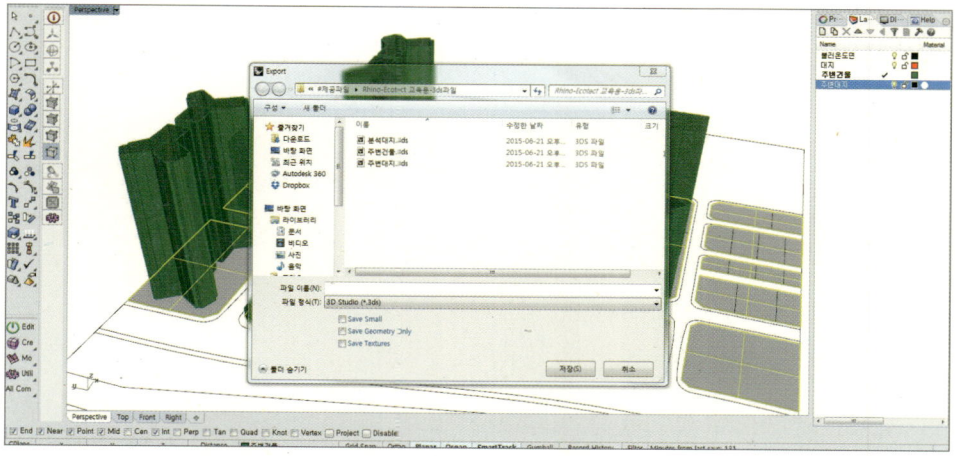

에코텍을 실행합니다.

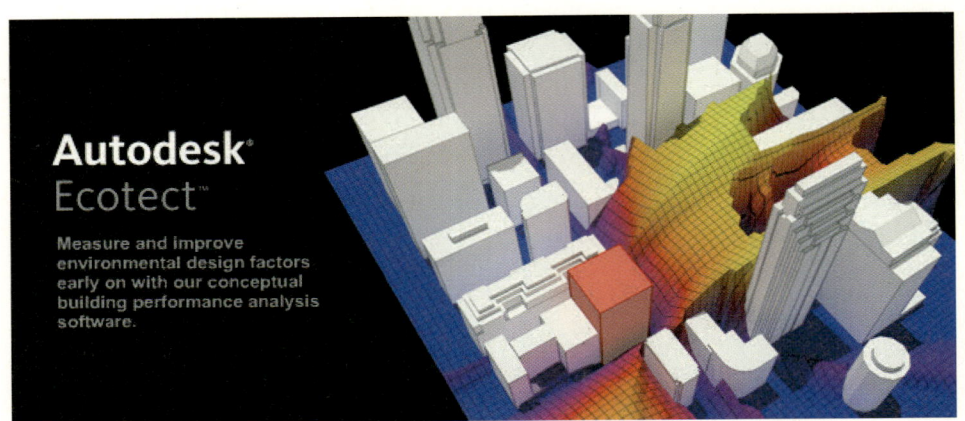

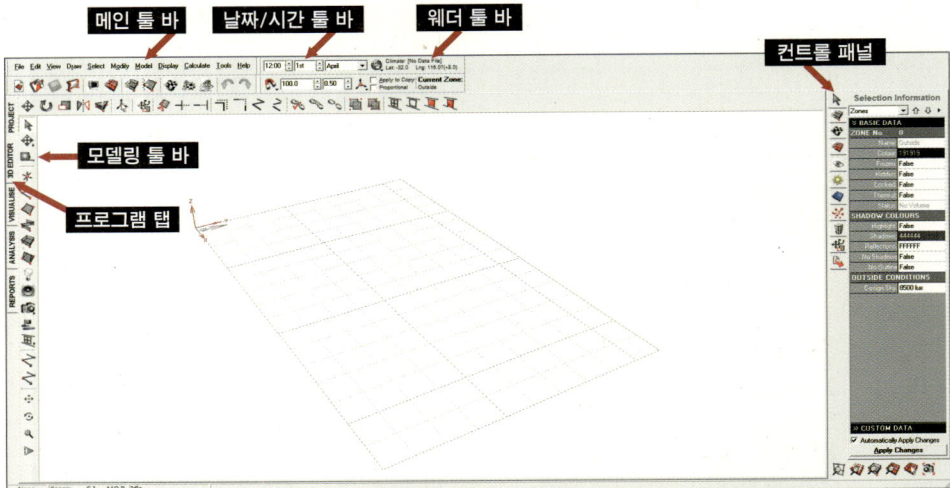

PROJECT

타이틀, 빌딩 타입 등과 같은 건축 개요 입력, 프로젝트의 지역 정보 및 위치, 기후 조건 입력, 사이트 건물의 향 조정이 가능합니다.

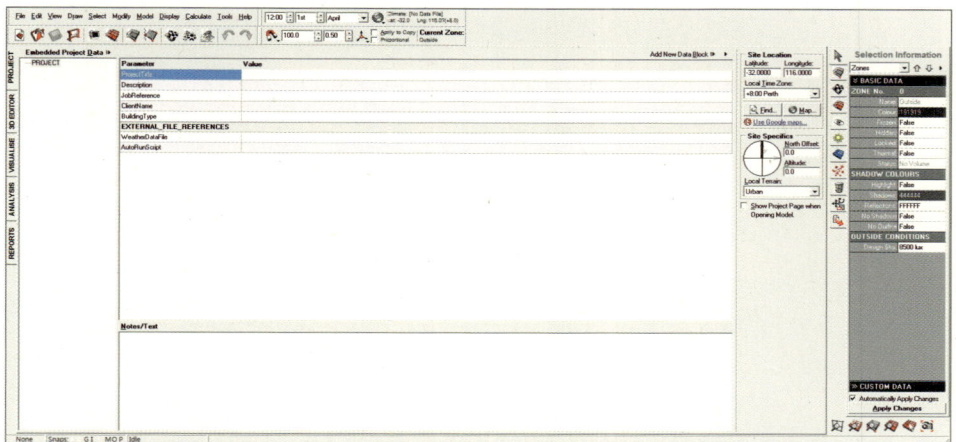

3D EDITOR

모델링에 관한 모든 사항을 제어하며 수정과 편집이 가능합니다.

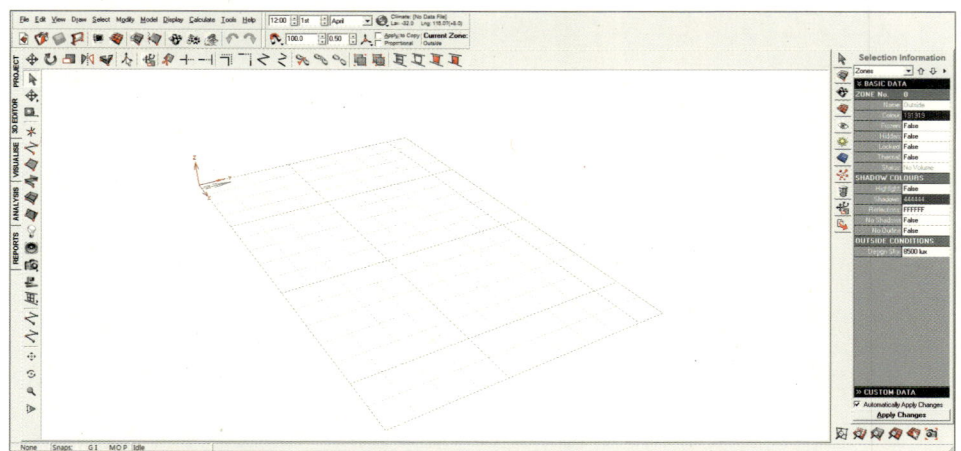

VISUALISE

분석 결과 시각화, 3D EDITOR의 모델링 작업이 프레젠테이션을 위한 결과로 표현됩니다.

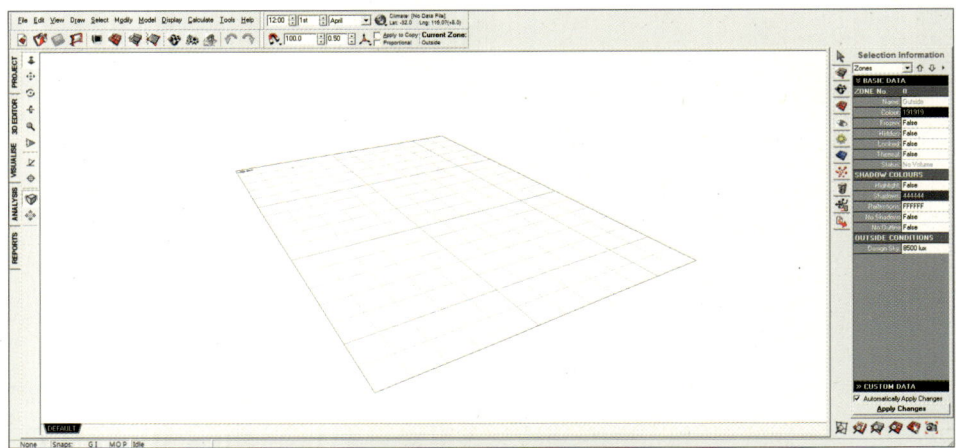

ANALYSIS

도표와 그래프로 분석 결과가 표시, 에너지 분석의 대부분은 이곳에서 나타납니다.

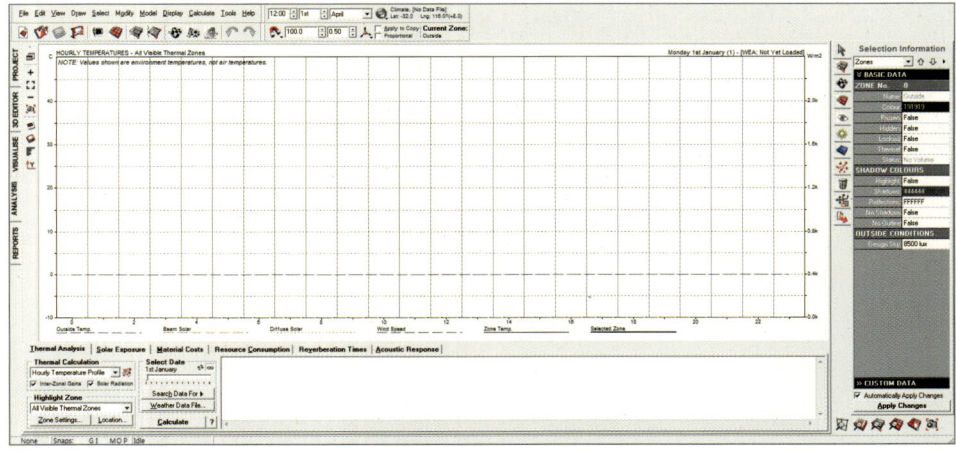

에코텍에 관한 전반적인 항목 설명 및 외부 어플리케이션 제어에 관한 설명, 분석된 결과를 수치화한 도표 정리 및 보고서입니다.

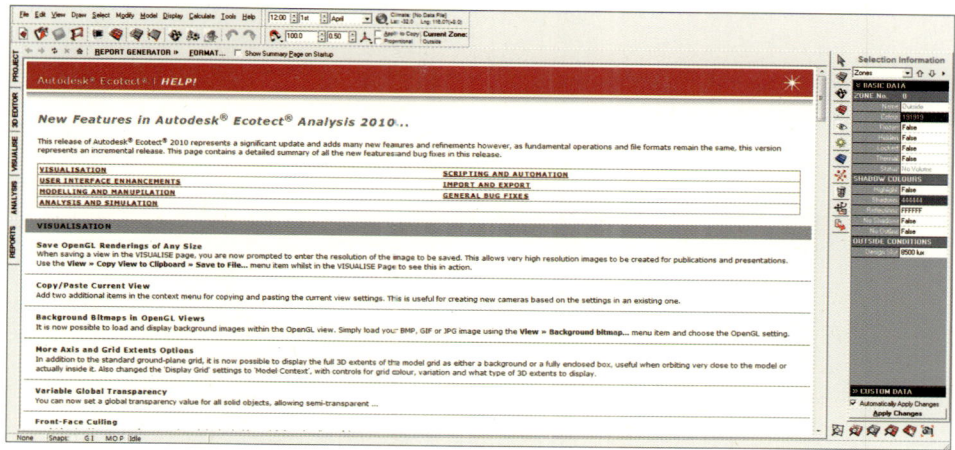

웨더데이터 로드

프로젝트 탭에서 이미지와 같이 개요를 작성하고 빌딩 타입을 오피스로 변경합니다. 그리고 웨더데이터 파일에서 서울을 선택합니다. 서울을 선택하면 사이트 로케이션 등의 기본 데이터가 변경되고 사이트의 방향에 따라 향도 변경됩니다.

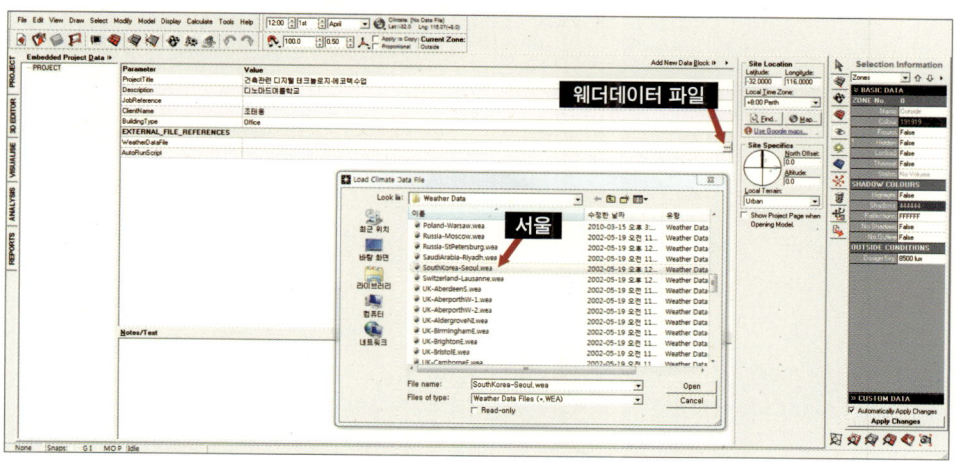

━ 저장

기본 개요와 웨더데이터를 선택하고 아래 이미지와 같이 저장합니다.

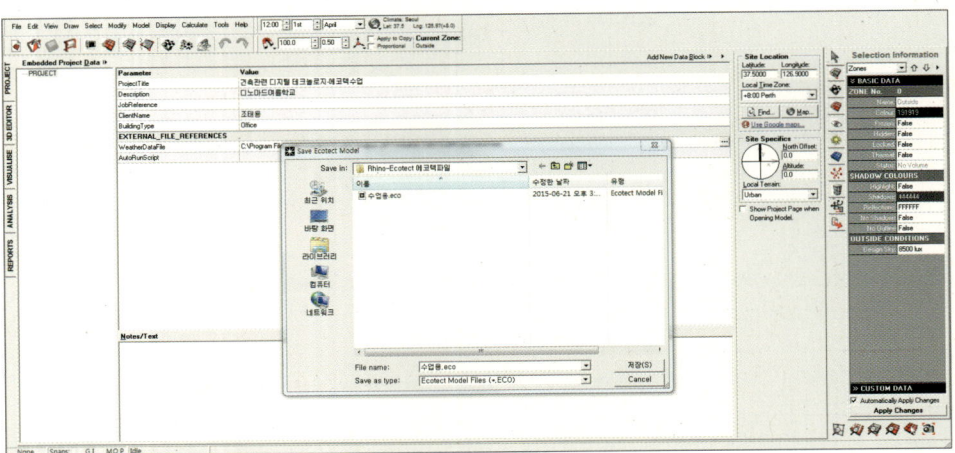

━ 분석 객체 불러오기 1

3D 에디터 탭으로 이동한 후 파일 → 임포트 → 3D CAD Geometry를 선택하여 좀 전에 만들어놓은 모델 객체를 불러옵니다.

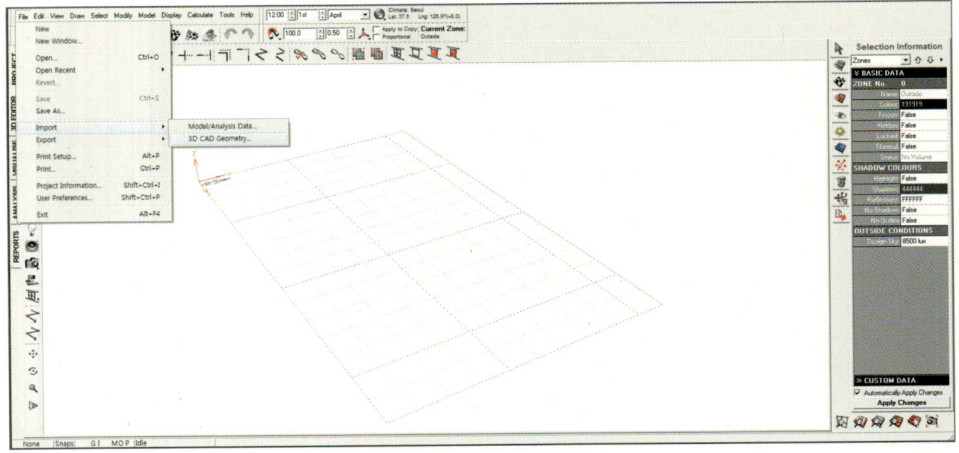

분석 객체 불러오기 2

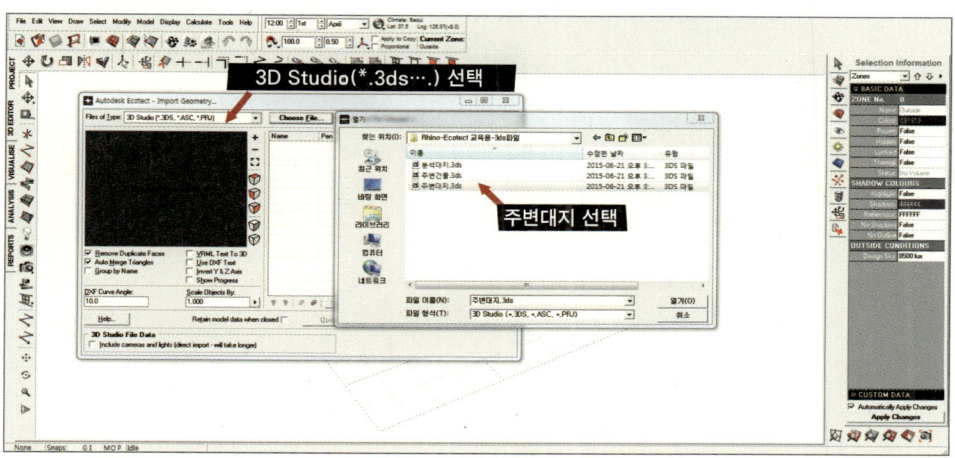

3D Studio(*.3ds····.) 선택

주변대지 선택

분석 객체 불러오기 3

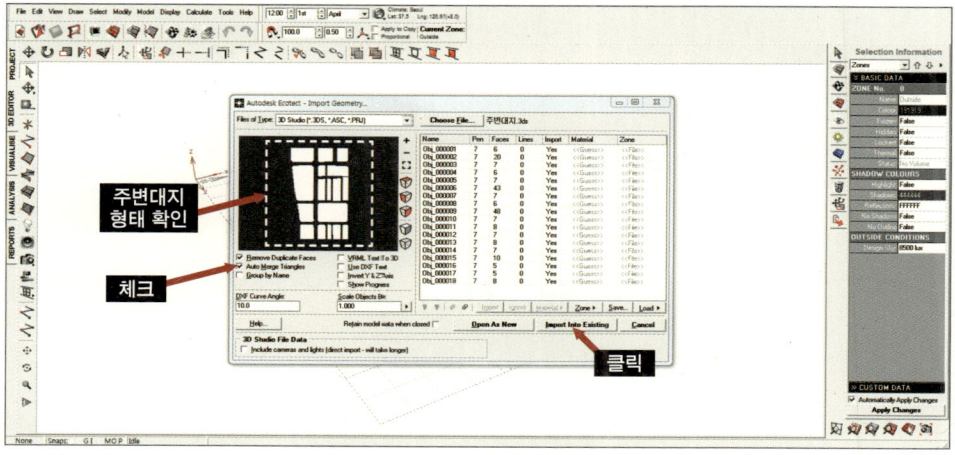

주변대지
형태 확인

체크

클릭

분석 객체 불러오기 4

같은 방법으로 주변건물과 분석대지를 불러옵니다.

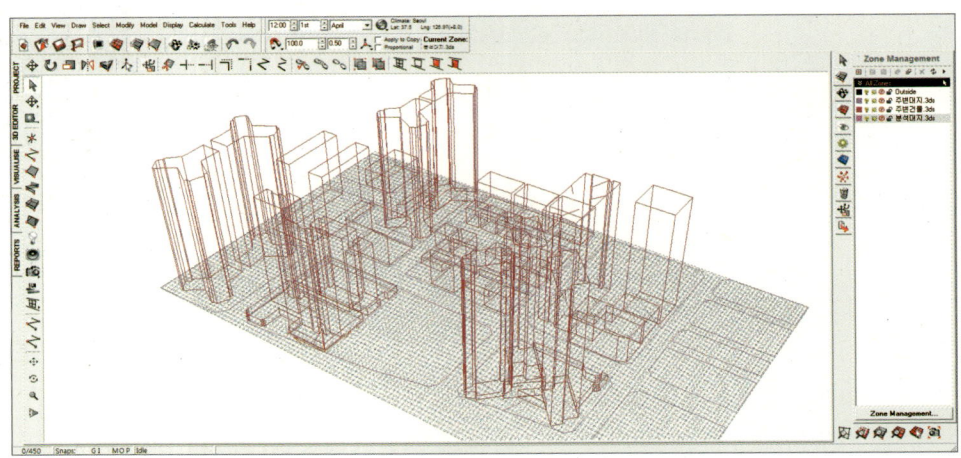

불러온 객체 확인 1

VISUALISE 탭에서 불러온 객체를 확인합니다.

VISUALISE 탭에서 확인하였지만 한 가지 색으로 보여 구분이 잘 안 됩니다. 에코텍 존 (레이어와 같은 역할)에서는 구분되었기에 뷰세팅을 통해 확인합니다.

이미지의 오른쪽 위에 컨트롤 패널에서 사람 눈 아이콘을 클릭하고 서페이스 디스플레이에서 존 컬러로 체크를 변경하면 아래 이미지처럼 비주얼라이즈에서 존 컬러로 색상이 변경되는 것을 확인할 수 있습니다.

이제 분석을 위한 준비는 다 되었습니다.

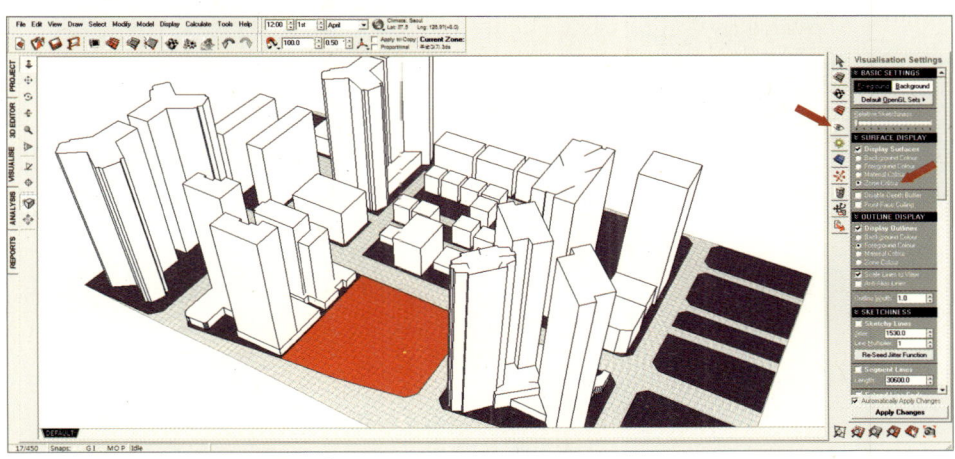

■ Ecotect 보기

현재는 기본 Zone인 OUTSIDE 외에 IMPORT한 사이트, 주변건물, 주변대지라는 Zone이 구성되어 있고 이 Zone은 캐드에서의 레이어의 개념과 비슷하다고 생각하면 됩니다.

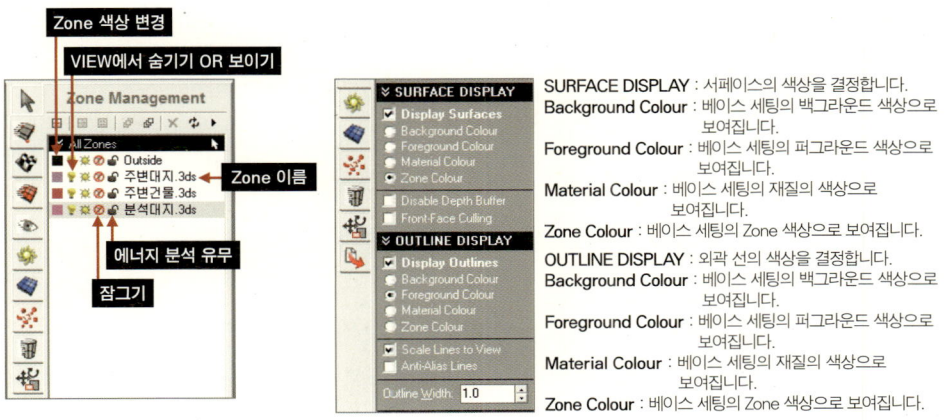

SURFACE DISPLAY : 서페이스의 색상을 결정합니다.
Background Colour : 베이스 세팅의 백그라운드 색상으로 보여집니다.
Foreground Colour : 베이스 세팅의 퍼그라운드 색상으로 보여집니다.
Material Colour : 베이스 세팅의 재질의 색상으로 보여집니다.
Zone Colour : 베이스 세팅의 Zone 색상으로 보여집니다.

OUTLINE DISPLAY : 외곽 선의 색상을 결정합니다.
Background Colour : 베이스 세팅의 백그라운드 색상으로 보여집니다.
Foreground Colour : 베이스 세팅의 퍼그라운드 색상으로 보여집니다.
Material Colour : 베이스 세팅의 재질의 색상으로 보여집니다.
Zone Colour : 베이스 세팅의 Zone 색상으로 보여집니다.

기본적으로 기후 데이터의 입력과 VISUALISE 탭에서 보여지는 세팅은 해보았습니다. 이제 기후 데이터를 활용한 실제와 같은 일영 검토를 진행해보겠습니다.

그림자 확인

그림자를 떨어뜨리기 전에 태양이 위치하는 Daily Sun Path와 Annual Sun Path를 화면에 표현할 수 있습니다. 태양 모양의 아이콘을 클릭하여 나오는 Shadow Settings 창의 맨 위쪽에 위치한 Daily Sun Path와 Annual Sun Path에 체크하여 위와 같은 이미지를 표현합니다.

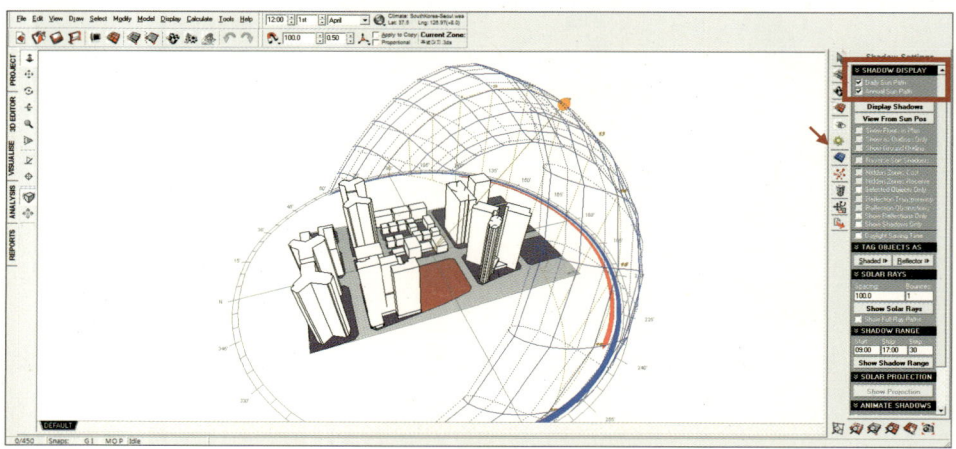

Display Shadow 버튼을 클릭하면 그림자가 보여지기 시작하는데 이때의 그림자 위치는 기후 데이터에 근거하고 Ecotect 위에 위치하여 설정하는 날짜와 시각에 따라 보여집니다. 처음엔 4월 1일 12시에 위치한 태양 고도 값에 반응하는 그림자가 떨어지는 것이며 이 설정을 변경하여 원하는 날짜와 시각의 그림자를 확인합니다.

이제 기후 데이터가 적용된 상태에서 보고자 하는 정확한 날짜와 시각의 그림자를 떨어뜨려보겠습니다.

태양 모양의 아이콘을 클릭하여 Shadow Settings 창에서 좀 전에 표현한 Daily Sun Path와 Annual Sun Path 밑에 위치한 Display Shadow 버튼을 클릭합니다.

또한 특정한 날짜에 시간의 범위를 정하여 그림자를 한꺼번에 확인할 수도 있습니다.

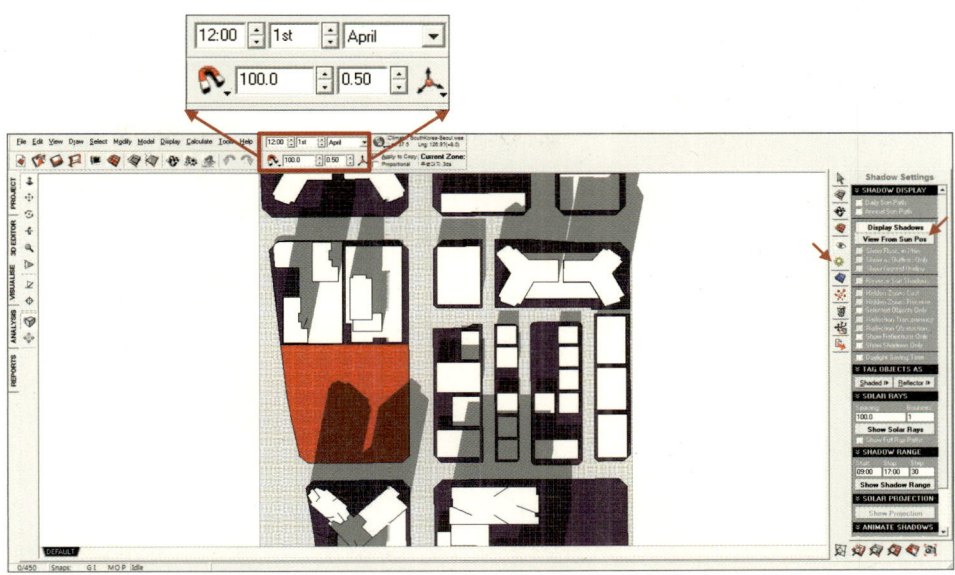

Shadow Settings에 Shadow Range에서 시간과 간격을 설정하고 Show Shadow Range 버튼을 클릭하여봅니다.

사이트에 대한 일영 검토를 통하여 건물의 배치를 어디에 어떻게 할 것인가에 대한 힌트를 얻을 수도 있습니다. 일전에 수행했던 프로젝트에서는 일영 검토를 통하여 사이트의 남측 부분이 영구 음영 지역이라는 것을 확인할 수 있었습니다.

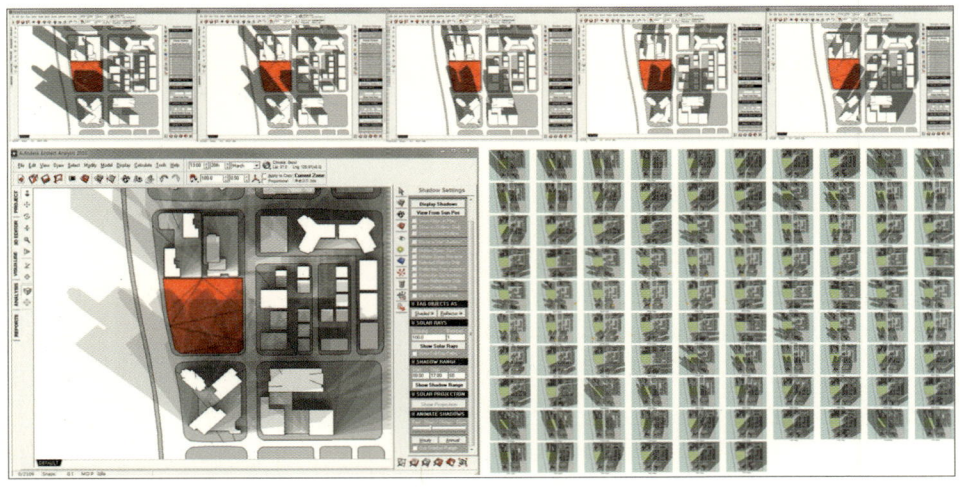

우리 건물이나 대지에 쏟아지는 태양 일사량 검토

일사량 검토는 연중 혹은 특정 시간에 태양열이 얼마나 많이 분석할 면에 누적되는지를 시뮬레이션하여 정량적인 평가를 통해 얻어진 데이터를 배치 계획에 효율적으로 사용할 때 이용됩니다.

일사량 확인

Shadow Settings에서 Display Shadow 버튼을 다시 클릭하여 그림자를 숨깁니다.

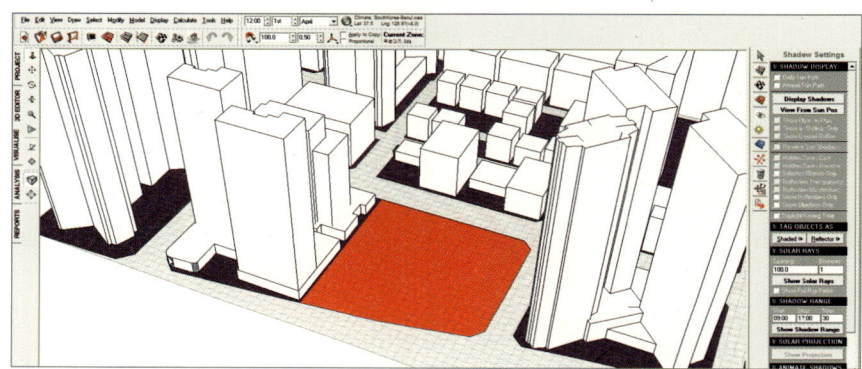

분석 면 확인 1

이제 대지에 떨어지는 일사량을 분석하기 위한 그리드 설정을 위해 형상의 편집이 가능한 3D EDITOR 탭으로 이동합니다. 갑자기 건물이 사라진 것처럼 보이지만 이는 이전에 VISUALISE 탭에서 잘 보이기 위해 Zone의 색상을 흰색으로 변경하였기 때문입니다.

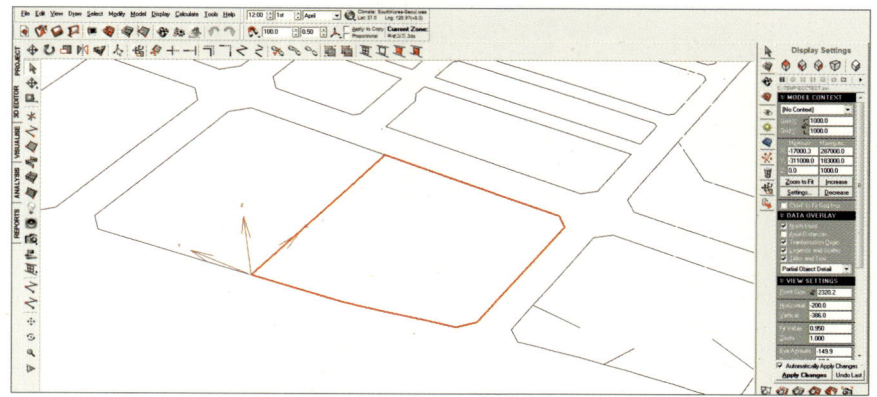

3D EDITOR 탭에서 주변건물이 보이게 하기 위하여 주변건물 3ds zone의 색상을 회색 계열로 변경합니다. 이제 주변건물이 회색으로 보여집니다. 분석하려는 대지를 위의 그림처럼 마우스로 클릭하여줍니다.

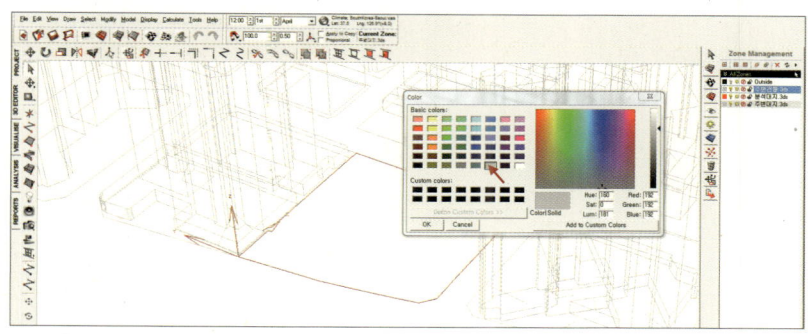

에코텍에서 분석 그리드를 설치하기 위해서는 surface의 방향이 매우 중요합니다. surface에도 앞면과 뒷면으로 나누어져 있고 앞면의 벡터 방향이 위의 그림처럼 땅속으로 향하고 있다면 시뮬레이션 결과물은 다르거나 시뮬레이션 자체가 시행되지 않을 수도 있습니다. 이 면의 방향을 확인하는 방법은 3D EDITOR에서 ctrl+F9 키보드를 클릭하여 확인할 수 있습니다. 그리고 만약 방향이 다르다면 방향을 바꾸고 싶은 면을 클릭하고 Ctrl+R 키를 누르면 방향이 바뀝니다.

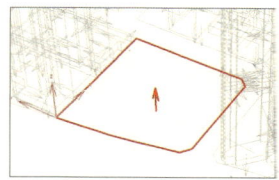

Ctrl + R

왼쪽의 이미지에서는 분석하려는 대지 surface가 땅속 방향으로 향해 있기에 Ctrl+R 키를 눌러 방향을 하늘로 향하게 변경하였습니다.

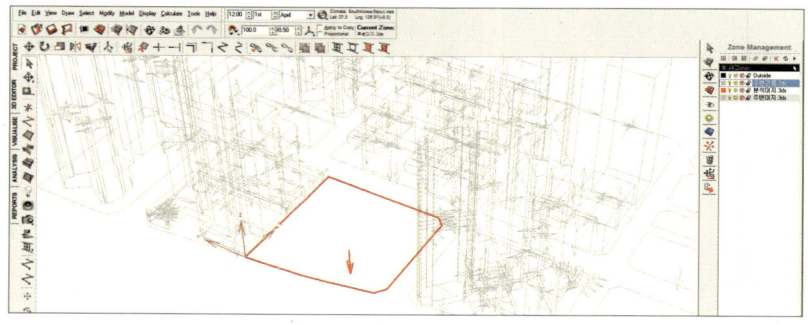

분석 면 설정 1

대지라는 surface의 면의 방향도 변경하였습니다. 이제 분석하려는 surface를 마우스로 클릭하고 Modify → Surface Subdivision → Rectangular Tiles를 클릭합니다.

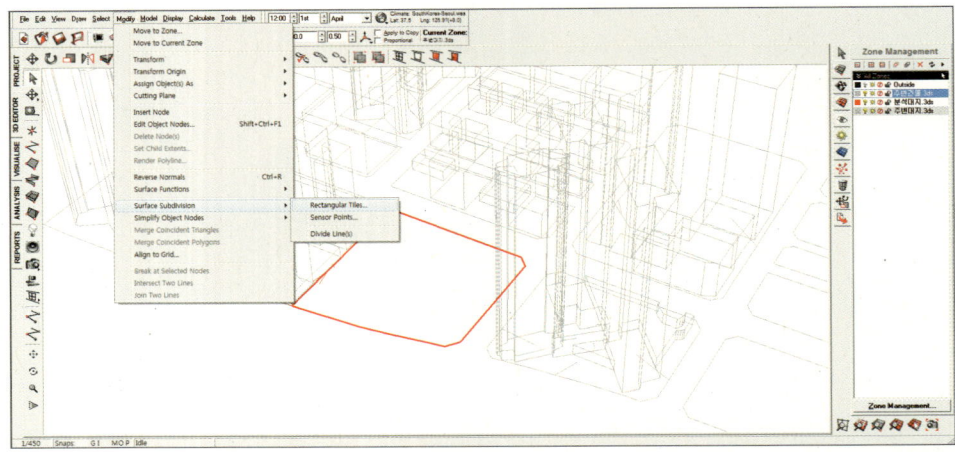

분석 면 설정 2

Rectangular Tiles는 분석하려는 면의 그리드 간격을 설정하는 창입니다. 분석 그리드의 x, y, z 간격과 분석 면을 옵셋하거나 대지 면으로 트림하는 설정을 제어합니다. 위의 그림과 같이 설정을 변경하고 x size를 상황에 맞게 변경합니다.

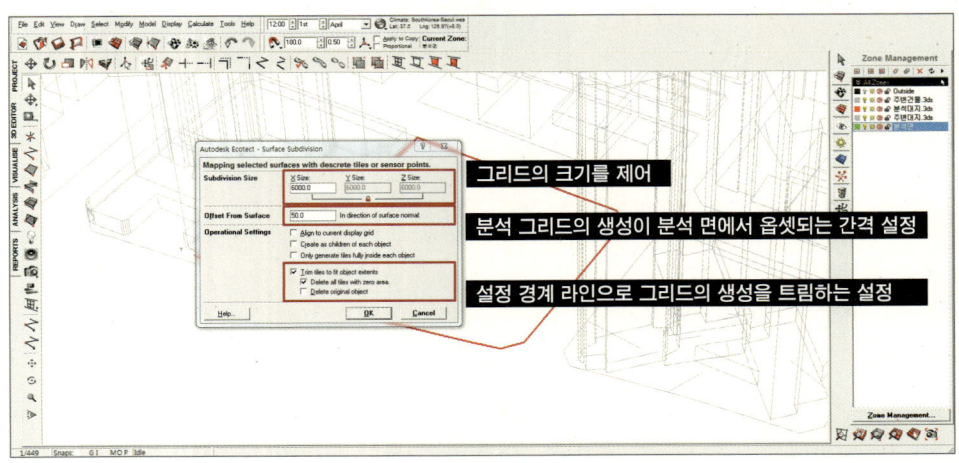

분석 면 그리드 설정

이제 대지 사이트 위 50의 값으로 옵셋되고 6000 간격으로 설정된 그리드가 생성되었습니다.

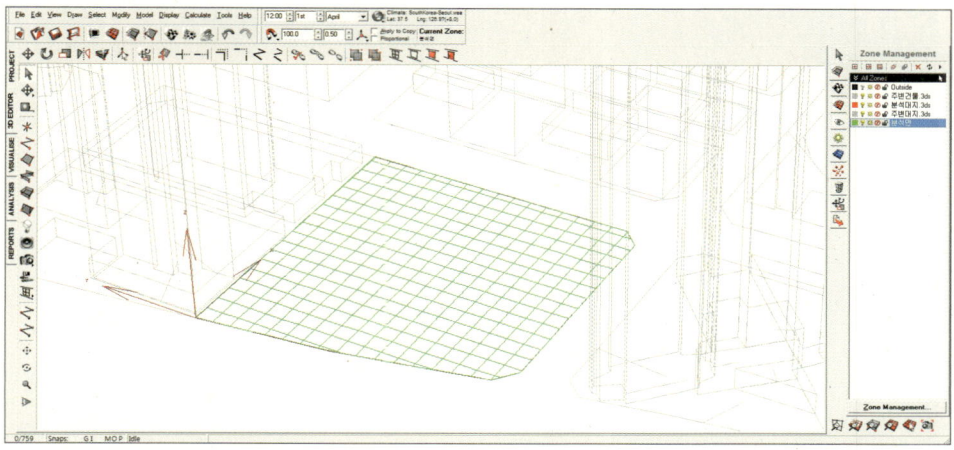

일사 분석 1

마우스로 생성된 그리드를 클릭하고 Calculate → Solar Access Analysis를 클릭하여 일사량 분석을 위한 조건을 제어하기 위한 창을 엽니다.

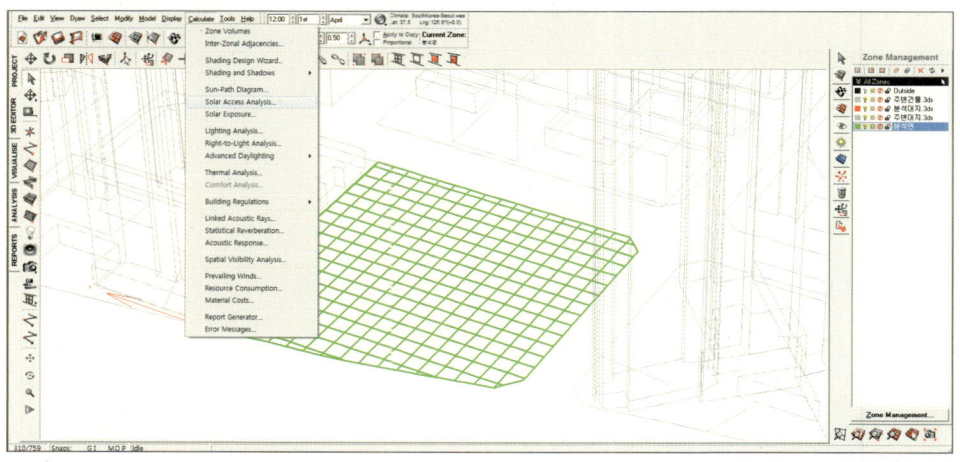

▬ 일사 분석 2

해당 그리드에 대한 전체, 직간접 일사량 확인을 위한 Incident Solar Radiation을 선택합니다.

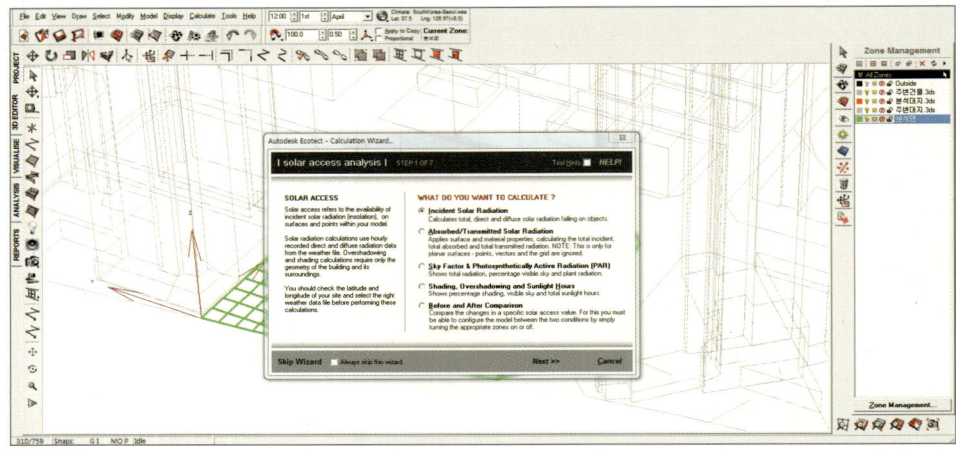

▬ 일사 분석 3

For Specified Period를 선택합니다.

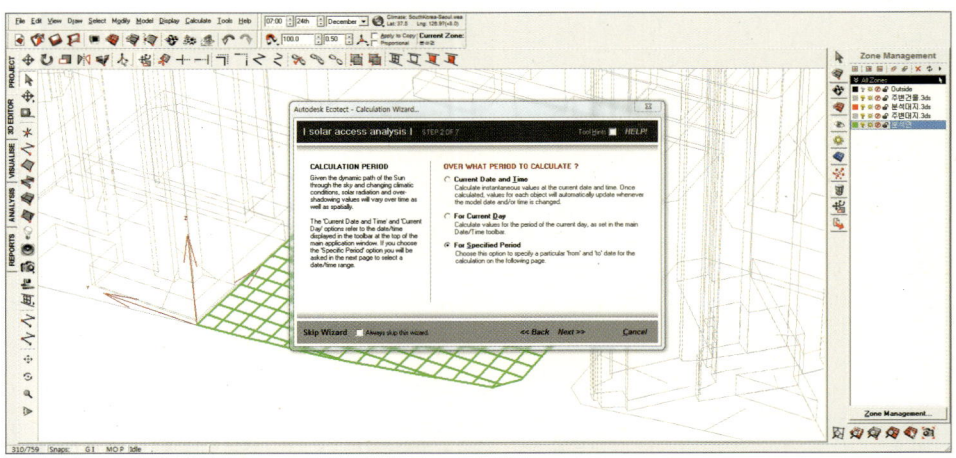

일사 분석 4

분석할 기간을 설정하는 창입니다.

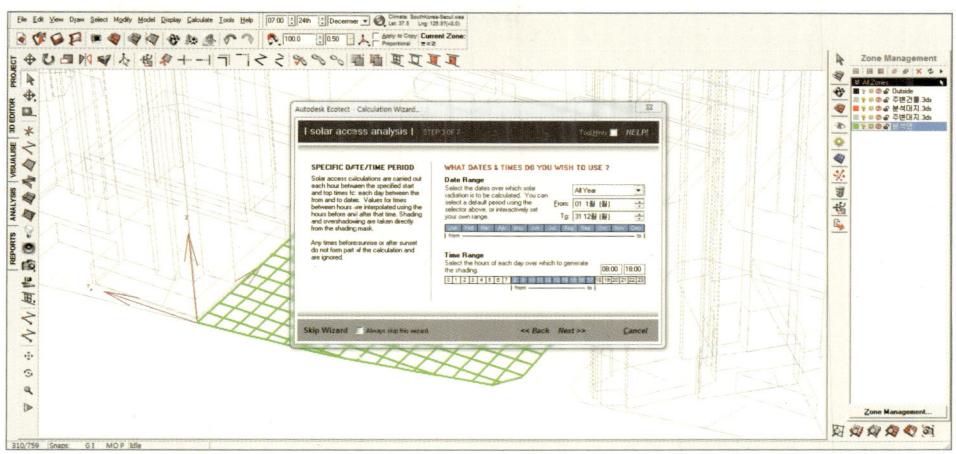

일사 분석 5

Average Daily Values(일일 평균)를 설정합니다. 누적량과 피크량 등으로 설정하여 분석할 수 있습니다.

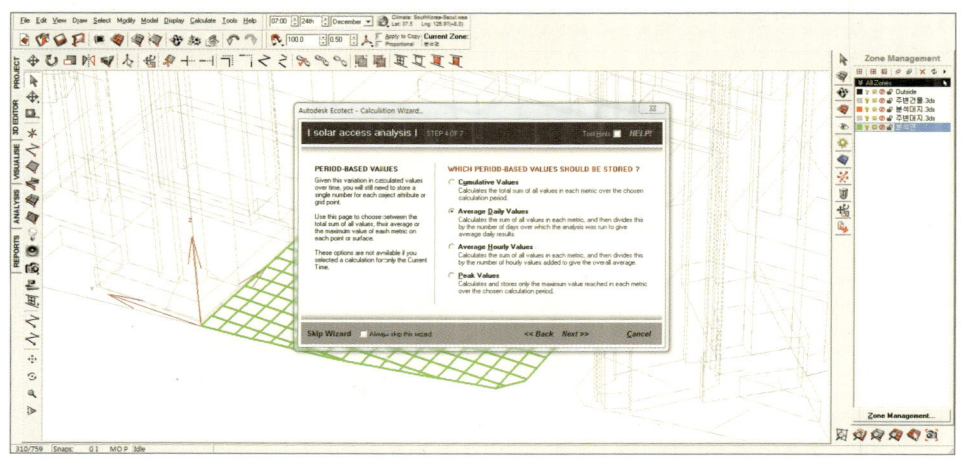

Objects in Model을 선택하고 Only Use Selected Objects만 체크합니다.

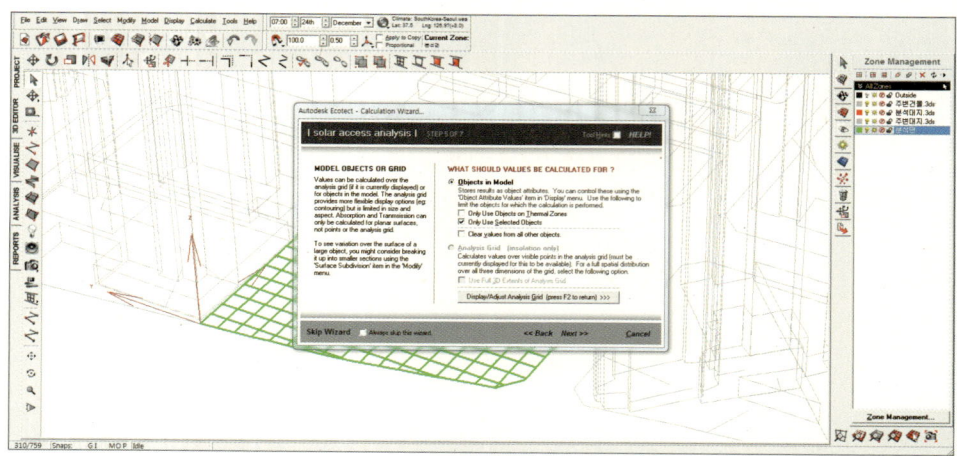

Perform Detailed Shading Calculations를 선택합니다.

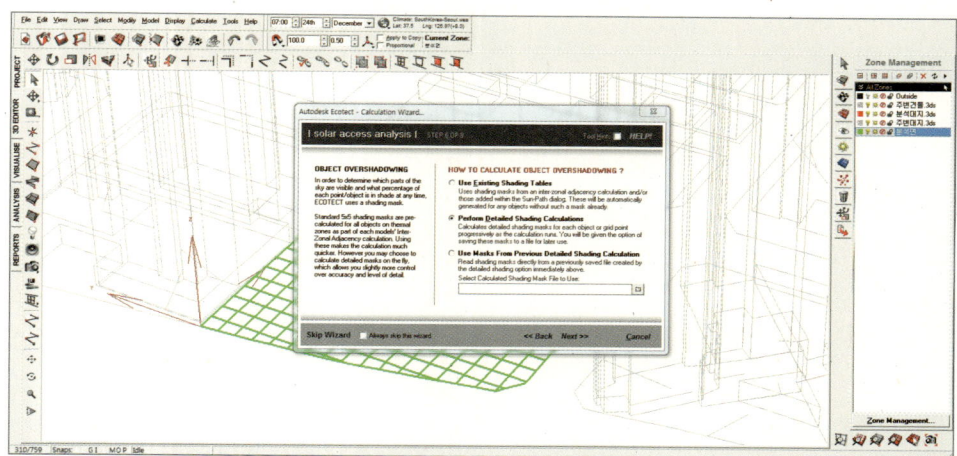

━ 일사 분석 8

시뮬레이션의 정확도를 설정하는 창입니다. 품질을 높게 할수록 시간이 많이 걸리기 때문에 Surface Sampling는 low:1pt(centre), Sky Subdivision은 low:10X10 정도로 설정합니다.

Use Fast Calculation Method를 체크하면 좀 더 빠른 분석 값을 얻을 수 있습니다.

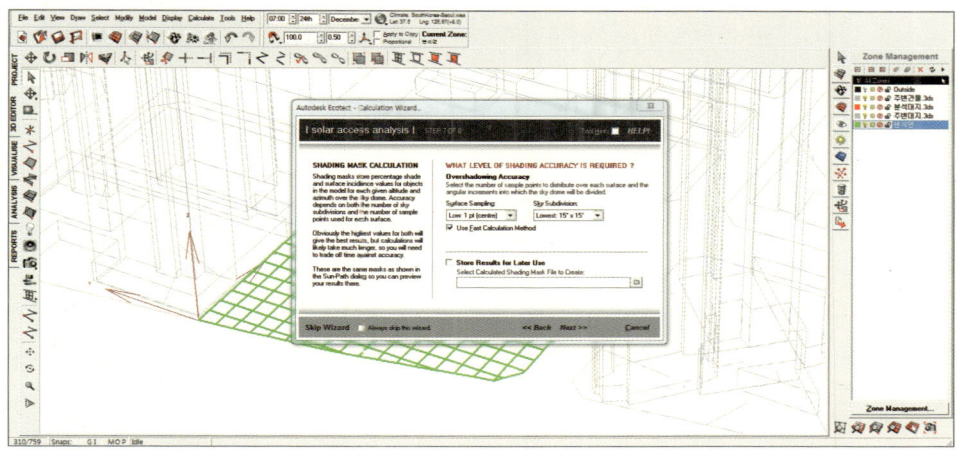

━ 일사 분석 9

지금까지 설정한 조건들을 한꺼번에 확인할 수 있는 창입니다.

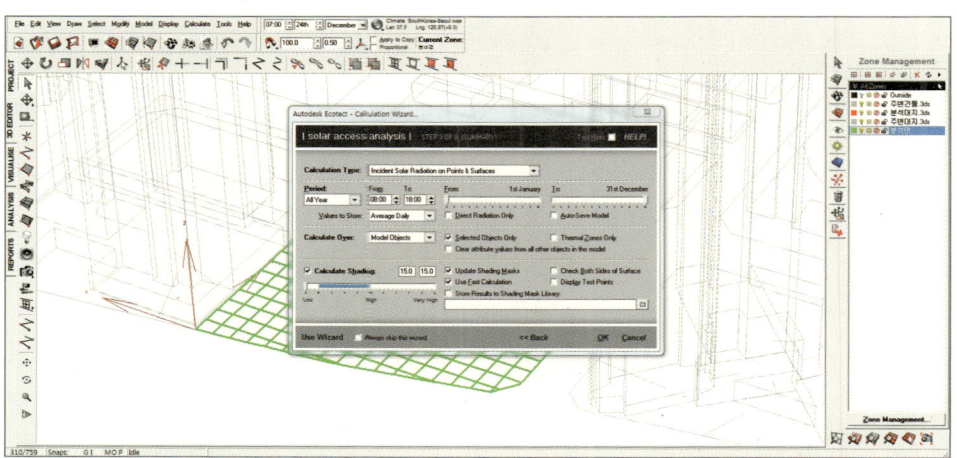

━ 일사 분석 10

마지막 확인을 한 후 OK를 클릭하면 분석이 시작됩니다. 아래쪽에 분석이 진행되는
상태가 표시됩니다.

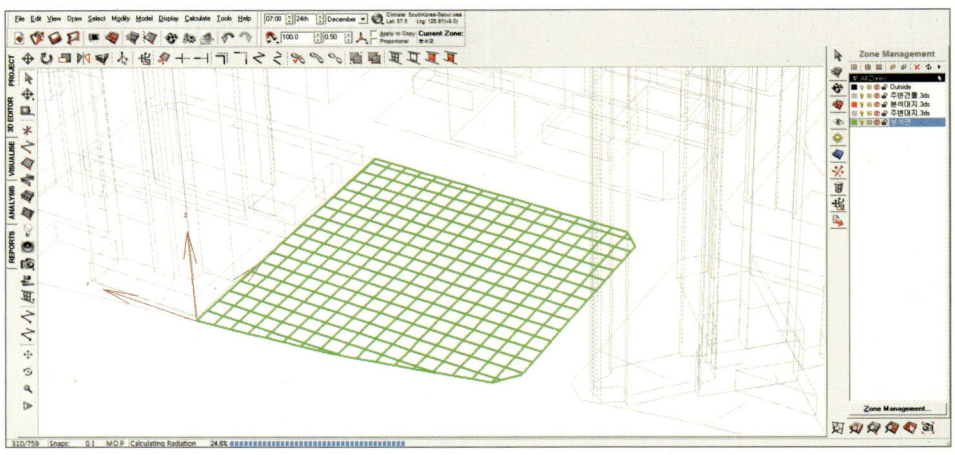

━ 일사 분석 확인

분석 기간을 여름으로 설정하고 일일 평균 일사량을 분석하였습니다. 여름에는 태양
고도가 높기 때문에 대지 전체에 높은 일사량이 누적되는 것을 확인할 수 있습니다.

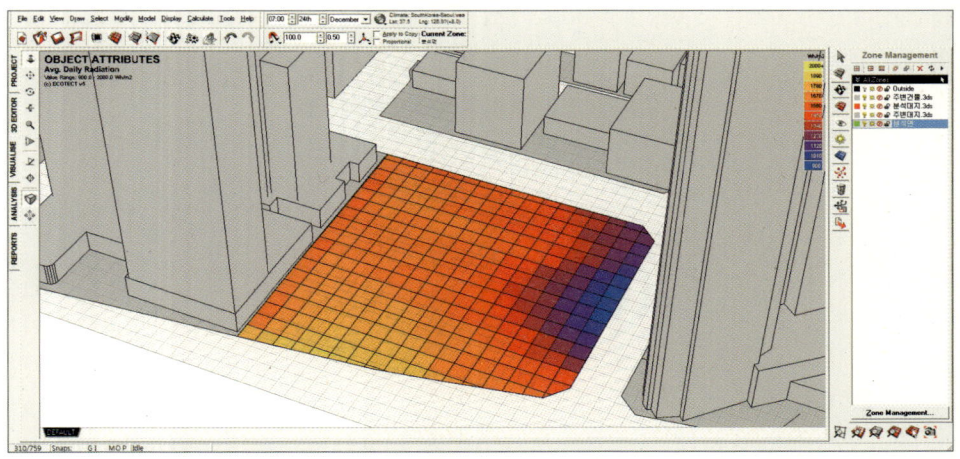

CHAPTER 6

Sunlight, Ecotect, Rhino로 분석하고 표현하는 정량적 일조 시뮬레이션

주거형 건물을 대상으로 분석해서 시각적 자료와 함께
정량적 일조 분석해보기

일조권이란 '햇빛을 직접 받을 수 있는 권리'를 의미하는 것으로 국내 공동 주택의 경우 주변에 신축되는 건축 때문에 일조권을 침해받았다 하여 소송으로 이어지는 경우도 있습니다.

이때 권리 침해 여부는 동지를 기준으로 오전 8시부터 16시까지 총 일조 4시간 이상이거나 오전 9시부터 15시 사이에 연속되는 일조 2시간 이상이 되는지로 판단하는데, 이를 알아보기 위해 법정에서도 친환경 일조 시뮬레이션을 수반하는 경우가 있습니다.

이런 경우 소송의 시기에 시뮬레이션을 통해 알아보는 방법도 있지만 계획안을 만들 때 분석을 통해 알아봄으로써 향후 소송으로 이어질 가능성을 줄이고 또는 어쩔 수 없는 경우에는 분양가 등의 조정을 통한다면 충분히 분쟁을 줄일 수 있지 않을까 생각합니다.

하여 계획 단계에서 정량적으로 이를 시뮬레이션하여 발주처나 같은 설계팀에게 정보를 전달할 수 있도록 간단한 Sunlight와 Ecotect, Rhino를 활용하여 시뮬레이션할 수 있는 방법을 이야기해보려고 합니다.

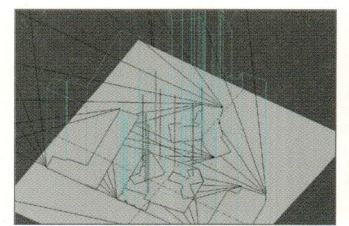 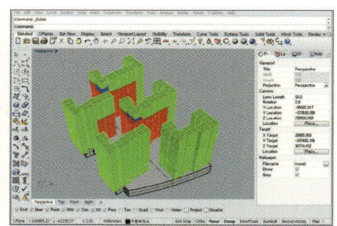 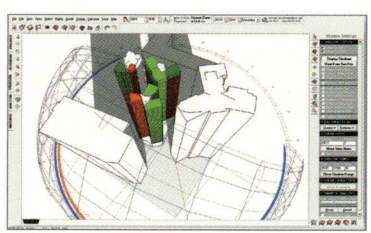

Sunlight

일조량에 대한 정량적 분석

Rhino & Grasshopper

시뮬레이션 모델링

Ecotect

일조량에 대한 시각화 및 비주얼

이번에 분석해보려는 대상 부지입니다.

북, 동, 남측에 고층 건축물이 배치되어 있고 그 사이에 우리 계획안이 위치해 있습니다. 우리는 계획 대상 건축물의 높이를 저층부 20.5m, 그리고 그 위로 38층과 40층의 높이를 갖고 있는 공동 주택이라 가정하고 진행해보도록 하겠습니다.

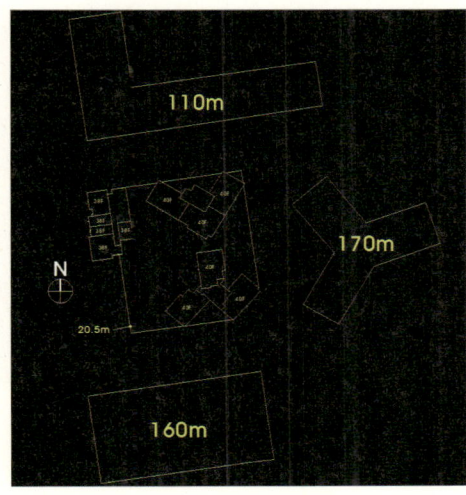

건축 계획을 확인하고 대상 건물의 층수를 확인하여 모델링될 높이를 명기합니다.

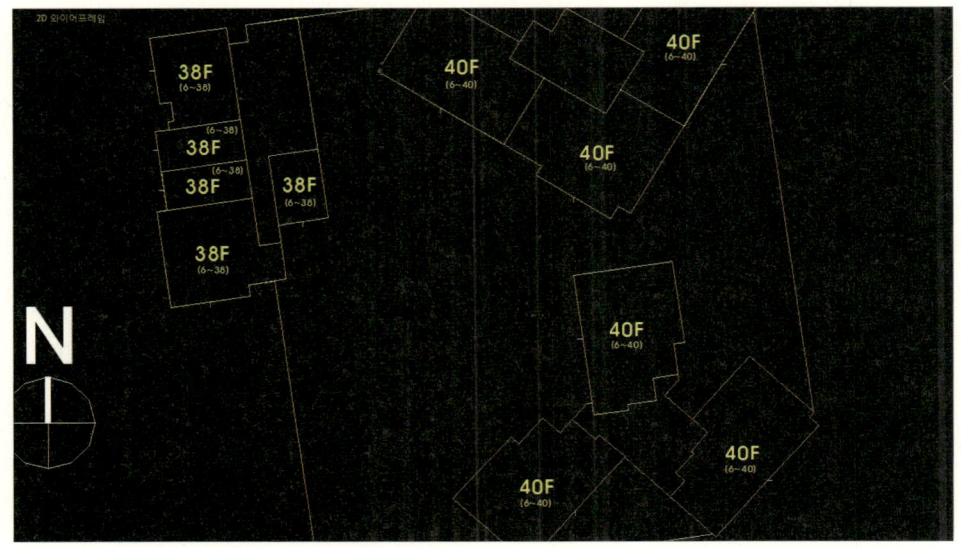

분석 포인트 설정

배치 계획을 참조하여 일조 시뮬레이션을 할 대상을 선정하고 계획안의 단면 높이로
대상 건물의 최고 높이와 시뮬레이션할 포인트를 명기해둡니다.

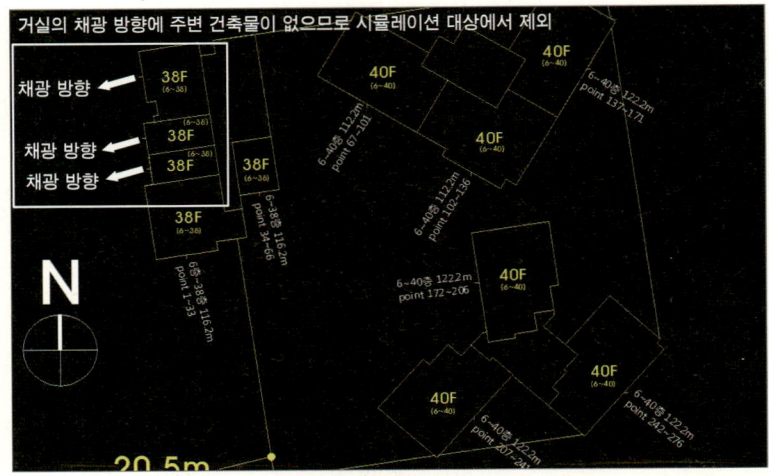

단면 높이 확인

아래 엑셀 이미지는 잠시 후에 Sunlight의 일조 포인트의 높이, 즉 측정하려는 채광 높
이를 정리해놓은 파일입니다. 시뮬레이션 작업 전에 이렇게 캐드 파일과 입력할 채광
높이를 정리해두면 시뮬레이션 작업 시 조금 편리합니다.

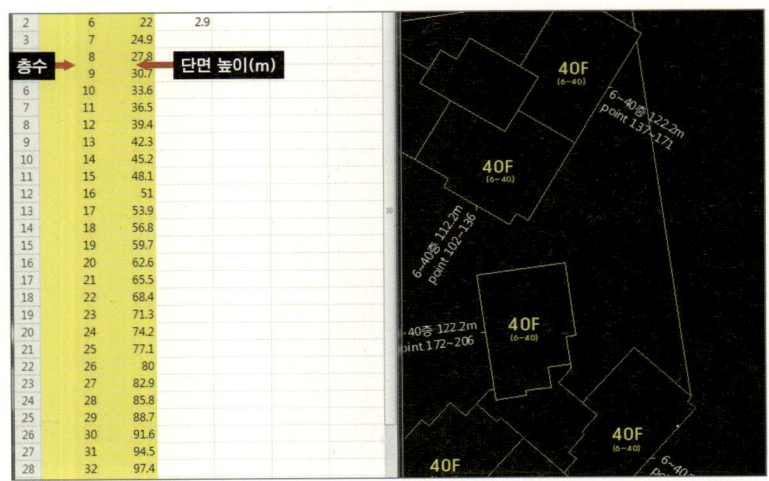

── dxf 변환 1

Sunlight라는 일조 시뮬레이션 프로그램은 dxf 파일 형식으로 입력됩니다. 현재 캐드는 dwg 파일 형식이므로 Wblock 명령으로 dxf 파일 형식으로 변환합니다.

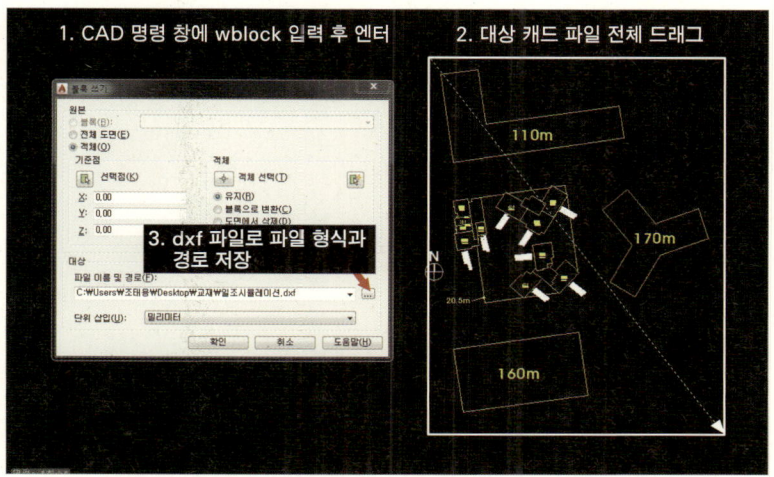

── dxf 변환 2

Wblock 기능으로 dwg 파일을 dxf로 변경하였다면 이제 캐드에서 파일 오픈 기능 아이콘으로 새로 저장한 dxf 파일의 경로로 찾아 들어가 파일 유형을 dxf로 변경하고 일조시뮬레이션.dxf 파일을 오픈합니다.

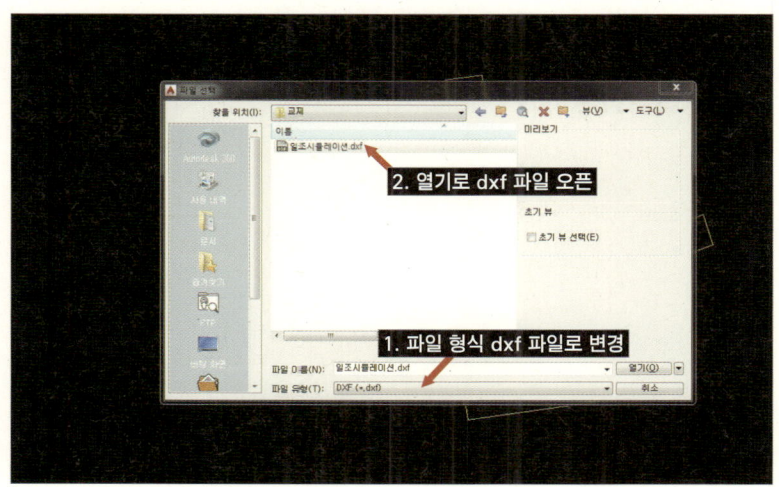

dxf 변환 3

dxf 파일을 오픈하였다면 이제 두 가지 작업을 더 해야 합니다. Sunlight로 파일을 오픈할 때 대상 부지가 0,0,0의 좌표에 위치해야 하기에 위치를 맞추는 작업과, 모든 라인을 explode해야 Sunlight에서 읽을 수 있기에 모든 캐드 구성요소를 소위 깨야 하는 작업입니다.

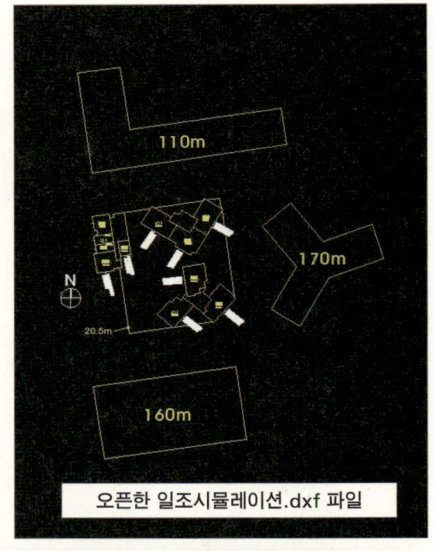

110m
170m
N
20.5m
160m
오픈한 일조시뮬레이션.dxf 파일

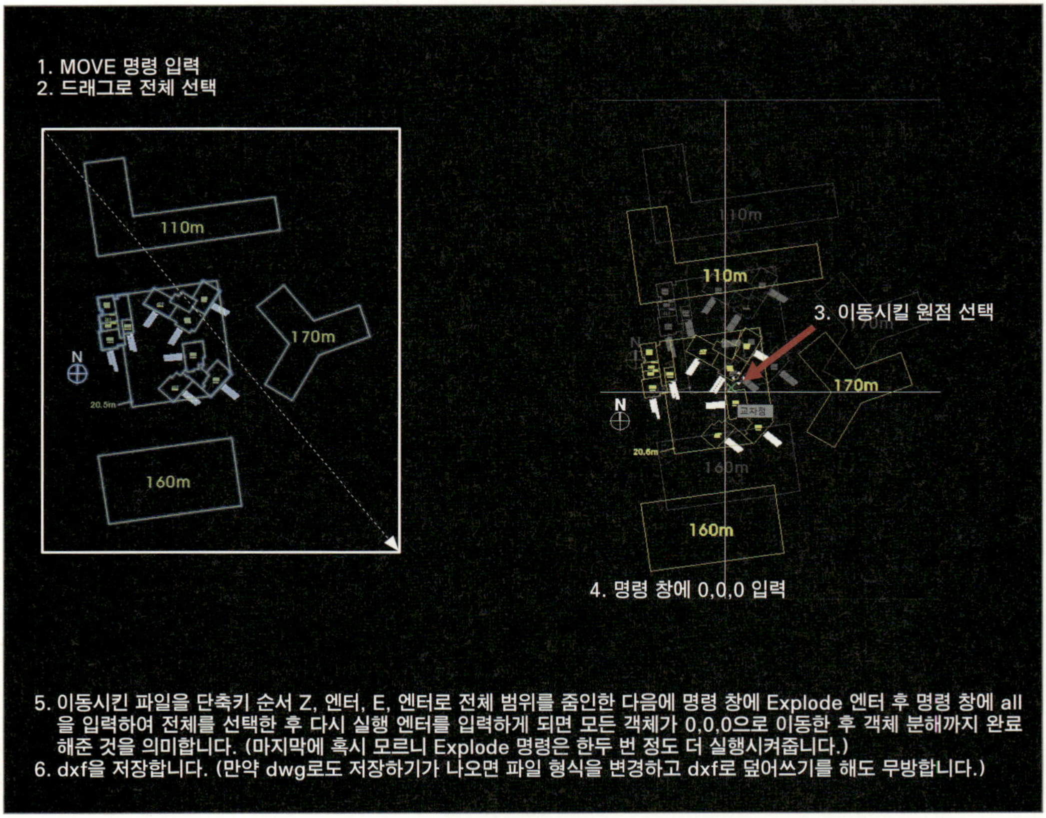

1. MOVE 명령 입력
2. 드래그로 전체 선택
110m
170m
N
20.5m
160m
3. 이동시킬 원점 선택
4. 명령 창에 0,0,0 입력
5. 이동시킨 파일을 단축키 순서 Z, 엔터, E, 엔터로 전체 범위를 줌인한 다음에 명령 창에 Explode 엔터 후 명령 창에 all을 입력하여 전체를 선택한 후 다시 실행 엔터를 입력하게 되면 모든 객체가 0,0,0으로 이동한 후 객체 분해까지 완료해준 것을 의미합니다. (마지막에 혹시 모르니 Explode 명령은 한두 번 정도 더 실행시켜줍니다.)
6. dxf을 저장합니다. (만약 dwg로도 저장하기가 나오면 파일 형식을 변경하고 dxf로 덮어쓰기를 해도 무방합니다.)

Sunlight 데모 버전은 다음(www.daum.net) 자료실에서 Sunlight라고 검색하면 일조, 일영 검토 프로그램 "Sunlight"가 검색되며 바로 내려받을 수 있습니다.

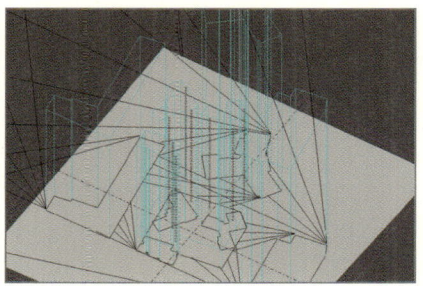

Sunlight

일조량에 대한 정량적 분석

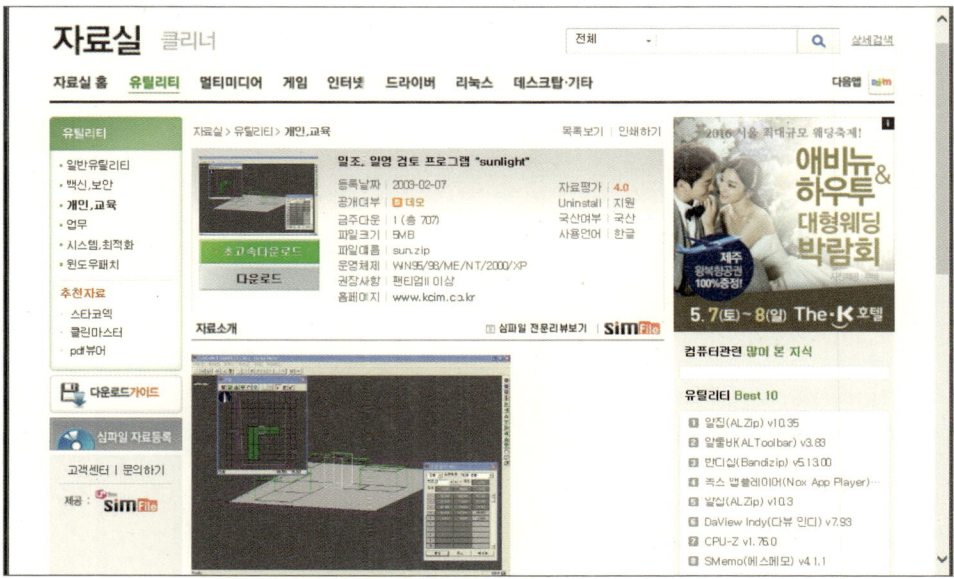

Sunlight 첫 실행 화면

Sunlight 데모 버전 프로그램을 다운로드해 실행한 이미지입니다.

이 프로그램은 최근 만들어진 프로그램이 아니라서 조작법이나 사용자 인터페이스, 그리고 하나하나 설정해줘야 하는 것들이 있어 불편함을 느낄 수 있지만 데모 버전만으로 정량적인(시간, 분, 초 단위) 일조 시뮬레이션 데이터를 뽑아낼 수 있다는 점이 무엇보다 매력적입니다. 그리고 한두 번 하다 보면 조작법도 어렵기만 한 건 아니라는 걸 알게 되고요.

dxf 파일 오픈 1

파일 탭을 눌러 CAD 파일 열기(C)를 클릭해 dxf 파일로 저장해둔 파일을 열 준비를 합니다.

dxf 파일 오픈 2

캐드 프로그램에서 일조시뮬레이션.dxf로 저장해둔 경로를 찾아 선택하고 열기 버튼을 클릭합니다.

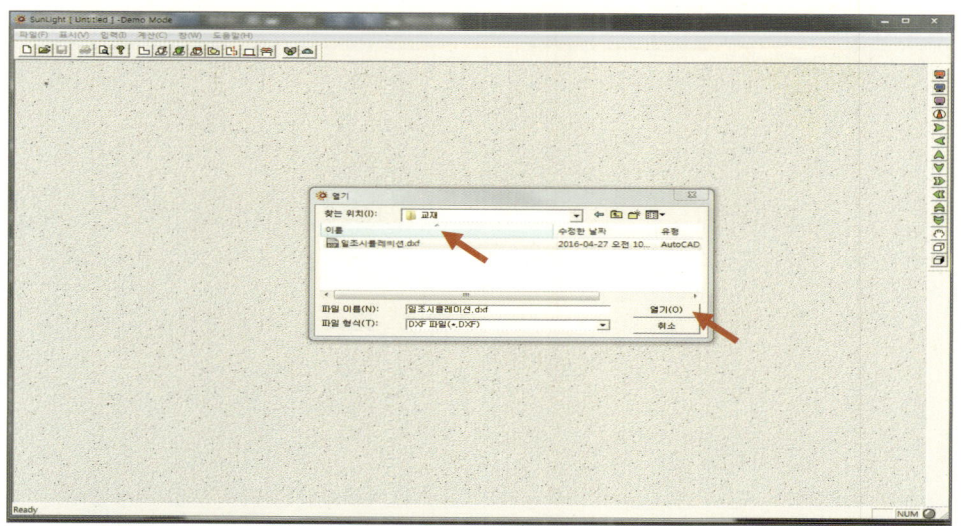

━ dxf 파일 오픈 3

그런 후 나오는 CAD 데이터 열기 창에서 확인을 클릭합니다.

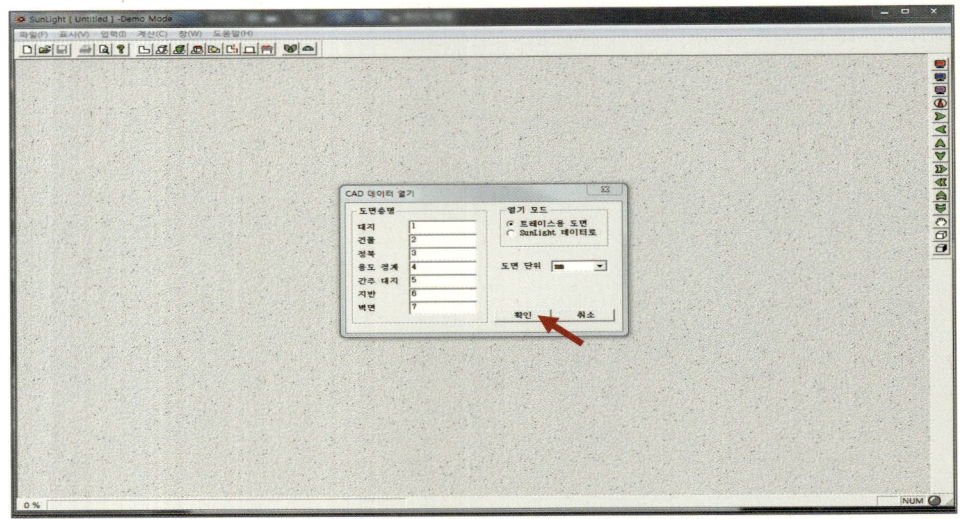

━ 대지 그리기 1

이제 일조시뮬레이션.dxf 파일이 오픈되었습니다. 하지만 아직 파일 확인이 안 되는 빈 창이 열리는데요, 그래서 오픈된 파일을 확인도 하고 대지도 만들기 위해 화살표로 표시된 대지 입력 버튼을 클릭합니다.

대지 그리기 2

우리가 불러온 일조시뮬레이션.dxf 파일을 확인할 수 있으며 빨간색 교차선의 중심이
우리가 캐드 프로그램에서 0,0,0으로 설정한 위치라는 걸 확인할 수 있습니다.

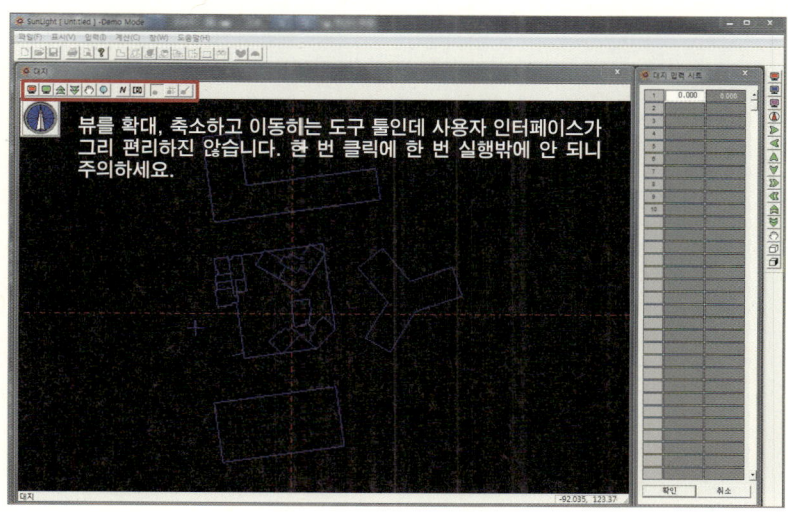

대지 그리기 3

대지를 우리가 분석하려는 대상 부지보다 크게 설정해줘야 합니다. 지금 그림처럼 1, 2,
3, 4를 차례대로 클릭하여 대지를 설정하고 오른편 대지 입력 시트에 좌표 데이터가 입
력되는지도 함께 확인합니다.

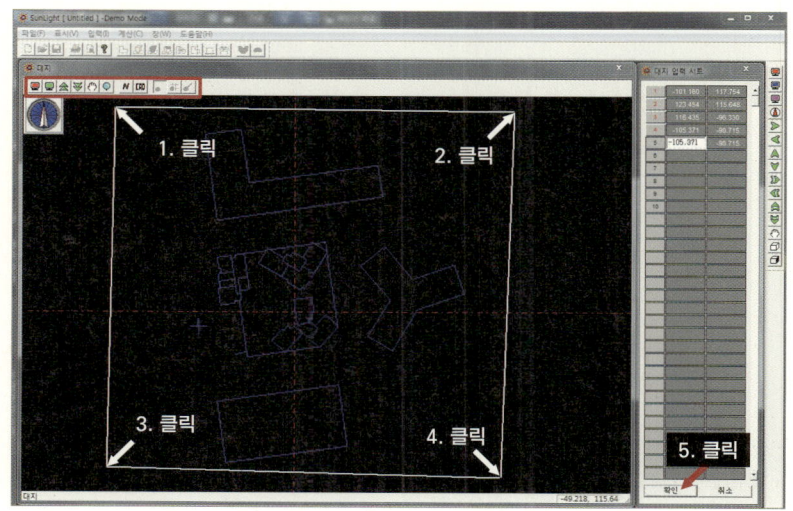

━ 건물 모델링 1

대지 입력 시트에서 확인을 클릭하면 방금 설정한 대지를 확인할 수 있는 창이 오픈됩니다. 오른쪽 상단의 뷰를 조정할 수 있는 아이콘들로 대지를 살펴보고 이상이 없다면 이제 건물을 모델링하기 위해 상단 기능 아이콘 중 화살표로 표시된 사용자 좌표 건물 입력 아이콘을 클릭합니다.

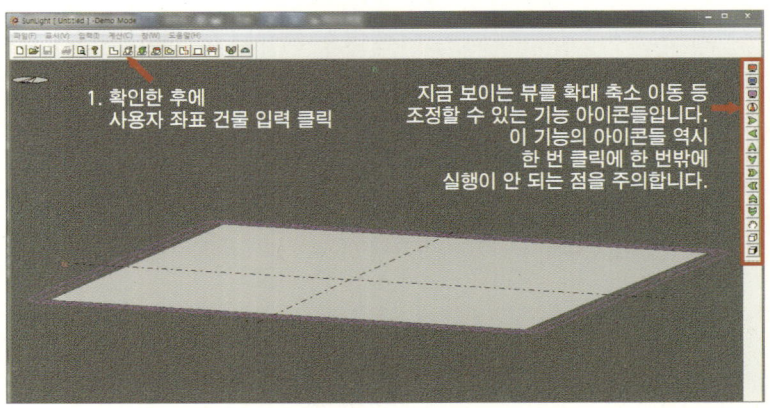

━ 건물 모델링 2

사용자 좌표 건물 입력을 클릭하면 지금 보이는 이미지와 같이 건물을 모델링할 수 있는 창이 생성됩니다.

Sunlight에서는 모델링이 일러스트의 사각형 그리는 방법과 유사하게 외곽을 먼저 모델링하고 높이 값을 오른쪽의 건물 입력 시트에서 설정하여줍니다.

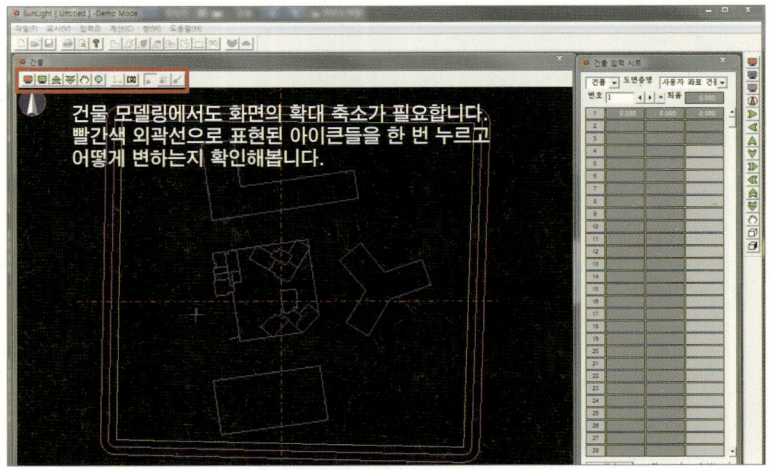

건물 모델링 3

줌인과 이동 아이콘으로 여러 번 클릭하여 아래 이미지의 건물을 확대해봅니다. 우리 일조시뮬레이션.dxf 파일의 상단에 위치한 건물입니다.

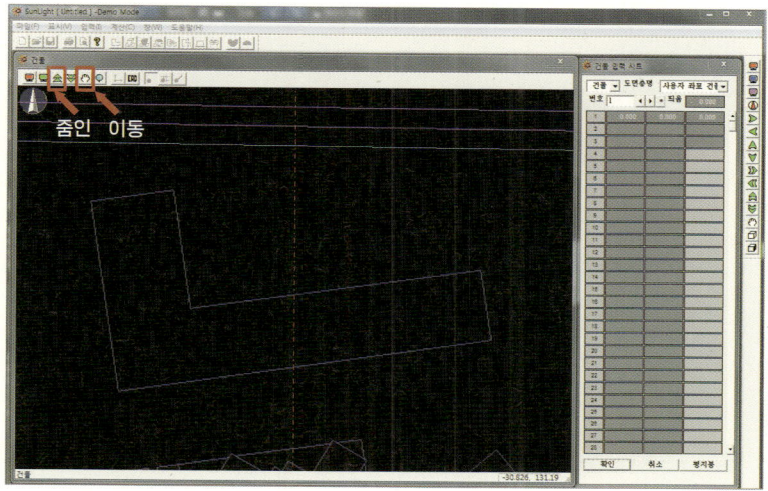

건물 모델링 4

건물 입력 시트에서 번호가 1인지를 확인하고 아래 이미지처럼 건물 외곽 포인트 6곳을 차례대로 입력하여 건물의 외곽을 형성해줍니다. 그런 후에 오른쪽 상단 높이에 이 건물의 높이라고 되어 있는 110m를 입력합니다.

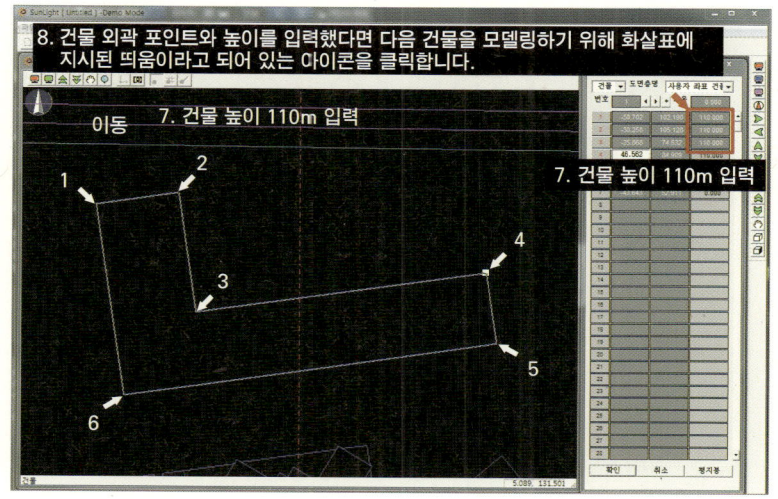

━ 건물 모델링 5

띄움을 클릭하면 1번 건물의 모델링이 완성되고 이제 2번 건물을 모델링할 새로운 건물 입력 시트가 생성됩니다.

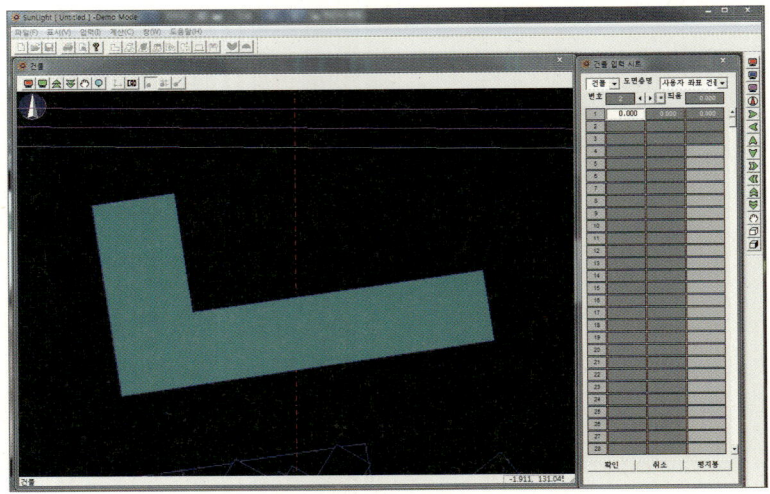

━ 건물 모델링 6

같은 방법으로 건물 6개의 높이를 캐드 파일을 참조하여 입력함으로써 시뮬레이션의 기본이 될 모델링을 완성합니다.

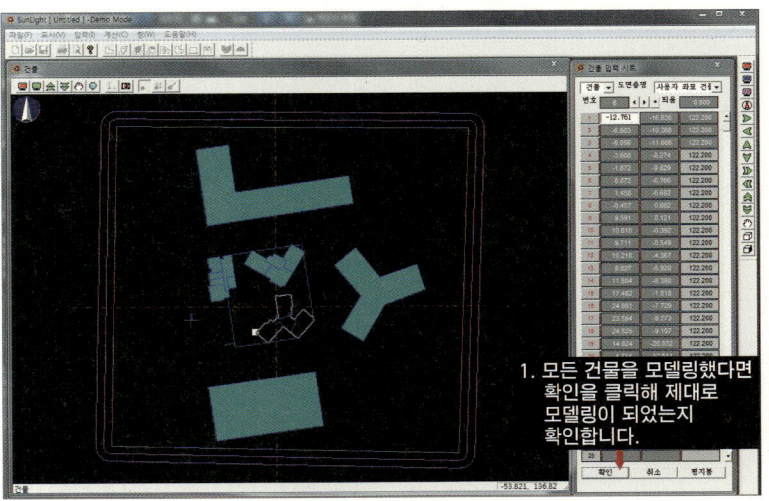

1. 모든 건물을 모델링했다면 확인을 클릭해 제대로 모델링이 되었는지 확인합니다.

확인을 클릭하면 모델링된 건물을 확인할 수 있는 3D 창이 생성됩니다.
오른쪽에 붙어 있는 뷰를 조정할 수 있는 아이콘들을 눌러봄으로써 모델링이 이상 없는지 확인합니다.

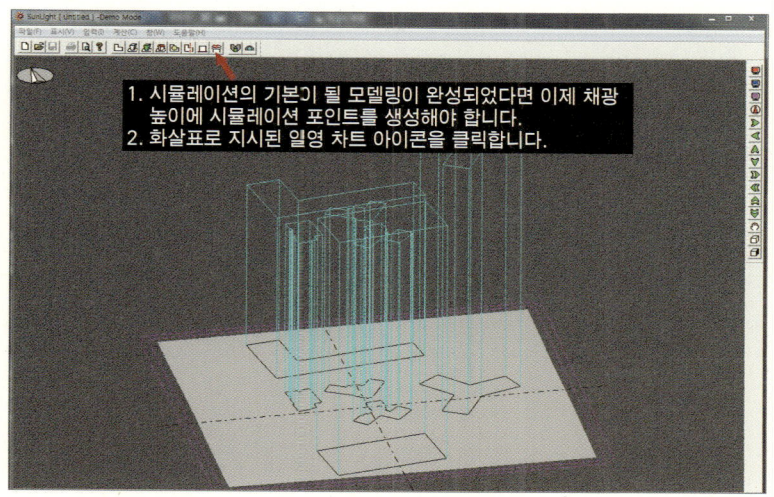

━ 분석 포인트 설정 2

일영 차트, 즉 시뮬레이션 포인트를 생성할 수 있는 일영 차트(포인트 지시) 창이 오픈됩니다.

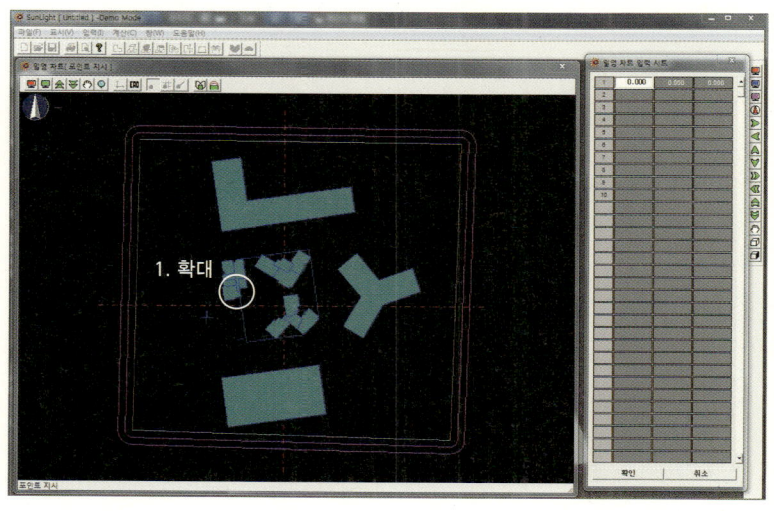

분석 포인트 설정 3

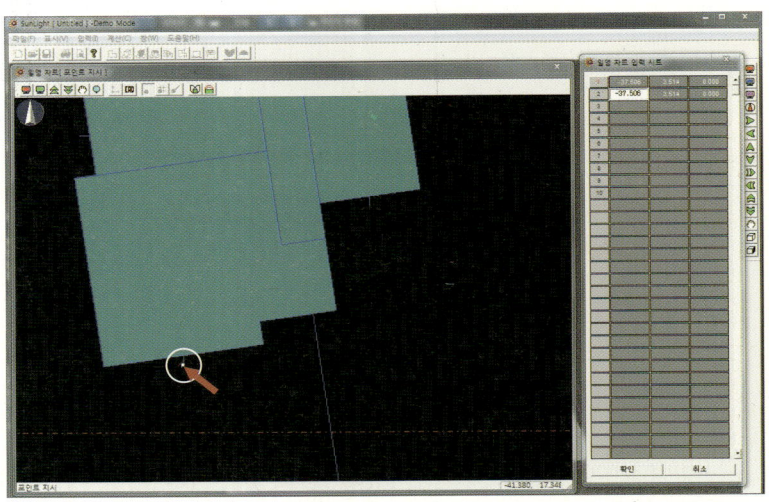

분석 포인트 설정 4

좀 전에 엑셀 파일에 단면 높이를 넣은 것은 이 채광 포인트의 높이이기도 합니다. 조금 번거롭겠지만 층에 맞는 시뮬레이션 포인트를 생성해줍니다. 하나의 포인트 생성 후 높이 값을 넣고 엔터를 두 번 치면 다음 포인트가 생성되며, 위치가 변경 안 되고 높이만을 변경해주기 위해 높이 값을 입력하면 됩니다.

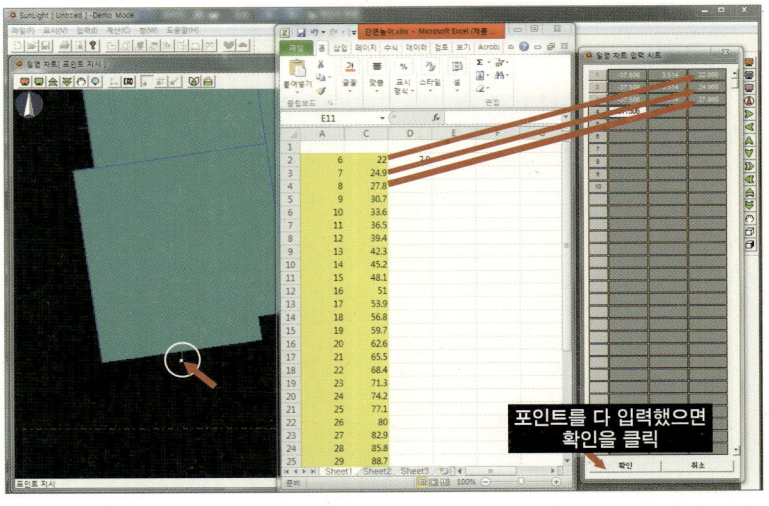

포인트를 다 입력했으면
확인을 클릭

용도 지역 설정 1

확인을 클릭하여 3D 이미지로 분석 포인트가 제대로 입력되었는지 확인하여줍니다.

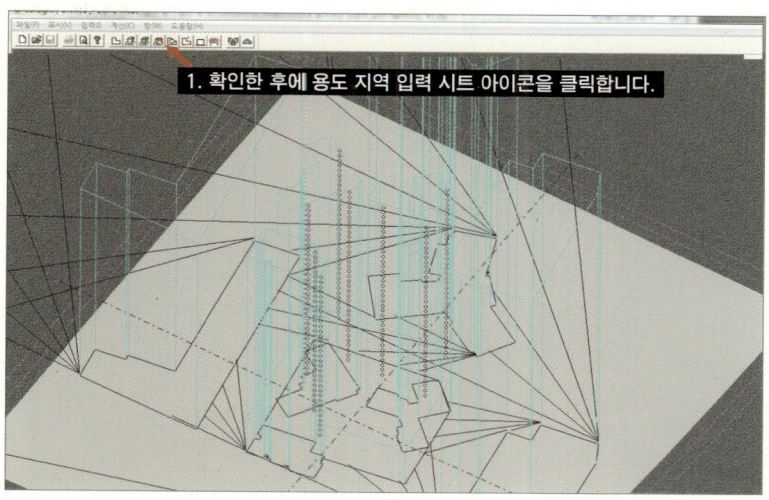

용도 지역 설정 2

확인을 클릭하여 3D 이미지로 분석 포인트가 제대로 입력되었는지 확인하여줍니다.

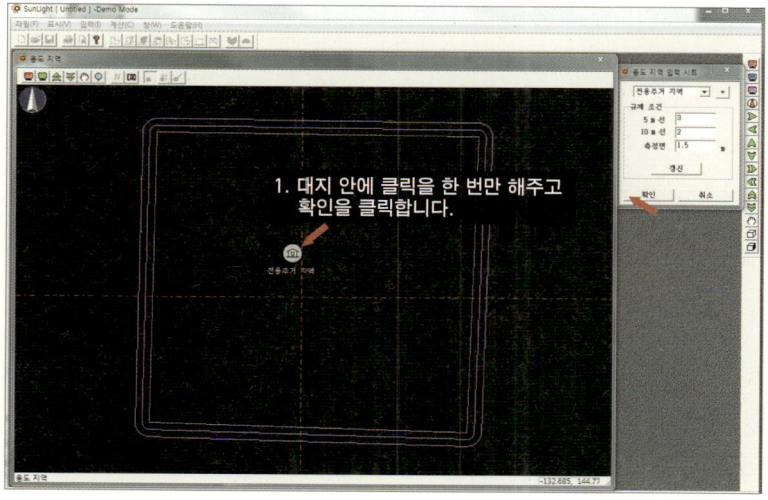

─ 위도/경도 값 입력

이제 대상 부지의 위치 정보를 넣기 위해 입력 탭의 대지 → 위도/경도를 클릭해 아래 이미지처럼 위도/경도 데이터를 입력하고 확인을 클릭합니다.

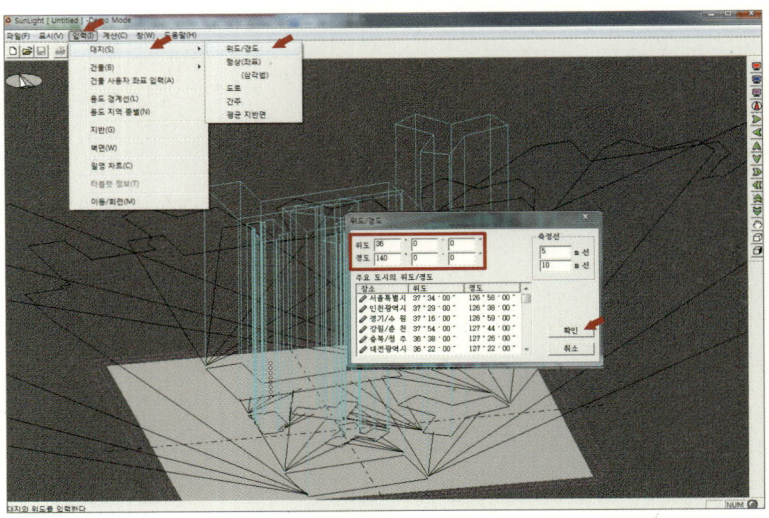

─ 주소 검색을 통한 위도/경도 데이터 보기

구글에서 주소 검색을 통해 해당 위치에 접근해 확대한 후 그 위치를 클릭하면 아래 이미지와 같이 주소와 함께 위도/경도 값이 표현됩니다.

일영 계산 1

일영 계산 아이콘을 클릭하여 일영 계산 입력 조건 창을 오픈한 후 계산 시간대와 함께
일영 차트 계산을 체크하여줍니다.

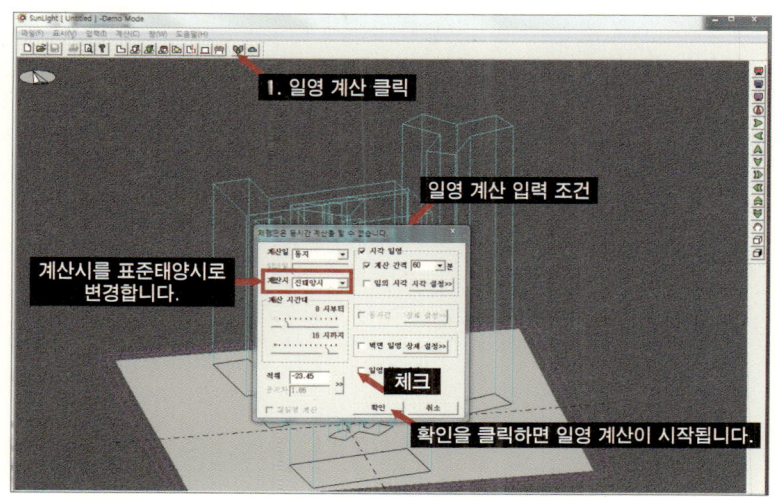

일영 계산 2

계산되는 걸 확인할 수 있습니다.

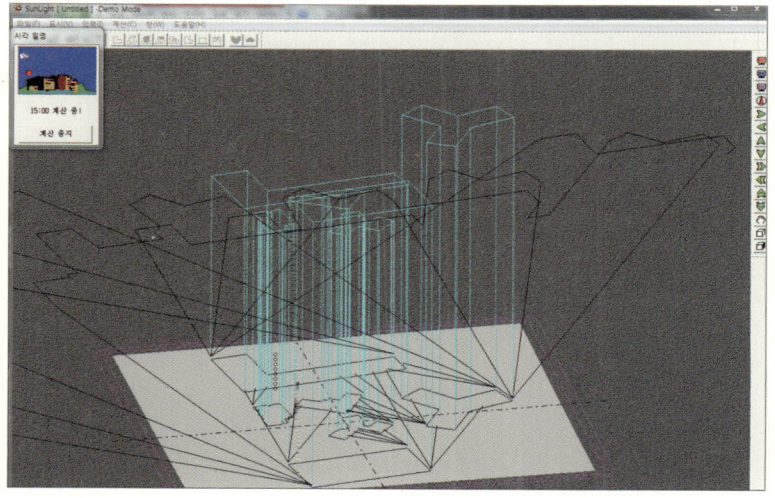

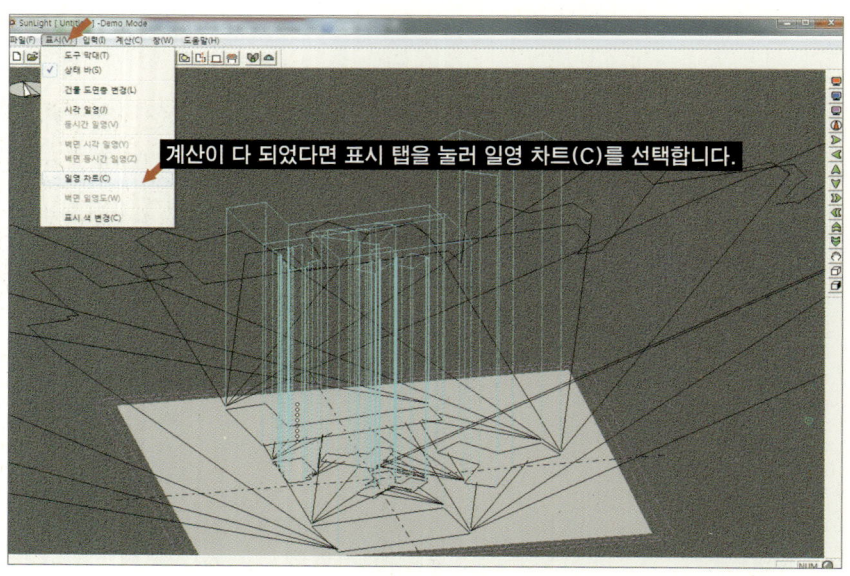

계산이 다 되었다면 표시 탭을 눌러 일영 차트(C)를 선택합니다.

── 일영 차트 확인 2

일영 차트를 눌러 실제 시뮬레이션된 포인트에서 받은 일조량을 정량적으로 확인할 수 있습니다. 설명을 위한 예제에서는 8개의 포인트만 생성하였기에 위의 이미지처럼 8개의 포인트에 대해서 각각의 X, Y, Z의 좌표와 그림자가 드리워진 시간을 나타내고 상태 막대에서 검정색은 그림자의 시간, 노란색은 채광을 받은 시간을 나타냅니다.

또한 각각의 시간대에 마우스를 클릭하면 조금 더 상세한 시간대도 확인이 가능합니다. 하지만 이렇게 정량적으로는 분석이 되지만 설득을 위해서는 비주얼한 표현도 중요합니다. 사실 Sunlight는 비주얼 측면에서는 그리 훌륭한 프로그램은 아니기에 이런 데이터를 기반으로 간단한 Rhino와 Ecotect으로 분석된 데이터를 비주얼하게 표현하려고 합니다.

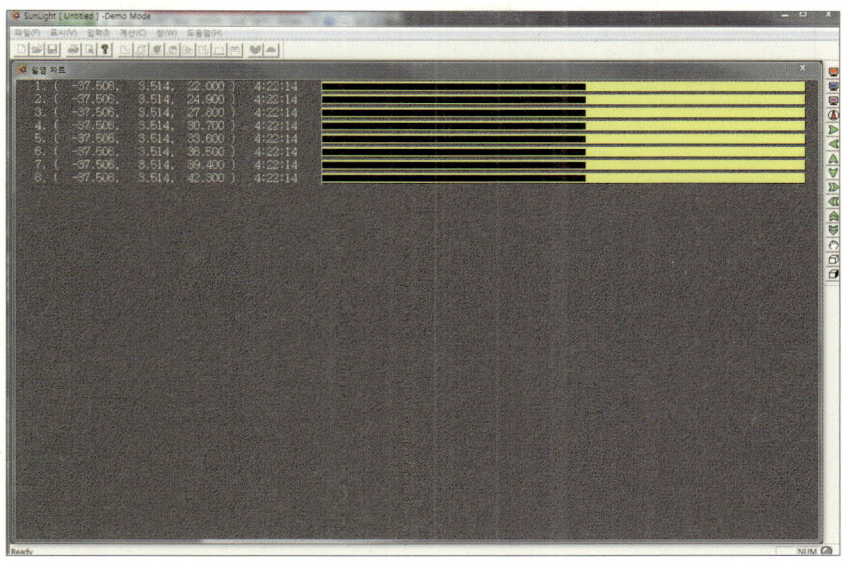

1. 이제 Sunlight는 닫으려고 하는데 데모 버전이긴 하지만 마지막 프로그램을 종료할 때에는 저장할 것인지 물어보고 저장도 가능합니다.
2. 일영 차트 내보내기는 파일 탭의 cad 파일로 저장하기로 dxf 파일 형식으로 내보내기도 가능합니다.

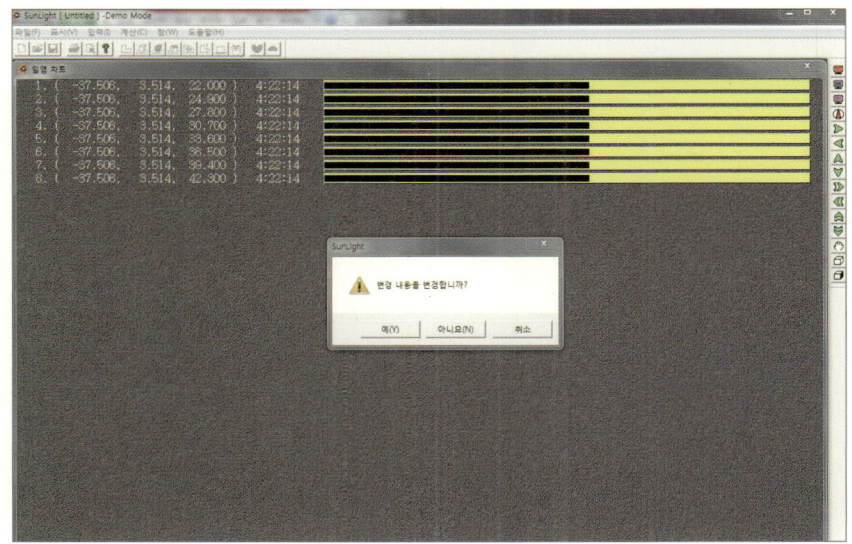

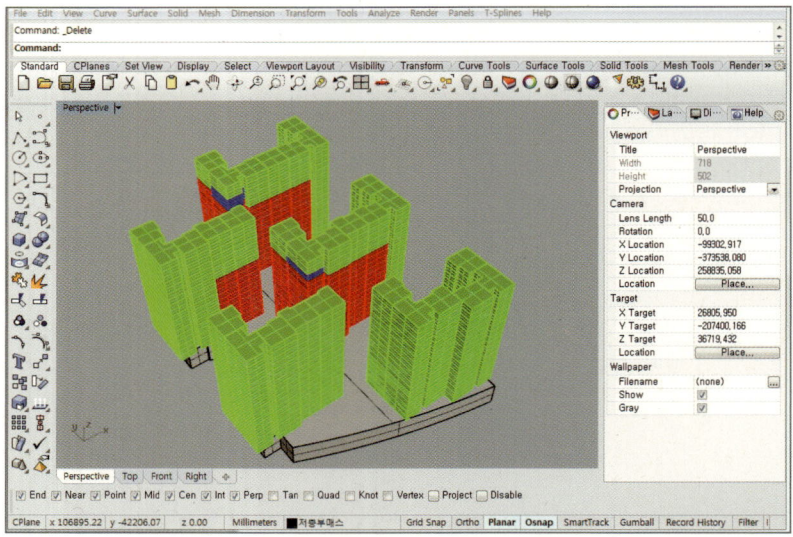

Rhino
& Grasshopper

시뮬레이션 모델링

▬ Rhino 실행

라이노 프로그램을 실행합니다.

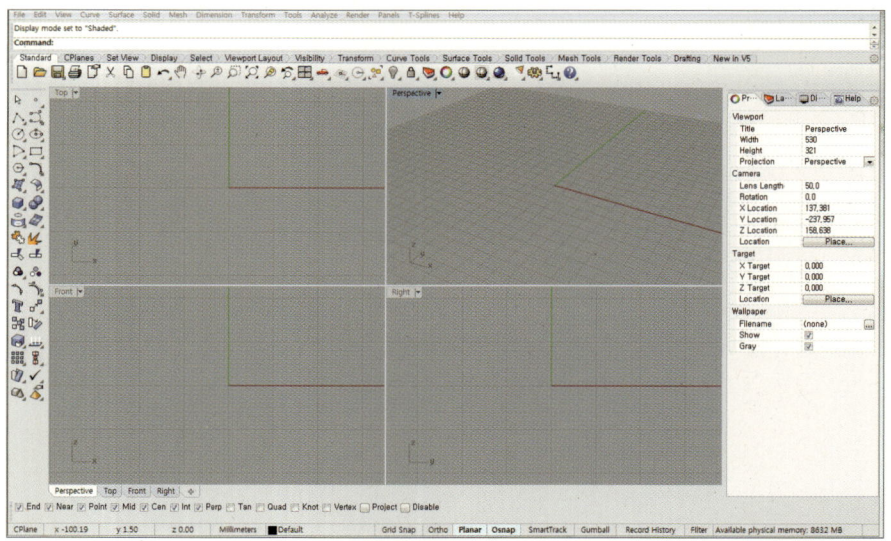

━ 도면 Import 1

캐드 파일을 불러들이기 위해 파일 탭의 Import를 클릭합니다.

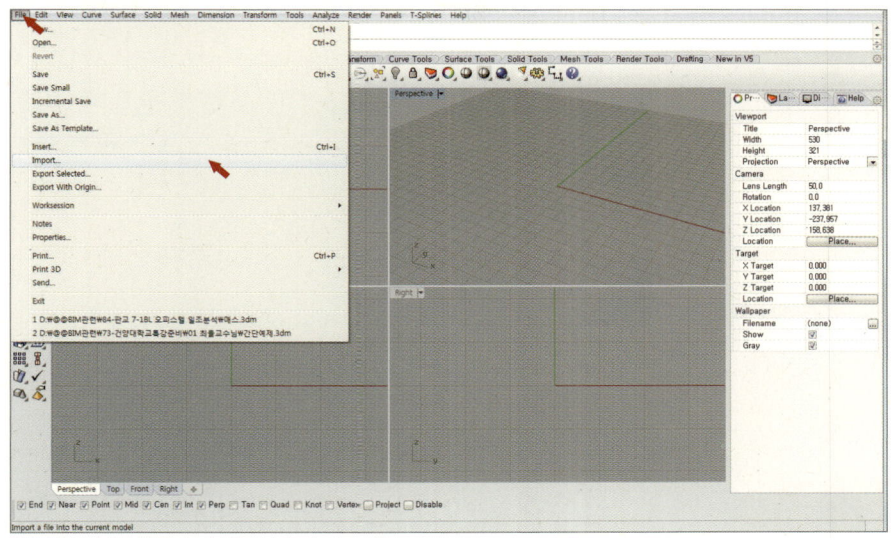

━ 도면 Import 2

경로를 찾아 들어가면 캐드에서 dxf로 내보낸 파일을 확인할 수 있으며 선택 후 열기를 클릭합니다.

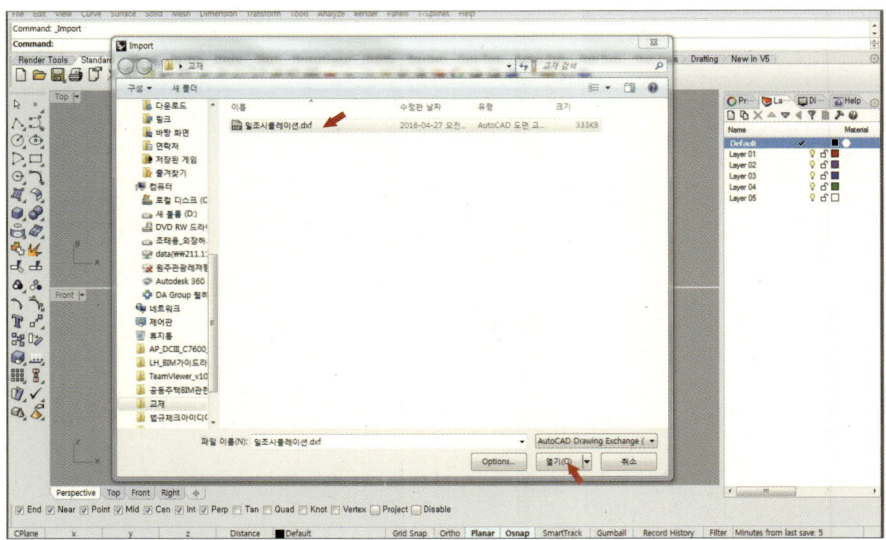

DWG/DXF Import 옵션 창의 확인을 클릭합니다.

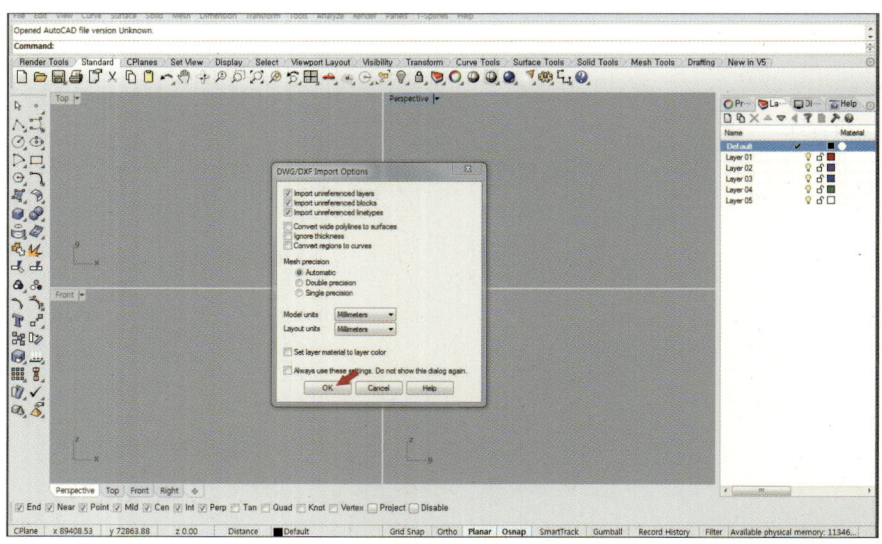

Join

일조시뮬레이션.dxf 파일이 Import된 상태입니다. 이 상태로 우선 1번의 Join 아이콘을 클릭하고 2번의 뷰 탭을 더블클릭합니다.

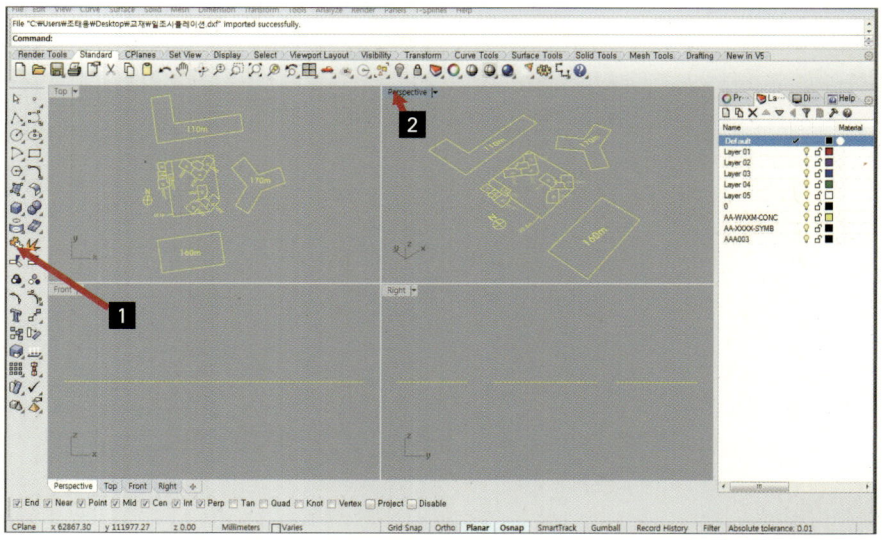

레이어 변경

투시 뷰가 확대된 상태에서 오른쪽 특성 창에서 레이어 탭을 누르고 Default 레이어에서 오른쪽 마우스를 클릭하여 나오는 변수 창에서 Change Object Layer를 선택합니다.

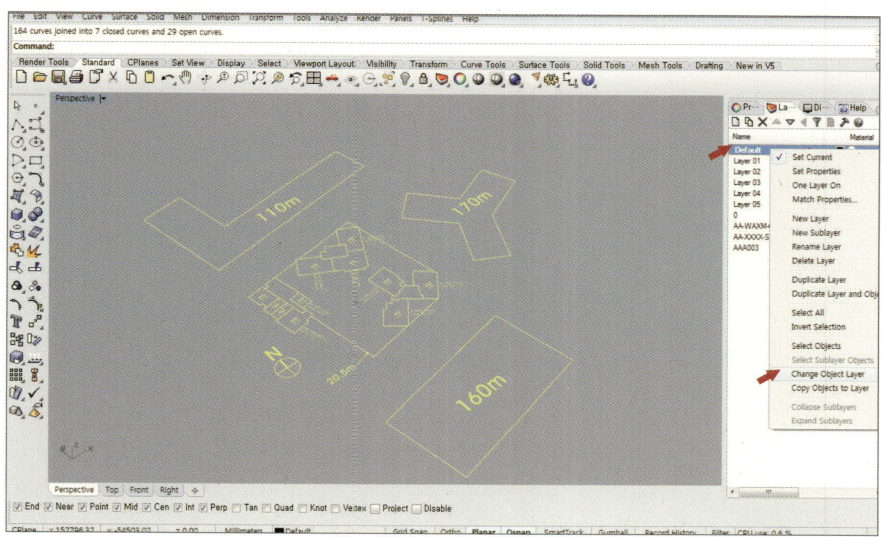

선택 풀기

그리고 빈 화면을 클릭하여 선택을 풀어줍니다.

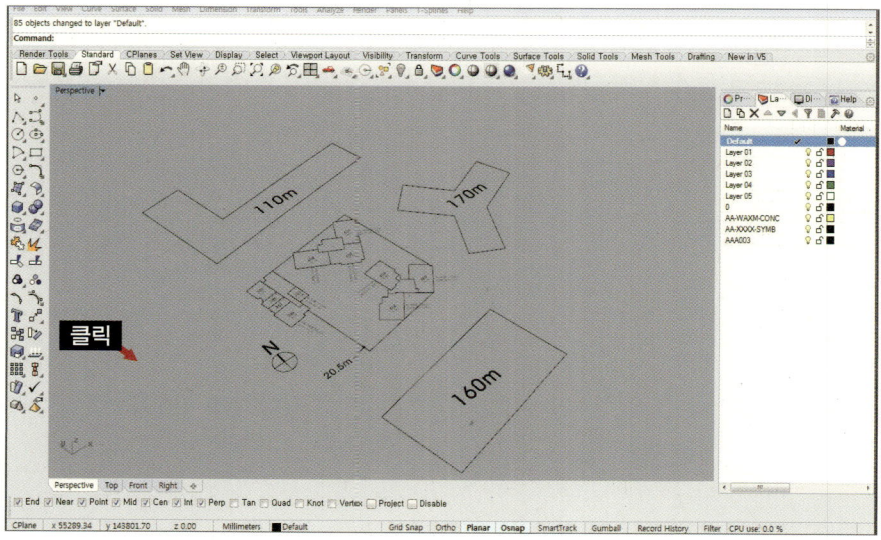

분석 바닥 및 객체 모델링 1

이제 불러들인 캐드 파일을 활용해서 모델링을 하기 위해 1번 아이콘 그룹의 오른쪽 하단의 검정 삼각형을 클릭해 나오는 아이콘 그룹 중 닫힌 커브로 객체를 생성하는 아이콘을 클릭하고 3번 캐드 파일을 선택한 상태에서 명령 창에 110000(110m)을 입력합니다.

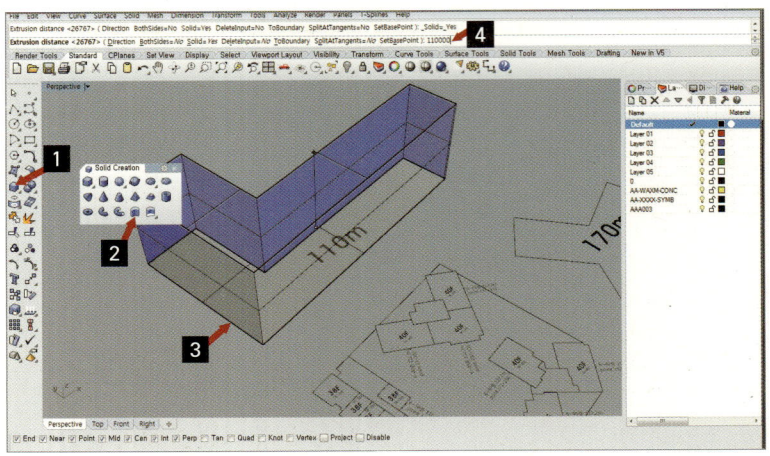

분석 바닥 및 객체 모델링 2

대상지의 주변 건축물을 같은 방법으로 모델링하여줍니다. 그리고 단위 세대를 모델링하기 위해 우선 단위 세대만 닫힌 커브를 만들도록 Line 아이콘 그룹을 꺼내 line 명령을 실행합니다.

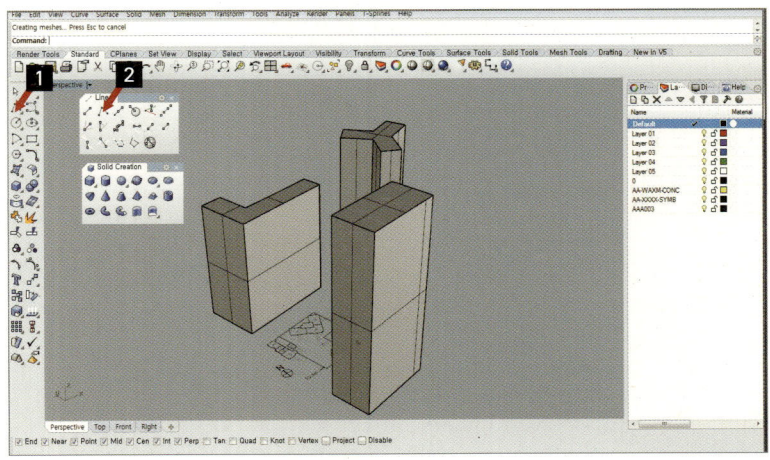

분석 바닥 및 객체 모델링 3

라인 명령으로 이미지와 같이 분석하려는 대상 단위 세대를 구분하여 각각 커브를 생성합니다. 이때 생성하는 라인은 Layer 01로 구분해야 하는데 라인을 생성하기 전에 layer 01을 더블클릭하여 체크 표시가 이동된 것을 확인하고 커브를 생성합니다.

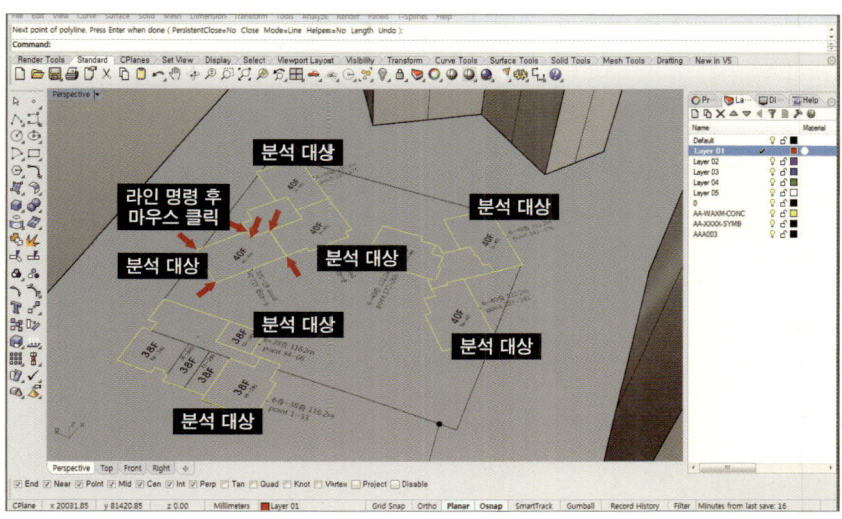

분석 바닥 및 객체 모델링 4

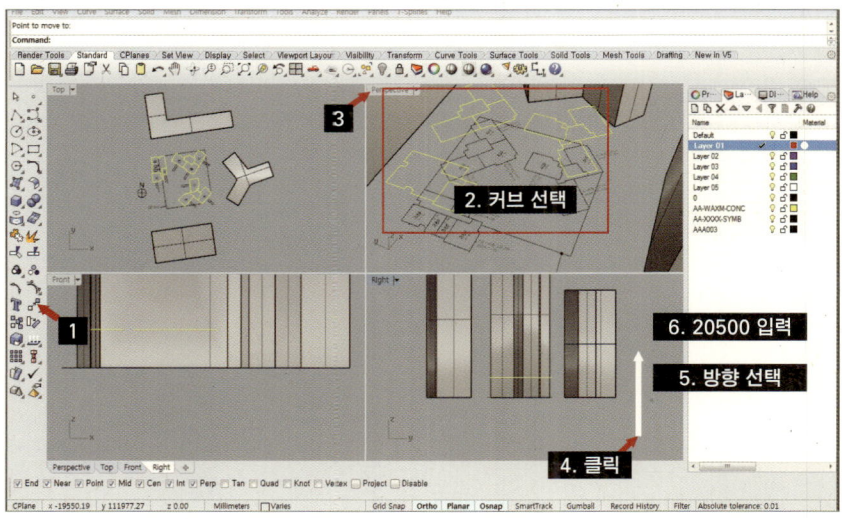

이동시킨 이미지입니다.

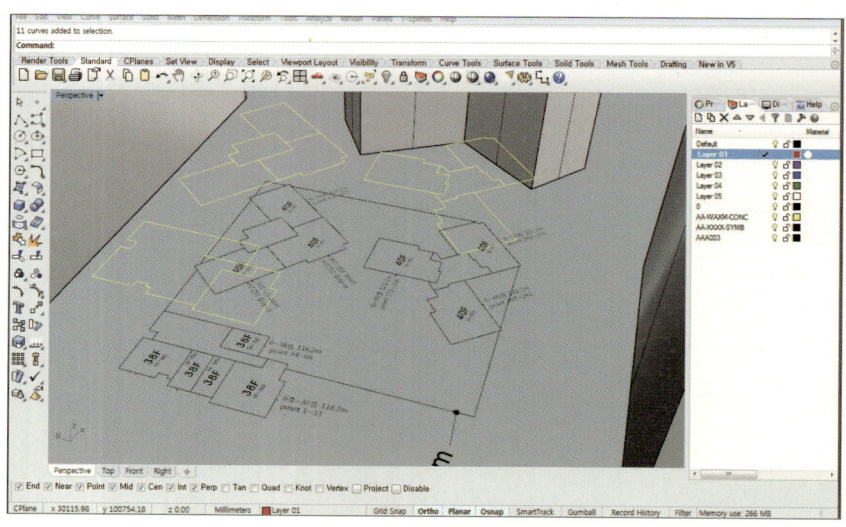

Grasshopper를 활용한 단위 세대 매스 모델링 1

이제 단위 세대들을 간편하게 모델링하기 위해 명령 창에 Grasshopper를 입력하여 Grassopper을 실행합니다.(Grasshopper 프로그램은 www.Grasshopper3d.com에서 무료로 다운로드할 수 있습니다.)

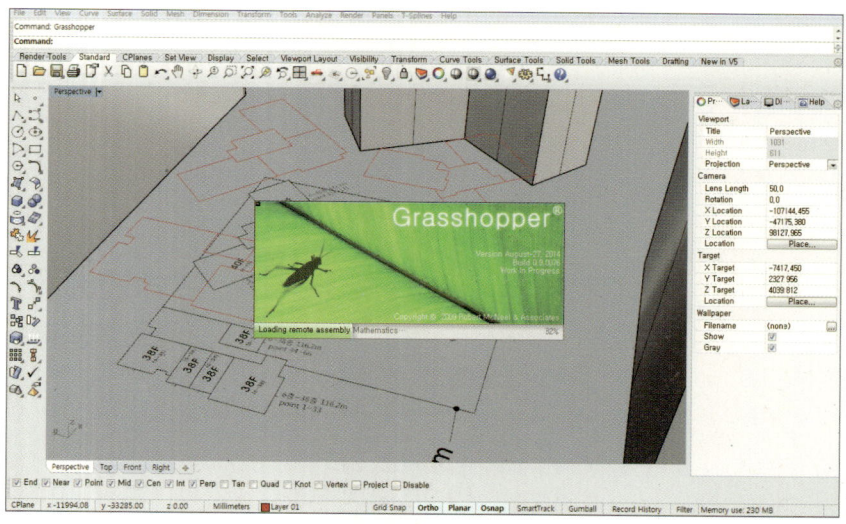

━ Grasshopper를 활용한 단위 세대 매스 모델링 2

원활하게 작업하기 위해 라이노와 그라스호퍼 창을 적절하게 위치시킵니다. 그리고 라이노의 레이어를 일조양호, 일조불량, 주변건물로 바꿔줍니다.

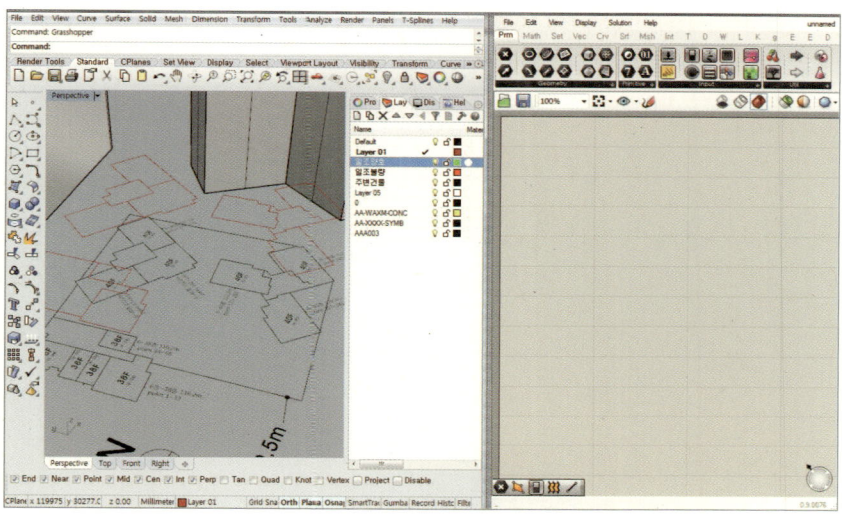

━ Grasshopper를 활용한 단위 세대 매스 모델링 3

라이노에서 생성한 커브를 불러들이기 위해 그라스호퍼 Params 탭의 Geometry 그룹에서 Curve 컴포넌트를 선택하여 그라스호퍼 창에 위치시킵니다.

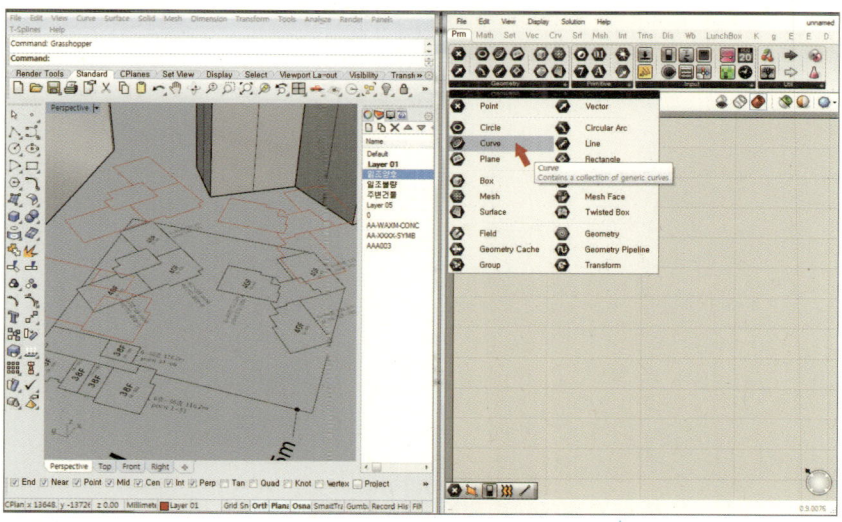

— Grasshopper를 활용한 단위 세대 매스 모델링 4

커브 컴포넌트에 마우스를 우클릭하여 나오는 변수 창 중 Set Multiple Curves를 선택합니다. 만약 하나의 커브를 불러오고 싶을 때는 그 바로 위에 있는 Set one Curve를 선택하면 됩니다.

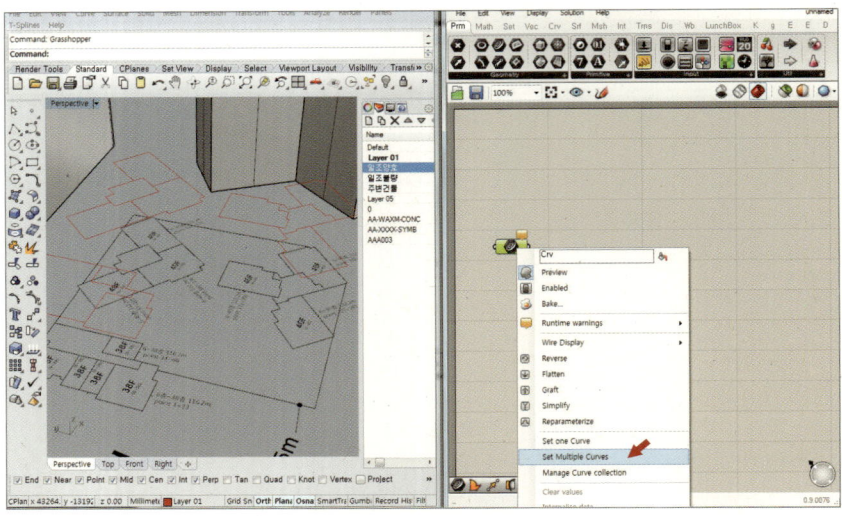

— Grasshopper를 활용한 단위 세대 매스 모델링 5

Set Multiple Curves를 선택한 후 라이노 이미지처럼 단위 세대를 선택하고 엔터를 입력하면 이제 라이노의 커브를 그라스호퍼로 불러들인 것입니다.

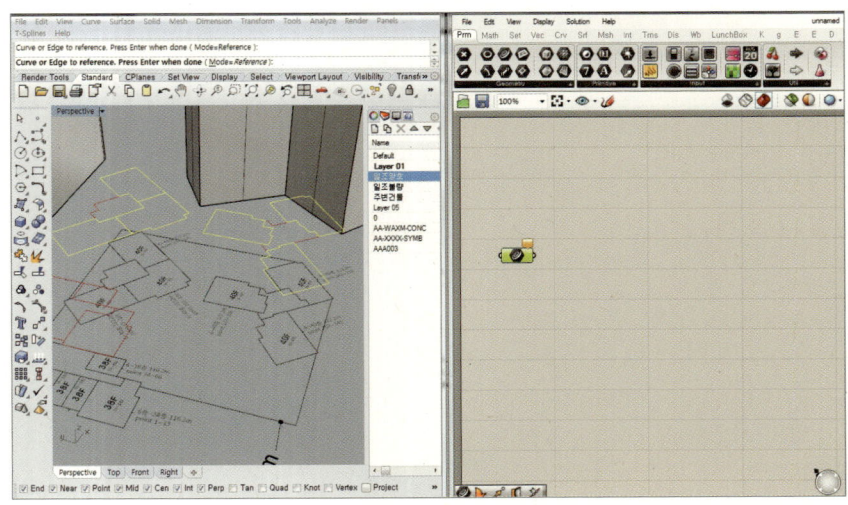

━ Grasshopper를 활용한 단위 세대 매스 모델링 6

그런 후에 그라스호퍼 Surface 탭의 Freeform 그룹에서 Boundary Surfaces를 선택해
화면에 위치시킵니다.

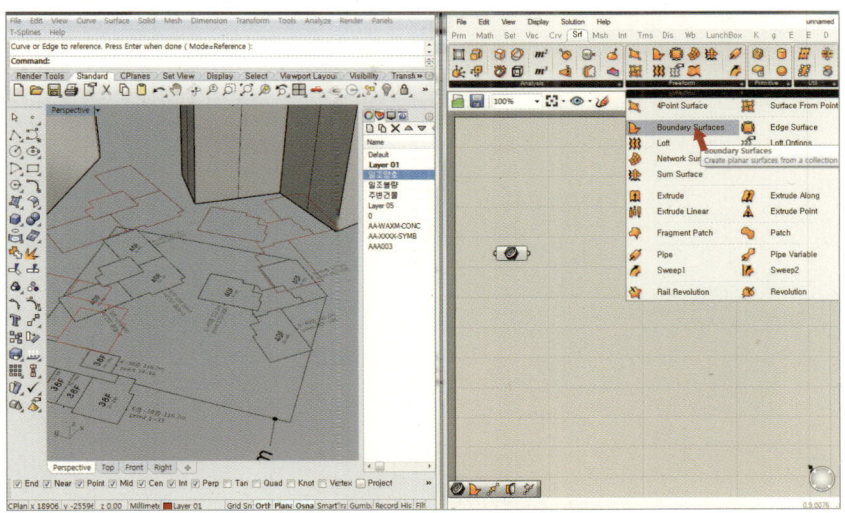

━ Grasshopper를 활용한 단위 세대 매스 모델링 7

그리고 이미지처럼 curve 컴포넌트 우측의 동그란 부분을 마우스로 클릭하여 연결선
을 Boundary Surfaces 컴포넌트 왼쪽에 넣어줍니다. 그러면 라이노 화면 창에서 단위
세대 커브의 서페이스가 생성된 것을 확인할 수 있습니다.

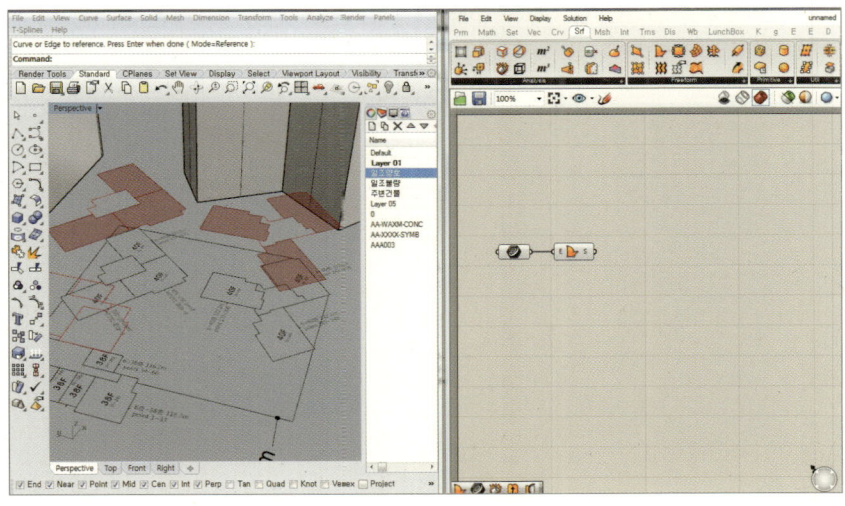

━ Grasshopper를 활용한 단위 세대 매스 모델링 8

서페이스를 돌출시키기 위해 Surface 탭의 Freeform 그룹에서 Extrude 컴포넌트를 선택해 작업 창에 위치시킵니다.

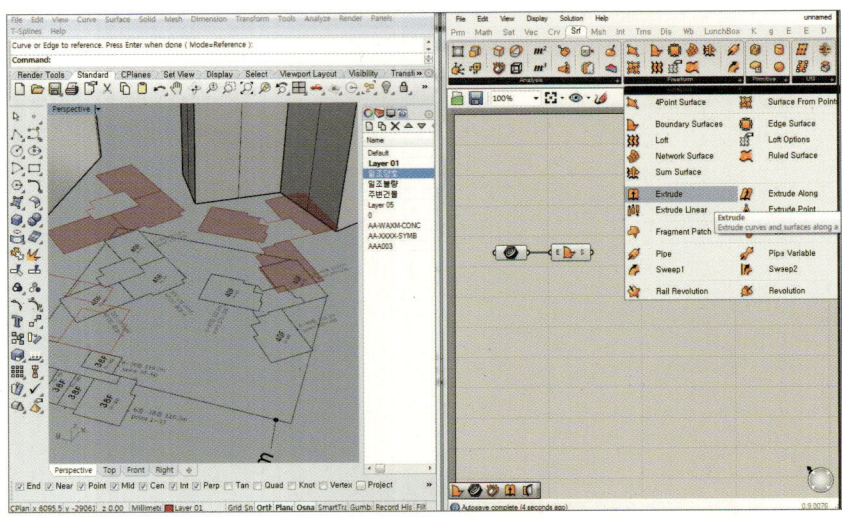

━ Grasshopper를 활용한 단위 세대 매스 모델링 9

돌출시키는 방향을 설정하기 위해 Vector 탭의 Vector 그룹에서 Unit Z 컴포넌트를 선택해 위치시킵니다. 이 컴포넌트는 이름처럼 Z 방향이라는 기능을 가지고 있습니다.

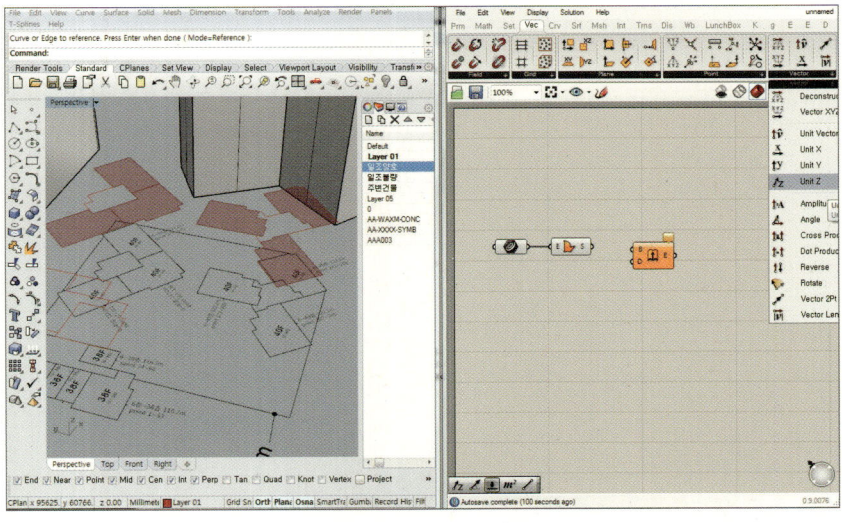

Grasshopper를 활용한 단위 세대 매스 모델링 10

그런 후에 Z 방향으로 얼마큼 도출시킬 것인지를 입력하기 위해 Params 탭에서 Input 그룹의 Number Slider 컴포넌트를 선택해 위치시킵니다.

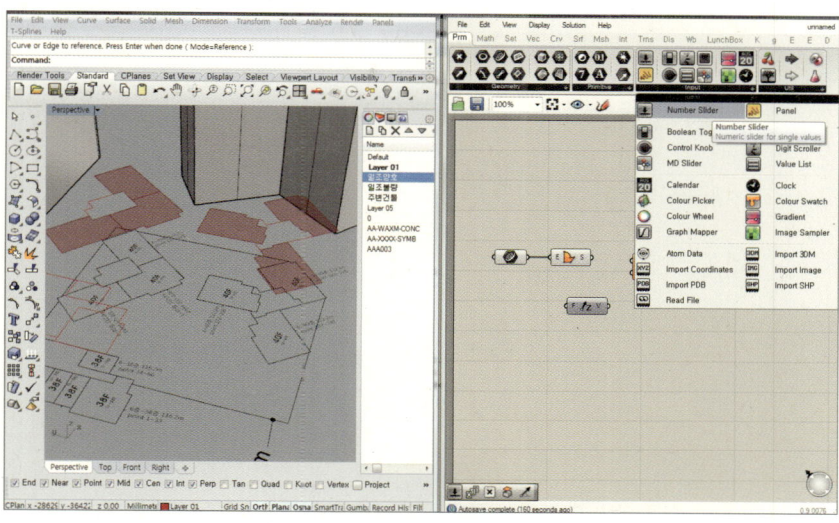

Grasshopper를 활용한 단위 세대 매스 모델링 11

Number Slider 컴포넌트의 (1)번을 더블클릭해서 슬라이더의 특성을 조정할 필요가 있습니다. 위의 이미지처럼 N과 Max 값을 2900으로 변경해줍니다.

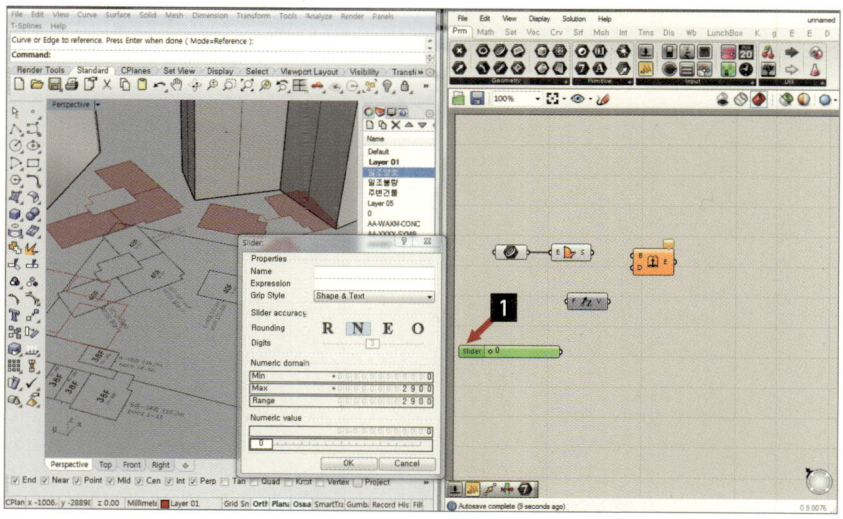

Grasshopper를 활용한 단위 세대 매스 모델링 12

그런 후에 위의 이미지처럼 연결해주면 Boundary Surface로 만든 서페이스가 Z 방향으로 2900만큼 돌출된 것을 확인할 수 있을 것입니다.

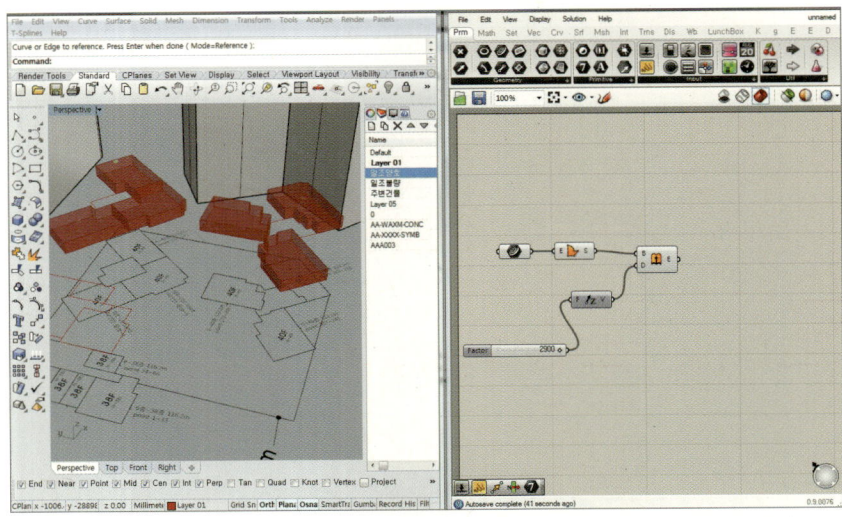

Grasshopper를 활용한 단위 세대 매스 모델링 13

이제 해당 층수만큼 복사시키기 위해 수열을 만들어야 합니다. 그래서 Sets 탭의 Sequence 그룹에서 Series 컴포넌트를 선택해 위치시킵니다.

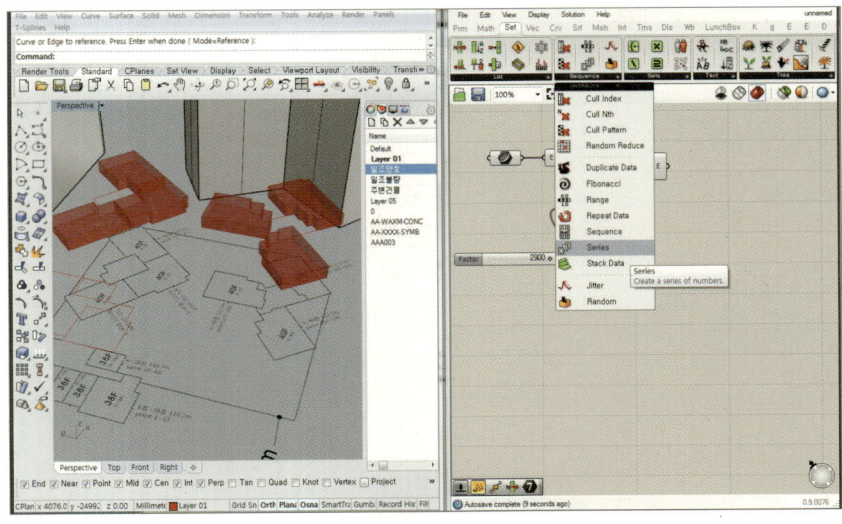

━ Grasshopper를 활용한 단위 세대 매스 모델링 14

Series 컴포넌트는 시작(S), 간격(N), 만들 수열의 개수(C)를 만들 수 있습니다. 좀 전에 만든 것처럼 슬라이더 컴포넌트를 위치해 0, 2900, 40을 각각 입력해줍니다. 이는 0부터 2900 간격으로 40개의 수를 만들라는 의미입니다. 이를 확인하기 위해서 Params 탭의 Input 그룹에서 Panel 컴포넌트를 배치시켜 위 이미지처럼 확인해봅니다.

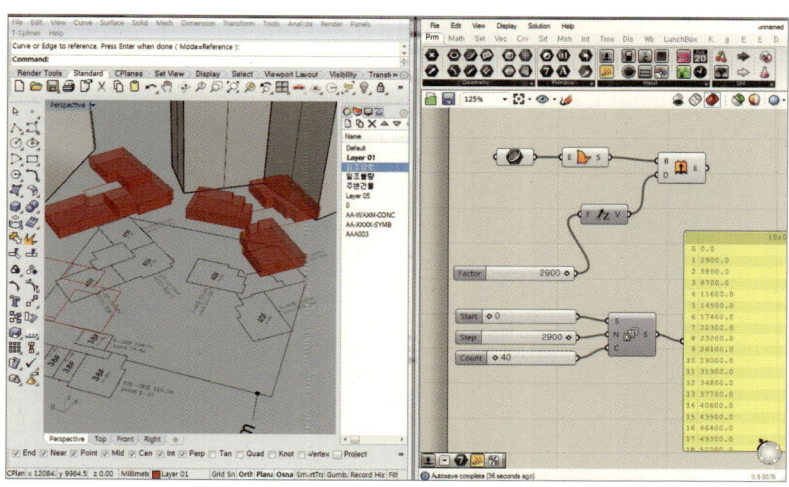

━ Grasshopper를 활용한 단위 세다 매스 모델링 15

0부터 2900 간격으로 40개의 수열이 만들어졌고 이를 Z 방향으로 향하게 하기 위해 좀 전에도 만들어본 Unit Z 컴포넌트어 연결해줍니다.

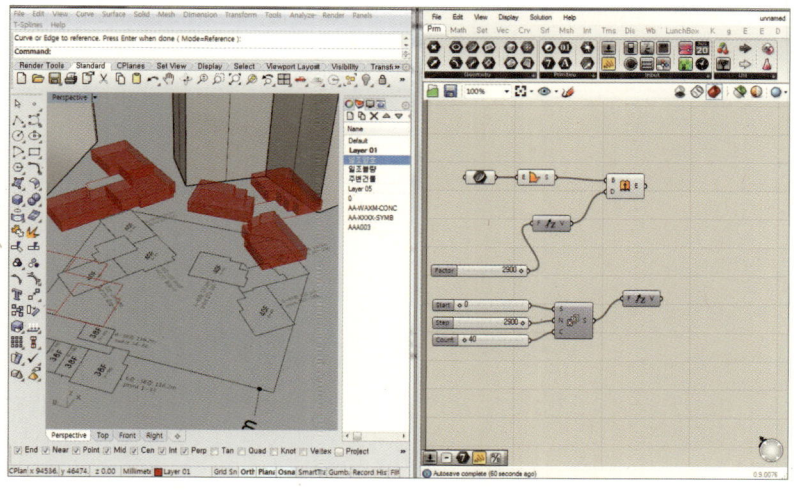

Grasshopper를 활용한 단위 세대 매스 모델링 16

우리는 지금 여러 개의 객체를 만들었습니다. 지금 라이노의 화면 창에는 각기 떨어져 있는 단위 세대 6개가 보이실 텐데요. 그걸 0부터 2900 간격으로 40개의 수열과 매칭 시켜야 합니다. 하지만 1 대 1로 매칭되지 않기 때문에 Sets 탭의 List 그룹에서 Cross Reference 컴포넌트를 선택해 배치시킵니다. 입력되는 모든 데이터를 다 매칭시키라는 의미라고 알고 계셔도 무방합니다.

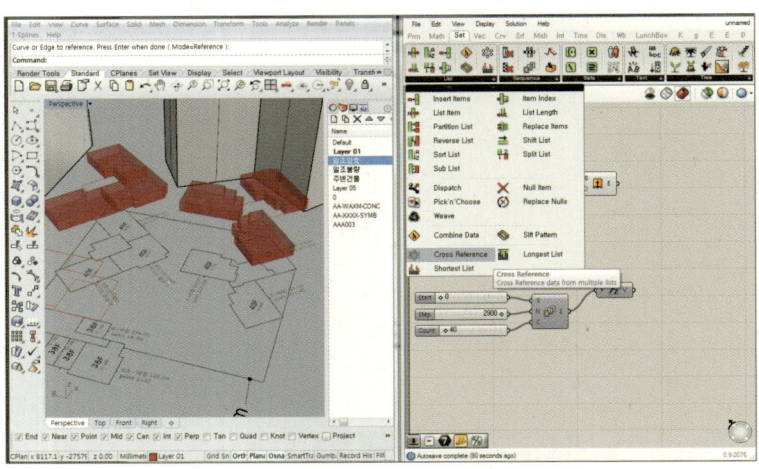

Grasshopper를 활용한 단위 세대 매스 모델링 17

Cross Reference 컴포넌트를 위치시키고 아래 그림처럼 크로스 레퍼런스 컴포넌트 입력 A, B에 각각 연결해줍니다.

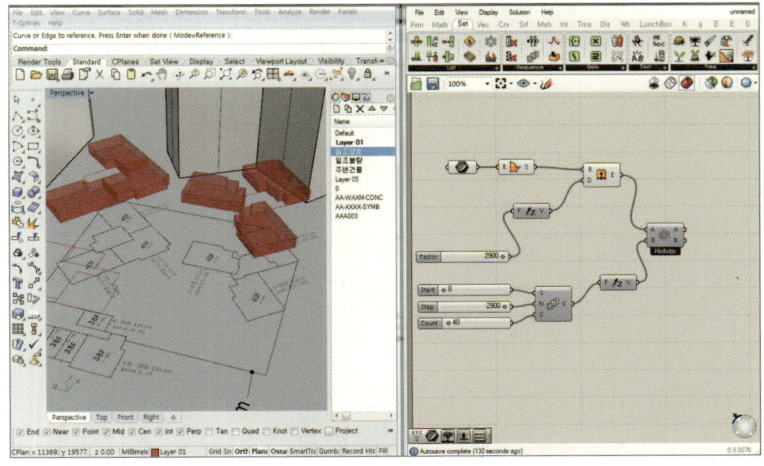

━ Grasshopper를 활용한 단위 세대 매스 모델링 18

이제 한 층에 해당하는 여섯 개의 단위 세대를 series 컴포넌트로 만든 수열만큼 복사해야 할 텐데요. 그라스호퍼는 객체가 이동된다 하더라도 원본 객체는 남아 있어 데이터가 휘발되지 않기 때문에 복사하는 개념이 Move됩니다. 이를 위해 Transform 탭의 Euclidean 그룹에서 Move 컴포넌트를 선택해 위치시킵니다.

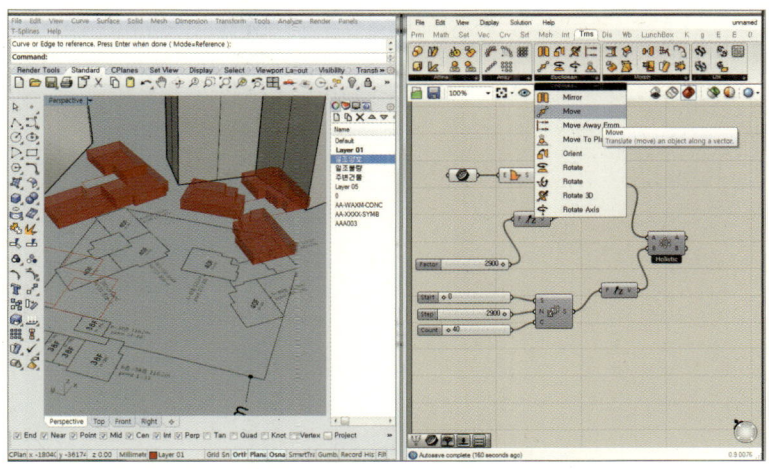

━ Grasshopper를 활용한 단위 세대 매스 모델링 19

크로스레퍼런스 컴포넌트를 Move 컴포넌트에 이미지처럼 연결하게 되면 라이노 창에서는 단위 세대가 40층으로 복사된 모습을 확인할 수 있습니다.

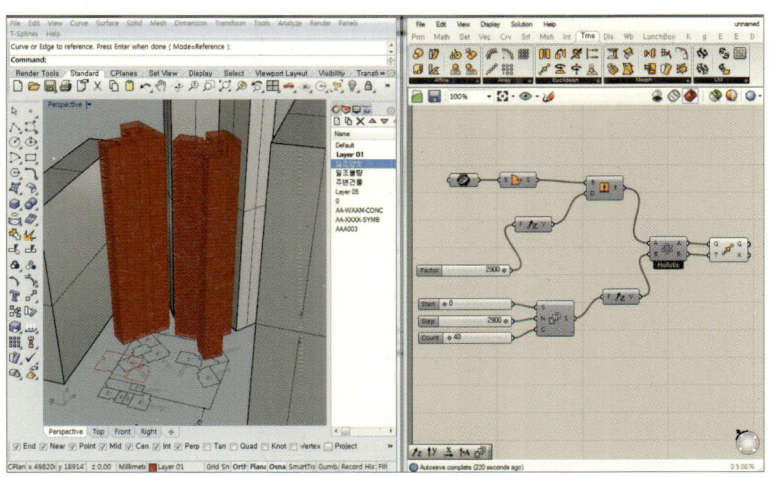

이제 그라스호퍼 객체를 라이노로 다시 가져가기 위해 Move 컴포넌트에 우클릭으로
나오는 변수 창에서 Bake를 선택합니다.

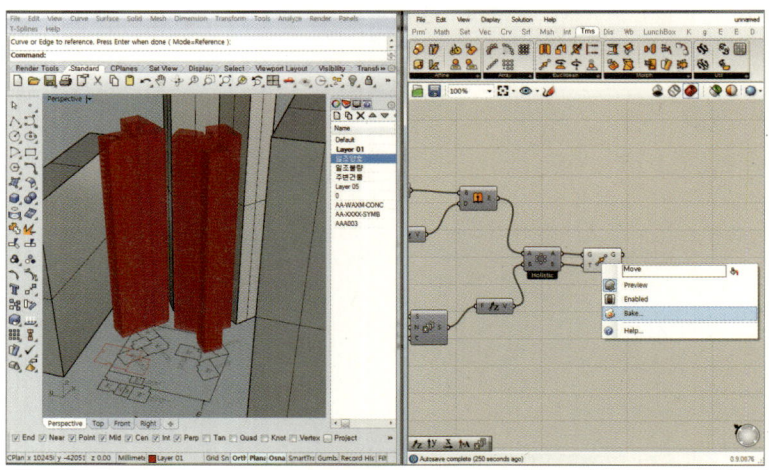

그러면 라이노의 객체로 보내기 위해 어느 레이어로 보낼 것인지를 결정할 수 있는 창
이 오픈됩니다. 우리는 좀 전에 라이노 레이어를 일조양호, 일조불량, 주변건물을 만들
어두었는데요. 이 중에서 일조양호를 선택하고 OK를 클릭합니다.

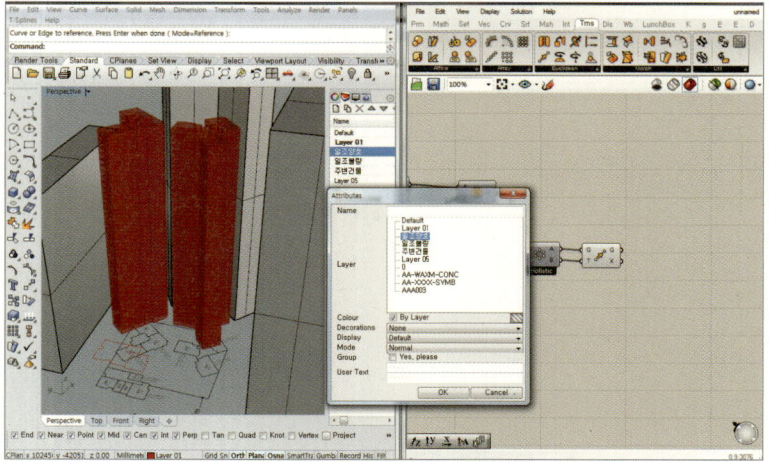

그렇게 되면 그라스호퍼에서 만든 객체가 라이노의 일조양호란 레이어로 분류되면서 폴리 서페이스가 만들어집니다.

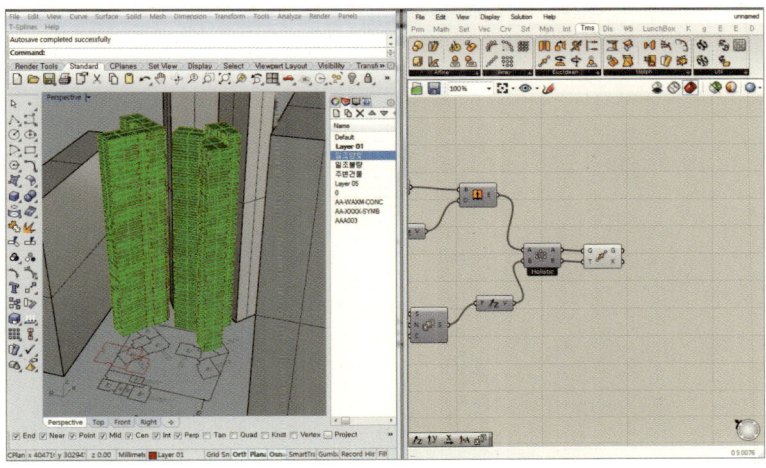

— 일조양호/불량 레이어 구분 1

그런 후에 선라이트로 추출된 일조불량 세대를 선택해 레이어를 일조불량으로 구분 지어줍니다.

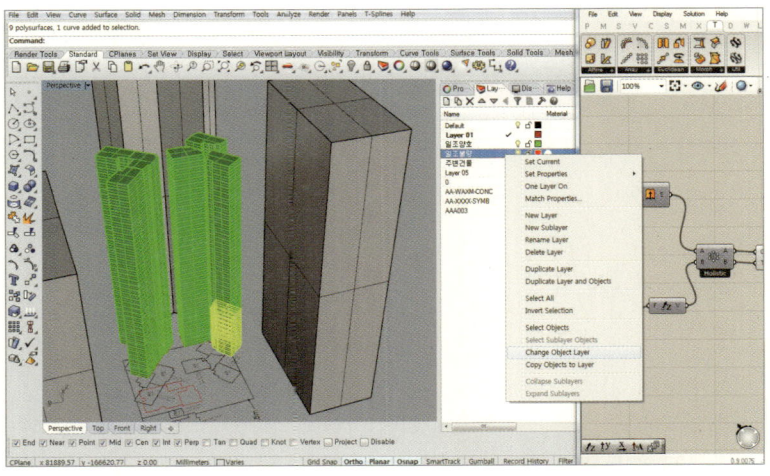

▬ 일조양호/불량 레이어 구분 2

저는 미리 다른 건물까지 모델링하여 일조불량과 일조양호 그리고 주변건물로 구분해 두었습니다. 이제 친환경 시뮬레이션 비주얼 부분을 위해 라이노 객체를 에코텍으로 보낼 준비를 합니다.

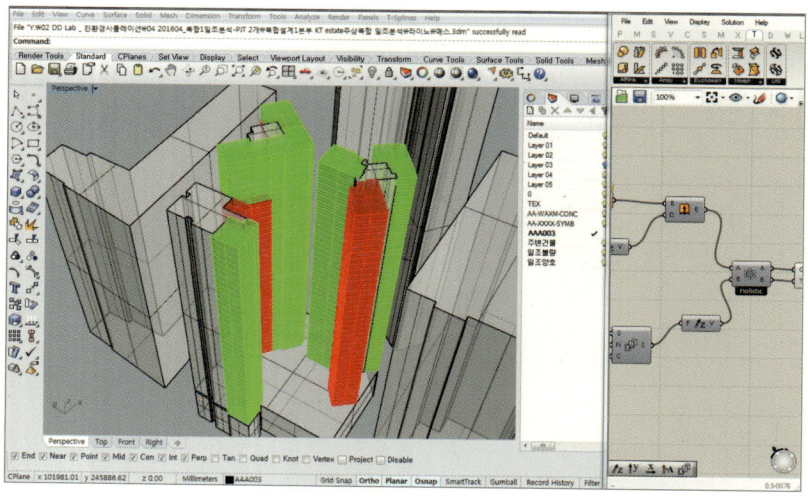

▬ 일조양호/불량 레이어 구분 3

일조불량 레이어 우클릭으로 나오는 변수 창에서 Select Objects를 선택합니다. 그러면 일조불량에 속한 객체가 전부 선택됩니다.

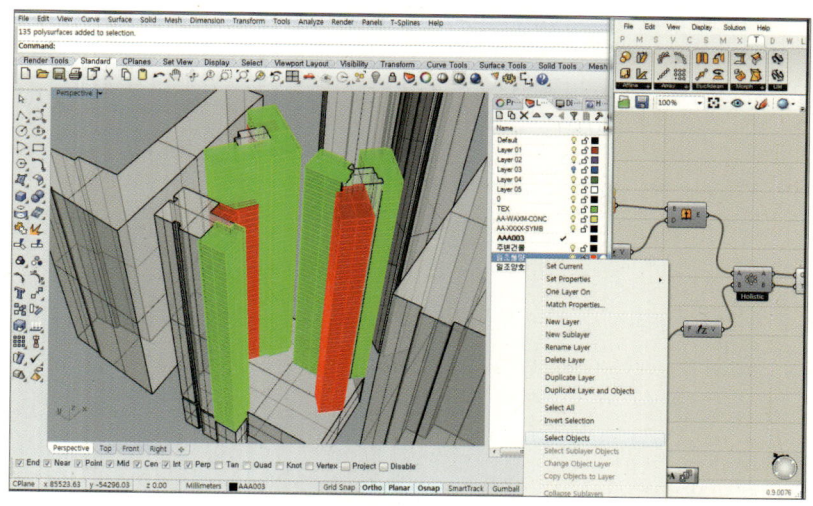

— 일조양호/불량 레이어 구분된 객체 내보내기 1

선택한 후에 파일 탭의 Export Selected로 해당 객체를 내보낼 준비를 합니다.

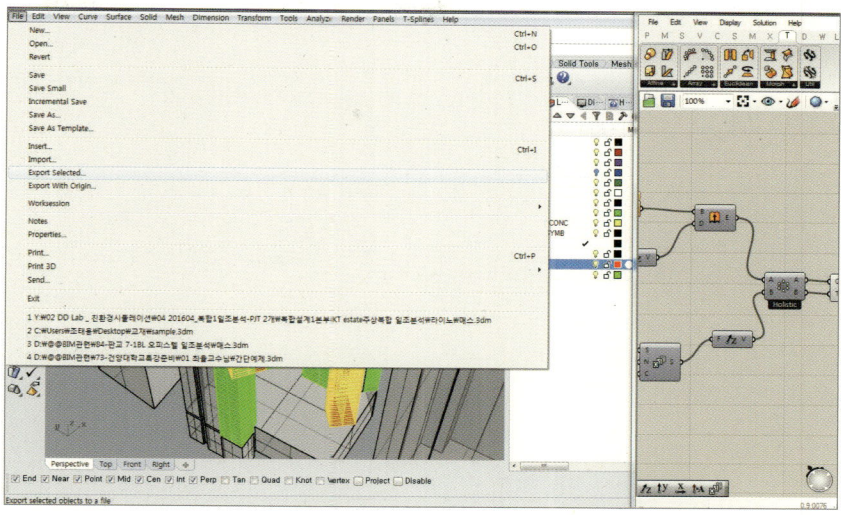

— 일조양호/불량 레이어 구분된 객체 내보내기 2

그럼 Export 창이 뜨게 되고 저장 경로를 선택한 후 파일 형식을 3D Studio(*.3ds)로 변경한 후 일조불량이라는 파일 이름을 설정하고 저장을 클릭합니다.

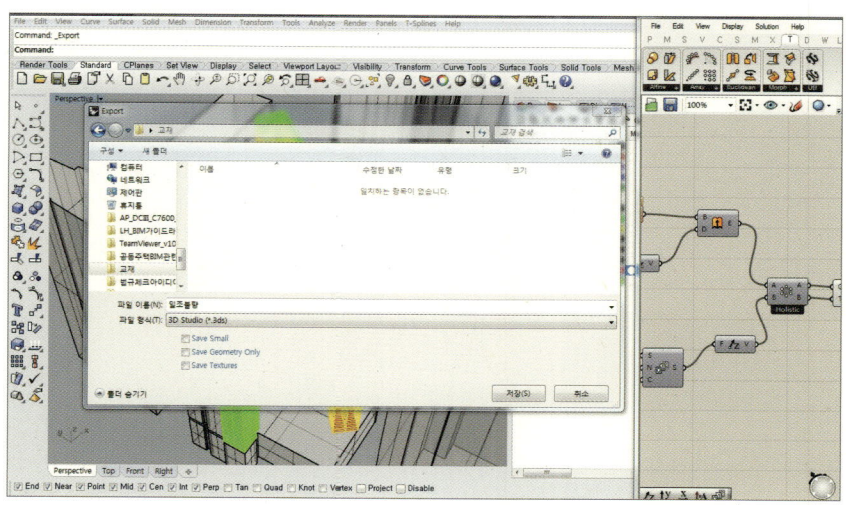

— 일조양호/불량 레이어 구분된 객체 내보내기 3

Polygon Mesh Options 창의 OK를 클릭합니다.

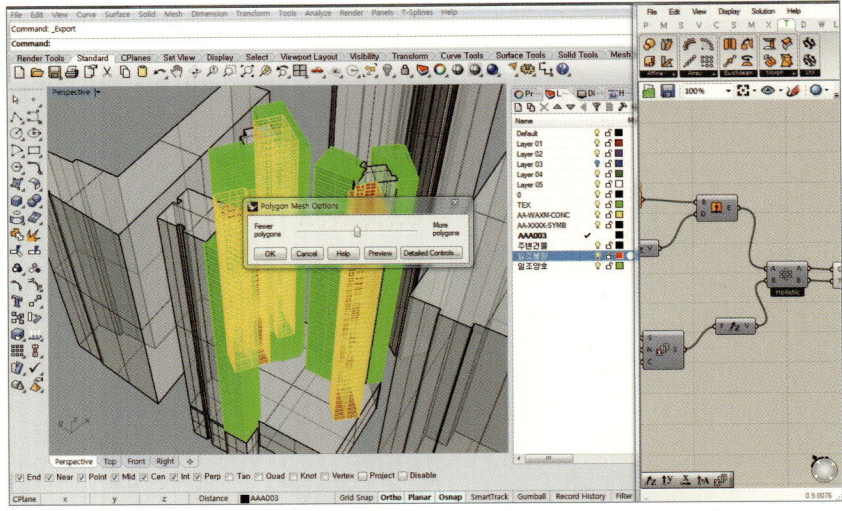

— 일조양호/불량 레이어 구분된 객체 내보내기 4

나머지 일조양호, 주변건물 객체도 동일한 방법으로 3ds 파일로 변환시켜줍니다.

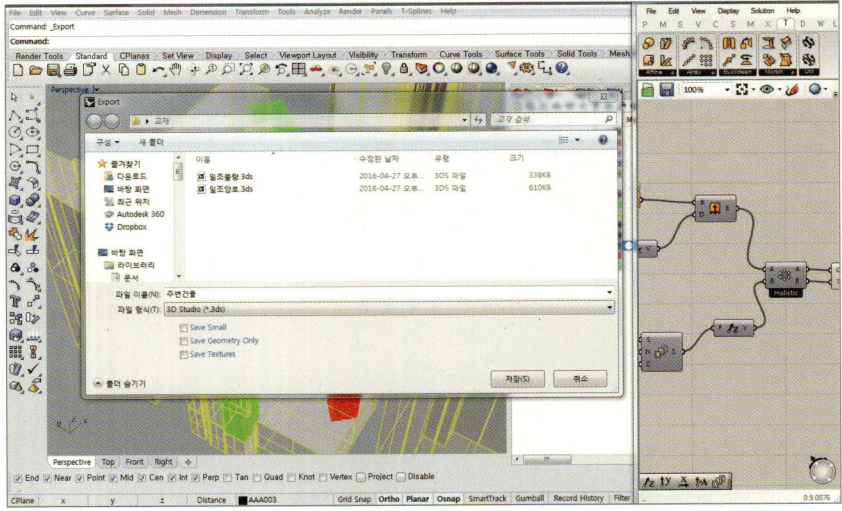

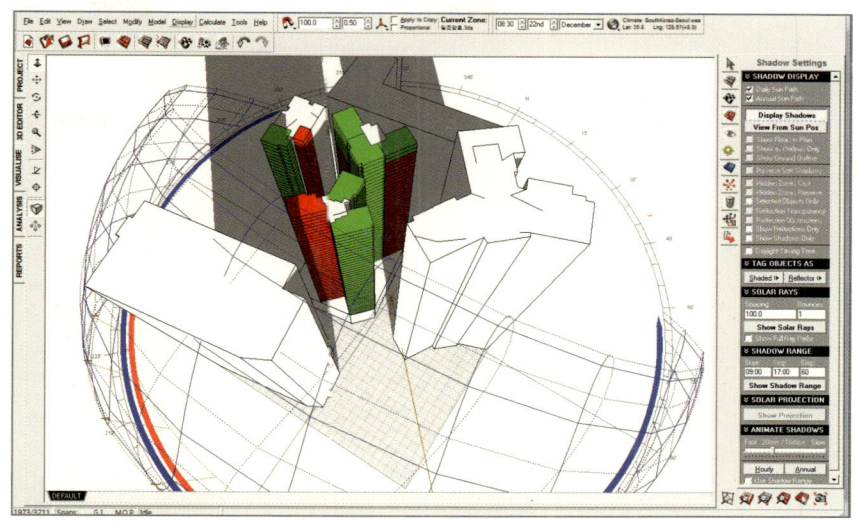

Ecotect

일조량에 대한 시각화 및 비주얼

━ Ecotect 실행

에코텍 프로그램을 실행시킵니다.

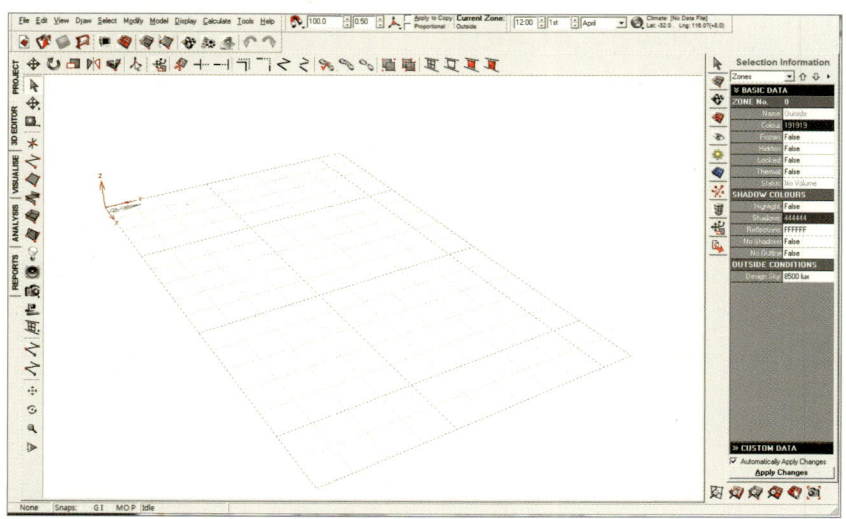

━ 위도/경도 값 입력

프로젝트 탭에서 Sunlight란 프로그램에 입력했던 위도/경도 값을 동일하게 입력하여
줍니다.

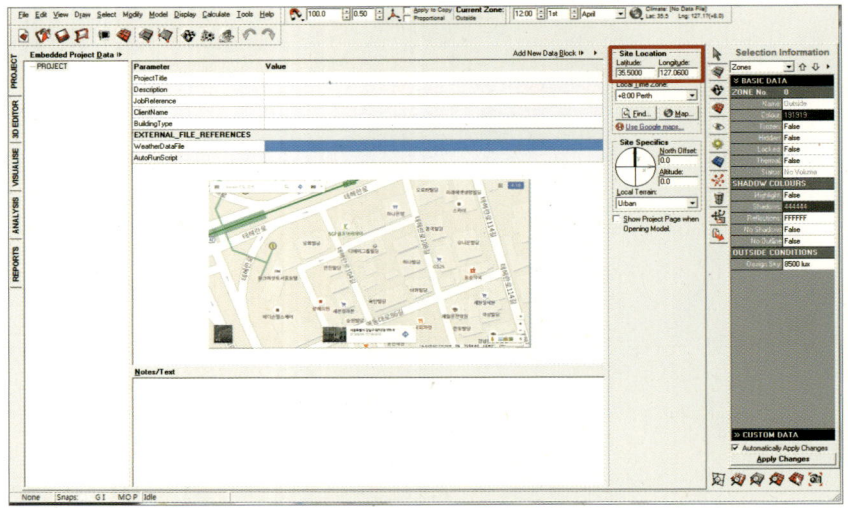

━ 3D 객체 불러오기 1

3D EDITOR 탭으로 이동하여 에코텍의 파일 탭에서 Import → 3D CAD Geometry로
라이노에서 export한 파일을 불러옵니다.

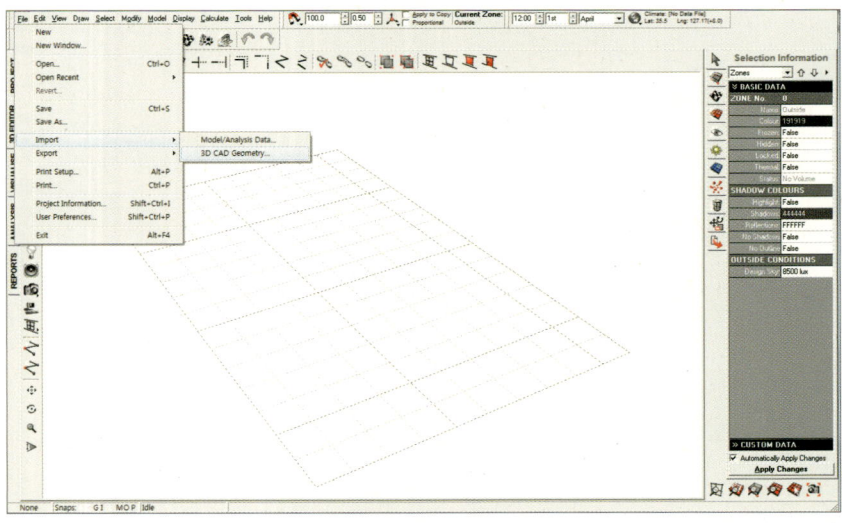

━ 3D 객체 불러오기 2

Autodesk Ecotect-Import Geometry 창에서 Files of Type에서 3ds를 선택하고
Choose File을 클릭합니다.

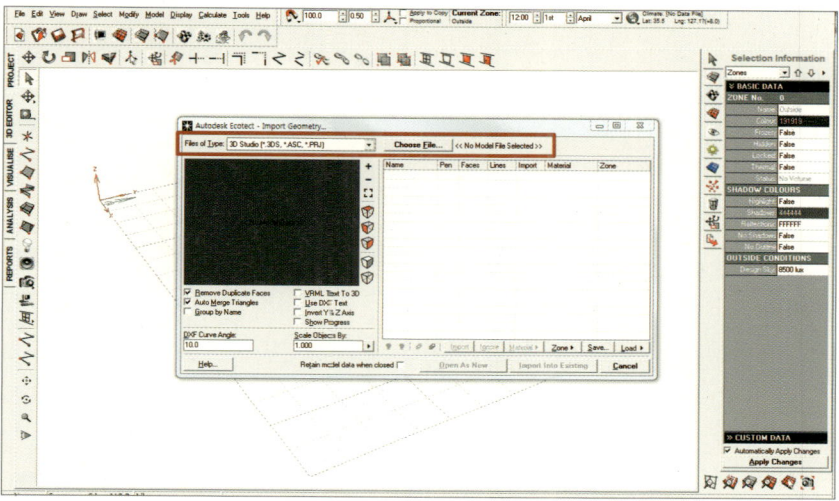

━ 3D 객체 불러오기 3

Choose File을 클릭하면 열기라는 창이 오픈되고 라이노에서 export한 일조불량, 일조
양호, 주변건물 파일이 저장된 경로를 찾아 들어가 일조불량 파일을 선택해 열기를 클
릭합니다.

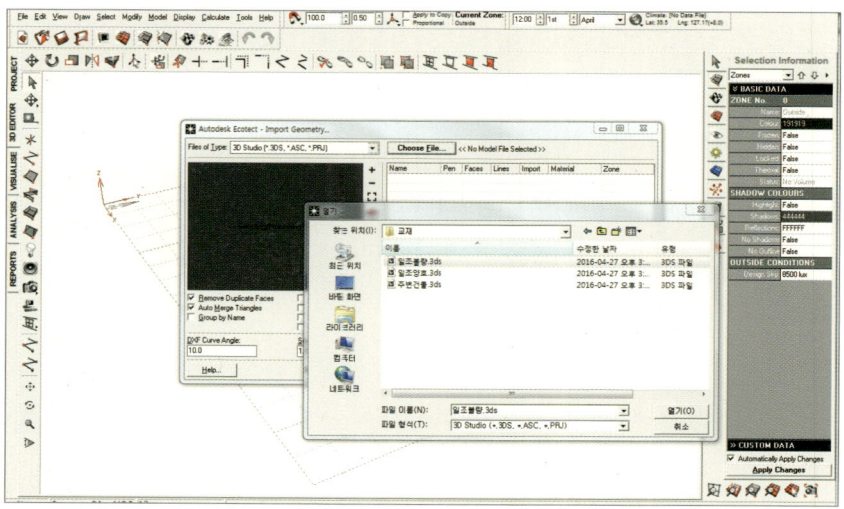

━ 3D 객체 불러오기 4

미리보기 창에서 제대로 Import되는지 형상을 개략 확인하고 Import Into Existing으로 불러들입니다. 이때 그림에서처럼 형상 하부의 체크하는 부분들을 이미지와 동일하게 체크해줍니다.

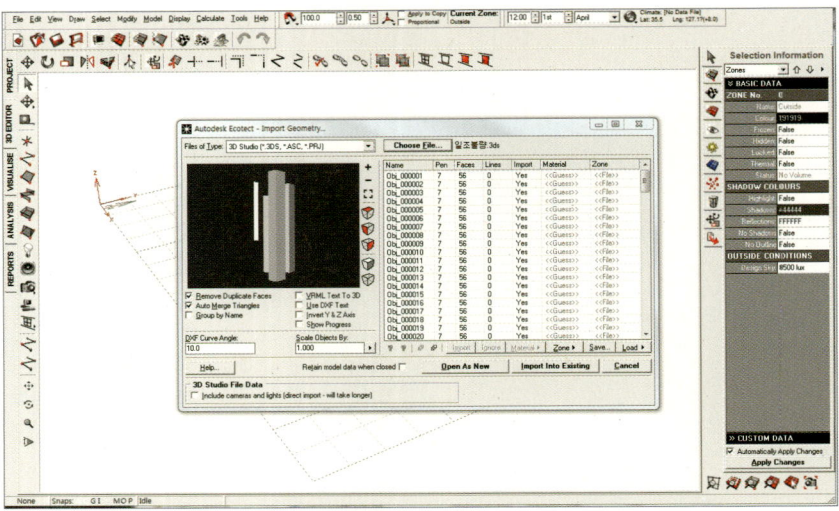

━ 3D 객체 불러오기 5

Import되고 있는 모습입니다. 파일 크기에 따라 시간이 조금 소요될 수도 있습니다.

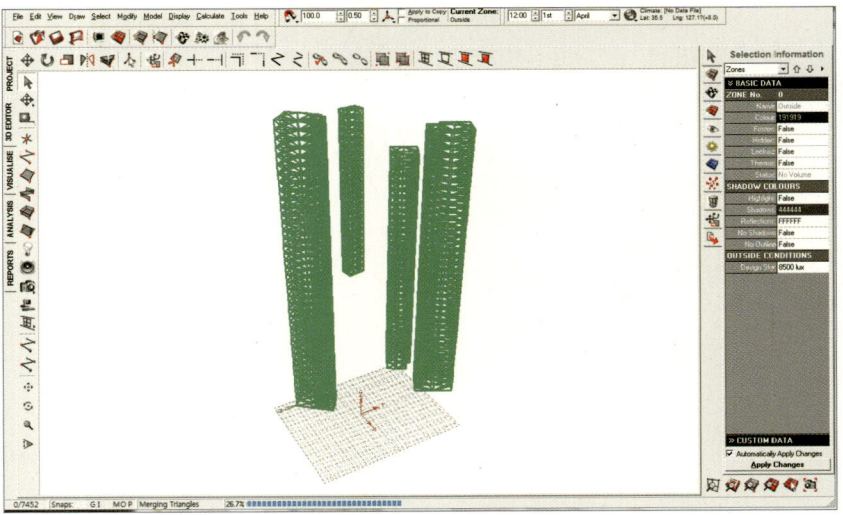

━ 3D 객체 불러오기 6

Import되고 있는 모습입니다. 파일 크기에 따라 시간이 조금 소요될 수도 있습니다.

━ 3D 객체 불러오기 7

나머지 일조양호와 주변건물도 같은 방법으로 Import시킵니다.

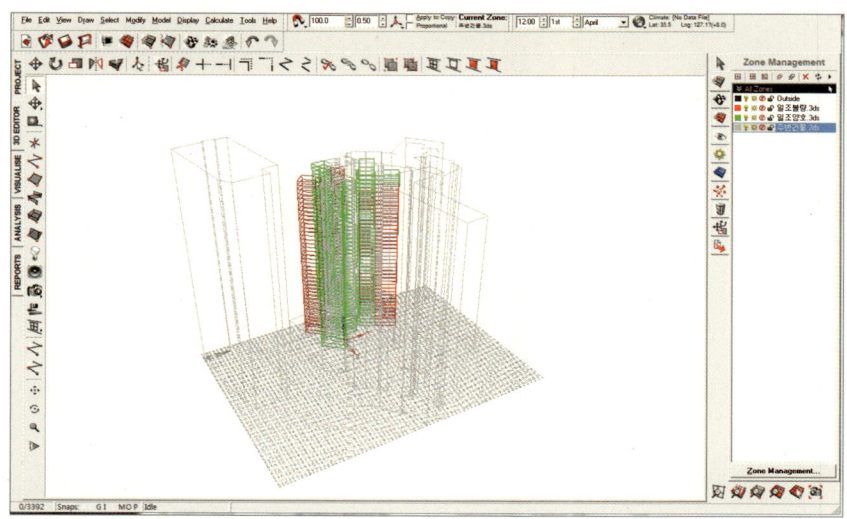

Ecotect에서 불러온 3D 객체 확인

그런 상태로 VISUALISE 탭으로 이동하는데 이때 그림이 전부 보이지 않을 수도 있습니다. 그럴 땐 컨트롤 키와 키보드 F를 누르면 전체 모양을 확인할 수 있습니다. 그리고 오른쪽 특성 창 중에 레이어의 색상을 일조불량은 빨간색, 일조양호는 초록색, 주변 건물은 회색으로 변경해줍니다.

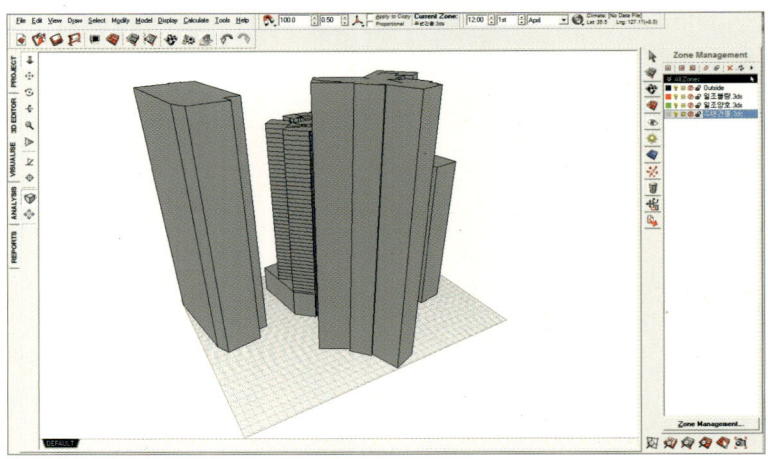

레이어 색상 구분을 통한 시각화

그런 후에 눈처럼 생긴 아이콘을 클릭해서 특성 창을 확인해보면 SURFACE DISPLAY의 하위 메뉴 중 Display Surface가 체크된 걸 확인할 수 있는데 이 설정을 Zone Colour로 변경합니다. 그러면 시각적으로 좀 전에 레이어로 구분한 색상이 확인됩니다.

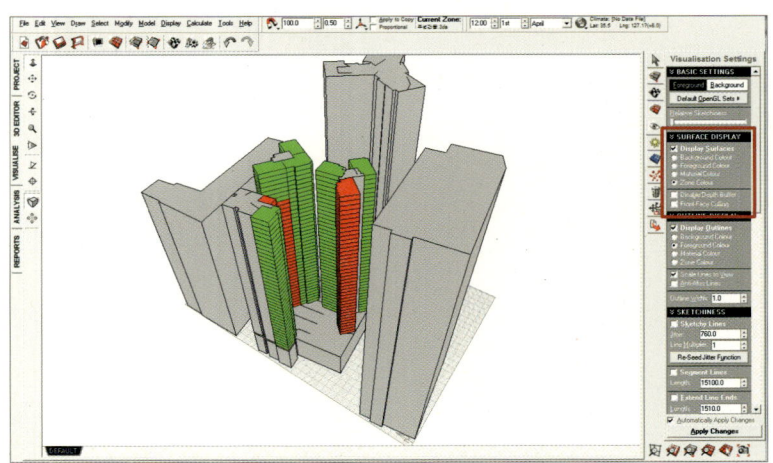

━ 동짓날 설정으로 그림자 확인 1

그리고 태양처럼 생긴 아이콘의 특성 창 중 SHADOW DISPLAY의 하위 메뉴들 Daily
Sun Path와 Annual Sun Path를 체크해주고 그 밑에 Display Shadows를 클릭하면 아
래 이미지와 같은 태양의 고도 값과 그에 따른 그림자를 확인할 수 있습니다. 그리고
날짜를 동지 기준 12월 22일에 맞추고 시간대를 바꿔가면서 그림자를 확인해봅니다.

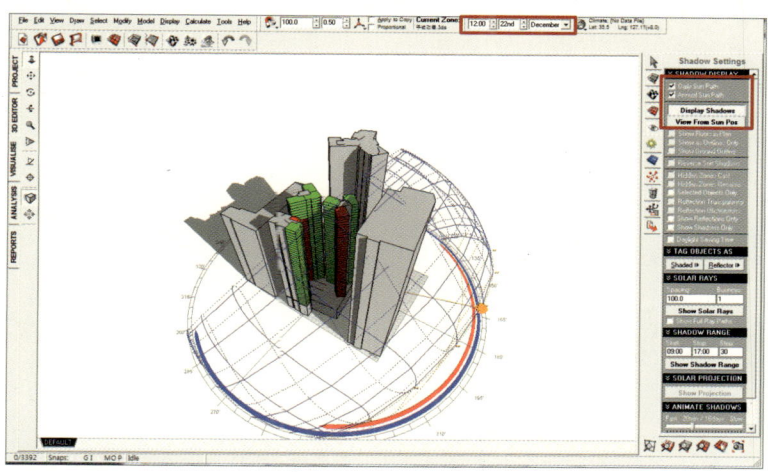

━ 동짓날 설정으로 그림자 확인 2

그 상태로 F5키를 누르면 배치 뷰로 확인할 수 있고 F6, F7, F8이 각각 입면과 투시 뷰
를 의미하니 키보드를 각각 눌러 확인해봅니다.

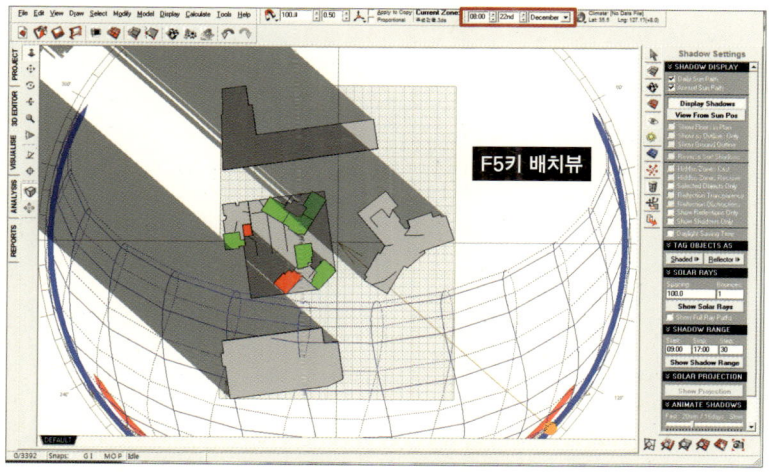

동짓날 설정으로 그림자 확인 3

그 후 시간대별로 화면을 캡처하여 그림자를 확인합니다.

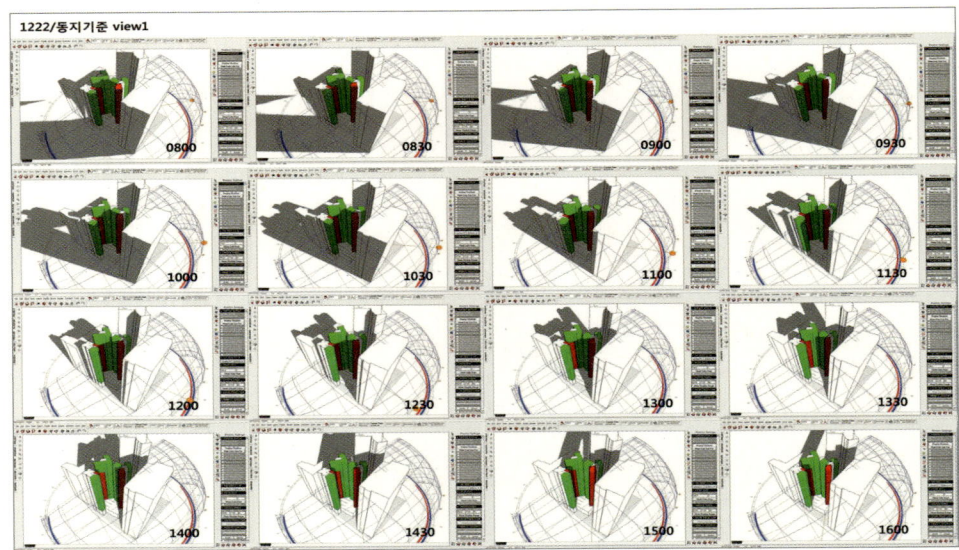

아주 간단한 일조 시뮬레이션 자료입니다. Sunlight로 정량적인 일조량을 확인하고 에 코텍으로 비주얼하게 보여줍니다. 물론 이 모든 걸 한꺼번에 할 수 있는 문 프로그램도 있을 것이나 별도 비용이 들지 않고 쉽게 활용 가능하여 누군가를 설득하는 작업 시 효 과적이리라 생각합니다.

0000 주상복합 일조분석
DA GROUP digital design Lab

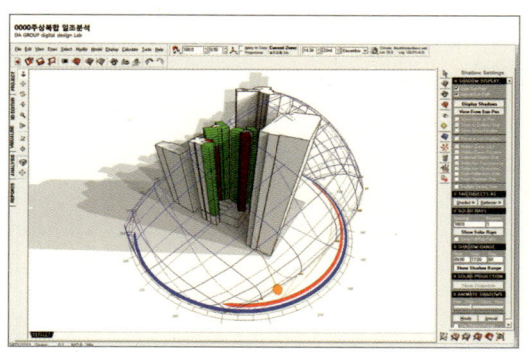

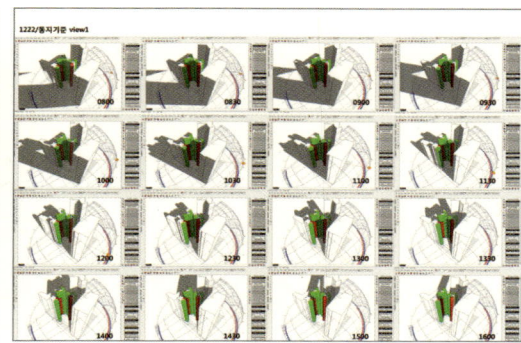

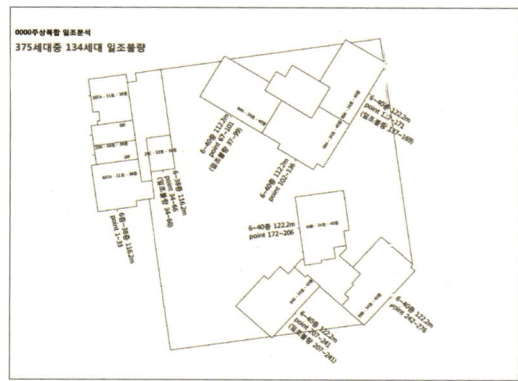

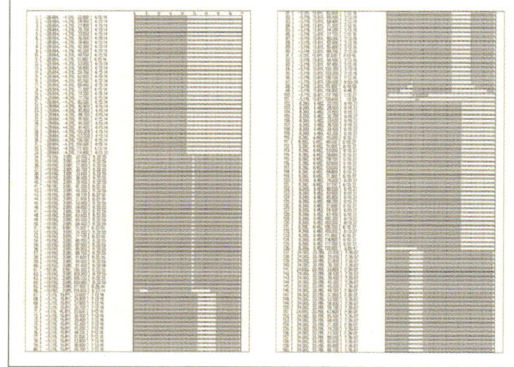

CHAPTER 7

Revit,
이게 기본입니다

CAD에서 시작하는 Revit 모델링

앞에서 우리는 Rhino의 몇 가지 명령으로 모델링을 진행해봤습니다. Rhino 프로그램이 Grasshopper 등의 플러그인과 함께 건축설계 분야에서 디자인 측면의 모델링 프로그램이라면 지금부터 시작할 Revit은 건축설계 프로세스에서 활용되는 도구입니다.
지금부터는 Rhino로 진행하던 형태를 Revit으로 진행하면서 두 프로그램의 차이와 장단점에 대해 파악하는 시간을 갖도록 하겠습니다.

▬ 레빗 실행

레빗을 실행합니다.

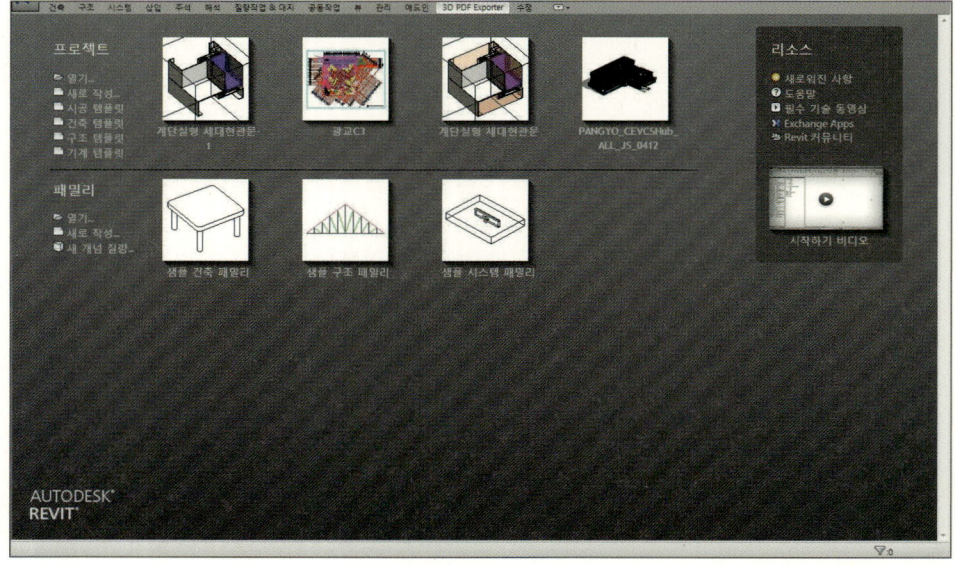

▬ 템플릿 파일 설정 1

프로젝트 탭의 새로 작성을 클릭하고 나오는 새 프로젝트라는 창의 찾아보기를 클릭하여 출판사 웹하드에서 다운받은 템플릿 파일의 경로를 찾아 들어갑니다.

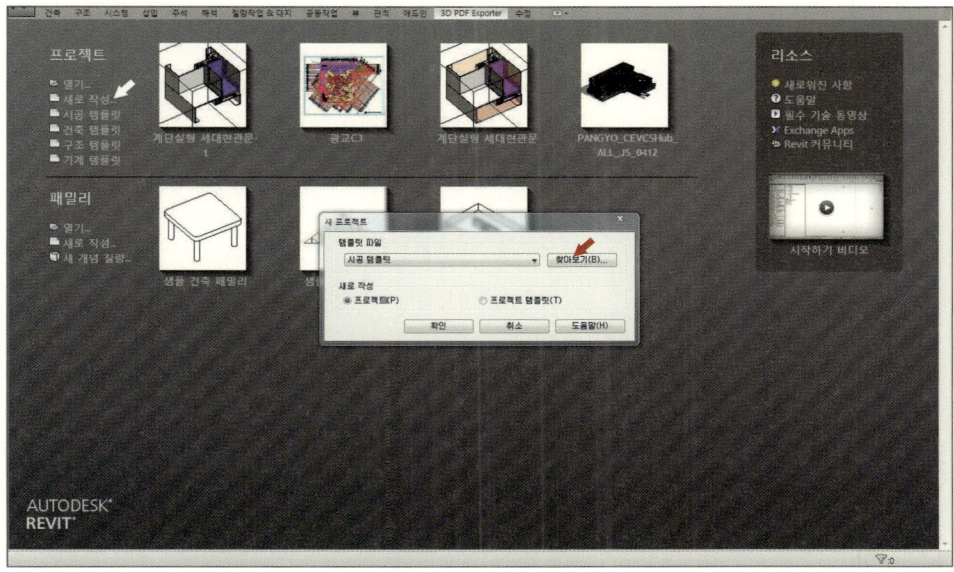

▬ 템플릿 파일 설정 2

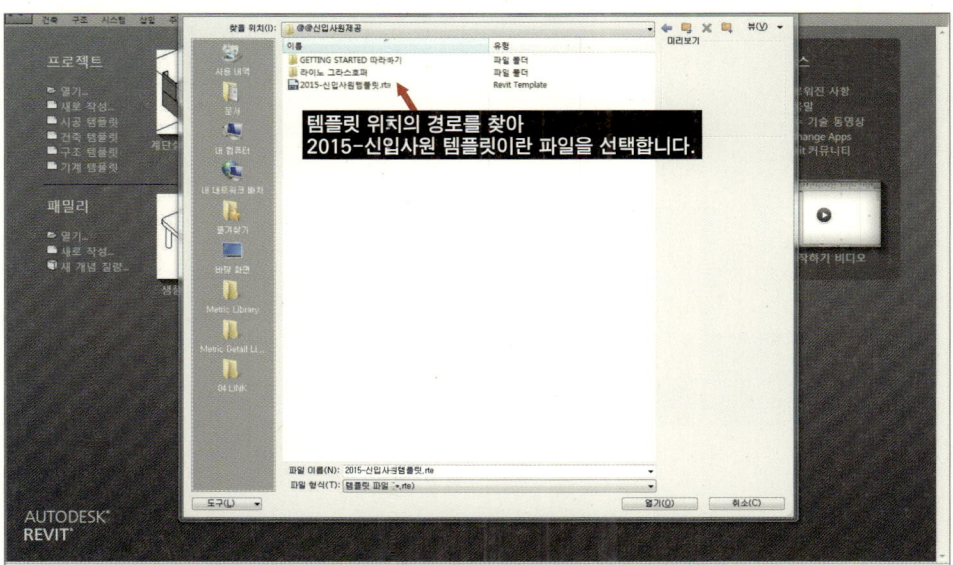

템플릿 위치의 경로를 찾아
2015-신입사원 템플릿이란 파일을 선택합니다.

템플릿 파일

프로젝트 템플릿은 프로젝트의 기본 단위와 설정, 표준 뷰, 시스템 패밀리와 부품 패밀리 등과 같은 초기 설정 정보를 제공합니다.

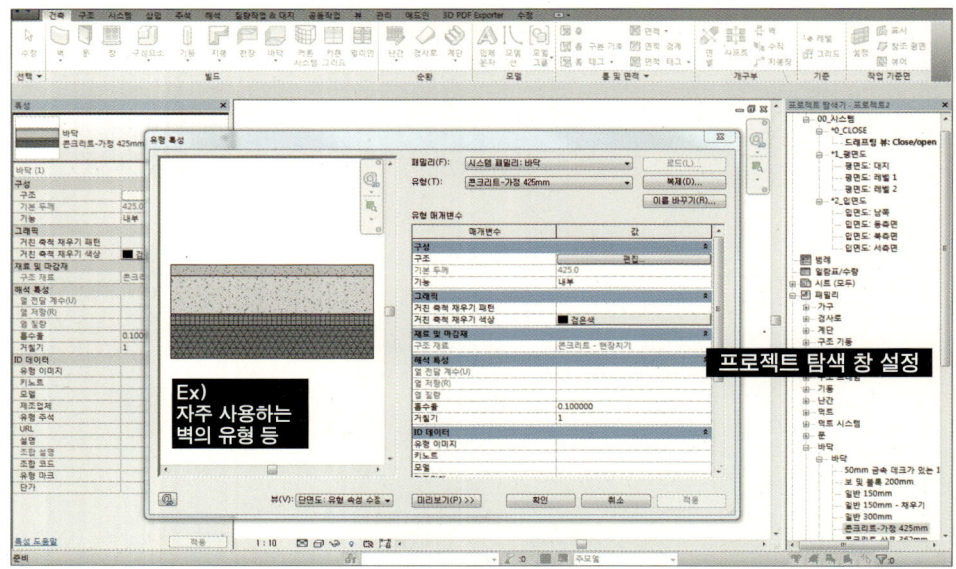

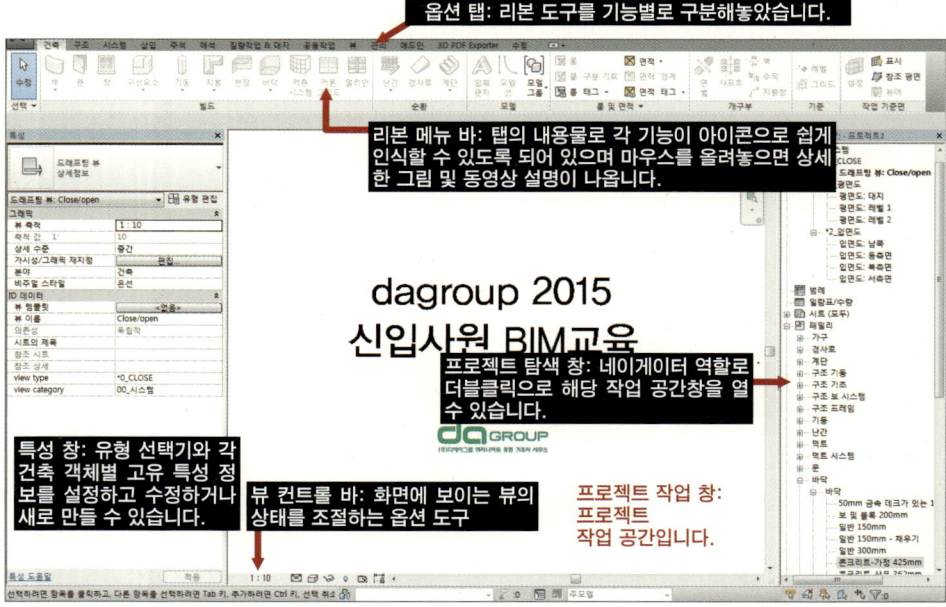

템플릿 파일을 오픈한 후 레벨을 결정하기 위해 위 그림과 같이 입면도: 남측을 더블클릭하여 오픈합니다.

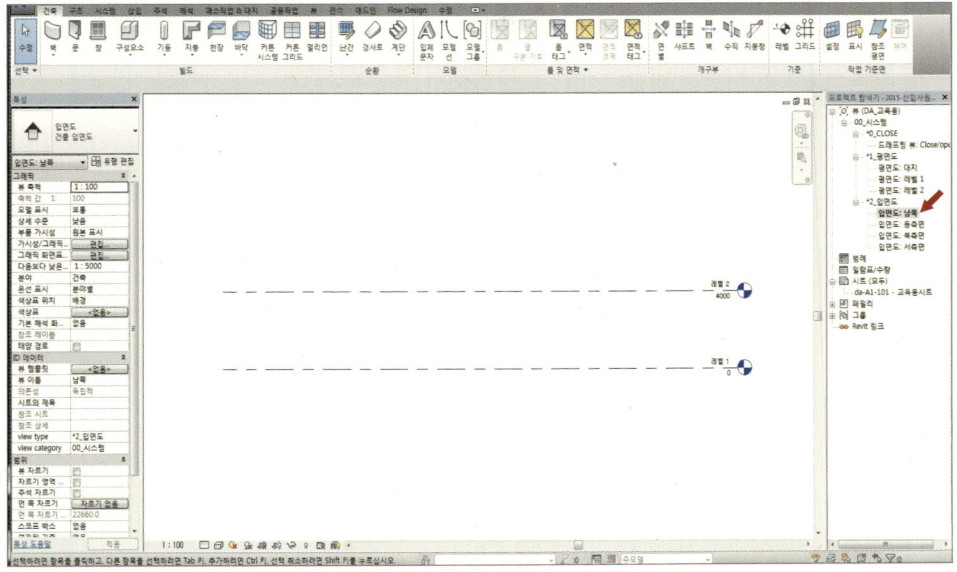

수정 탭

레빗에서 객체를 생성한 후 이를 편집하는 역할을 하는 탭입니다. 객체나 선의 간격 띄우기, 정렬, 대칭, 이동, 복사, 호전 등 기존 캐드, 스케치업 등의 명령어와 그 작동은 비슷하며 자주 활용하는 명령이기에 단축키로 설정해놓는 것이 좋습니다.

정렬(AL): 하나 이상의 요소를 선택한 요소에 정렬합니다.

간격 띄우기(OF): 선, 벽, 보와 같은 선택한 요소를 해당 길이에 수직으로 지정된 거리만큼 이동하거나 복사합니다.

대칭-축 그리기(DM): 대칭 축으로 사용할 임시 선을 그려 미러시킵니다.

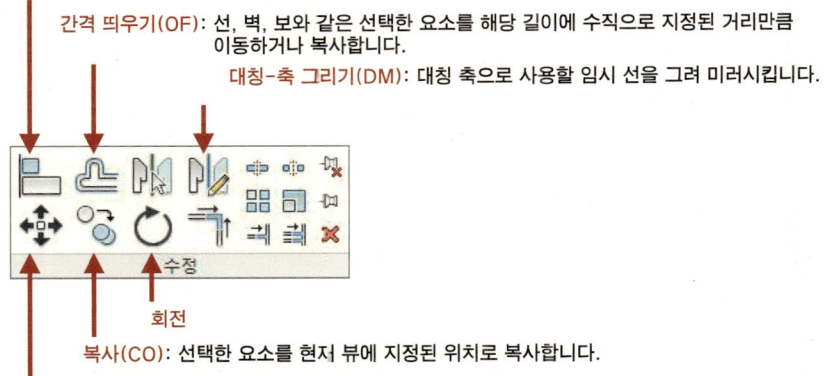

회전

복사(CO): 선택한 요소를 현저 뷰에 지정된 위치로 복사합니다.

이동(MV): 선택한 요소를 현재 뷰에 지정된 위치로 이동합니다.

단면 레벨 확인

복사 명령을 활용해 레벨 3을 4000의 높이로 새롭게 생성해줍니다.

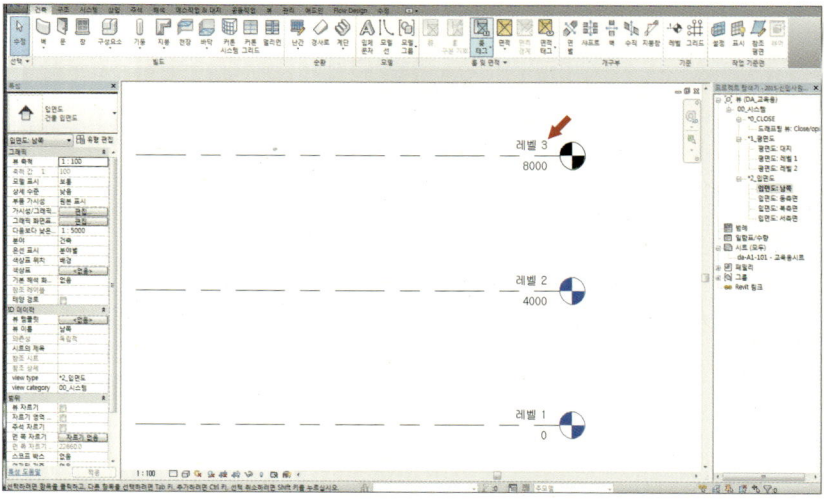

평균 뷰 작성 1

레벨을 생성하고 오른쪽 특성 창의 뷰 탐색기를 보면 새롭게 새성한 레벨이 평면도 카테고리에 없는 걸 확인할 수 있습니다. 이는 새롭게 만든 레벨 3이 아직 평면도로 인정(?)받지 않았다는 걸 의미하기에 뷰 탐색기에 레벨 3에 해당하는 평면 뷰를 넣어보도록 하겠습니다.

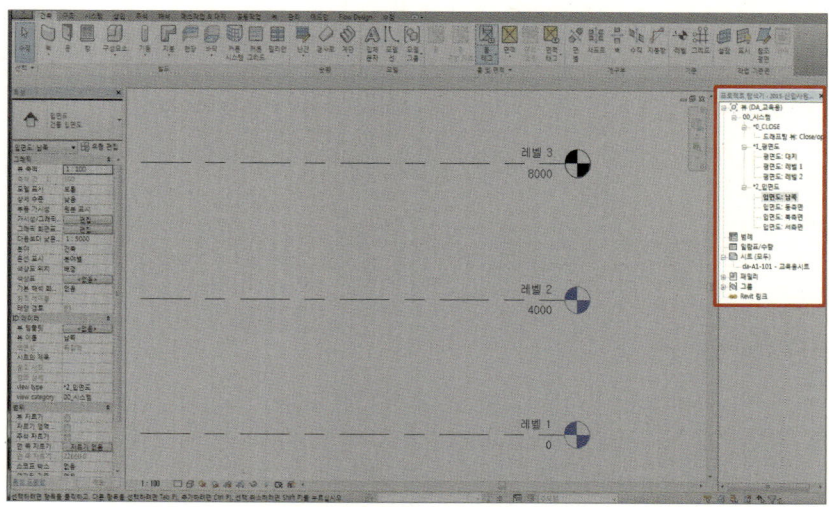

━ 평균 뷰 작성 2

뷰 탭의 평면도를 클릭해서 펼쳐진 창에서 아래 그림과 같이 평면도를 클릭해줍니다.

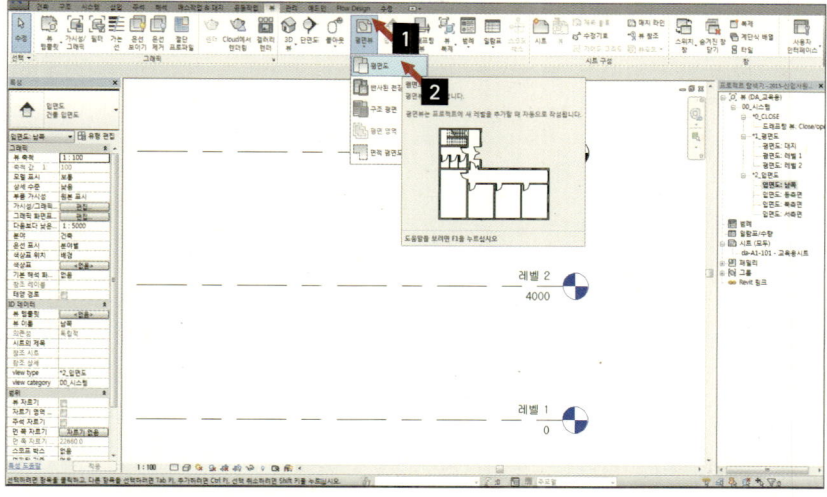

━ 평균 뷰 작성 2

평면도를 클릭하면 아래 그림과 같이 새 평면도를 선택할 수 있는 창이 나오고 아직 평면뷰로 인정(?)받지 못한 새롭게 성성된 레벨들이 보여집니다. 아래 그림처럼 새롭게 만든 레벨을 선택하고 확인을 클릭합니다.

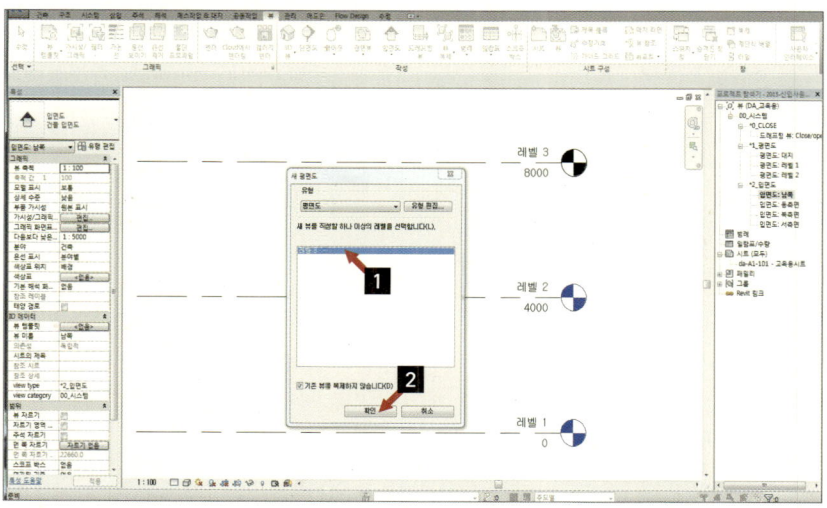

▬ 뷰 속성 부여 1

이제 평면 뷰가 뷰 탐색기 안에 들어오며 해당 평면 창이 오픈됩니다. 하지만 새롭게 생성된 뷰가 이상한 카테고리 ???에 들어가 있는 걸 확인할 수 있습니다. 이는 뷰탐색기 세팅−뷰(DA_교육용)라는 설정이기에 새롭게 생성된 뷰의 카테고리와 타입이 결정되지 않았기 때문입니다.

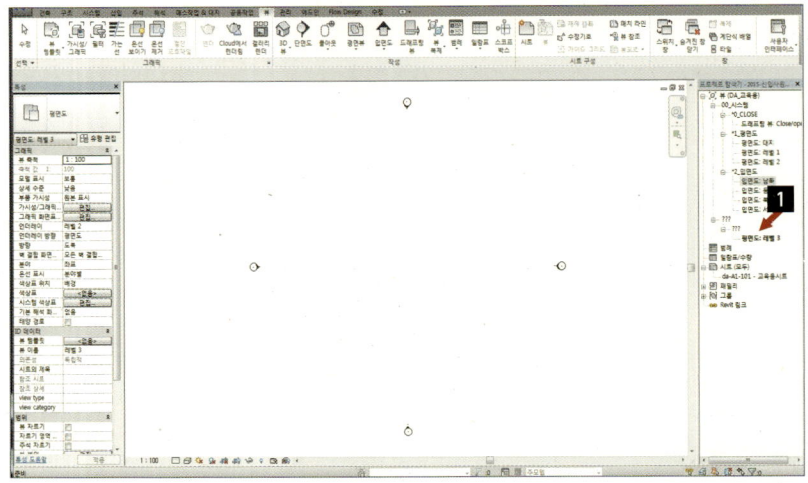

▬ 뷰 속성 부여 2

왼쪽 특성 창에서 뷰 타입은 *1_평면도로 뷰 카테고리는 00_시스템으로 변경해주면 새롭게 생성된 평면 뷰가 ??? 타입에서 아래 그림처럼 이동되는 것을 확인할 수 있습니다.

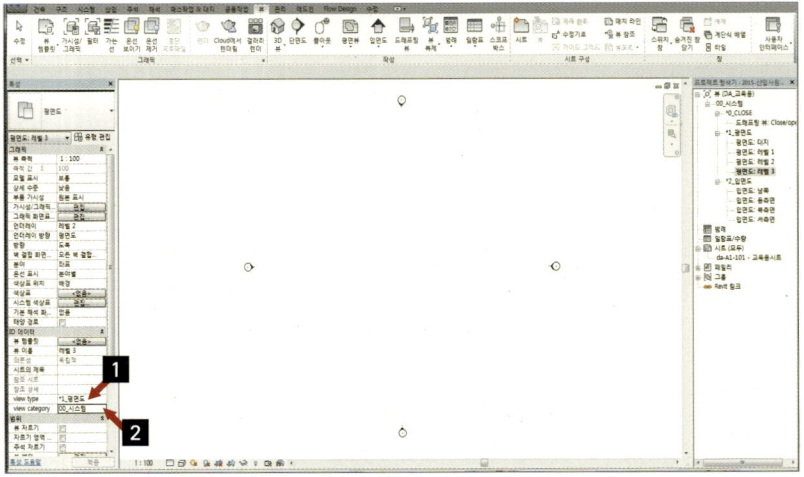

사실 오른쪽 프로젝트 탐색기는 개인이나 조직의 취향으로 변경할 수 있습니다. 뷰 카테고리와 뷰 타입은 프로젝트 매개 변수의 생성으로 임의로 만든 기준입니다. 그리고 그에 따른 탐색기의 구성이며 이는 공동 작업 등에 추가하거나 변경할 수 있습니다.

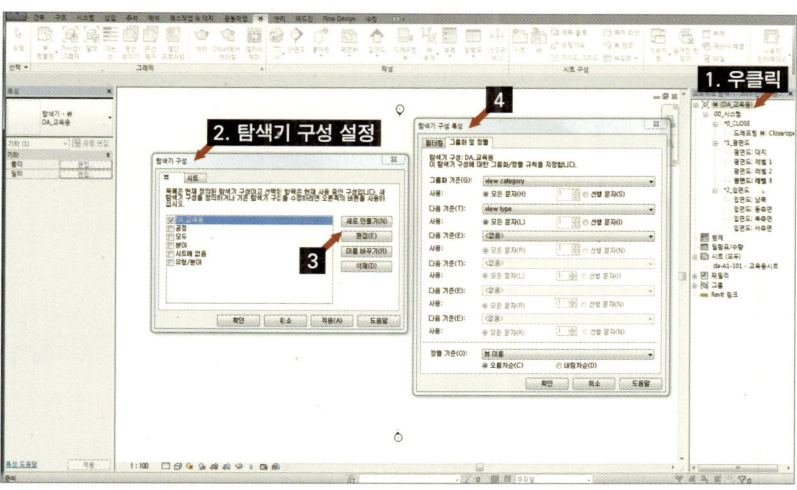

위의 그림처럼 설정된 뷰 타입은 뷰 카테고리의 하위 메뉴입니다. 이를 새롭게 생성하는 건 뷰 카테고리에 01_USER를 타이핑하여 새롭게 생성하고 그 카테고리에 뷰를 넣을 수 있으며 이때 뷰 타입도 마찬가지로 생성할 수 있습니다.

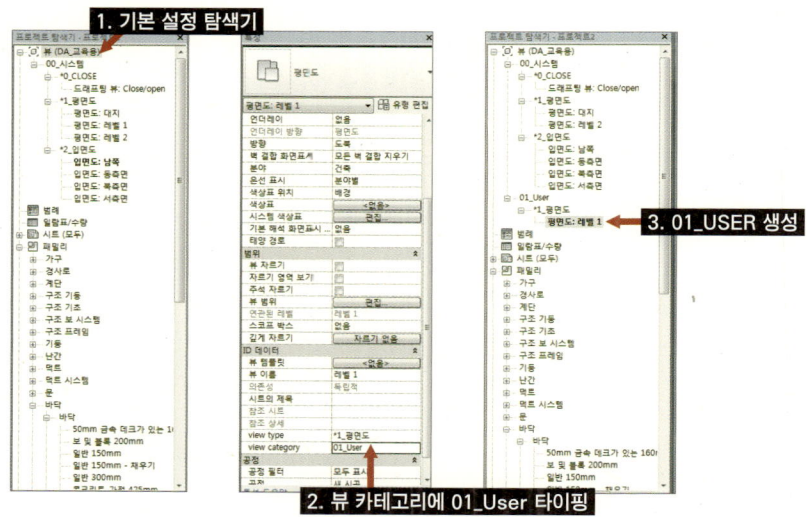

프로젝트 매개 변수는 해당 프로젝트에 한하여 설정되는 변수들을 칭합니다. 관리 탭의 프로젝트 매개 변수에서 새롭게 생성하거나 수정할 수 있고 아래 그림처럼 매개 변수의 유형과 데이터를 설정하고 확인을 누른 후 좀 전의 프로젝트 탐색기의 구성에서 이들을 선택하는 것으로 설정할 수도 있습니다.

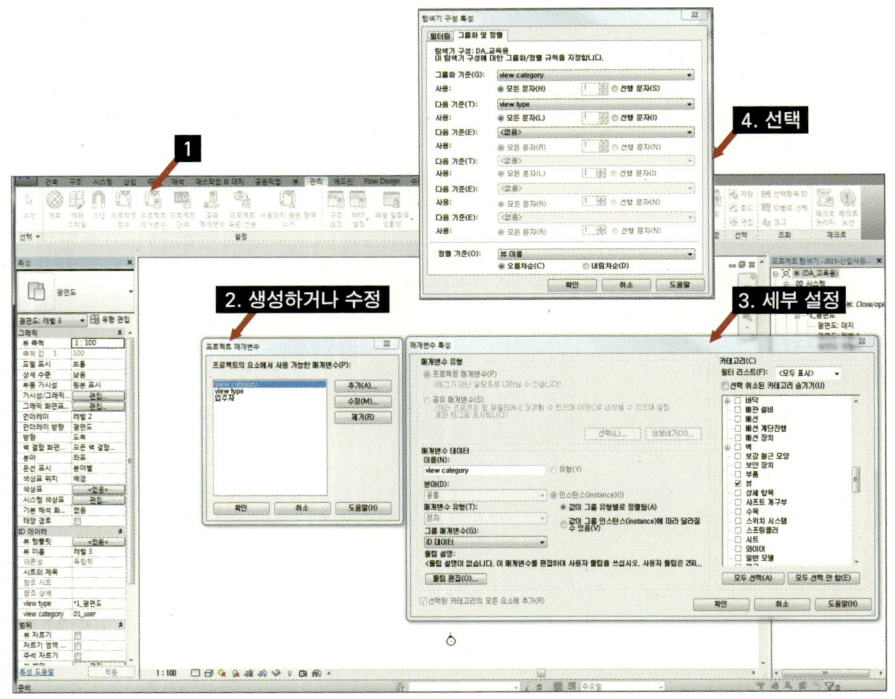

화면 가시성 및 그래픽 설정 1

이번 작업은 공동 작업이 아니기 때문에 레벨 3을 다시 00_시스템으로 변경하고 평면도:레벨1을 실행하여 단축키 V+V를 실행합니다. 아마도 레빗을 다루면서 가장 많이 활용하는 단축키일 것이며 해당 뷰의 가시성을 편집해야 할 때 필요합니다. 그리고 가시성 구성에서 대지의 하위 메뉴를 펼쳐 조사점과 프로젝트 기준점을 체크하여 이 파일에서 원점을 확인합니다.

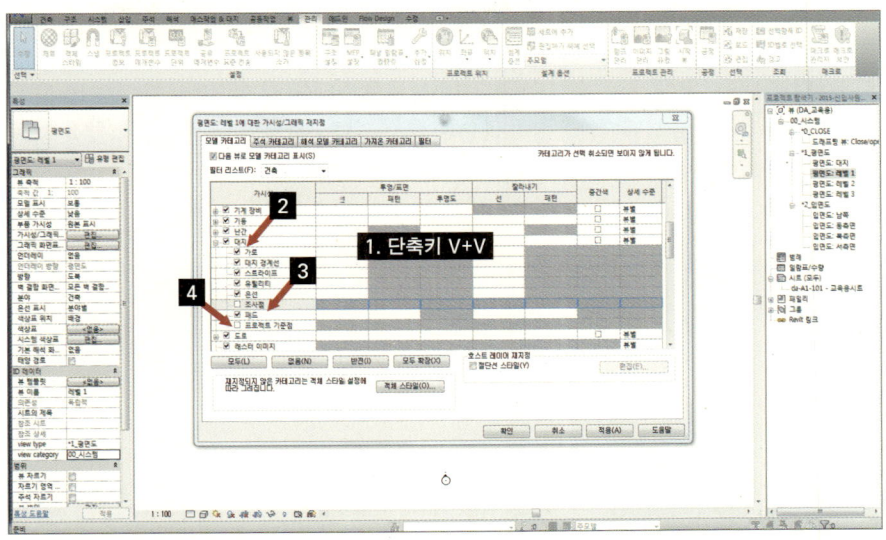

화면 가시성 및 그래픽 설정 2

프로젝트 조사점과 기준점은 프로젝트의 원점을 나타내기도 하며 실제 건축물이 위치 하는 고도 값을 입력할 수도 있습니다.

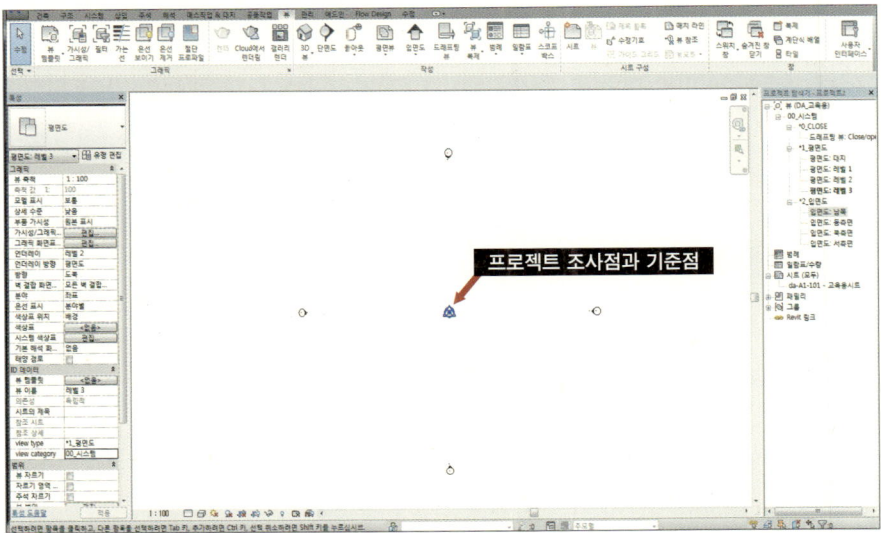

CAD 파일 링크

이제 모델링의 베이스가 될 도면을 불러오려고 합니다. 삽입 탭 → CAD 링크를 선택해 CAD 링크 형식에서 경로를 찾고 원점대원점 설정, 축에서 벗어난 선 보정 체크 해제, 현재 뷰에만 체크하여 불러옵니다. 이번 예제에서는 그냥 넘어갔지만 가져오기 단위(s)가 현재는 자동 탐지로 되어 있지만 이를 밀리미터 단위로 변경하는 것도 좋은 방법입니다.

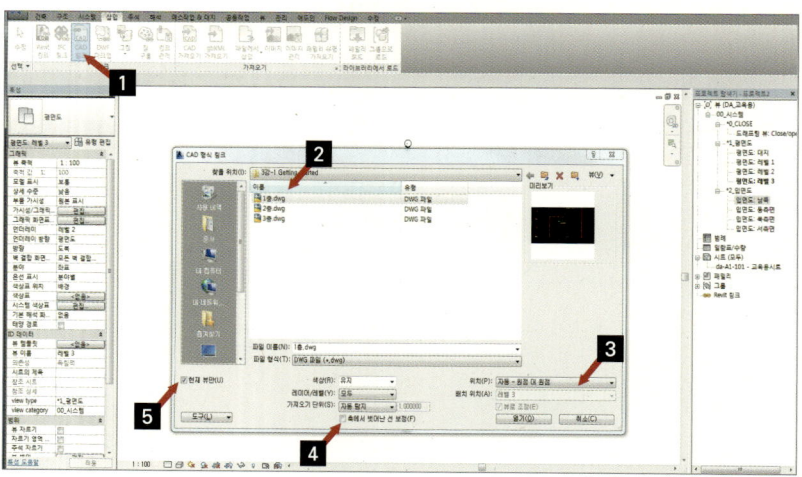

링크된 파일 원점 확인

우리가 전에 라이노에서 설정한 원점(0,0,0)과 레빗의 프로젝트 조사점 및 기준점이 동일하게 맞춰진 걸 확인할 수 있습니다.

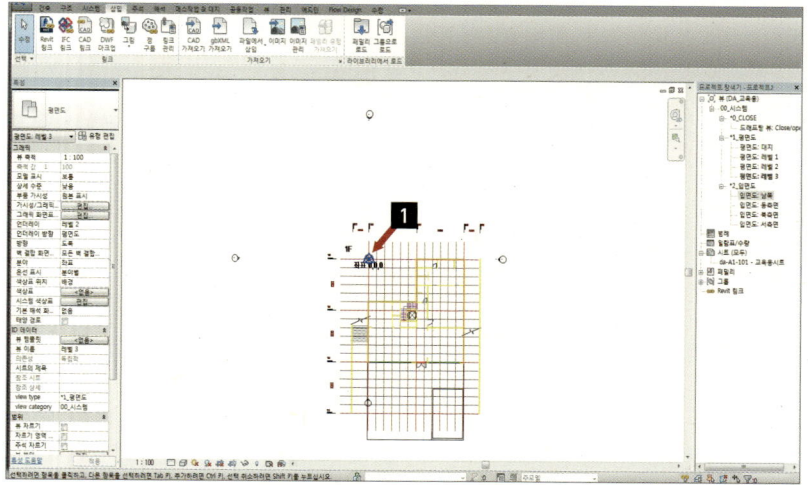

━ 링크된 파일 색상 변경 1

불러온 캐드 도면이 레이어를 다 담고 있기에 작업할 때 레이어의 색상 때문에 구분이 쉽지 않습니다. 이를 보기 편하게 바꿔주기 위해 도면을 선택해서 왼쪽 특성 창에서 배경을 전경으로 변경하고 붓처럼 생긴 아이콘을 클릭해 불러온 도면의 요소 색상을 변경합니다.

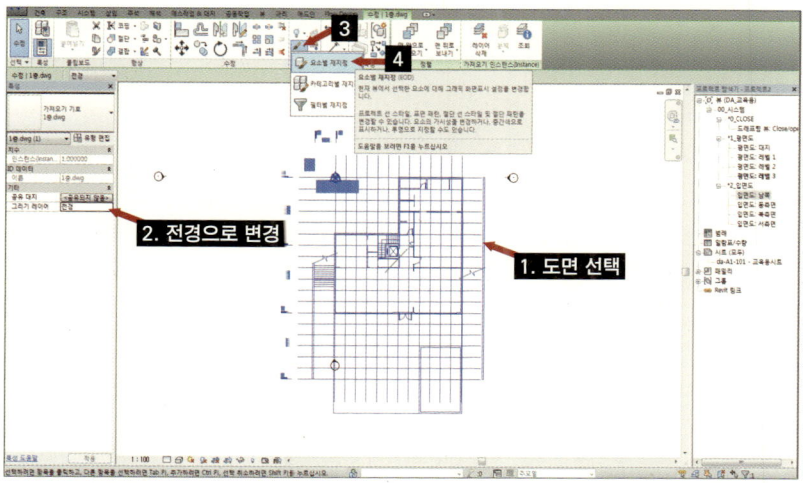

━ 링크된 파일 색상 변경 2

아래 그림의 순서대로 불러온 캐드 도면의 요소 색상을 변경해줍니다.

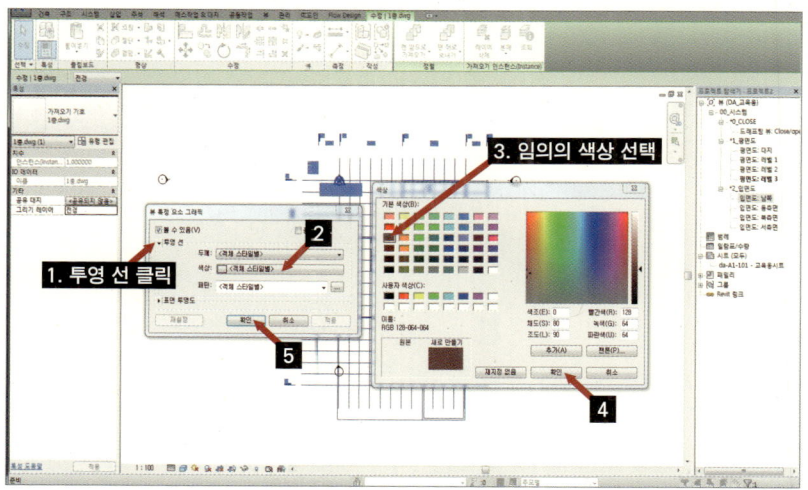

바닥 그리기 1

바닥, 벽, 지붕 다 마찬가지로 구조부재를 모델링하고 건축 마감을 모델링하는 것이 순서에는 맞습니다. 하지만 건축 바닥, 벽의 재료 구성에서 부여할 수도 있기 때문에 지금은 건축 탭의 바닥과 벽 등의 모델링을 합니다.

이제 기본이 될 1층 바닥(슬라브)을 생성하려고 합니다. 건축 탭 → 바닥 → 바닥: 건축을 클릭합니다.

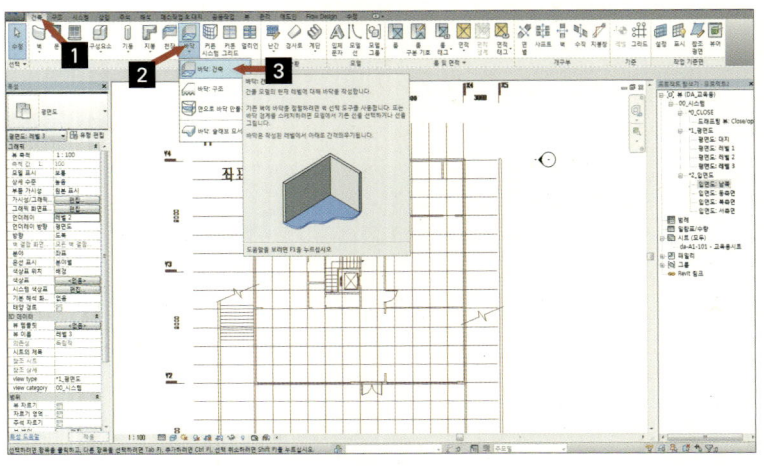

바닥 그리기 유형 편집

생성하려는 바닥의 재료, 두께를 설정하기 위해 아래 그림처럼 유형 편집을 클릭하고 유형 특성에서 복제를 누르고 새로운 이름을 생성합니다 .

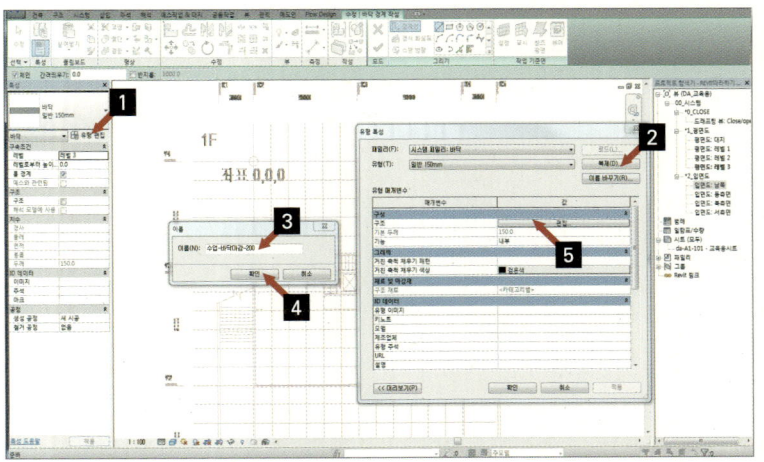

바닥 그리기 – 유형 편집에서 재질 변경 1

1번을 클릭하면 오른쪽에 재료 탐색기를 오픈할 수 있는 표시가 보이며 이를 또 클릭하면 왼쪽의 재료 탐색기가 오픈됩니다. 여기에서 콘크리트를 선택하고 확인을 클릭합니다.

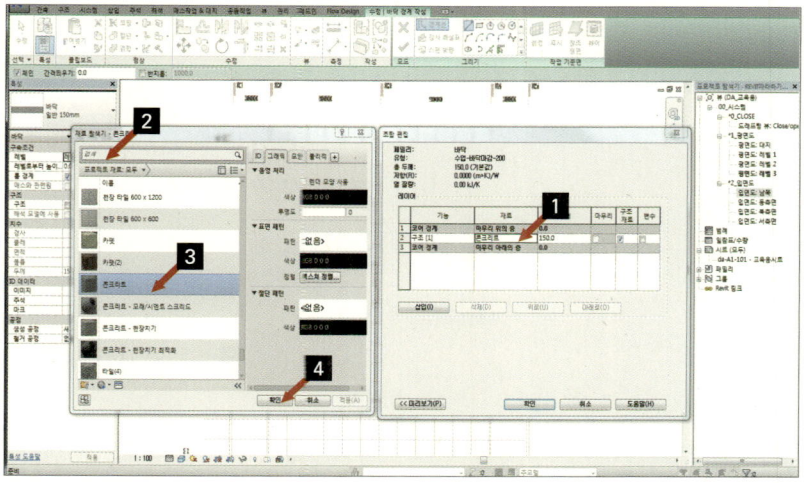

바닥 그리기 – 유형 편집에서 재질 변경 2

그런 후에 1번의 삽입을 클릭하고 구조[1]이라는 재료층이 생성되면 이를 코어 경계의 위로 올리기 위해 3번의 위로(U)를 클릭합니다.

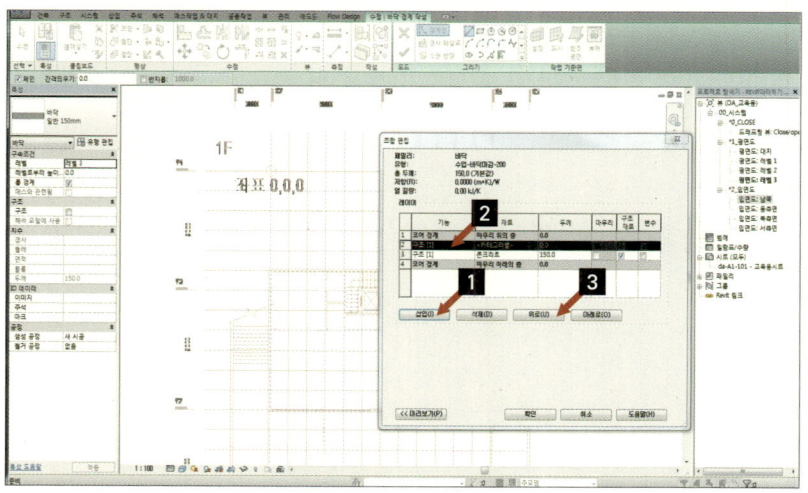

바닥 그리기 – 유형 편집에서 재질 변경 3

1번으로 재료 탐색기를 오픈하여 목재–바닥을 선택하고 3번의 재료 두께를 변경하여 줍니다. 그런 후에 4번의 방금 생성한 재료의 성격을 마감으로 변경하고 확인을 클릭합니다.

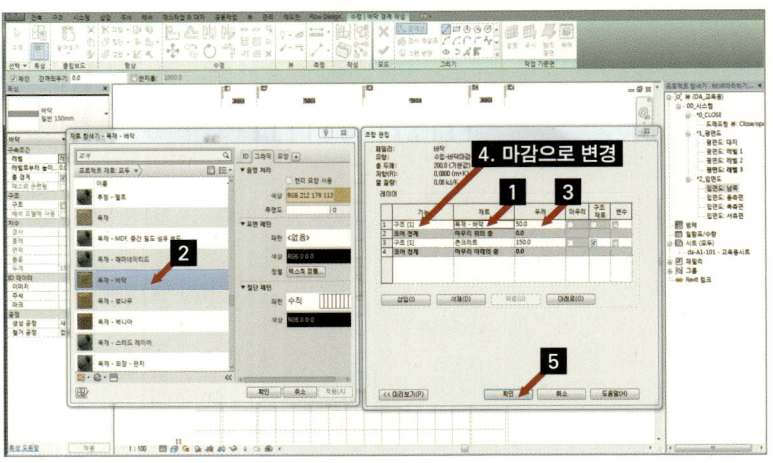

바닥 그리기 – 그리기 도구로 외곽 라인 설정 1

그리기 도구에서 선을 선택해서 아래 그림처럼 벽의 안쪽을 기준으로 선을 그려줍니다. 레빗에서 슬라브를 외벽의 마감 면으로 그릴 경우 차후에 외부에서 볼 때 층간에 슬라브가 삐져 나온 것처럼 보입니다. 물론 실무에서는 외부 마감이 있기 때문에 외벽의 바깥쪽 면이 슬라브 기준이 되나 이번에는 작업의 편의를 위해 안쪽을 기준으로 작성합니다.

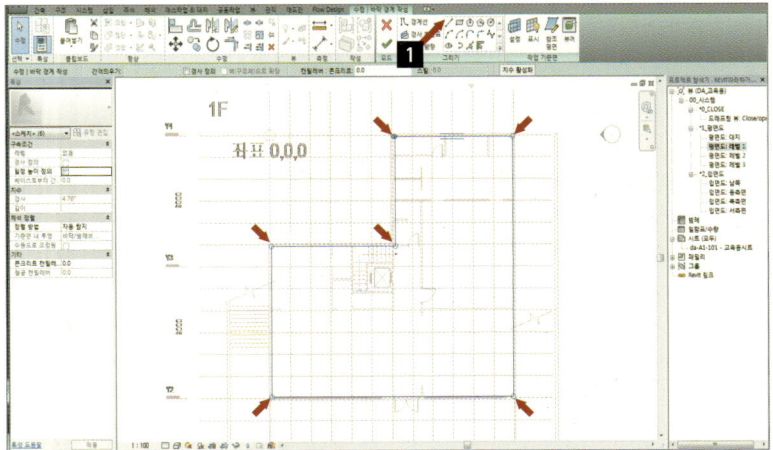

── 바닥 그리기 – 그리기 도구로 외곽 라인 설정 2

그리기 도구 선으로 라인을 그렸지만 확대해보니 아래 그림처럼 기준 라인에서 떨어져 있습니다(의도한 것입니다). 물론 이 라인을 지우고 다시 그리는 것도 방법이지만 이번 에는 작업의 편의를 위해 정렬 아이콘을 활용합니다.

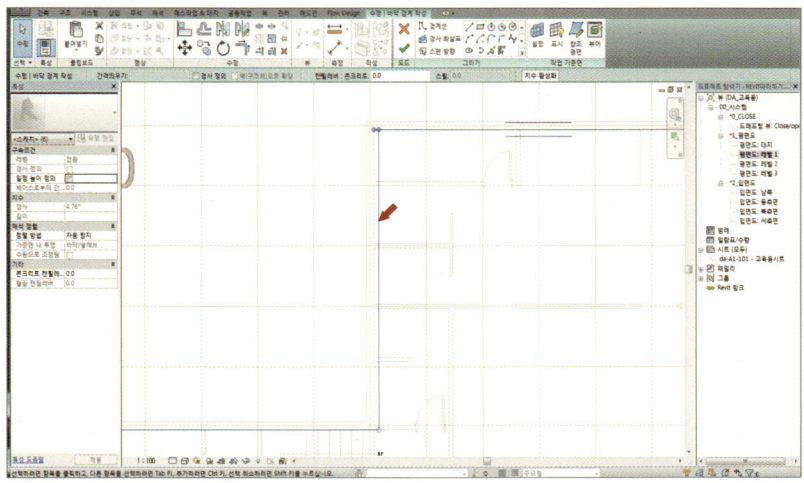

── 바닥 그리기 – 그리기 도구로 외곽 라인 설정 3

기준이 되는 도면에 방금 생성한 슬라브 바닥을 일치시키기 위해 수정의 정렬 아이콘 을 클릭합니다.

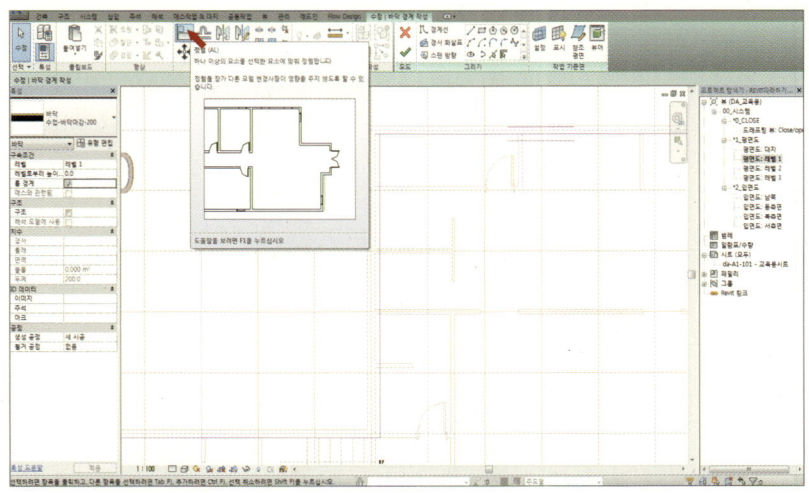

바닥 그리기 – 그리기 도구로 외곽 라인 설정 4

정렬을 선택하고 기준 라인이 될 링크시킨 도면을 클릭하고 정렬시키려는 슬라브 바닥 라인을 선택하면 정렬이 완료됩니다.

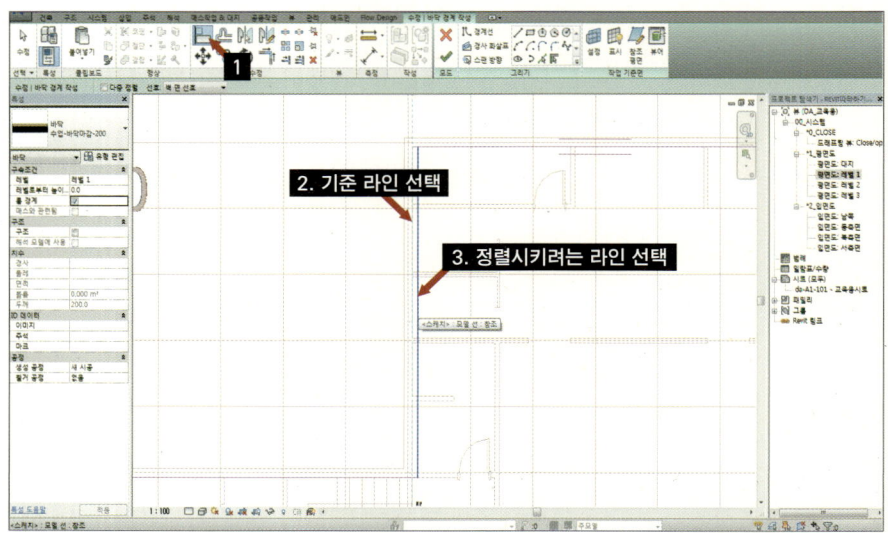

바닥 그리기 – 그리기 도구로 외곽 라인 설정 5

슬라브 라인이 일치된 걸 확인했으면 리본 탭의 확인을 눌러 편집을 완료합니다.

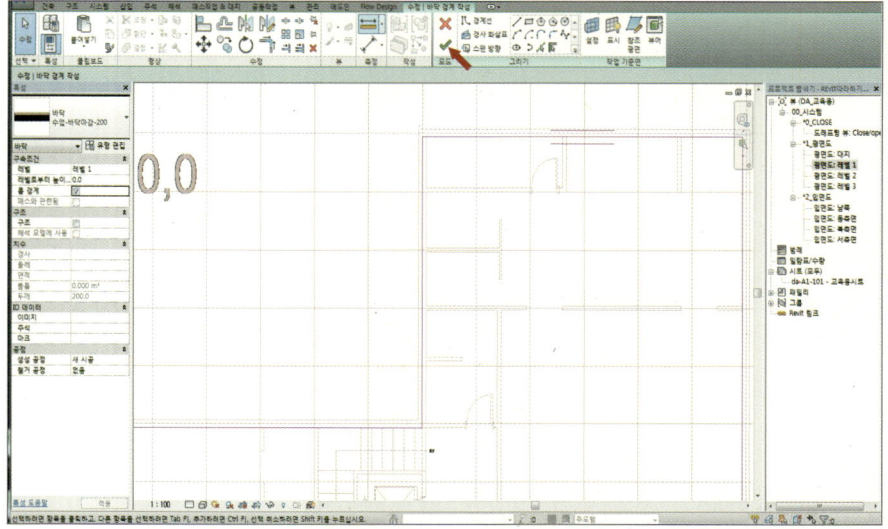

바닥 그리기 – 그리기 도구로 외곽 라인 설정 6

3D 뷰를 클릭하고 키보드 W 다음에 T를 눌러 생성된 창을 정렬합니다.

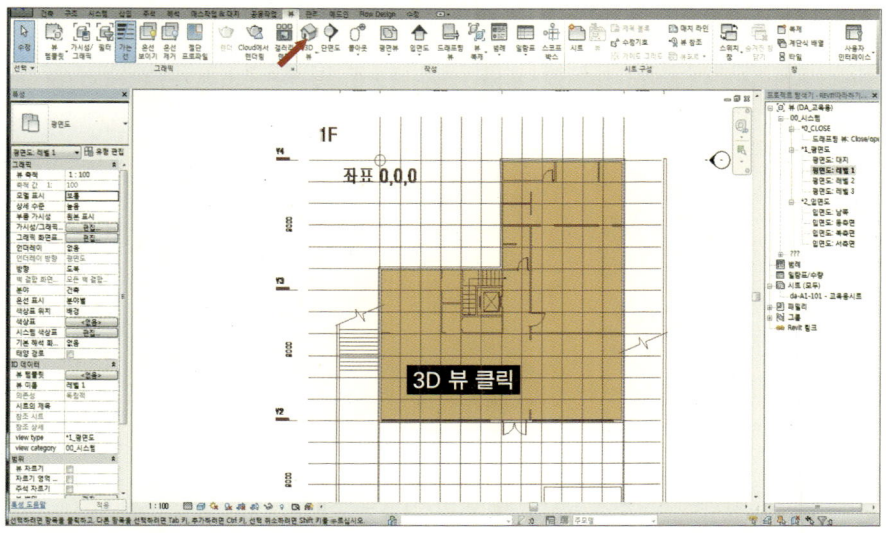

바닥 그리기 – 3D 뷰로 확인

3D 뷰에서 뷰 컨트롤은 휠마우스는 이동, shift+휠이나 우클릭은 3D 회전입니다. 혹은
3D 상단의 박스 아이콘을 움직여 뷰를 이동시킵니다.

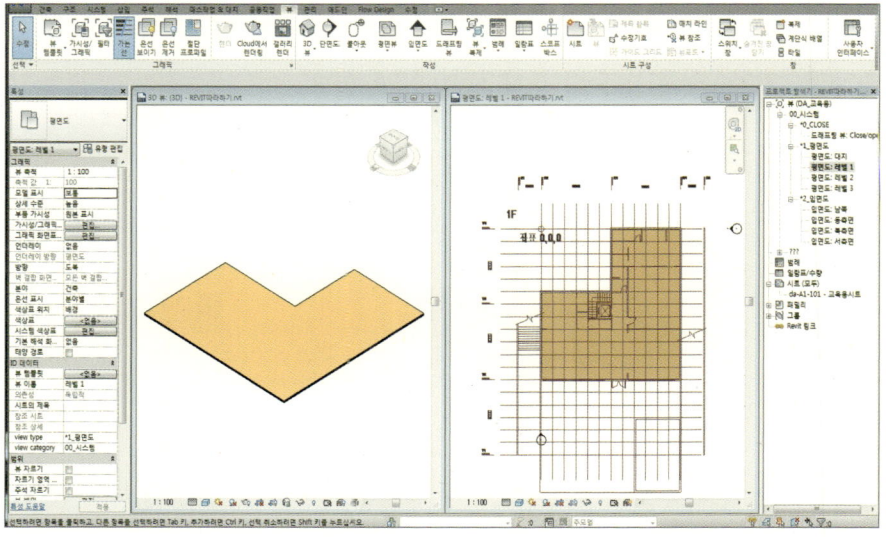

▬ 벽체 그리기

슬라브가 완성된 것을 확인하였으므로 이제 벽체를 생성하려고 합니다. 건축 탭의 벽을 선택하면 아래로 나오는 기능 중에 벽:건축을 선택합니다.

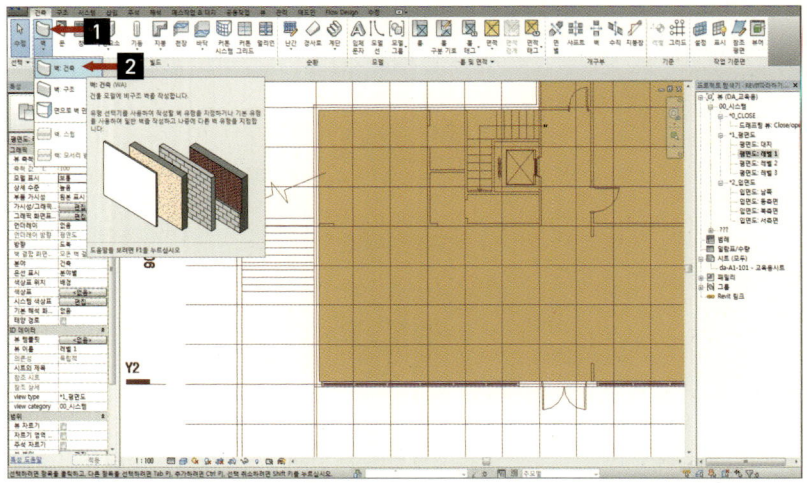

▬ 벽체 그리기 – 유형 편집을 통한 유형 복사

건축: 벽을 선택하면 특성 창이 벽체를 구성하는 패밀리의 특성으로 변경되며 그중 기본벽 일반–200mm의 유형 편집(1)을 선택해 나오는 유형 특성 창의 복제(2)를 클릭해 이름을 수업–벽체–200으로 변경하고 확인을 눌러줍니다. 그렇게 한 후 벽체의 내부 구성을 편집하기 위해 편집(5)을 클릭합니다.

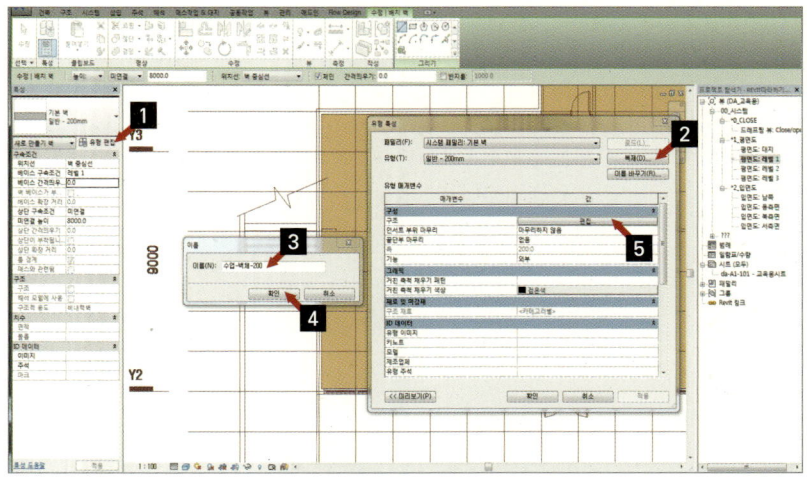

벽체 그리기 - 재질 변경 1

편집을 클릭하면 나오는 조합 편집 창에서 아래 이미지와 같이 마감재 1, 구조, 마감재 1의 구성과 두께로 조합을 변경하여줍니다.

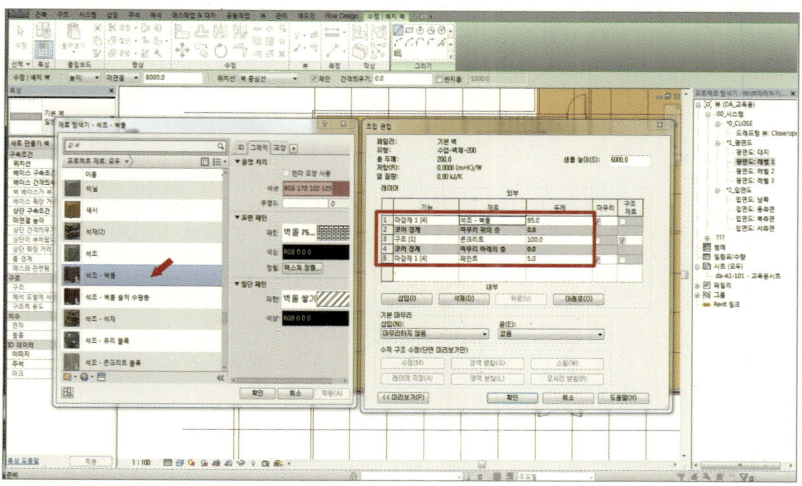

벽체 그리기 - 재질 변경 2

조합이 완료되었으면 하단의 미리 보기를 선택해 벽체 구성을 미리 확인할 수 있습니다.

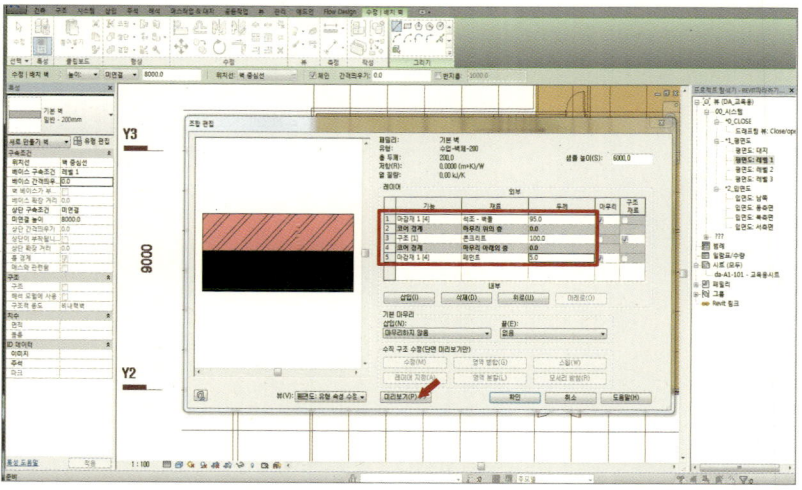

— 벽체 그리기 – 패밀리 선택

이제 건축 탭의 벽–건축을 선택하면 특성 창에서 우리가 조합한 벽체 구성의 패밀리를
선택할 수 있습니다.

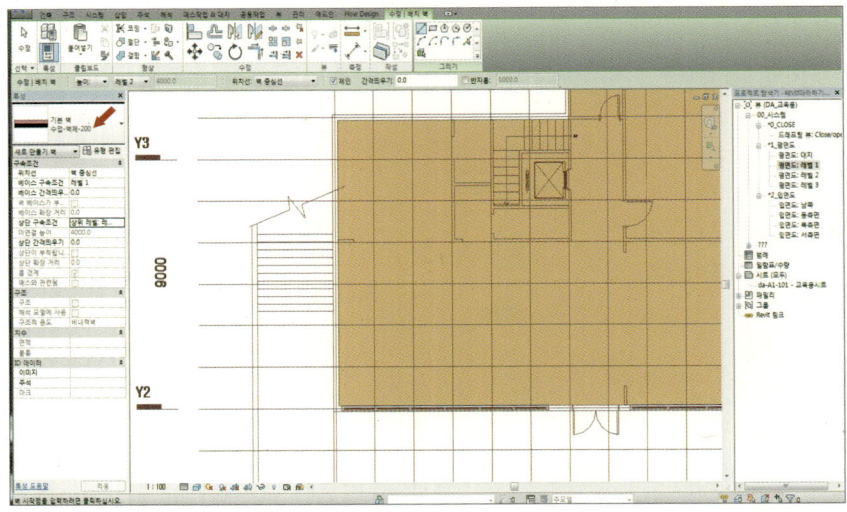

— 벽체 그리기 – 패밀리 선택

수업–벽체–200을 특성 창에서 벽체의 구속 조건에 베이스 구속 조건은 레벨 1에 베이
스 간격 띄우기는 –200, 상단 구속 조건은 레벨 2로 변경해줍니다.

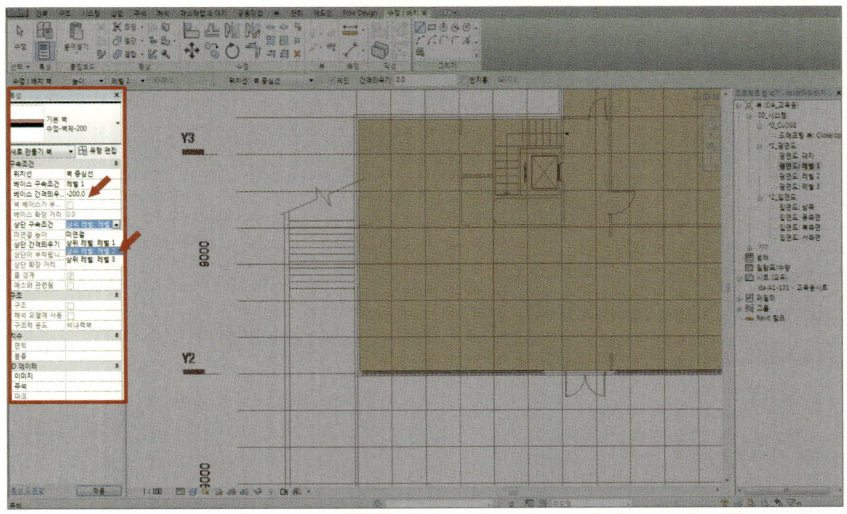

레빗은 레벨 및 주변 경계와 구속되는 조건을 갖게 됩니다. 구속되는 경우의 수가 많을수록 파라메트릭한 형태가 갖추어지지만 그만큼 프로그램의 버퍼링이 심해지기도 합니다. 레빗에서 벽체를 비롯한 모든 객체는 해당 레벨에 구속하여 Z 값을 표현하며 기본적으로 기둥, 보, 슬라브, 벽체의 경우 레벨에 구속되어 있으면 층고의 변경 시 자동으로 연장되거나 축소됩니다.

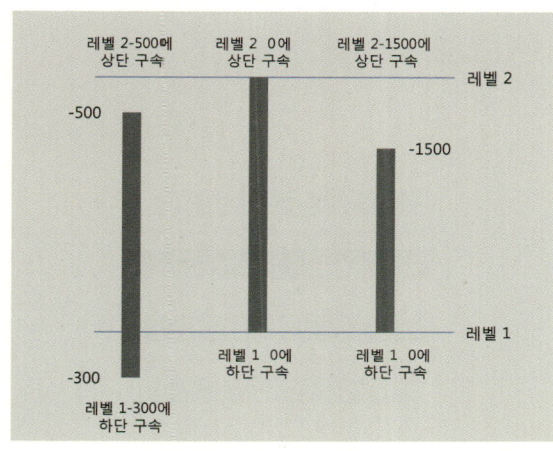

레벨값 변경 시 벽체 레벨이 변경된 값만큼 연동되어 연장 혹은 축소

■ 유형 편집

레빗은 유형 편집을 통해 각각의 재료를 조합하여 벽, 지붕, 바닥 등의 객체를 생성할 수 있습니다. 아래 이미지는 벽체에 마감재, 단열재, 구조체를 넣어 만든 복합 벽체의 예입니다.

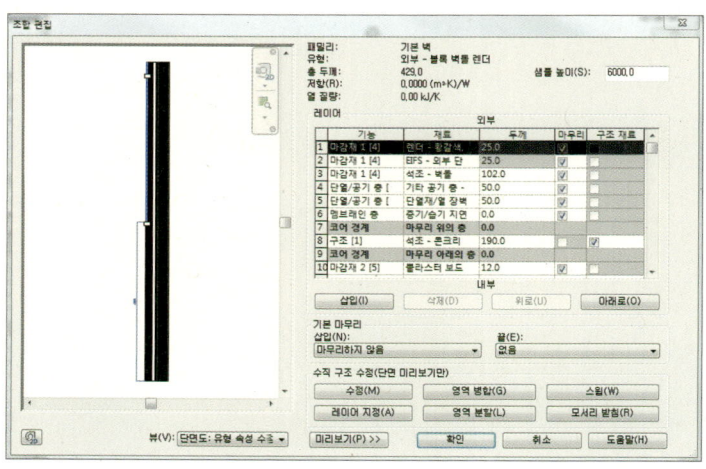

━━ 벽체 그리기 - 순서에 의한 배치

특성 창에서 벽체의 구속 조건을 변경한 후에 작업 창에서 벽체를 그려야 하는데 이미지의 경우처럼 레빗은 그리는 방향에 따라 벽체의 앞면과 뒷면이 구분되므로 사용자가 적절하게 파악하고 작업을 진행해야 할 듯합니다.

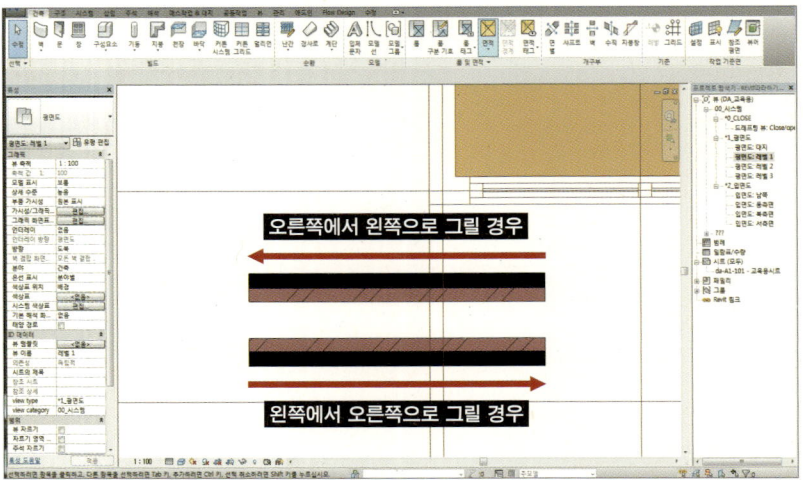

━━ 벽체 그리기 - 1층 벽체 그리기

벽체를 그리는 순서에 따라 앞면과 뒷면이 구분되는데 우리는 아래 이미지의 화살표 방향으로 벽체를 그려나갈 것입니다.

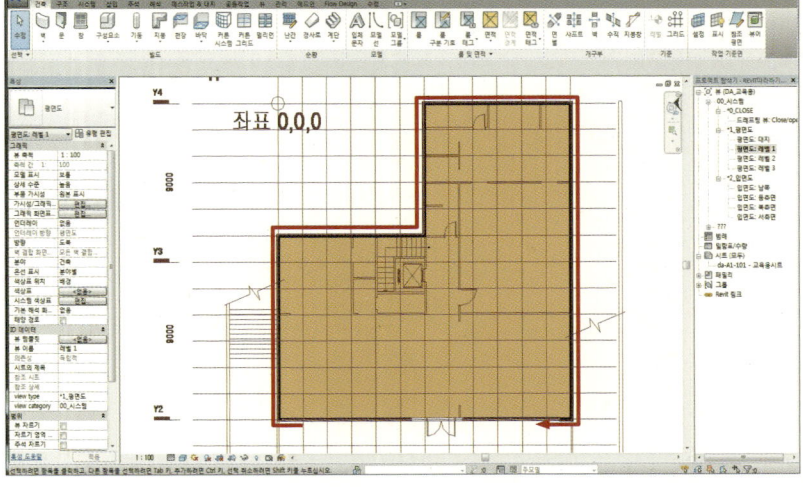

벽체 그리기 - 정렬

슬라브 바닥선의 경우처럼 원하는 위치에 벽체를 정렬하고 싶을 때는 수정 탭의 정렬을 선택한 후 기준이 될 라인을 선택하고 정렬시킬 객체의 외곽(정렬시키려고 하는 방향의)을 선택하여 정렬시켜줍니다.

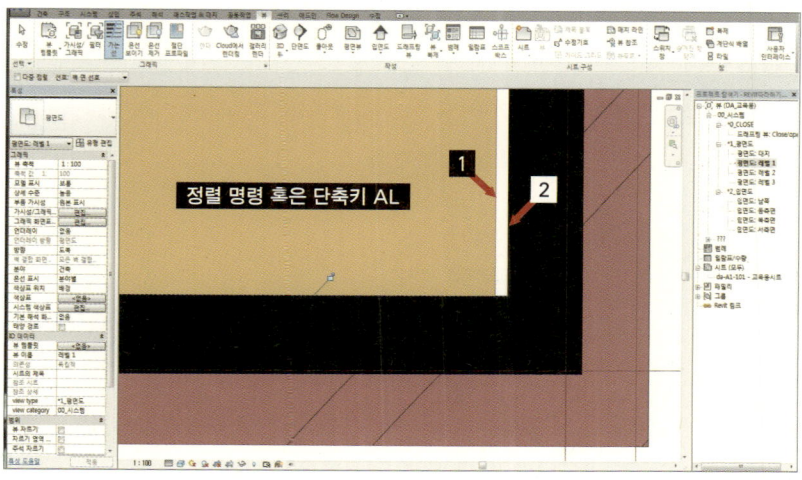

벽체 그리기 - 벽체 속성 변경 1

3D 뷰를 선택하여 우리가 방금 그린 벽체가 제대로 생성되었는지 확인합니다. 그런데 내벽의 색상이 너무 어두워 확인이 조금 어려운 걸 알 수 있는데요. 이런 어두운 음영을 변경하기 위해 벽체를 선택하고 유형 편집을 선택합니다.

벽체 그리기 – 벽체 속성 변경 2

조합 편집의 내벽 마감재인 페인트의 재료 탐색기를 오픈하여 표면 패턴의 색상을 눈에 잘 보이는 색상이나 실제 생각하는 색상으로 변경하고 확인을 클릭합니다.

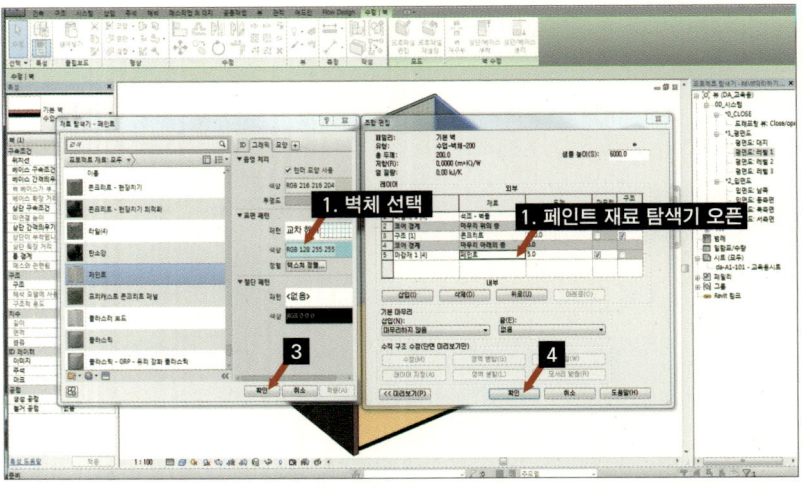

벽체 그리기 – 벽체 속성 변경 3

이제 내벽의 색상이 변경되어 한결 눈에 잘 보이게 변경되었음을 확인할 수 있습니다.

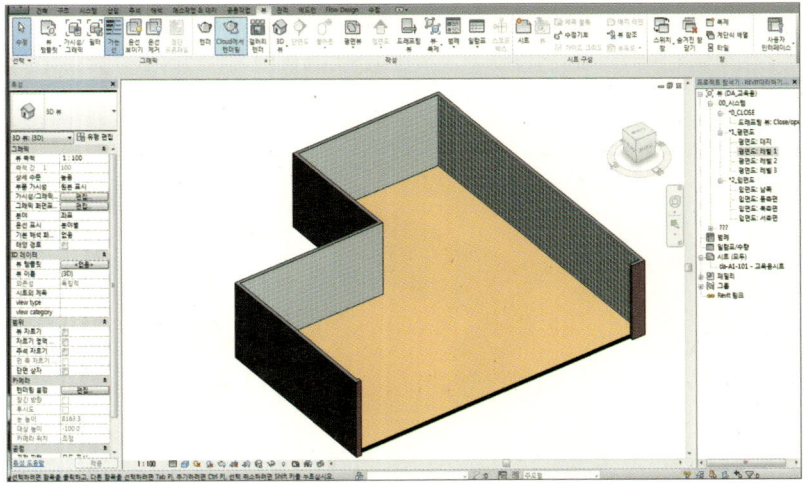

─ 벽체 그리기 – 내부 벽체 생성

이제 내벽을 생성하기 위해 평면도:레벨1을 더블클릭하여 오픈하고 벽 그리기를 선택하여 내벽의 재료 속성을 결정하기 위해 특성 창에서 유형 편집을 선택하여 벽 타입을 복제하고 수업–벽체–100으로 변경 후 재료 속성의 이미지와 같이 변경하여줍니다.

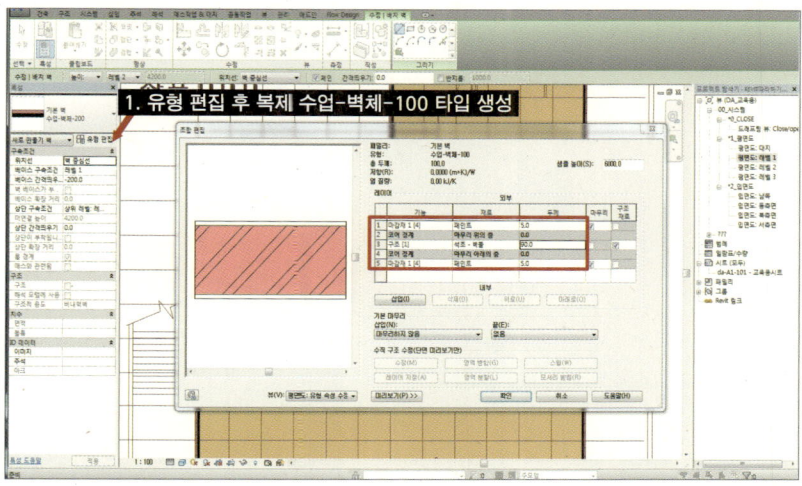

─ 벽체 그리기 – 내부 벽체 특성 확인

새로 생성한 내벽을 특성 창에서 베이스 간격과 상부 구속 조건을 설정하고 이미 불러온 도면을 참조하여 그려나가기 시작합니다.

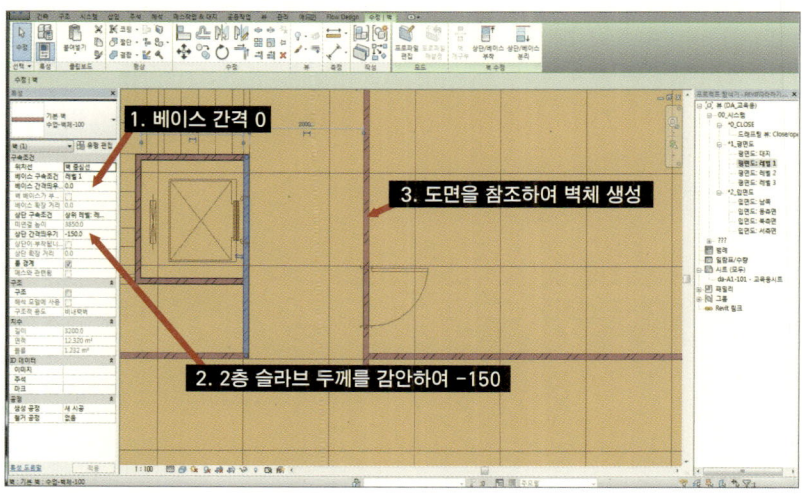

링크한 도면을 바탕으로 생성한 내벽의 모습입니다.

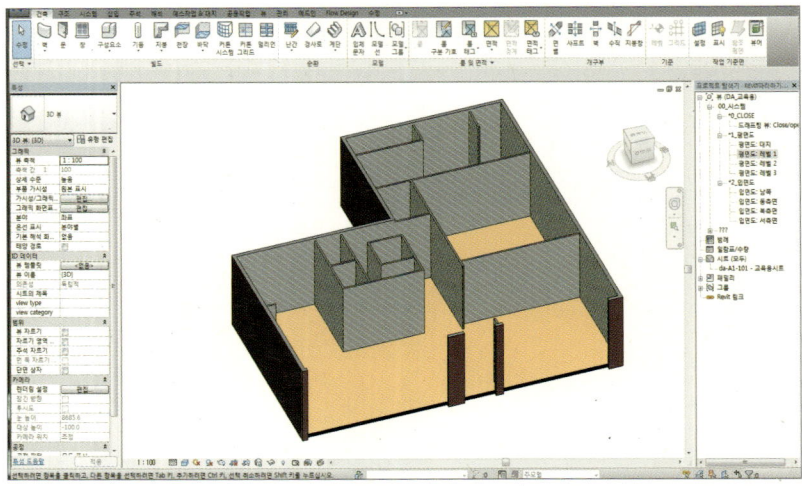

커튼월

이제 다음으로 커튼월 벽체를 생성하려 합니다. 다시 평면도:레벨1을 더블클릭하여 뷰를 생성하고 커튼월을 모델링할 부위를 살펴보니 이미지와 같이 전체 두께는 200, 커튼월의 멀리언은 100으로 되어 있는 것을 확인할 수 있습니다.

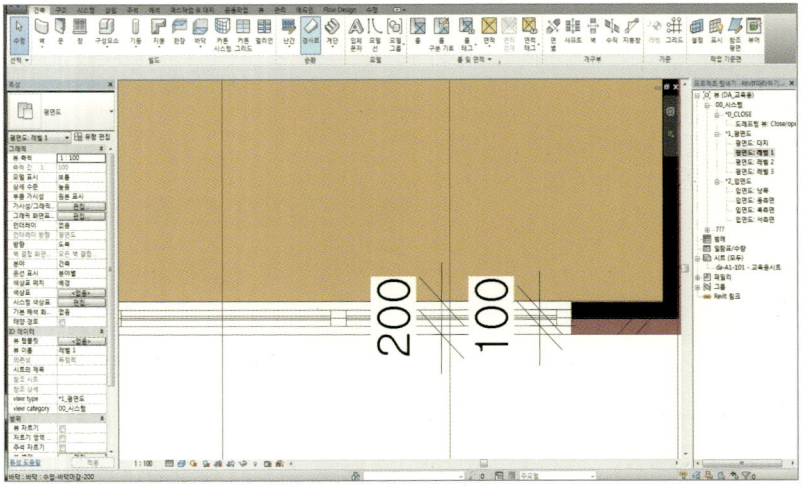

━ 커튼월 – 패밀리 확인

커튼월 두께를 확인하였으니 이제 커튼월을 작성하기 위해 건축 탭의 벽, 벽: 건축을
선택합니다.

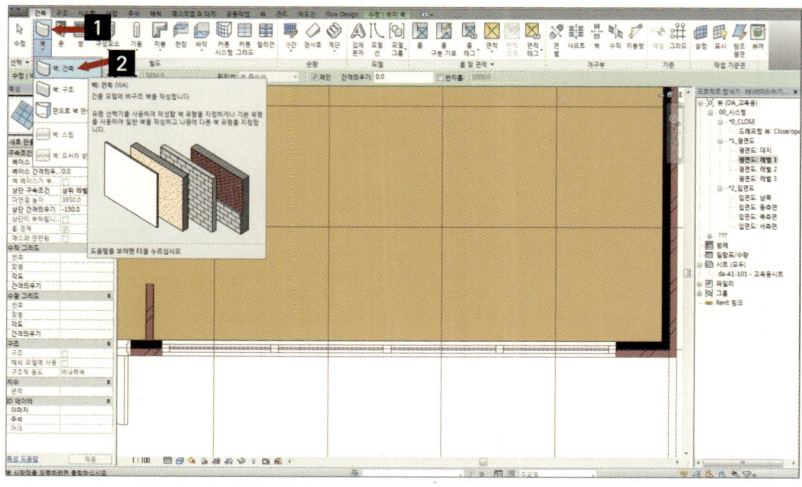

━ 커튼월 – 패밀리 선택

벽: 건축을 클릭하게 되면 특성 창에서 벽의 유형을 선택할 수 있는데 스크롤을 맨 마
지막으로 내려 커튼월에서 기본 커튼월을 선택합니다.

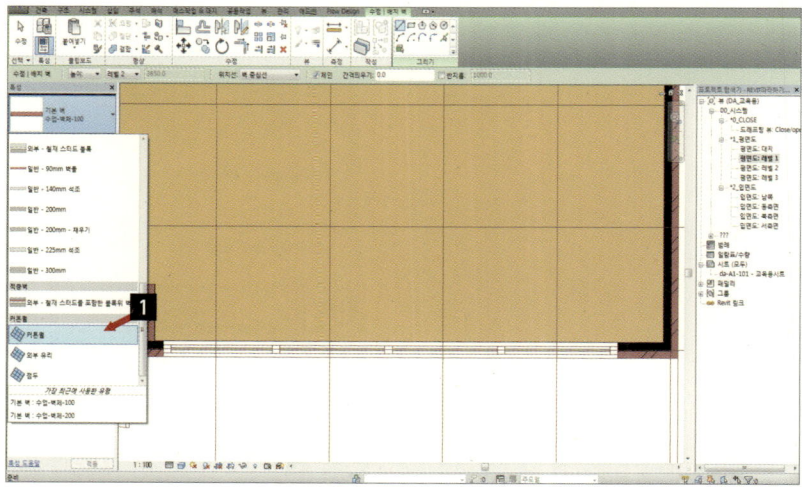

커튼월 – 패밀리 복제

커튼월을 선택하고 유형 편집을 클릭해 유형 특성에서 복제를 눌러 유형의 이름을 수업-커튼월1층으로 변경하고 확인을 눌러줍니다.

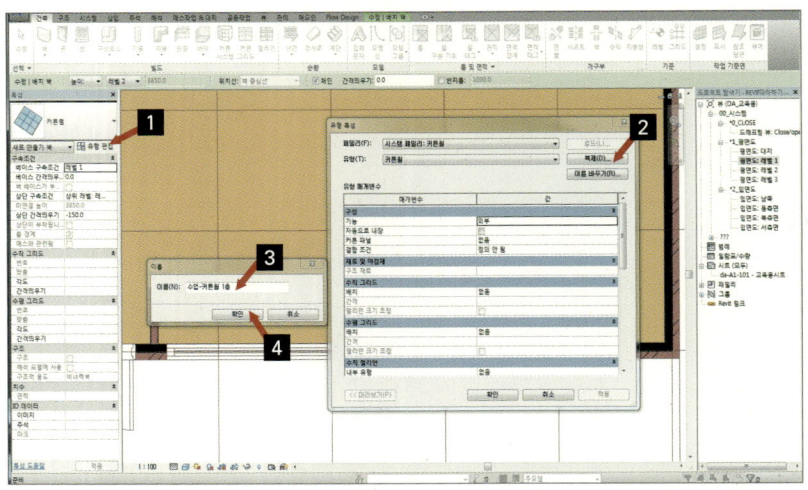

커튼월 – 패밀리 복제

이름을 변경하고 수직 그리드의 배치를 고정 거리, 간격을 1484로 변경한 후 수평 멀리언은 현재는 없음, 그리고 수직 멀리언의 내부 유형에서 적당한 사이즈를 선택하려 했는데 좀 전에 측정한 수치와 맞는 멀리언이 없는 것으로 확인됩니다.

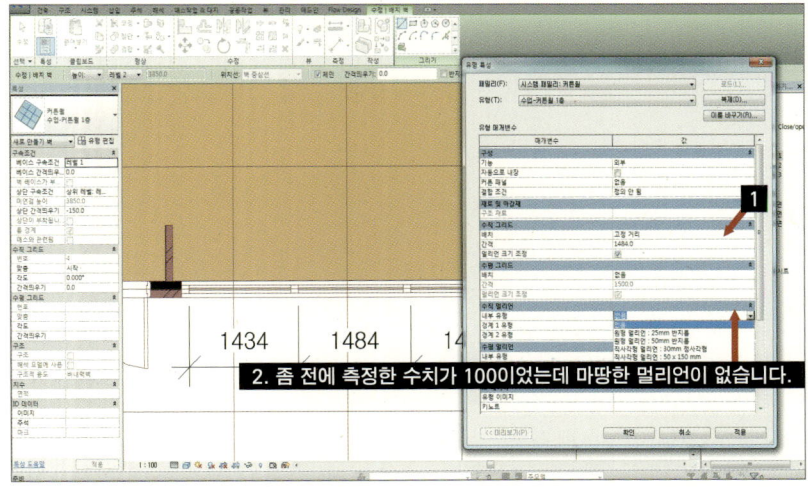

━ 커튼월 – 멀리언 설정 1

그래서 우선 확인을 누르고 유형 특성을 빠져나온 후 오른쪽 프로젝트 탐색 창의 스크롤을 내려 패밀리 그룹에서 커튼월 멀리언, 직사각형 멀리언의 하위 메뉴 중에서 오픈합니다.

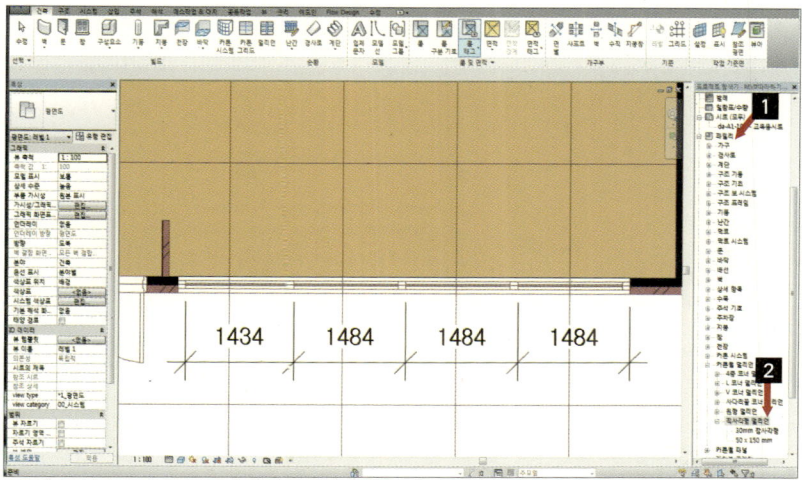

━ 커튼월 – 멀리언 설정 2

하위 메뉴 중 30mm 정사각형에 우클릭하여 나오는 변수 창에서 복제를 선택합니다.

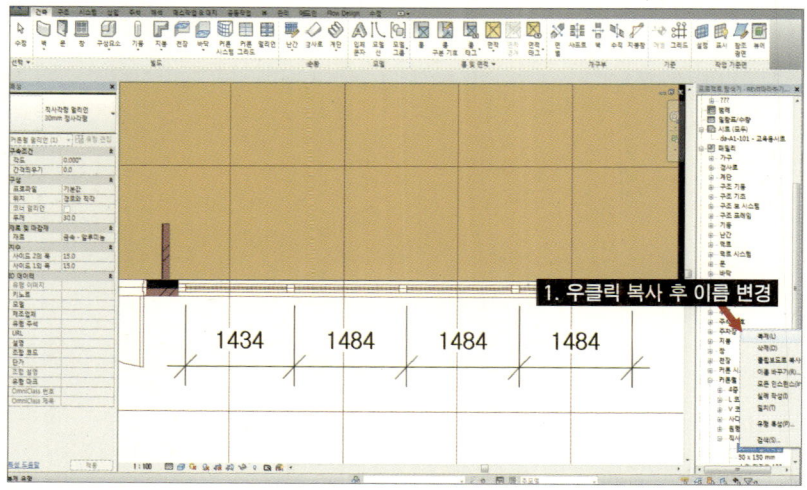

— 커튼월 – 멀리언 설정 3

복제된 멀리언을 수업-멀리언_100으로 이름을 변경하고 이를 더블클릭해서 나오는 유형 특성 창에서 이미지와 같이 두께와 치수를 각각 변경해줍니다.

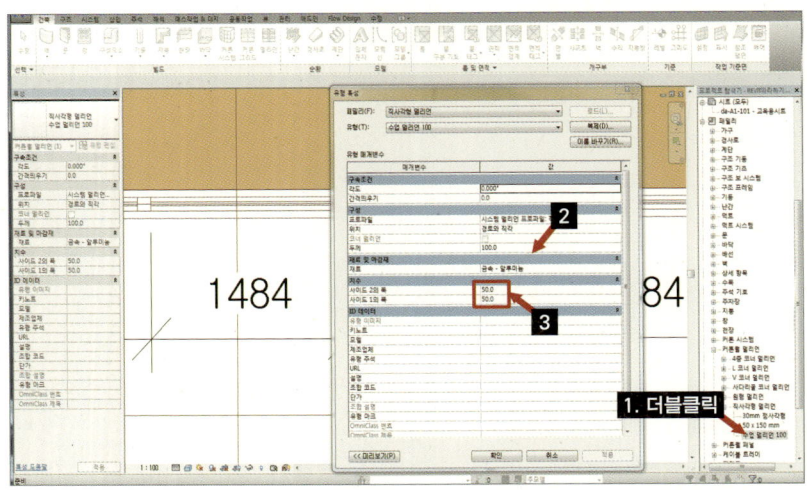

— 커튼월 – 커튼월 작성

이제 다시 확인을 눌러주고 좀 전에 진행했던 벽, 벽: 건축에서 수업-커튼월1층의 유형을 선택하고 왼쪽에서 오른쪽으로 커튼월을 생성해줍니다.

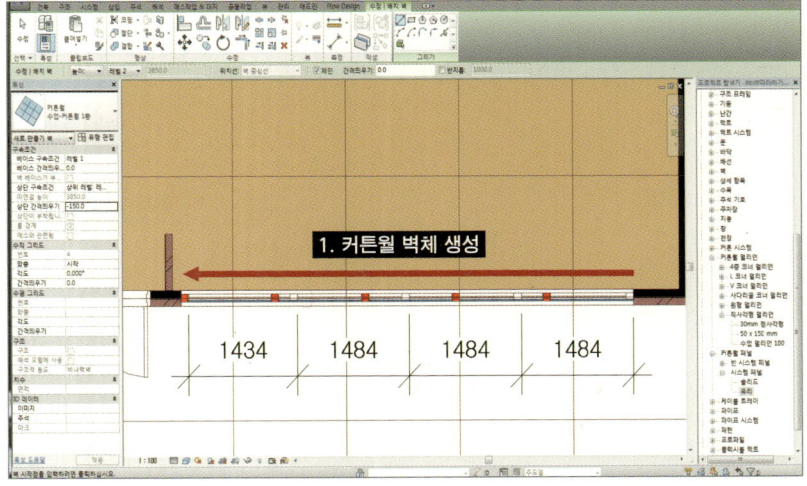

커튼월 – 커튼월 작성 후 속성 변경 1

그리고 생성한 커튼월을 선택하고 유형 편집, 유형 특성에서 수직 그리드를 고정 거리 간격을 1200으로 변경해줍니다. 그리고 수직 멀리언 내부 유형에서 좀 전에 만들어둔 수업 멀리언 100이란 유형을 선택해줍니다.

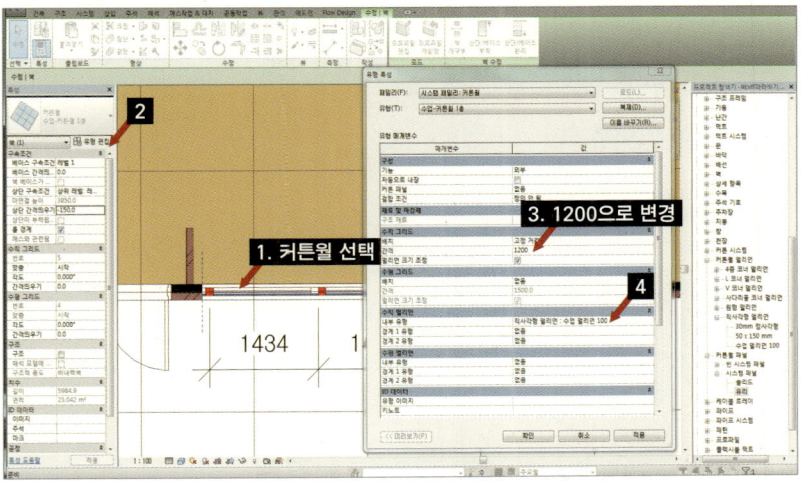

커튼월 – 커튼월 작성 후 속성 변경 2

3D 뷰로 확인해본 모습입니다. 보시는 것처럼 커튼월 수직 멀리언의 간격은 균일하나 시작하는 포인트가 이상합니다.

커튼월 – 커튼월 작성 후 속성 변경 3

그래서 커튼월을 선택하고 특성 창에서 수직 그리드 맞춤을 중심으로 변경해줍니다.

커튼월 – 커튼월 내부 유리 위치 변경 1

다시 평면 뷰로 확인해보니 멀리언과 멀리언 사이의 유리가 도면과 상이함을 볼 수 있습니다. 이 유리의 위치를 조정하기 위해 패밀리, 커튼월 패널의 하위 메뉴들 중 유리를 더블클릭합니다.

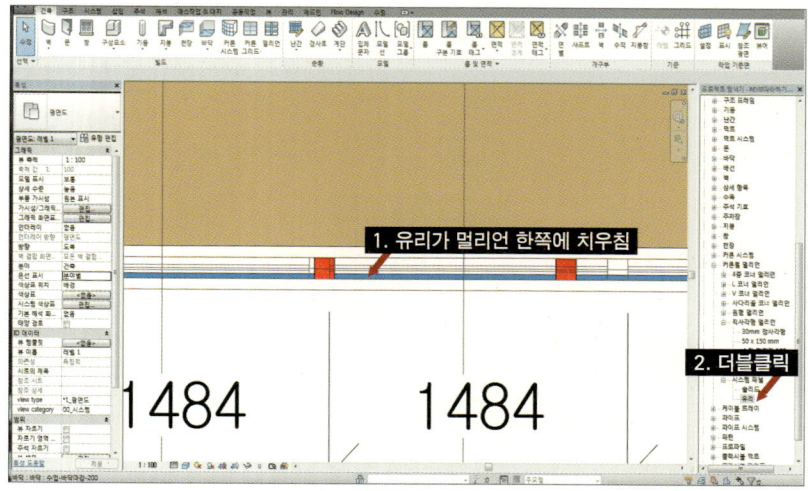

커튼월 – 커튼월 내부 유리 위치 변경 2

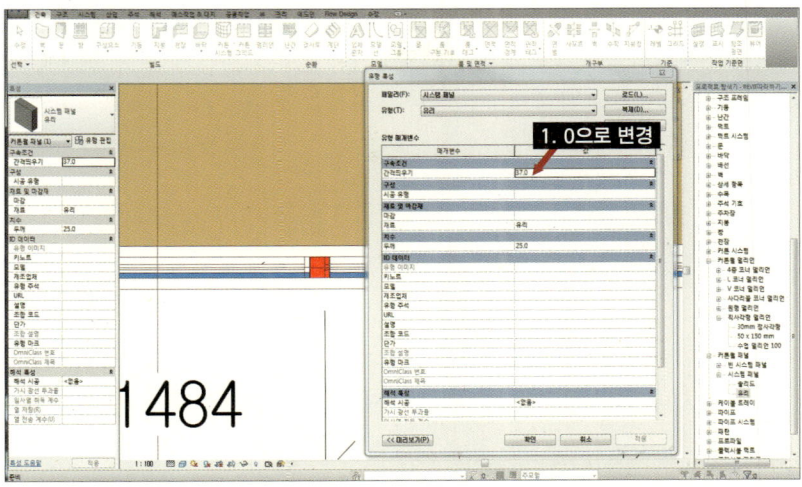

커튼월 – 커튼월 내부 유리 위치 변경 3

시스템 패널인 유리라는 유형을 더블클릭해서 나오는 유형 특성 창에서 구속 조건 간격 띄우기를 0으로 변경합니다.

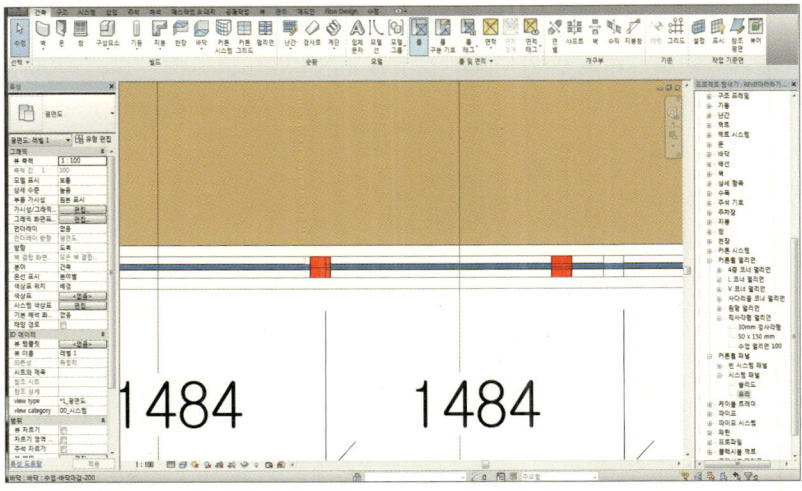

커튼월 – 커튼월 멀리언 변경

그리고 다시 커튼월을 선택해서 유형 특성 창을 부른 후 수직 멀리언의 경계 1과 경계 2의 유형 멀리언을 좀 전에 생성한 수업멀리언 100으로 변경해줍니다.

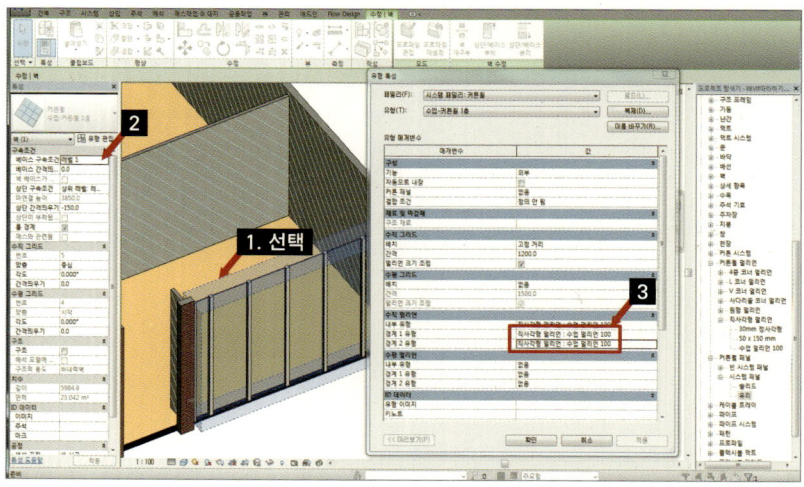

커튼월 – 커튼월 확인 1

이제 기본적인 커튼월은 생성하였습니다. 그리고 수평 멀리언 등의 편집을 위해 커튼월만 남겨놓고 나머지 객체를 숨겨서 작업을 하려 합니다. 커튼월을 선택한 채로 레빗 프로그램 창의 하부에 안경처럼 생긴 아이콘을 눌러 나오는 요소 분리를 클릭합니다.

━ 커튼월 – 커튼월 확인 2

커튼월을 조금 더 편리하게 편집하기 위해 방금 생성한 커튼월만 빼고 나머지 객체는
숨겨둔 모습입니다.

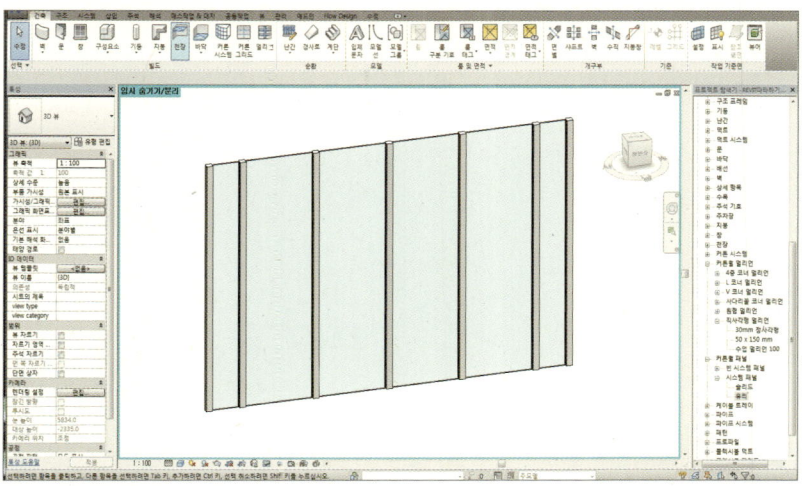

━ 커튼월 – 커튼월 그리드 작성 1

이제는 커튼월에 수평 그리드를 넣으려고 합니다. 건축 탭의 커튼 그리드를 클릭합니다.

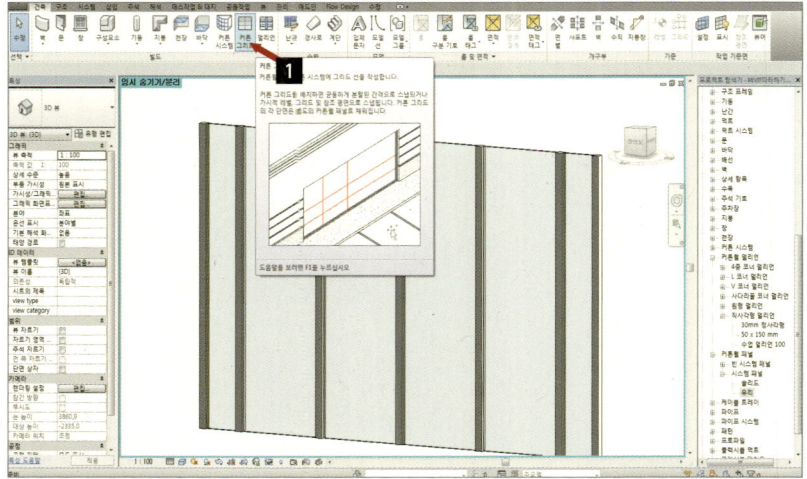

커튼 그리드를 선택하고 수정|배치 커튼월 그리드에서 모든 세크먼트가 활성된 걸 확인할 수 있습니다. 커튼월에 마우스를 가져가서 클릭하면 수평 그리드가 작성되며 작성될 때 수평과 수직 미리보기를 확인하고 작성합니다.

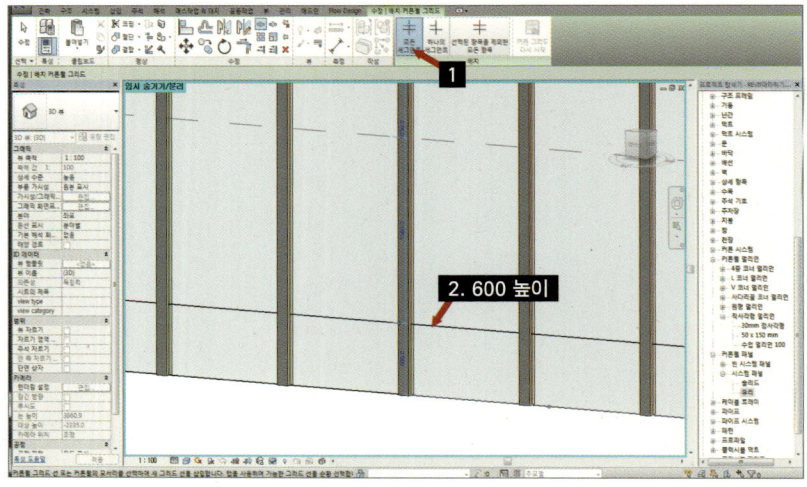

수평 그리드를 작성하고 작성된 수평 그리드의 위 그리드를 마우스로 클릭하면 하부 그리드와의 거리를 조정할 수 있는 치수가 표시되며 이를 원하는 치수로 변경해봅니다.

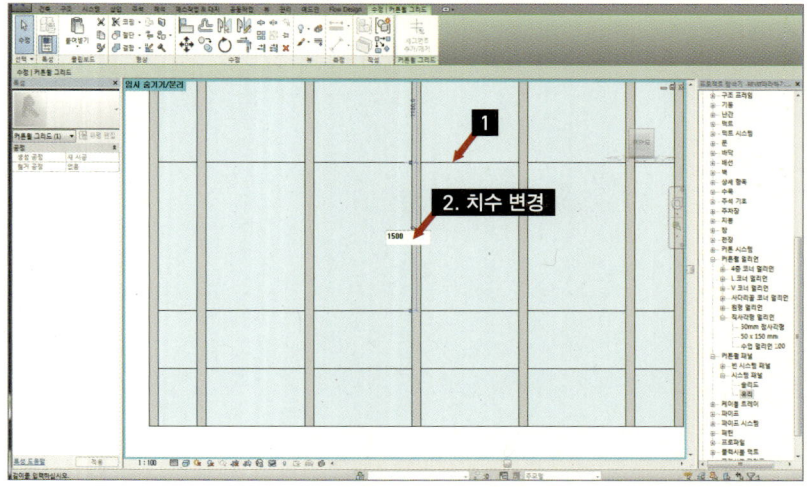

━ 커튼월 – 커튼월 그리드 작성 4

같은 방법으로 나머지 그리드를 작성해봅니다.

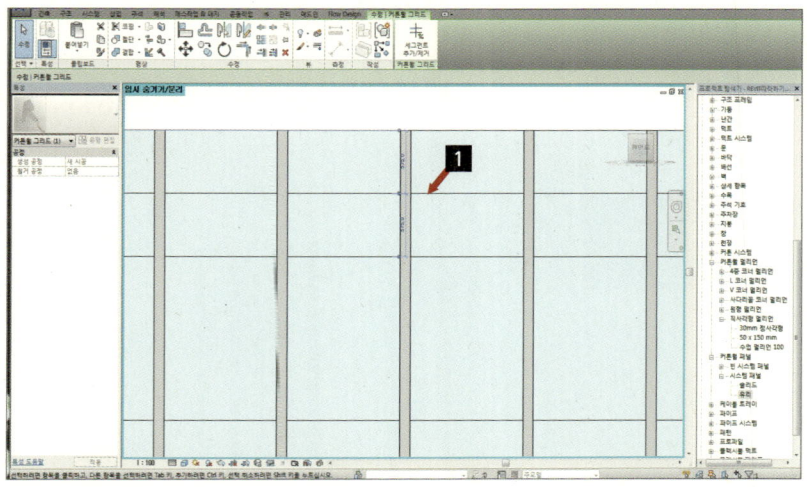

━ 커튼월 – 커튼월 멀리언 작성 1

수평 그리드를 다 완성했다면 이제 건축 탭, 멀리언 기능을 선택합니다.

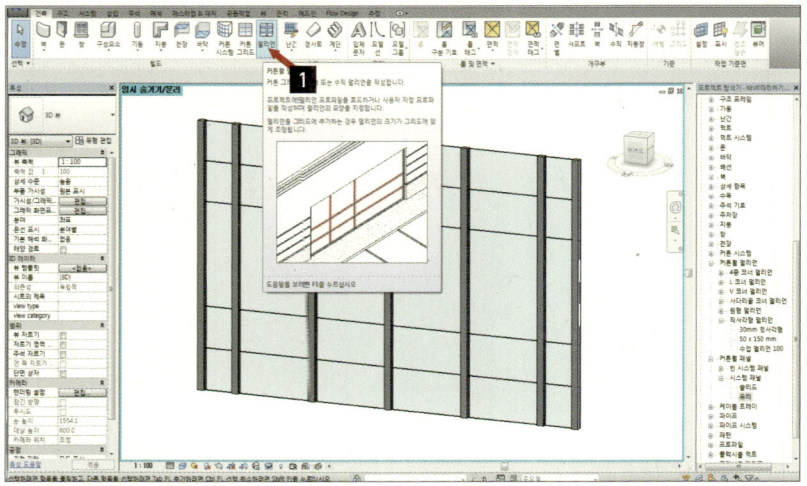

그리고 수정 | 배치 멀리언에서 그리드 선을 선택하고 작성한 그리드 라인을 선택하면 멀리언이 생성되는 것을 확인할 수 있습니다.

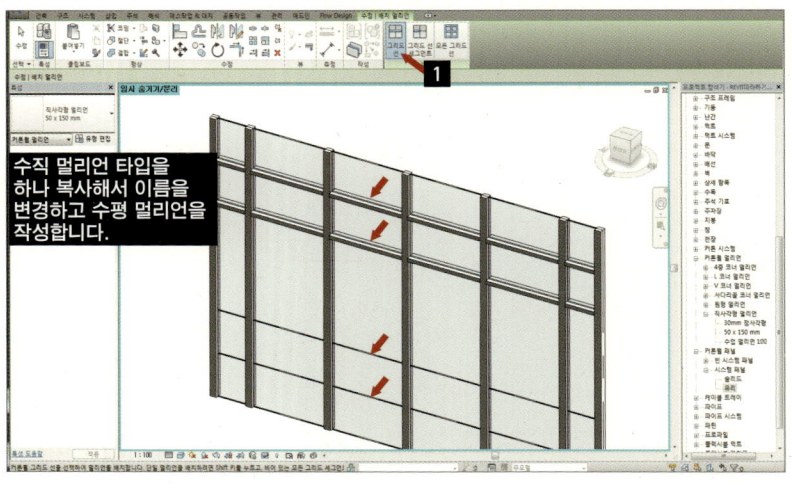

커튼월 – 커튼월 멀리언 결합 1

이제 수직과 수평 멀리언이 완성되었습니다만, 우리가 만들려는 커튼월 멀리언 형식은 수평 멀리언은 다 연결되고 수직 멀리언이 끊기는 타입인데요. 이를 위해서 이미지처럼 수평 멀리언을 하나 선택하고 우클릭으로 나오는 변수 창에서 모든 인스턴스 선택, 뷰에 나타남을 선택합니다.

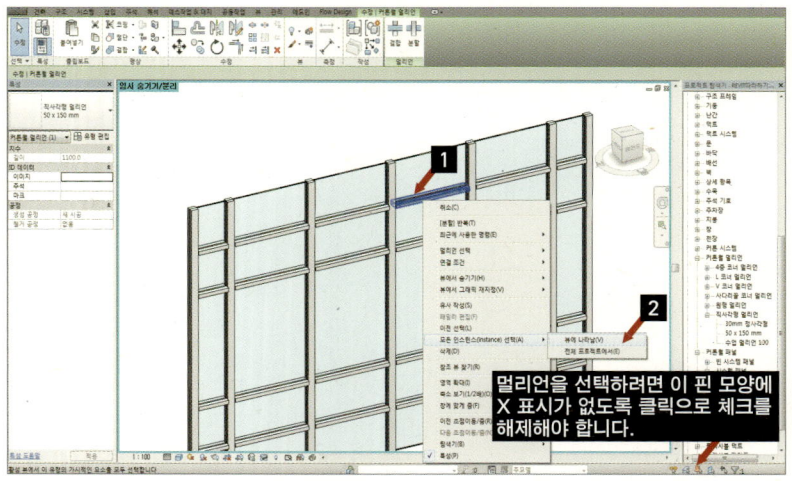

— 커튼월 – 커튼월 멀리언 결합 2

그러면 수평 멀리언이 다 같이 선택되는 것을 확인할 수 있습니다. 그리고 수평 멀리언이 전부 선택되었다면 이미지처럼 수정|커튼월 멀리언 탭에서 결합을 클릭합니다.

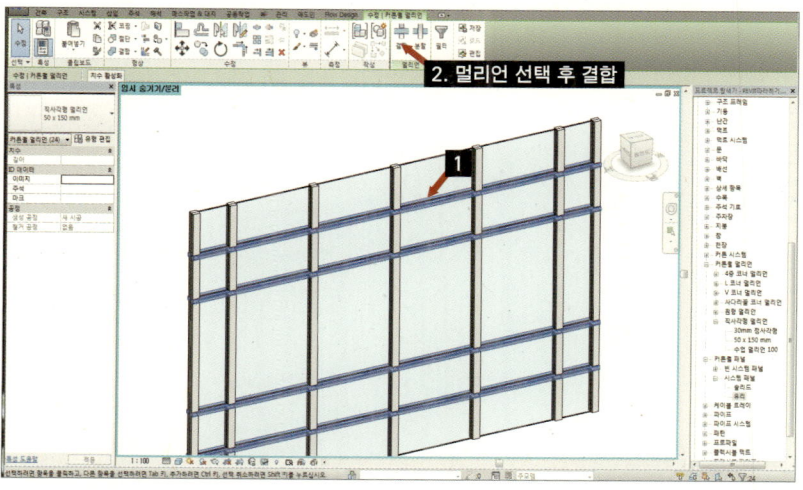

— 커튼월 – 커튼월 멀리언 결합 3

수평 멀리언이 원하는 대로 작성되었습니다. 커튼월 수평의 맨 아래와 맨 위 부분을, 그리드로 멀리언을 작성한 좀 전에 수행한 것과 같은 형식으로 작성합니다.

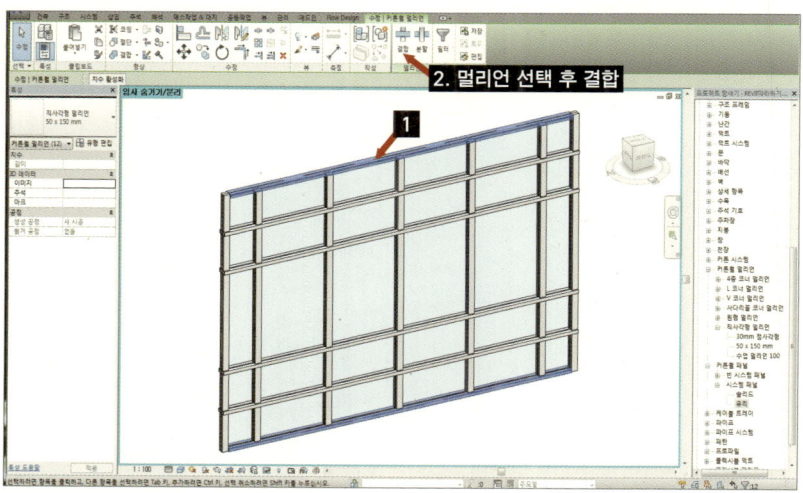

━ 커튼월 – 커튼월 멀리언 결합 4

중간 멀리언들은 수평이 연속되게 만들지만 바깥쪽 외곽 경계부의 멀리언은 수직 멀리언이 연속되게 하려고 합니다. 수직 멀리언들 키보드 TAB 키로 원하는 객체를 선택하고(그림처럼) 고정된 핀을 풀고(2) 결합을 선택합니다.

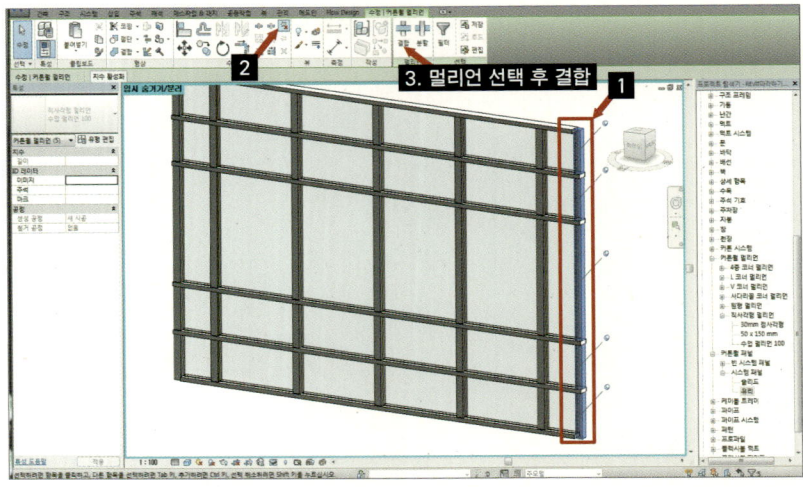

━ 커튼월 – 커튼월 멀리언 작성 확인

커튼월이 완성되었다면 다시 안경 모양을 눌러 임시 숨기기/분리 재설정을 누르고 숨겨둔 객체를 모두 보이게 합니다.

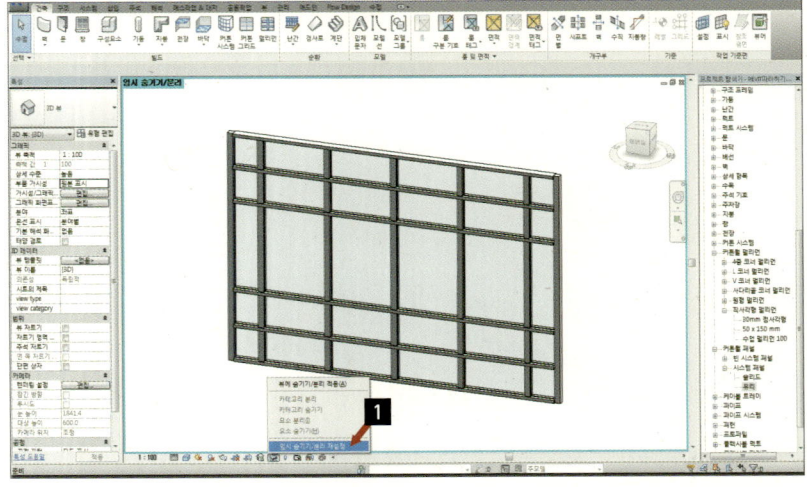

커튼월 지지 벽체 작성

(1), (2), (3), (4)의 벽체는 커튼월과 같은 높이로 생성하고 위에는 2층 바닥 슬라브를 생성하기 위해서 표시된 벽체를 선택하고 특성 창에서 상단 구속 조건 중 상단 간격 띄우기를 −150으로 변경해줍니다.

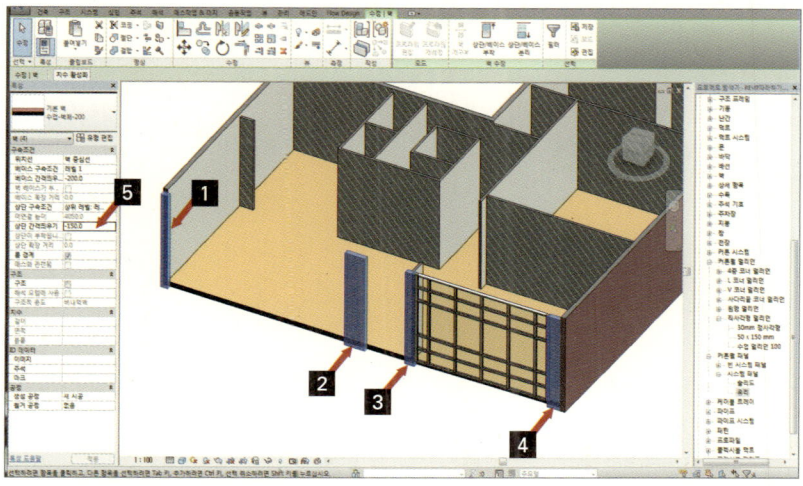

커튼월 및 도어 작성

처음 커튼월과 같은 방법으로 화면의 왼쪽 커튼월을 마저 완성해줍니다. 그리고 (2)로 표시된 부분의 도어와 커튼월을 작성하겠습니다.

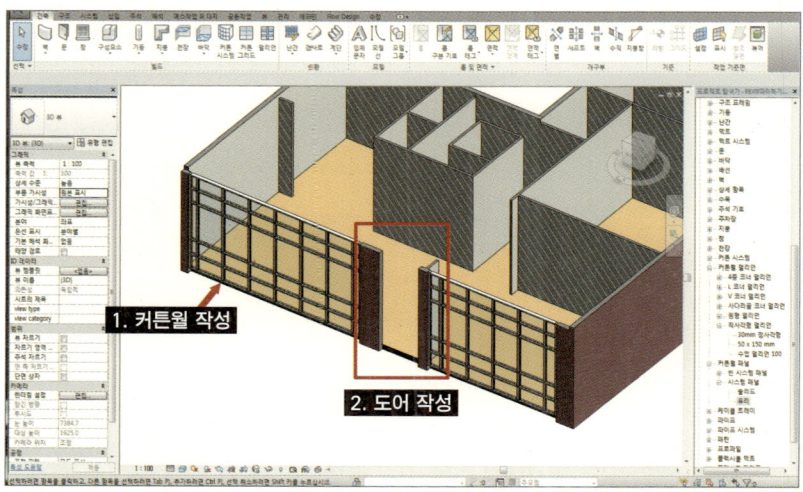

외부 도어 작성 1

평면 뷰를 더블클릭해서 해당 도어의 평면을 확대해 확인합니다.

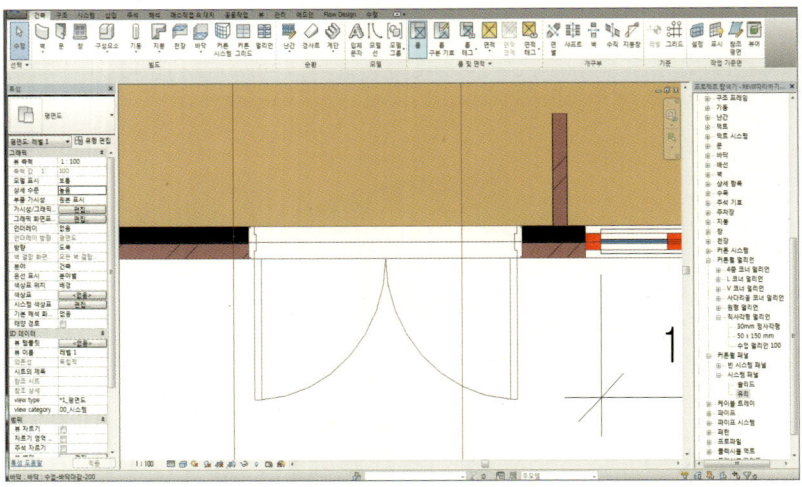

외부 도어 작성 2

도어이긴 하지만 모델링은 벽 기반의 문 패널이 아니라 커튼월로 작성하려 합니다. 벽, 벽: 건축을 클릭해 조금 전에 작성한 수업-커튼월1층 패밀리를 유형 특성 창을 오픈시켜 복제하고 이름을 수업-커튼월1층 출입구로 변경합니다.

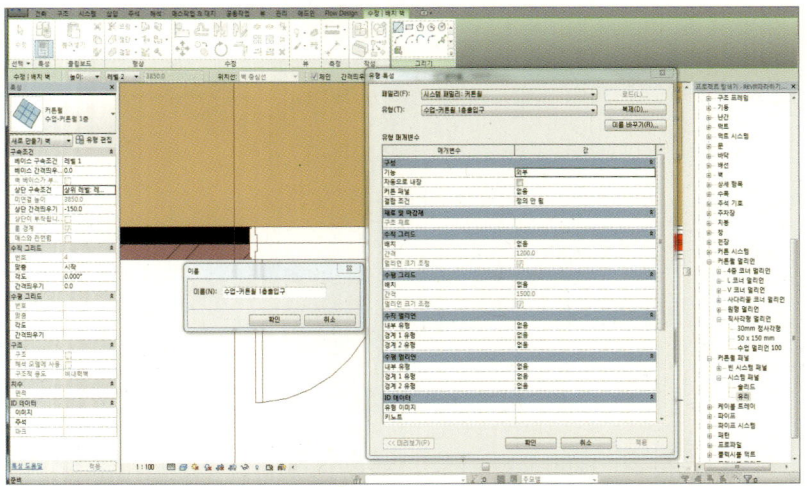

외부 도어 작성 3

평면의 도면에 표기된 부분만큼 커튼월을 작성합니다.

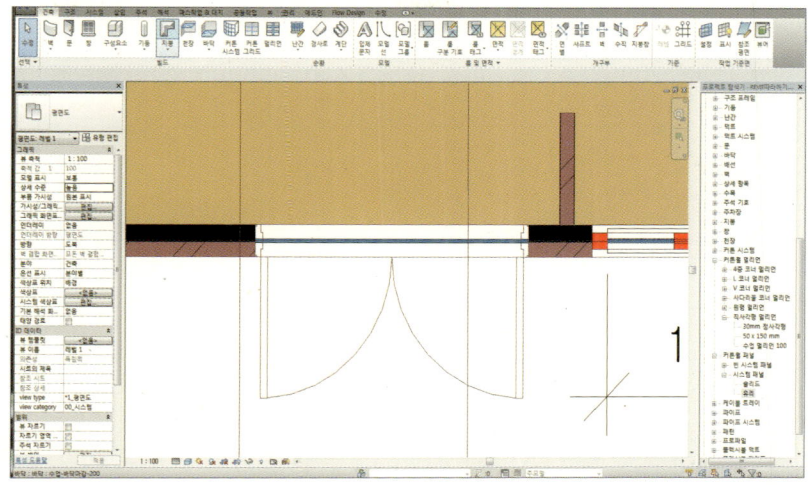

외부 도어 작성 4

평면으로 작성한 커튼월을 3D 뷰로 확인한 모습입니다.

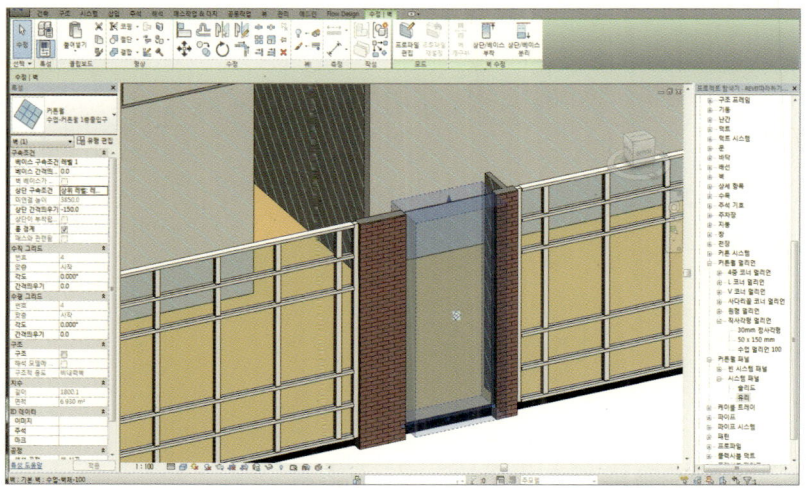

외부 도어 작성 5

처음 커튼월을 작성할 때처럼 커튼월을 선택한 채로 안경 모양을 눌러 요소 분리로 나머지 객체를 숨겨둔 모습입니다.

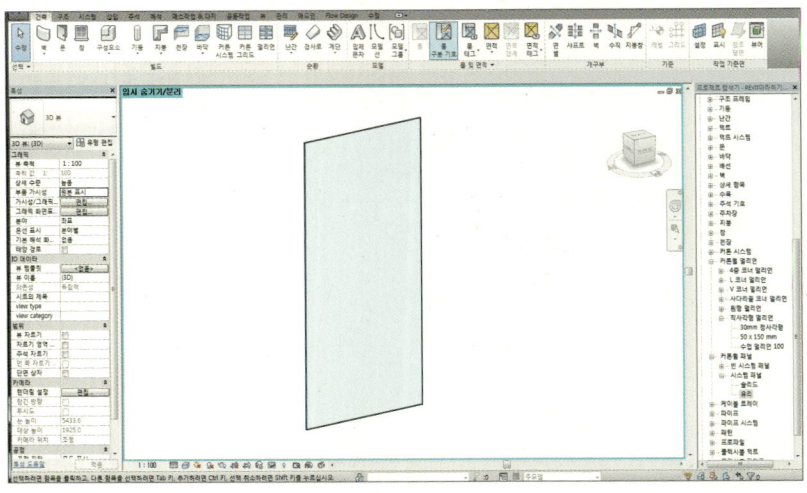

외부 도어 작성 6

건축 탭, 커튼월 그리드 기능으로 이미지처럼 수평 그리드를 생성해줍니다.

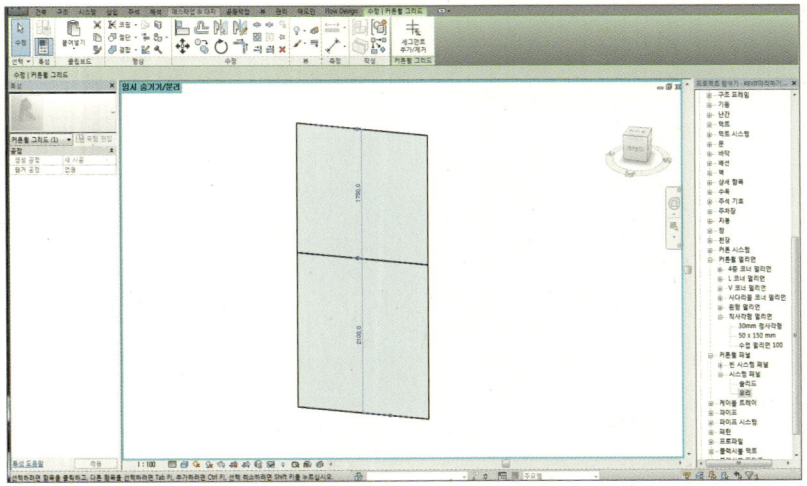

외부 도어 작성 7

이제는 생성한 커튼월을 그리드로 나누고 나누어진 커튼월 패널을 활용해 거기에 문을 패밀리로드로 배치하려고 합니다. 이를 위해서 마우스를 커튼월에 가져다 대고 Tab 키를 눌러 나눈 패널 중 하부 커튼월 패널을 선택합니다.

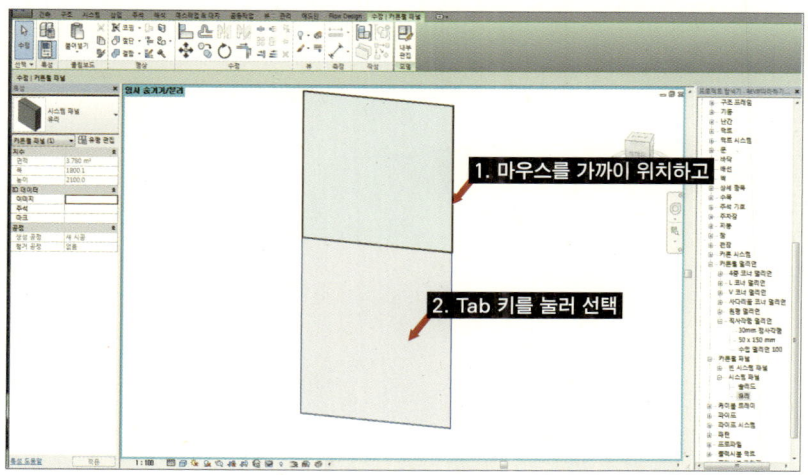

외부 도어 작성 8

하부 커튼월 패널을 선택한 후 특성 창에서 현재 시스템 패널/유리로 되어 있는 것을 선택해 아래쪽에 가보면 커튼월 이중 유리라는 패밀리를 선택하고 만약 없다면 패밀리 로드, 커튼월 패널, 문에서 커튼월 이중유리 패밀리를 선택하여 로드시킨 후 작성합니다.

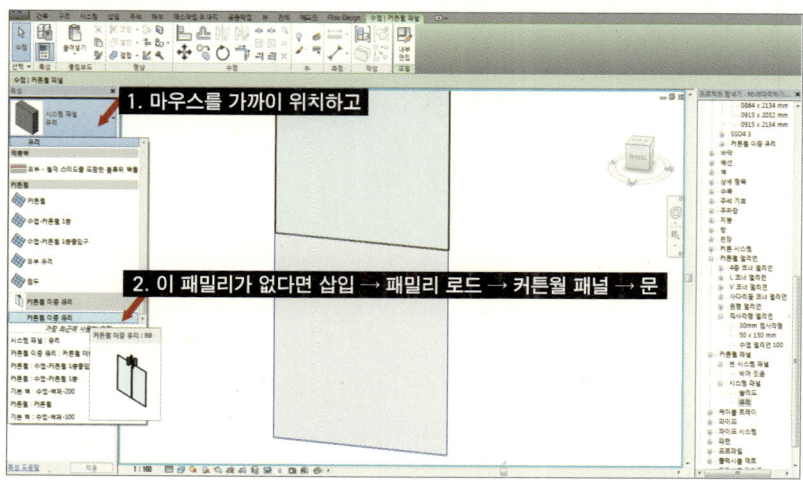

외부 도어 작성 9

하부 커튼월 패널에 커튼월 이중유리를 로드한 상태입니다.

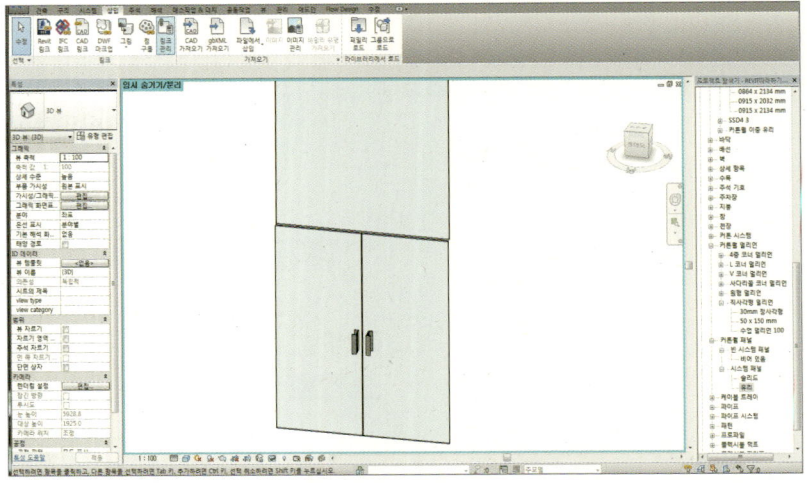

외부 도어 작성 10

그런 후에 이미지처럼 이미 작성한 좌우의 커튼월과 같은 높이에 상부 커튼월 패널의 그리드를 생성하고 멀리언을 작성합니다. 그리고 커튼월 이중유리 외곽에도 멀리언을 배치합니다.

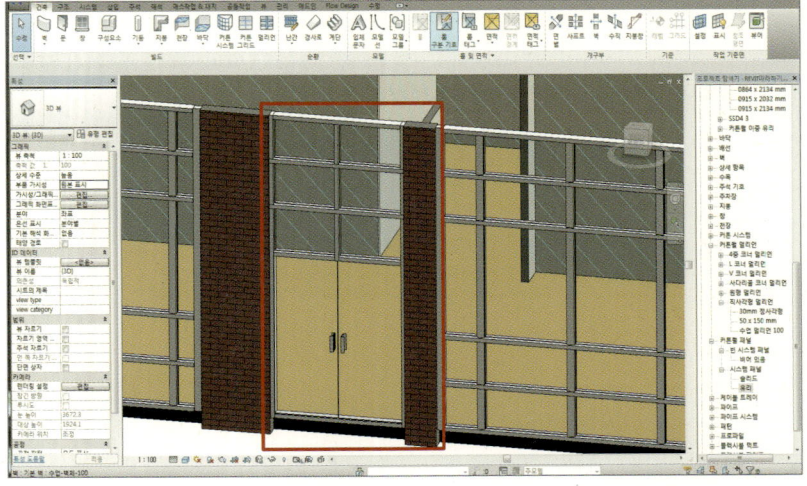

― 외부 데크 작성 1

지금까지 커튼월과 도어를 작성하였고 이제는 1층 외부 데크와 수영장을 작성하려 합니다.

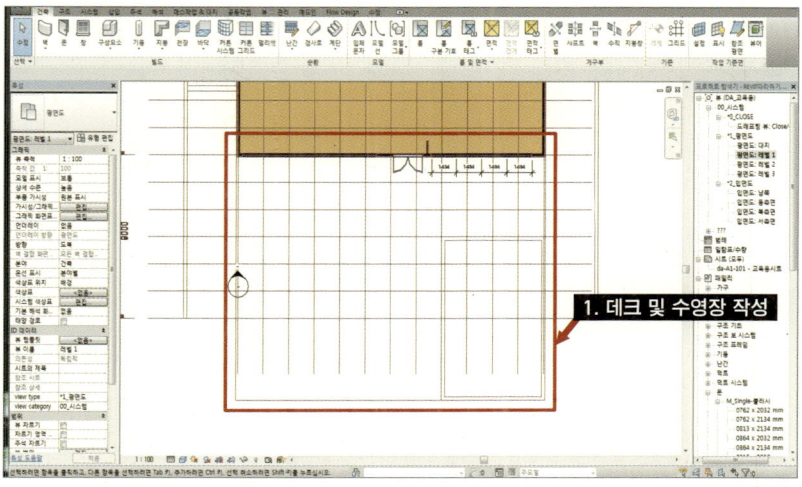

― 외부 데크 작성 2

건축 탭 바닥, 바닥: 건축을 선택해 유형 편집을 누르고 유형 특성에서 복제한 다음 이름을 수업−외부데크−200으로 변경하고 구조의 편집을 클릭합니다.

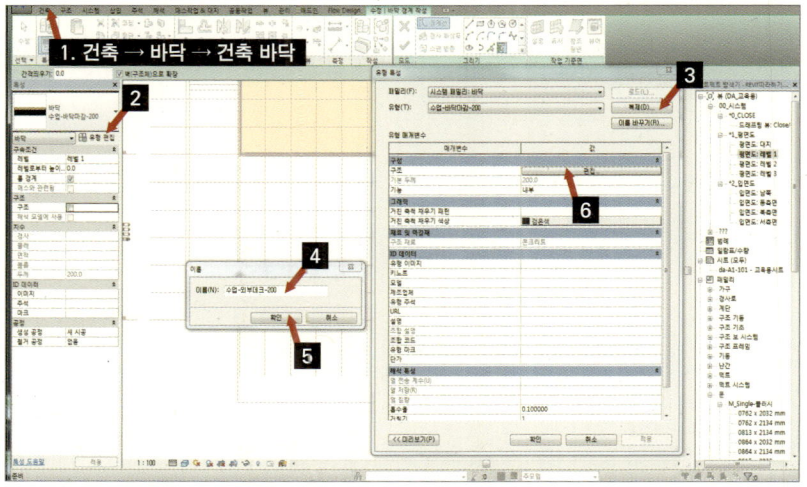

외부 데크 작성 3

조합 편집에서 이미지처럼 재료탐색기의 재료를 선택하고 확인을 클릭합니다.

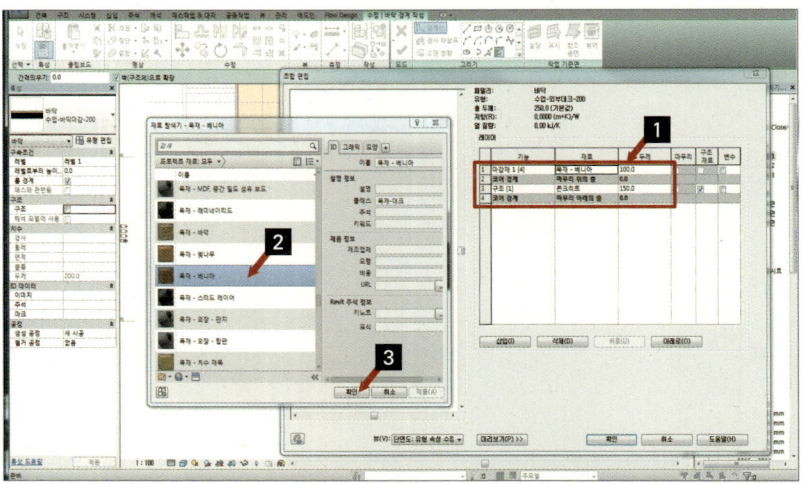

외부 데크 작성 4

그런 후에 수정|바닥 경계 작성에서 이미지처럼 외부데크라인을 따라 경계를 작성하고 확인(2)을 눌러 완성합니다.

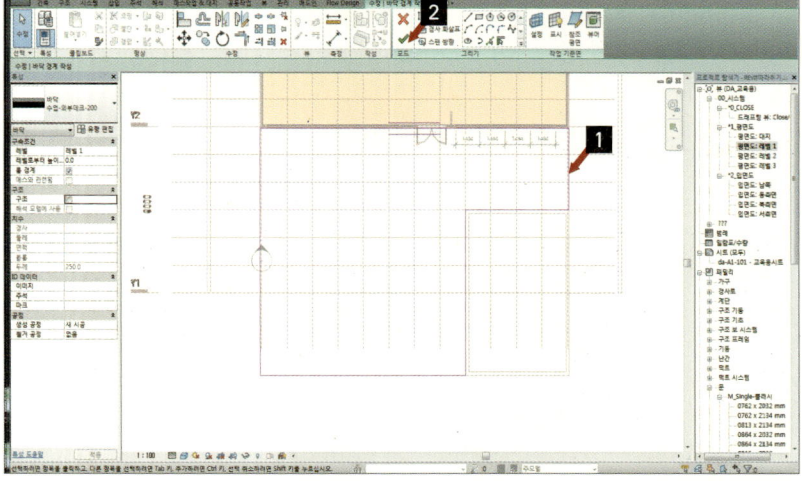

외부 데크 작성 5

작성한 바닥의 경계를 조정하기 위해 생성한 바닥을 더블클릭하거나 선택한 후 경계 편집을 선택해 경계를 조정합니다.

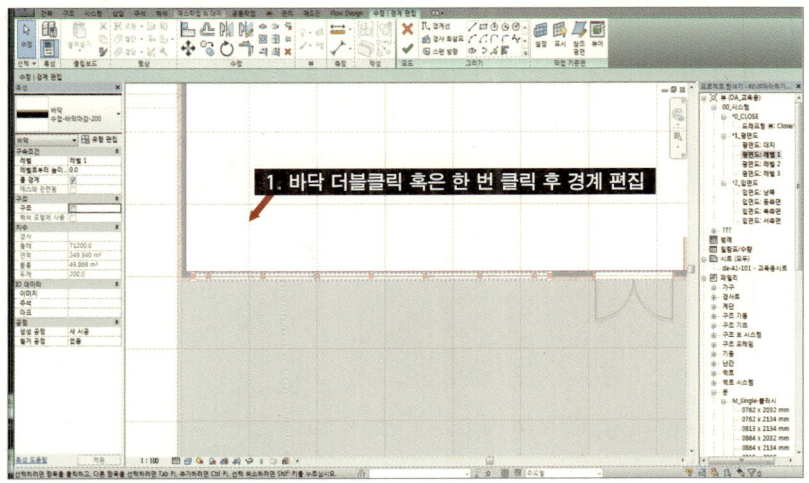

외부 데크 작성 6

평면 뷰를 확대해서 이미지처럼 외부 데크 경계 부위를 조정합니다.

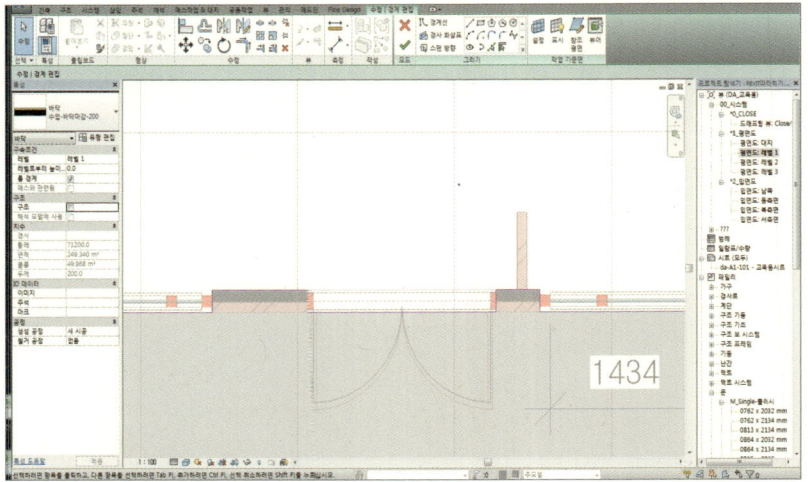

— 외부 수영장 작성 1

외부 데크가 완성되었다면 이제는 표시된 부분의 수영장을 모델링하려고 합니다.

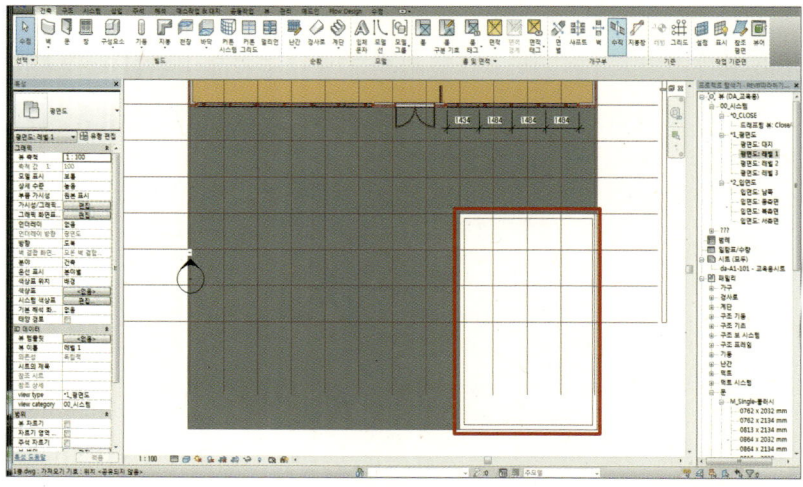

— 외부 수영장 작성 2

건축, 바닥, 바닥: 건축을 선택해 유형 편집으로 이름은 수업-수영장바닥-200으로 변경하고 내부 재료를 편집하기 위해 구조의 편집을 선택합니다.

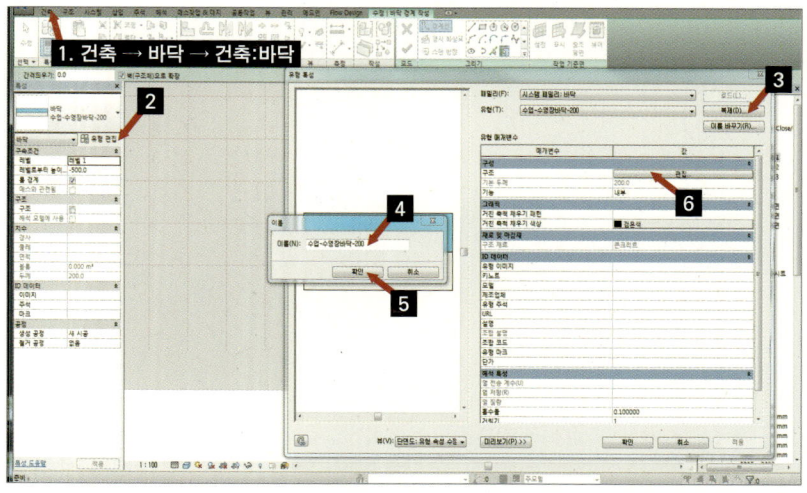

━ 외부 수영장 작성 3

조합 편집은 타일과 콘크리트로 이미지처럼 재료탐색기를 활용해 완성합니다.

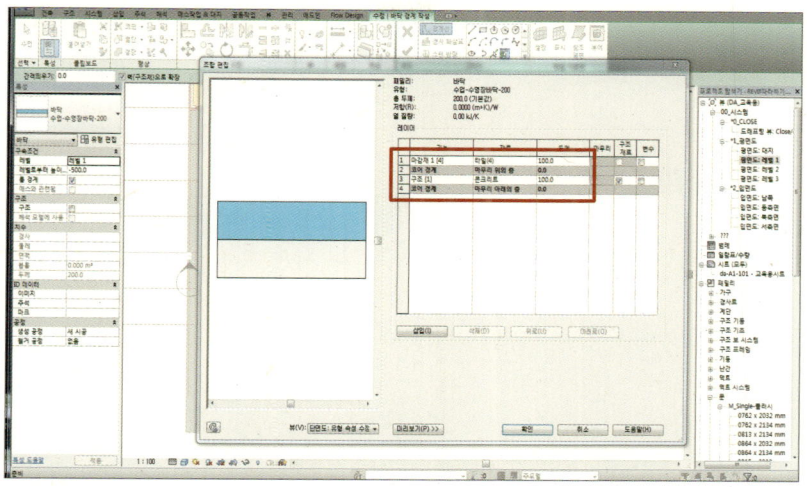

━ 외부 수영장 작성 4

외부데크와 같은 방법으로 바닥을 생성할 건데 수정|바닥 경계 작성에서 (1)을 선택
합니다.

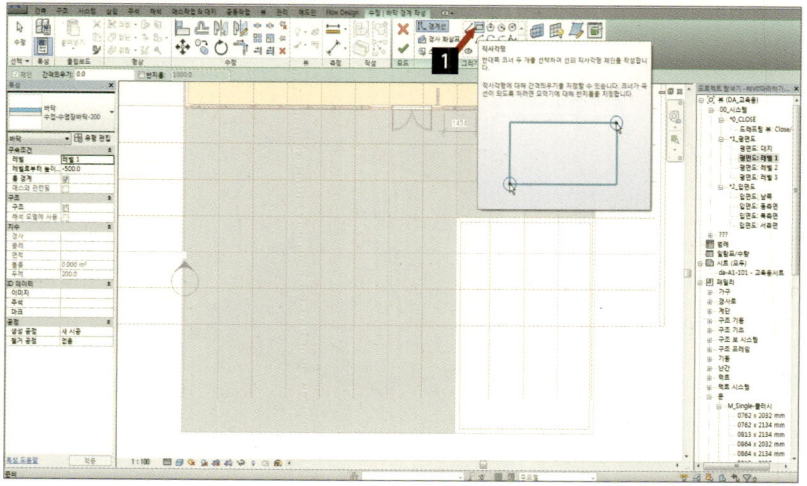

외부 수영장 작성 5

이미지처럼 수영장 외곽으로 경계 부위를 작성하고 왼쪽 특성 창에서 구속 조건 중 레벨로부터 높이를 −500으로 변경합니다.

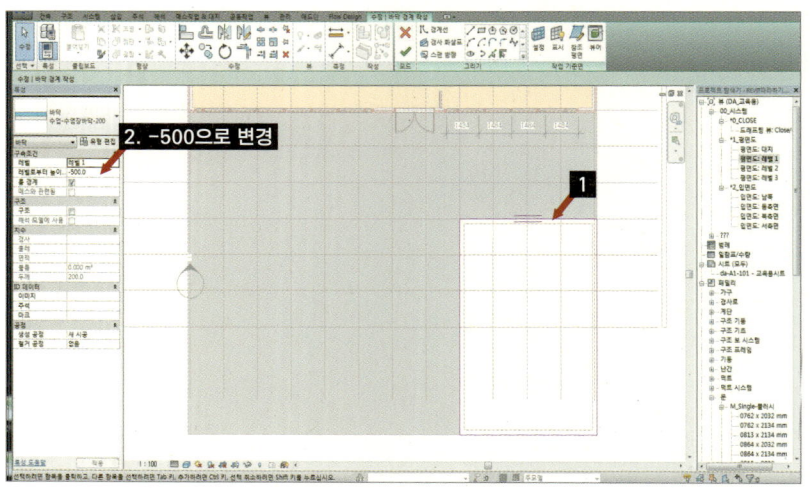

외부 수영장 작성 6

작성한 수영장 바닥의 3D 뷰 이미지입니다. 이제 외부 데크와 수영장 바닥의 경계를 건축, 벽: 건축의 기능으로 작성하려 합니다.

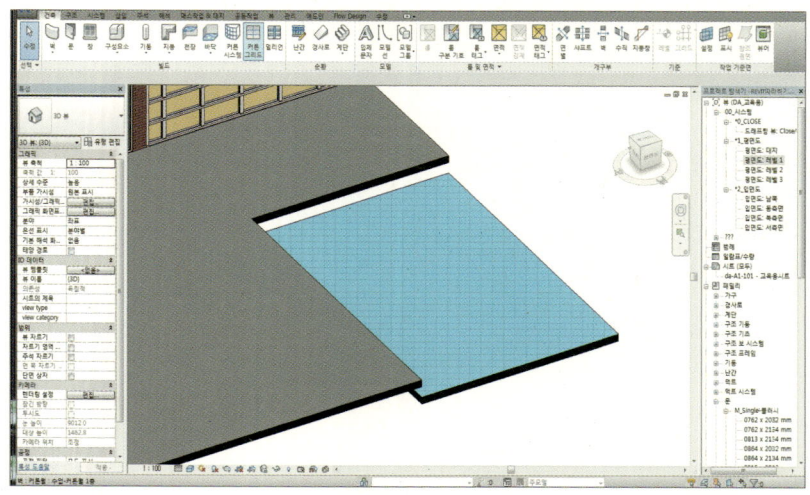

━ 외부 수영장 벽체 작성 1

건축 탭, 벽, 벽: 건축을 선택합니다.

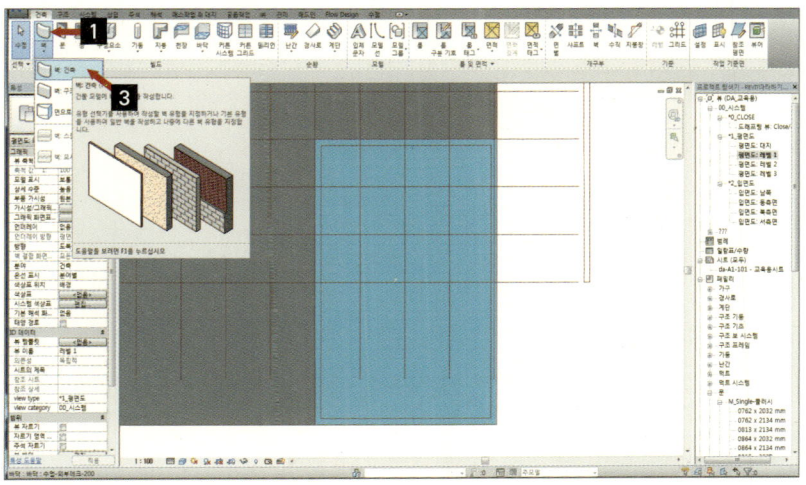

━ 외부 수영장 벽체 작성 2

벽의 유형을 편집하기 위해 유형 편집으로 복제하고 이름을 수업-수영장벽체-200으로 변경한 후 재료를 조합하기 위해 구조의 편집을 선택합니다.

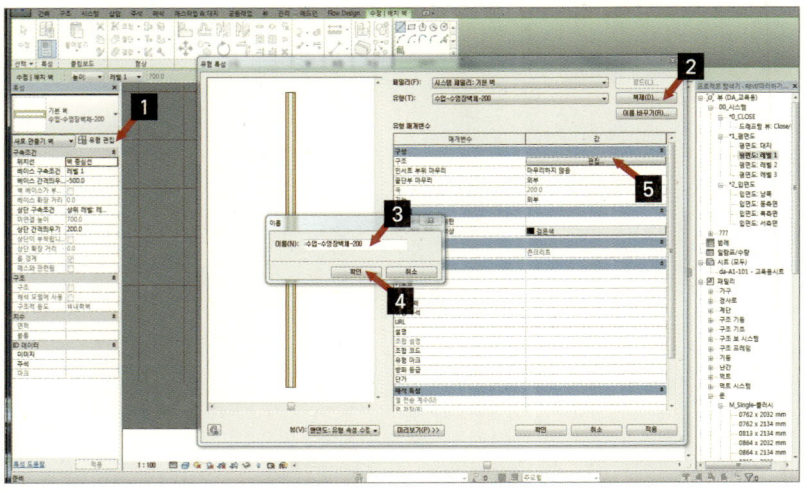

외부 수영장 벽체 작성 3

조합 편집에서 이미지처럼 재료를 재료탐색기를 활용해 작성합니다.

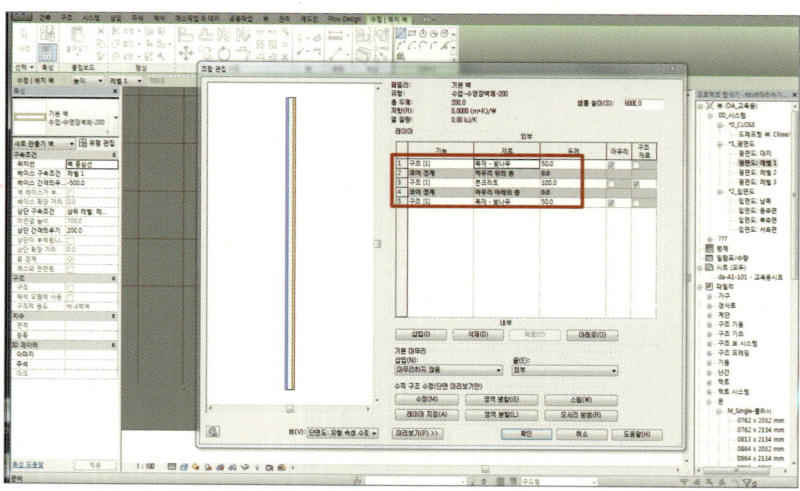

외부 수영장 벽체 작성 4

수영장과 외부 데크 사이 그리고 수영장 바닥을 따라 벽체를 생성해야 하는데요. 이 때 벽체의 높이를 결정하기 위해 베이스 간격은 −500, 상단 구속은 200으로 하면 높이 700짜리의 벽체가 생성됩니다.

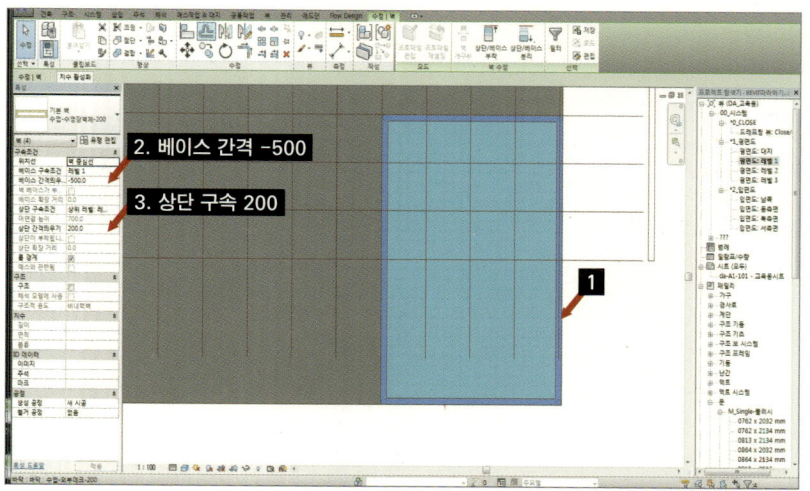

외부 수영장 벽체 작성 5

외부 데크와 수영장 경계의 벽체를 완성한 3D 이미지입니다.

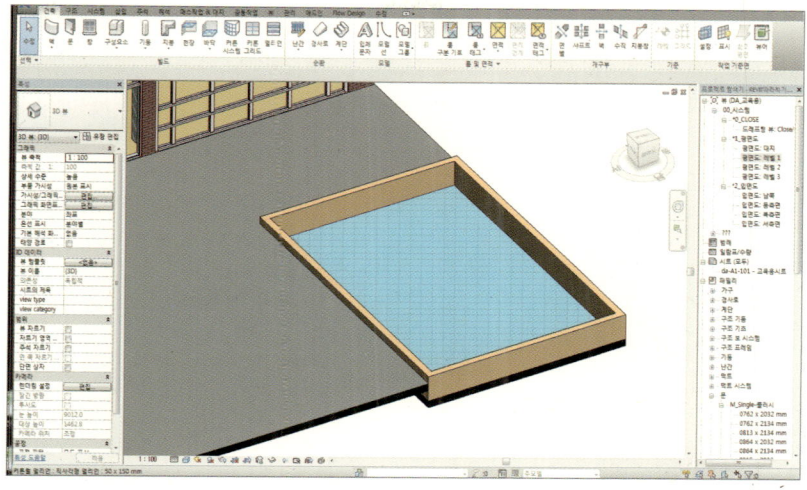

1층 내부 문 작성 1

다음으로는 1층 내부에 벽 기반의 문을 작성해볼 건데요, 건축 탭, 문을 클릭합니다.

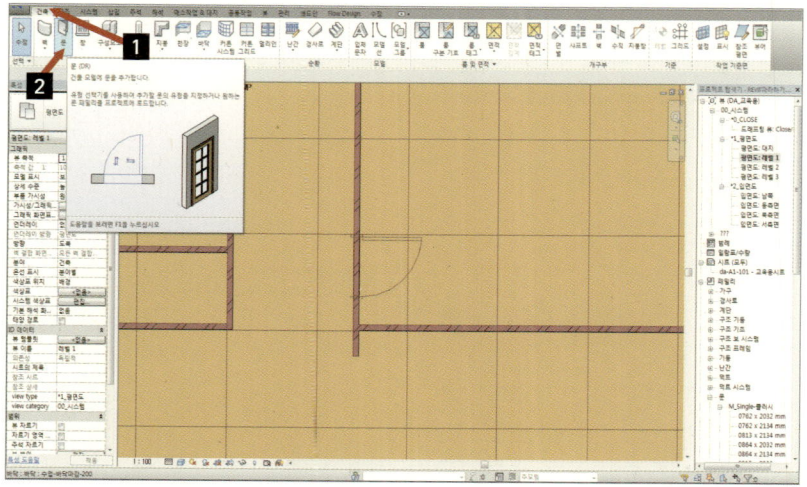

1층 내부 문 작성 2

문을 선택하면 특성 창에 문 패밀리가 보이는데 이를 편집하기 위해 유형 편집, 복제, 이름 변경(수업-도어-1000)하고 폭을 1000으로 변경하고 확인을 눌러줍니다.

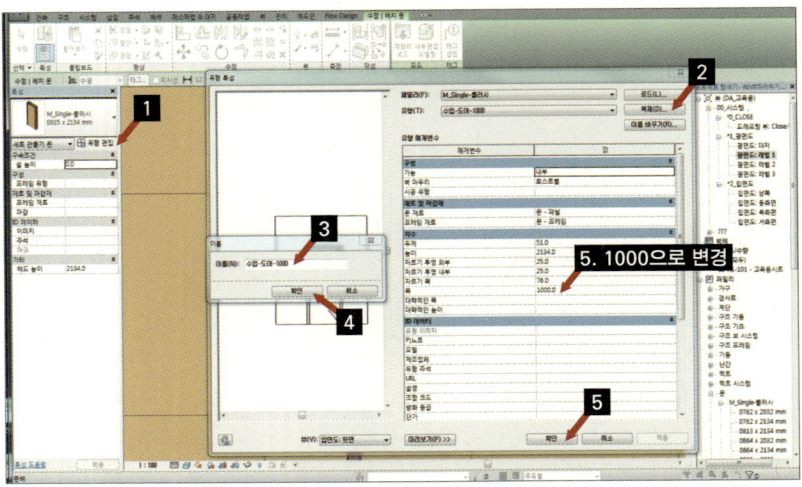

1층 내부 문 작성 3

문 패밀리는 벽 기반 패밀리이기 때문에 다른 곳이 아닌 건축 벽체에만 작성이 가능합니다. 평면 뷰에서 문이 위치할 곳의 벽체에 마우스를 가까이 대면 미리보기 형태로 문이 보이며 해당 위치의 벽체를 클릭하면 문이 생성됩니다.

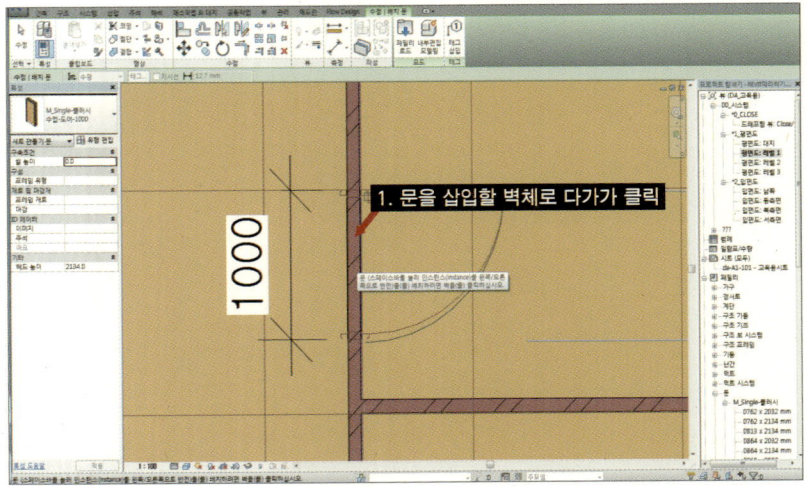

1층 내부 문 작성 4

문을 벽체에 작성하고 위치 조정은 문을 마우스로 잡아 끌거나 정렬(AL) 명령으로 위
치를 조정합니다.

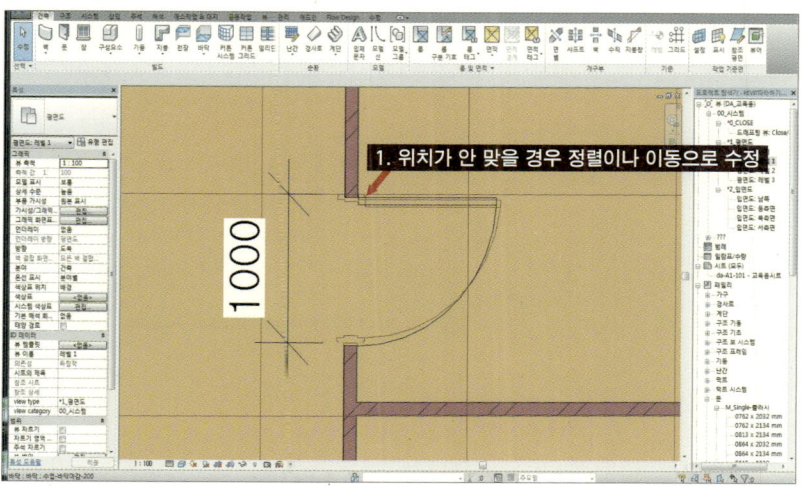

1층 내부 문 작성 5

문이 작성된 3D 이미지입니다.

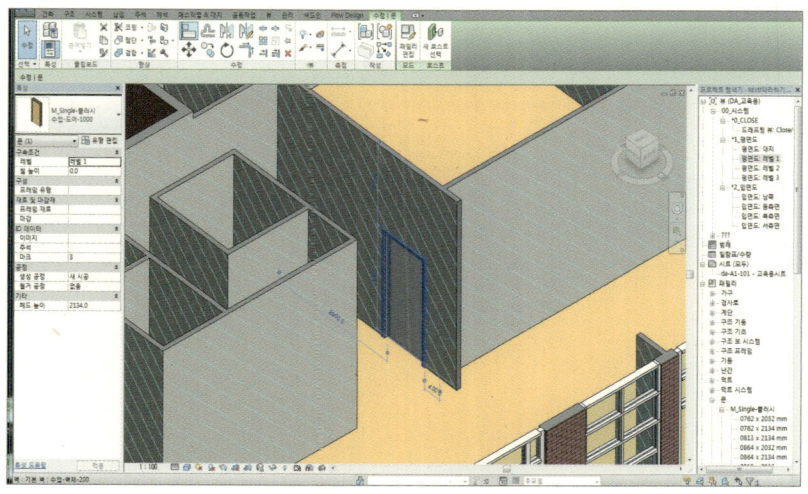

━ 1층 내부 문 작성 6

문의 폭이 다를 경우 역시 유형 편집에서 복제와 이름 변경 그리고 폭을 변경하여 작성하면 됩니다.

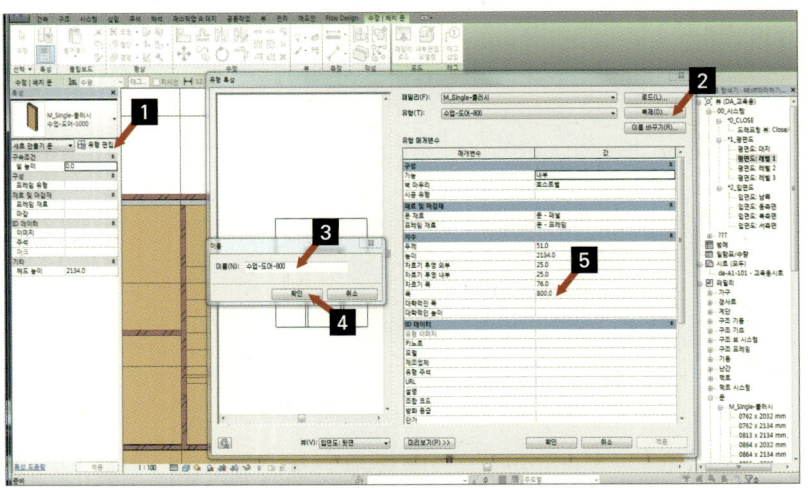

━ 1층 내부 문 작성 7

(1), (2)의 위치에 폭을 변경한 문을 작성합니다.

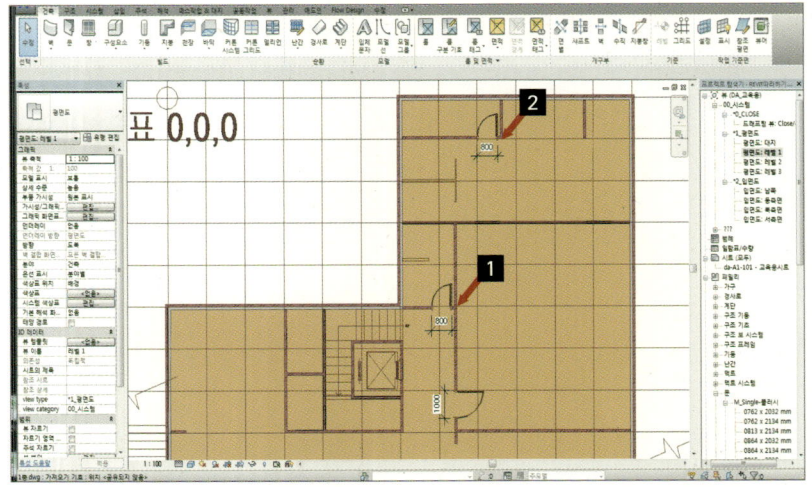

그런데 도면을 보면 표시된 위치에는 도어가 없는 빈 공간의 출입구인데요. 이땐 벽체의 경계 편집으로도 출입구 생성이 가능하지만 이번에는 비어 있는 문 패밀리를 활용해 작성해보도록 하겠습니다.

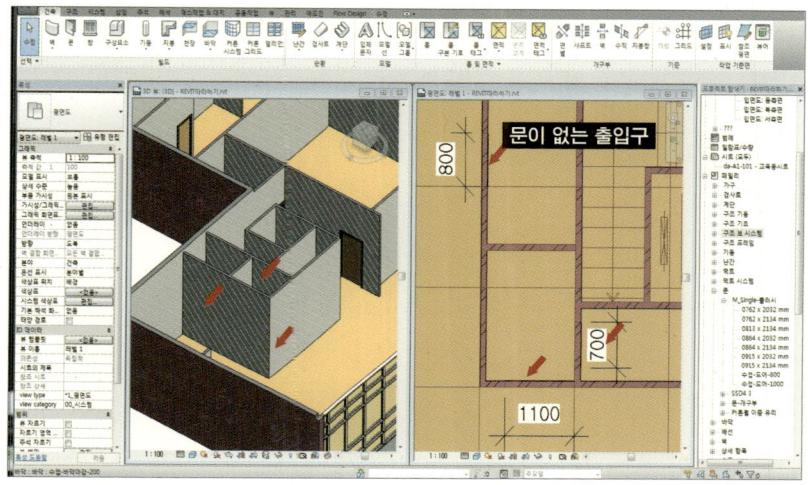

삽입 탭에서 패밀리 로드를 클릭합니다.

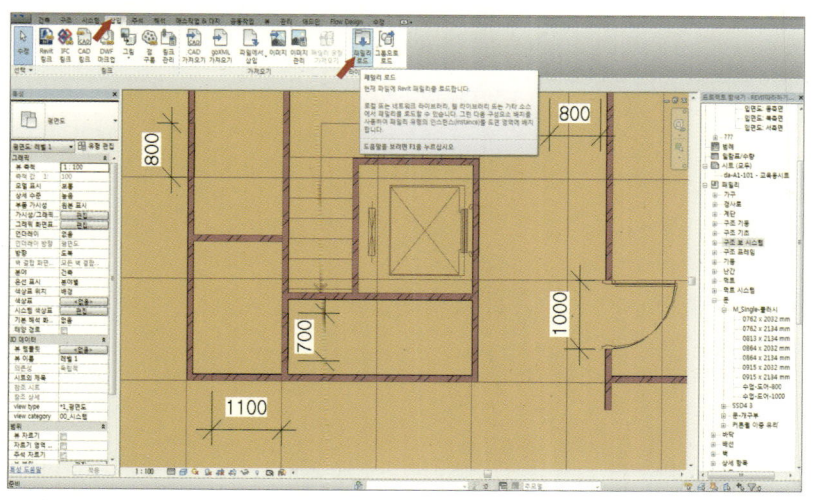

1층 내부 개구부 작성 3

패밀리 로드 창에서 문 카테고리 중 화살표로 표시된 문-개구부라는 패밀리를 선택하고 열기를 클릭합니다.

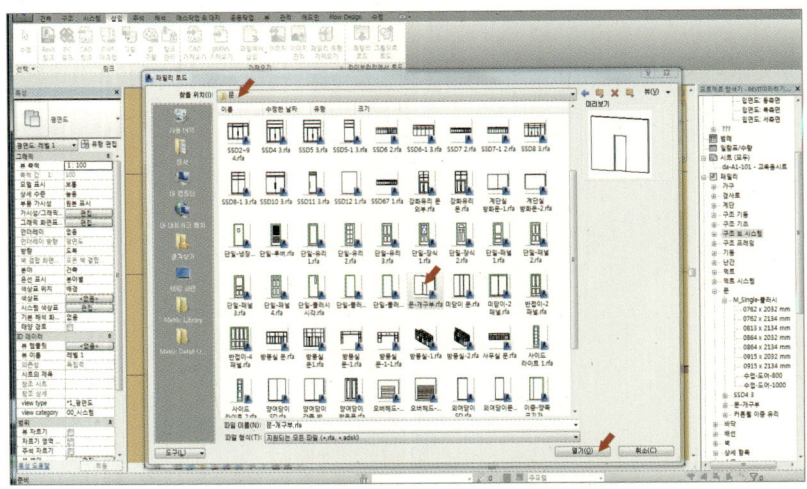

1층 내부 개구부 작성 4

그리고 다시 문 특성 창을 확인해보면 문-개구부라는 카테고리가 생성되고 하위에 다양한 사이즈의 문-개구부 패밀리가 생성된 것을 확인할 수 있습니다.

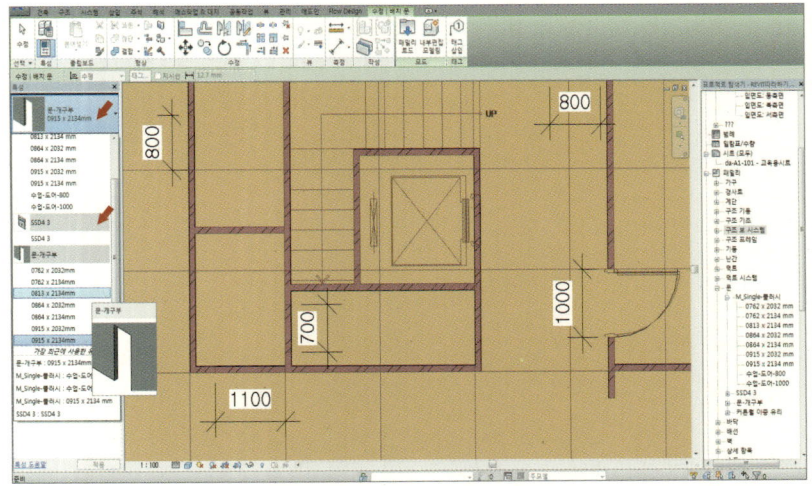

문-개구부 패밀리를 하나 선택하여 유형 편집으로 특성과 이름 그리고 폭을 변경하고
확인을 눌러줍니다.

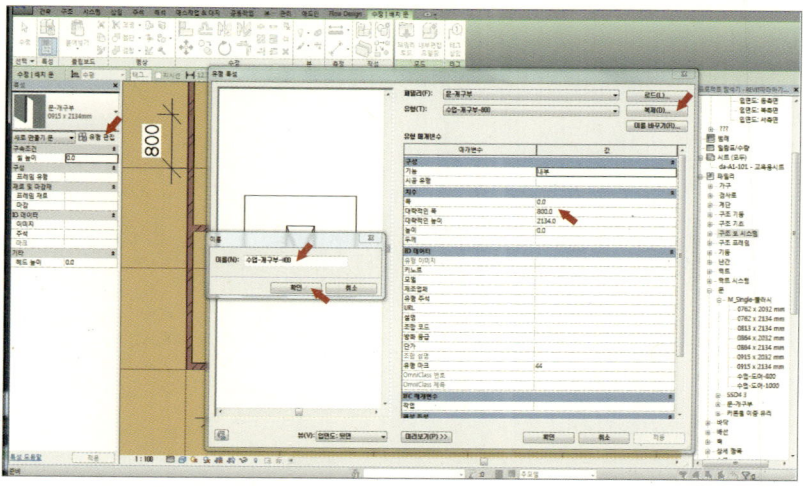

좀 전의 도어가 있는 문 패밀리처럼 문-개구부 패밀리도 벽체 기반 패밀리이기에 해당
위치의 벽체에 마우스를 가까이 대면 도어가 형성됩니다.

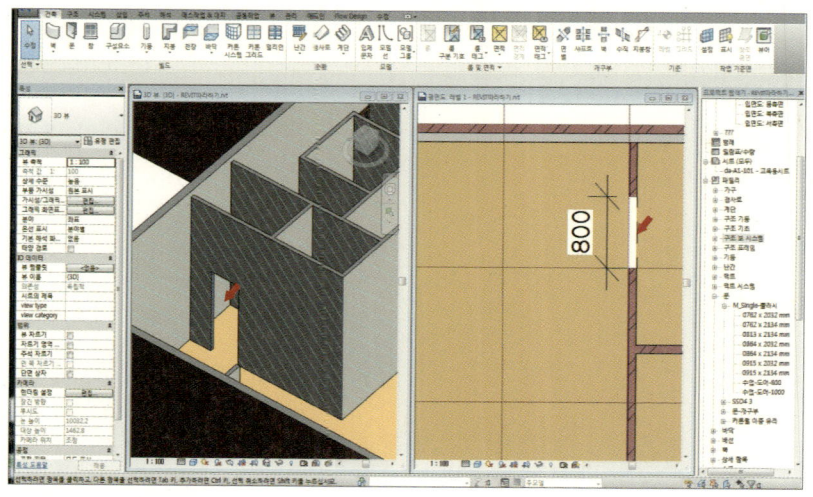

— 1층 내부 개구부 작성 7

같은 방법으로 문—개구부 패밀리의 폭을 변경하면서 나머지 개구부도 생성하여줍니다.

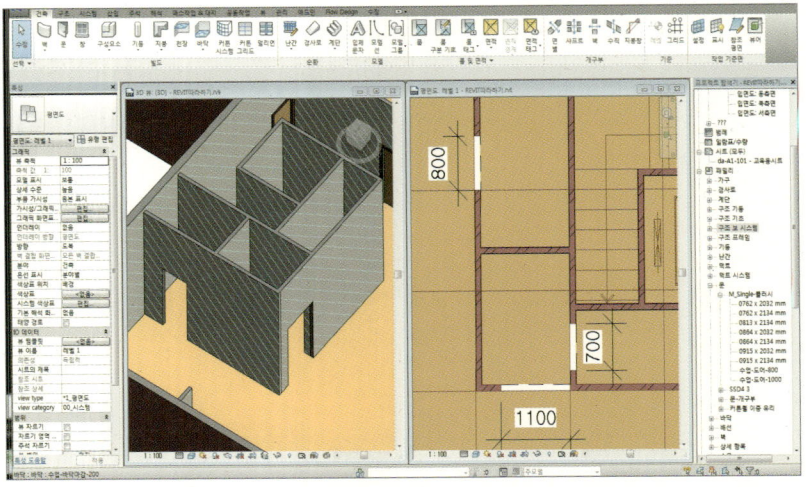

— 1층 엘리베이터 작성 1

다음으로 엘리베이터를 생성하려 합니다. 사실 엘리베이터의 디테일한 3D 이미지를 생성하는 것이라기보다는 평면에서는 2D 패밀리를 3D에서는 엘리베이터 도어만 생성하는 형식입니다.

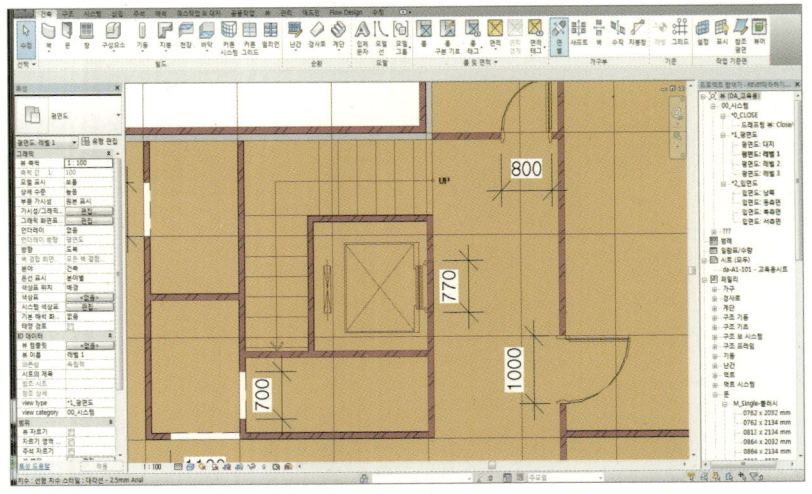

▬ 1층 엘리베이터 작성 2

삽입 탭의 패밀리 로드로 책자에 첨부된 엘리베이터 패밀리를 로드합니다.

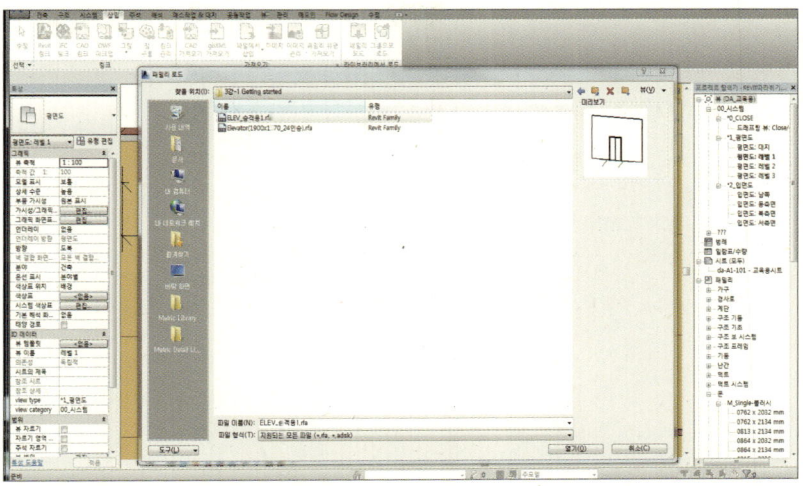

▬ 1층 엘리베이터 작성 3

그리고 건축 탭의 구성요소, 구성요소 배치를 선택합니다.

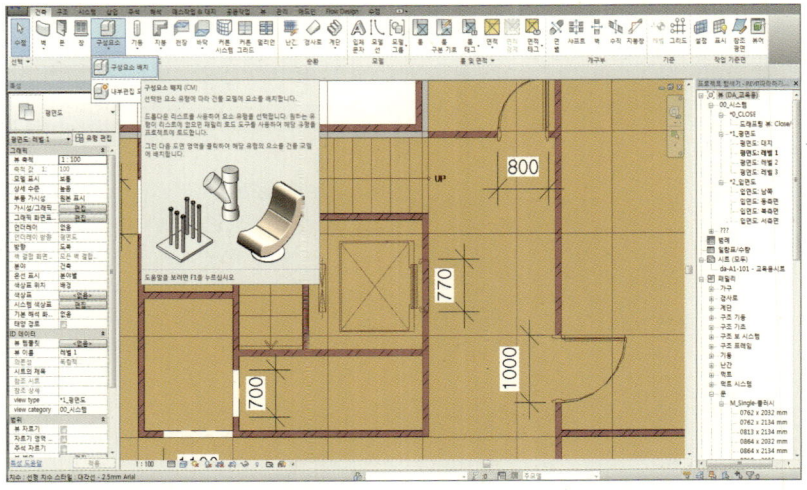

━ 1층 엘리베이터 작성 4

구성요소 배치를 선택하면 특성 창에서 로드한 엘리베이터 패밀리가 보이고 이를 유형 편집으로 특성에서 복제하고 이름을 변경(수업-엘리베이터)하고 폭과 높이 등을 이미지처럼 조정하고 확인을 눌러줍니다.

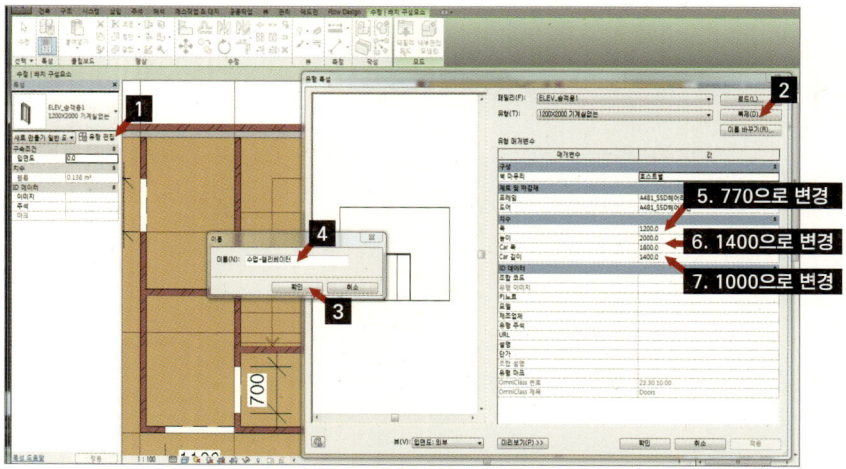

━ 1층 엘리베이터 작성 5

엘리베이터 패밀리도 역시 벽체 기반이기에 엘리베이터 위치에 해당하는 벽체를 선택하면 이미지처럼 엘리베이터가 작성됩니다. 평면상에서는 엘리베이터 카의 내부도 확인이 되지만 3D 뷰에서는 엘리베이터 출입구만 보이는 것을 확인할 수 있습니다.

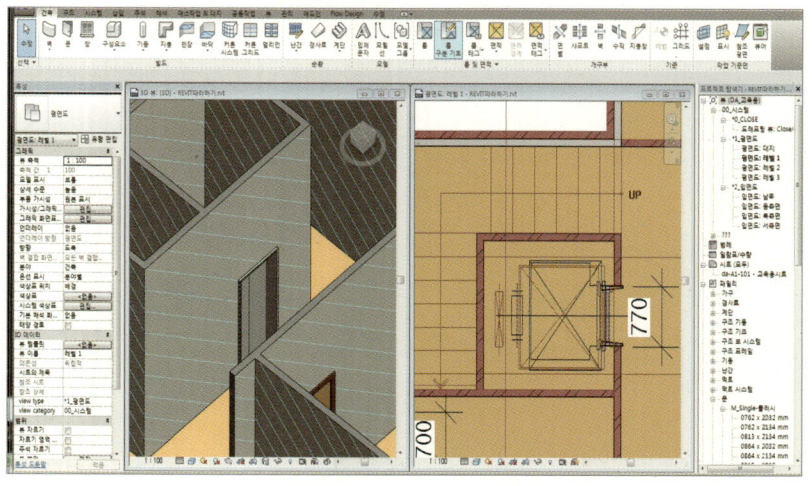

— 작성된 1층 모델링 확인

이제 1층에 개략적인 건축 요소는 모델링되었습니다. 가구의 배치나 기타 디테일한 부분은 좀 더 해보시는 것도 좋지만 정확한 물량 등의 파악이 아니라면 향후 렌더링 프로그램에서 객체를 넣는 게 효율적일 수 있습니다.

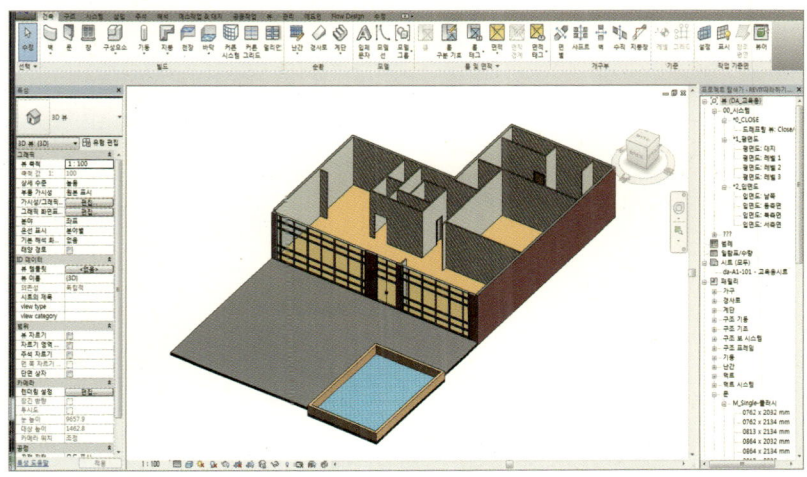

— 2층 도면 링크 1

2층 평면 뷰를 더블클릭해서 오픈시켜보면 2층 평면 뷰가 확인되는데 이상하게 2층 평면도 레벨을 오픈했지만 1층 모델링이 보입니다. 이는 특성 창에서 언더레이가 레벨 1로 되어 있기 때문에 1층이 비쳐 보여서 그렇습니다. 이 언더레이를 없음으로 해줍니다.

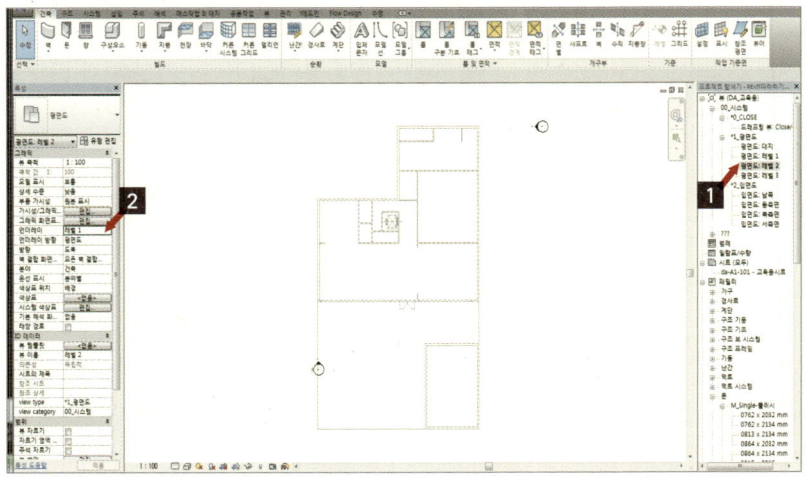

2층 평면도 캐드 파일을 불러오기 위해 삽입 탭의 CAD 링크를 선택하여 경로를 찾아
2층 평면도를 선택하고 이미지와 같이 설정 후 열기를 선택합니다. 이때도 체크는 안
되어 있지만 가져오기 단위를 밀리미터로 변경하는 것이 좋습니다.

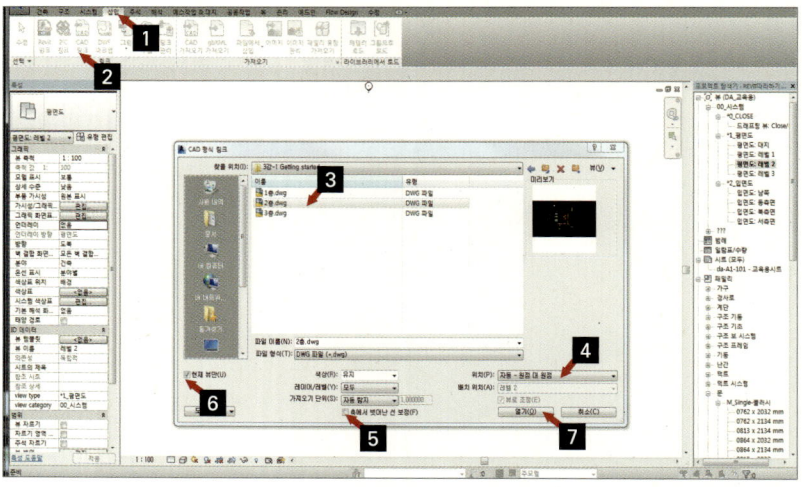

━ **2층 도면 링크 3**

2층 평면도 캐드 파일을 불러온 화면입니다.

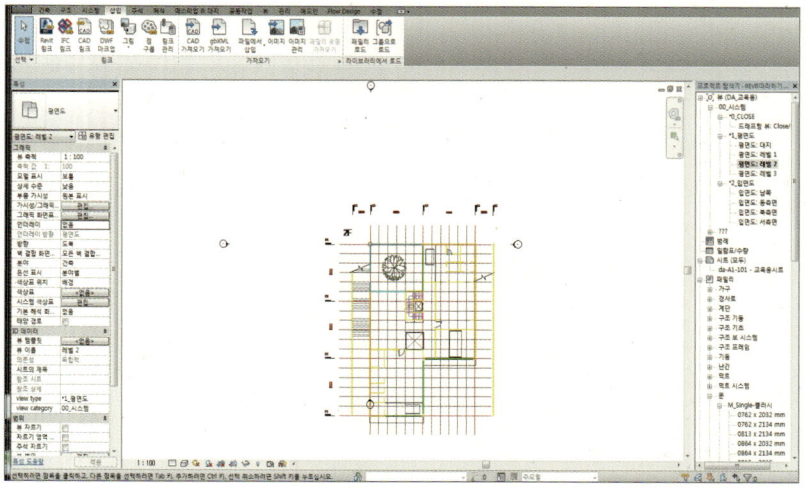

▬ 2층 – 링크된 도면 색상 변경

1층 평면도를 불러왔을 때와 같은 방법으로 특성 창에서 그리기 레이어를 전경으로 바꾸고 불러온 도면을 선택해 수정 탭의 뷰에서 그래픽 재지정이라는 붓 모양의 아이콘을 선택해 투영선으로 객체 스타일 색상을 이미지처럼 변경하여줍니다.

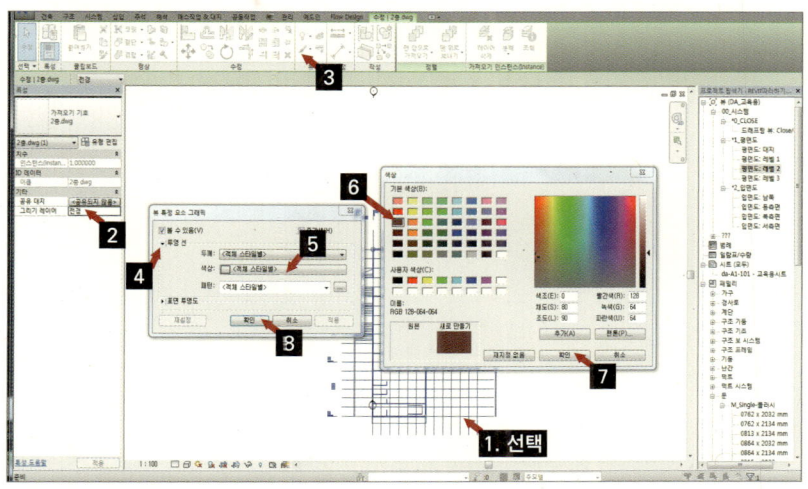

▬ 2층 – 바닥 작성 1

2층 평면도를 그리기 위해 건축 탭의 바닥, 바닥: 건축을 선택하고 바닥의 유형을 복제하여 수업–바닥마감–150으로 변경하고 구조의 편집을 선택합니다.

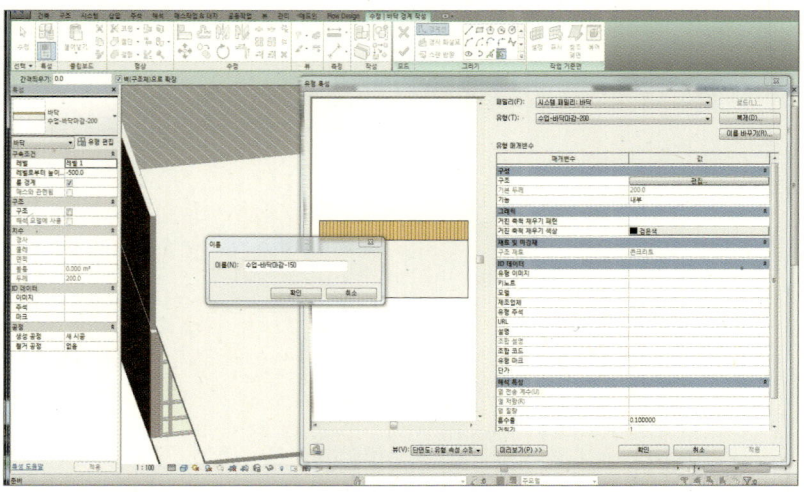

2층 – 바닥 작성 2

바닥의 재질을 변경하기 위해 조합 편집에서 이미지처럼 재료를 재료탐색기를 활용해 변경하고 두께를 설정합니다.

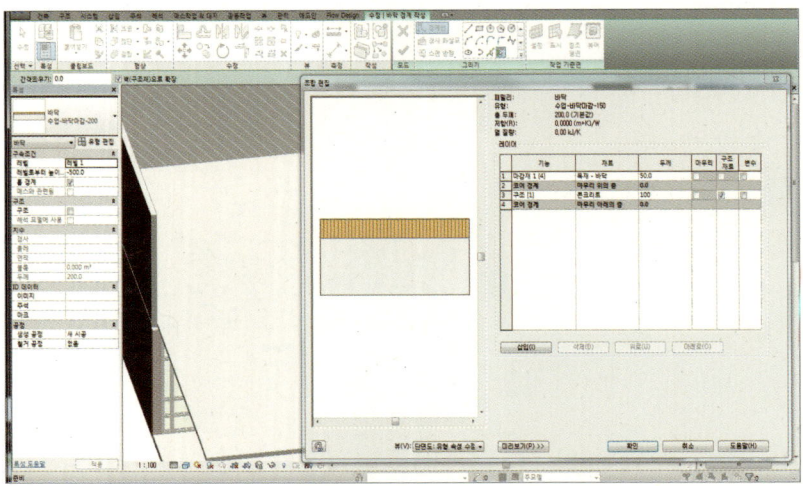

2층 – 바닥 작성 3

바닥을 그리는 방법은 1층의 경우와 같습니다. 다만 이때 바닥이 생성되는 구속 조건을 확인하고 확인을 선택합니다.

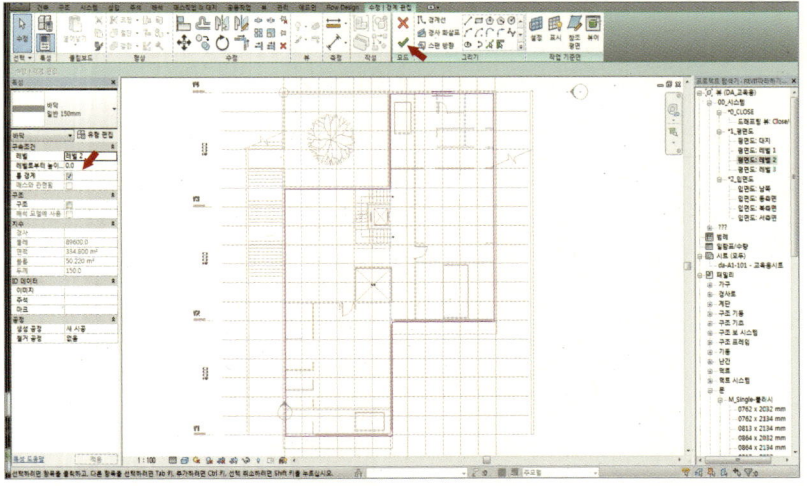

2층 – 바닥 작성 4

확인을 누르면 이미지처럼 확인 창이 하나 뜹니다. 이때 아니요(N)를 클릭합니다. 만약
예를 누르게 되면 1층의 벽체가 일률적으로 2층 슬라브 하단에 정착되기 때문입니다.

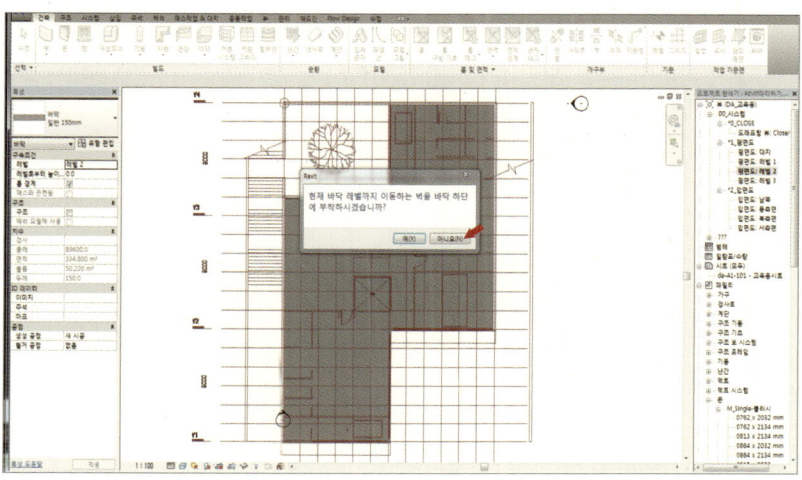

2층 – 바닥 확인 및 벽체 작성

그리고 건축 탭, 벽, 벽: 건축을 선택해 수업–벽체–200을 선택하여 베이스 구조조건은
레벨 2로 하고 상단 구조 조건은 궤벨 3으로, 상단이나 베이스 간격 띄우기는 0으로 설
정을 확인하고 벽체를 생성합니다.

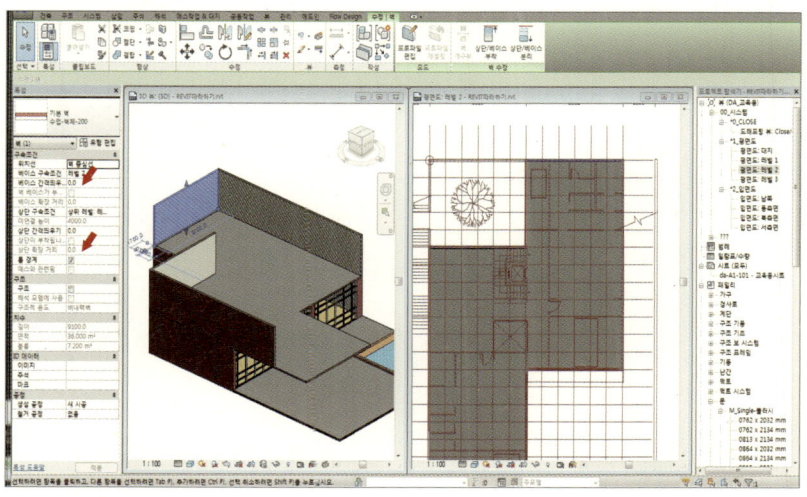

▬ 2층 – 벽체 편집 1

2층 외곽 벽체를 생성하였더니 이미지와 같이 벽체 마무리가 제대로 안 된 부분이 생겼습니다.

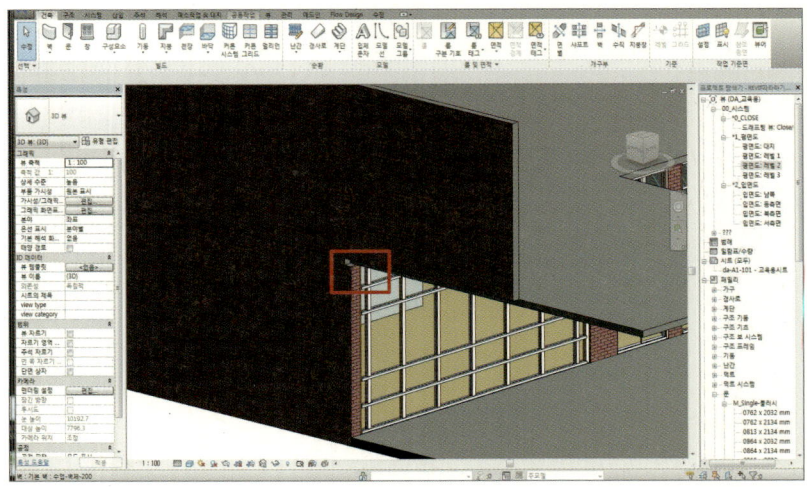

▬ 2층 – 벽체 편집 2

이를 3D상에서 편집하기 위해 수정 탭의 정렬(AL)을 선택하고 흰 선으로 표기된 부분을 정렬하려는 기준 면으로 설정해야 하는데 선택이 잘 안 될 때에는 마우스를 가까이 대고 Tab 키를 여러 번 누르면 원하는 벽체 기준 면을 선택할 수 있습니다.

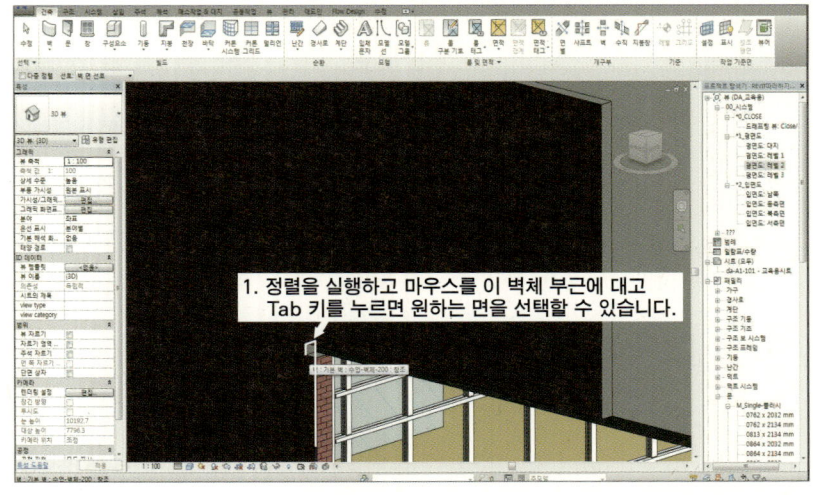

1. 정렬을 실행하고 마우스를 이 벽체 부근에 대고 Tab 키를 누르면 원하는 면을 선택할 수 있습니다.

그리고 정렬시키려는 기준 면이 선택되었다면 두 번째로 정렬시키려는 면을 선택합니다.

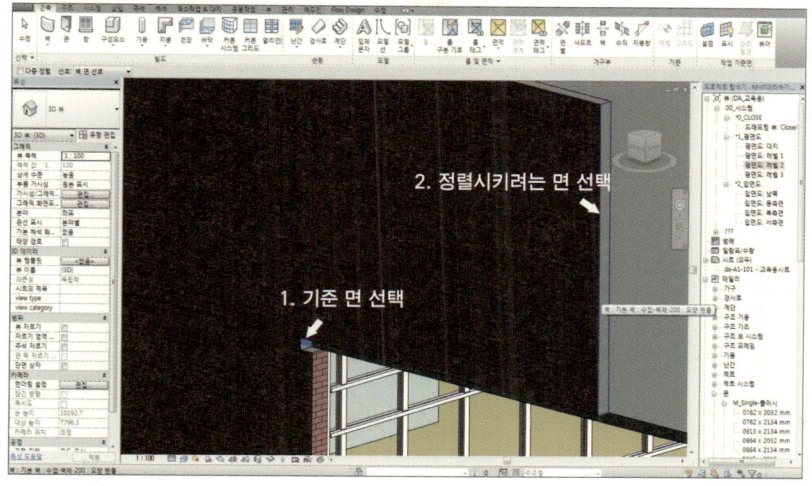

벽체가 정렬기준 면에 정렬된 모습입니다.

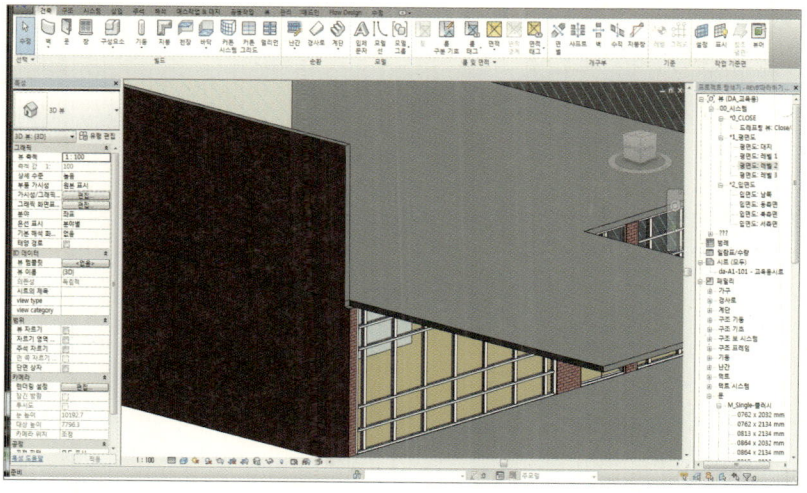

2층 – 벽체 편집 4

정렬되어 변경된 만큼을 새롭게 건축 탭, 벽, 벽: 건축으로 같은 유형을 선택하여 작성하는데 이때 베이스 간격 띄우기에 −150을 선택합니다.

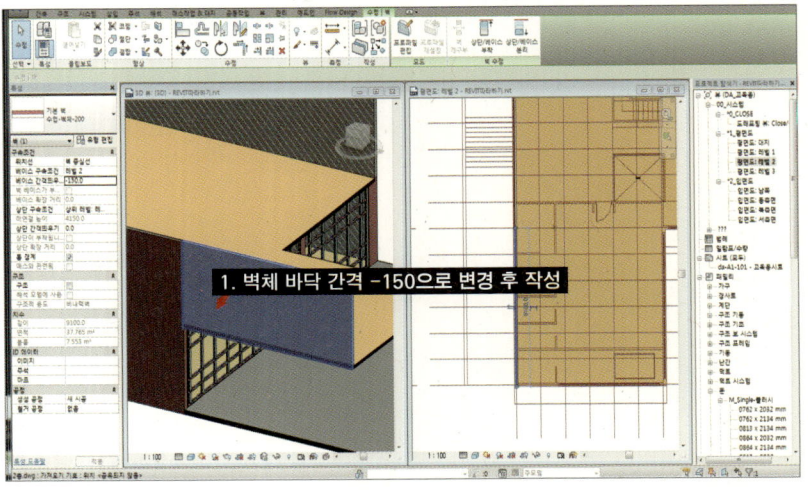

1. 벽체 바닥 간격 −150으로 변경 후 작성

2층 – 커튼월 지지 벽체 작성

화살표로 표기된 부분도 2층 평면 뷰로 도면을 확인해가면서 작성합니다. 베이스 간격 띄우기는 0으로 합니다.

1. 벽체 바닥 간격 0으로 변경 후 작성

▬ 2층 – 바닥 작성 1

작은 이미지에 표기된 튀어나간 슬라브를 모델링하기 위해 건축 탭의 바닥, 바닥: 건축
을 선택해 유형을 이미지처럼 변경하여줍니다.

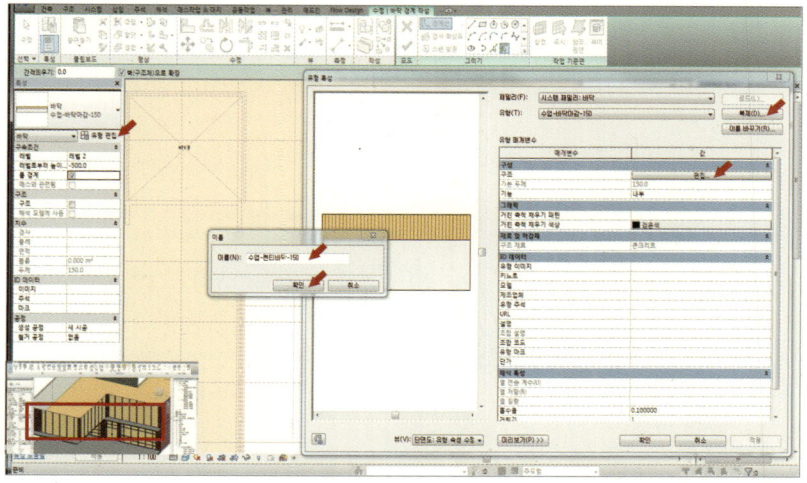

▬ 2층 – 바닥 작성 2

역시 조합 편집에서 재질의 두께와 재질 편집기로 재질을 선택합니다.

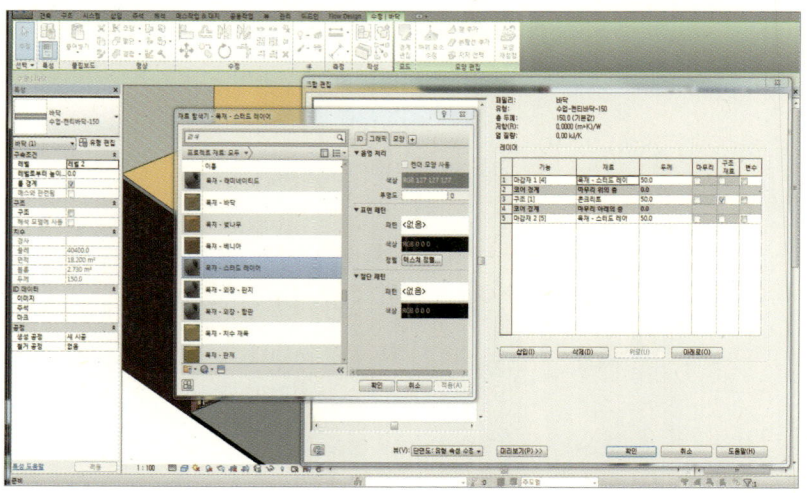

█ 2층 - 커튼월 작성 1

작은 이미지의 2층 커튼월을 작성하기 위해 건축 탭, 벽, 벽: 건축을 선택하고 수업-커튼월1층의 유형 편집에서 복제와 이름 변경을 해줍니다.

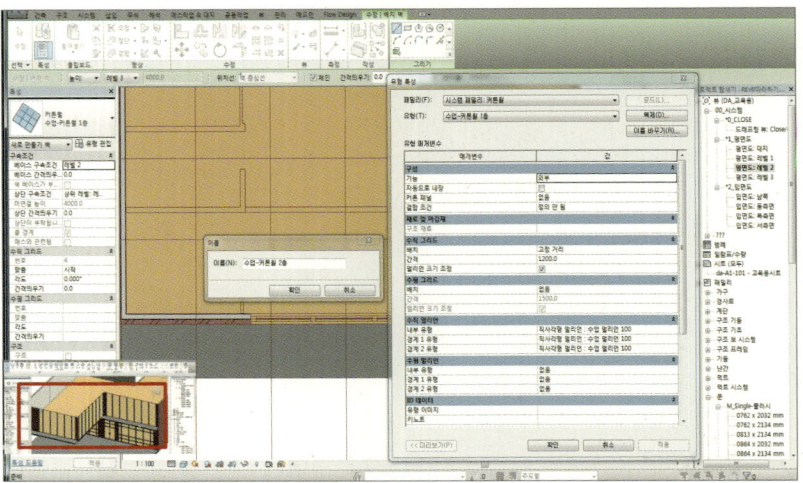

█ 2층 - 커튼월 작성 2

1층 커튼월과 같은 방식으로 커튼월을 작성합니다.

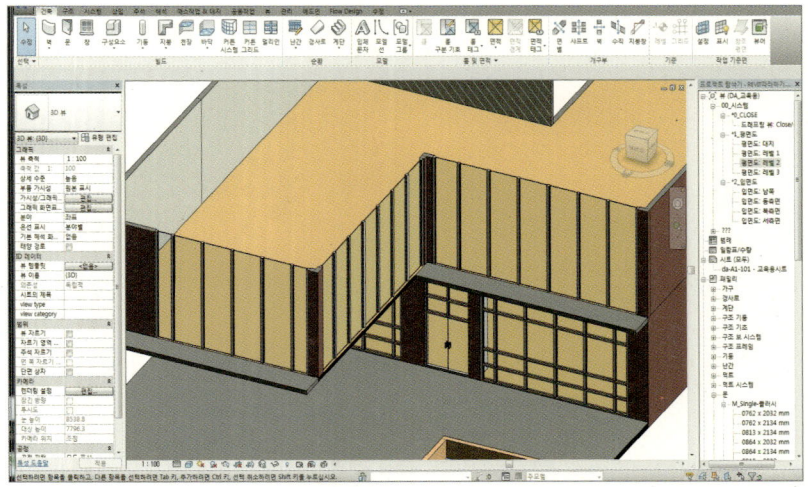

━ 2층 – 커튼월 작성 3

그리고 수평 그리드 멀리언과 세부 조정을 위해 2층 커튼월을 선택하고 안경 모양의
아이콘을 선택해 요소 분리하여 나머지 객체를 숨겨둡니다.

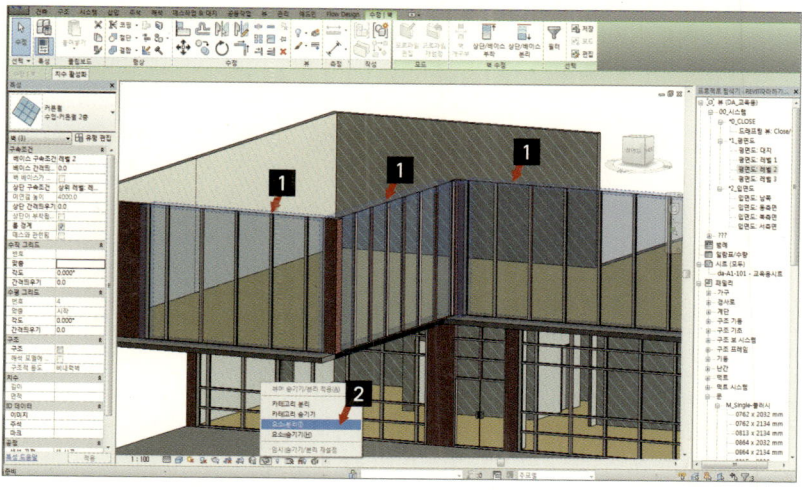

━ 2층 – 커튼월 작성 4

건축 탭, 커튼 그리드로 수평 그리드를 이미지처럼 간격을 작성해줍니다.

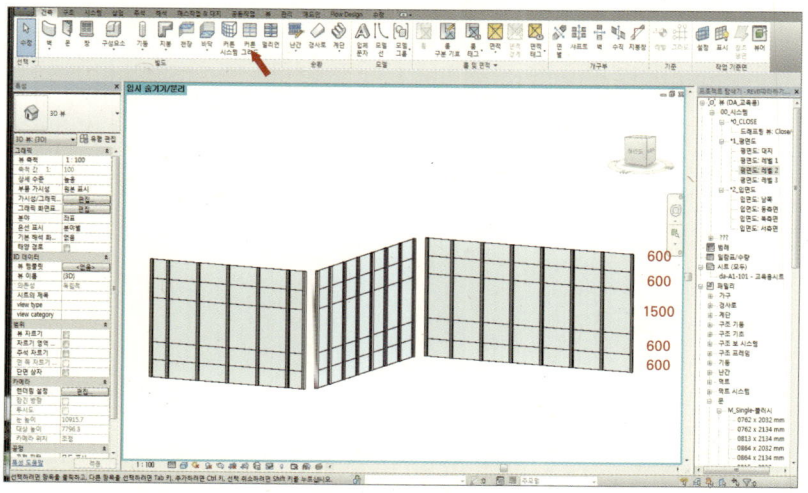

■ 2층 – 커튼월 작성 5

그리드가 작성되었으면 건축 탭의 멀리언을 선택하고 수직 멀리언과 다른 이름을 가진
멀리언을 수평 멀리언으로 작성합니다. 그리고 하나의 수평 멀리언을 선택하고 우클릭
하여 모든 인스턴스 선택, 뷰에 나타남을 선택합니다.

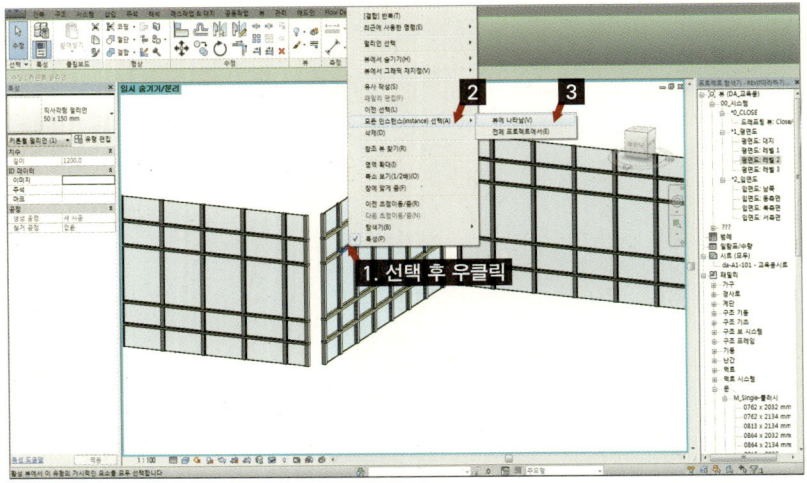

■ 2층 – 커튼월 작성 6

모든 수평 멀리언이 선택되었다면 수정|커튼월 멀리언에서 결합을 선택합니다.

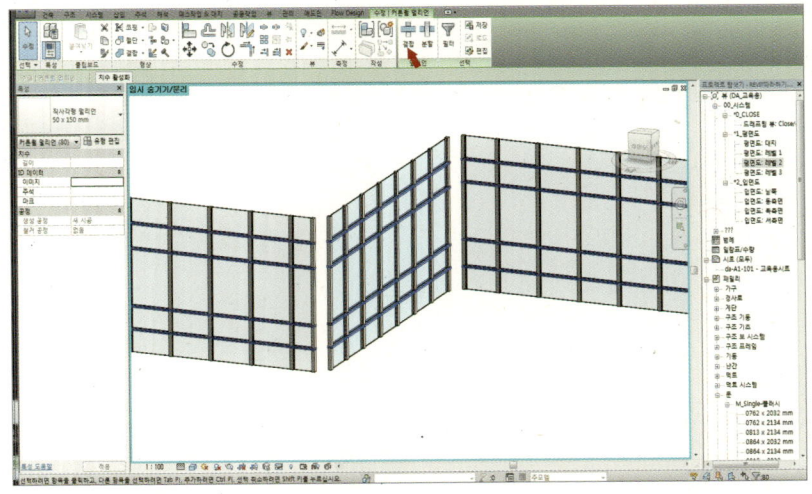

2층 – 커튼월 작성 7

붉은 선으로 표시된 부분은 수정|배치 멀리언으로 작성해줍니다.

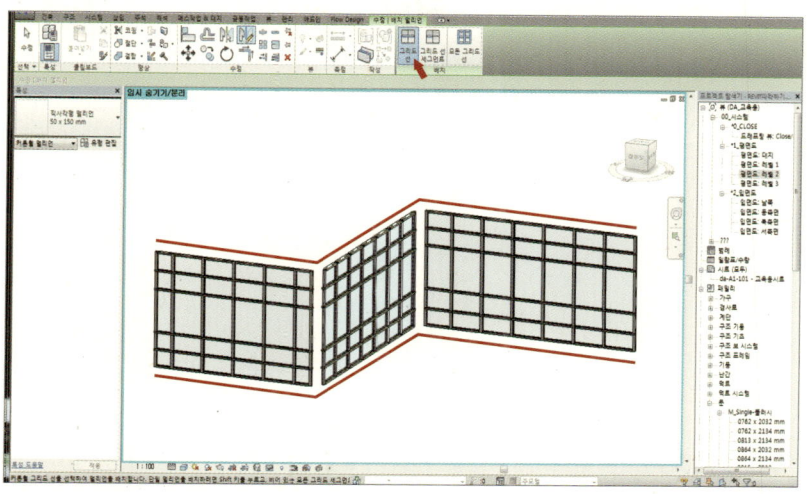

2층 – 커튼월 작성 8

뷰를 이미지처럼 조정하고 위의 멀리언만 선택하여 수정|배치 멀리언에서 결합을 선택합니다. 만약 핀 객체가 잠겨 있다면 수정 탭에서 핀 고정을 해제하고 작업을 진행합니다.

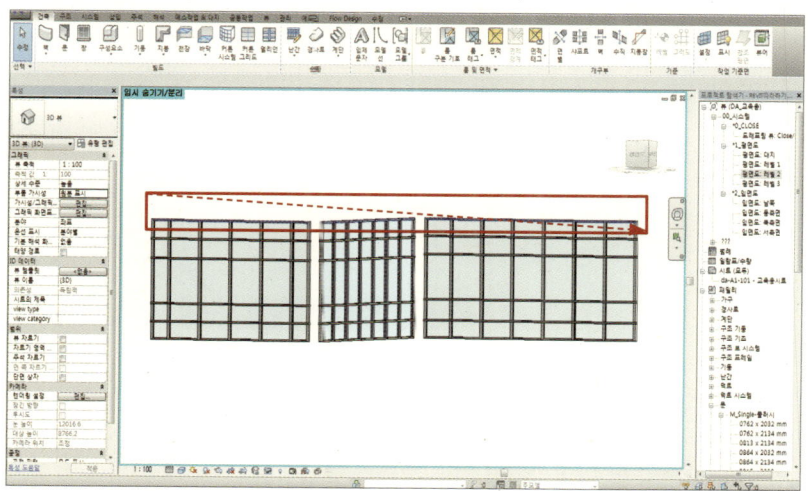

2층 – 커튼월 작성 9

1층의 커튼월처럼 수직 그리드의 마지막 경계도 선택하여 핀 객체를 풀고 결합시켜줍니다.

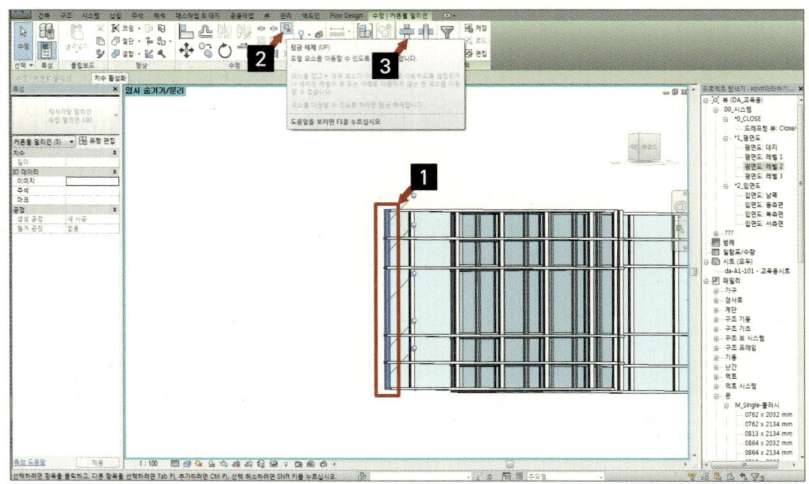

2층 – 커튼월 작성 10

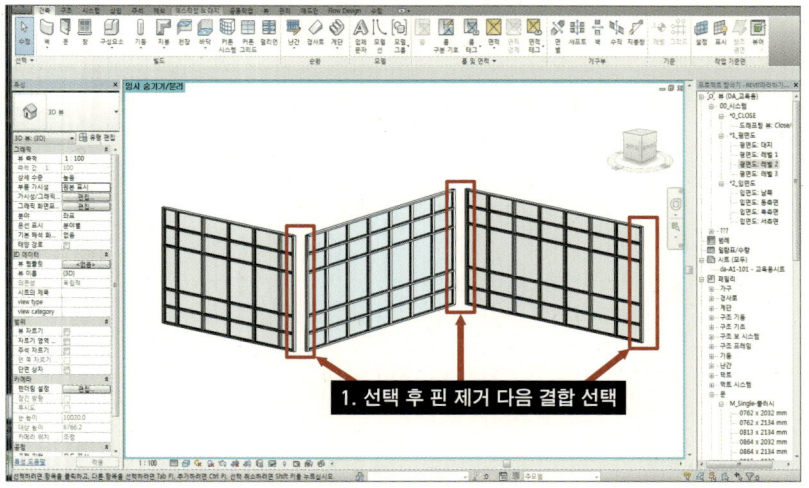

1. 선택 후 핀 제거 다음 결합 선택

▬ 2층 – 커튼월 작성 11

작업이 완료되었다면 안경 모양을 눌러 임시 숨기기/분리 재설정으로 숨겨둔 나머지
객체를 보이게 합니다.

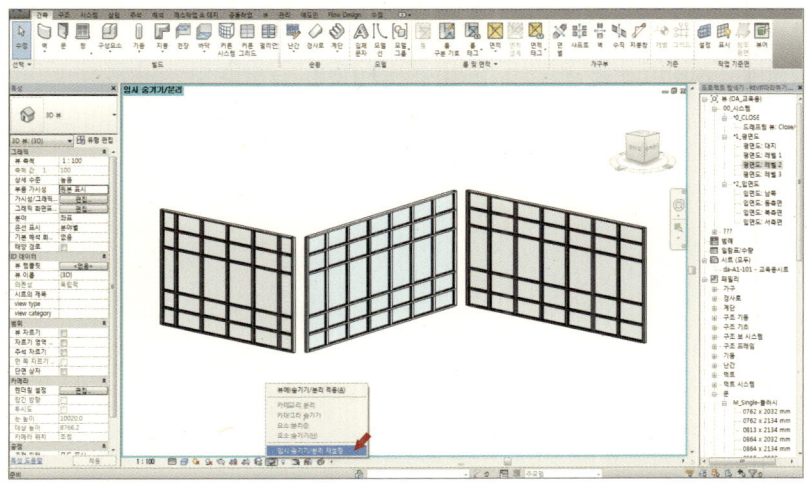

▬ 2층 – 커튼월 작성 12

지금까지 모델링한 건물을 3D 뷰와 도면을 확인해보니 표시된 부분도 커튼월로 작성
되어야 하는 부분임을 확인할 수 있습니다.

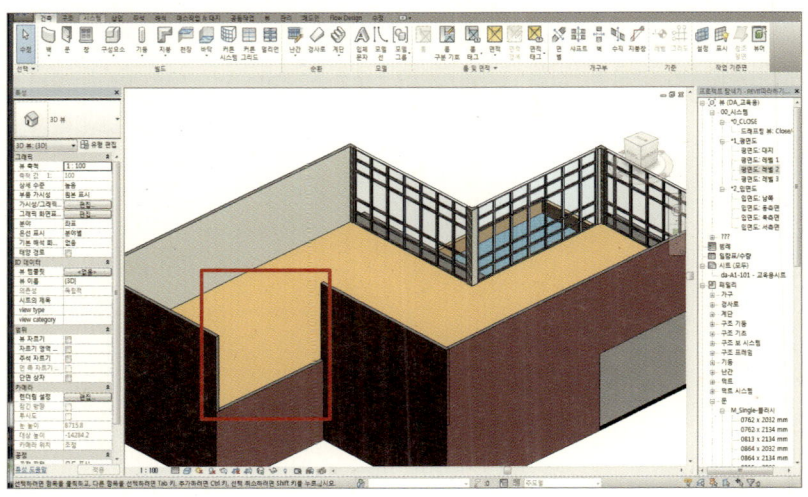

2층 - 커튼월 작성 13

커튼월을 작성하고

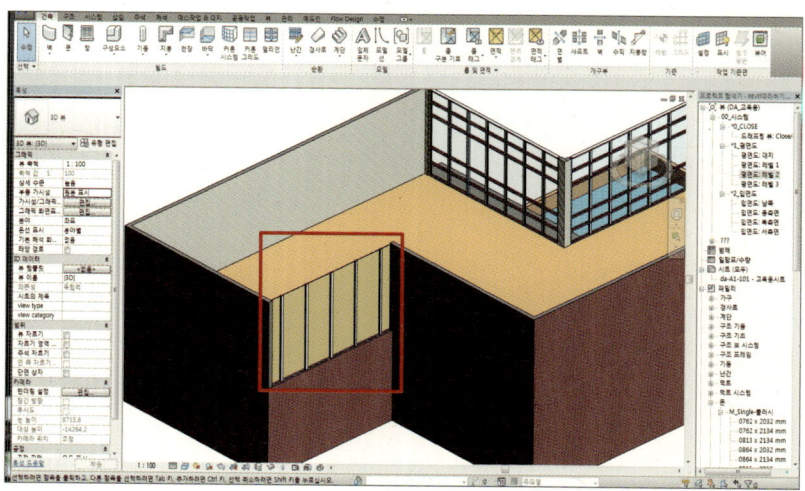

2층 - 커튼월 작성 14

지금까지와 같은 방법으로 요소 분리하고 커튼월 패밀리를 이미지처럼 변경해줍니다.

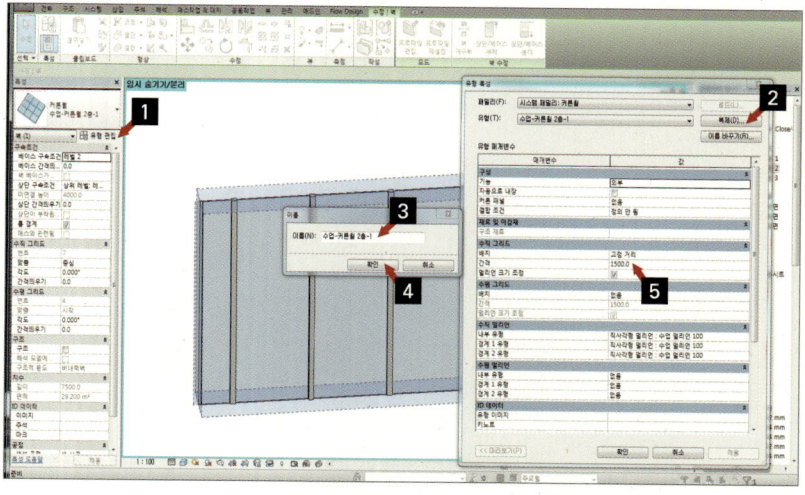

━ 2층 – 커튼월 작성 15

나머지 커튼월이 작성된 모습입니다.

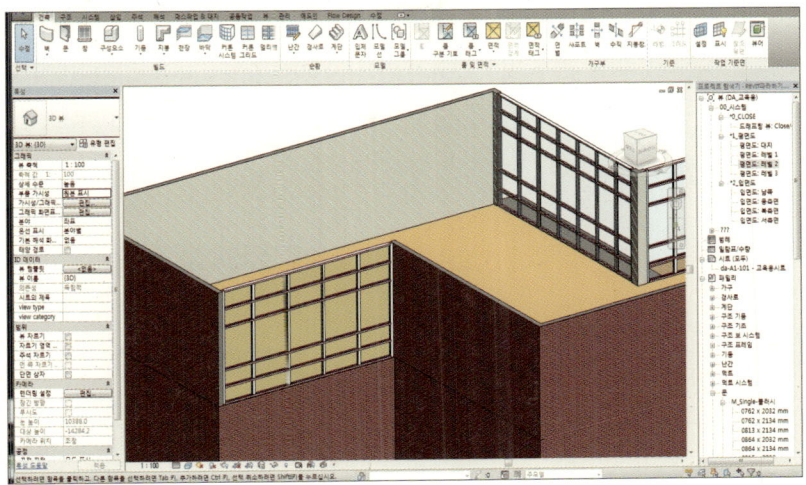

━ 2층 – 바닥 편집 1

이제는 계단과 엘리베이터를 작성하기 위해 연결될 2층 슬라브를 조정해야 합니다. 2층 평면 뷰에서 해당 바닥을 선택하고 경계 편집을 선택합니다.

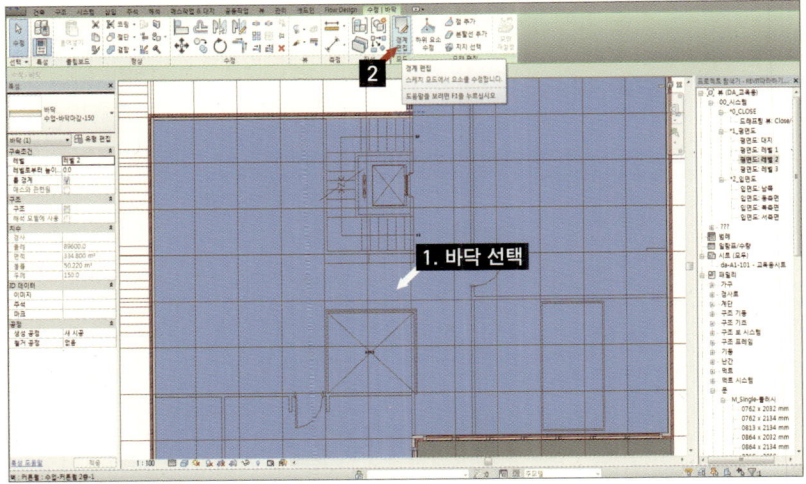

▬ 2층 – 바닥 편집 2

경계 편집에서 수정|경계 편집 탭의 그리기 도구로 이미지처럼 새로운 경계를 생성합니다.

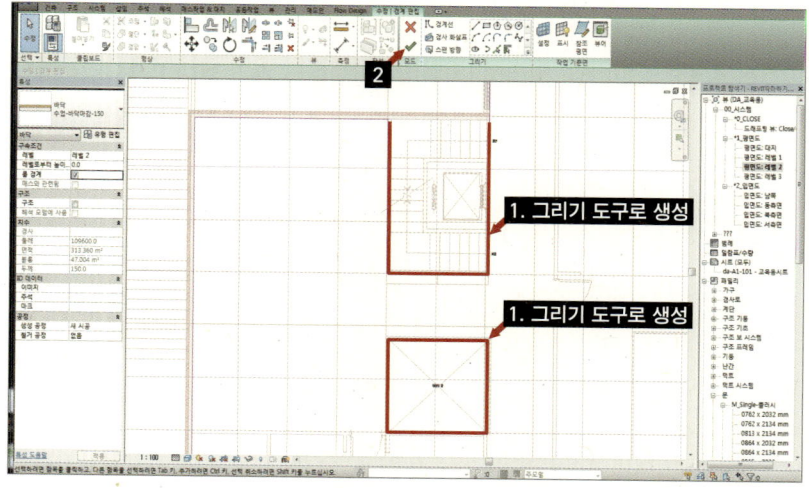

▬ 2층 – 바닥 편집 후 벽체 생성

엘리베이터와 계단이 작성될 부분의 슬라브가 오프닝되었고 이제 1층 벽체와 같은 방법으로 2층 내부 벽체를 모델링하여줍니다.

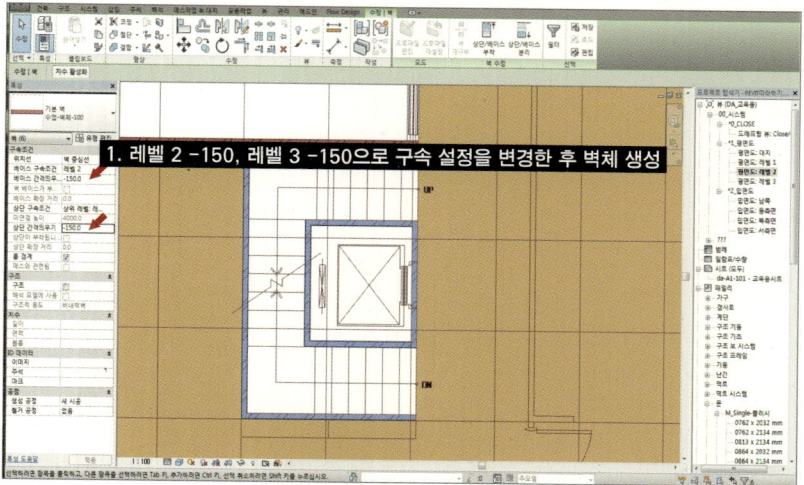

2층 - 모델링 확인

2층 내부 벽체까지 모델링된 모습입니다.

2층 - 1층 엘리베이터 복사 1

1층 엘리베이터를 넣었던 것과 마찬가지로 2층에도 넣기 위해서 이번에는 복사를 해보려고 합니다. 1층 평면 뷰에서 엘리베이터를 선택하고 수정 탭의 클립보드에서 문서가 두 개 겹쳐져 있는 것 같은 아이콘을 눌러 복사해둡니다.

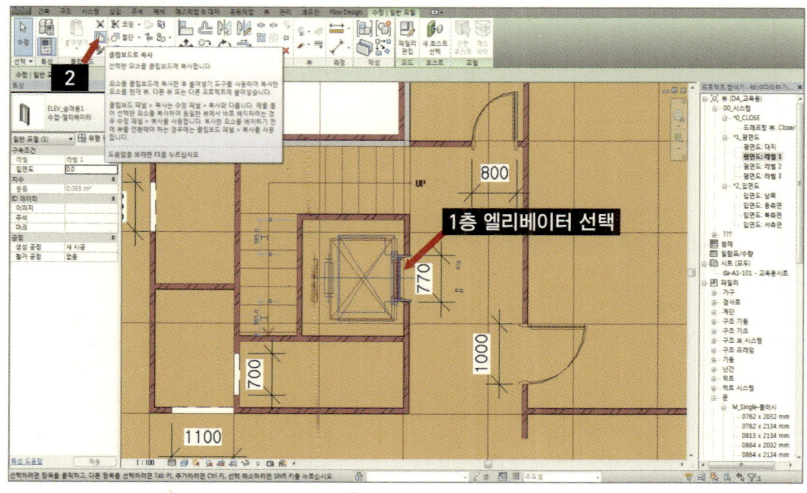

2층 - 1층 엘리베이터 복사 2

그리고 수정 탭, 클립보드에서 붙여넣기를 선택하고 나오는 하위 메뉴에서 선택한 레벨에 정렬을 선택합니다.

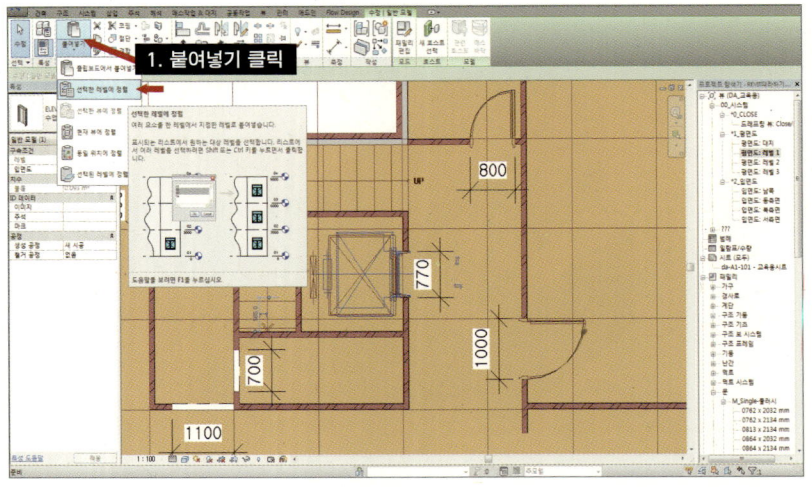

2층 - 1층 엘리베이터 복사 3

그러면 이미지처럼 복사 정렬할 레벨을 선택할 수 있는 창이 뜹니다. 여기에서 우리는 레벨 2를 선택하고 확인을 클릭합니다.

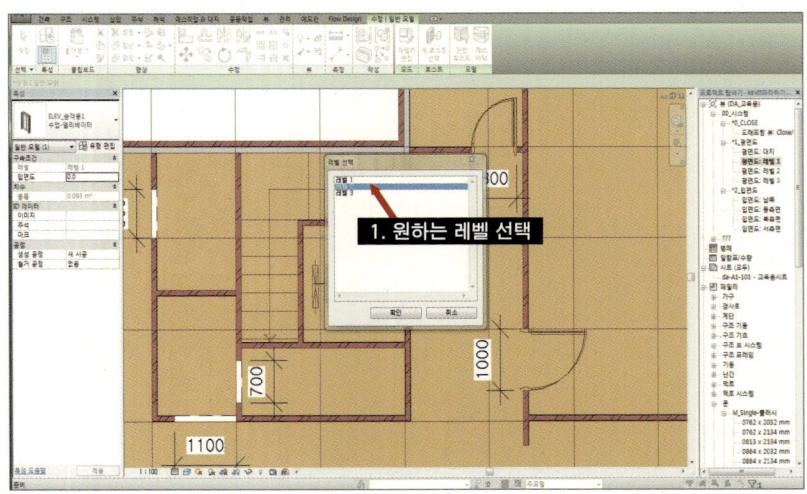

2층 – 1층 엘리베이터 복사 4

2층 평면 뷰를 열어서 엘리베이터가 제대로 복사되었는지 확인합니다.

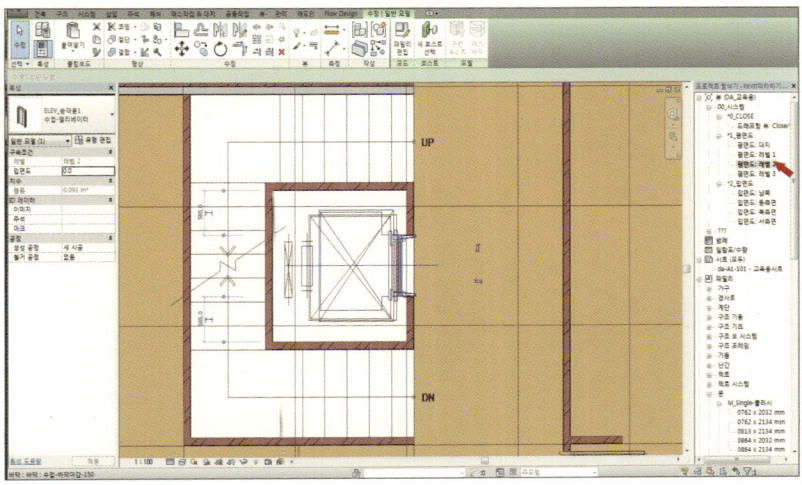

2층 – 난간 작성 1

엘리베이터와 2층의 내부 문도 문 패밀리와 문–개구부 패밀로 1층에서처럼 작성한 모습입니다.

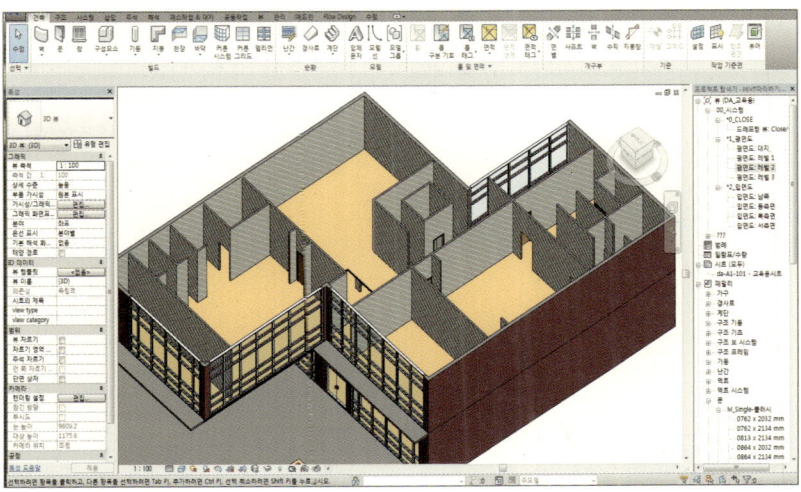

2층 – 난간 작성 2

방금 2층 슬라브를 오프닝할 때 엘리베이터와 코어 부분과 난간이 작성될 부분도 함께 오프닝하였습니다.

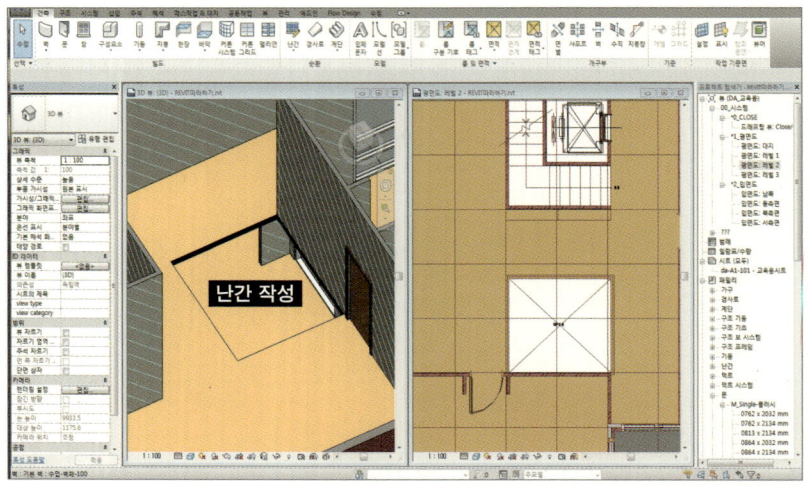

2층 – 난간 작성 3

이러한 부분에서는 안전을 위해 난간이 설치되는데요, 그래서 건축 탭의 난간, 경로 스케치 기능을 선택합니다.

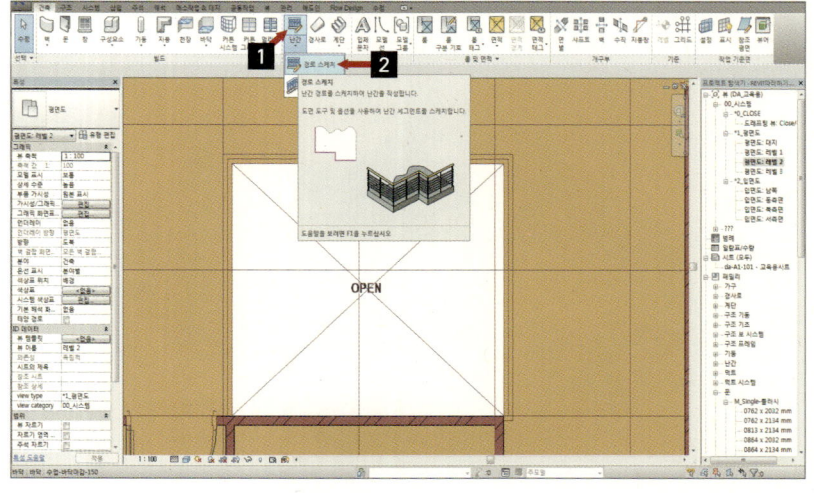

2층 – 난간 작성 4

수정 | 난간 경로 작성에서 그리기 도구로 이미지의 붉은 선으로 표시된 것처럼 그려줍니다.

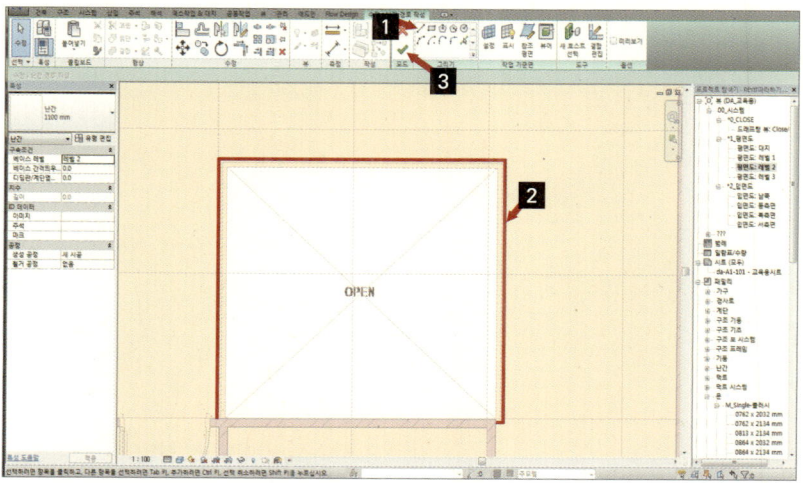

2층 – 난간 작성 5

3D 뷰에서 확인한 모습입니다.

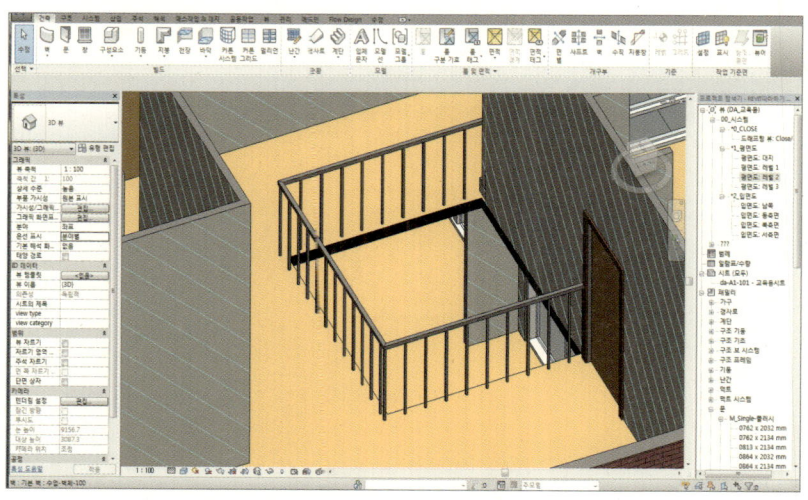

2층 - 난간 작성 6

난간 하부로 건축 탭, 벽, 벽: 건축으로 베이스 간격 띄우기는 레벨 2에서 0, 높이는 레벨 2에서 150으로 설정하여 이미지처럼 작성해줍니다.

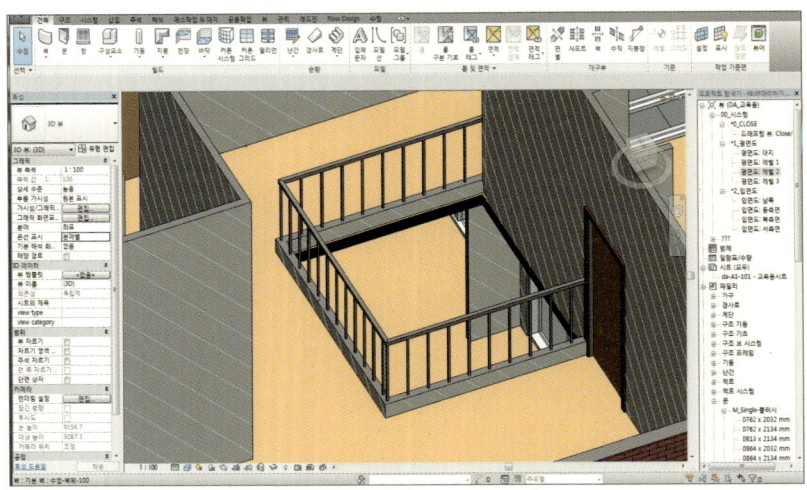

2층 - 계단 작성을 위한 바닥, 벽체 편집 1

다음으로 계단을 작성하려고 합니다.

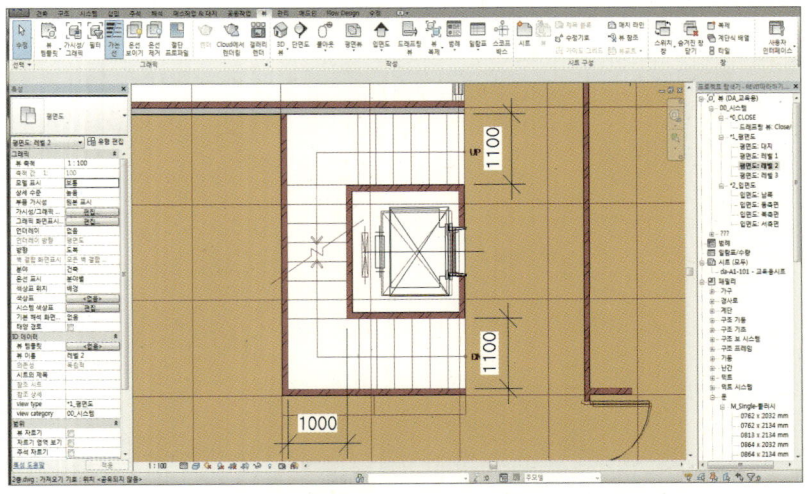

2층 – 계단 작성을 위한 바닥, 벽체 편집 2

그런데 자세히 확인을 해보니 (2)번으로 표기된 벽체가 100 정도 이동해야 합니다. 그래서 먼저 2층 슬라브의 벽체를 경계 편집으로 수정하고

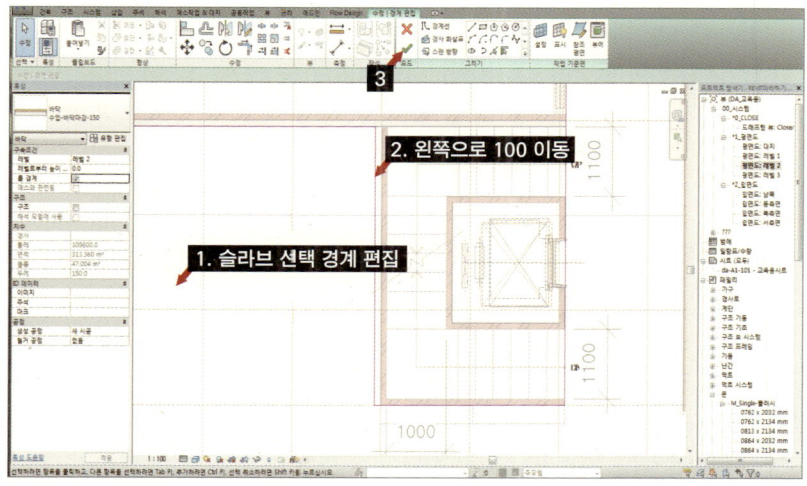

2층 – 계단 작성을 위한 바닥, 벽체 편집 3

해당 벽체도 수정 탭의 이동 기능으로 이동시켜줍니다. 또는 정렬(AL) 기능을 활용해도 무방합니다.

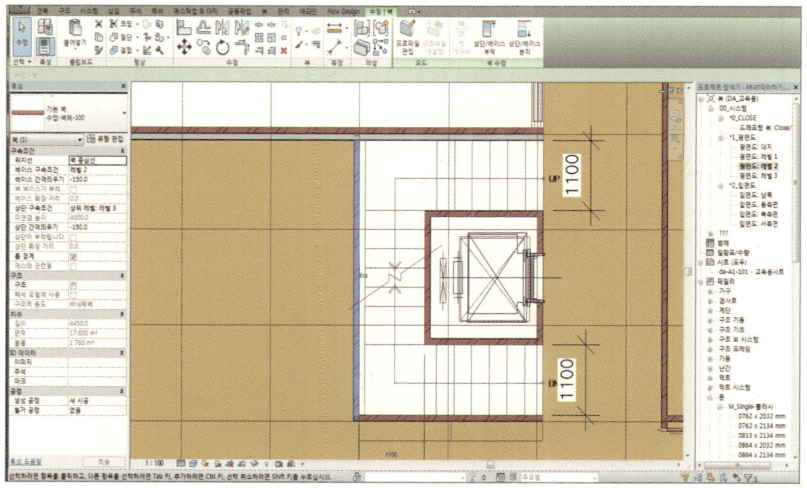

2층 – 계단 작성을 위한 바닥, 벽체 편집 4

2층뿐만 아니라 1층 평면 뷰를 열어 해당 벽체를 같이 이동시켜줍니다.

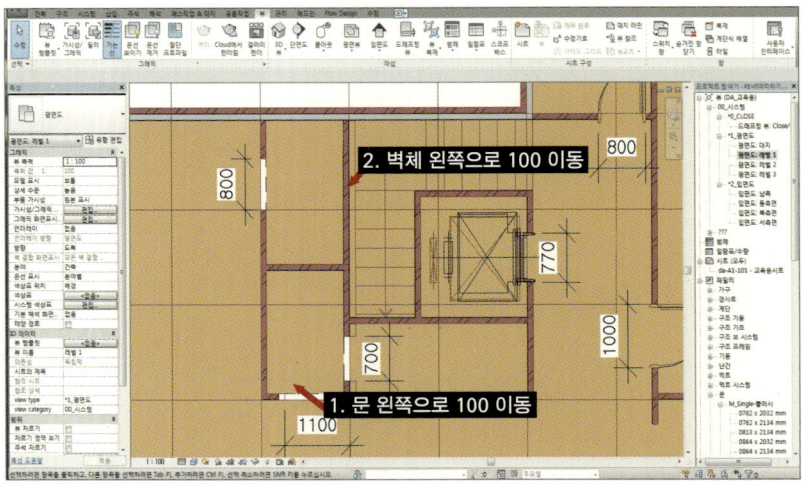

2층 – 계단 작성을 위한 단면 상자 조정 1

그리고 계단을 생성해야 하는데 계단 주위가 다른 객체들에 가려 잘 보이지 않습니다. 이런 경우 확인을 위해 특성 창의 단면 상자 기능으로 손쉽게 계단을 확인할 수 있습니다. (2)번 단면 상자를 체크해줍니다.

━ 2층 – 계단 작성을 위한 단면 상자 조정 2

그러면 우리가 모델링한 객체 주변으로 실선 모양의 상자가 생겨나는데요. 이 범위를
조절하려고 합니다.

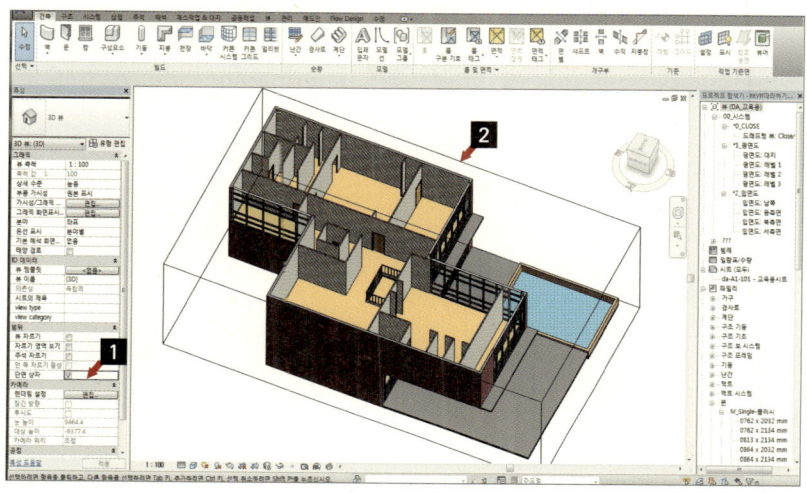

━ 2층 – 계단 작성을 위한 단면 상자 조정 3

먼저 단면 상자를 체크하여 생겨난 육면제의 외곽 라인을 선택하고(단면 상자를 선택
하고) 뷰 오른쪽 상단의 뷰 박스의 윗면을 클릭합니다.

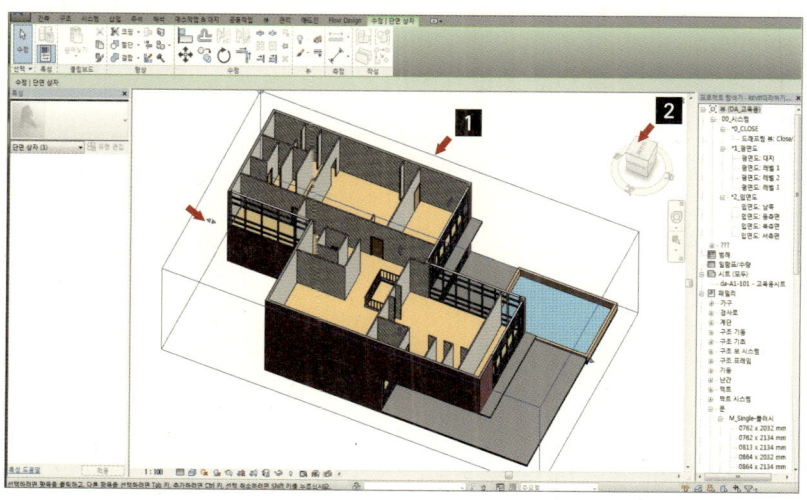

2층 – 계단 작성을 위한 단면 상자 조정 4

그럼 단면 상자를 선택한 채 배치 뷰로 변경되며 단면 상자에 범위 조정이 가능한 표시를 확인할 수 있습니다.

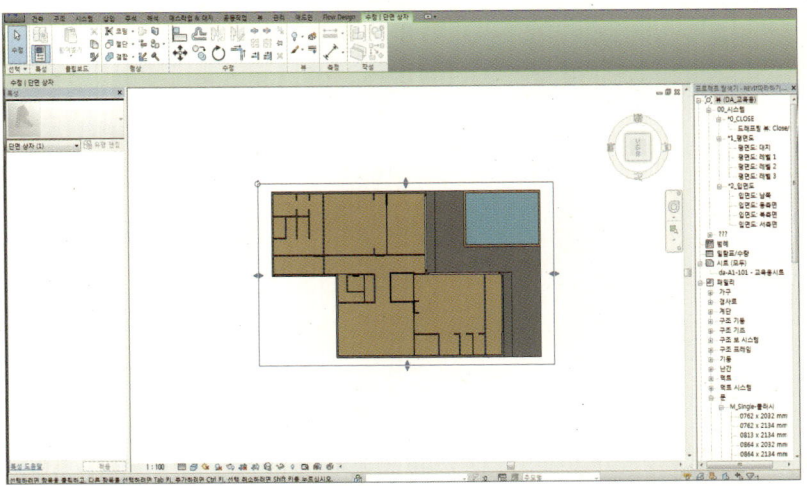

2층 – 계단 작성을 위한 단면 상자 조정 5

이 범위 표시를 계단 주변으로 이미지처럼 옮겨줍니다.

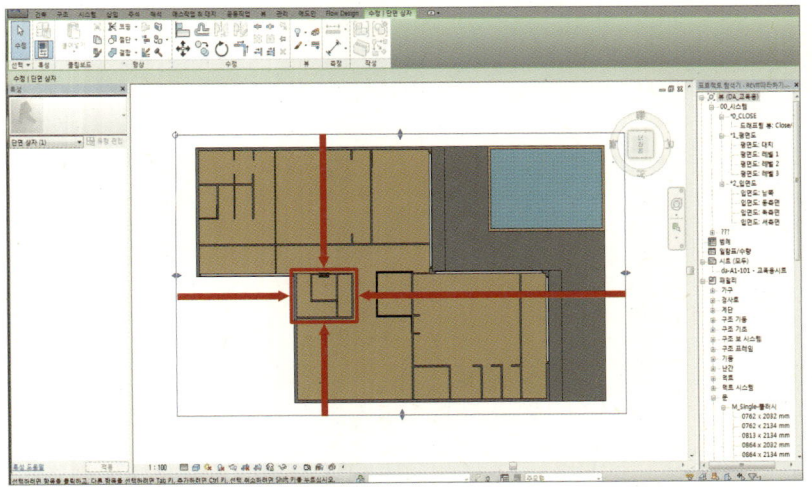

2층 – 계단 작성을 위한 단면 상자 조정 6

단면 상자를 줄여주고 뷰 박스에서 모서리 부분을 클릭해줍니다.

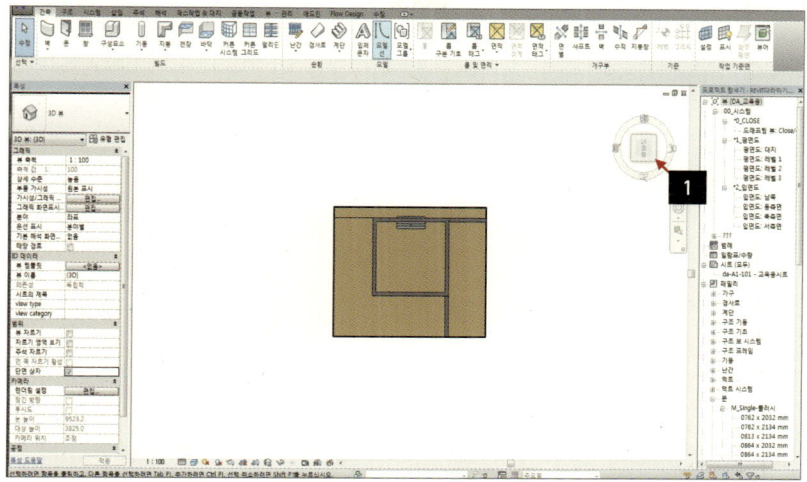

2층 – 계단 작성을 위한 단면 상자 조정 7

계단 주변으로 범위를 줄인 단면 상자를 3D 뷰로 확인 가능합니다.

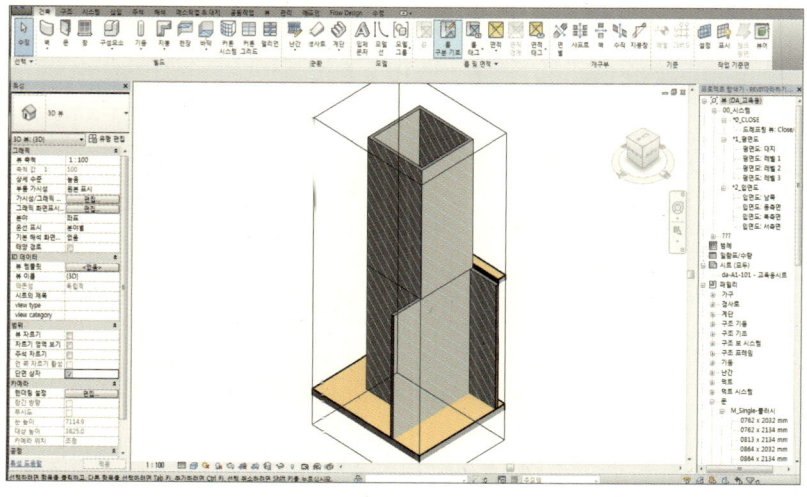

━ 2층 - 계단 작성 1

이제 다시 레벨 2의 뷰를 더블클릭하여 이미지처럼 오픈합니다.

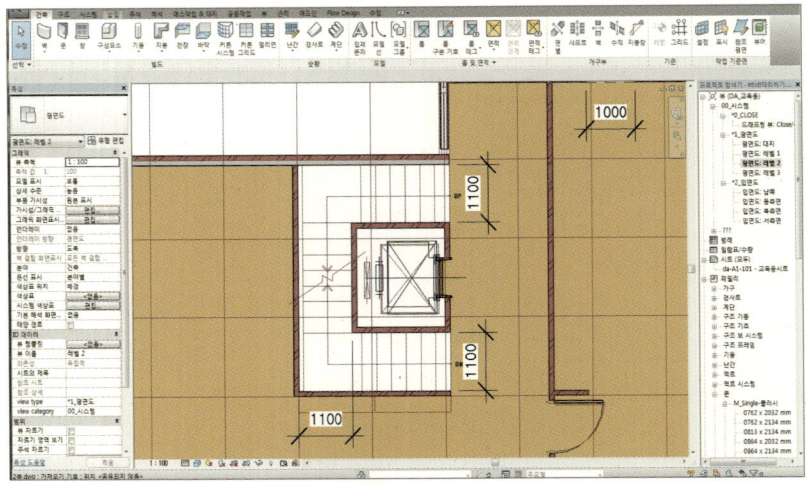

━ 2층 - 계단 작성 2

건축 탭, 계단, 스케치 기준 계단을 선택합니다.

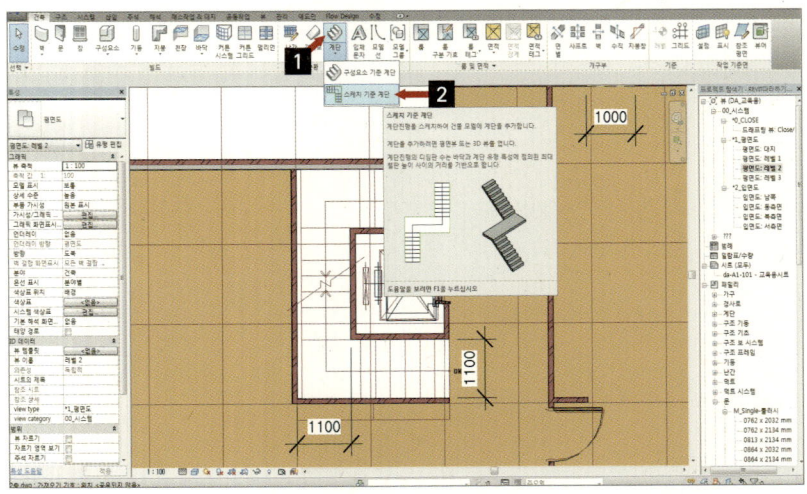

▬ 2층 – 계단 작성 3

수정|계단 스케치 작성에서 유형 편집을 선택하여 이미지처럼 복제와 이름 변경 및 재
료 및 마감재 등의 변경을 하여줍니다.

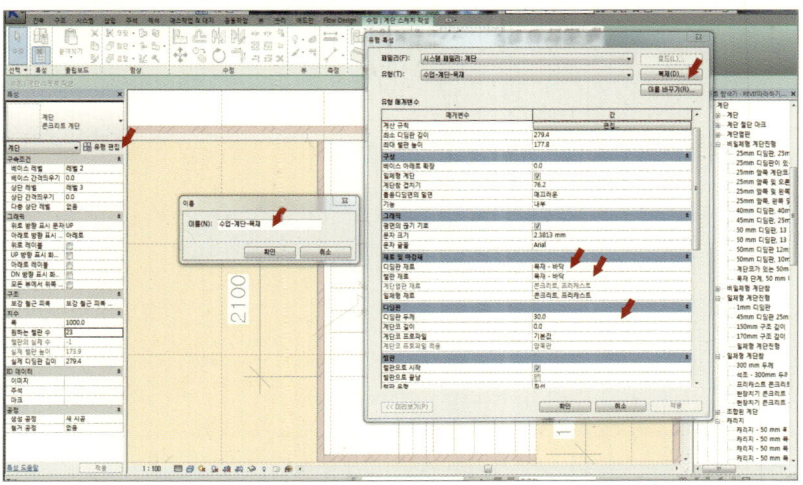

▬ 2층 – 계단 작성 4

그리고 수정|계단 스케치 작성에서 그리기 도구 중 실행을 선택합니다.

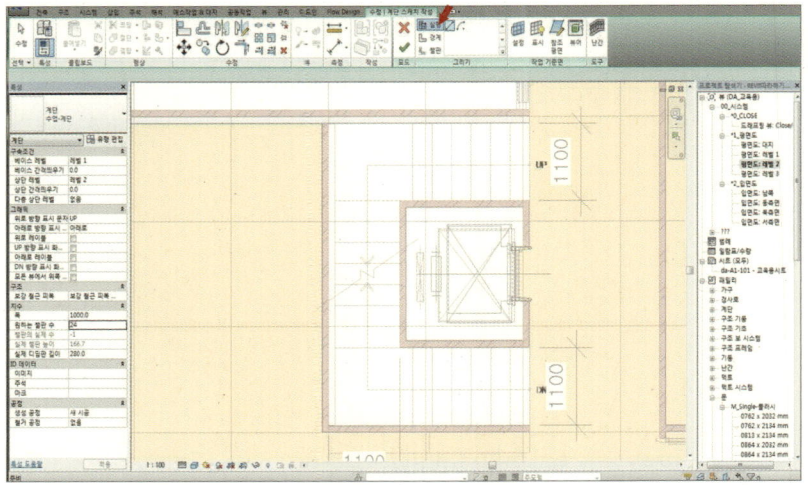

붉은 화살표로 된 방향으로 계단을 그려주고 완료를 눌러줍니다.

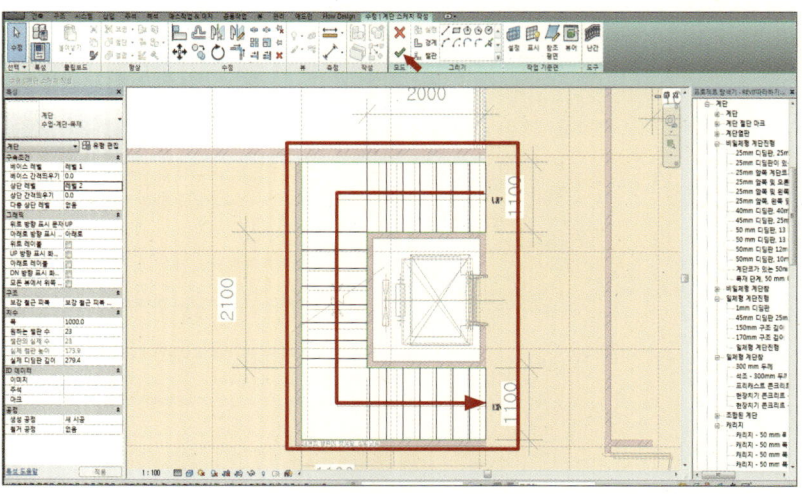

계단을 3D 뷰로 확인해보면 난간까지 같이 모델링된 것을 확인할 수 있는데요, 지금 이런 형식의 계단에서는 사실 난간이 필요 없을 것이기에 난간을 선택하여 삭제해줍니다.

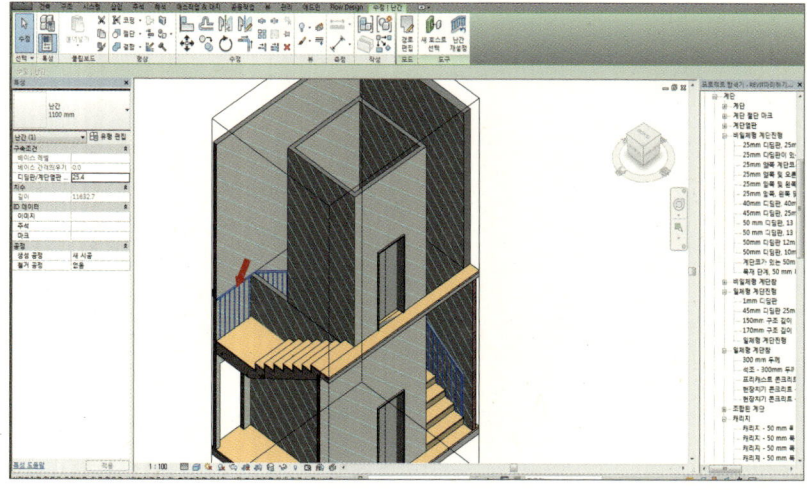

2층 – 계단 작성 7

난간을 지우고 3D 뷰로 확인해보니 1층에 그린 벽체가 계단을 뚫고 나오는 것이 확인되는데요, 지금부터는 이를 수정하도록 하겠습니다.

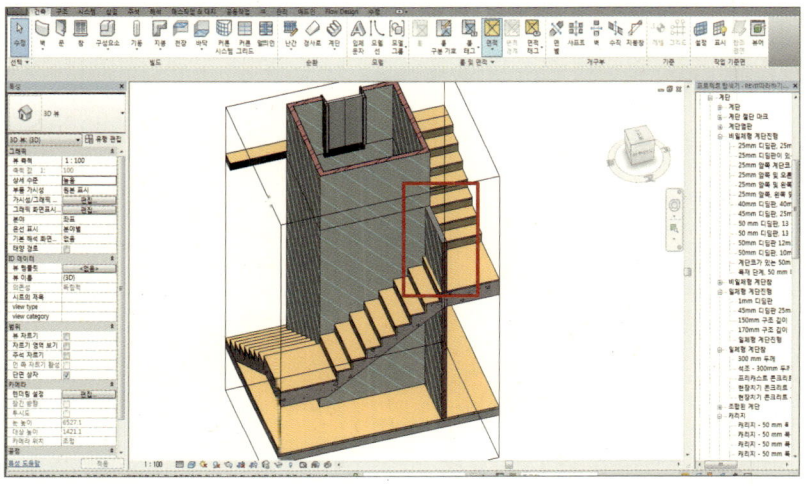

2층 – 계단 작성을 위한 벽체 편집 1

우선 이 3D 뷰를 탐색기 창에서 우클릭하여 뷰 복제, 상세 복제를 눌러줍니다. 별도로 이 뷰를 저장하기 위함입니다.

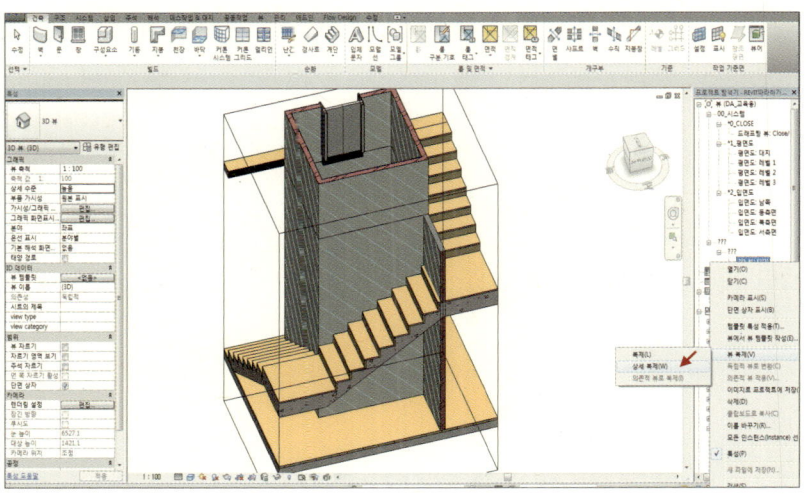

그리고 이 뷰를 특성 창에서 탐색기 창의 위계 중 시스템으로 올리기 위해 뷰 타입과 카테고리를 작성하고 (3)으로 표시된 벽체를 조정하도록 하겠습니다.

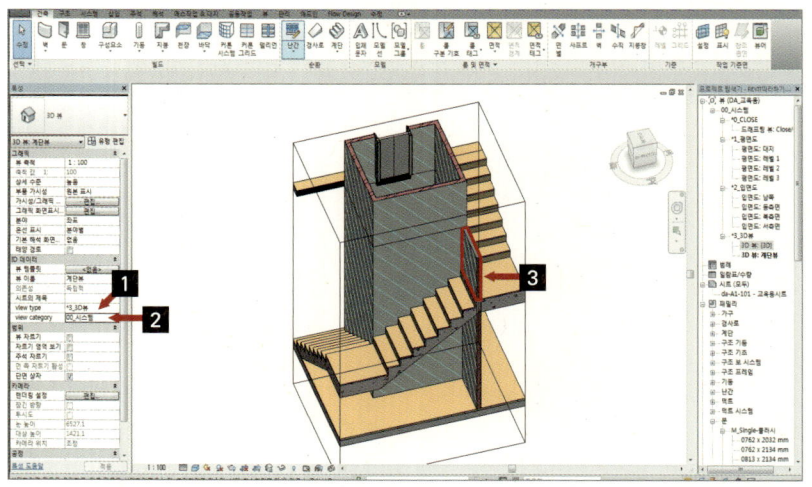

── **2층 – 계단 작성을 위한 벽체 편집 3**

1층 평면 뷰, 즉 레벨 1을 더블클릭하여 이미지에 표시된 벽체를 선택합니다.

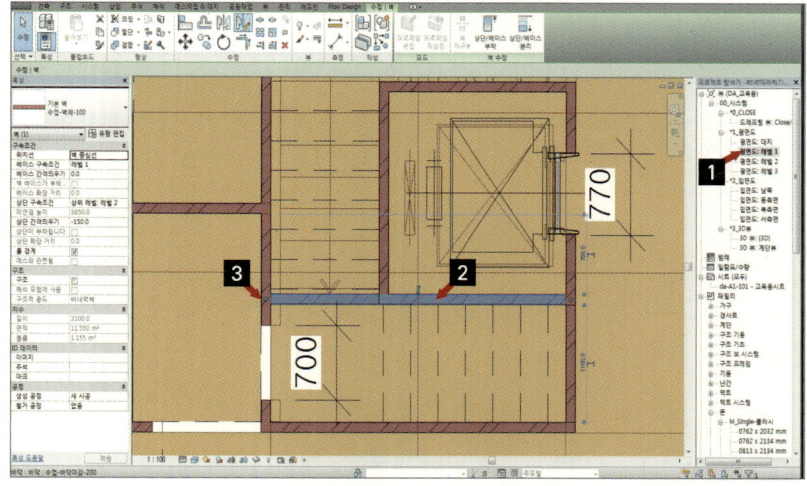

2층 – 계단 작성을 위한 벽체 편집 4

그리고 이 벽체를 (1) 부분을 잡아 끌어 (2) 부분에 정렬시킵니다.

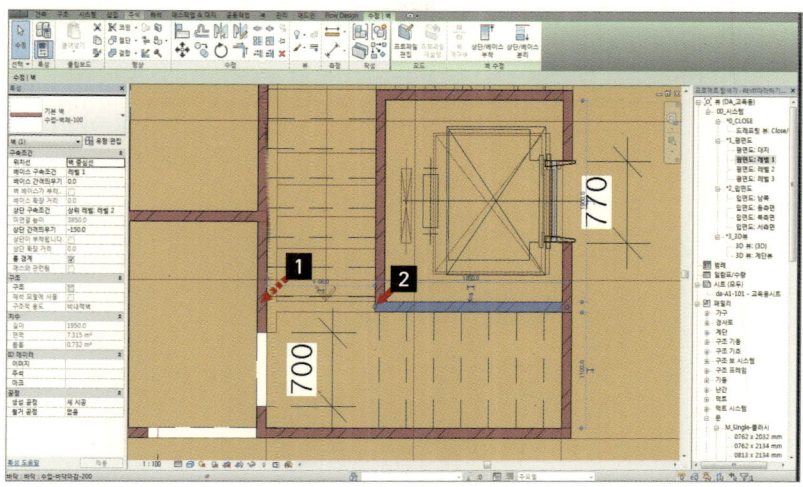

2층 – 계단 작성을 위한 벽체 편집 5

그리고 다시 비어 있는 부분에 벽체를 생성하는데, 이때 벽체의 속성상 기본적으로 주변 벽체와 결합되게 되어 있습니다. 그래서 벽체를 끝까지 생성하지 말고 (2)로 표시된 부분까지 생성한 후 그 끝부분에서 우클릭하여 나오는 변수 창에서 결합 금지를 선택합니다.

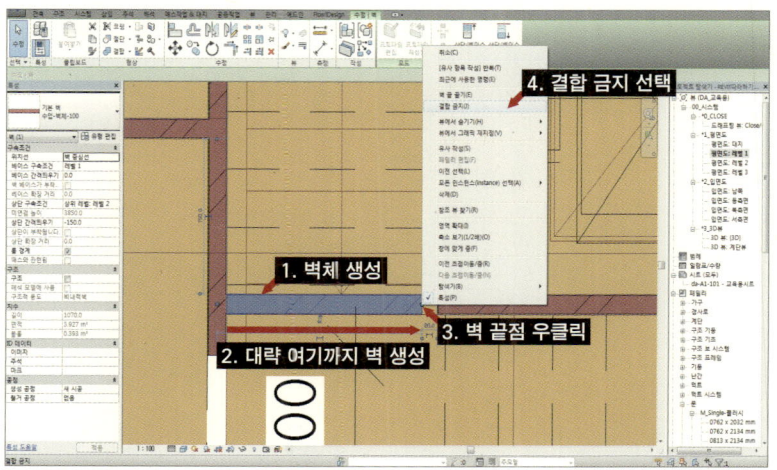

1번 벽체를 2번 벽체의 끝 라인에 맞추게 되면 계단참 때문에 높이를 낮춰야 할 때 결합되어버리기에 일단 근접한 위치까지만 벽체를 생성하고 벽이 만나도 결합되지 말라고 하는 결합 금지를 먼저 합니다.

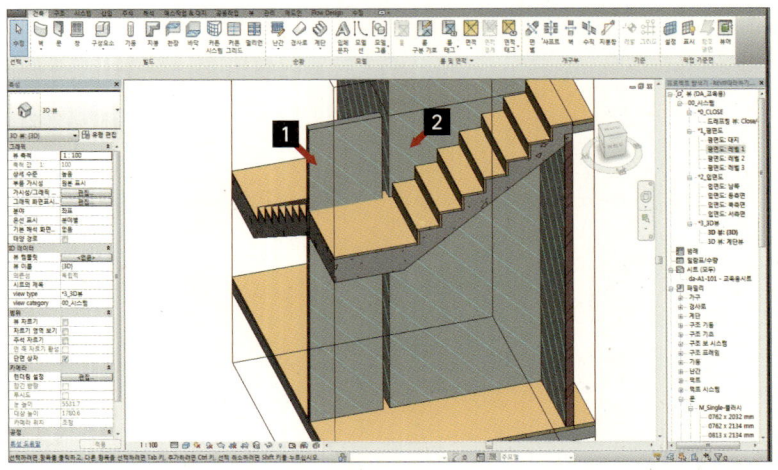

2층 – 계단 작성을 위한 벽체 편집 7

결합 금지를 하였으면 새로 생성한 벽체의 끝부분을 잡고 만나야 하는 부분까지 연장해줍니다.

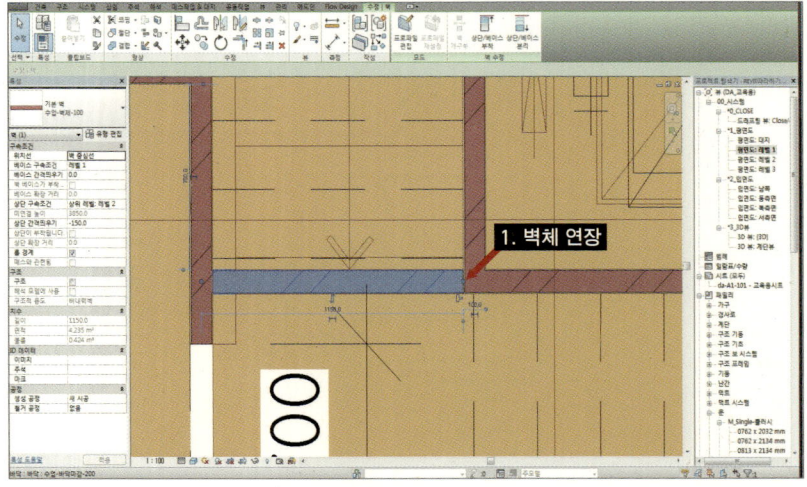

이제 계단보다 높이 올라가 있는 벽체를 계단까지 내릴 예정입니다. 만약 계단의 끝이 지붕이나 슬라브라면 상단에 토이는 상단/베이스 부착으로 가능하나 계단이기에 부착되지 않습니다.

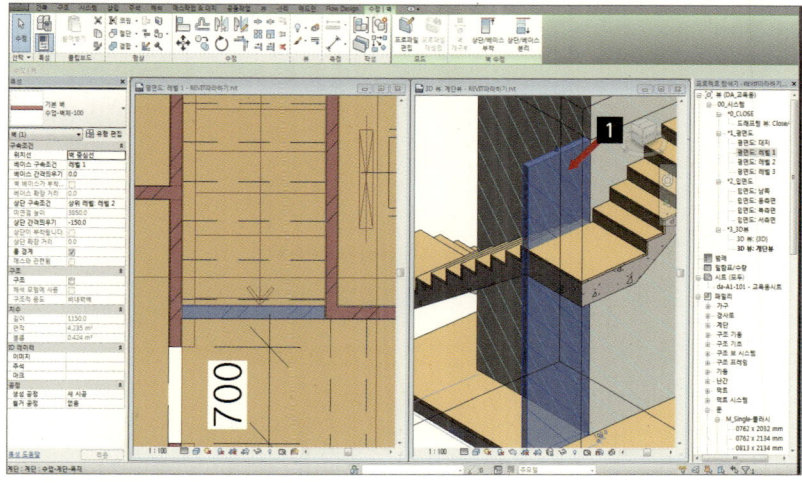

이제 새로 생성한 벽체의 높이를 조정해야 하는데요, 조금 수월하게 하기 위해 이 부분을 단면으로 끊어 작업하려 합니다. 건축 탭 단면도를 선택합니다.

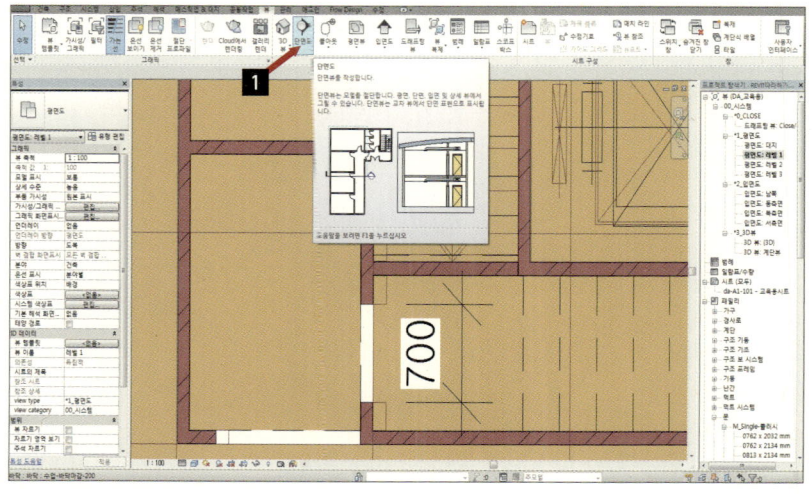

2층 - 계단 작성을 위한 벽체 편집 10

그리고 레벨 1에서 아래 이미지처럼 (1)번을 클릭하고 (2)번을 클릭하여 단면을 생성하고 (3)을 더블클릭해줍니다.

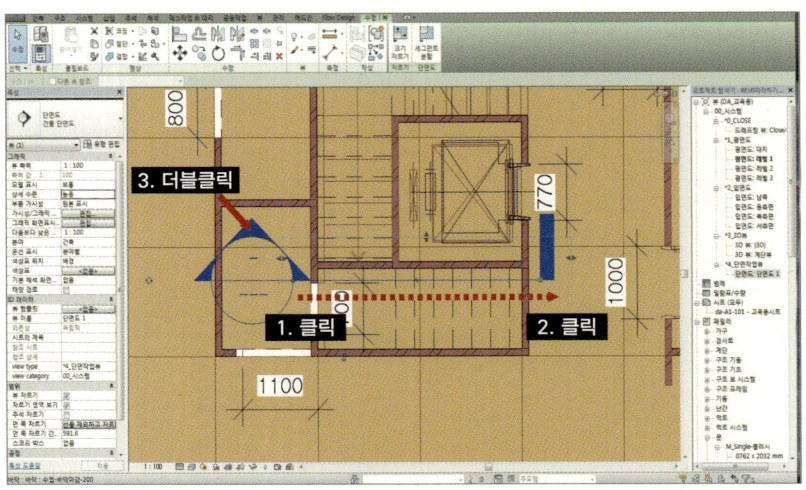

2층 - 계단 작성을 위한 벽체 편집 11

그럼 지금 보시는 이미지처럼 단면 뷰가 생성됩니다. 가시성을 조정해주고 벽체의 높이를 조정할 준비를 합니다.

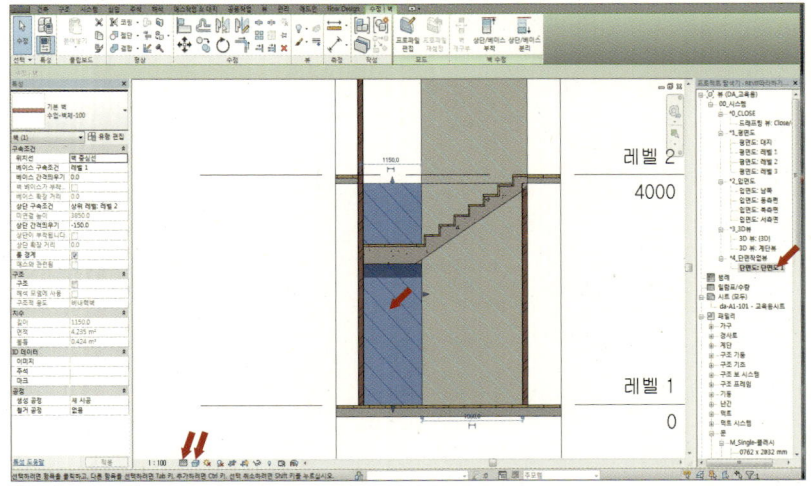

새로 생성한 벽체를 선택하면 수정|벽 탭에 프로파일 편집이 활성화되고 이를 클릭해 줍니다.

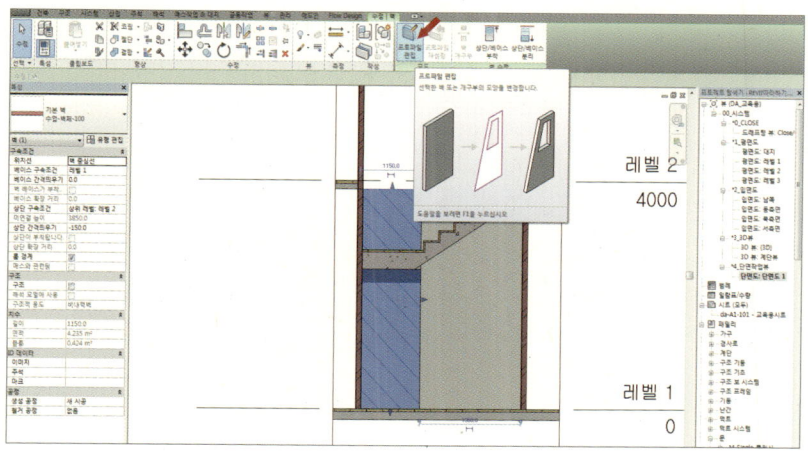

그럼 바닥의 경계 편집처럼 편집 경계 라인이 보이게 되는데 (1)의 라인을 선택하고 잡아 끌어 (2)의 위치로 이동시킵니다. 여기서 수직으로 보이는 라인의 경계가 각각 다른 것을 확인할 수 있습니다. 왼쪽 수직 라인은 인접한 벽체와 결합되어 있기 때문에 벽체의 중심에 수직 라인이 있는 것이고 오른쪽 라인은 우리가 결합 금지시켰기 때문에 다르게 표현된 것입니다. 이제 확인을 눌러 완료합니다.

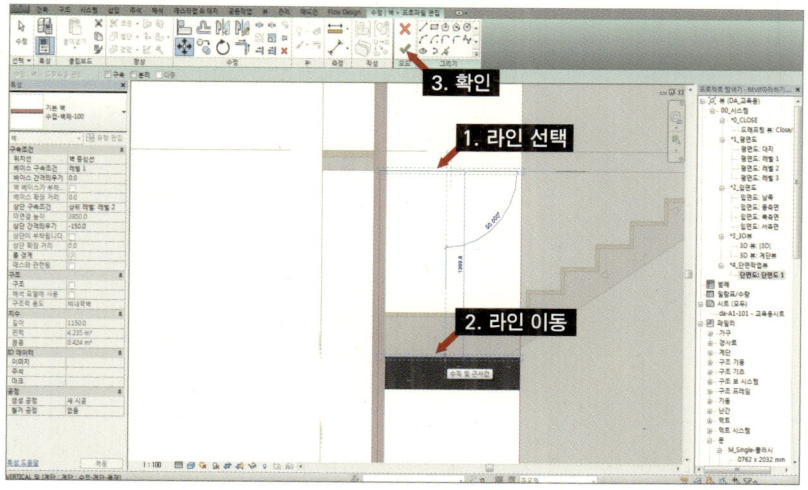

2층 – 계단 작성을 위한 벽체 편집 14

단면 뷰와 3D 이미지 확인을 통해 높이가 제대로 수정되었는지 확인합니다.

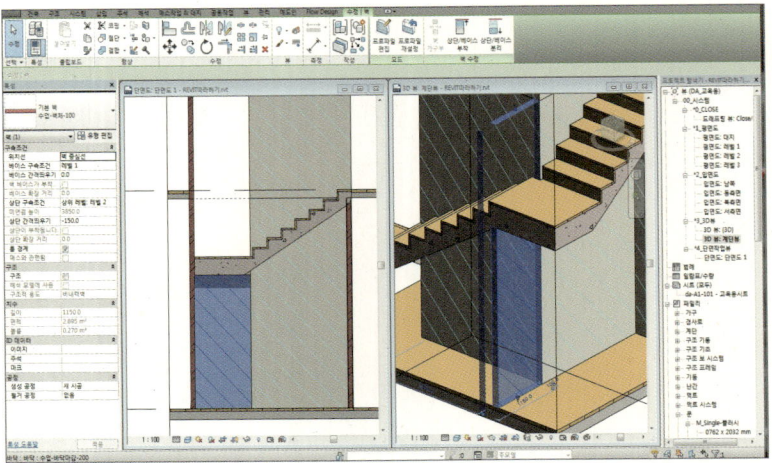

2층 – 모델링 확인

이제 2층까지 모델링이 완료되었습니다.

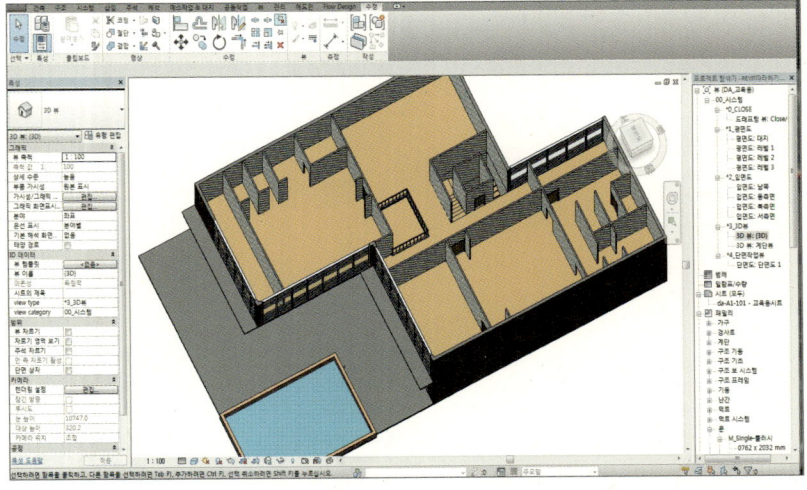

━ 3층 – 도면 링크 1

미리 준비해둔 3층 평면도 캐드 파일을 오픈하기 위해 삽입 탭, 캐드 링크를 선택해 3
층 평면도를 선택하고 나머지 옵션은 이미지처럼 조정하여 열기를 선택합니다.

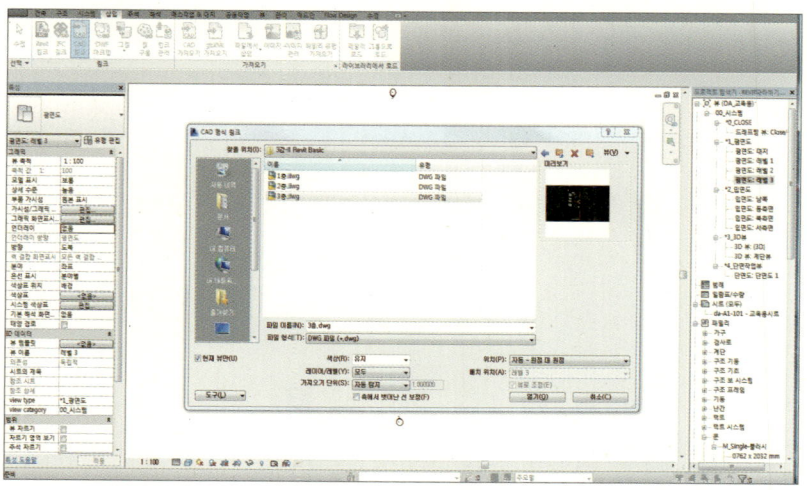

━ 3층 – 도면 링크 2

캐드 파일을 불러온(링크시킨) 이미지입니다.

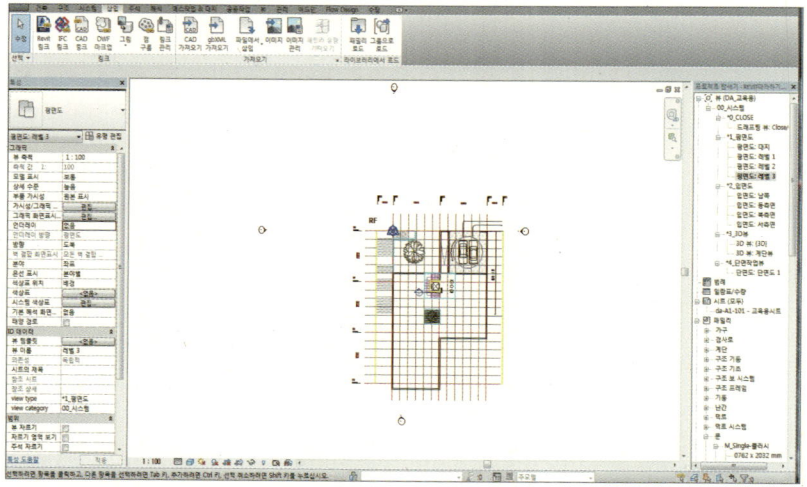

3층 - 도면 색상 변경

링크한 3층 평면도 캐드 파일 역시 1층과 2층처럼 전경으로 바꾸고 이미지처럼 색상을
변경해줍니다.

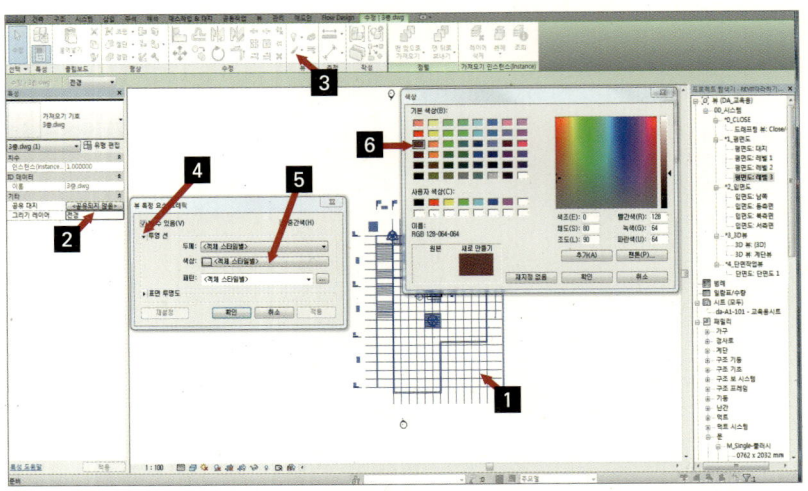

3층 - 지붕 작성 1

3층에서는 최상층이기 때문에 슬라브가 아니라 지붕으로 모델링하려고 합니다. 건축
탭, 지붕, 외고가 설정으로 지붕 만들기를 선택합니다.

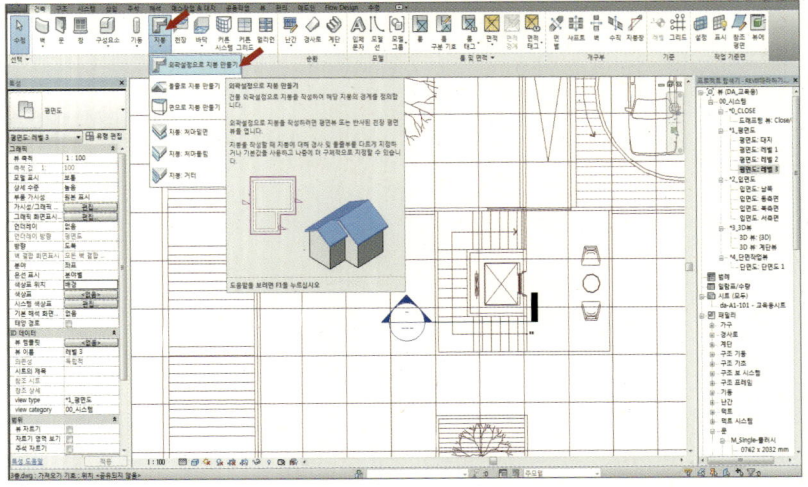

3층 - 지붕 작성 2

지붕 유형을 수업-지붕으로 변경해줍니다.

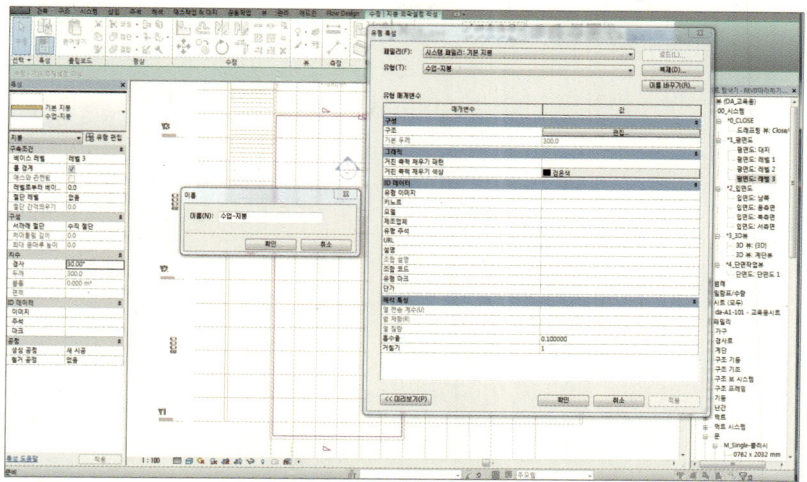

3층 - 지붕 작성 3

조합 편집에서 역시 두께와 재료 탐색기를 통해 재질을 변경해줍니다.

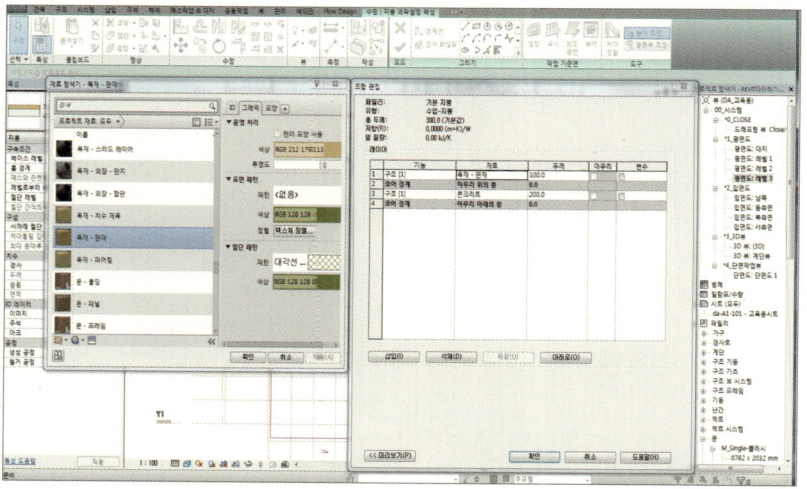

지붕이 완료된 모습입니다. 기본적으로 경사가 적용되어 나타난 모습인데요. 이것도 나쁘진 않지만 우리는 평슬라브를 모델링해야 하기 때문에 경사를 조정할 필요가 있습니다.

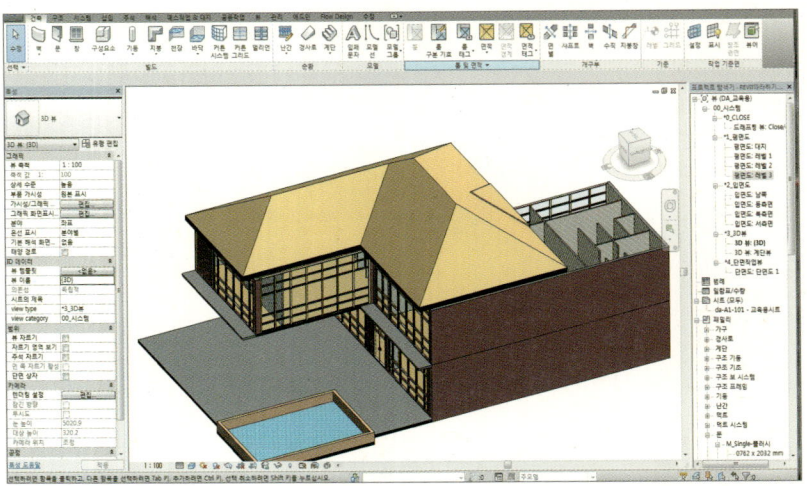

지붕을 선택하고 특성 창에서 경사를 0으로 만들어주면 경사가 없는 지붕이 생성됩니다.

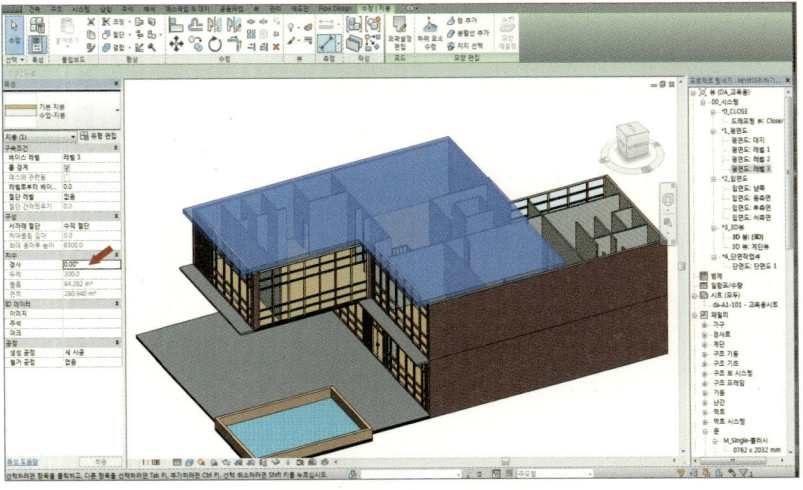

■ 3층 – 파라펫 작성 1

그리고 최상층에도 방수와 안전을 위한 파라펫 형태의 벽체가 생성되어야 하기 때문에 건축 탭, 벽, 벽: 건축으로 구속 조건을 이미지처럼 변경하고 벽체를 생성해줍니다.

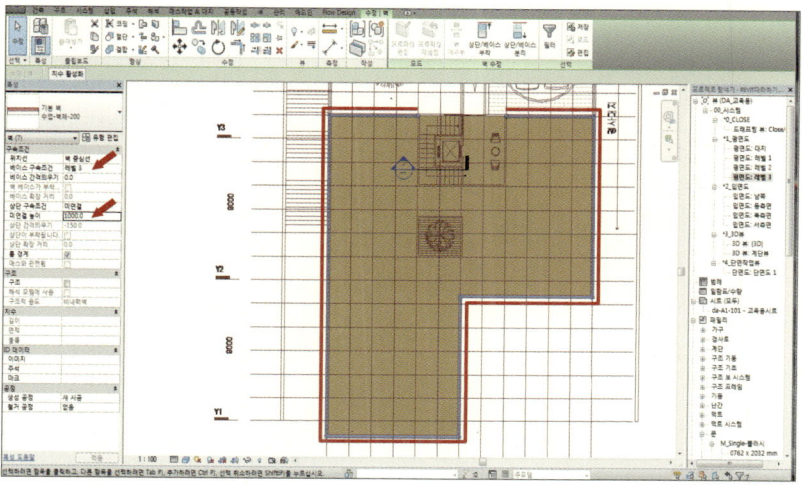

■ 3층 – 바닥 경계 변경 1

2층 슬라브를 생성할 때 만들어둔 캔틸레버 형식의 슬라브에도 난간 형태를 설치해야 하기 때문에 슬라브 경계 편집으로 일부 조정이 필요합니다.

━ 3층 - 바닥 경계 변경 2

슬라브를 더블클릭하거나 경계 편집으로 끝선을 200 위로 조정해줍니다.

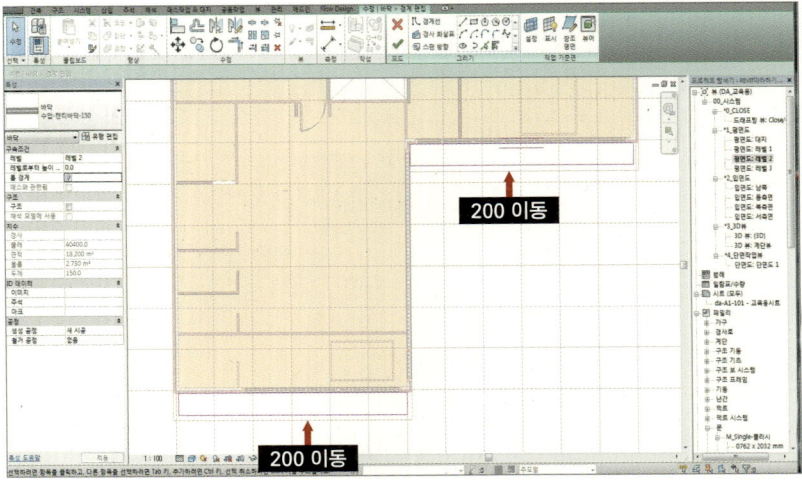

━ 3층 - 바닥 경계 변경 3

그리고 최상층과 마찬가지로 벽체를 생성해줍니다.

3층 – 바닥 경계 변경 4

그런 후에 보니 레벨 2에서 바닥이 생성되어야 하는 것도 캐드 파일을 통해 확인이 가능한데요, 지금까지 생성해본 건축 탭, 바닥, 바닥: 건축으로 아래 이미지처럼 유형 편집을 통해 재료 조합을 하고 생성해줍니다.

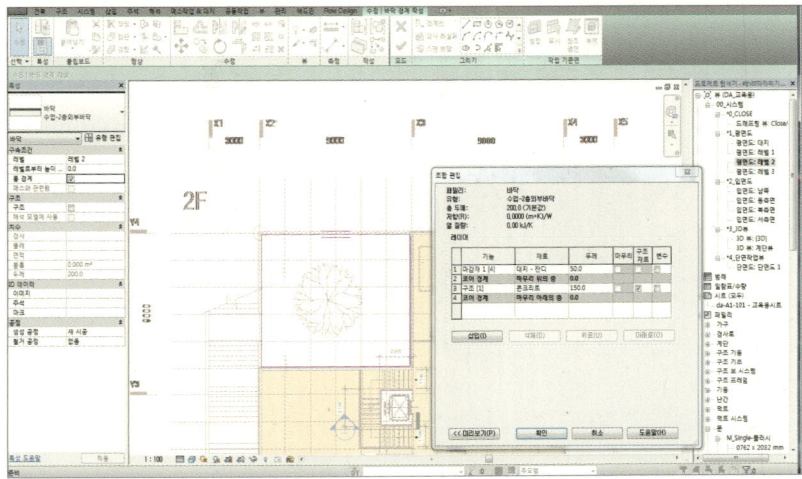

3층 – 엘리베이터 코어 부위 모델링

그리고 1층과 2층을 연결하는 계단을 선택하여 수정, 클립보드에서 복사하고 레벨 2로 복사하기를 통해 계단을 생성하고 도면을 확인하여 지붕과 커튼월을 생성해줍니다.

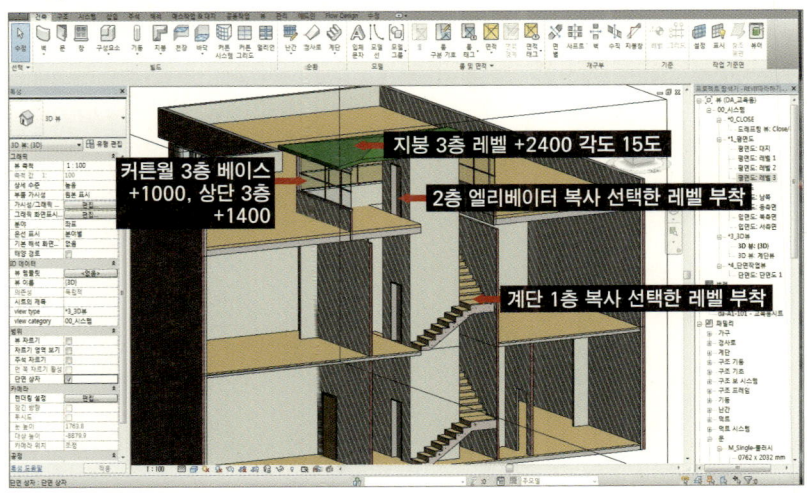

▬ 3층 – 건물 전체 외곽 벽체 작성

도면을 확인하여 이미지처럼 계단, 지형과 만나는 옹벽을 계단 그리기와 벽체 그리기로 작성해줍니다.

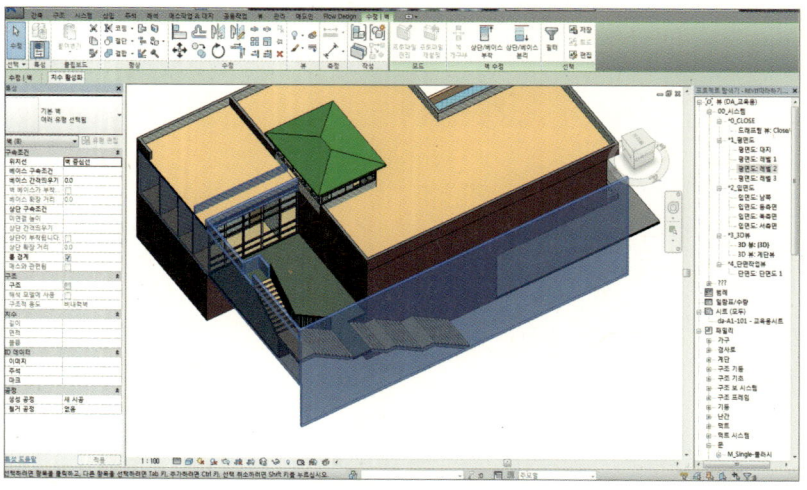

▬ 3층 – 실외 계단 벽체 작성 1

2층 뒷부분에 계단과 바닥이 떨어져 있기에 이를 막아줘야 하고 그래서 벽체를 생성했습니다. 하지만 계단과 간섭이 생기기 때문에 벽체의 프로파일 편집이 필요해 보입니다.

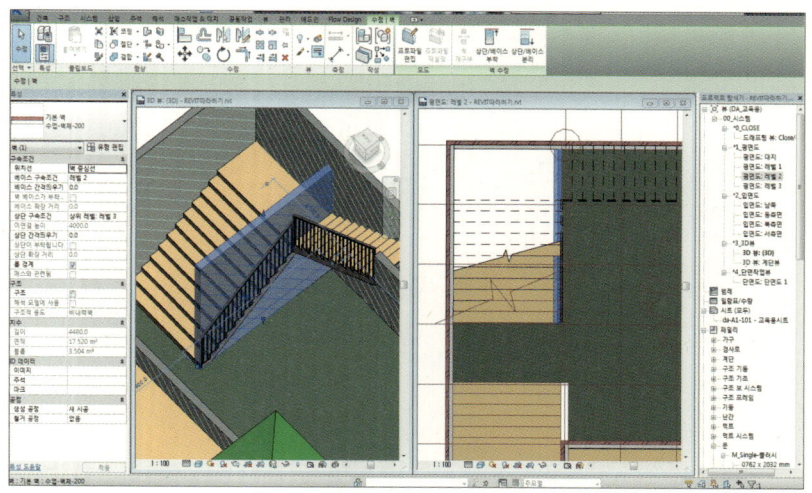

3층 - 실외 계단 벽체 작성 2

이미지처럼 단면을 생성하고 프로파일 편집하려는 벽체를 선택합니다.

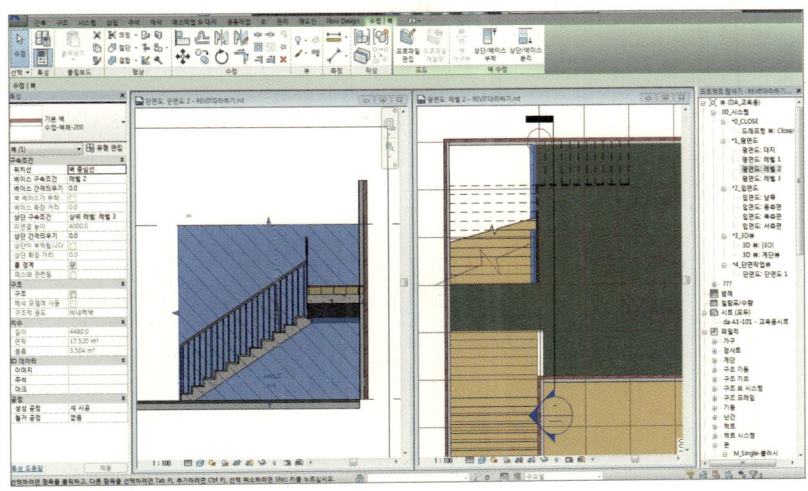

3층 - 실외 계단 벽체 작성 3

단면도를 확인하면서 계단 하부로 벽체의 프로파일을 그리기 도구로 변경합니다.

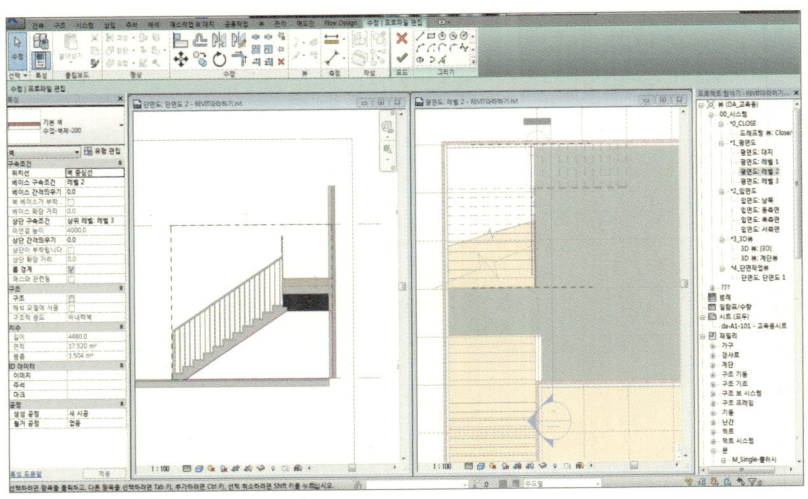

3층 – 실외 계단 벽체 작성 4

벽체의 프로파일 편집을 3D 뷰로 확인해본 모습입니다.

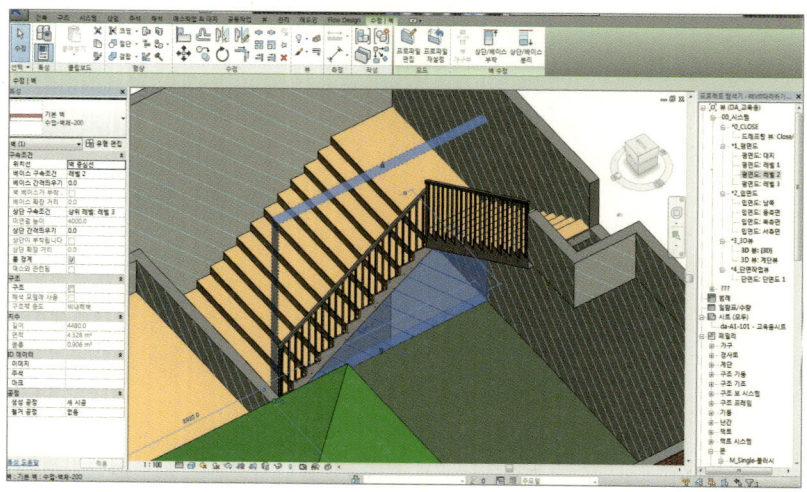

지형 모델링 1

이제 건축물의 모델링은 생각한 만큼 되었으며 다음에는 지형을 모델링하려고 합니다.

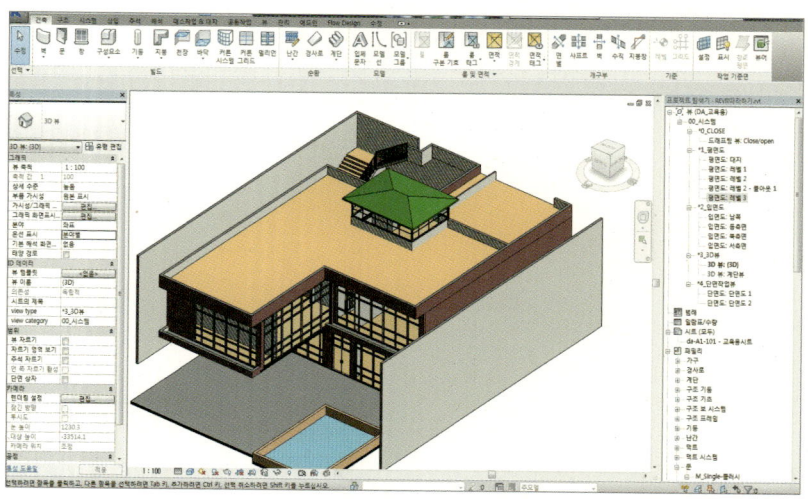

━ 지형 모델링 2

레벨 1 1층 평면뷰를 오픈하고 키보드 VV('V' 두 번 클릭)로 가시성 창을 열고 가져온 카테고리에서 1층.dwg를 체크 해제하여 뷰에서 보이지 않게 숨겨둡니다.

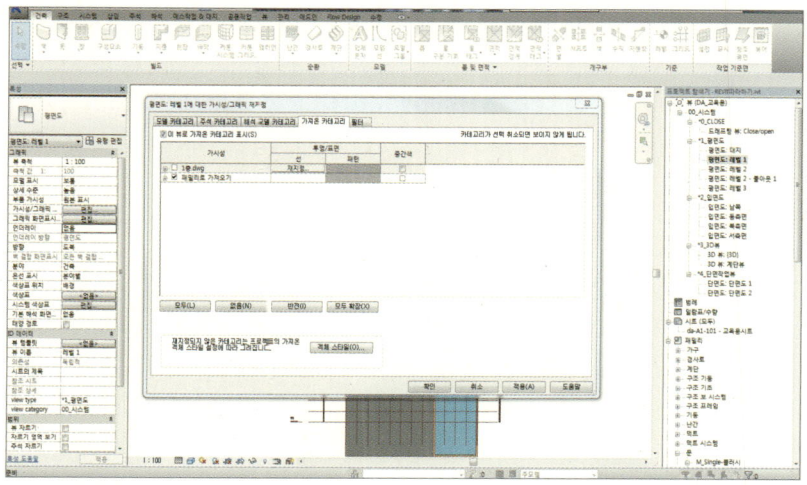

━ 지형 모델링 3

프로젝트 탐색기 창에서 평면도: 대지를 선택하여 오픈시키고 지형의 기준선을 정하기 위해 모델선으로 이미지처럼 생성해줍니다.

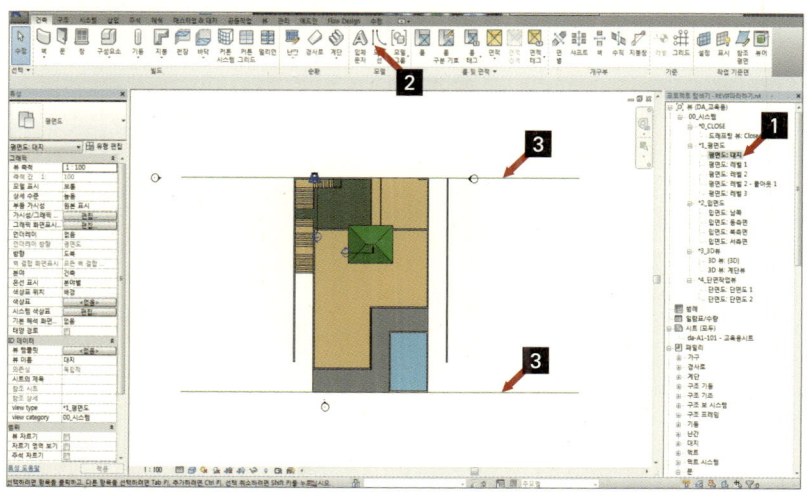

─ 지형 모델링 4

매스 작업&대지 탭에서 지형면을 선택합니다(레빗 2017에서는 매스가 질량이란 이름
으로 변경되었습니다).

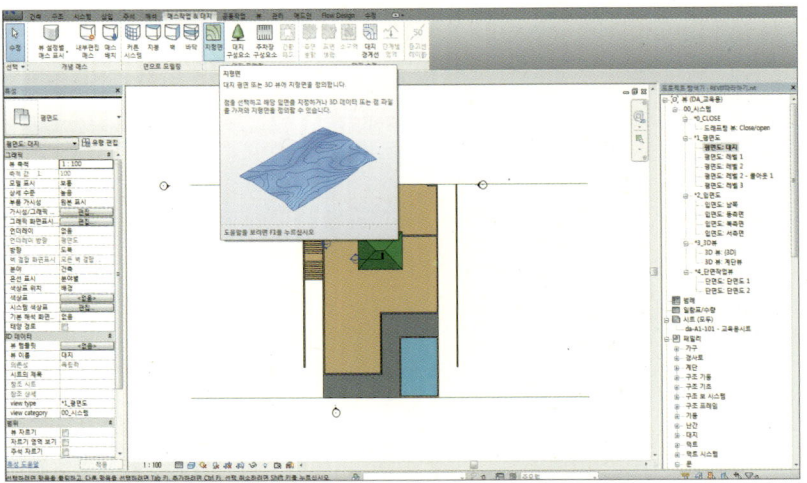

─ 지형 모델링 5

수정|표면 편집에서 점 배치를 선택하고 이미지의 순서로 지형을 작성하여줍니다.

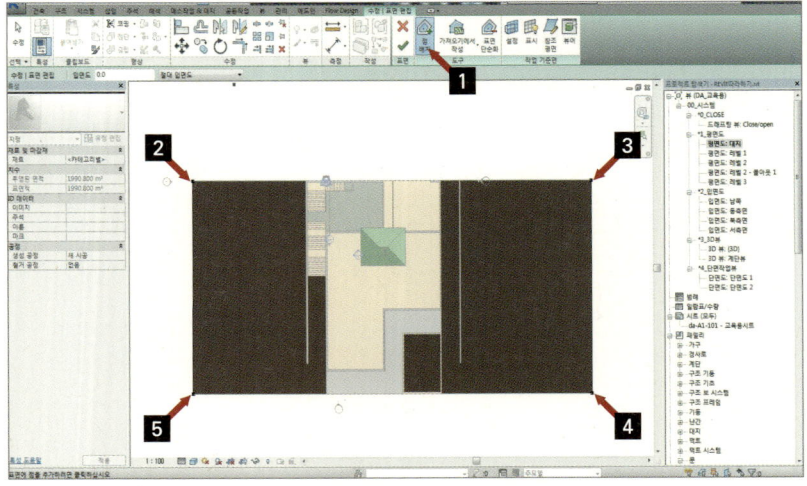

지형 모델링 6

지형을 완료하고 다시 지형을 선택하여 표면 편집을 선택한 뒤 4개의 포인트 중 1번과 2번을 선택하고 왼쪽 상단의 고도를 8000으로 변경합니다.

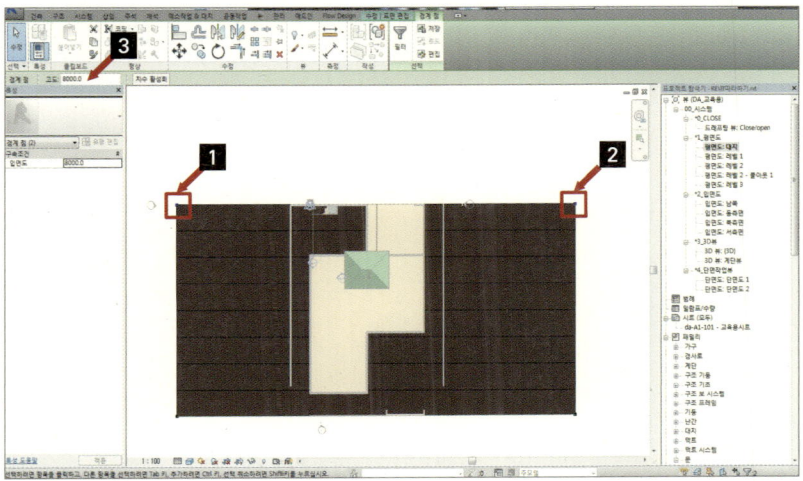

지형 모델링 7

지형의 고도 값을 입력한 뒤 매스 작업&대지 탭에서 건물 패드를 선택합니다.

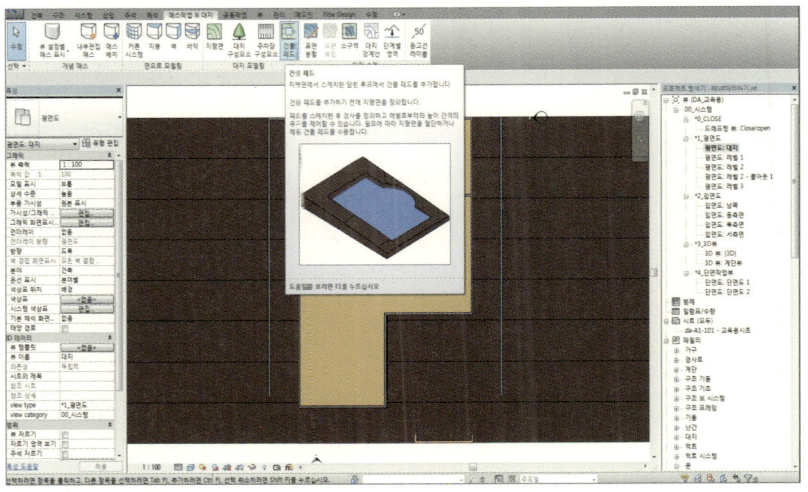

지형 모델링 8

수정|패드 경계 작성을 위해 가시성을 와이어 프레임으로 변경합니다.

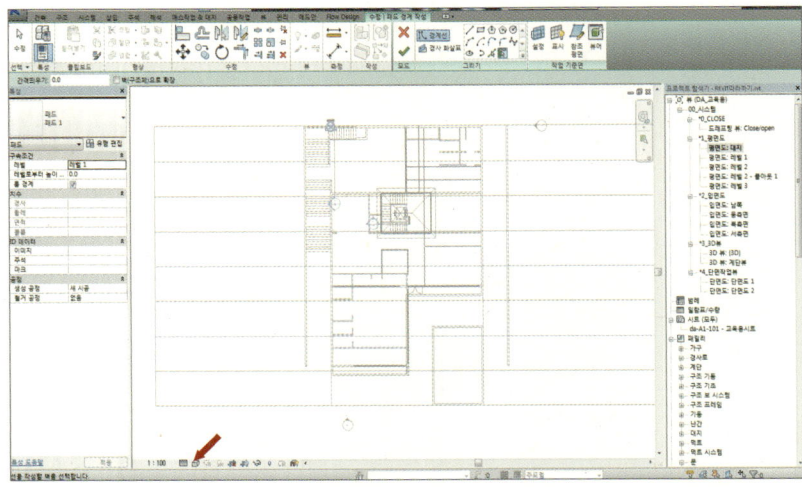

지형 모델링 9

수정|패드 경계 작성 탭의 그리기 도구로 이미지처럼 건물 외곽 라인을 그려줍니다.

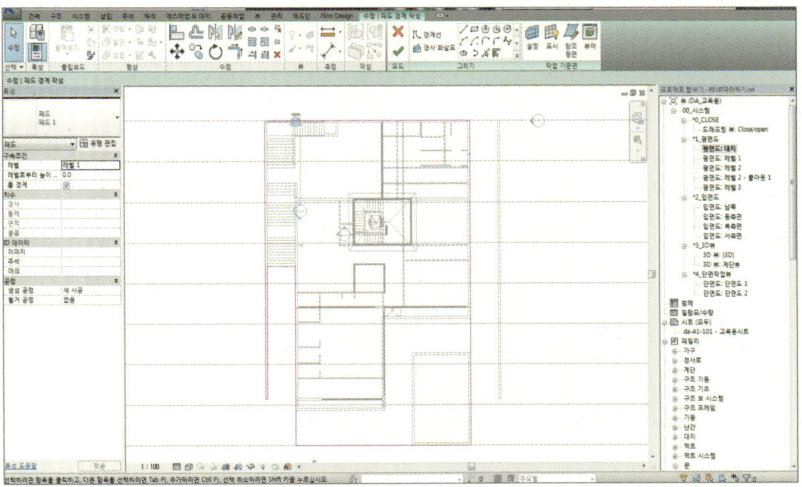

━ 지형 모델링 10

3D 뷰로 건물 패드를 확인해보니 1층 슬라브 중간에 설정된 것을 알 수 있습니다. 이를 조정하기 위해 패드를 선택하고 특성 창에서 레벨로부터의 높이에 −200을 입력해줍니다.

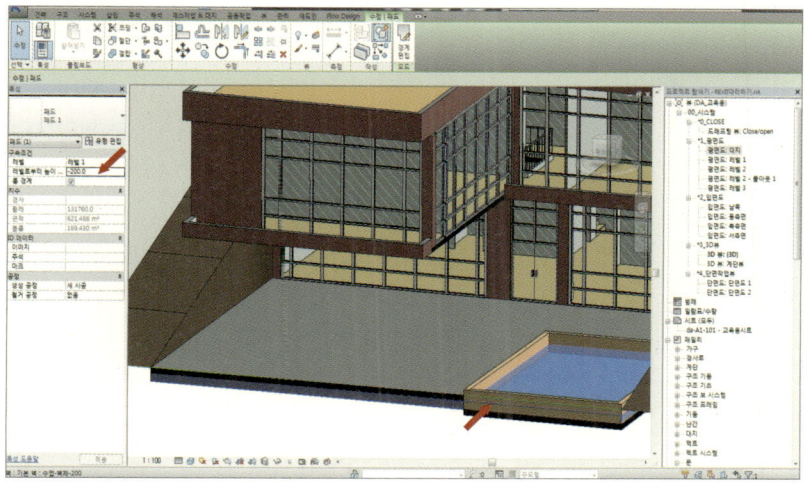

━ 지형 모델링 11

그리고 세부적인 지형 편집을 위해 평면도: 대지 뷰에서 지형을 선택하고 표면 편집을 선택합니다.

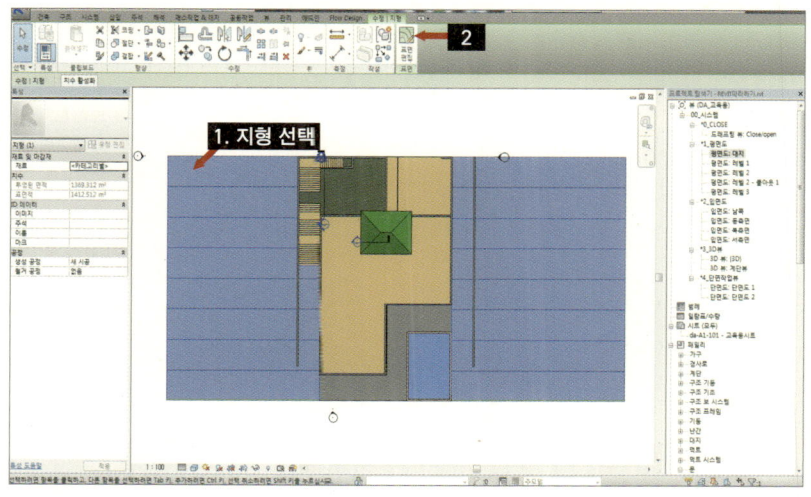

점 배치와 점 선택 그리고 그 점의 고도 값이나 위치 변경을 통해 세부적인 대지 작업을 진행합니다.

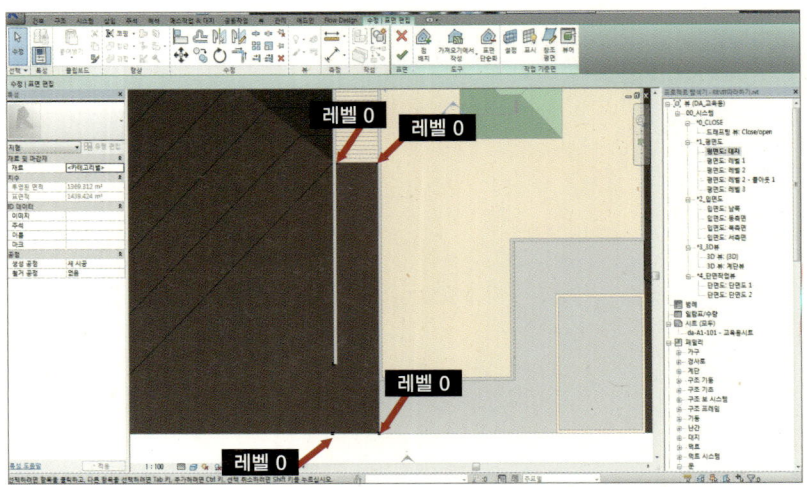

이미지와 같이 지형이 높은 부분을 맞추기 위해 점을 배치하고 레벨을 8000으로 변경합니다.

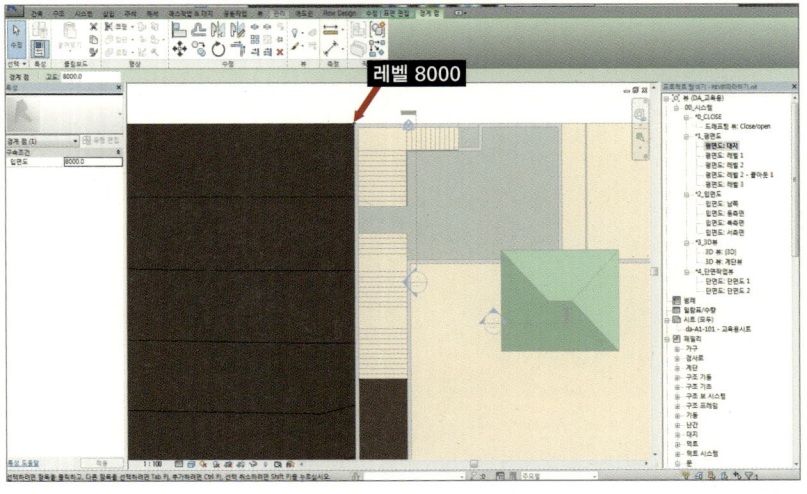

이미지와 같이 지형이 높은 부분을 맞추기 위해 점을 배치하고 레벨을 0으로 변경합니다.

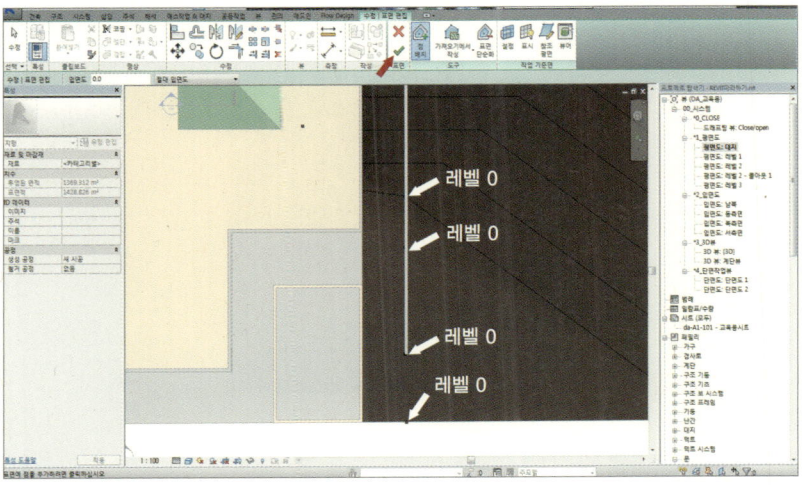

레벨이 조정된 모습입니다.

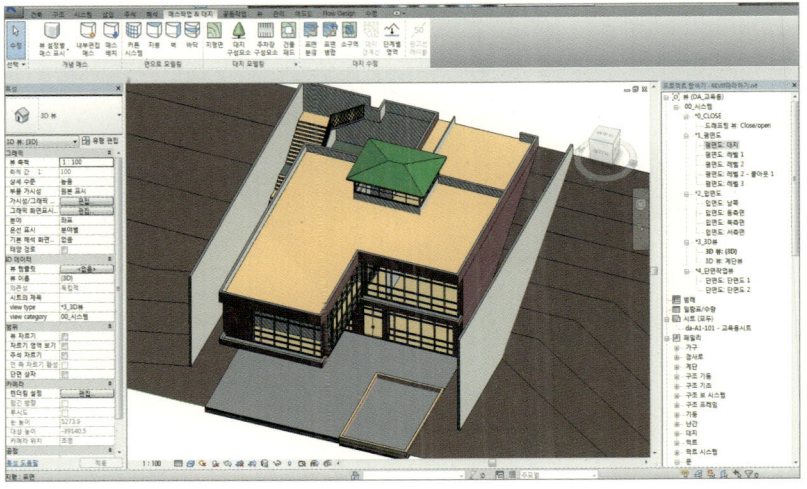

━ 지형 모델링 16

다시 지형을 만들어 이미지의 상단처럼 8000 레벨을 갖는 지형을 생성해줍니다.

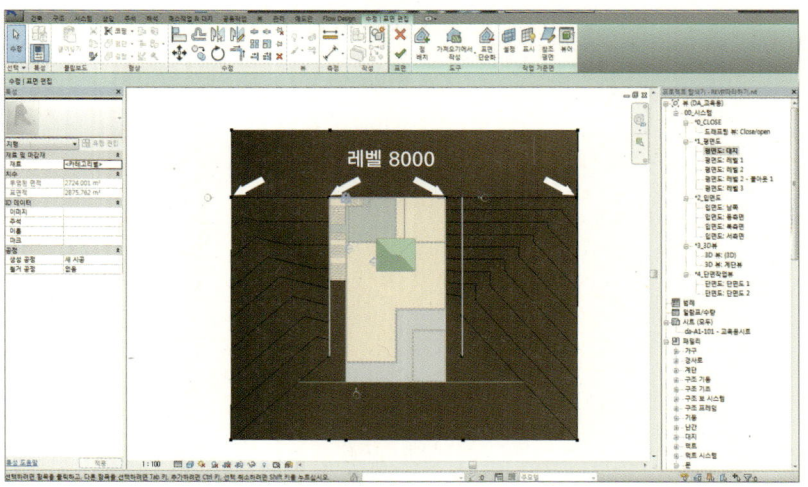

━ 지형 모델링 17

지형을 완성하고 단면 상자로 범위를 줄여보면 지형이 완료된 것을 확인할 수 있습니다.

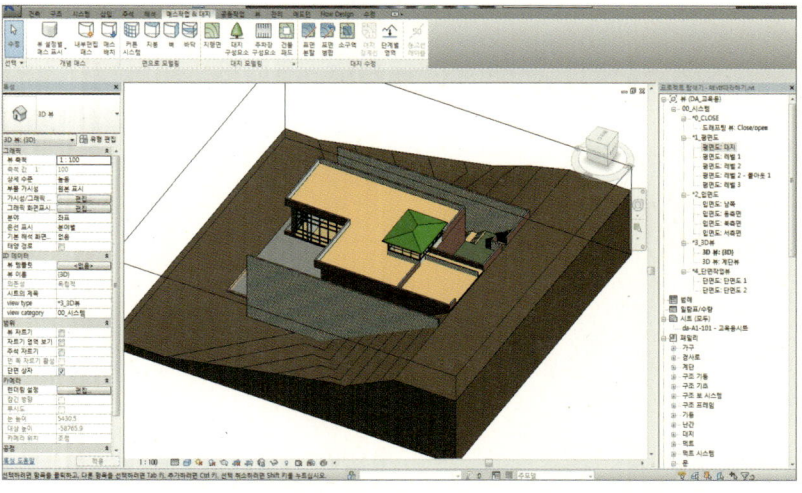

라이노를 활용한 모델링 형태와 같은 '집'을 레빗으로 모델링했습니다. 두 가지 프로그램으로 유사한 형태(내용은 다르긴 하지만)를 모델링해봄으로써 두 프로그램의 장단점을 몸으로 느낄 수 있었으면 합니다.

CHAPTER 8

Grasshopper, 잘 못해도 내가 제일 좋아하는 프로그램 –

커브 어트랙션

간단한 Grasshopper 이야기

Curve Attractor, 내가 컨트롤 하는, 커브에 반응하는 주변 객체 만들기

간단한 Grasshopper 이야기

— Grasshopper 다운로드

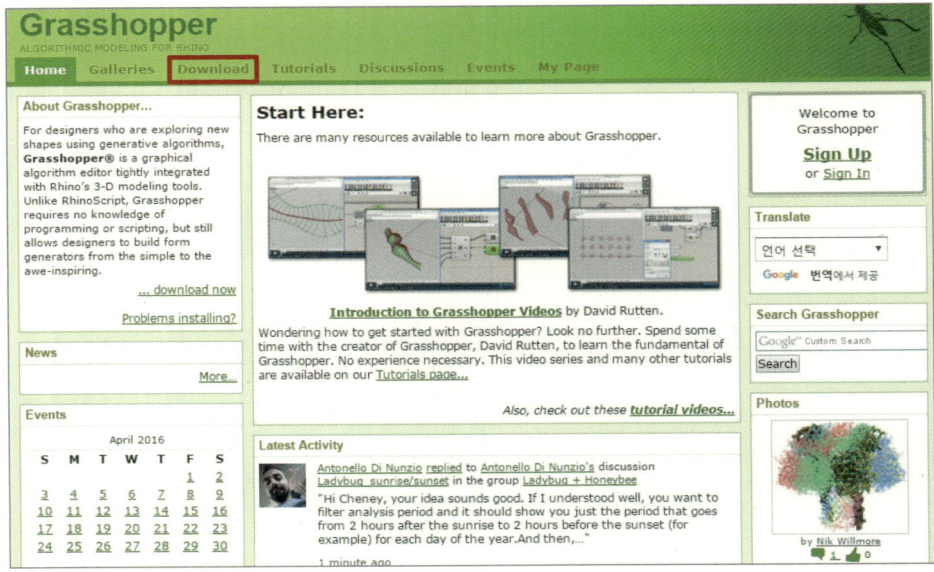

www.grasshopper3d.com

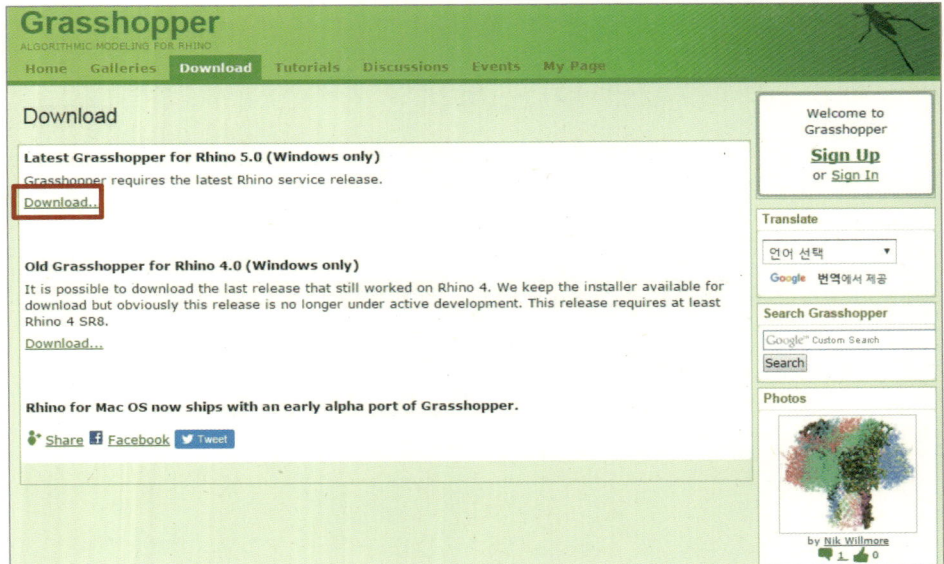

Grasshopper 다운로드

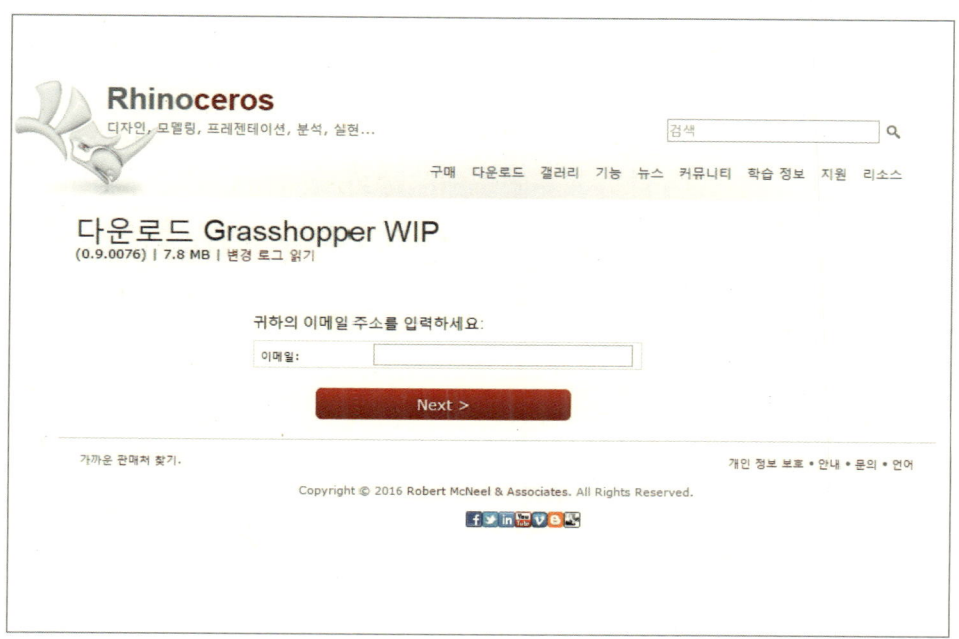

이메일 입력 후 다운로드

Grasshopper는 무료 플러그인 프로그램으로 상
당히 재미있는 면이 많습니다. 무슨 이야기냐 하면
기존 프로그램들은 상당히 매뉴얼한데, 이때 하나
하나 기능을 익혀서 만들고 자르그 하면서 무언가
를 완성해가지만 사실 그 과정의 흔적은 남지 않습
니다.

하지만 Grasshopper의 경우 컴포넌트로 생각을 나
열하였을 경우 그 흔적들이 고스란히 과정 전체에
남게 됩니다. 그리고 컴포넌트를 어떤 생각으로 배
열해서 만들 것인가 하는 문제이기에 알고리즘 기
반의 프로그램이며 다시 스크리트오- 적극적인 연계
를 할 수도 있죠.

그래서 저는 3~4년 전에 Grasshopper에 진입하려는 사람들을 위한 따라 하기 예제를
출간하기도 했었는데요. 이번에는 실무에서 활용해본 솔루션 개념으로 접근해서 두 가
지 정도를 말씀드리려고 합니다.

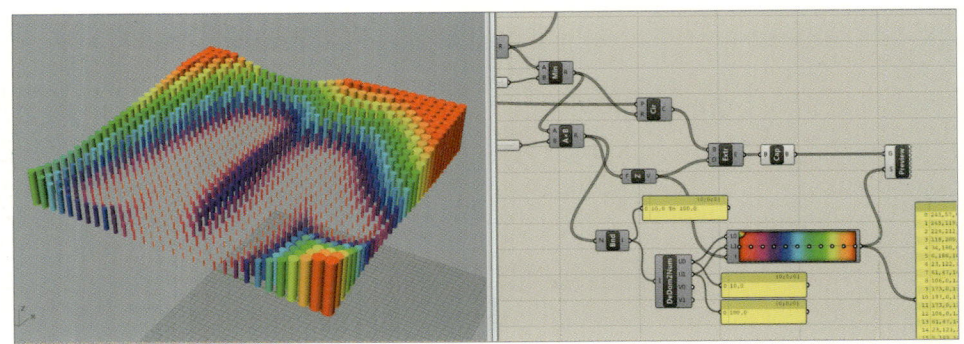

Grasshopper로 활용할 첫 번째 예제는 커브를 활용한 어트랙션 방법입니다. 기본적으로 어트랙션은 변화를 일률적으로 줄 근간이 되는 데이터를 측정하고 이를 돌출이나 스케일 등의 변화 치수로 활용하는 것입니다. 많이 알려진(커브 어트랙션도 많이 알려졌지만) 하나나 다수의 포인트를 활용하는 어트랙션과 함께 커브 어트랙션을 이해하면 파라메트릭한 디자인을 하실 때 도움이 될 거라 생각합니다.

Series 컴포넌트 배치

작업에 앞서 라이노를 실행하고 명령 창에 Grasshopper를 넣어 실행시킵니다. 그리고 적절히 작업 화면을 조정하고 Sets 탭, Sequence 그룹에서 Series 컴포넌트를 위치시키고 Params 탭, Inpou 그룹에서 Number slider 컴포넌트를 위치시킵니다. 그리고 슬라이더를 0, 10, 15로 조정하여 이미지와 같이 Series의 S, N, C에 각각 입력하는데 지금 하신 작업은 0부터 10의 간격을 갖는 15개의 데이터를 만들라는 의미입니다.

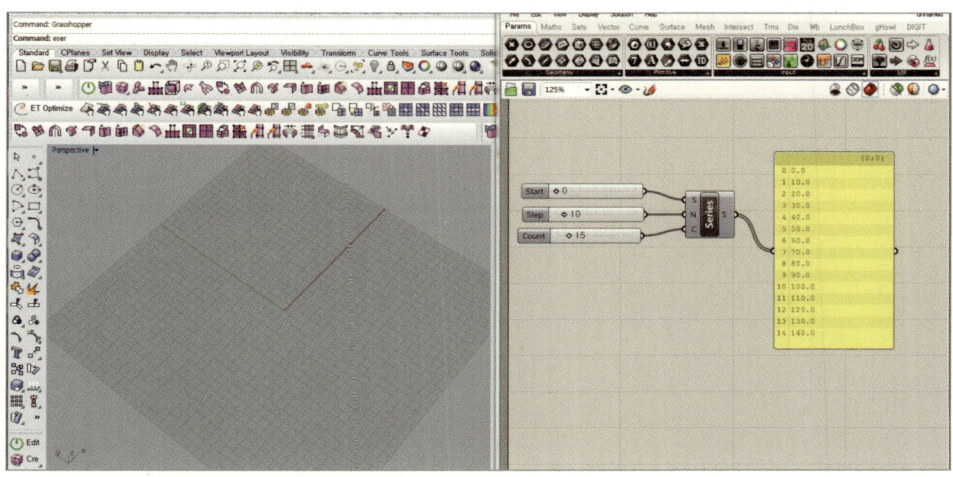

━ Cross Reference 컴포넌트로 포인트 배열

그리고 Vectoe 탭, Point 그룹에서 Construct point 컴포넌트를 선택해 꺼내고 Sets 탭, List 그룹에서 Cross Reference 컴포넌트를 꺼내 Series 컴포넌트와 Construct Point 컴포넌트 사이에 위치시키고 Series 컴포넌트 S에서 와이어를 꺼내 Cross Reference 컴포넌트 A와 B에 입력합니다. 그리고 Construct Point 컴포넌트 X, Y에 입력합니다. 이 작업은 0부터 시작해서 10의 간격을 갖는 15개의 수열을 서로 최대한 연결해서 X, Y 좌표점으로 하는 포인트를 생성하라는 의미입니다. 만약 중간에 Cross Reference 컴포넌트가 없다면 한 줄짜리 포인트의 나열이 생성되었을 것입니다.

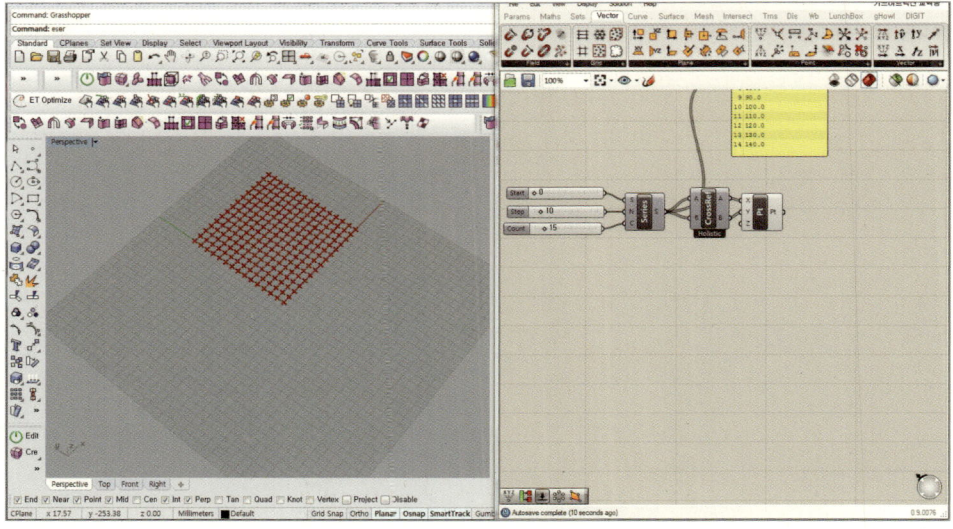

━ Rhino에서 임의의 커브 작성

그런 후에 라이노 화면을 확대하고 커브 명령으로 이미지처럼 자유로운 곡선을 생성합니다. 우리는 이 커브를 기준으로 어트랙션하려고 하는 것입니다.

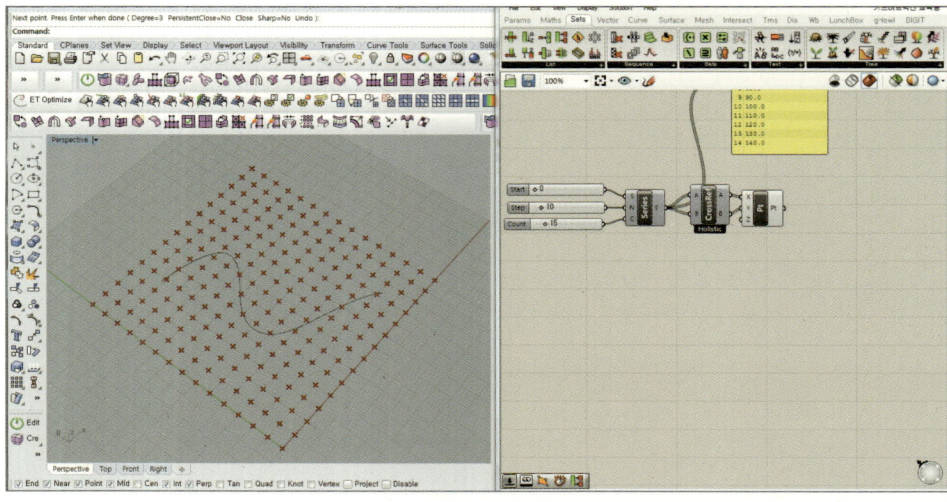

━ Grasshopper로 Rhino에서 작성한 커브 Set One

라이노에서 생성한 커브를 Grasshopper로 불러오기 위해 params 탭 Geometry 그룹에서 Curve 컴포넌트를 꺼내고 우클릭하여 나오는 변수 창에서 Set One Curve를 선택하고 라이노 커브를 클릭하여 커브를 Grasshopper로 불러옵니다.

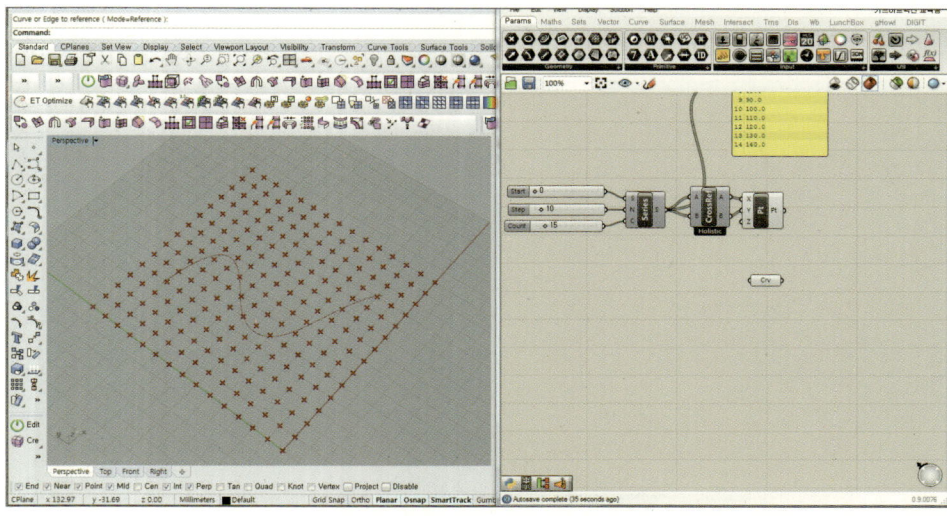

그리고 Curve 탭, Analysis 그룹에서 Curve Closest Point 컴포넌트를 위치하고 Construct Point 컴포넌트를 P에, 그리고 불러온 Curve 컴포넌트를 C에 각각 입력합니다. X, Y 좌표상에 15개의 수열로 만든 225개 포인트와 커브의 직교하는 위치에 포인트를 만들었고 이 포인트 간의 거리 값을 측정하여 어트랙션하는 변수로 활용할 예정입니다.

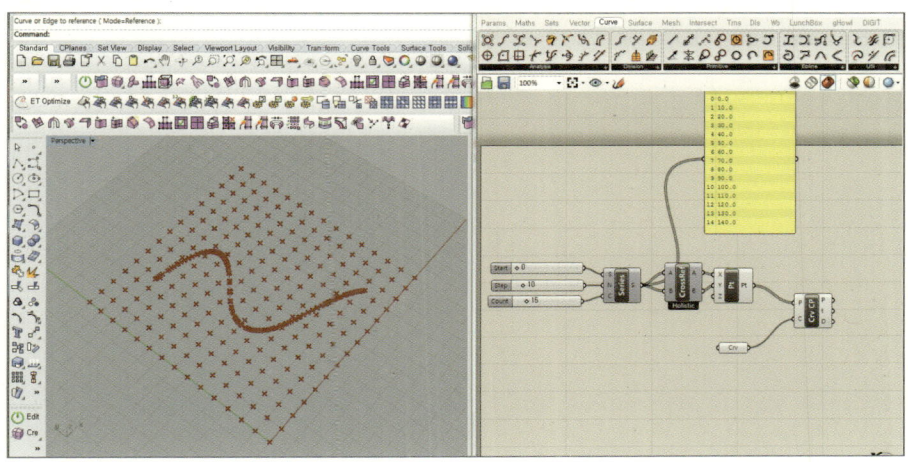

그리고 Vector 탭, Point 그룹에서 Distance 컴포넌트를 꺼내 위치하고 Construct Point와 Curve Closest Point 컴포넌트를 Distansce 컴포넌트 A, B에 각각 입력하여 거리 값을 측정하고 이를 확인하기 위해 Params 탭, Input 그룹에서 Panel 컴포넌트로 값을 확인하여봅니다.

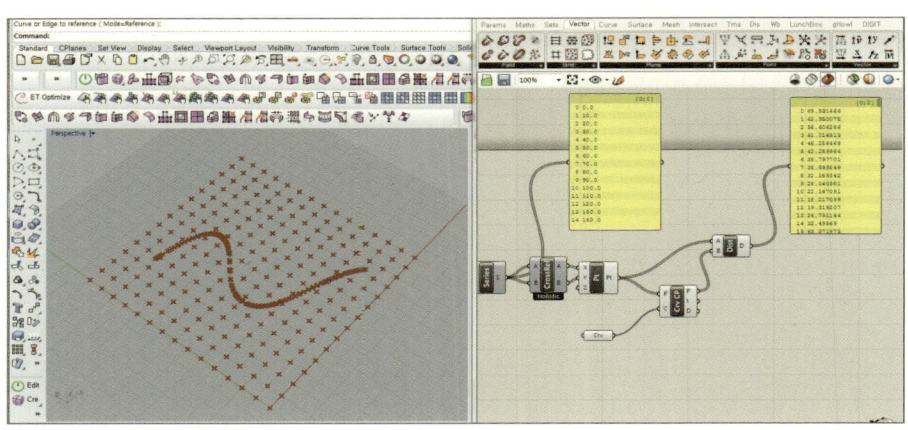

Panel 컴포넌트로 이 거리 값을 확인해보니 돌출이나 스케일 그리고 무언가의 크기로
활용하기엔 좀 큰 편이기에 Math 탭 Operators 그룹에서 Division 컴포넌트를 꺼내고
Distance 컴포넌트의 아웃풋 데이터를 A에, 그리고 나눌 수를 넘버 슬라이더를 활용해
서 B에 10을 입력해줍니다.

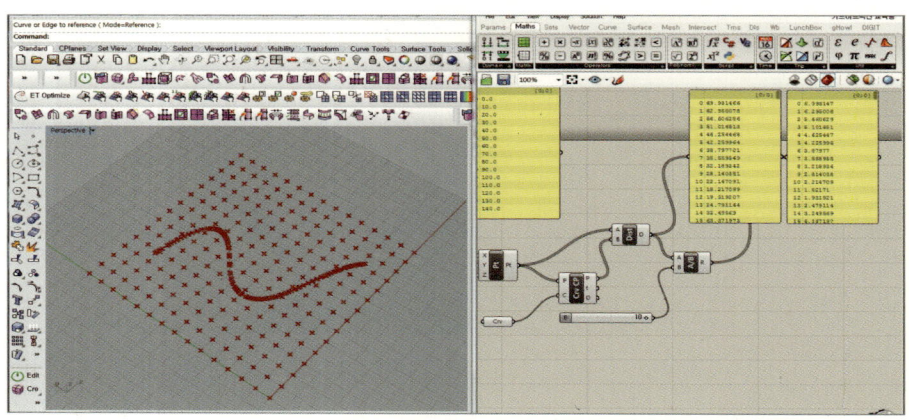

이 상태로 Curve 탭의 Primitive 그룹의 Circle 컴포넌트를 꺼내 원이 생길 위치를 225
개 포인트로 그리고 원의 크기에 division한 데이터를 넣어줍니다. 그러면 우리가 라이
노에서 작업한 커브 위치에 영향을 받는 225개의 원이 생성된 것입니다. 그리고 어트랙
션이구요.

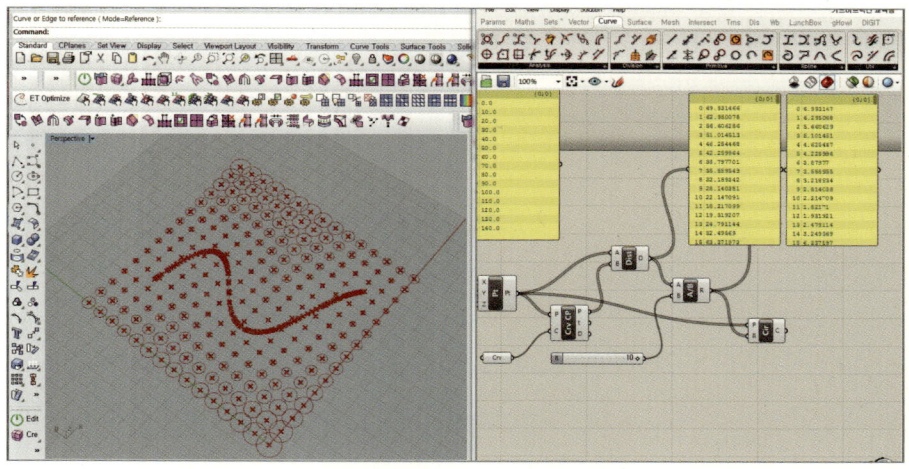

■ MIN, MAX 컴포넌트로 배열된 거리 값보다 작은 원 커브 생성

하지만 원끼리 서로 겹쳐지는 등 그리 정리되어 보이지 않기 때문에 이를 조정하기 위해 Maths 탭 Utill 그룹에서 Maximum 컴포넌트와 Minimum 컴포넌트를 꺼내어 이미지처럼 넘버 슬라이더를 넣어봅니다. 그리고 Panel 컴포넌트로 Maximum과 Minimum 컴포넌트에 의해 수열이 어떻게 변화되는지 확인해봅니다.

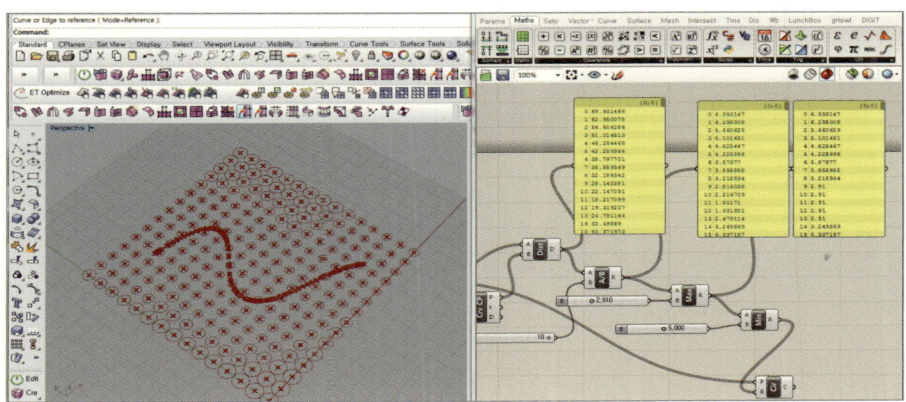

■ MIN, MAX 컴포넌트로 배열될 수치 조정

Minimum 컴포넌트에 넘버 슬라이더로 5의 값을 입력했었는데 이를 4.5로 변경하면 가장 큰 원들이 조금 작아지는 것을 확인할 수 있습니다. 이는 우리가 처음 만든 수열의 간격은 10이었고 지금 원의 반지름이 5에서 4.5로 입력된 것이니 간격을 넘어서는 원이 발생하지 않는 것이고 Minimum 컴포넌트는 컴포넌트에 입력한 A, B의 수열을 비교해서 작은 수열을 아웃풋하는 형식입니다. Maximum 컴포넌트는 A, B에 입력된 데이터를 비교해서 큰 수를 내보내는 형식입니다.

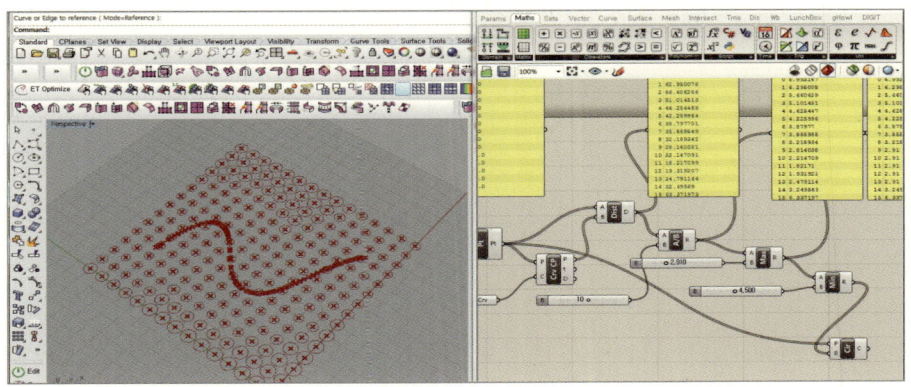

― Rhino에서 작성된 커브 에디팅

이제 마지막 원에서 만든 Circle 컴포넌트를 제외한 컴포넌트들은 미리보기(컴포넌트 우클릭, Preview 클릭)를 꺼보고 라이노에서 커브를 이리저리 움직여보면 원의 크기가 커브 위치에 따라 변화하는 것을 확인할 수 있습니다.

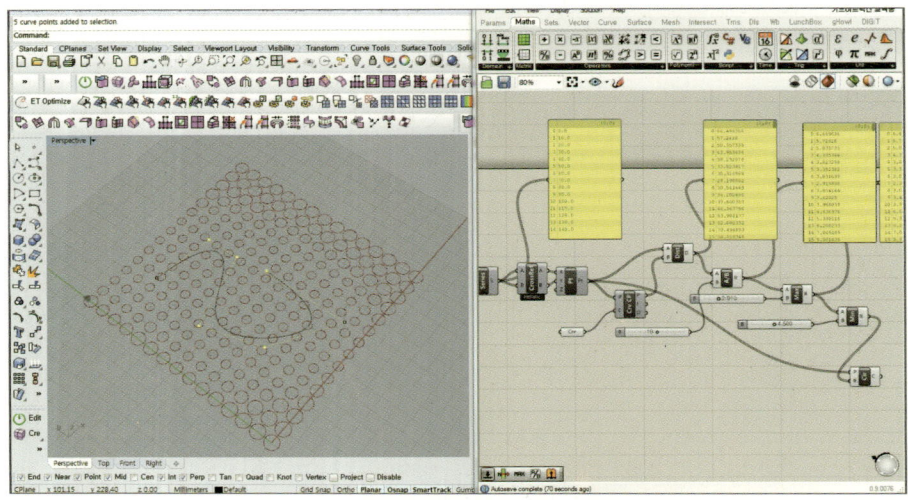

― 어트랙션될 커브도 Grasshopper에서 작성을 위해 랜덤 컴포넌트 배치

이제는 라이노 상의 커브를 숨겨두고 Grasshopper에서 커브를 생성하여 이를 어트랙션의 기준으로 삼아보려고 합니다. Sets 탭의 Sequence 그룹에서 Random 컴포넌트를 꺼내 위치합니다.

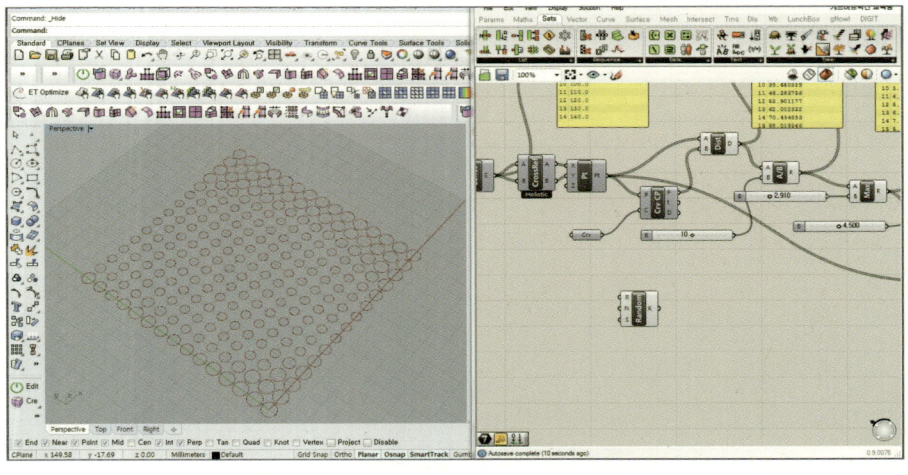

━ 배열된 전체 포인트의 개수 확인

0~224, 225 포인트 중에 4개의 포인트를 골라내어 커브로 생성하려고 합니다. 그리고 포인트의 수가 달라진다 해도 계속 같이 연동되게 하기 위해 Cuonstruct Ponit에서 생성한 데이터 길이, 즉 데이터를 개수로 바꿔주기 위해 Sets 탭 List 그룹에서 List length 컴포넌트를 위치하고 이미지처럼 연결해줍니다. 그리고 Panel 컴포넌트로 List Length 컴포넌트의 데이터 개수를 확인합니다.

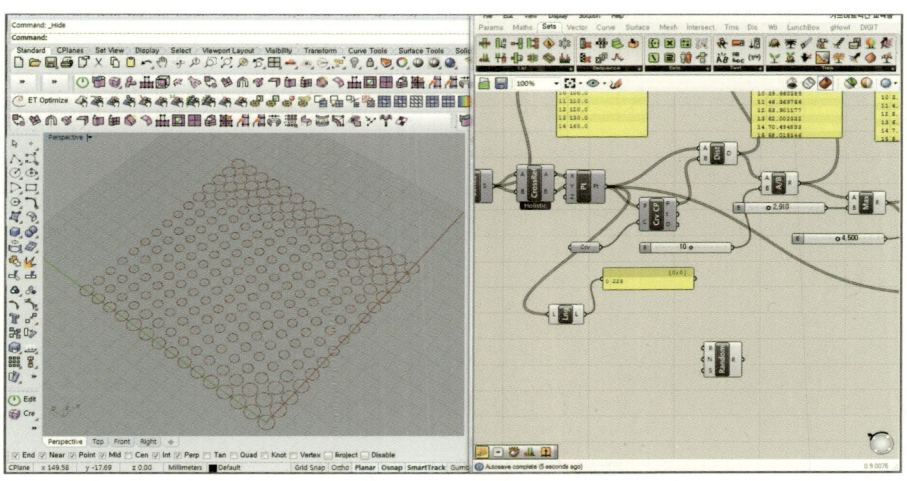

랜덤 컴포넌트 인풋 데이터 매칭을 위해 도메인 컴포넌트 배치

Random 컴포넌트 R은 도메인 형태의 데이터를 받아들여 이 도메인의 데이터 안에서 설정된 랜덤 값으로 데이터를 표현하게 되어 있습니다. 그래서 도메인 형태, 즉 0 to 225라는 도메인을 만들기 위해 Maths 탭 Domain 그룹에서 Construct Domain 컴포넌트를 위치하고 List Length 컴포넌트를 B에 그리고 넘버 슬라이더로 0을 만들어 A에 입력하고 Panel 컴포넌트로 데이터를 확인해봅니다.

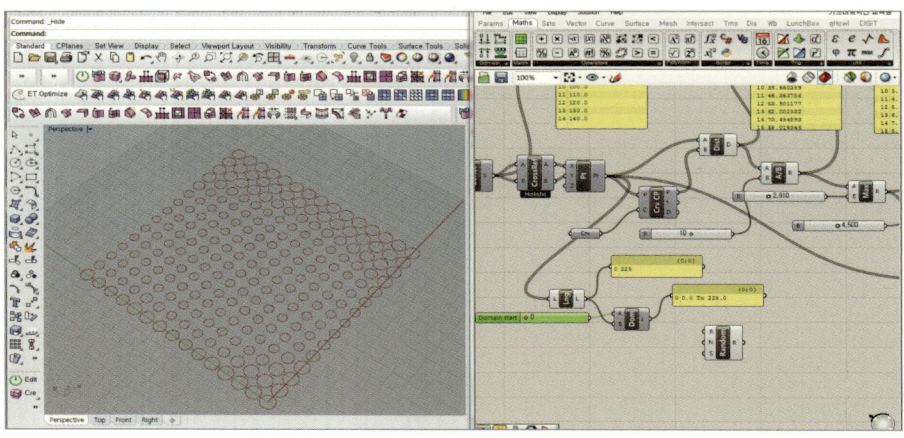

도메인 컴포넌트를 통해 0 to 225 아웃풋

Random 컴포넌트에 아무 입력된 값 없이 Panel 컴포넌트로 확인해보면 0.77194로 나오는데 이 상태로 Random 컴포넌트에 데이터를 입력하면서 변화를 확인해봅니다.

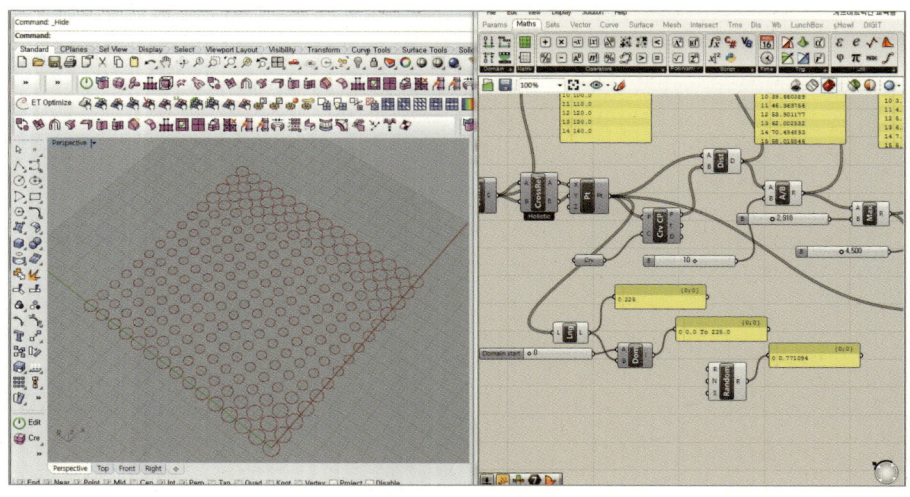

▬ 랜덤 컴포넌트에 입력

Construct Domain 컴포넌트를 Random 컴포넌트의 R에 입력하고 넘버 슬라이더로 4를
N에 입력하면 Random 컴포넌트 출력 값이 Panel에 보여지게 됩니다. 총 4개의 데이터
가 골라졌는데요, 이는 0.0부터 225.0 중 Random하게 4개의 수를 골라낸 것입니다.

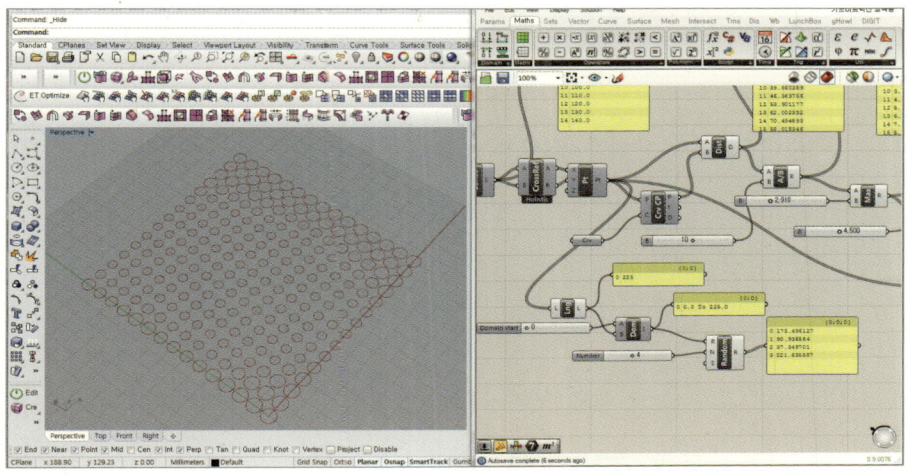

▬ 랜덤 컴포넌트에 다른 데이터 입력

그리고 넘버 슬라이더로 Random 컴포넌트 S에 3을 입력하면 골라낸 수가 변화하는데
S는 Seed of Random Engine입니다.

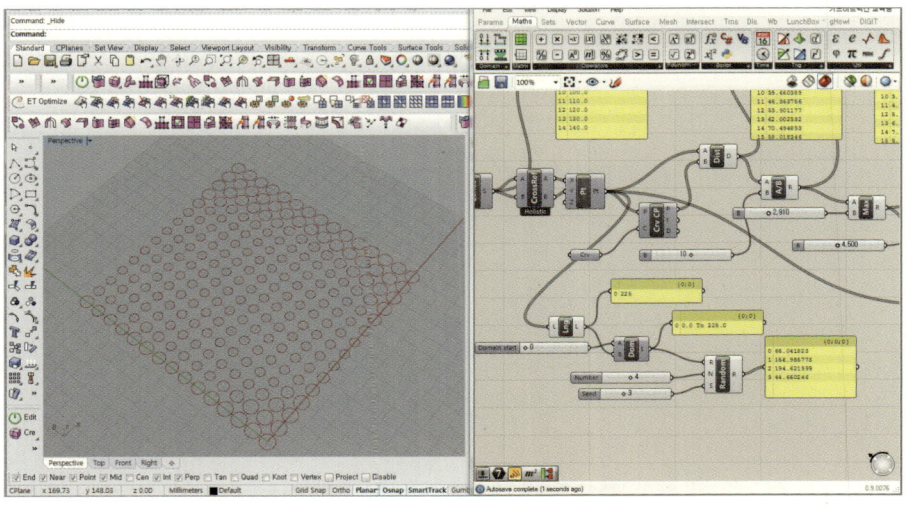

랜덤 컴포넌트로 선택된 수를 정수화

Random 컴포넌트로 골라낸 수를 확인해보면 소수점 이하로 떨어지는 수이기 때문에 이를 정수로 바꿔줘야 합니다. Params 탭, Primitive 그룹에서 Integer 컴포넌트를 위치하고 이미지처럼 연결하고 Panel로 확인해봅니다.

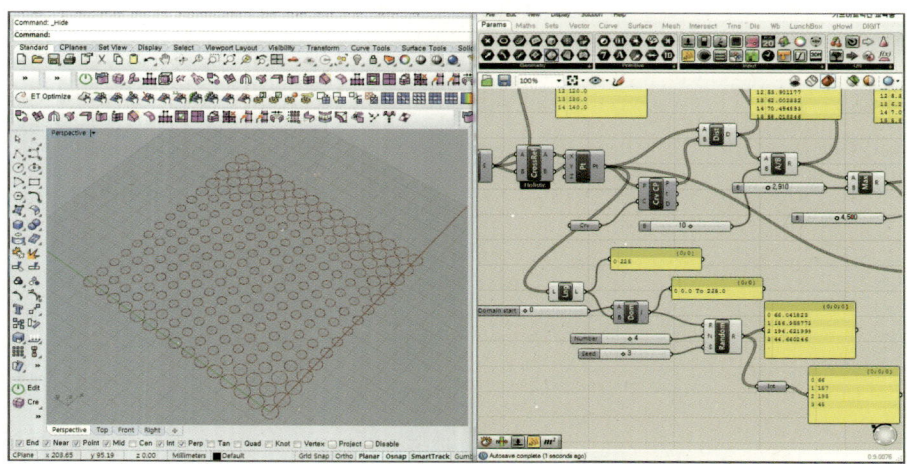

랜덤 컴포넌트로 선택된 수를 작은 수부터 정렬

그리고 골라낸 수를 크기순으로 정렬하기 위해 Sets 탭, List 그룹에서 Sort List 컴포넌트를 꺼내고 이미지처럼 연결시켜 작은 수부터 큰 수로 데이터를 정리해줍니다.

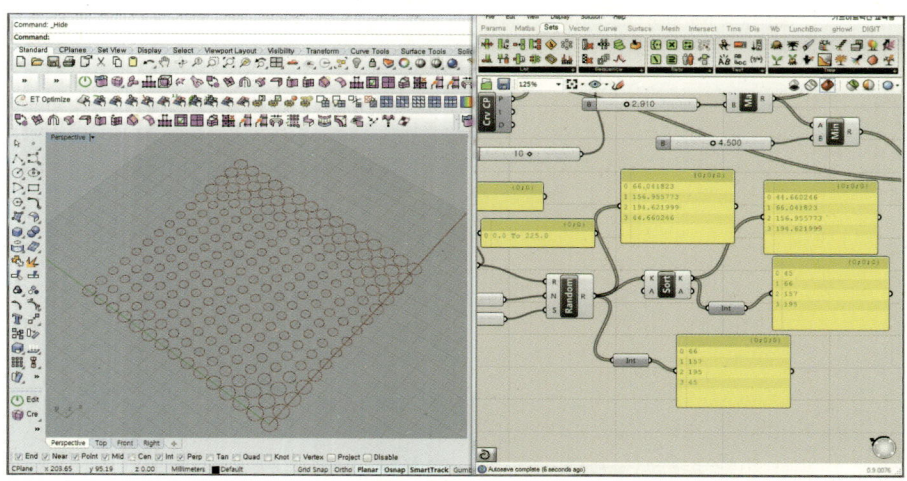

전체 배열된 포인트를 랜덤 컴포넌트로 추출된 데이터 입력하여 4개 포인트 추출

그런 후에 Sets 탭 List 그룹에서 List Item 컴포넌트를 위치하고 225개의 포인트를 갖고 있는 Construct Point 컴포넌트를 L에 그리고 방금 작업한 Sort List 컴포넌트를 I에 입력하면 이미지처럼 225개의 포인트 중에 45,66,157,195번째 포인트를 골라낸 것입니다.

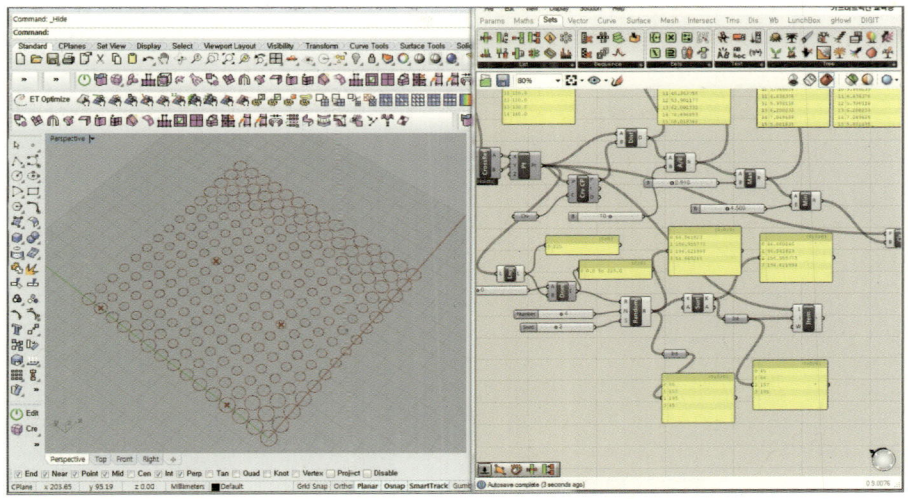

4개 포인트를 연결하는 커브 작성

골라낸 포인트로 커브를 생성하기 위해 Curve 탭, Spline 그룹에서 Interpolate 컴포넌트를 꺼내 List Item으로 뽑아낸 포인트를 V에 이미지처럼 입력해줍니다.

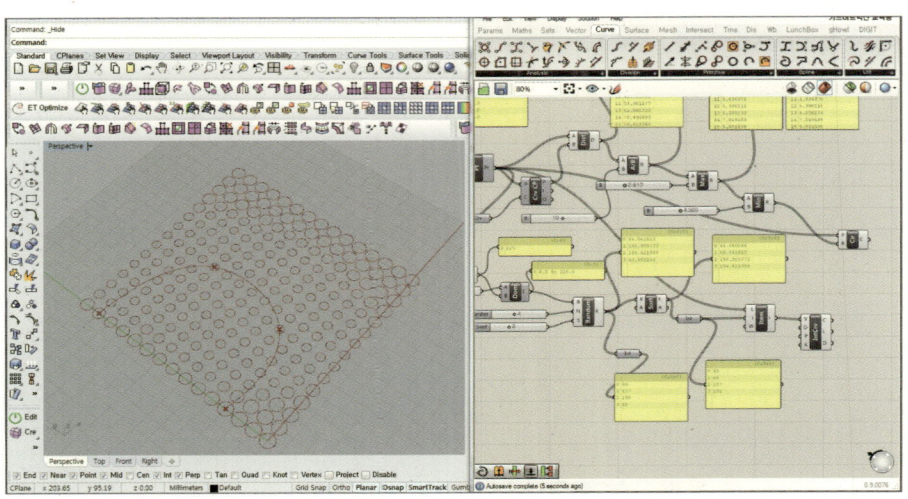

커브와 배열된 포인트의 최단 거리를 추출해 커브에 포인트 생성

그리고 Interpolate 컴포넌트로 작성된 커브를 Curve closest point 컴포넌트의 C에 입력하면 Construct Point로 생성된 225개의 포인트가 Interpolate로 만든 커브에 직교하는 위치에 포인트가 생성됩니다.

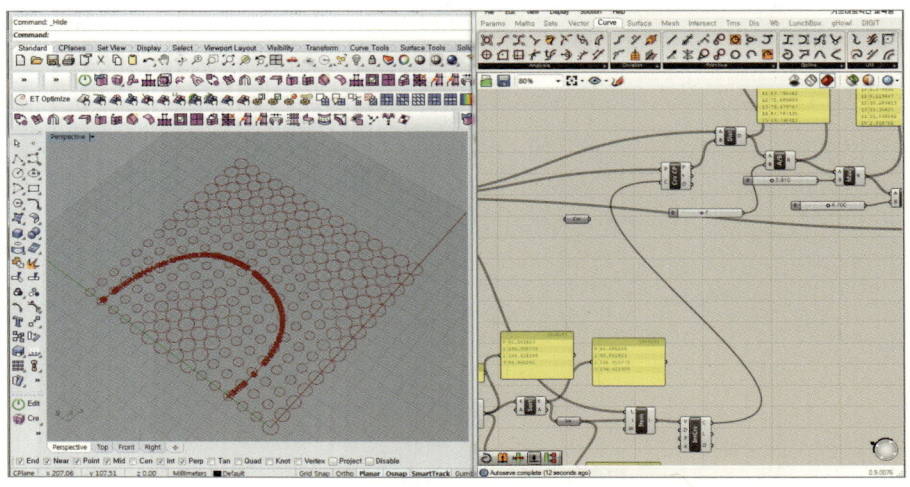

랜덤 컴포넌트에 입력된 수치를 조정해 커브 변경 확인

Random 컴포넌트에 입력한 슬라이더 중 N에 입력된 슬라이더와 S에 입력된 슬라이더의 수를 조정하면서 변화를 확인해봅니다.

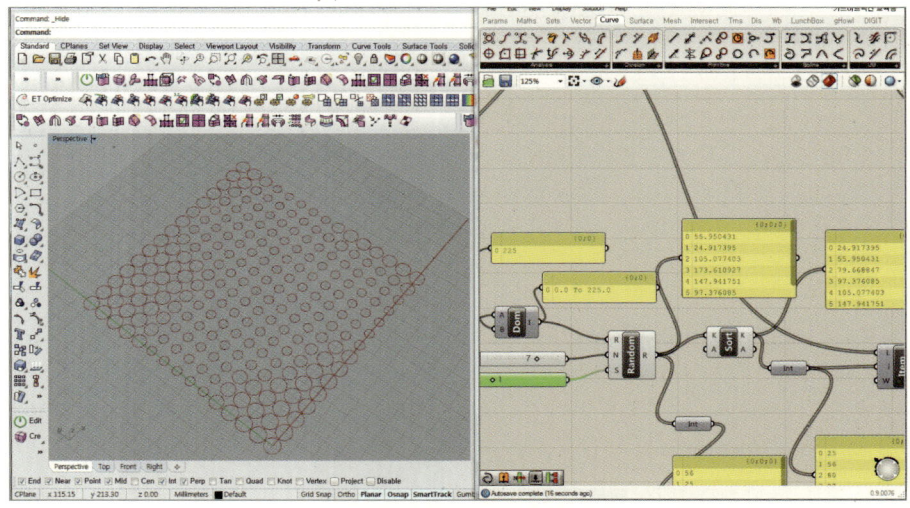

그리고 원의 Z 방향으로 돌출시켜보겠습니다. Surface 탭의 Freeform 그룹에서 Extrude 컴포넌트와 Vector 탭의 vector 그룹에서 Unit Z 컴포넌트를 꺼내어 이미지와 같이 연결해봅니다.

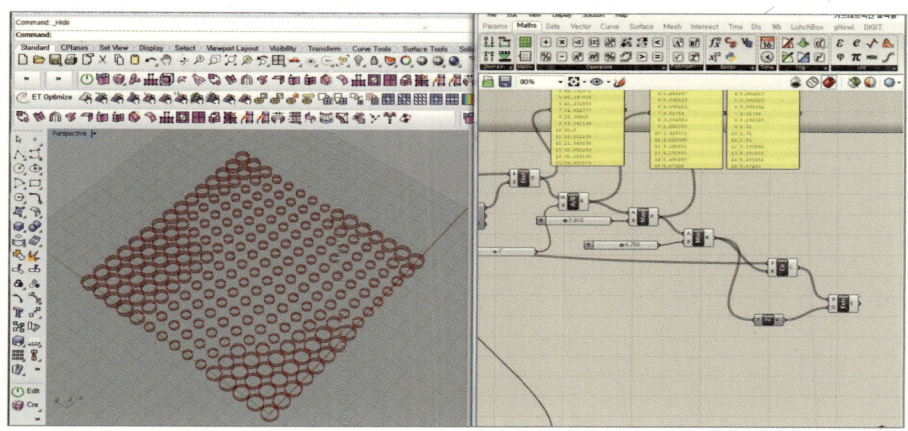

원의 크기를 생성할 때에는 괜찮은 수의 배열이었으나 돌출시키려고 할 때는 작은 수인 것 같아 Maths 탭 Operators 그룹에서 Multiplication 컴포넌트를 꺼내어 Minimum 컴포넌트에서 정리된 수를 넣고 이미지처럼 연결해주면 좀 더 큰 수로 돌출시킬 수 있습니다. 그리고 돌출된 원의 뚜껑을 닫기 위해 Surface 탭의 Utill 그룹에서 Cap Holes 컴포넌트를 꺼내 Extrude 컴포넌트에서 연결해줍니다.

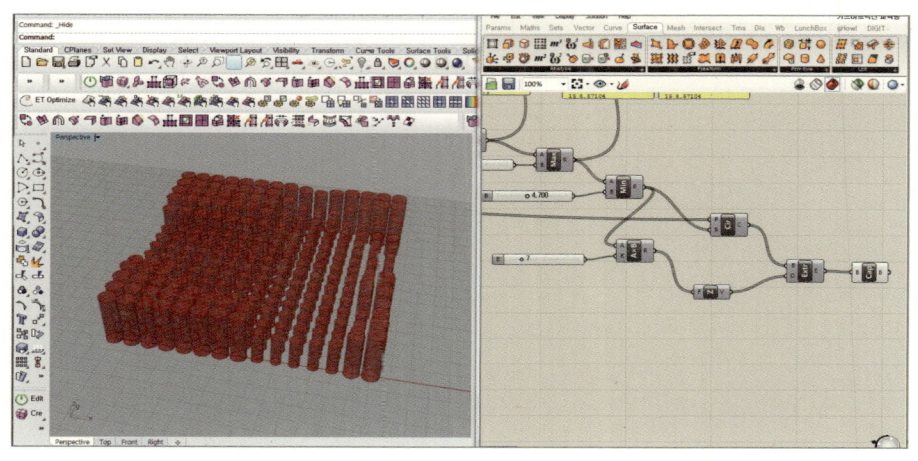

━ 높이 값에 따른 변화를 색상으로 확인 1

이젠 높이가 달라진 돌출면을 시각적으로 구분해주기 위해 Params 탭의 Input 그룹에서 Gradient 컴포넌트를 꺼내어 위치시킵니다.

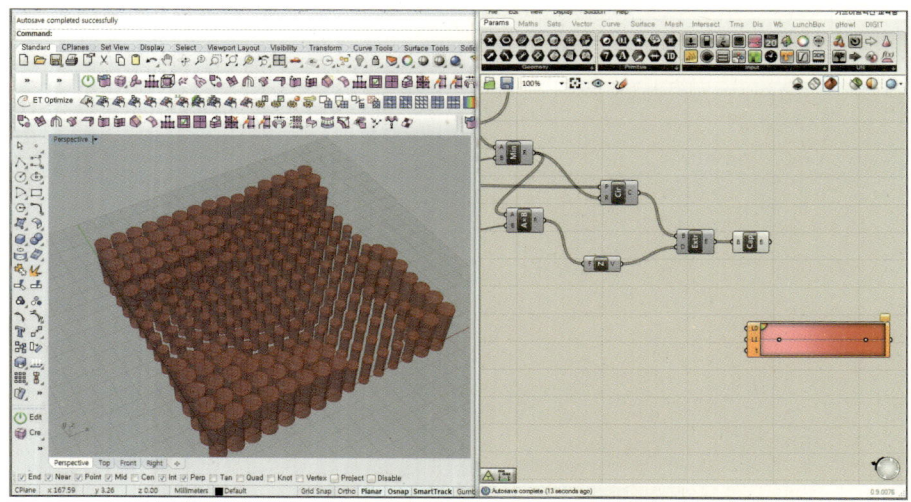

━ 높이 값에 따른 변화를 색상으로 확인 2

그리고 돌출시킨 높이의 제일 작은 수와 큰 수로 도메인을 만들고 다시 도메인을 분리해서 Gradient 컴포넌트에 입력하기 위해 Maths 탭 Domain 그룹에서 Bounds 컴포넌트를 꺼내어 Multiplication 컴포넌트와 연결하고 Panel 컴포넌트로 확인해봅니다.

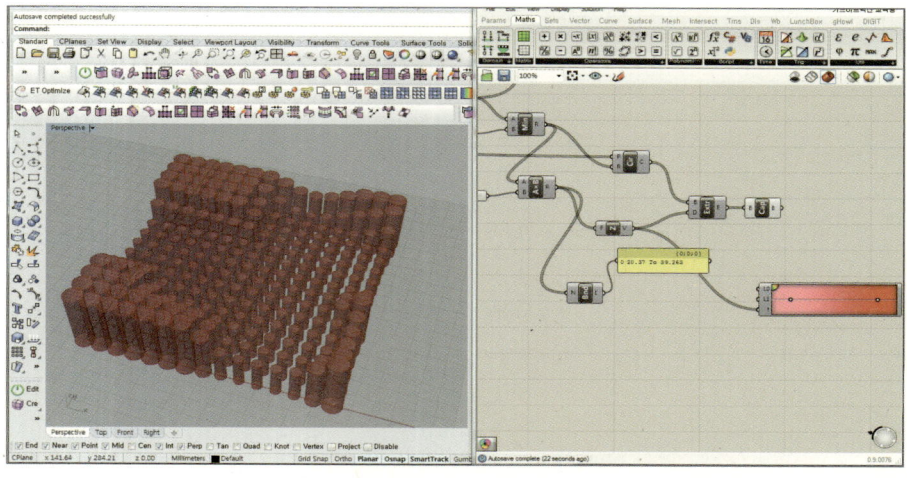

높이 값에 따른 변화를 색상으로 확인 3

Bounds 컴포넌트의 데이터는 20.37 to 39.263입니다. 이 도메인을 각각 분리하기 위해 Maths 탭 Domain 그룹에서 Deconstruct Domain 2 컴포넌트를 꺼내어 Bounds 컴포 넌트와 연결하고 아웃풋 데이터 중 U0, U1에 패널을 연결해 아웃풋되는 데이터를 각 각 확인해봅니다.

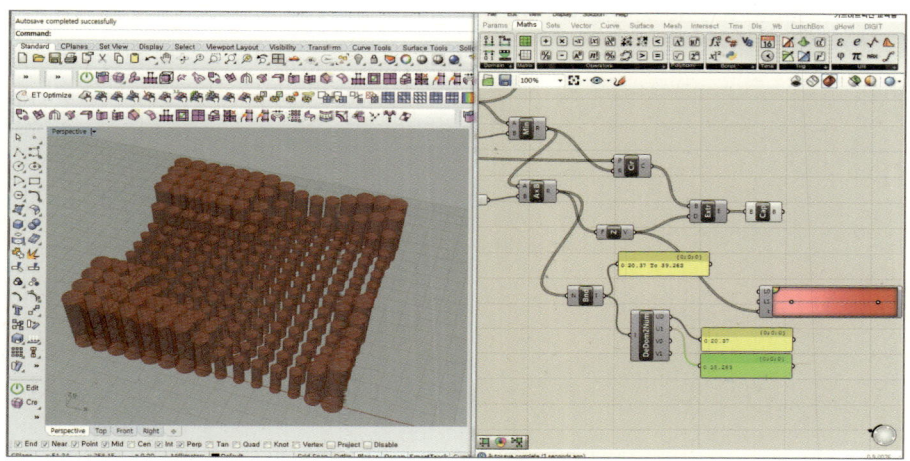

높이 값에 따른 변화를 색상으로 확인 4

Deconstruct Domain 2 컴포넌트의 U0, U1의 값을 Gradient 컴포넌트 L0, L1에 각각 연결해주고 돌출된 방향과 수를 갖고 있는 Unit Z 컴포넌트를 T에 연결해주고 Panel 컴포넌트로 확인해봅니다.

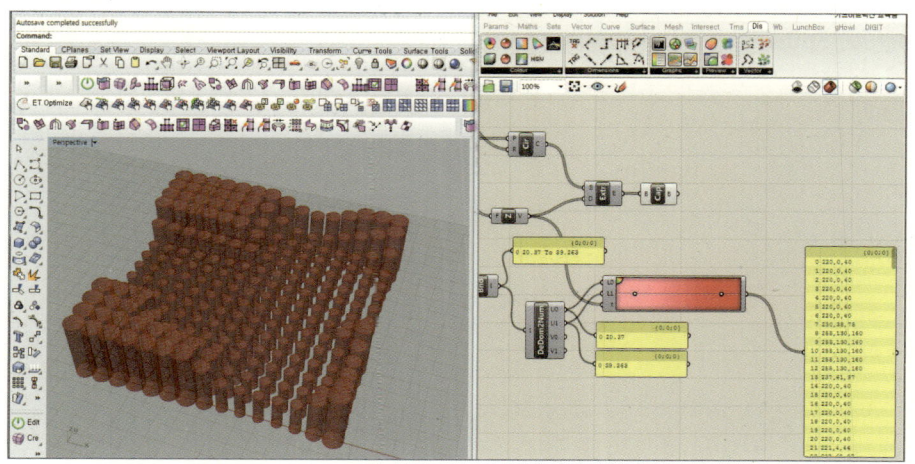

그리고 높이에 따라 부여된 색상을 확인하기 위해 Display 탭의 Preview 그룹에서 Custorm Preview 컴포넌트를 꺼내어 위치시키고 여기에 Cap Holes 컴포넌트를 G에 Gradient 컴포넌트를 S에 각각 연결해주면 이미지와 같이 돌출된 높이에 따라 색상이 달라지는 것을 확인할 수 있습니다.

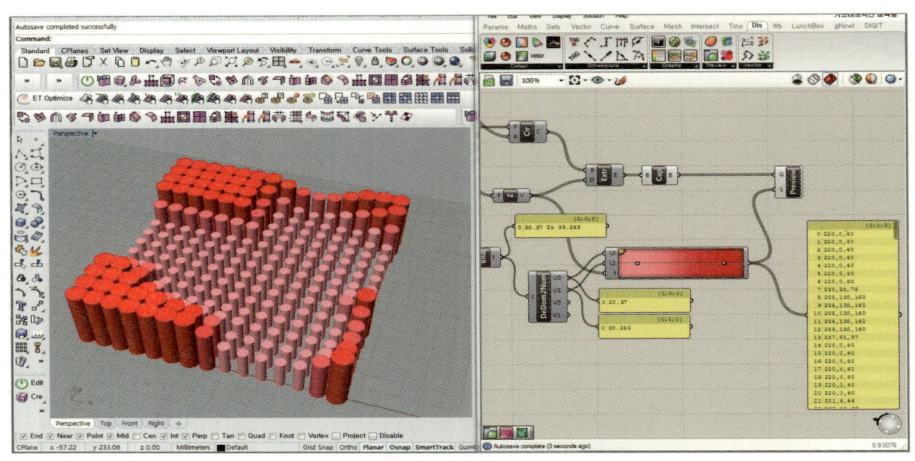

Gradient 컴포넌트를 우클릭하여 나오는 변수 창에서 Presets에서 다른 형태의 색상을 부여해줄 수 있습니다. 직접 확인해봅니다.

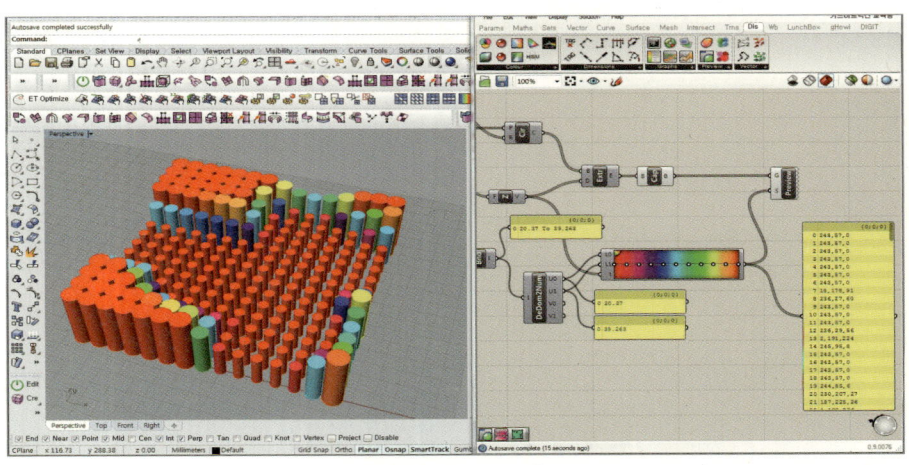

높이 값에 따른 변화를 색상으로 확인 7

커브의 위치, 돌출시키는 높이 등을 조정해가면서 커브 어트랙션을 확인합니다.

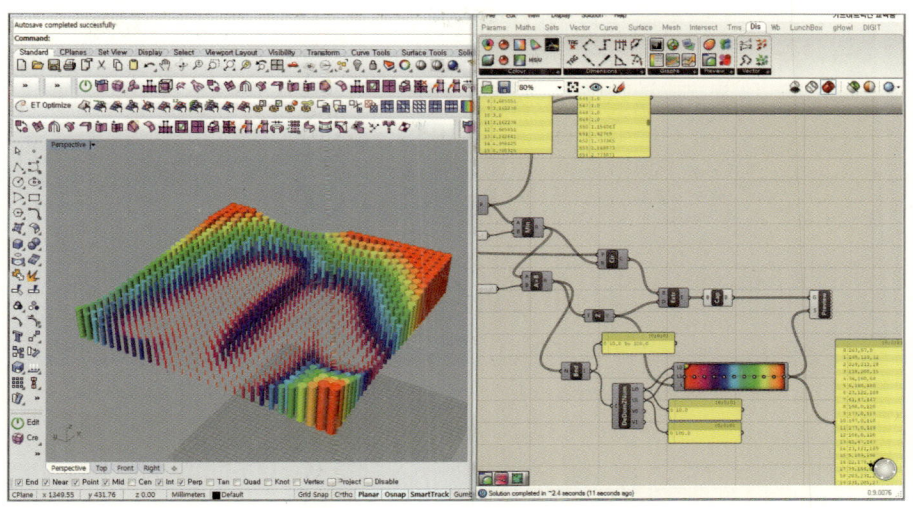

Grasshopper, 잘 못해도 내가 제일 좋아하는 프로그램 –

평균 경사도 분석

The Average Gradient Analysis,

대규모 산지 개발시 필요한 대지의 평균경사도 분석하기

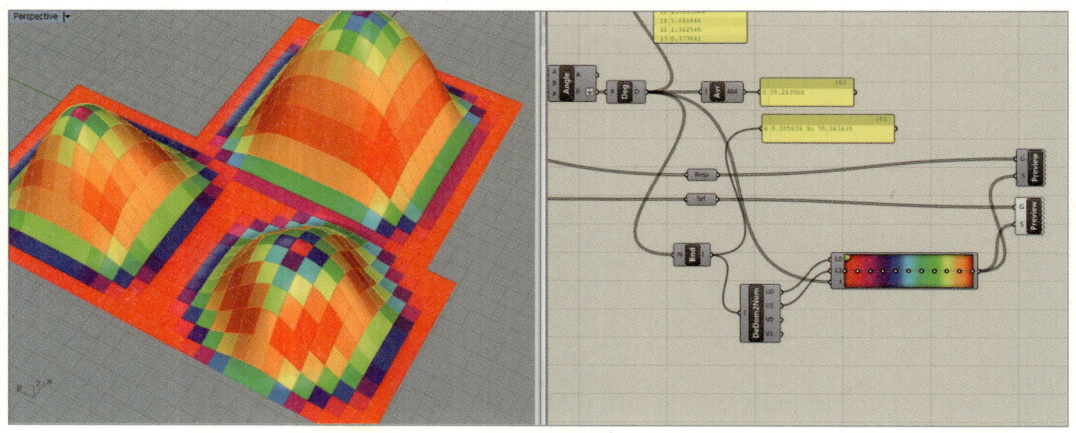

이번 예제는 지형의 평균 경사를 측정하는 것입니다. 그라스호퍼를 활용해 굉장히 신기한 형태를 모델링하는 것도 알고리즘 기반이기에 가능하겠지만 저의 경우에 한하여 말씀드리면 Grasshopper는 굉장히 많은 데이터를 편집하고 컨트롤할 수 있다는 데에 조금 더 점수를 주고 싶습니다. 우리가 만져야 할 데이터가 굉장히 많아질 경우 사람이 일일이 수작업하는 방법밖에는 없을 때 아주 유효할 수 있으며 실제 가능해질 것입니다. 그런 연장선에서 이번 예제는 대규모 산지 개발 등에 요구되는 평균 경사도를 사람이 단면을 잘라가면서 작업하는 게 아니라 짧은 시간 안에 객관적인 데이터를 측정할 수 있는 방법입니다.

━ 유사 지형 모델링

먼저 라이노에서 사각형을 만들고 F10 키를 눌러 포인트를 위로 잡아 끌면서 이미지와 유사한 형태를 작성해줍니다.

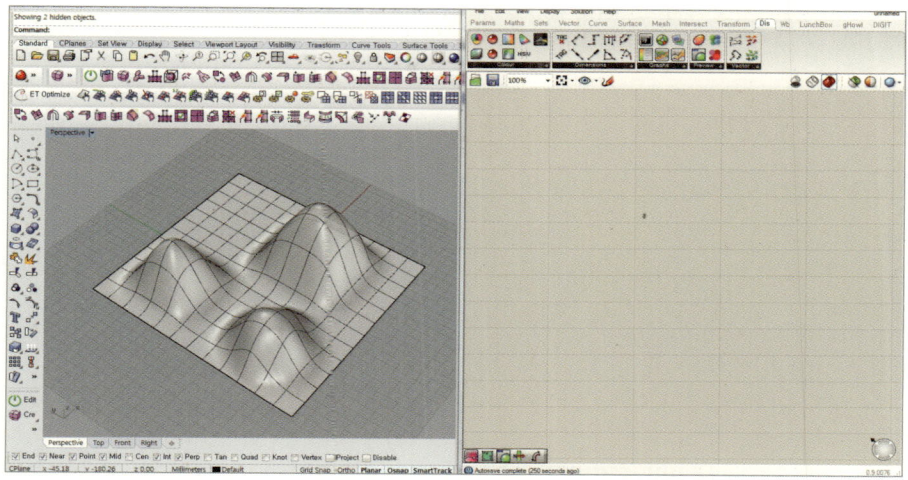

━ Grasshopper Set One

그리고 Params 탭 Geometry 그룹에서 Surface 컴포넌트를 꺼내어 위치시키고 우클릭해서 나오는 변수 창에서 Set One Surface를 누르고 라이노에서 만든 서페이스를 클릭해 Grasshopper로 서페이스를 불러들입니다.

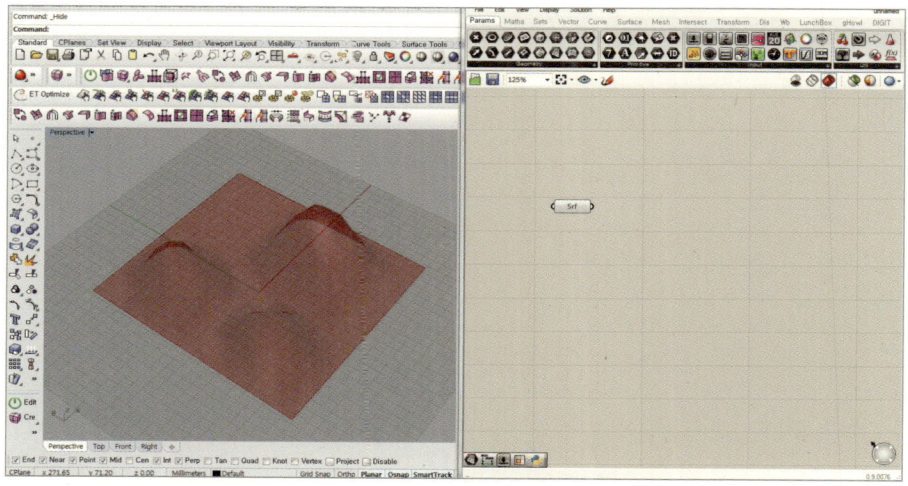

━ 서페이스 면 분할 1

서페이스를 균등하게 분할하기 위해 Surface 탭의 Utill 그룹에서 Isotrim 컴포넌트를 꺼내고 Maths 탭 Domain 그룹에서 Divide Domain 2 컴포넌트와 Number Slider를 두 개 만들고 이미지와 같이 컴포넌트들을 배열해줍니다.

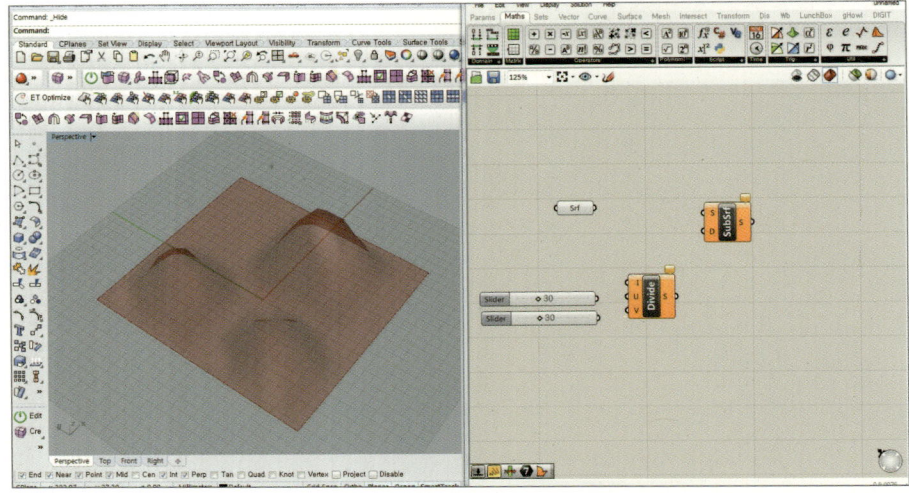

━ 서페이스 면 분할 2

Surface 컴포넌트, Isotrim 컴포넌트, Divide Domain 2 컴포넌트, Number Slider 컴포넌트를 이미지와 같이 연결해주고 Surface 컴포넌트 우클릭으로 Preview를 꺼주면 라이노 작업 창에서는 30 × 30으로 서페이스가 나누어지는 것을 확인할 수 있습니다.

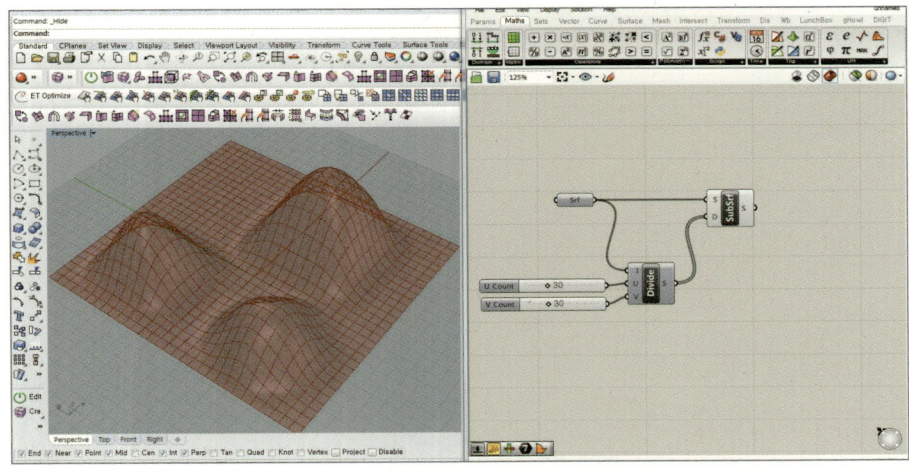

분할된 복고 면을 감싸는 육면체 생성 1

이렇게 900개로 나누어진 서페이스를 각각 감싸주는 육면체를 생성하기 위해 Surface 탭 Primitive 그룹에서 Bouding Box 컴포넌트를 꺼내어 위치시킵니다.

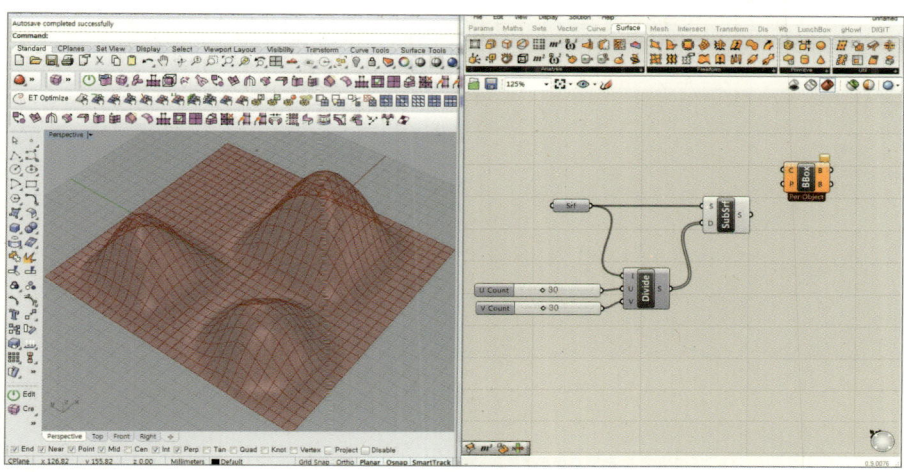

분할된 복고 면을 감싸는 육면체 생성 2

Isotrim 컴포넌트를 Bouding Box 컴포넌트에 연결하면 900개로 나누어진 서페이스를 외곽으로 육면체가 각각 생성되는 것을 확인할 수 있습니다.

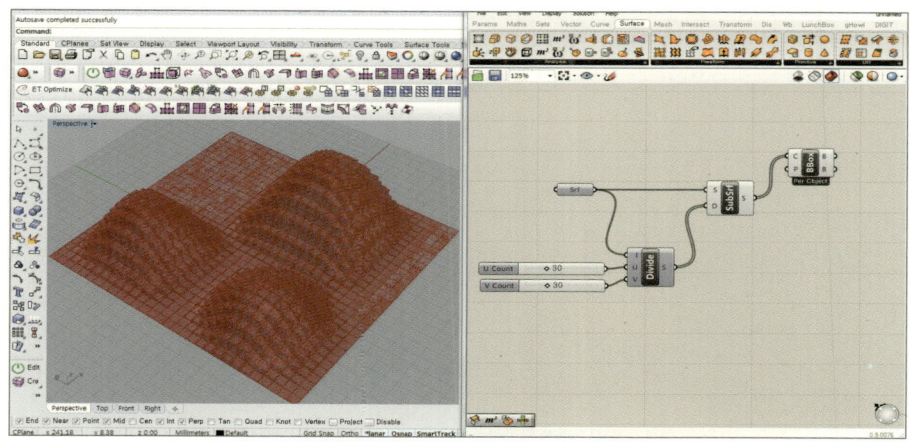

육면체 볼륨 값 확인 1

생성된 육면체의 체적 값을 확인하기 위해 Surface 탭 analysis 그룹에서 Volume 컴포넌트를 꺼내 위치시키고 이미지와 같이 연결합니다.

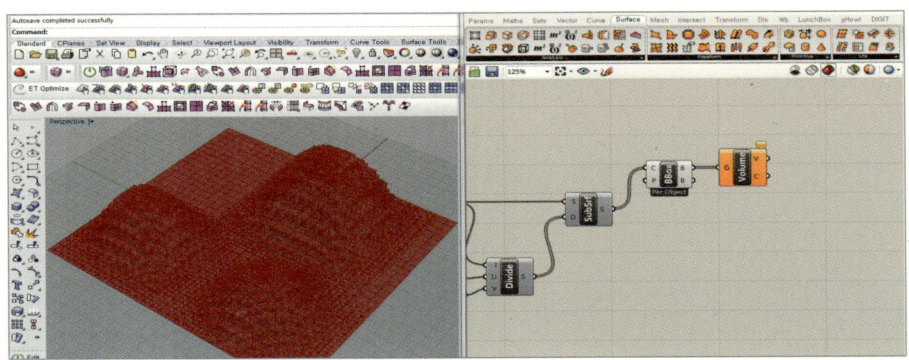

육면체 볼륨 값 확인 2

Volume 컴포넌트의 색상이 주황색이 된 이유는 아마도 체적 값 중에 0이라는 값이 들어 있는 육면체도 있기 때문일 것입니다. 체적이 0이라면 평균 경사도, 즉 경사가 없다는 것을 의미하기 때문에 이들을 분리하려고 합니다. IF 조건문을 활용해서 구분하기 위해 Maths 탭 Script 그룹에서 Evaluate 컴포넌트를 꺼내어 위치시키고 이 컴포넌트를 더블클릭하여 Expression Designer 창을 오픈합니다.

그리고 expression에 if(X>Y,true,false)를 이미지와 같이 넣어줍니다. 이는 만약에 X가 Y보다 크다면 true, 작다면 false라는 의미입니다.

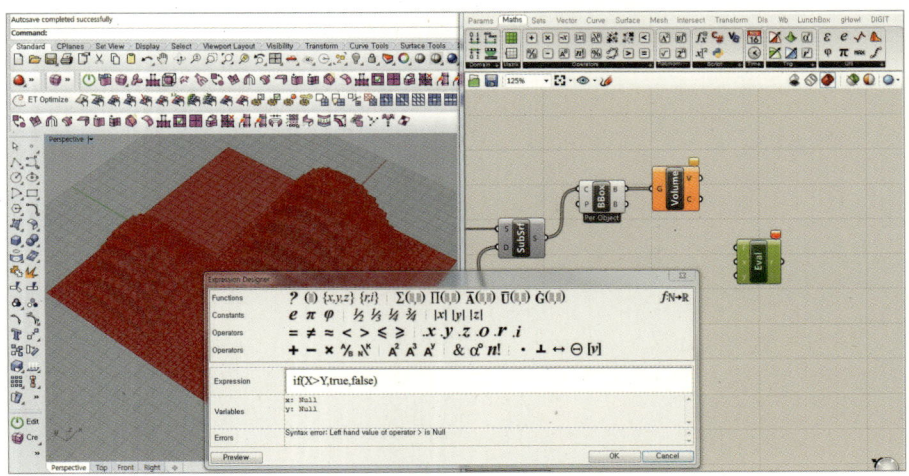

▬ 육면체 볼륨 값 확인 3

그리고 Volume 컴포넌트를 X에 넘버 슬라이더를 꺼내고 0을 만들어 Y에 입력합니다. 이것은 측정한 900의 체적 중에 0보다 작은 체적은 false, 크다면 true라는 의미입니다.

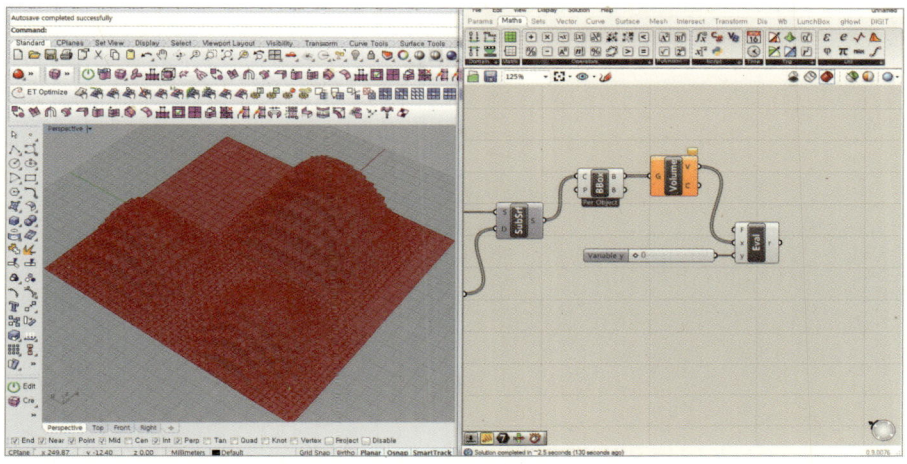

▬ 육면체 볼륨 값 일정 크기 이하 분류 1

true와 false로 구분된 패턴으로 900개의 육면체를 구분하기 위해 Sets 탭의 List 그룹에서 Dispatch 컴포넌트를 꺼내어 Bounding Box를 L에 Evaluate 컴포넌트를 P에 입력합니다. 그러면 Dispatch 컴포넌트 아웃풋 A, B는 각각 true인 패턴과 false인 패턴으로 900개의 육면체를 구분해냅니다.

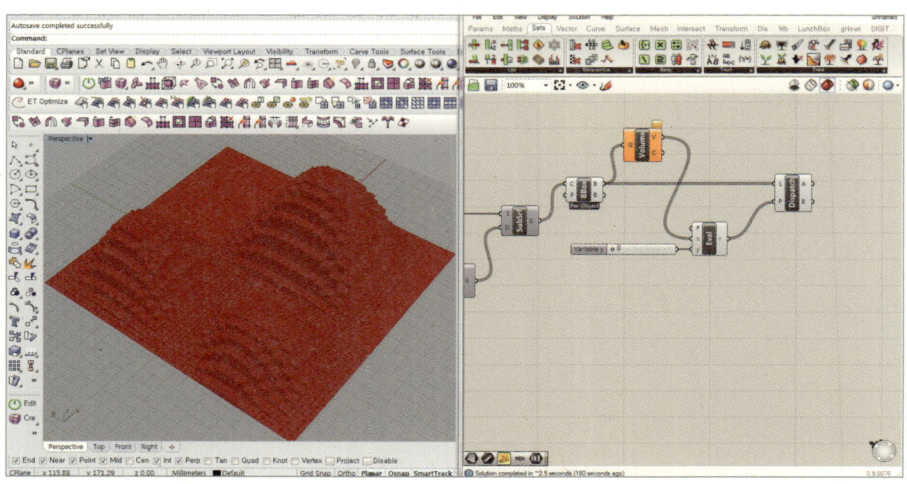

━ 육면체 볼륨 값 일정 크기 이하 분류 2

Dispatch 컴포넌트 출력 값 A에 Params 탭 Geometry 그룹에서 Brep 컴포넌트를 꺼내서 연결해줍니다. 그리고 그 이전의 컴포넌트들의 Preview를 꺼주면 0보다 큰 체적을 갖는 육면체만 보여집니다.

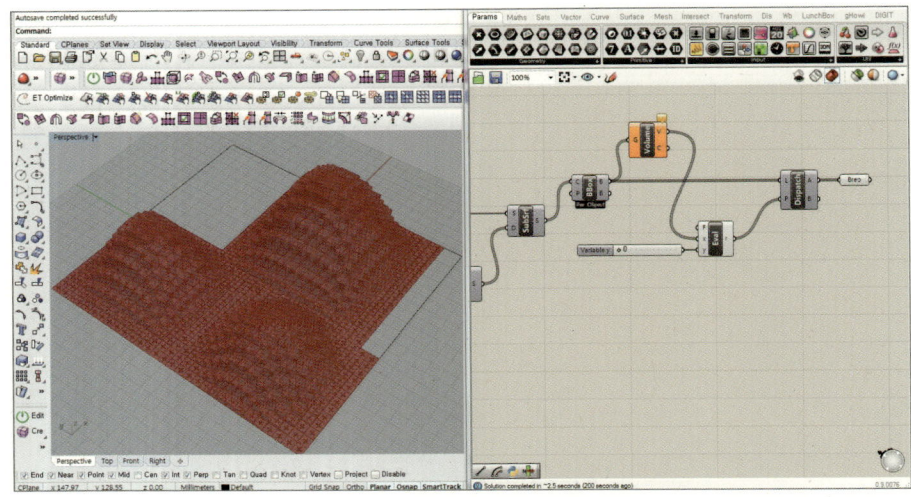

━ 육면체 경사도 측정 1

여기에서 확인과 설명을 위해 Sets 탭 List 그룹에서 List Item 컴포넌트를 꺼내고 넘버 슬라이더에 임의의 값(183)을 넣고 Brep 컴포넌트를 L에 입력합니다. 이는 골라진 전체 육면체 중에서 183번째에 해당하는 육면체만 선택하고 싶다는 의미입니다.

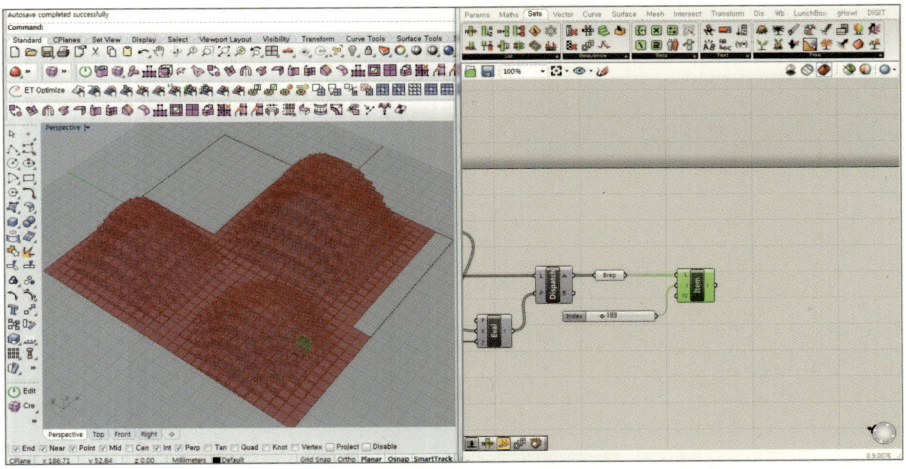

그리고 Brep 컴포넌트의 Preview도 꺼주면 하나의 육면체만 남게 됩니다. 그리고 이 육면체의 각도를 측정하기 위해 육면체를 포인트와 커브, 그리고 서페이스로 분해하기 위해 Surface 탭 Analysis 그룹에서 Deconstruct Brep 컴포넌트를 꺼내고 연결해줍니다.

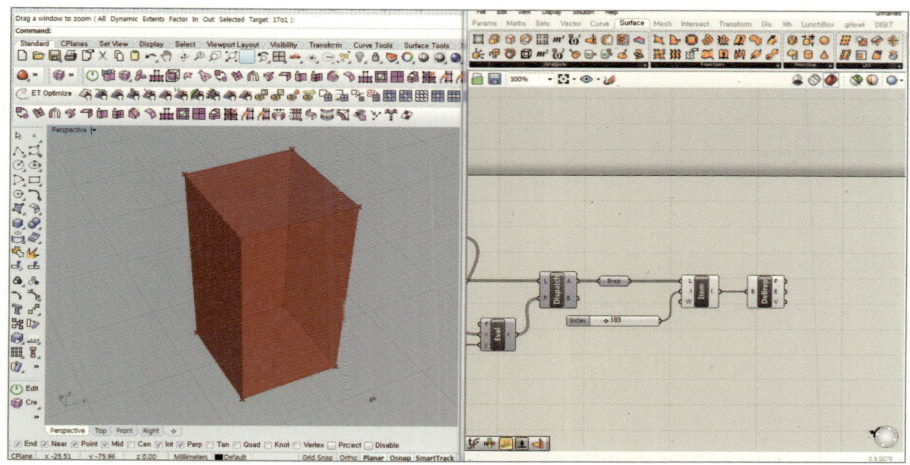

육면체 포인트의 순서를 확인하기 위해 Display 탭 Vector 그룹의 Point List 컴포넌트를 꺼내어 Deconstruct Brep 컴포넌트를 P에 연결하고 넘버 슬라이더에 2를 입력하고 point list 컴포넌트를 S에 입력하지 되면 2 크기를 갖는 문자 즉 포인트의 순서가 이미지처럼 표현되게 됩니다.

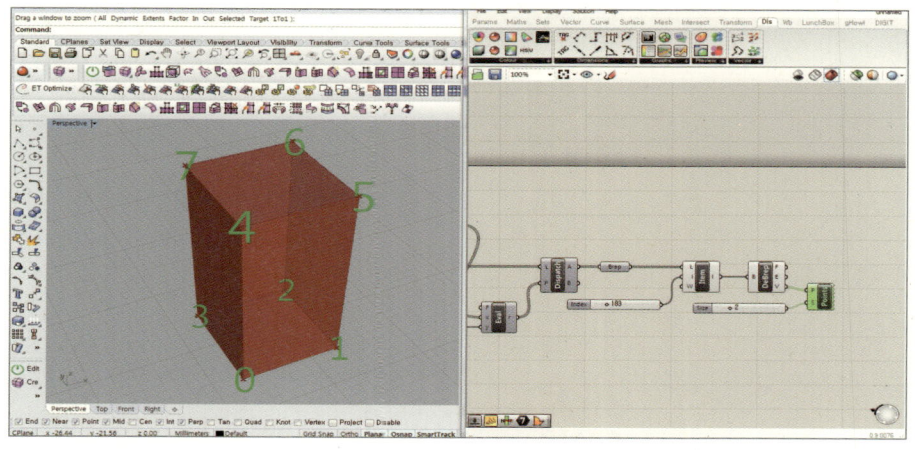

━ 육면체 경사도 측정 4

Sets 탭 List 그룹에서 List Item 컴포넌트를 꺼내고 Deconstruct Brep 컴포넌트 출력
값 V를 L에 입력합니다. 그리고 이미지처럼 Grasshopper 화면을 확대해보면 List Item
컴포넌트에 +와 − 표시가 뜨는데 여기서 +를 클릭해서 List Item 출력 가지를 많게 해
줍니다.

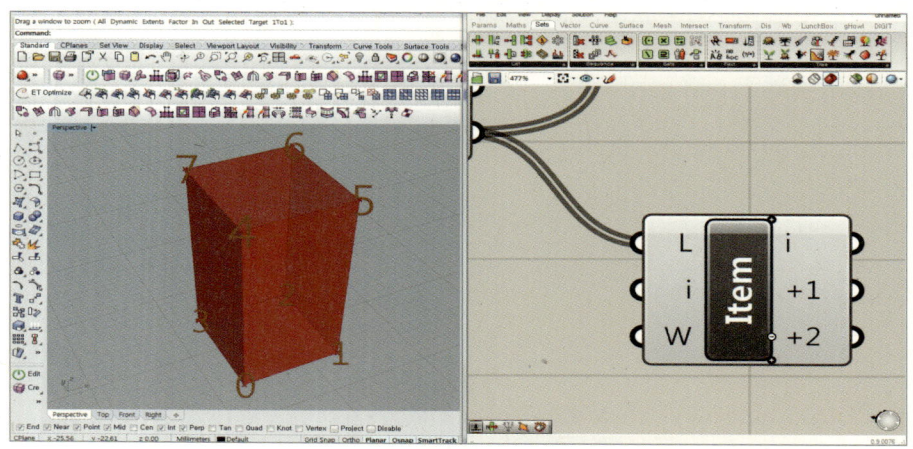

━ 육면체 경사도 측정 5

최종적으로는 육면체를 구성하는 8개의 포인트를 0에서 7까지로 표현되었고 이 포인
트를 각각 따로 추출해서 컨트롤할 수 있게 되었습니다.

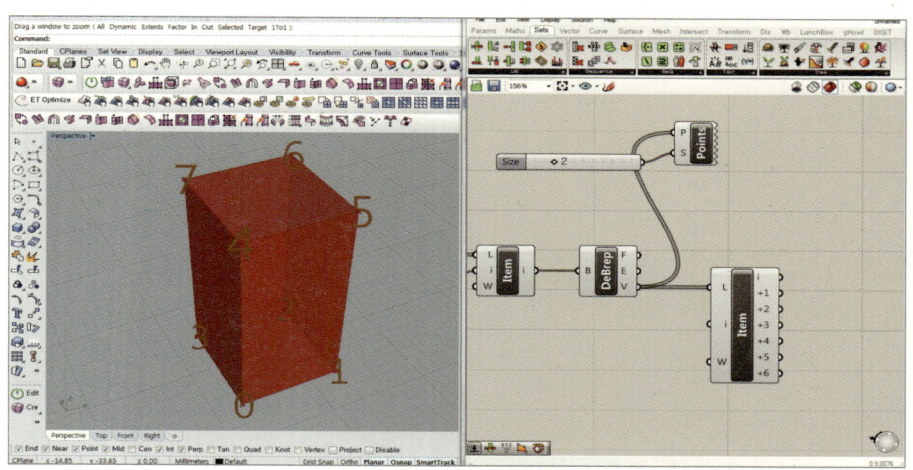

육면체 경사도 측정 6

이 육면체의 포인트를 추출한 건 포인트를 연결해서 그 각도를 측정하기 위함입니다. Curve 탭 Primitive 그룹에서 Line 컴포넌트를 꺼내어 이미지와 같이 List Item 0, 1 그리고 0과 5를 연결해서 두 개의 라인을 생성합니다.

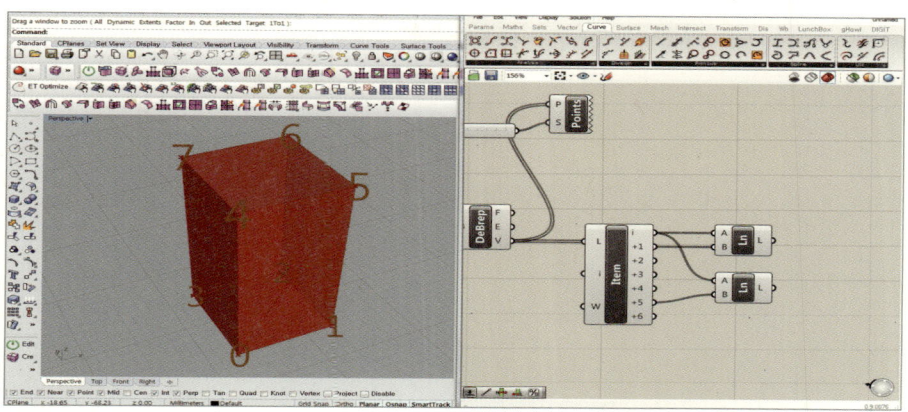

육면체 경사도 측정 7

이 두 라인의 각도를 측정하기 위해 Vector 탭 Vector 그룹의 Angle 컴포넌트를 꺼내어줍니다.

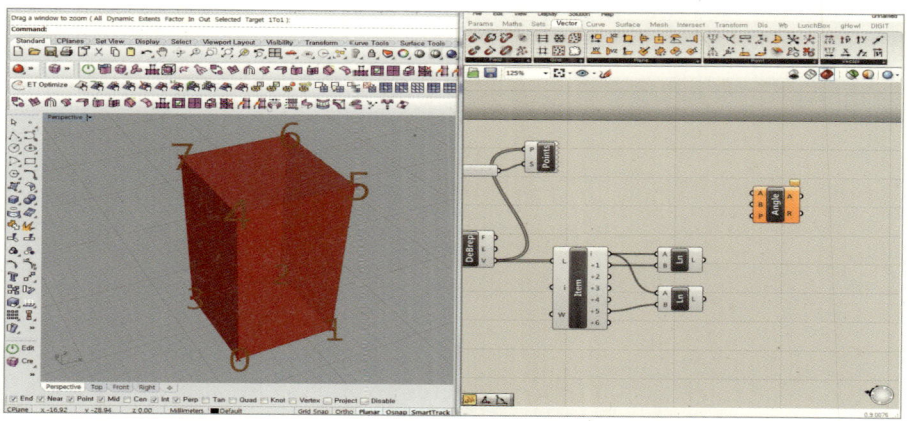

육면체 경사도 측정 8

Angle 컴포넌트는 두 개의 라인을 A, B에 연결하고 측정하려는 평면을 입력하여 각도를 연산합니다. Line 컴포넌트가 위치한 면을 선택하기 위해 Deconstruct Brep 컴포넌트 F(서페이스를 의미)에 List Item 컴포넌트로 6을 입력해 생성된 라인의 면을 선택해 줍니다.

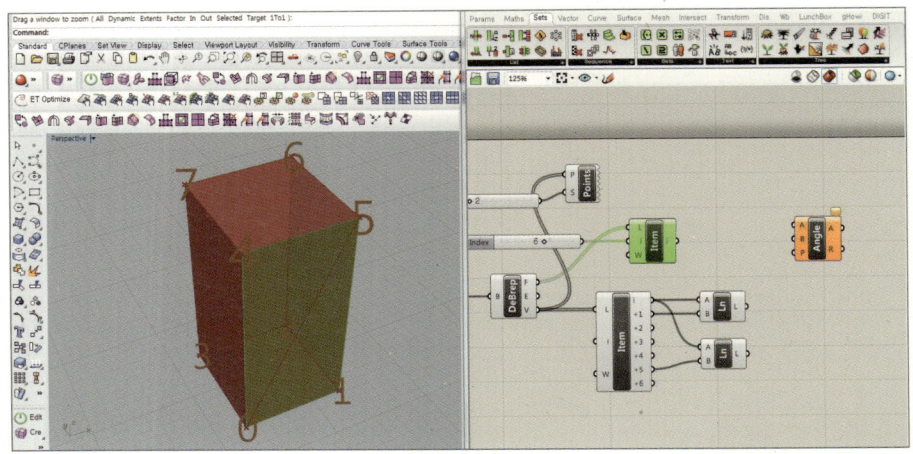

육면체 경사도 측정 9

List Item으로 면을 구분한 것을 Angle 컴포넌트 P에 입력하고 Line 컴포넌트를 A, B에 입력해주면 각도 측정이 된 것입니다. 하지만 정확한 각도를 측정했는지 검증을 해보고 넘어가도록 하겠습니다.

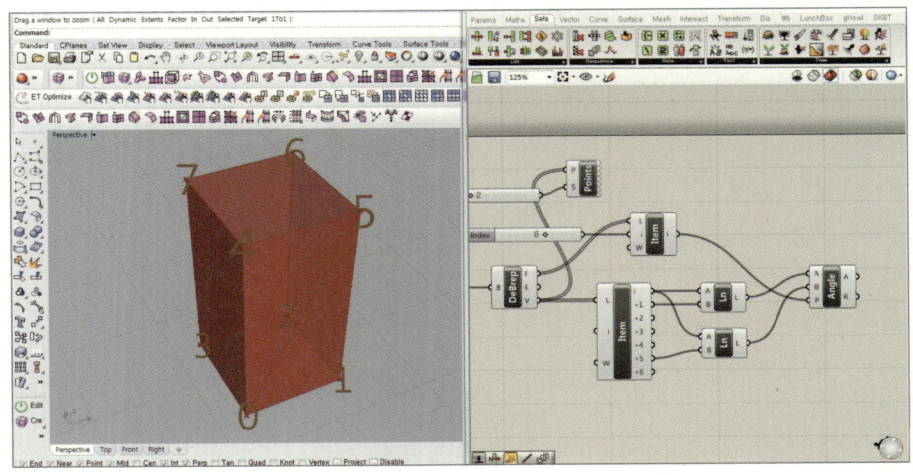

▬ 육면체 경사도 측정 10

Maths 탭 Trig 그룹에서 Degrees 컴포넌트를 꺼내어 Angle 컴포넌트에 연결해줍니다. 그리고 Panel 컴포넌트로 확인해보면 64.507128이 측정된 것을 확인할 수 있습니다.

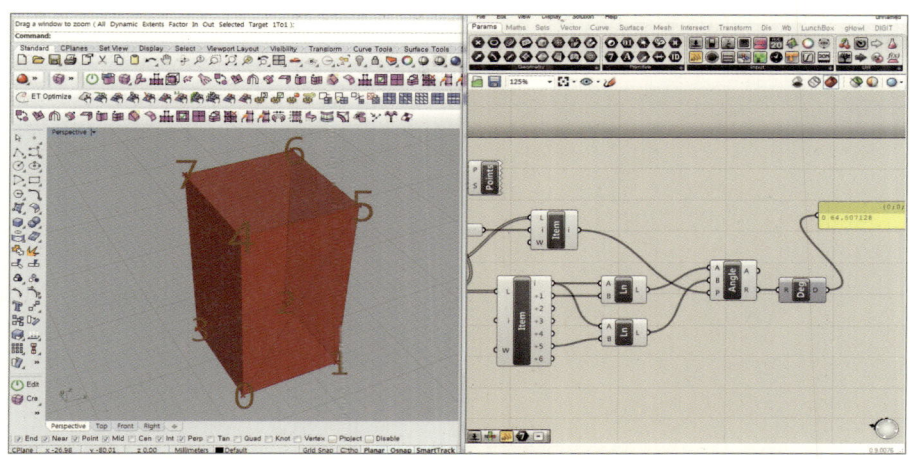

▬ 육면체 경사도 측정 11

혹시나 각도가 거꾸로 측정되거나 했을지 몰라 Line 컴포넌트를 우클릭하여 라인을 Bake시켜주고 라이노에서 각도를 측정해보려고 합니다. Angle 컴포넌트 출력 값 중에 A에 Degrees 컴포넌트를 연결하던 각도 측정이 라인들의 안쪽이 아닌 바깥쪽인 것을 확인할 수 있습니다.

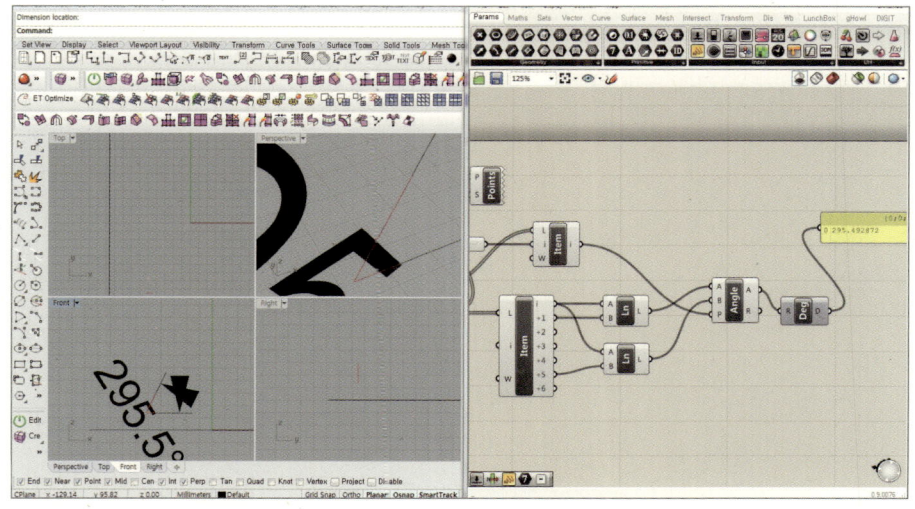

육면체 경사도 측정 12

라인들의 안쪽 각도가 라이노에서도 64.5도가 나오는 것으로 보아 Grasshopper 상의 각도 측정이 정확한 것으로 볼 수 있습니다.

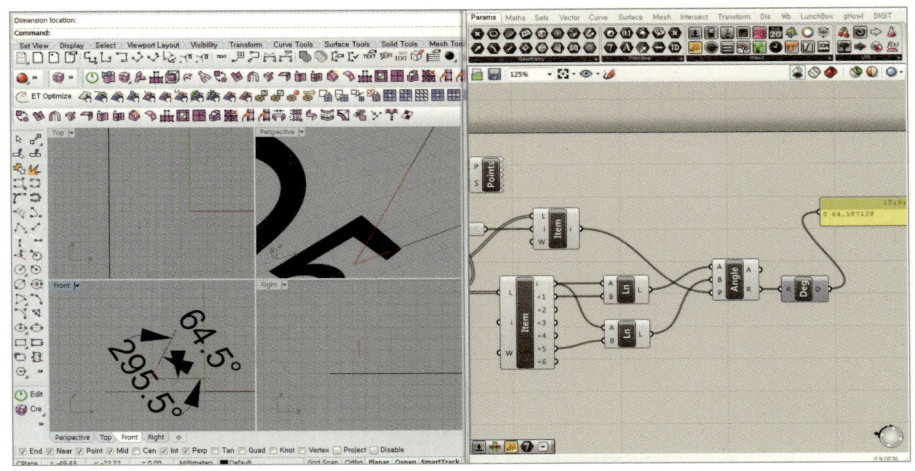

육면체 경사도 측정 13

화살표로 표시된 부분을 선택하여 라이노 상에서 Grasshopper의 표시를 변경해줍니다. 이는 용량이 큰 작업을 할 때 PC가 버벅대지 않도록 조금 품질을 낮게 하는 것으로 데이터는 확인이 가능합니다. 그리고 Grasshopper 화면을 줌아웃하여 하나의 육면체 각도 측정에서 전체 육면체의 각도 측정을 하기 위함입니다.

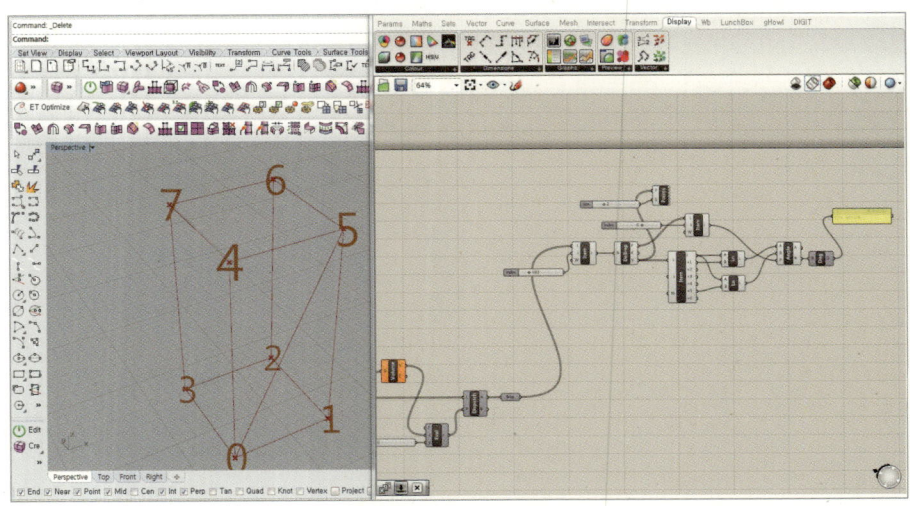

화살표로 표시된 부분부터 하나의 육면체 각도를 측정했던 것이니 우선 화살표로 표시된 List Item 컴포넌트를 우클릭하여 Enabled하여 연산을 끊어줍니다.

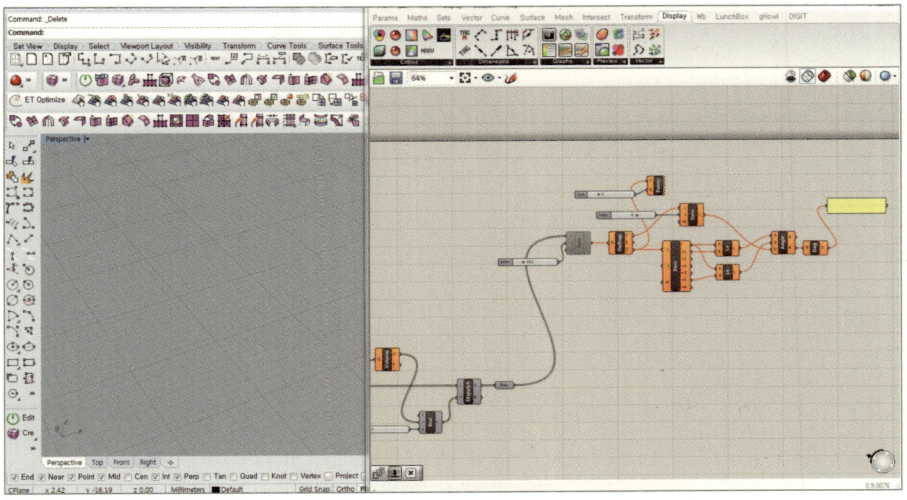

━━ 전체 육면체 경사도 측정 2

그리고 Deconstruct Brep부터의 컴포넌트들을 드래그하여 컨트롤 C, 컨트롤 V하여 복사, 붙여넣기를 하여줍니다.

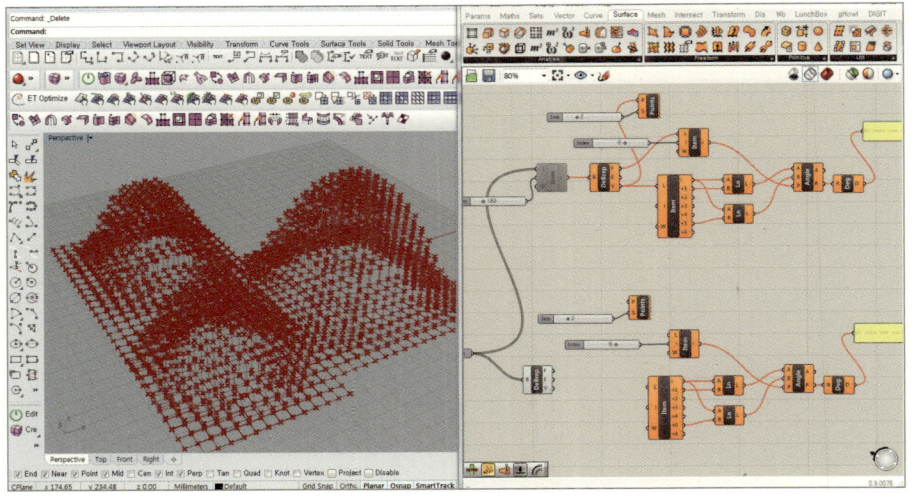

— 전체 육면체 경사도 측정 3

그리고 Dispatch 컴포넌트로 구분한 Brep 컴포넌트를 방금 복사, 붙여넣기한 컴포넌트 그룹 중 Deconstruct Brep 컴포넌트에 연결합니다. 그리고 Angle 컴포넌트 출력값 R을 우클릭하여 Flatten을 선택합니다.

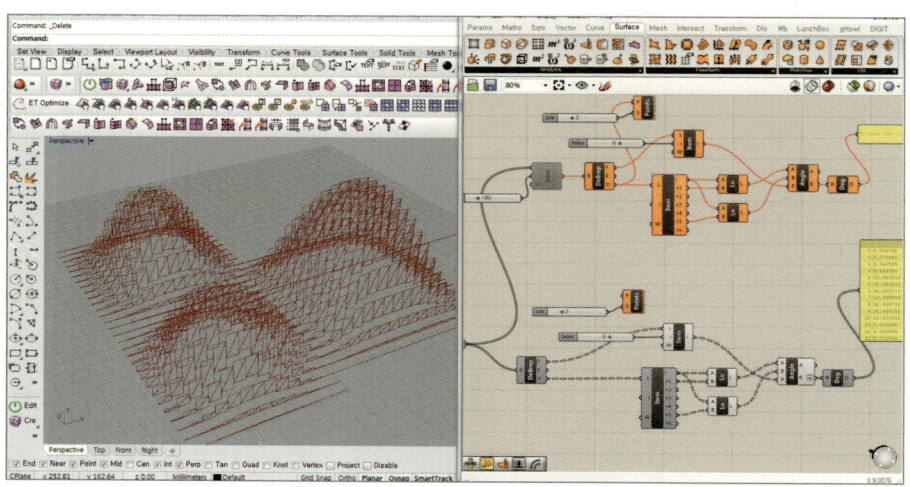

— 전체 육면체 경사도 측정 4

측정한 Degrees 컴포넌트의 평균값을 알기 위해 Maths 탭 Util 그룹의 Average 컴포넌트를 꺼내어 이미지처럼 연결해줍니다. Panel 컴포넌트로 평균값을 확인해봅니다.

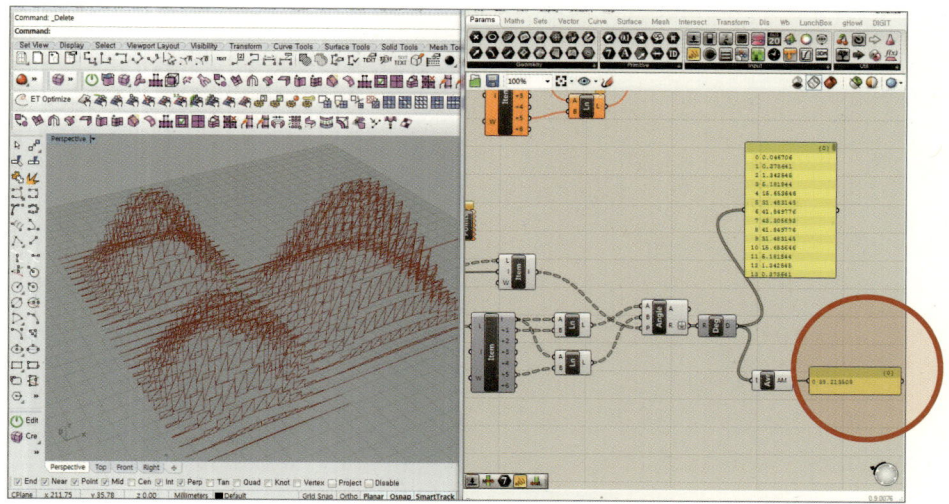

경사도에 따른 색상 확인 1

그런 후에 경사도에 따라 색상으로 구분하여 시각적인 구분이 즉각적으로 되게끔 하려고
합니다. 이 방법은 커브 어트랙션에서도 활용했던 방법과 동일합니다.

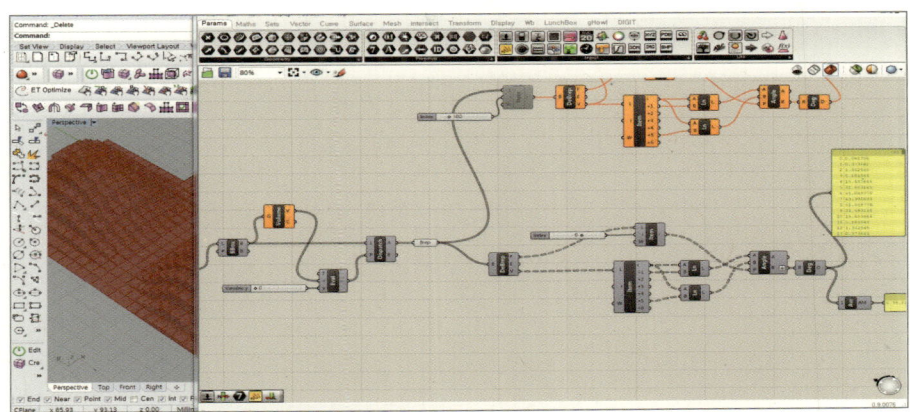

경사도에 따른 색상 확인 2

Maths 탭 Domain 그룹에서 Bounds 컴포넌트를 꺼내어 Degrees 컴포넌트에 연결해
Panel로 확인해보니 0.005838 to 70.943439인 것을 확인할 수 있습니다.

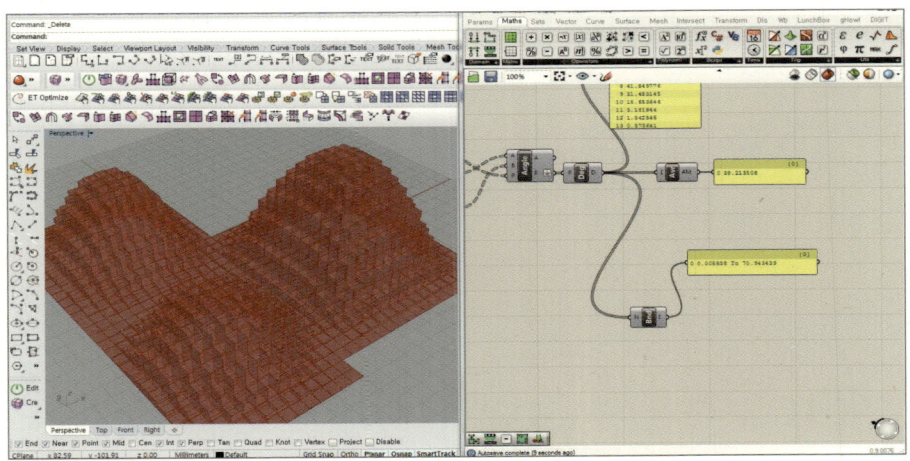

Maths 탭 Domain 그룹에서 Deconstruct Domain 2 컴포넌트를 꺼내어 Bounds 컴포넌트
에 연결해줍니다.

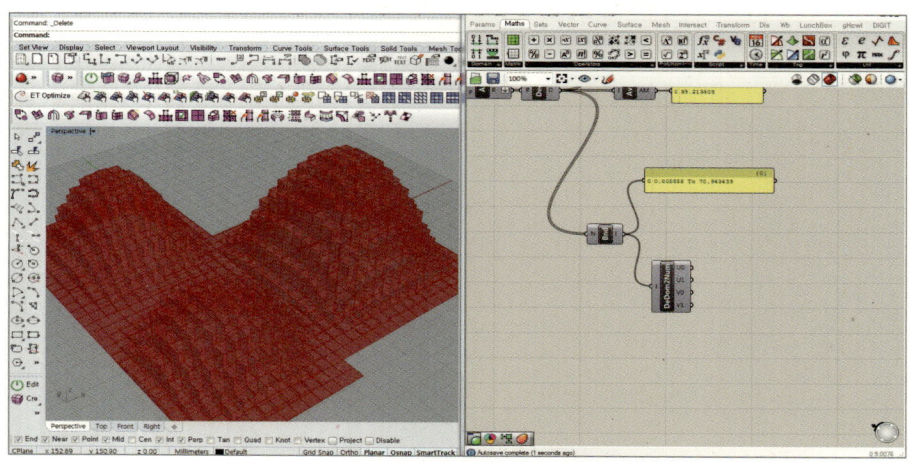

Params 탭 Input 그룹에서 Gradient 컴포넌트를 꺼내어 이미지와 같이 연결해줍니다.

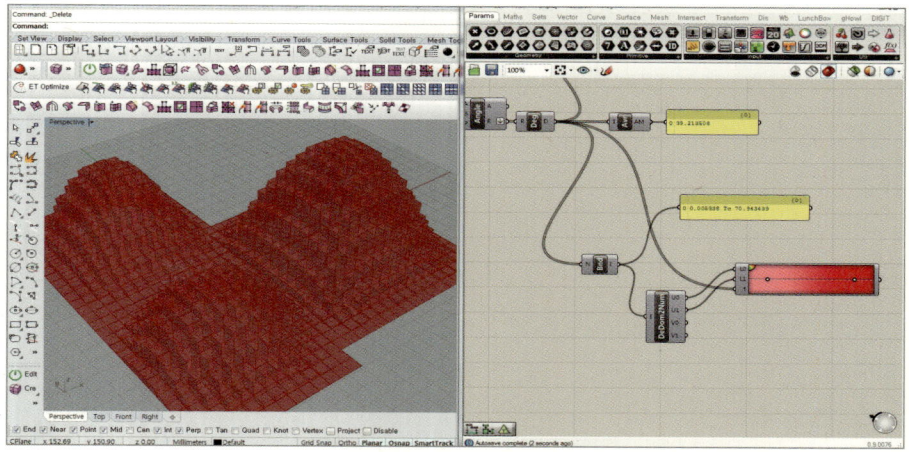

우리가 각도에 따라 색상을 구분할 수 있는 것은 서페이스와 육면체 이 두 가지입니다. 그리고 이 두 가지에 색상을 균일하게 표현하기 위해 Params 탭 Geometry 그룹에서 Brep 컴포넌트와 Surface 컴포넌트를 꺼내어 이미지와 같이 연결하여줍니다. 처음에 Brep만을 Dispatch 컴포넌트로 구분했는데 서페이스도 구분하기 위해 Dispatch 컴포넌트를 하나 더 만들어 Isotrim 컴포넌트에 연결함으로써 육면체와 같은 위치의 서페이스를 골라내줍니다.

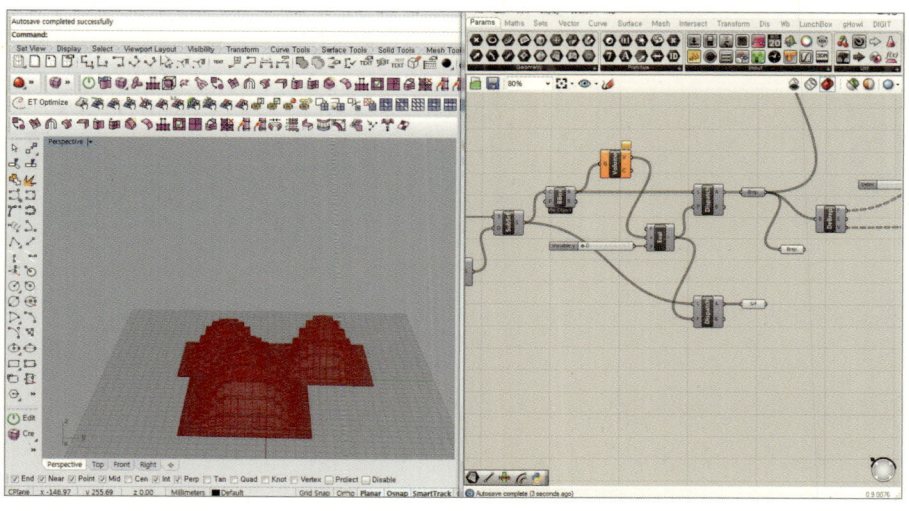

마찬가지로 Display 탭 Preview 그룹에서 Custorm Preview 컴포넌트를 꺼내어 위치시키고 Surface와 Brep 컴포넌트 각각을 따로 이미지와 같이 연결해줍니다. 지금 이미지는 서페이스에 Gradient 컴포넌트의 색상이 적용된 모습입니다.

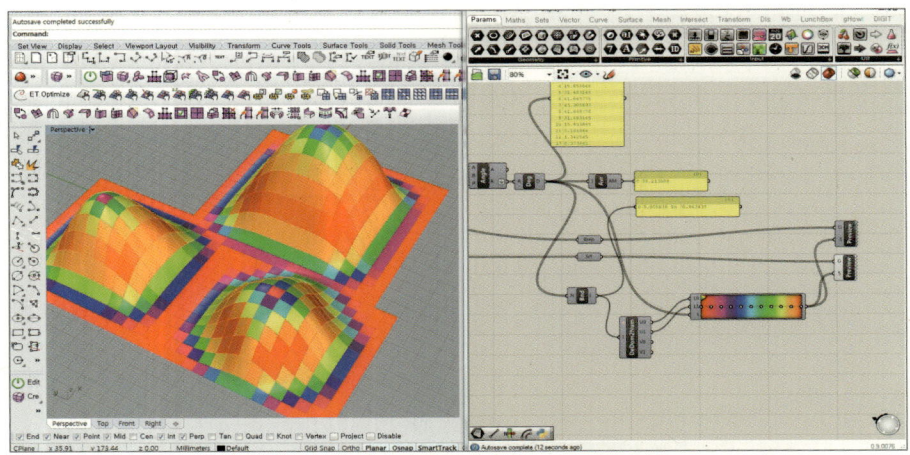

Brep에 적용된 모습입니다.

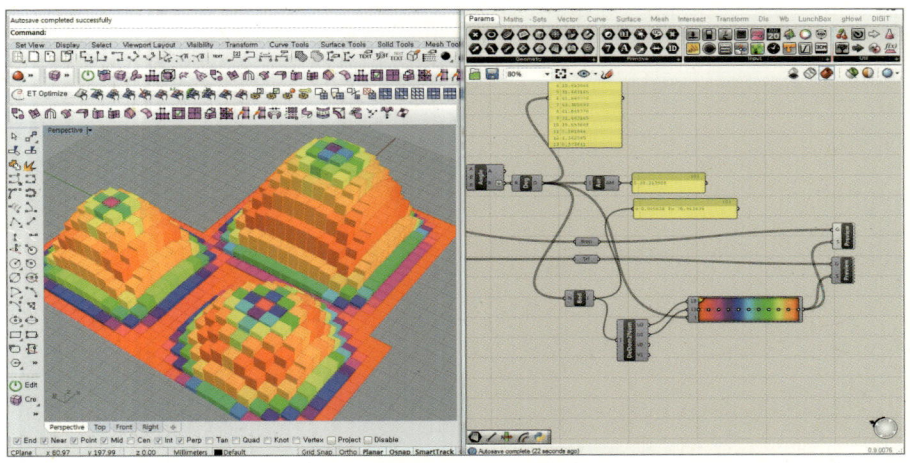

이 이미지는 실제 대규모 개발 프로젝트에서 개발하려는 부지의 전체 평균 경사도를 Grasshopper로 측정해본 데이터입니다. 이때에는 평균 경사도가 15.63도였는데 나중에 GIS로 확인해보니 16.3도 정도 나왔습니다. 정확하진 않았지만 별도 비용 부담 없이 평균 경사도를 근사치에 가깝게 측정해본 실제 사례였습니다.

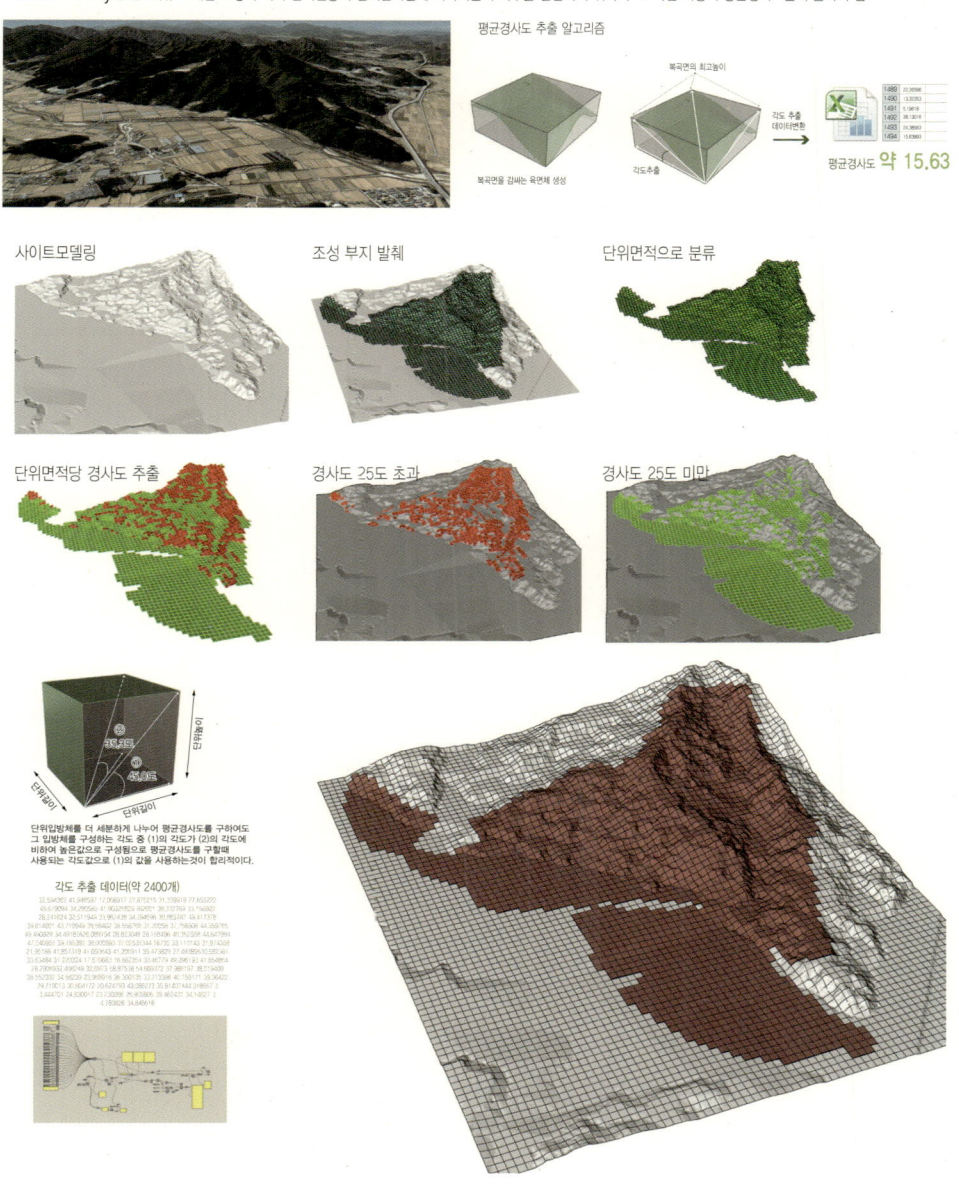

Site Analysis 대규모 개발 조성 부지의 산지전용시 산지관리법에 저촉되는지 여부를 판단하기 위하여 GIS이전 지형의 평균경사도를 추출하여 검토

평균경사도 추출 알고리즘

북곡면의 최고높이

각도 추출 데이터변환

평균경사도 약 15.63

북곡면을 감싸는 육면체 생성

각도추출

사이트모델링

조성 부지 발췌

단위면적으로 분류

단위면적당 경사도 추출

경사도 25도 초과

경사도 25도 미만

단위입방체를 더 세분하게 나누어 평균경사도를 구하여도 그 입방체를 구성하는 각도 중 (1)의 각도가 (2)의 각도에 비하여 높은값으로 구성됨으로 평균경사도를 구할때 사용되는 각도값으로 (1)의 값을 사용하는것이 합리적이다.

각도 추출 데이터(약 2400개)

〈수치지적에 의한 대규모 산지 모델링 데이터 구축(메쉬)〉

산지에 대한 모델링 데이터를 구축 후 표시된
개발경계의 평균 경사도 추출

평균경사도를 추출하는 두가지 방법

1. 복곡면의 경사

2. 메쉬를 활용한 경사

개발경계 →

2,040,758 m2

2,040,758 m2

복곡면의 최고높이

각도추출

복곡면에 박스를
생성하고 그 각도를
추출.

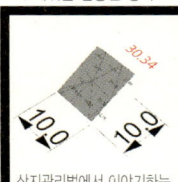

30.34

10.0   10.0

산지관리법에서 이야기하는
10M X 10M의 메쉬각도를
면적으로 가중평균하여
평균경사도를 누적시켜 추출

각도 추출

메쉬박스 번호추출

각도와 메쉬박스 번호추출

메쉬와 단위면적(10M)로
개발구역 평균경사 추출

14756	1.080011
14757	5.785065
14758	9.854897
14759	9.84892
14760	11.370498
14761	4.508075

평균경사도 약 22.32

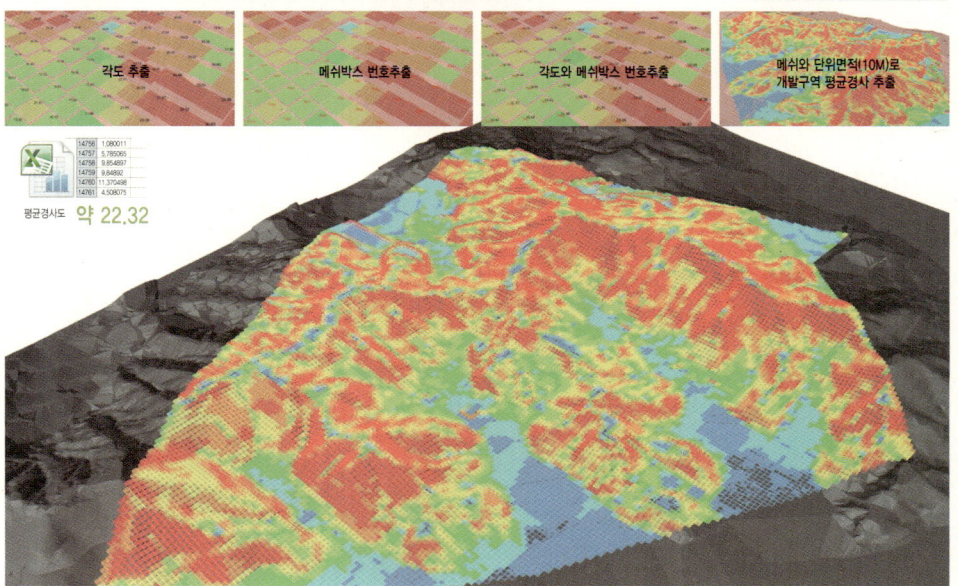

CHAPTER 10

Lumion,
내가 다른 렌더링 프로그램을
지운 이유

30분만 읽어보면 누구나 할 수 있을 만큼 쉽다. 진짜다!!

Lumion은 누구나 쉽고 빠르게 3D 시각화와 CG 렌더링을 할 수 있는 가성비가 좋은 CG 소프트웨어입니다. 지금은 6.0까지 나와 있지만 프로그램을 다루는 방법은 5.0이나 6.0이나 별반 다르지 않습니다. 이제 간단한 조작법으로 뷰를 다루면서 Lumion으로 이미지(조감도/토시도)와 동영상을 손쉽게 제작하고 중간 검토용 Real-Time 3D Viewew로도 활용해보기 바랍니다. 개인적으로 Lumion을 배우는 데 걸리는 시간은 단 몇 시간도 아닌 몇 분이면 충분할 거라고 생각합니다.

- 파일명, 파일 경로, 컴퓨터 계정 모두 영문이거나 숫자여야 한다.
- 몇 가지 설정만으로 꽤 괜찮은 이미지를 얻을 수 있다.
- 물론 동영상 제작도 쉽다.
- 써본 렌더링 프로그램 중 그 어떤 것보다 가성비가 좋다.

레빗으로 모델링하고 루미온에서 작업한 렌더링 이미지

스케치업으로 모델링하고 루미온에서 작업한 렌더링 이미지

라이노로 모델링하고 루미온에서 작업한 렌더링 이미지

스케치업으로 모델링하고 루미온에서 작업한 렌더링 이미지

스케치업으로 모델링하고 루미온에서 작업한 렌더링 이미지

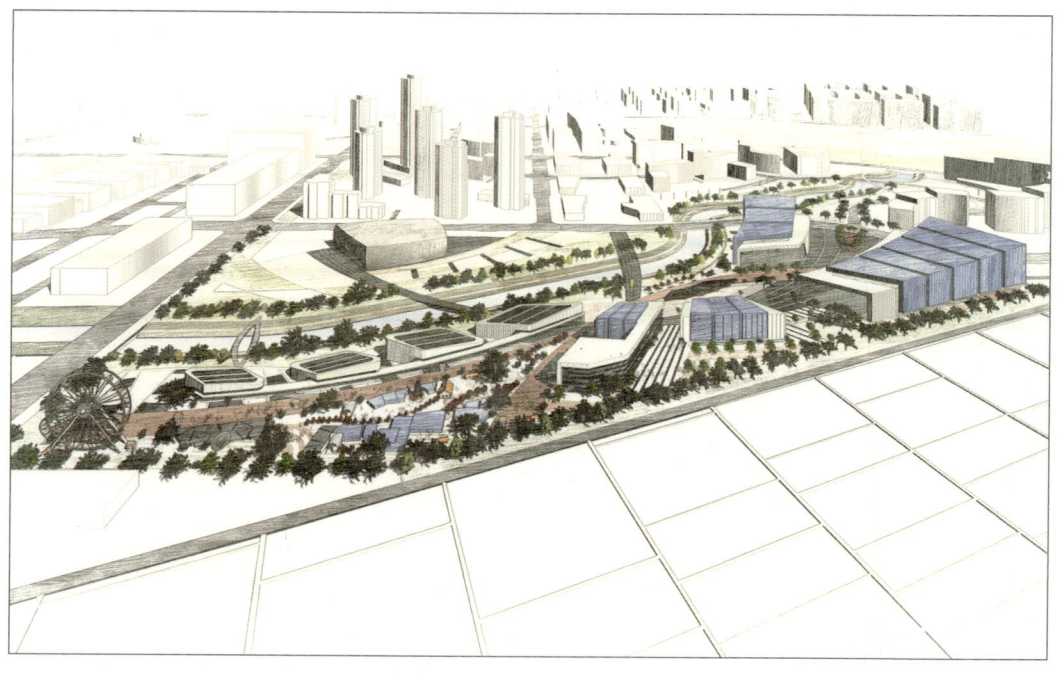

━ 루미온 특성

루미온의 첫 화면입니다. 루미온은 사실 약간 이기적인 프로그램일 수도 있는 것이, 마우스가 다른 프로그램이나 루미온의 화면에서 벗어나면 진행이 되지 않습니다.

━ 언어 변경

다국적 언어 중 KR을 클릭하여 언어 설정을 마칩니다.

작업 배경 설정

루미온의 작업 배경을 결정하는 창입니다. 루미온에서는 보다 다양한 배경을 지원합니다.

예제, 불러오기, 저장

루미온을 경험(?)할 수 있는 예제 파일을 지원하는 작업 창입니다. 다음은 불러오기와 저장하기가 있지만 실제 작업할 때 다뤄보려고 합니다.

루미온의 기본 기능을 알아보기 위해 예제 파일 중 왼쪽 상단을 클릭하여 실행합니다.

▬ 이동 단축키 1

우선 루미온에서 이동을 알아보겠습니다. 왼편의 이미지처럼 루미온에서의 이동은 마치 게임에서 이동하는 것과 흡사합니다.

▬ 이동 단축키 2

앞으로 이동하고자 할 때는 키보드 W 키를 누른 상태로 이동합니다.

W 앞으로 이동
S 뒤로 이동
Q 위로 이동
E 아래로 이동
A 왼쪽으로 이동
D 오른쪽으로 이동

+ Shift
(빠르게 이동)

+ Space
(제일 빠르게 이동)

+ Space
(아주 느리게 이동)

루미온 기능 그룹 1

1. 기후 관련 변경 관련 탭
2. 지형 변경 관련 탭
3. 외부 모델을 불러오기나 재질 관련 탭
4. 루미온 객체 넣기 관련 탭

작업 창 모드
이미지 작성
동영상 작성
저장
설정
전체화면

루미온 기본 태양 설정

태양의 방향

드래그해서 태양의 고도 설정
구름의 양 설정
드래그해서 태양의 방향 설정
태양 밝기 설정

루미온 지형 관리

지형 올리기

지형 내리기

루미온 재질 관리

모델 불러오기

재질 편집기

루미온 객체 관리

루미온 이미지 효과 주기

보이는 화면을 렌더링할 수 있는 작업 창입니다. 여기에서 여러 필터를 활용해서 이미
지를 조정할 수 있습니다.

루미온 동영상 관련

신을 저장해서 여러 신을 이어 동영상으로 제작할 수 있는 작업 창입니다.

루미온 작업 파일 저장

루미온 작업 파일을 저장할 수 있습니다.

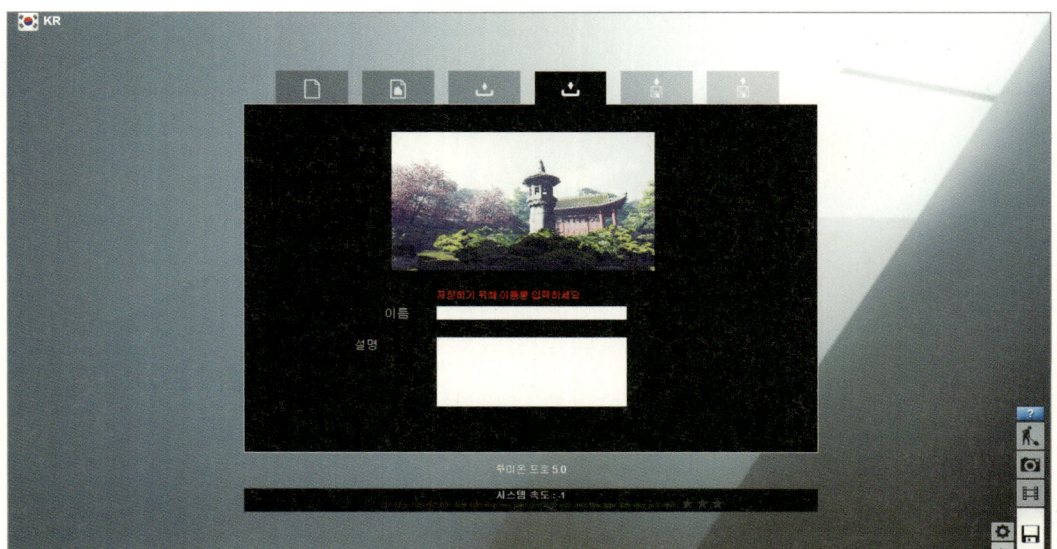

루미온 작업 시 화면 설정을 통해 작업 속도와 화면 퀄리티를 조정할 수 있으며 나무나 산의 보이는 정도도 조정 가능합니다.

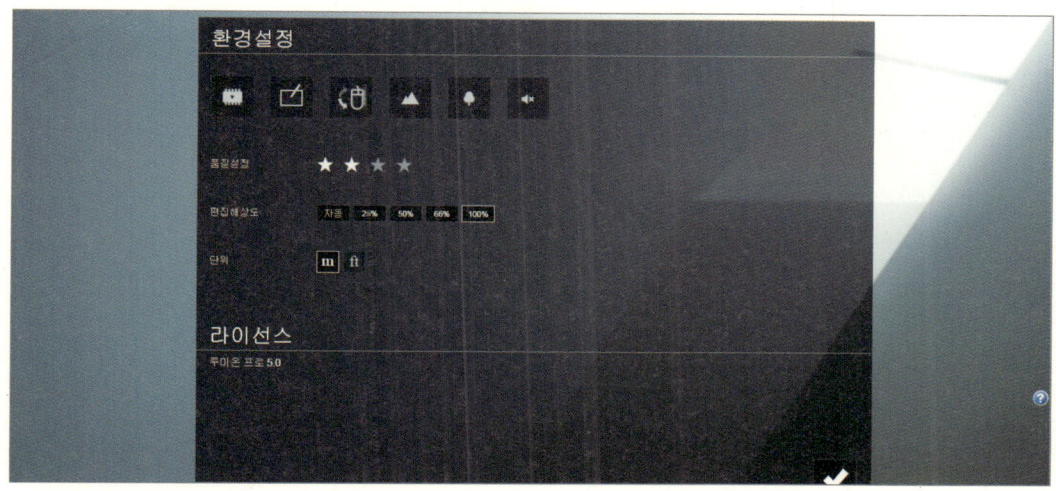

— 레빗에서 루미온으로 보내기

이제 레빗으로 작업한 모델링을 활용해서 루미온 작업을 진행하도록 하겠습니다. 첨부된 문서 안에서 레빗에서 루미온 파일로 저장할 수 있는 애드온을 다운로드하여 설치하면 이미지처럼 Export to Lumion이 생성됩니다.

레빗에서 루미온으로 Export.
파일명, 파일 경로, 컴퓨터 계정 모두 영문이거나 숫자이어야 합니다.

▬ 루미온 배경 설정 1

루미온을 실행하고 첫 화면에서 왼쪽 하단의 배경을 설정합니다. 사실 원하는 이미지를 얻기 위해 최대한 비슷한 환경을 선택하면 됩니다.

▬ 루미온 배경 설정 2

배경화면을 클릭해서 배경 안으로 들어온 화면입니다. 매번 느끼지만 유리, 특히 물의 표현이 좋은 것 같습니다.

━ 루미온 이동 단축키

조작법은 이미지에서처럼 기본적으로는 키보드를 활용하지만 마우스로도 조작이 가능합니다. 게임 환경과 비슷하므로 조금만 다뤄보시면 금방 익숙해질 것입니다.

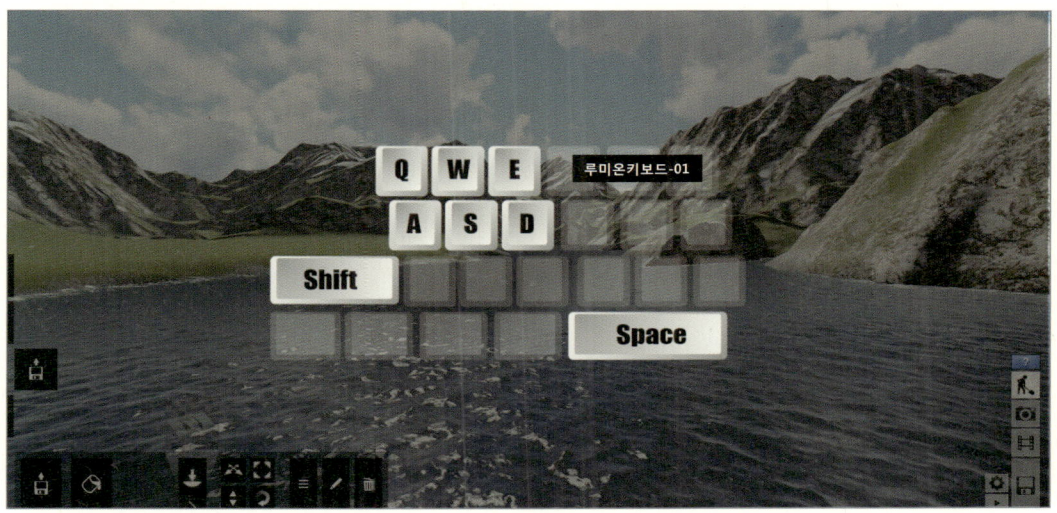

━ 루미온 이동

키보드와 마우스로 강변의 조금 평평한 대지로 이동해봅니다.

🟩 루미온 Import 1

이 화면에서 디스켓처럼 생긴 아이콘을 눌러 레빗에서 Export한 파일을 찾아 열기를
클릭합니다.

🟩 루미온 Import 2

확인을 선택합니다.

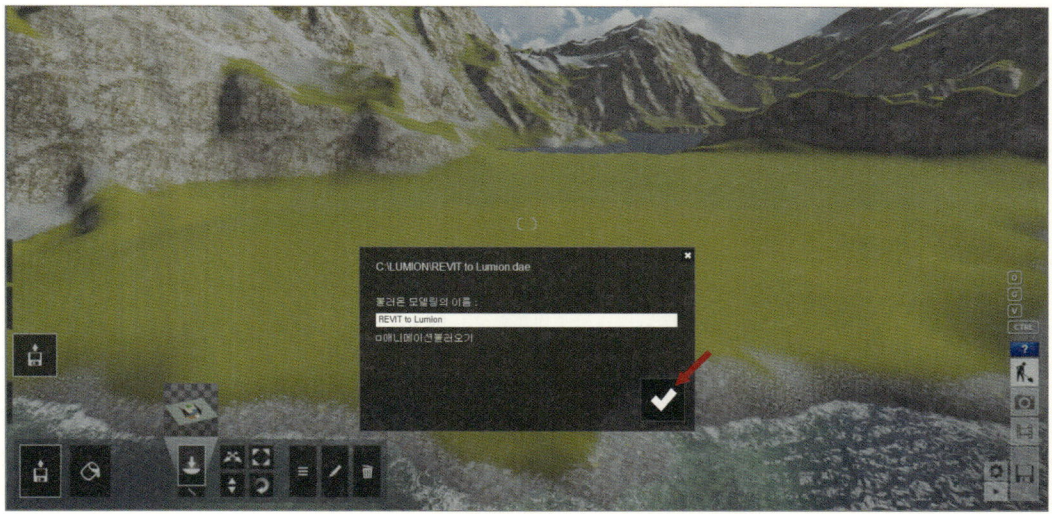

루미온 Import 3

레빗에서 모델링한 파일을 불러온 모습입니다. 최초에는 육면체 형식(흡사 레빗의 단면 상자 같은)으로 들어오는데 자리를 잡아 클릭해주면 모델링이 배치됩니다.

루미온 Import 4

적당한 위치에 배치한 모습입니다.

루미온 Import 5

모델링을 가져왔는데 이왕이면 바다 혹은 강을 바라보는 배치면 좋을 것 같습니다. 화살표로 지시된 회전 아이콘을 선택하면 나타나는 모델상에서의 회전 화살표로 건물 객체를 회전시킵니다.

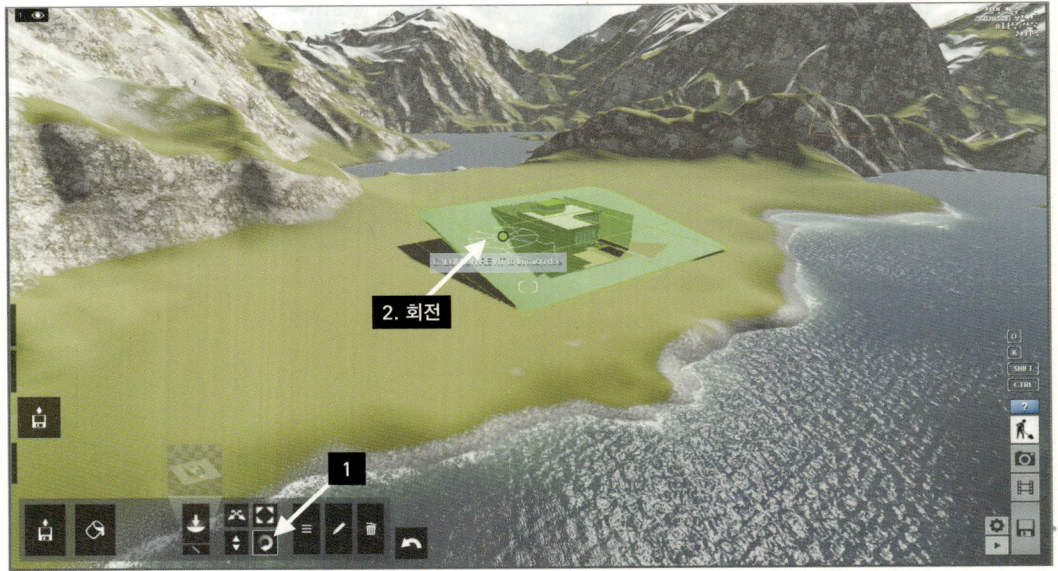

— Import 파일 이동

위치의 이동은 화살표로 표기된 아이콘을 선택하고 이동하면 되는데 이때 높이를 변경
시키지 않으려면 키보드의 shift를 누른 채 이동하면 됩니다.

— 대지 설정 1

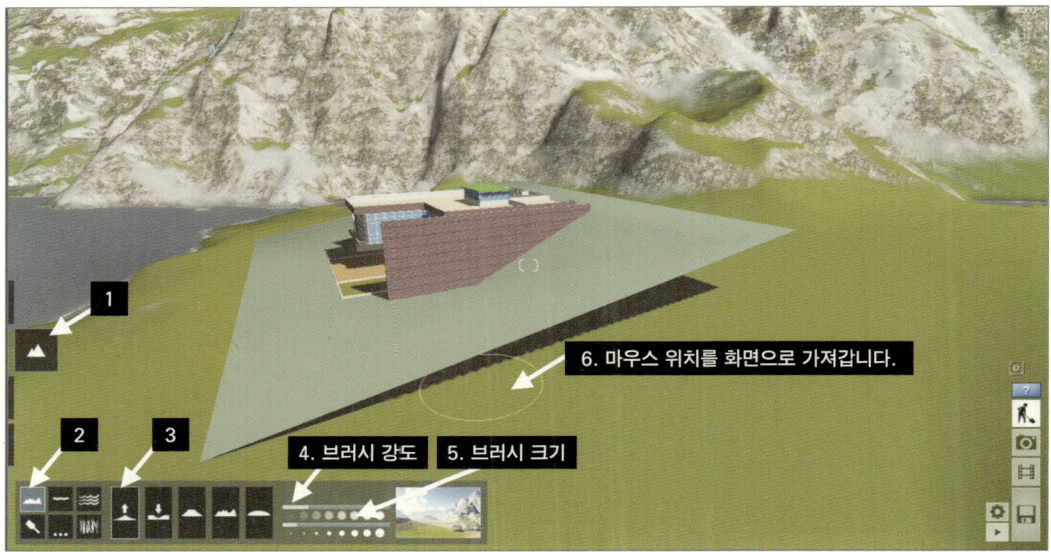

━ 대지 설정 2

지형이 올라오고 있습니다. 반대로 낮출 수도 있고 평평하게도 할 수도 있습니다.

━ 대지 설정 3

평평하게 만들기 위해 화살표로 표시된 부분을 선택하고 지형을 클릭하면 올라온 경사에서 개략의 고도 값으로 평평하게 만들어줍니다.

대지 재질 설정 1

그런 후에 모델링상에서 지형을 루미온의 지형과 맞추기 위해 이미지에 표시된 순서와
방법으로 진행합니다.

대지 재질 설정 2

산을 선택하면 레빗에서 모델링한 지형과 동일하게 적용되는 것을 확인할 수 있습니다.

루미온은 다양한 재료를 기본 재질로 제공하며 사용자의 재질 이미지도 로드하여 사용할 수 있습니다.

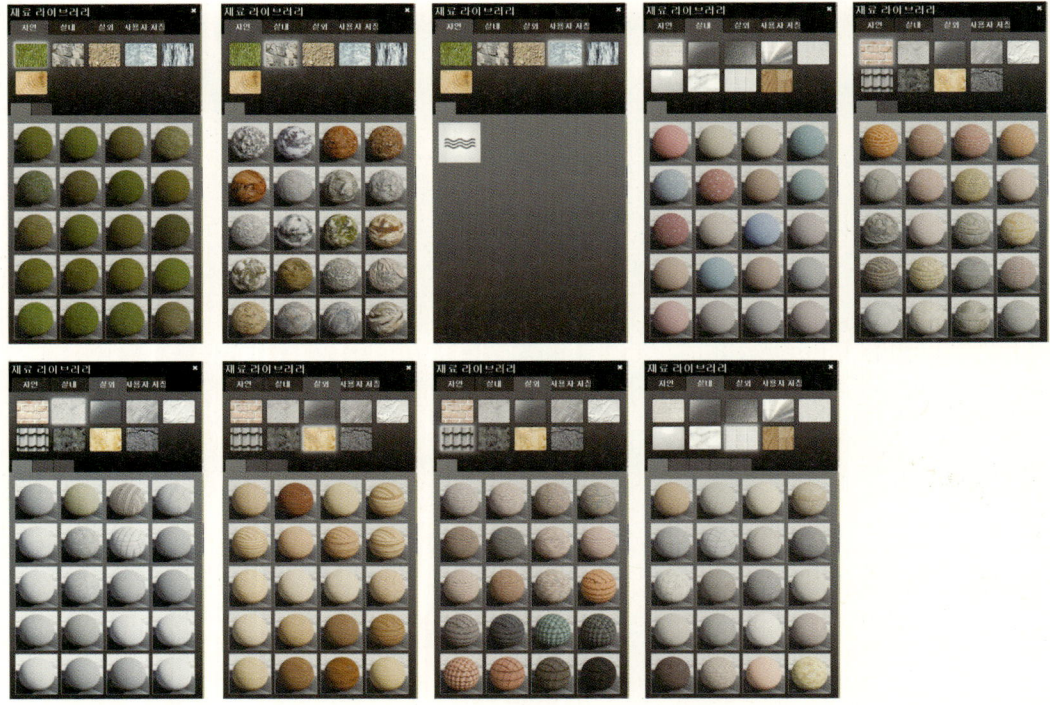

━ 재질 변경 및 적용 1

지형 재질을 변경한 것처럼 다른 객체의 재질도 변경할 수 있습니다. 그리고 재질을 더 블클릭하면 기본 재질의 미세한 조정도 가능합니다.

━ 재질 변경 및 적용 2

재질 변경 및 적용 3

루미온에서 기본으로 제공하는 재질을 활용하고 미세한 조정을 통해 재질의 표현 간격 등을 조정하고 적용할 수 있습니다.

수영장 재질(물) 표현 1

이제 수영장의 물을 표현하려고 합니다. 이미지에서 화살표가 가리키는 부분을 선택 합니다.

▬ 수영장 재질(물) 표현 2

수영장 바닥을 물 재질로 변경하였더니 하부 지형이 보여 자연스러운 수영장으로 보이지 않습니다. 그래서 다시 레빗으로 돌아가 모델링을 수정한 후 루미온으로 불러오려고 합니다.

▬ 수영장 재질 변경을 위한 레빗 설정 변경 1

수영장 바닥이 −600으로 너무 낮게 설정되어 있어서인데요, 그럼에도 원래 수영장의 레벨이 그렇다면 이를 조정하는 것보다는 물로 표현될 객체를 하나 더 만들어주고 이렇게 수정된 레빗 파일을 루미온으로 다시 넘기도록 하겠습니다.

수영장 재질 변경을 위한 레빗 설정 변경 2

레빗 과정에서처럼 바닥을 하나 만들고 유형 편집으로 재질의 두께와 물성을 조정합니다.

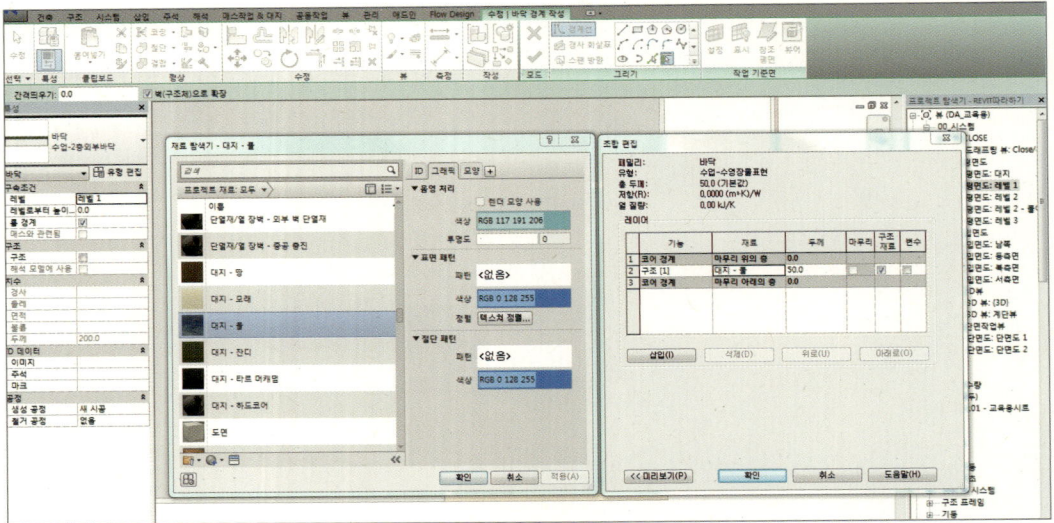

수영장 재질 변경을 위한 레빗 설정 변경 3

수정|경계 편집의 그리기 도구로 이미지와 같이 수영장 물을 표현할 바닥을 생성해줍니다.

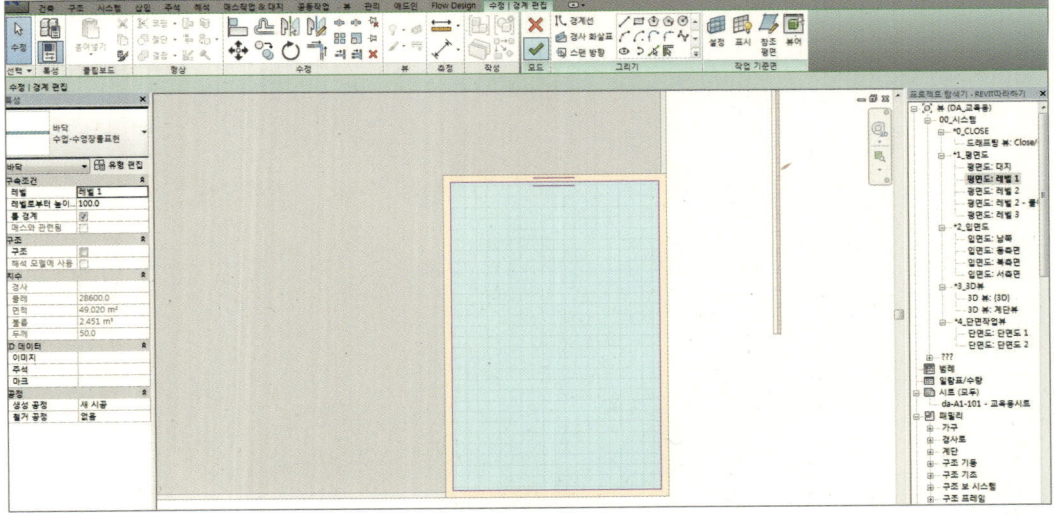

변경 레빗 파일 루미온 Export

그리고 Export to Lumion 애드온으로 좀 전과 같은 이름을 가진 파일을 생성합니다.

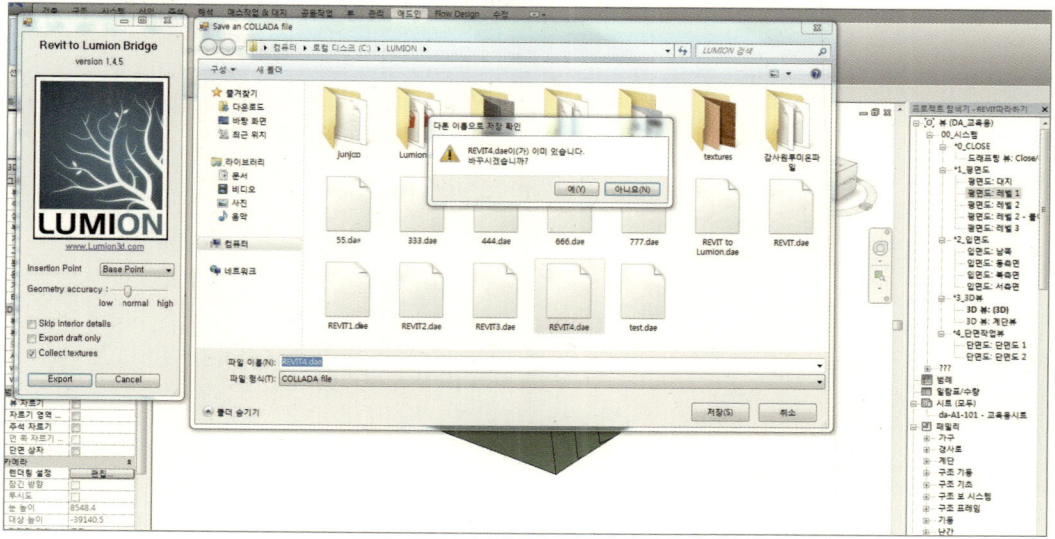

변경 파일 루미온 Import 1

그런 후에 다시 루미온으로 와서 이미지의 화살표가 지시한 아이콘 순서대로 진행합니다.

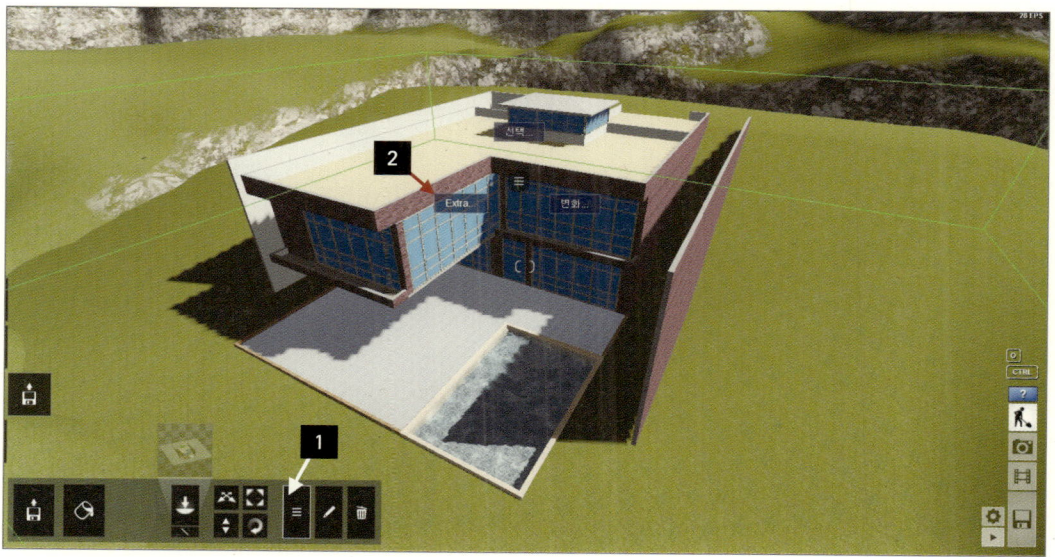

변경 파일 루미온 Import 2

Reroad from File 를 선택합니다.

작업 뷰 품질 설정 1

그러면 방금 수정한 레빗에서 Export한 파일이 리로드되었습니다. 그리고 물의 표현도 수영장 바닥이 보이는 형태로 되었고요. 그리고 나서 오른쪽 하단의 톱니바퀴처럼 생긴 아이콘을 눌러 보이는 정도 등의 설정을 조정해보도록 하겠습니다.

― 작업 뷰 품질 설정 2

산과 나무처럼 보이는 아이콘을 활성화시키고 품질 설정의 별표를 마지막까지 켜둡니다. 품질 설정과 편집 해상도는 높은 수준으로 설정할수록 루미온에서 보이는 화면의 퀄리티가 좋아지지만 파일이 무거워질 경우 소위 버벅대는 느낌을 받을 수 있습니다. 파일의 상태를 보면서 조정해줍니다.

루미온 – 나무 삽입 1

이제 주변에 나무를 심으려고 합니다. 루미온에서 기본으로 제공하는 나무들은 아무렇게나 만든 것이 아니라 실재하는 나무의 이름과 같습니다. 그래서 실무에서도 조경도면을 보고 식재의 영문 이름을 파악해서 루미온의 나무들 이름과 매칭시키면 실제 조경과 같은 이미지를 얻을 수 있습니다. 그 전에 지금은 이미지에서 보이는 화살표의 순서로 해보겠습니다.

루미온 – 나무 삽입 2

나무 아이콘을 누르면 자연 라이브러리로 이동합니다. 하나씩 확인해보면 굉장히 다양한 라이브러리가 있음을 확인할 수 있습니다.

━ 루미온 – 나무 삽입 3

나무 형태를 결정했다면 이제 화살표가 표시된 부분을 선택합니다. 나무를 한 그루씩 심는 게 아니라 선 기반으로 한꺼번에 많은 나무를 심을 수 있습니다.

━ 루미온 – 나무 삽입 4

화면의 한 곳을 클릭하고 마우스를 이동하여 클릭하면 이미지처럼 많은 나무가 한꺼번에 식재되는 것을 확인할 수 있습니다. 중간 하단에서 식재된 나무들의 수와 간격 등을 조정할 수 있습니다.

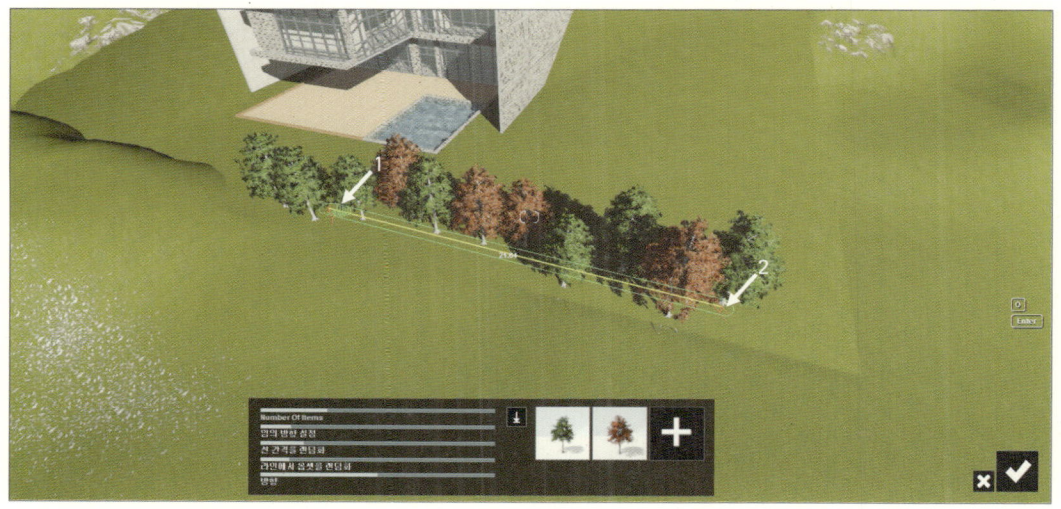

━ 루미온 – 나무 삽입 5

다른 곳에도 나무를 심어봅니다.

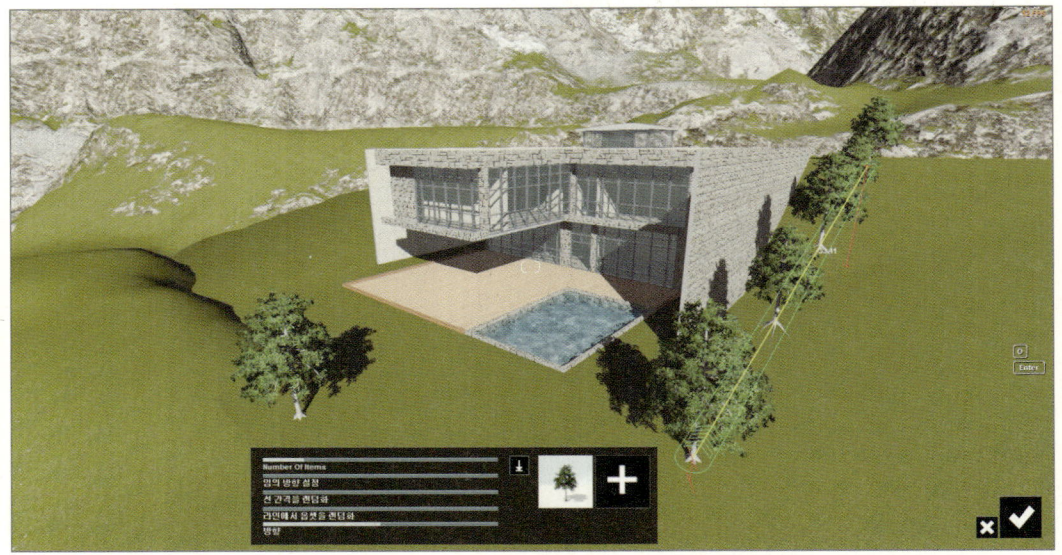

━ 루미온 – 나무 삽입 6

지금 이미지처럼 여러 곳에 나무를 풍부하게 심어줍니다.

▬ 루미온 - 가구 배치 1

식재 후에 1층의 외부 데크로 이동하여 이번엔 나무가 아닌 어울리는 가구를 배치합니다. 하나를 위치한 후 이동 기능을 선택하고 시프트 키와 알트 키를 누른 후 이동하면 같은 레벨로 복사됩니다.

▬ 루미온 - 가구 배치 2

식재, 가구, 그리고 사람과 가로등 등의 라이브러리를 찾아 위치시킵니다.

루미온 – 가구 배치 3

파라솔, 남자, 여자, 아이 등의 라이브러리도 있습니다. 배치 조작법도 금방 익숙해질 테니 이런저런 라이브러리를 찾아 배치해봅니다.

루미온 – 이미지 작성 1

이제 카메라처럼 생긴 아이콘을 클릭해서 보이는 화면을 렌더링해보려고 합니다.

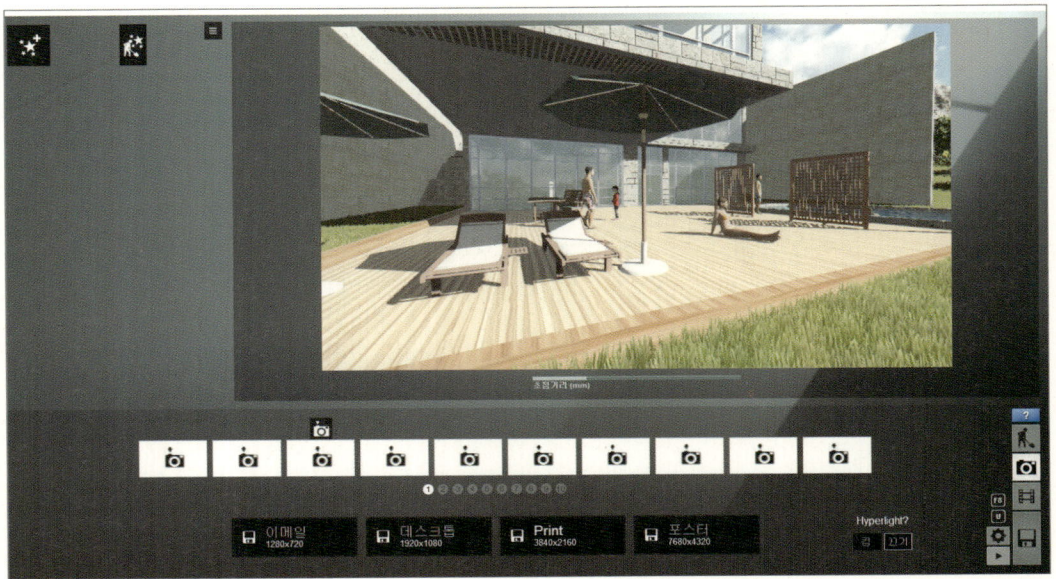

루미온 – 이미지 작성 2

여기저기 뷰를 확인해보고 적절해 보이는 신을 선택했다면 이 뷰를 고정해야 할 필요가 있습니다. 이 신을 저장하면 될 것 같습니다.

루미온 – 이미지 작성 3

화살표에 표시된 것처럼 클릭하면 이 뷰를 저장한 신을 확인할 수 있습니다.

루미온 – 이미지 필터 활용 1

그리고 이 뷰에 여러가지 효과를 주기 위해 화살표가 지시하는 곳을 선택합니다.

루미온 – 이미지 필터 활용 2

루미온은 이미지 효과에 활용할 다양한 필터를 제공하고 있습니다. 하나씩 적용해보도록 합니다.

루미온 – 이미지 필터 활용 3

필터 중에 스케치 필터를 적용한 모습입니다. 스케치 필터의 정확도, 스케치 스타일, 대비, 채색 등을 조정해서 렌더링할 이미지를 준비합니다.

루미온 – 이미지 렌더링 1

필터가 적용된 신을 렌더링하려면 화살표가 표시된 부분을 클릭하면 됩니다. 데스크 톱이라고 되어 있는 화질이 1920×1080으로 사용하기 충분한 사이즈입니다. Print 3840×2160의 렌더 타임도 길지 않지만 bmp 파일로 저장되어 포토샵에서 사이즈 조정하면 굉장히 큰 이미지를 얻을 수도 있습니다.

루미온 – 이미지 렌더링 2

저장할 경로를 지정하고 나면

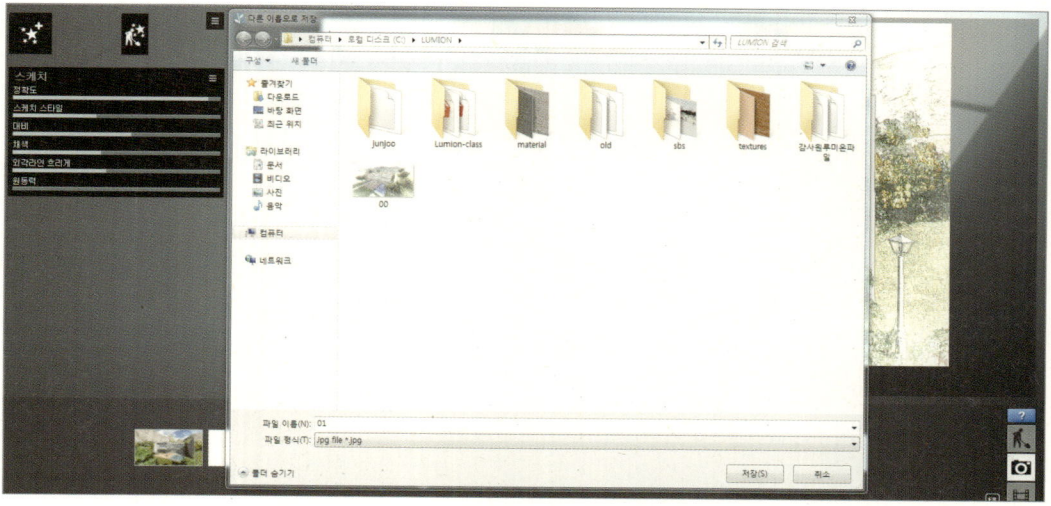

루미온 – 이미지 렌더링 3

렌더링이 됩니다.

루미온 – 이미지 렌더링 4

■ 루미온 – 필터 활용 야경 신 1

스케치 필터 말고 태양이란 필터를 가져와 태양의 높이와 위치를 조정하면 야경으로 변화도 가능합니다.

■ 루미온 – 필터 활용 야경 신 2

야경 렌더링 이미지입니다.

▬ 루미온 – 필터 활용 스케치 필터

야경과 스케치 필터를 적용한 런더링 이미지입니다.

▬ 루미온 – 필터 활용 왜곡된 뷰 재설정 1

뷰를 다른 곳으로 돌려보니 건물이 왜곡되어 보입니다. 루미온에는 뷰에 따라 왜곡되는것을 조정하는 필터도 존재합니다.

▬ 루미온 – 필터 활용 왜곡된 뷰 재설정 2

화살표가 표시된 부분의 필터를 선택해 불러옵니다. 이 2포인트 구도라는 필터는 왜곡된 건물의 view를 잡아주는 역할을 합니다.

▬ 루미온 – 필터 활용 왜곡된 뷰 재설정 3

필터를 위치시키고

루미온 – 필터 활용 왜곡된 뷰 재설정 4

루미온 – 필터 활용 겨울눈

그 후에는 다른 여러 가지 필터를 적용해보는데, 이미지와 같이 눈이란 필터를 사용하면 눈이 내리고 건물에 쌓이는 자연스러운 신을 연출할 수 있습니다.

루미온 – 필터 활용 여름비

비를 내리게 하는 필터는 비 강도, 왜곡돼서 떨어지는 것, 바람의 방향까지 조정할 수 있습니다.

루미온 – 필터 활용 안개

안개 효과도 가능합니다. 수변 공간이다 보니 새벽신에는 안개가 낀 상황을 연출하는 것도 가능합니다.

루미온 – 필터 활용 야경 달

야경만으로는 단순히 어두워지는 것인데 여기에 달이란 필터를 사용해 하늘에 달이 떠 있는 조금 더 자연스러운 신의 연출도 가능합니다.

루미온 – 필터 활용 비네팅

비네팅 처리도 가능한데, 필터 하나하나를 다 설명드리는 것도 괜찮겠으나 조작법 자체가 어렵지 않으니 여러분이 한번 해보시는 게 좋을 것 같습니다.

루미온 – 필터 활용 렌더링 이미지 1

렌더링한 이미지입니다.

루미온 – 필터 활용 렌더링 이미지 2

다른 느낌으로 렌더링한 이미지입니다.

루미온 – 필터 활용 렌더링 이미지 3

조금 다른 느낌으로 렌더링한 이미지입니다.

건축설계사무실에서 실무 및 BIM데이터 구축 업무를 진행하게 되면 여러 부서에서 다양한 디지털 솔루션을 원하고 컨설팅 및 교육까지 진행을 하게 됩니다.

그럴 때 새로운 솔루션을 내가 할 수 있는 범위 내에서 찾는 일은 굉장히 재미있는 일인데, 문제는 같은 솔루션을 반복하게 될 때가 생기며 새로움 없는 반복은 시간 낭비라는 생각을 종종 하곤 했었습니다.

이러한 생각은 저 혼자만의 생각이라기 보단 제가 속한 DAGROUP digital design Lab 구성원들도 같은 생각이였으며, 그렇기에 DDLab에서는 그동안 여러 가지 프로그램을 활용하여 찾았던 솔루션들, 그 중에서도 평균경사도와 일조의 정량적 수인한도 만족/불만족에 대한 솔루션을 개량(?)해서 지금의 방법보다 진일보된 방법 즉, 코딩을 통해 조금 더 투입되는 시간을 줄일수 있지 않을까 까지 생각이 진전되었습니다.

이는 건축 설계사무실 내에서 가능한 접근하기 용이한 시뮬레이션은 내부에서 진행하고 좀 더 어려운 솔루션을 전문업체에 용역을 의뢰하자라는 생각과 함께 종합적인 사고를 통해 하나의 결과물을 만들어 내야 하기에 그 사유의 시간을 한꺼번에 할 수 있을려면 큰 틀에서의 시뮬레이션이 동반되어야 하고 이왕이면 그 시간도 코딩을 통해 줄일 수 있지 않을까 하는 생각에서 출발되었지요.

조금 더 이야기 해본다면, 현재 BIM데이터를 구축한다는 정의가 BIM 툴을 사용하여 건축계획안을 3D로 정보를 모델링 하는 것이라 생각되며, 같이 이야기하는 digital solution 또한 몇 가지 프로그램을 활용해서 한 가지 문제에 대응하는 것입니다.

하지만 저와 DDLab이 주목하는 것은 현재의 정의처럼 단순하게 BIM데이터를 구축하는 것에서 벗어나 애써 구축한 정보를 '활용'하고 '추출'해서 조금 더 의미 있는 데이터로 가공해 보려는 것이지요. 더불어 digital solution도 기능을 위해 이런 저런 프로그램을 순차적으로 활용하는 것이 아니라 한 가지 프로그램에서 작동 및 활용하도록 프로그래밍 하는 것에도 관심이 매우 많습니다.

물론 그러기 위해 건축설계 실무에서 익히기 쉽지 않은 새로움(컴퓨터 언어 등)에 최소한 관심이 있어야 합니다. 코딩을 하는 실무자들과 최소한 이야긴 되어야 하니까요.

고백하자면 DDLab에서도 구성원 전원이 프로그래밍 언어를 다루는 것은 아닙니다. 하지만 말씀드린 것처럼 최소한 관심과 필요성은 모두 인지하고, 업무가 종료되기 30분전에 알고리즘 퀴즈나 회의를 통해 친해지려고 많은 노력을 기울이고 있습니다.

그러한 결과물로 DAGROUP digital design Lab에서는 일조에 대한 수인한도 만족/불만족 플러그인 프로그램과 평균경사도 플러그인 프로그램이 있으며, 이를 가리켜 DDLab이 여러 프로그램을 거치기 귀찮아 만들어본 프로그램이라고 부르고 있습니다.

저희 DDLab은 건축설계단계에서 필요한 솔루션들 중 일조분석과 평균경사도분석에 해당하는 솔루션에 투입되는 시간을 줄여보고자(책에 소개된 방법 1~2일) 코딩을 통해 간단하지만 유용한 플러그인 프로그램을 만들어 활용하고 있습니다.

실제 제가 두가지 방법(책에 소개된 방법과 지금 소개하려는 플러그인 프로그램)을 모두 활용해 본 경험으로 비춰볼 때 시뮬레이션에 투입되는 시간은 1/10도 안될 정도로 효율적이라 생각합니다.

더불어 프로그램은 활용할 뿐이다 라는 제가 말씀드리고 강조하는 이야기에서 연장되어 프로그램은 활용할 뿐이며, 필요한 것은 만들어 활용하자 라고 하는 앞으로의 지향점이기도 하기에 두가지 플러그인 프로그램을 소개해봅니다.

DAGROUP
digital design Lab

Sunflower v1.0 for Architects
건축가를 위한 정량적 일조분석 플러그인 프로그램

Yak v0.9 for Architects
건축가를 위한 평균경사도 분석 플러그인 프로그램

Yak v1.0 for Architects
전문가를 위한 평균경사도 분석 플러그인 프로그램

DAGROUP digital design Lab 플러그인 프로그램 개발
조태용, 박진훈, **이세훈**, 정미식, 정종열, 이주한

일조 수인한도 만족/불만족 정량적 확인 플러그인 프로그램 Sunflower v1.0 for Architects

sunflower v1.0
건축가를 위한 정량적 일조분석 시각화 도구

- www.facebook.com/digitalDlab
- www.facebook.com/digitalDlab/videos/1253739818002690/

주거형 건축물에 햇빛이 들어오는 것은 중요한 사항이며 최근에는 대법원 판례를 통해 다른 건축물 때문에 내 거실에 동지기준으로 08~16시 사이 총일조 4시간, 09~15시 사이 연속일조 2시간에 대한 수인한도 만족/불만족 여부는 법원까지 가는 심각한(?)문제로 대두되었으며, 이를 알아보기 위한 방법도 본문에 수록되어 있습니다. 더불어 최근 건축심의 등에는 스케치업등을 통한 단순 일영검토가 아닌 일조검토를 심의자료에 수록하라는 의견도 종종 나오기도 합니다. Sunflower v1.0 for Architects는 이때, 건축설계사무실에서 대응이 용이하도록 짧은 시간에 일조 확인이 가능하여 건축계획 및 정량적으로도 분석 가능한 플러그인 프로그램입니다.

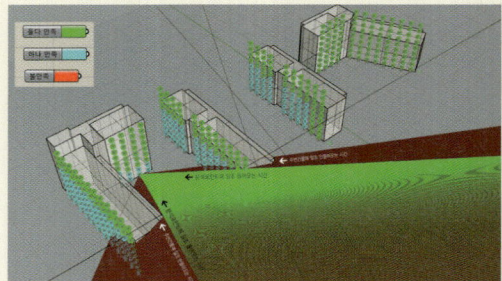

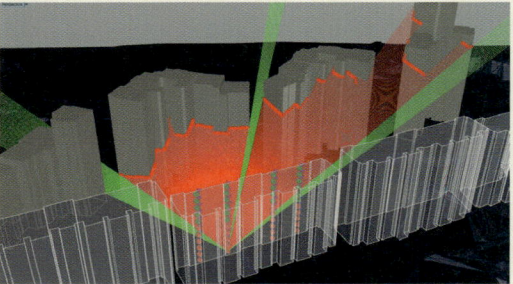

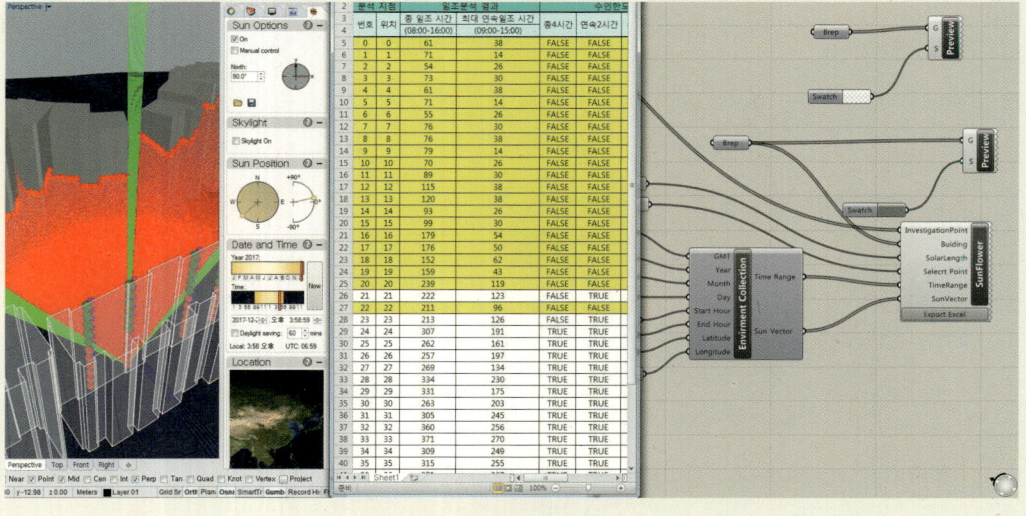

대규모 개발 프로젝트에 필요한 산지 평균경사도 확인 플러그인 프로그램 YAK v0.9 for Architects

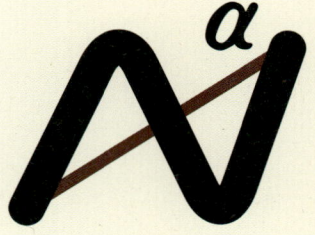

Yak v0.9
건축가를 위한 정량적 **평균경사도 확인 도구**
- www.facebook.com/digitalDlab
- www.facebook.com/digitalDlab/videos/1270859182957420/

대규모 산지를 개발하는 마스터 플랜 프로젝트에서 한가지 체크해야할 사항으로 개발구역계내의 산지에 대한 평균경사도 데이터를 추출해야 하는 일이 있습니다. 이때 개발하려는 평균경사도가 25도 이상일 경우(심의를 통해 10%완화가 있지만) 산지관리법에 의해 평지구역계를 더 확보하여 경사도를 떨어뜨려야할 상황이 발생합니다. 대규모 산지개발 프로젝트에서 기존 사람이 경사도를 구해 이를 합산하는 방식은 정확하지 않을뿐더러 굉장히 손이 많이 가는 일이거나 소위 별도의 용역비가 발생할지도 모릅니다. 그래서 DDLab에서는 건축가를 위한 손쉬운 평균경사도를 알아보는 v0.9버전과 함께 산지관리법에서 이야기하는 10X10m단위로 경사의 가중평균을 누적시켜 확인하는 v1.0버전을 만들어 활용하려고 합니다.

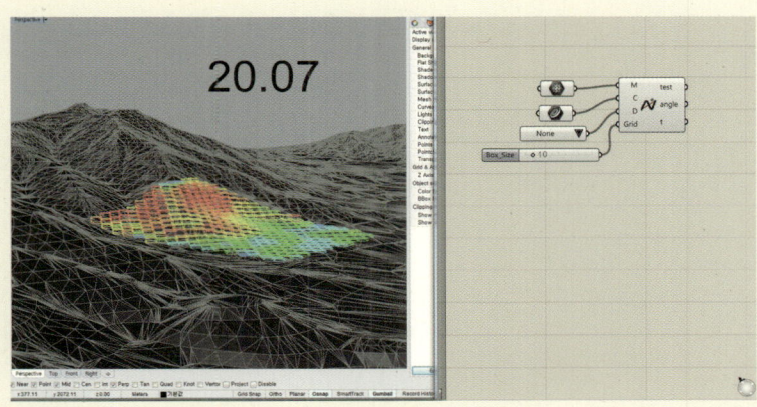

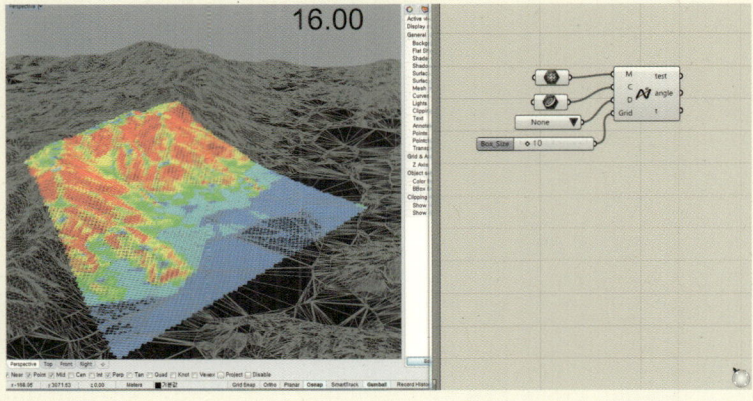

건축설계 사무실 소장이 이야기하는 BIM과 digital solution

건축설계와 디지털테크놀로지

초판 1쇄 인쇄 2017년 2월 10일
초판 1쇄 발행 2017년 2월 15일

지은이 조태용
펴낸이 김호석
펴낸곳 도서출판 대가
편집부 박은주, 이경은
마케팅 오중환
관리부 김소영

등록 313-47호
주소 경기도 고양시 일산동구 장항동 776-1 로데오메탈릭타워 405호
전화 02) 305-0210
팩스 031) 905-0221
전자우편 dga1023@hanmail.net
홈페이지 www.bookdaega.com

ISBN 979-11-6285-167-0 13000

＊파손 및 잘못 만들어진 책은 교환해드립니다.
＊이 책의 무단 전제와 불법 복제를 금합니다.

이 도서의 국립중앙도서관 출판시도서목록(CIP)은 서지정보유통지원시스템 홈페이지(seoji.nl.go.kr)와
국가자료공동목록시스템(www.nl.go.kr/kolisnet)에서 이용하실 수 있습니다.
(CIP제어번호: CIP2017002723)